수차 및 펌프수차

제2권 응용 및 설계

수차 및 펌프수차
제2권 응용 및 설계

초판 발행 2022년 7월 29일

지은이 최영도
펴낸이 류원식
펴낸곳 교문사

편집팀장 김경수 | **책임진행** 권혜지 | **디자인** 신나리 | **본문편집** 홍익m&b

주소 (10881) 경기도 파주시 문발로 116
대표전화 031-955-6111 | **팩스** 031-955-0955
홈페이지 www.gyomoon.com | **이메일** genie@gyomoon.com
등록번호 1968. 10. 28. 제406-2006-000035호

ISBN 978-89-363-2381-3(93550)
정가 31,500원

수차 및
펌프수차

제2권 응용 및 설계

최영도 지음

교문사

머리말

최근 국내에서는 기후변화에 대비하여 신재생에너지의 연구개발에 대한 사업들이 활발하게 진행되고 있다. 특히 수력발전설비에 대해서는 대용량 재생에너지 저장시스템으로서 신규 양수발전소의 개발을 진행 중이다. 또한 기존의 외국산 수력발전설비에 대한 현대화사업의 일환으로 수력발전기의 국산화에 대한 연구개발 역시 활발하게 진행 중이다. 그러나 실무자를 비롯한 학생들이 교육과 훈련에 필요한 교재나 참고 자료들을 접하기에는 매우 제한적이고, 연구개발 인력의 확보와 육성에 어려움이 있기 때문에 필자는 수차와 펌프수차에 대해서 연구하고 교육하면서 이 분야를 연구하고자 하는 학생과 실무자들이 쉽게 접근하여 효과적으로 내용을 이해할 수 있는 교과서와 참고서의 필요성에 대해서 항상 고민하고 있었다.

아직 국내에서는 수차와 관련된 서적의 출판 사례가 매우 드물고, 수력발전소의 건설과 운영에 관련된 전문가 또는 실무자들을 제외하고는 관련 서적을 쉽게 찾아보기 힘든 실정이다. 실무자들도 본인의 업무 숙달을 위한 전문지식을 취득하기 위해서는 외국의 오래된 원서를 찾아서 참고해야 하는 어려움이 있었다.

외국 원서들이 많이 출간되어왔지만, 그 내용과 수준이 초심자들이 접하기에는 어려움이 많고 국내 도서 중에서는 체계적이고 깊이 있는 내용으로 작성된 전문서적을 찾아보기 힘들다. 그래서 책의 내용을 구상하면서 어떤 형식으로 작성할 것인가에 대해서 고민을 하였다.

수력발전 및 양수발전 분야의 수차와 펌프수차에 관련된 교재와 참고서에 대한 필요성을 고려하여, 본서에서는 수차와 펌프수차에 대한 초심자를 위한 입문서와 전문가 및 실무자를 위한 체계적인 참고서가 될 수 있도록 수차와 펌프수차에 대한 기본이론을 폭넓게 수용하여 제1권으로, 응용 및 설계에 대해서 심도 있는 전공지식과 실용성을 포함한 제2권으로 분리하여 편집하였으며, 독자의 수준과 필요에 따라서 책을 선정할 수 있도록 하였다.

내용은 가능한 원리를 중심으로 먼저 설명하였고 필요할 경우, 전문적인 연구 결과 데이터를 포함하였다. 각 그림, 도표 및 사진에는 출처를 표기하여 참고문헌에서 관련된 내용을 좀 더 깊이 있게 찾아볼 수 있도록 하였다.

본서는 입문서 및 교재로 사용하는 성격상 다수의 저서 및 참고문헌을 참고하고 인용하였으며, 이에 집필에 참고한 많은 자료의 저자들에게 심심한 사의를 표하는 바이다.

마지막으로 부족한 원고 내용에도 불구하고, 교재 출간을 위해 많은 도움을 주신 교문사 류원식 대표님, 이훈섭 과장님 그리고 권혜지 님께 감사의 말씀을 드린다.

저자

차례

8장

수차 및 펌프수차의 수력과도현상

9장

양수발전과 가변속시스템

10장

수차 및 펌프수차의 설계

11장

수차 및 펌프수차의 수치해석과 최적설계

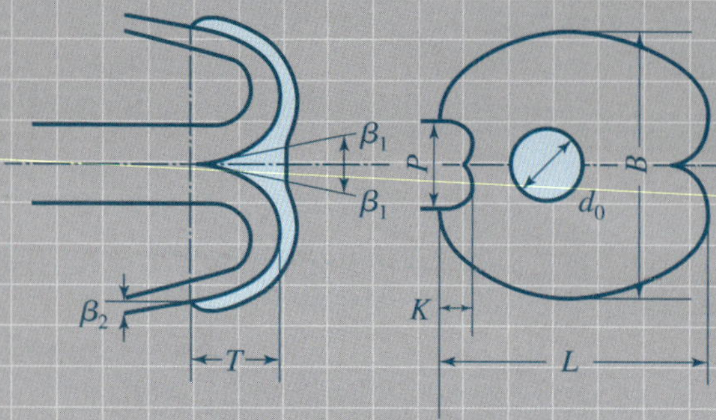

β_1
β_1
β_2
T
P
K
L
B
d_0

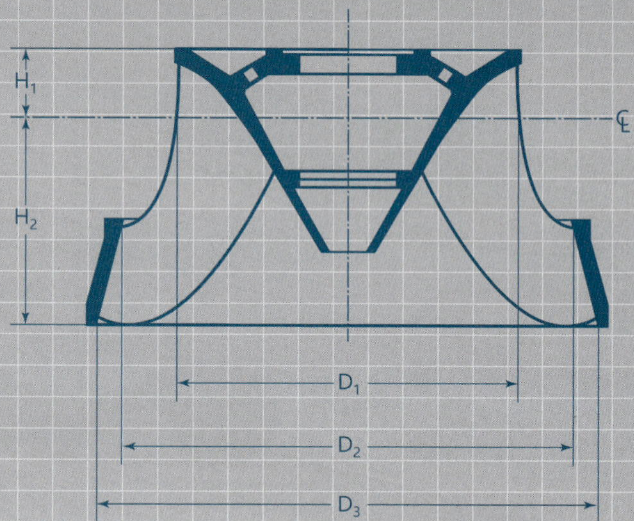

H_1
H_2
℄
D_1
D_2
D_3

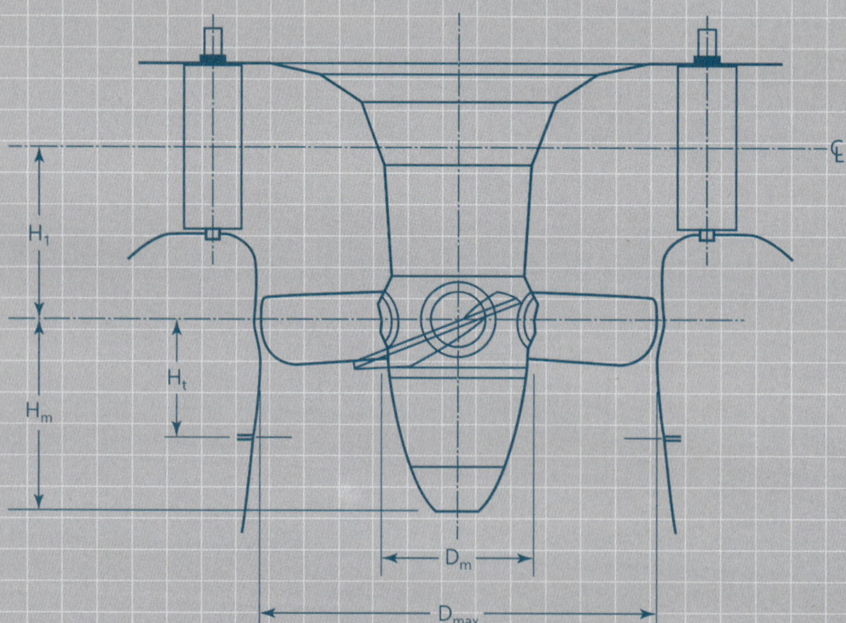

℄
H_1
H_t
H_m
D_m
D_{max}

7

수차 및 펌프수차의 효율과 성능시험

7장

수차 및 펌프수차의 효율과 성능시험

7.1 수차 및 펌프수차의 효율과 손실

7.1.1 수차 및 펌프수차의 효율

수차에서는 수차에 주어지는 유효낙차 H로부터 러너를 제외한 수차 고정유로 구성요소(케이싱, 스테이베인, 가이드베인, 흡출관)의 손실헤드 h_l을 뺀 것이 러너에 주어지는 이론낙차이며

$$H_{th} = H - h_l \tag{7.1}$$

로 된다. 러너 내부에서는 마찰손실 h_f, 충돌손실 h_s, 확대손실 h_d, 불균일한 흐름이 균일화할 때 혼합손실 h_m 등이 발생함에 따라 실제로 러너가 물로부터 얻을 수 있는 러너낙차 H_R은 H_{th}보다 감소하여 아래와 같은 식을 얻을 수 있다.

$$H_R = H_{th} - h_f - h_s - h_d - h_m \tag{7.2}$$

유효낙차 H와 러너낙차 H_R의 비는 비에너지효율 η_E(specific energy efficiency)라 하며, 이하 식으로 나타낸다.

$$\eta_E = \frac{H_R}{H} \tag{7.3}$$

러너에는 회전원판인 크라운과 밴드가 정지 측과의 틈새에서 발생하는 원판마찰손실 P_{LD} 및 베어링, 축 씰부에서의 손실 P_{LM}이 발생하기 때문에 수차축으로부터 외부로 빼낼 수 있는 수차출력은 러너출력보다도 작아져서

$$P = P_R - P_{LD} - P_{LM} \tag{7.4}$$

로 된다. 러너출력 P_R은 러너낙차 H_R을 이용해서

$$P_R = \rho g H_R (Q - q) \tag{7.5}$$

로 된다. 러너출력 P_R과 회전축 출력 $P_R - P_{LD}(= P + P_{LM})$의 비는 동력효율 η_R(power efficiency)이라고 부르고 이하의 식으로 정의된다.

$$\eta_R = \frac{P_R - P_{LD}}{P_R} = \frac{P + P_{LM}}{P_R} \tag{7.6}$$

이 회전축 출력에 대한 수차출력의 비를 기계효율 η_m(mechanical efficiency)이라고 부르고,

$$\eta_m = \frac{P}{P_R - P_{LD}} = \frac{P}{P + P_{LM}} \tag{7.7}$$

로 나타낸다. 다음으로 크라운, 밴드의 외주로부터 누설되는 유량을 q라고 하면, 러너유량 Q_m과 누설유량 q의 관계로부터 유량효율 $\eta_Q (= \eta_v)$(discharge efficiency)는 이하와 같이 나타낸다.

$$\eta_Q = \frac{Q - q}{Q} = \frac{Q_m}{Q} \tag{7.8}$$

수차의 수력효율 η_h(hydraulic efficiency)는 수차에 주어지는 전에너지 $\rho g QH$와 러너로부터의 회전축 출력 $P_R - P_{LD}(= P + P_{LM})$의 비에 의해 주어진다.

$$\eta_h = \frac{P_R - P_{LD}}{\rho g QH} = \frac{P + P_{LM}}{\rho g QH} = \frac{\eta_R \cdot P_R}{\rho g QH} = \eta_R \cdot \frac{\rho g H_R (Q - q)}{\rho g QH} \tag{7.9}$$

$$= \eta_R \cdot \eta_E \cdot \eta_Q$$

또한 수차효율(전효율) η(efficiency)는 다음과 같이 나타낸다.

$$\eta = \frac{P}{\rho g Q H} = \eta_m \cdot \frac{P + P_{LM}}{\rho g Q H} \tag{7.10}$$

$$= \eta_m \cdot \eta_h$$

$$= \eta_m \cdot \eta_R \cdot \eta_E \cdot \eta_Q$$

한편, 펌프수차의 펌프운전에서 러너를 통과하는 유량 Q_m은 $Q+q$이고, 펌프 입력 P는 러너 입력 P_R과 원판마찰손실 P_{LD}로 소비되기 때문에

비에너지효율

$$\eta_E = \frac{H}{H_R} \tag{7.11}$$

유량효율

$$\eta_Q = \frac{Q}{Q+q} \tag{7.12}$$

동력효율

$$\eta_R = \frac{P_R}{P_R + P_{LD}} = \frac{P_R}{P - P_{LM}} \tag{7.13}$$

수력효율

$$\eta_h = \frac{\rho g Q H}{P - P_{LM}} = \frac{\rho g Q H}{P_R / \eta_R} = \eta_R \cdot \frac{\rho g Q H}{\rho g H_R (Q+q)} \tag{7.14}$$

$$= \eta_R \cdot \eta_E \cdot \eta_Q$$

기계효율

$$\eta_m = \frac{P - P_{LM}}{P} = \frac{P_R + P_{LD}}{P} \tag{7.15}$$

전효율

$$\eta = \frac{\rho g Q H}{P} = \eta_m \cdot \frac{\rho g Q H}{P - P_{LM}}$$
$$= \eta_m \cdot \eta_h$$
$$= \eta_m \cdot \eta_R \cdot \eta_E \cdot \eta_Q \quad (7.16)$$

로 된다.

한편, 이러한 수차의 요소 효율에 대한 설계가 적용된 사례를 표 7.1과 그림 7.1에 보인다.

과거부터 운전되어 왔던 수차가 노후화 및 수명주기로 인하여 신규 설비로 대체해야 할 시기가 되면 노후한 설비의 성능개량을 수행하게 된다. 성능개량의 과정에서는 수차의 성능개선을 위한 최신의 기술을 적용하게 되지만, 기존에 설치되었던 수차에는 여러 가지 고유한 제약조건(예를 들면 건물의 제한, 개량범위, 수위 및 유량의 변경 등)이 존재한다. 그래서 개량의 목적에 부합하는 비용 대비 성능의 평가가 중요하게 된다. 따라서 성능향상을 계획할 때에는 기존의 수차에 대한 현황 성능을 진단하고, 목적으로 하는 개량을 가장 효과적으로 수행하기 위한 성능진단을 병행할 필요가 있다.

이러한 관점에서 수치해석 기술이 활발하게 이용되고 있고, 개량에 의한 성능향상의 정량적인 평가 및 적절한 개량 항목의 제안 등을 수치해석에 의거하여 실시되고 있으며, 개량 비용과의 비교 검토에 의해 개량의 가부가 검토된다.

본 사례는 케이싱, 스테이베인 그리고 흡출관은 기존에 설치된 것을 그대로 사용하고, 러너 및 가이드베인을 신규로 설계 및 제작하여 설치 후 성능시험을 실시하여 그 효과에 대해서 검토한 것이다.

수차의 각종 효율 및 성능곡선에서 비교를 통하여 확인이 가능한 바와 같이 표 7.1의 수치해석에 의한 예측값이 그림 7.1의 현지 실측시험에서 양호하게 일치하고 있으며, 성능향상이 달성되었음을 알 수 있다.

이와 같이 수차의 성능향상을 위해서는 성능개선, 즉 효율의 증가를 위한 각부의 손실을 잘 파악하여 감소시킬 수 있는 설계가 필요하다.

그림 7.2와 그림 7.3은 과거부터 현재까지 공개된 수차성능 및 효율 자료를 분석하여 프란시스수차와 카플란수차의 최고효율 향상 추이를 보이고 있다. 현재 최고효율은 거의

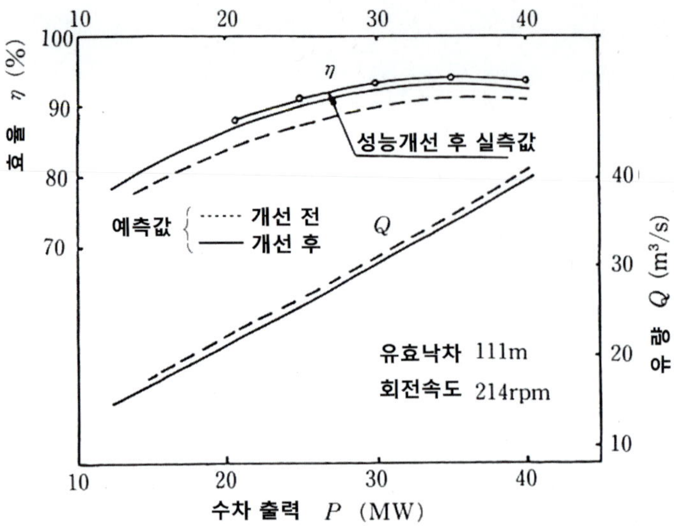

그림 **7.1** 수차의 신규설계에 의한 효율개선 예

자료: 長藤, 1985

표 **7.1** 수차의 효율개선 예측값

효율의 종류	기존 모델	신규설계, 성능개선 후
수력효율 η_h	93.6%	95.2%
체적효율 $\eta_v(=\eta_Q)$	97.9%	98.1%
기계효율 η_m	99.5%	99.5%
수차효율 η	91.2%	92.9%

자료: 長藤, 1985

95%에 달하고 있으며, 효율 향상을 위해서 수차에서 발생하는 손실에 대한 분석 및 저감 노력에 의해서 효율이 향상되어 왔다.

그림 7.4와 그림 7.5는 수차와 펌프의 효율과 손실분포, 최고효율점 운전 시 고낙차 프란시스수차의 손실분포 예를 각각 나타낸다.

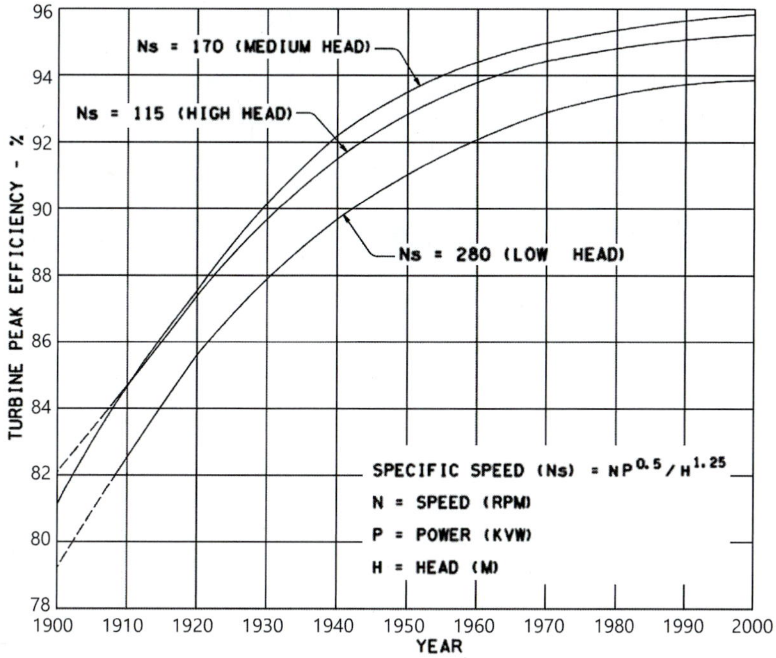

그림 **7.2** 프란시스수차의 최고효율 향상 추이

자료: EPRI, 2000

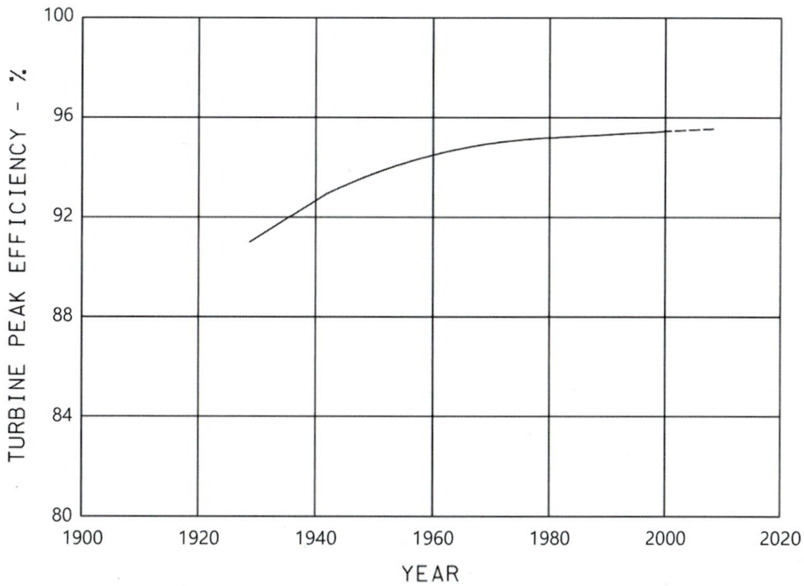

그림 **7.3** 카플란수차의 최고효율 향상 추이

자료: EPRI, 2000

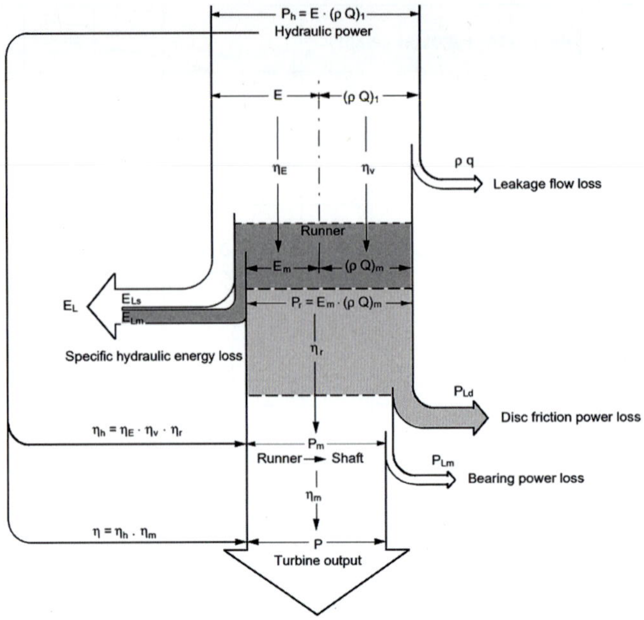

(a) 수차의 효율과 손실분포

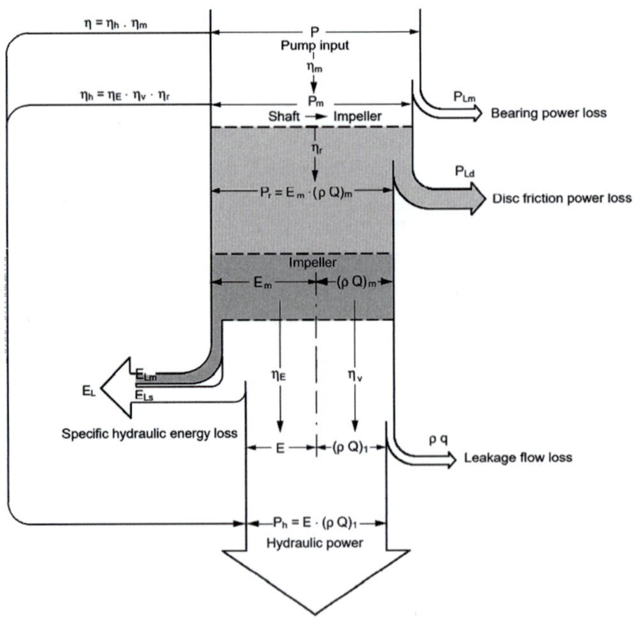

(b) 펌프의 효율과 손실분포

그림 7.4 수차와 펌프의 효율과 손실분포

자료: IEC 60193, 1999

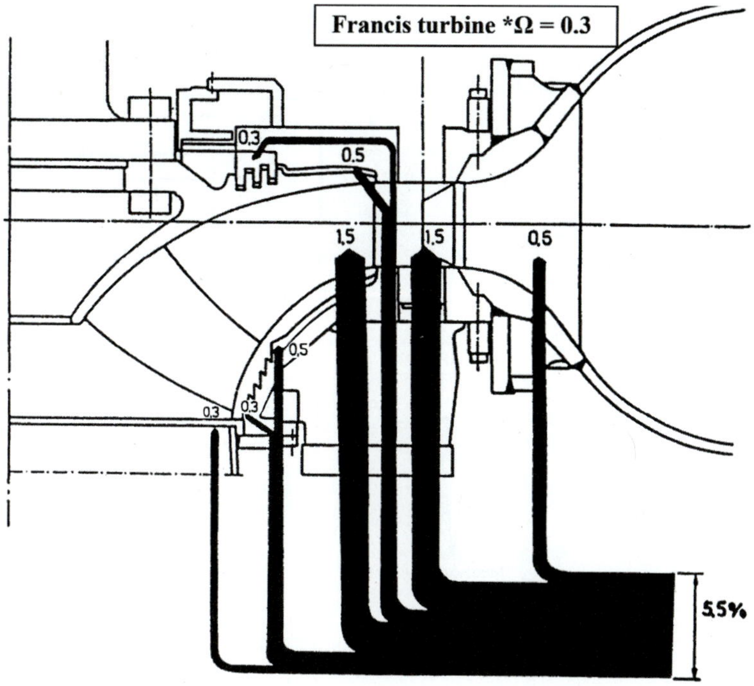

그림 7.5 최고효율점 운전 시 고낙차 프란시스수차의 손실분포 예
자료: Brekke, 2012

7.1.2 수차 및 펌프수차의 손실

오일러 방정식에 의해 예측된 에너지 전달은 실제로 달성되지 않는다. 수력효율은 러너의 유체 동력과 기계적 동력 사이의 손실을 정량화한다. 그러나 이러한 손실은 수력에 관련된 요소(펌프 및 수차 유로)뿐만 아니라 시스템 전체에서 발생한다. 그림 7.6은 펌프 및 수차 시스템에서 발생하는 효율과 손실을 요약하고 있다.

그림 7.7은 각종 수차의 부하 변화에 따른 효율분포를 보이고 있다. 고정익 프란시스수차 및 프로펠러수차에 비하여 가동익 카플란수차 및 데리아수차가 넓은 운전범위에서 상대적으로 높은 효율을 나타내고 있다. 즉, 가동익의 경우 운전조건에 따라서 러너 및 가이드베인의 각도를 유동각과 잘 매칭 되도록 설정하여 수력손실을 최소화하여 고효율을 달성할 수 있도록 한 시스템이다.

그림 7.8과 그림 7.9는 프란시스수차의 손실분포와 카플란형 프로펠러수차의 손실분포

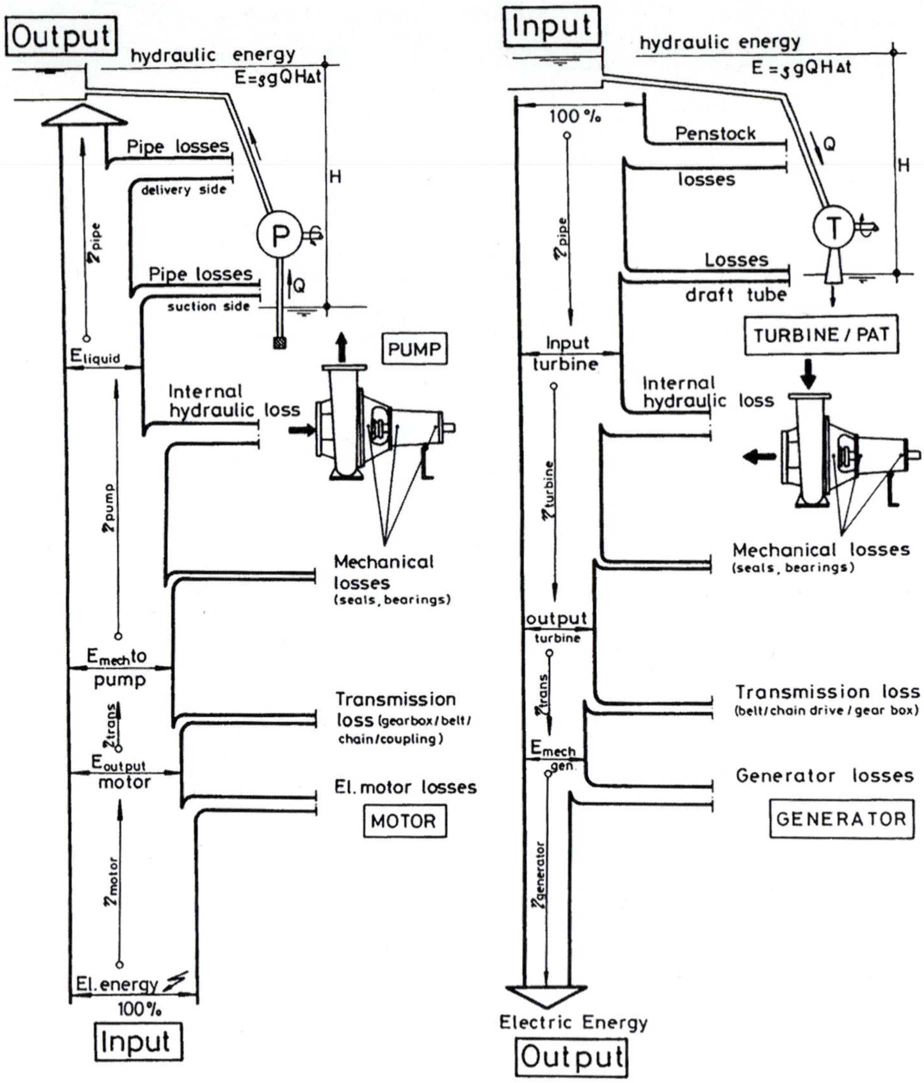

그림 7.6 펌프 및 수차 시스템의 효율과 손실분포

자료: Chapallaz, 1992

를 각각 보이고 있다. 수차 각부 요소에서 발생하는 손실의 종류와 비율은 유량(개도) 및 비속도의 변화에 따라서 정리할 수 있으며, 효율의 개선을 위해서는 각부의 손실발생 원인을 파악하여 손실을 감소시킬 수 있는 방법에 대해서 적극적으로 검토하여야 한다.

그림 7.10은 펌프의 동력과 손실분포에 대해서 유량과 비속도 변화에 따라서 작성한 결

과이다. 펌프에서도 수차와 같이 거의 유사한 손실의 원인이 존재하며, 펌프수차의 펌프모드 성능개선을 위해서는 펌프에서와 같은 손실의 발생원인을 분석하여 적절한 감소 대책을 수립하여 적용하여야 한다.

한편, 그림 7.6, 그림 7.11～그림 7.13은 펌프형 수차(PAT: Pump as Turbine)에 관련된 내용이지만, 수차 및 펌프수차의 작동 원리와 거의 동일하기 때문에 관련 설명을 위해서 참고 자료로 포함시켰다.

수차 및 펌프수차에서 발생하는 손실의 발생원인과 종류를 크게 나누어 보면 수력손실과 기계손실로 나눌 수 있으며, 세부손실에 대해서는 다음과 같다.

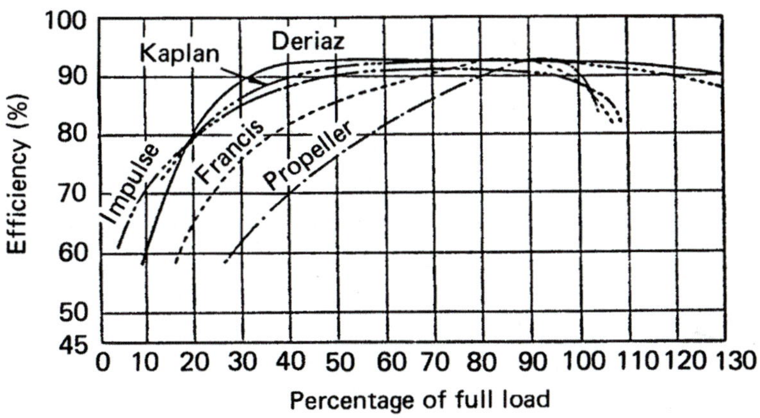

그림 7.7 각종 수차의 부하 변화에 따른 효율분포

자료: Laughton, 2003

(1) 수력손실

수차 및 펌프 시스템에서는 유입관 및 송출관에서 발생하는 손실 외에도, 가장 큰 단일손실은 기계의 내부 수력손실이다. 기계 입력(즉, 수차의 경우 유효낙차에서의 수동력, 펌프의 경우 축동력)에 대해서 손실이 발생하게 된다. 내부 수력손실은 크게 다음의 네 부분으로 구성되며, 이들 각각은 오일러 방정식에 따른 이상적인 에너지 전달을 감소시킨다.

1) 순환손실

그림 7.11에서 보이는 바와 같이 펌프의 경우 임펠러 유로의 속도분포는 균일하지 않다.

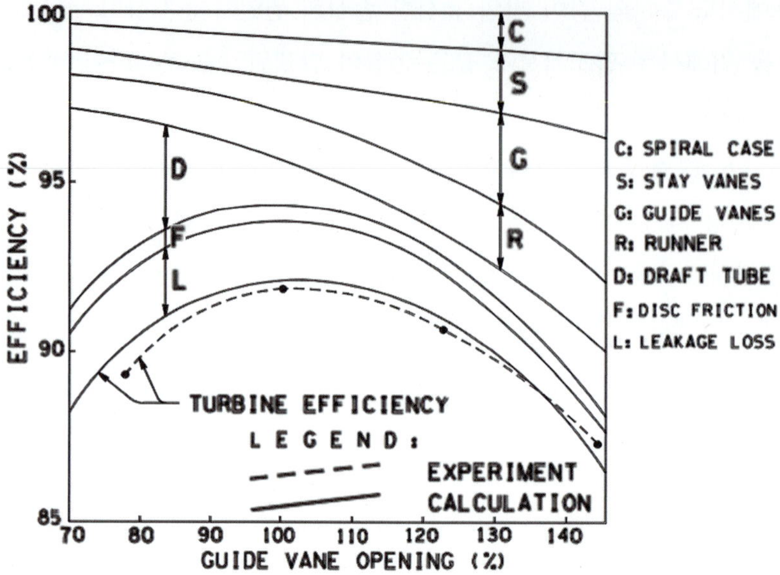

(a) 유량(가이드베인 개도) 변화

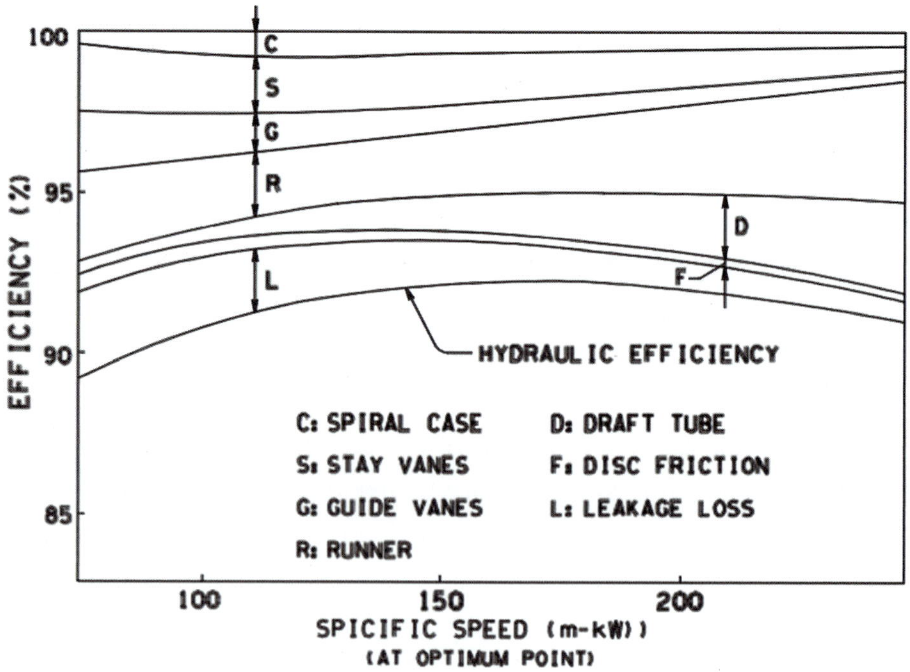

(b) 비속도 변화

그림 **7.8** 프란시스수차의 손실분포

자료: EPRI, 2000

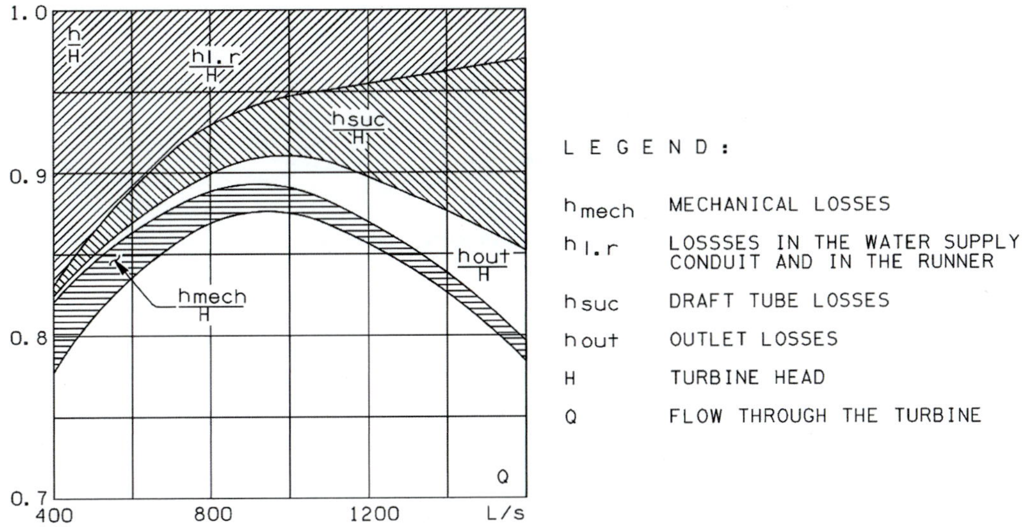

그림 **7.9** 카플란형 프로펠러수차의 손실분포

자료: EPRI, 2000

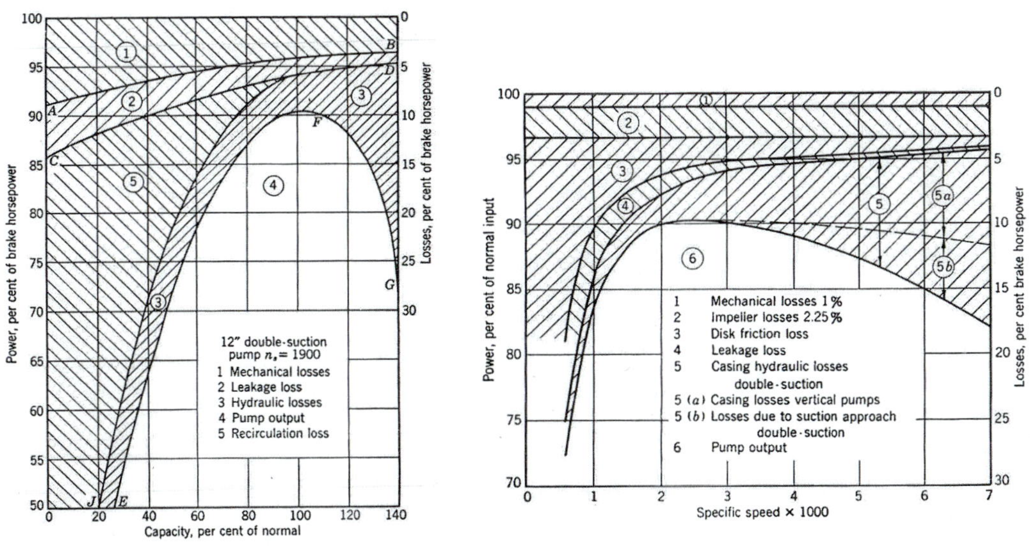

(a) 유량 변화 (b) 비속도 변화

그림 **7.10** 펌프의 동력 및 손실분포

자료: Stepanoff, 1957

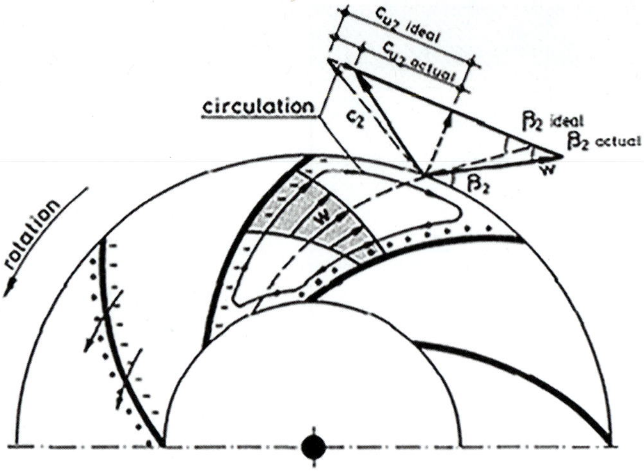

그림 7.11 임펠러 내부 유로의 2차 흐름에 의한 순환손실

자료: Chapallaz, 1992

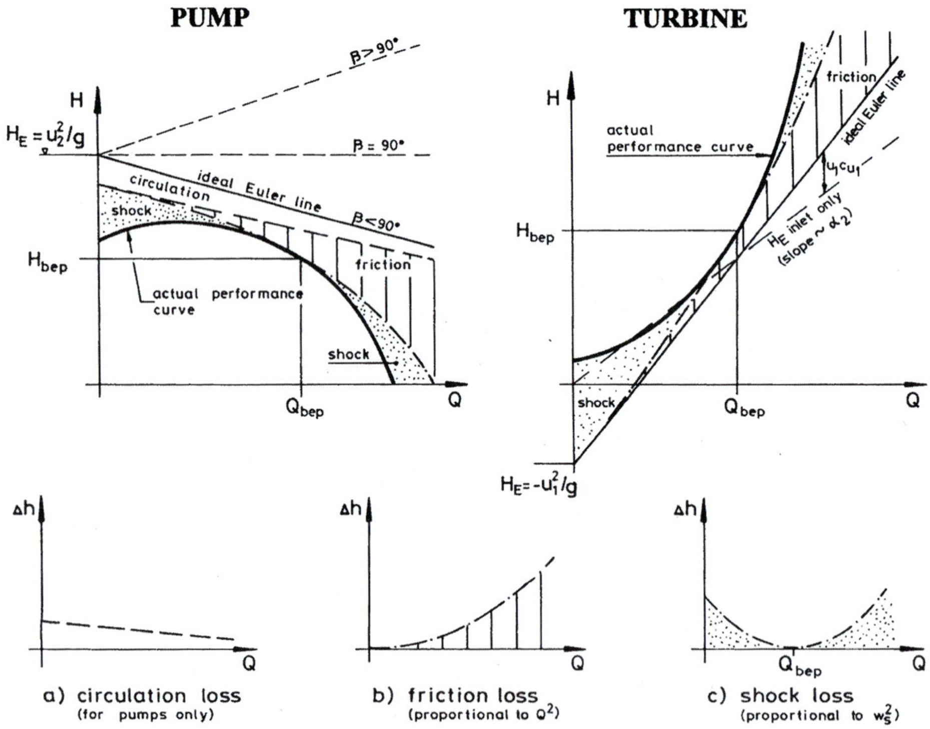

그림 7.12 펌프 및 수차 내부의 각종 손실

자료: Chapallaz, 1992

2차 흐름 유동현상은 회전하는 임펠러 베인에 의해 생성되어 접선 속도성분 c_{u2}를 감소시킨다. 임펠러는 유체에 접선력을 가하며, 이는 베인 뒤쪽의 부압면의 압력이 더 낮고 앞쪽 압력면의 압력이 더 높음을 의미한다. 따라서 상대속도 벡터 w_2는 무한한 수의 블레이드를 가정한 오일러 방정식에 의해 예측된 것(β_{2ideal})보다 임펠러 회전 방향의 반대쪽으로 밀린(slip) 각도($\beta_{2actual}$)로 임펠러를 떠나게 되어 유체로의 에너지 전달 감소, 즉 순환손실이 발생한다.

펌프 또는 수차에 있는 한정된 수의 블레이드에 기인하며, 펌프의 경우 그림 7.12(a)와 같은 순환손실을 가진다. 수차의 순환손실은 일반적으로 수차성능에 작은 영향을 미치는 러너의 내부 원주에서 발생하기 때문에 무시할 수 있다.

2) 마찰 및 유로 확대손실

흐름이 러너 및 임펠러 유로와 케이싱을 통과할 때 마찰이 발생하며 펌프의 경우, 감속 또는 유로 확대로 인한 손실이 발생(표 2.9 참조)한다. 마찰손실은 그림 7.12(b)에 보이는 바와 같이 유량 Q의 제곱에 비례하여 증가한다.

3) 충돌손실

러너 및 임펠러의 베인 각도와 수차 및 펌프의 가이드 베인/케이싱 설단부 각도는 설계 유량에 대하여 결정되며, 비설계점 유량의 경우 흐름 방향과 벌류우트 케이싱 각도, 러너 베인 각도 간에 오정렬(misalignment)이 발생하게 된다. 이 오정렬은 설계 흐름 이외의 흐름에 대한 수차와 펌프의 효율을 감소시키는 원인으로 이른바 충돌손실을 유발한다. 설계유량에서 충돌손실은 0이며 설계유량에서 벗어난 운전점에 대해서는 증가 또는 감소한 유량의 제곱에 비례하여 손실이 증가한다.

그림 7.12(c)는 펌프와 수차에서 유량에 따른 충돌손실을 보이고 있다.

그림 7.13은 펌프와 수차(또는 펌프수차 수차모드)에 대한 속도삼각형 분석을 통하여 설계점 유량과 비설계점 유량에서의 유입 각도 변화에 따른 충돌손실 발생 유무를 보여준다. 단, 그림에서 수차(또는 펌프수차 수차모드) 운전 시의 속도삼각형 성분 하첨자 2는 입구, 1은 출구를 의미한다(4.2.3절 참조).

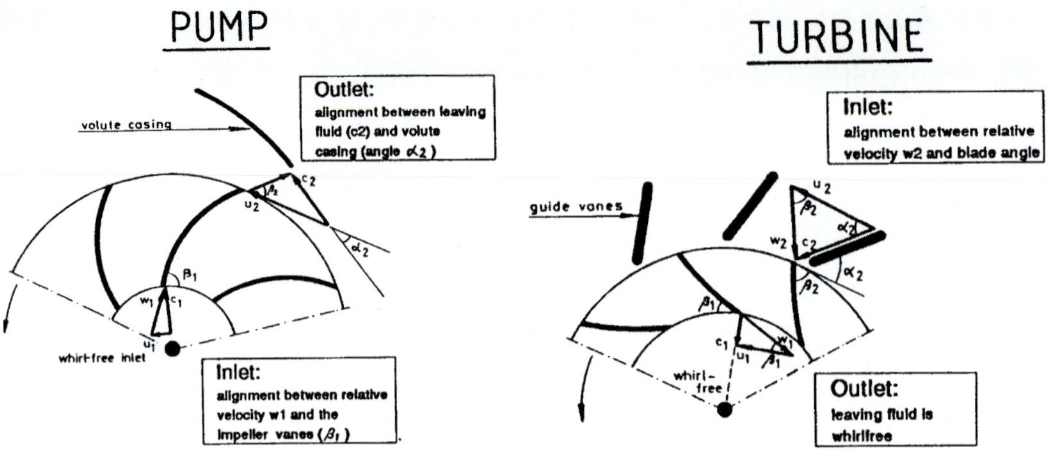

(a) $Q = Q_n$

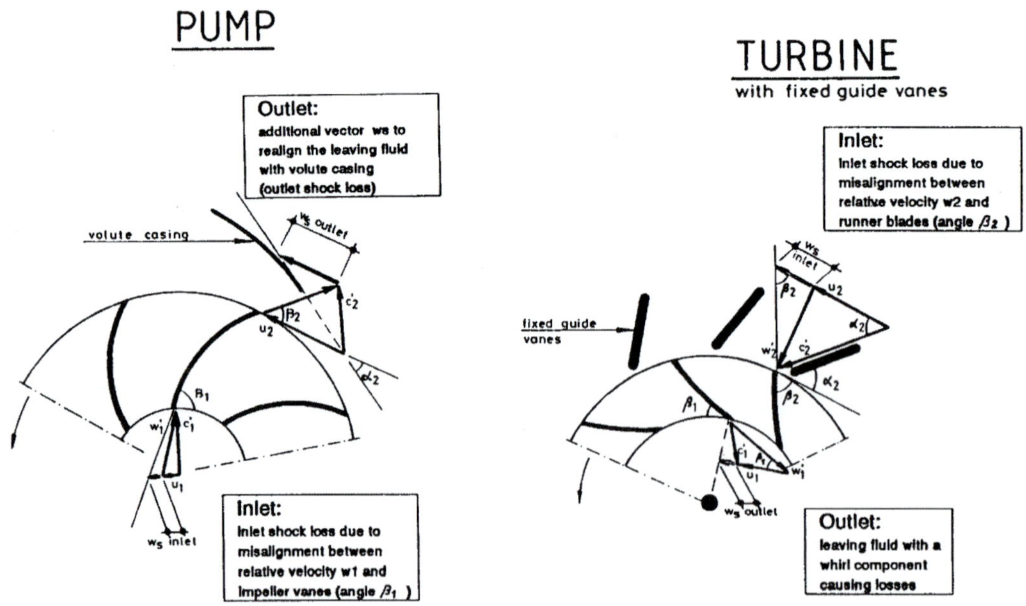

(b) $Q > Q_n$

그림 **7.13** 설계점과 비설계점에서의 충돌손실 속도선도 비교

자료: Chapallaz, 1992

4) 누설손실

누설손실은 일정한 유량 Q가 수차 및 펌프에 유입했으나 러너 또는 임펠러와 같은 회전부와 케이싱과 같은 정지부 사이의 틈새를 통하여 고압의 유체가 저압부로 흘러 들어가게

되어 수차 러너에서는 각운동량에 의한 토크를 발생시키는데 기여할 수 있는 유량이 감소되어 출력의 감소가 발생한다. 펌프 임펠러에서는 출구를 흘러나온 흐름 중 일부가 임펠러와 케이싱의 틈새 통로를 통하여 역류하여 최종적으로는 임펠러 입구 측에 도달하게 되어 토출하지 않고 재순환하는 누설유량으로 인하여 축동력의 손실을 가져오게 된다. 이러한 누설유량 q가 누설손실을 일으키게 되며, 이것에 관계하는 것이 체적효율 η_v이다(4.2.6절 참조).

그림 7.12의 펌프와 수차의 $H-Q$ 성능곡선에서는 이상적인 오일러헤드 H_E로부터 유량의 변화에 따라 추가/감소되는 손실량에 의해 실제 펌프와 수차의 헤드를 나타내고 있다. 펌프와 수차의 오일러헤드는 다음과 같이 나타낼 수 있다.

$$H_{E\_Pump} = \frac{u_2 c_{u2} - u_1 c_{u1}}{g}, \quad H_P = H_{E\_Pump} \cdot \eta_P \quad \text{(펌프)} \qquad (7.17)$$

여기서, $H_{E_Pump} = H_P + H_{loss}$이고, , H_{loss}는 펌프에서의 각종 수력손실이다.

$$H_{E\_Turbine} = \frac{u_1 c_{u1} - u_2 c_{u2}}{g}, \quad H_T = \frac{H_{E\_Turbine}}{\eta_T} \quad \text{(수차)} \qquad (7.18)$$

여기서, $H_T = H_{E_Turbine} + H_{loss}$이며, H_{loss}는 수차에서의 각종 수력손실이다.

펌프에서 유량에 따른 오일러헤드의 기울기는 입구 선회류가 없다고 가정할 경우($c_{u1}=0$), 임펠러 출구 베인 각도 β_2에 따라 달라진다. 방출유량이 없는 체절유량에서 펌프에 의해 생성되는 최대양정은 $H_{\max} = u_2^2/g$이다. 펌프의 실양정을 구하기 위해서는 손실(순환, 마찰, 충돌)을 오일러헤드로부터 빼야 한다.

그림 7.12에서 수차의 오일러선(Euler line)은 조금 더 복잡한데, 그것은 수차의 출구 흐름이 설계 흐름에 대해서만 선회류가 없기 때문이다. 따라서 비설계점 유량에서는 러너 출구에서 선회류를 포함하여 흘러나가기 때문에 식 (7.18)의 오일러헤드의 두 번째 항($u_2 c_{u2}$)은 반드시 고려되어야 한다. 식 (7.18)의 오일러헤드 첫 번째 항은 유량이 0인 경우까지 직선(그림 7.12의 점선)을 나타내며, 가이드베인 각도 α_2에 의해서 기울기가 변화한다(유량이 0일 경우 일정한 가이드베인 각도 α_2 때문에 c_{u2}도 0이 된다). 손실(마찰, 충돌)을 이상적인 오일러선에 추가해야 한다.

(2) 기계손실

① **베어링, 축 씰 마찰손실** 수차 및 펌프 본체로부터 축을 지지하기 위해 사용되는 베어링에서 마찰이 발생하며, 축봉장치로 사용되는 씰과 축 사이에도 마찰이 발생하여 기계적인 마찰손실로 된다.

② **원판마찰손실** 수차 러너 크라운 또는 펌프 임펠러 주판의 이면 등에서와 같이 직접 유체의 에너지 수수에 관계하지 않는 유체마찰손실의 존재인데, 이것은 회전하는 러너/임펠러 평판 벽면과 고정된 케이싱 벽면 사이의 틈새 통로를 흘러가는 유체에 의해 마찰손실이 발생하며, 이것을 원판마찰손실(disk friction loss)이라고 한다(4.2.7절 참조).

(3) 동력전달손실

수차 또는 펌프의 축과 그것에 연결된 장치 사이에 동력을 전달하기 위한 장치로서 사용되는 기어박스, 벨트, 체인, 커플링 등에서 동력전달손실이 발생하게 된다.

(4) 발전기/전동기 손실

수차 및 펌프로부터 에너지를 주거나 받기 위해 사용되는 발전기와 전동기 자체의 손실을 나타낸다.

7.2 수차 및 펌프수차 모형시험과 성능환산

수차 및 펌프수차는 일반적으로 유량이 많고, 본체의 치수도 크기 때문에 실물에서 여러 가지 시험을 수행하는 것이 용이하지 않다. 또한 실물을 제작하기 전에 성능 등을 가능한 한 양호한 정도로 검토할 필요성이 강하기 때문에 연구개발을 위한 시험을 포함해서 모형시험(model test)은 종래로부터 중요한 역할을 하고 있다.

본 절에서는 모형시험에 대해서 그 종류, 장치, 방법 및 환산의 순으로 설명한다.

각각의 내용에 대해서는 모형시험을 성능시험 이외의 특수한 시험의 2가지로 나누고, 먼저 성능시험(performance test)에 대해서는 효율시험(efficiency test)과 캐비테이션시험

(cavitation test)을 주된 내용으로 한다. 또한 특수한 시험에 대해서는 실양정·실낙차 모형시험과 과도현상 모형시험을 주된 내용으로 설명한다.

7.2.1 모형시험의 종류와 목적

수차 및 펌프수차는 어떤 상사조건에 따라 상사모형을 사용하여 시험을 수행하면 실물의 여러 특성을 파악할 수 있다. 이것을 일반적으로 수차 또는 펌프수차의 모형시험이라고 한다.

발전소 현지에서 수차 또는 펌프수차의 실물의 성능시험을 실시하려면, 일정한 기간 동안 수차를 정지해야 한다. 또한 케이싱 또는 철관 속의 물을 빼야 하며, 다수의 계측 인원과 많은 경비를 필요로 한다. 따라서 최근에는 성능인수시험(performance acceptance test)도 실물을 대신하여 모형으로 실시하게 되었다.

모형시험에는 그 목적에 따라서 여러 가지 형식으로 실시된다. 출력 또는 입력, 유량 또는 양수량, 효율 등의 상호관계를 구하는 성능시험과, 주로 실물의 신뢰성 향상을 위해서 모형에 의해 각부의 토크, 진동, 강도 등에 관한 계측을 수행하는 특수한 시험, 이른바 특수시험이 있다.

(1) 성능시험

모형성능시험에 대해서는 국내규격 및 국제규격에서 모형의 최소치수, 측정기기, 측정방법, 측정오차, 실물로의 환산방법 등에 대한 상세한 내용이 규격화되어 있고, 성능시험은 이들의 규격에 따라서 엄밀하게 실시된다.

이러한 규격에 따라서 수행되는 시험에 제공하는 모형수차(model hydro turbine) 및 모형펌프수차(model pump-turbine)의 유수부는 실물과 기하학적으로 상사 형상으로 제작되지만, 모형의 대표치수 및 모형시험 유효낙차 또는 전양정에 대해서는 한국공업규격(KS B 6018) 및 국제규격(IEC 60193)에서 표 7.2 및 표 7.3과 같이 그 최솟값이 정해져 있다.

성능시험에서는 효율계측을 주로 하는 효율시험과 캐비테이션 특성을 위한 캐비테이션시험의 2가지가 주요한 시험으로 되어 있지만, 이것 이외에도 완전특성시험(complete charactristics test), 수압맥동시험(pressure pulsation test)도 동일한 모형 및 장치에서 실시되는

표 7.2 모형 대표치수 및 시험 유효낙차 또는 전양정

형식	모형 대표치수		유효낙차 또는 전양정
펠턴수차	제트 중심선 접원의 지름	350 mm 이상	30 m 이상
프란시스수차	러너 출구지름	350 mm 이상	10 m 이상
사류수차	러너 기준지름	350 mm 이상	10 m 이상
프로펠러수차	러너 바깥지름	350 mm 이상	3 m 이상
프란시스형 펌프수차	러너 출구지름	250 mm 이상	20 m 이상
사류형 펌프수차	러너 기준지름	350 mm 이상	10 m 이상
프로펠러형 펌프수차	러너 바깥지름	300 mm 이상	3 m 이상

자료: KS B 6018, 2002

표 7.3 모형 치수의 최솟값 및 시험 매개변수

매개변수	기계형식			
	반경류 (프란시스)	사류 (데리아)	축류 (카플란, 벌브)	충동 (펠턴)
레이놀즈수 Re	4×10^6	4×10^6	4×10^6	2×10^6
비수력에너지 E(J/kg)	100	50	30 ($D < 0.4$ m) 20 ($D \geq 0.4$ m)	500
유효낙차(전양정) H(m)	10	5	3 ($D < 0.4$ m) 2 ($D \geq 0.4$ m)	50
대표 길이 D(m)	0.25	0.3	0.3	–
버킷 폭 B(m)	–	–	–	0.08

자료: IEC 60193, 1999

경우가 많이 있다. 또한 효율시험에는 무구속속도시험이 포함된다. 실물(prototype)수차 또는 실물 펌프수차의 제작에 앞서서 실시되는 모형시험의 프로그램 예를 그림 7.14에 보인다.

모형에 의한 캐비테이션시험을 수행하는 경우는 캐비테이션의 발생을 관찰하기 위해서 정지부에 창을 설치하여 스트로보라이트를 비추어 회전하고 있는 러너를 정지상태에서 관

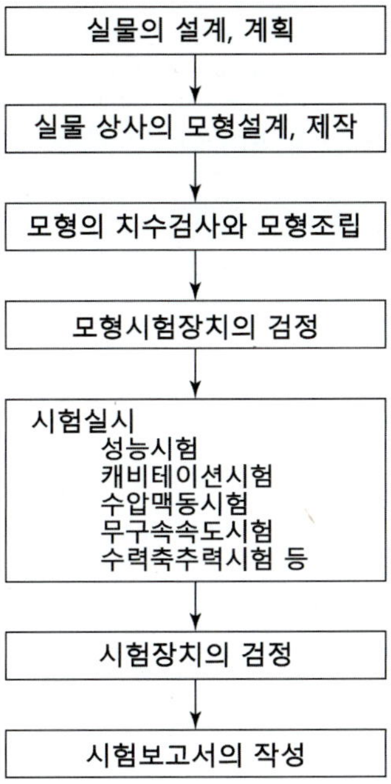

그림 **7.14** 모형시험의 프로그램 예

자료: ターボ機械協会編, 2007

찰하는 것이 가능하다. 이것 이외에도 연구개발을 위한 모형시험에서는 러너베인, 가이드베인 등이 외부로부터 관찰될 수 있도록 유수부를 아크릴 등의 투명한 재료로 제작하는 경우도 있다.

(2) 특수시험

앞에서 설명한 것과 같이 모형시험에서는 주로 성능을 파악하기 위한 시험 이외에도 특히 규격화되어 있지는 않지만, 가이드베인 토크, 러너베인 토크, 수력 축추력, 축 가진력의 계측시험과 펌프수차 특유의 것으로서 펌프시동 시 또는 조상운전을 위한 급배기 시뮬레이션시험 등의 특수한 시험이 실시되는 경우가 있으며, 모형시험의 내용도 폭넓게 되었다. 여기서는 특수시험 중에서도 특별한 시험설비를 필요로 하는 실양정·실낙차 모형시험(actual head model test), 과도현상 모형시험(transient phenomena model test) 그리고 조상운전 모형시험(synchronous condenser operation model test)에 대해서 개략적으로 설명한다.

1) 실양정 · 실낙차 모형시험

펌프수차의 구조강도에 대해서는 경제적인 설계에 호응하여 설계기법도 매우 진보하고, 정밀도가 높은 해석을 수행할 수 있게 되었다. 하지만 고낙차 펌프수차의 경우에는 응력의 절댓값이 높아지는 것과 함께 운전상태에 따라서는 피로강도 면에서의 검토가 중요하게 된다. 따라서 실물과 동일한 운전상태에서 구조강도를 확인하는 동시에 주요 부분의 피로강도에 대해서도 안전성을 확인할 필요가 있다. 특히 고낙차 펌프수차의 러너에 관해서는 비속도가 작고 러너의 크라운과 밴드는 원판 형상에 가까워지기 때문에 직경절진동(modal diameter vibration)에 대한 충분한 검토가 필요하다.

이러한 요구를 바탕으로 모형시험에서 가능한 한 실물과의 상사조건을 만족시켜서 실물의 운전상태 및 응력상태를 재현할 수 있는 시험으로서 실양정·실낙차 모형시험이 실시되고 있으며, 그림 7.15는 실양정·실낙차 모형시험장치 예이다. 실양정·실낙차 모형시험의 주된 목적은 종합적으로 실물의 운전 특성을 확인함과 동시에 모형을 사용해서 구조강도의 검토를 수행하는 것이지만, 구체적으로는 다음과 같이 요약된다.

그림 7.15 실양정 · 실낙차 모형시험장치 예

자료: Ikeda, 2000

- 러너를 실물과 동일한 응력상태에서 운전하고, 수중 피로강도 측면에서 안전성을 확인한다.
- 가이드베인, 상부커버 등의 구조물을 실기와 동일한 응력 및 진동조건에서 그 강도, 진동에 대한 안전성을 확인한다.
- 실양정에서의 펌프모드, 실낙차에서의 수차모드 각 운전상태를 성능을 포함하여 종합적으로 확인한다.
- 수압맥동, 응력진동을 해석하고, 이상한 진동의 유무 및 그 원인을 찾아낸다.

2) 과도현상 모형시험

최근 양수발전소의 고낙차·고양정화에 따라 철관 방수로가 길고, 분기합류부와 서지탱크 등을 포함하면서 복잡화되었다. 또한 펌프수차 자체 특성의 복잡함도 얽혀있어 과도현상은 여러 가지 문제를 가지게 되었다. 예를 들면 펌프 시동, 펌프 입력차단, 수차 시동, 수차 부하차단 시의 과도현상의 문제는 철관, 방수로의 수격에 의한 수압 변화, 유량 변화, 펌프수차의 회전속도 변화 등이 있다. 그 이외에도 검토해야 할 문제로는 펌프수차의 특성상 경로에 기인하는 수력 축추력의 변화, 가이드베인 수압 모멘트의 변화, 러너 주위 수압맥동현상의 크기, 이들 수압맥동의 철관, 방수로로의 전파 및 펌프수차 자체의 진동, 장방수로 플랜트에서의 수차 부하차단 시의 러너 하류 선회류가 유발하는 방수로의 수주분리현상(water column separation phenomena) 등을 들 수 있다. 이 과도현상 중의 압력 변화, 유량 변화, 회전속도 변화 및 이들을 고려한 최적 가이드베인 폐쇄 방법은 펌프수차의 완전특성을 이용한 이론계산에 의해 평균값으로서는 실제의 현상과 정확하게 일치하는 해가 얻어지고, 복잡한 경우도 효율적으로 정밀도가 양호하게 계산 해석이 가능하도록 되어왔다.

그러나 이론 계산만으로는 구해지지 않는 앞에서 기술한 것과 같은 여러 가지 문제점이 있고, 이들의 대부분은 펌프수차 자체에서 발생하는 수압맥동(pressure pulsation)이 상기 계산 결과에 가산되기 때문에 일어나는 것으로 생각된다.

이러한 펌프수차 자체의 동적인 특성도 포함한 과도현상 해석기법으로서 모형 펌프수차를 이용한 과도현상 모형시험이 실시되고 있다. 그림 7.16은 과도현상 모형시험장치 구성 예를 보인다.

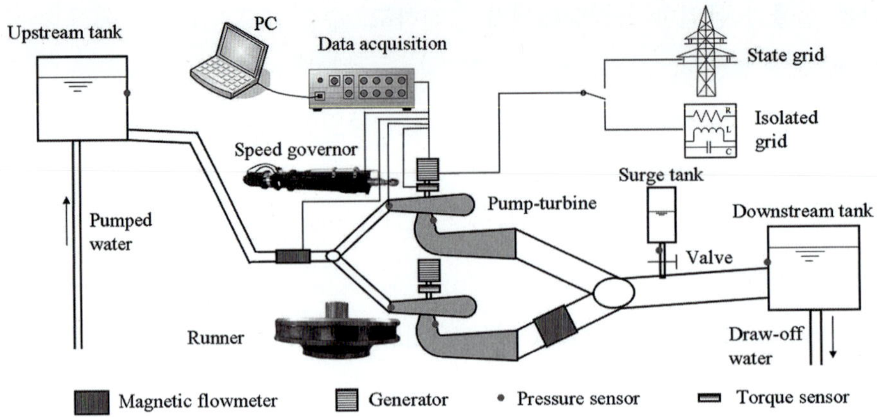

그림 **7.16** 과도현상 모형시험장치 구성 예

자료: Zeng, 2016

3) 조상운전 모형시험

펌프수차의 펌프시동방법은 시동입력을 줄이기 위해서 러너 내부의 물을 압축공기를 사용해서 일시적으로 배제하고 수면눌러내림을 실시한다. 그 후 다음에서 설명하는 시동방법에 의해 동기속도까지 회전수를 상승시켜서 계통에 병렬시킨 뒤 압축공기를 배기하고, 러너에 충수 후, 가이드베인을 열어서 양수를 하는 방법이다.

즉, 시동방법에는 주발전전동기의 제동권선을 활용한 제동권선 기동방식, 직결시동전동기에 의한 시동방식, 다른 수차발전기와 전기적으로 접속해서 시동하는 동기시동방식, 사이리스터(thyristor) 시동장치에 의한 시동방식 등이 있다.

이 방법을 이용하면 시동 용량을 가능한 한 작게 하는 것이 가능함과 동시에 대용량기의 시동에서도 계통에 주는 충격을 경감하는 것이 가능하다.

조상운전의 검토에서는 공회전입력 및 이것에 의해 발생하는 러너 온도상승 또는 온도의 감소 대책 등이 중요하다. 이러한 문제는 모형시험에서 검토되고 있다.

조상시험에 요구되는 특성으로서 정상운전 시에는 ① 작은 수차 공회전입력, ② 낮은 온도상승(배수온도, 흡출관 벽, 주축 씰 등), ③ 적정한 러너 씰 틈, ④ 작은 누설공기량으로 용량이 충분한 공기탱크, ⑤ 작은 누수량과 충분한 배수능력을 들 수 있다. 또한 과도운전 시에는 ① 조상운전으로의 이행 시 충분한 수면눌러내림 능력, ② 조상운전에서 이행할 때는 충분한 배기능력으로 확실한 체절, ③ 전 영역을 통해서 진동, 축 흔들림, 소음 등 운전 특성이 안정적으로 이행 가능한 것을 들 수 있다.

그림 7.17과 그림 7.18은 조상운전 공기압축장치 구성도와 조상운전 모형시험의 계측 결과에 대한 예를 각각 보인다.

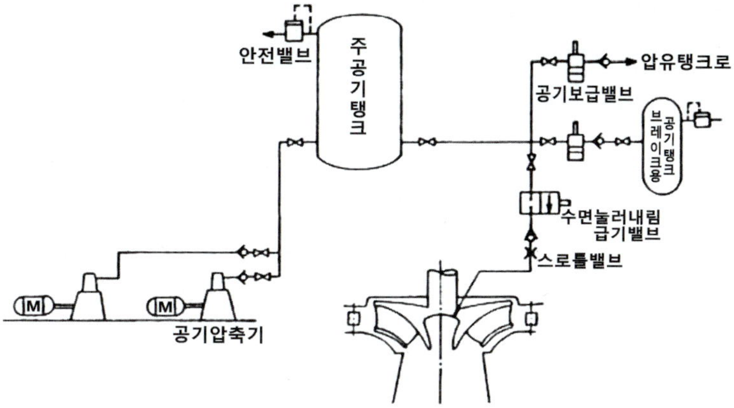

그림 7.17 조상운전 공기압축장치 구성도 예

자료: ターボ機械協会編, 2007

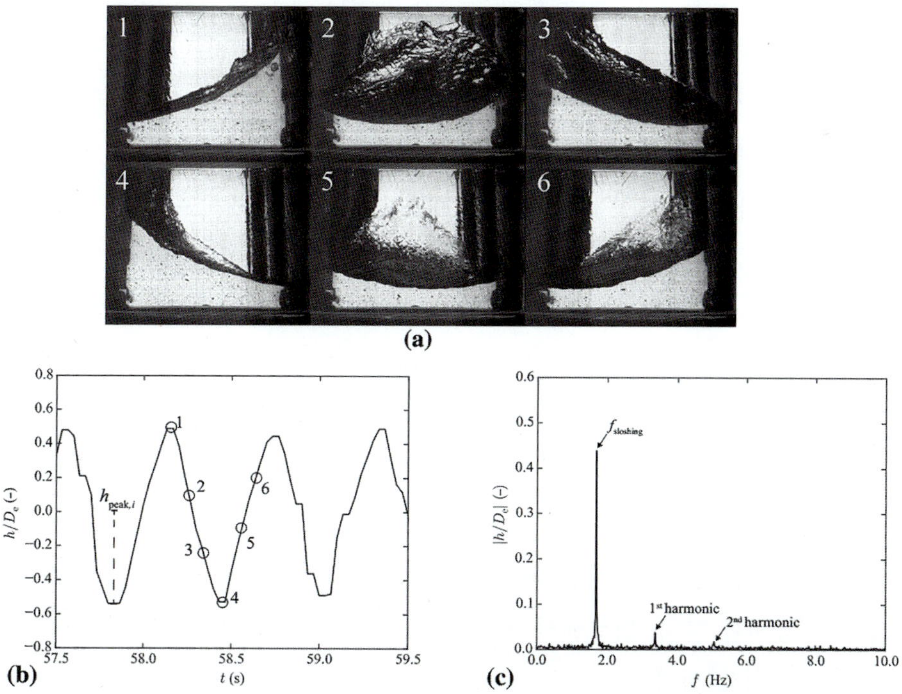

그림 7.18 조상운전 모형시험에 의한 (a) 흡출관 자유수면 출렁거림, (b) 수면 출렁거림 높이 변동, (c) 수면 높이 변동에 대한 주파수 분석 결과

자료: Vagnoni, 2018

7.2.2 모형시험 장치와 계측방법

(1) 효율시험 및 캐비테이션시험 장치

시험에 제공되는 모형이 너무 작으면 제작 치수 정밀도 또는 계측 정밀도가 나빠지기 때문에 앞에서 설명한 바와 같이 규격에 의해 최소치수 및 구성부품의 설계도에 대한 치수 허용공차가 규정되어 있다. 모형시험 유효낙차 또는 시험 전양정에 대해서도 그 최젓값이 규정되어 있다.

또한 한국산업규격(KS B 6018)에서는 수차 및 펌프수차의 효율시험과 수차 및 펌프수차의 캐비테이션시험의 원칙으로 전부 동일한 모형을 사용하여 수행하는 것으로 규정되어 있고, 이들의 시험 장치도 일반적으로 동일한 장치에서 행해지고 있다.

모형의 시험 장치는 규격에 의해 상부탱크, 하부탱크, 모형 상류의 수압관, 양수량 조절 밸브 등 모형에 안정된 압력 및 물의 흐름을 주는 장치와 모형의 성능을 정확하게 측정 가능한 용량 및 정밀도를 가진 낙차(양정) 측정장치, 회전속도 측정장치, 출력(입력) 측정장치 및 유량(양수량) 측정장치를 갖추어야 하는 것으로 규정되어 있다.

그림 7.19～그림 7.21은 시험장치 기기배치의 예를, 그림 7.22는 모형시험 장치 계측기 설치 위치도를 보인다. 또한 그림 7.23과 그림 7.24는 한국산업규격에서 예시하는 수차 및 펌프수차 운전 시의 모형 성능 및 캐비테이션시험 장치의 배치도를 각각 보이고 있다. 측정장치로는 데이터 로거, 낙차 측정장치, 출력 측정장치, 유량 측정장치, 데이터 처리장치 등으로 구성되어 이것들은 전부 중앙제어방식의 디지털 기록장치를 가지고 동시계측이 가능하다. 또한 유량 측정은 직접법인 질량법(weighing method)과 간접법인 전자유량계에 의한 2가지 방법을 채용하여 시험의 목적과 내용에 따라 구분하여 사용할 수 있다.

그림 7.25는 펌프수차 축소모형 캐비테이션 특성 시험 장치 조립 외관 사진을 보인다.

한편, 그림 7.26～그림 7.29는 현재 전 세계적으로 수차 및 펌프수차에 대한 대표적인 모형시험 기관으로서 스위스 로잔공과대학(EPFL) 수력실험실에서 실제 축소모형시험에 사용되고 있는 성능시험 장치, 압력센서 설치 위치, 압력센서 연결도 그리고 압력센서 교정장치의 실례를 보이고 있다.

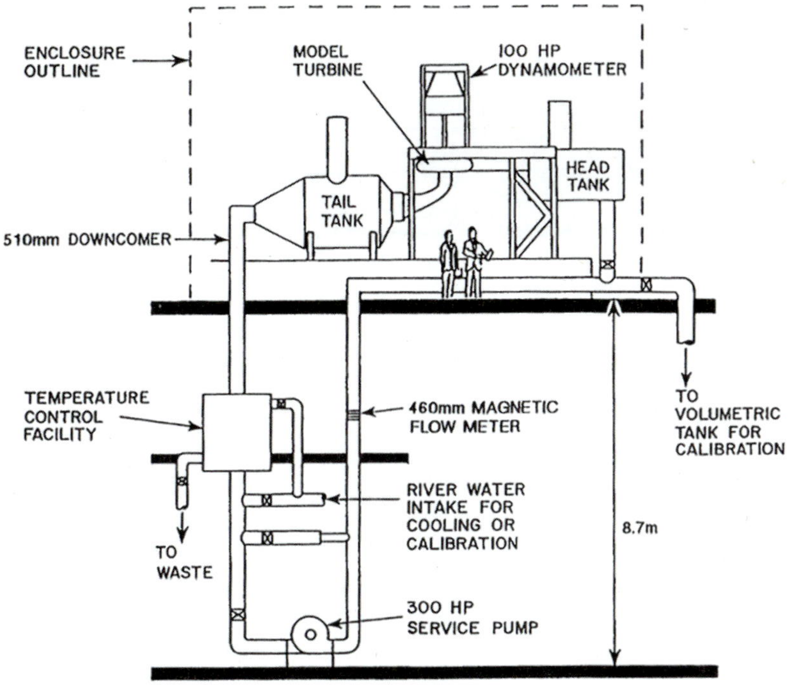

그림 **7.19** 수차 및 펌프수차 모형 성능시험 장치 주요 부품 배치도 예

자료: Gulliver, 1991

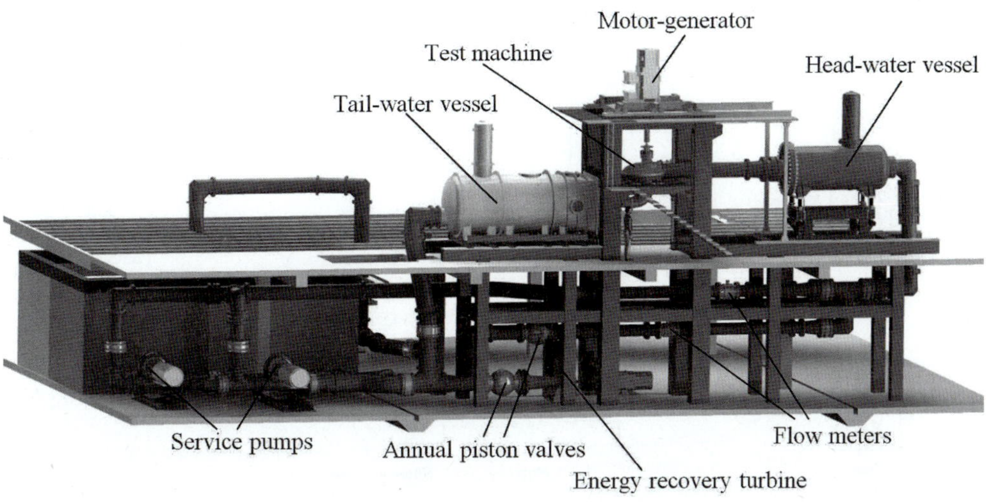

그림 **7.20** 수차 및 펌프수차 모형 성능시험 장치 배치도 예

자료: Kirschner, 2021

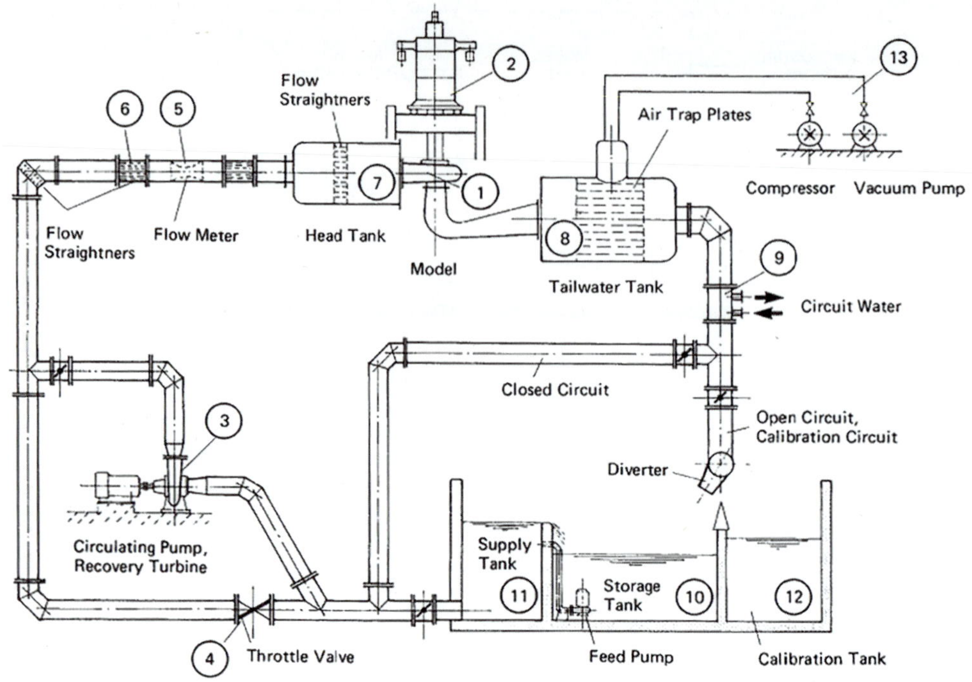

그림 **7.21** 수차 및 펌프수차 모형시험 장치 주요 부품 배치도 예

자료: EPRI, 1988

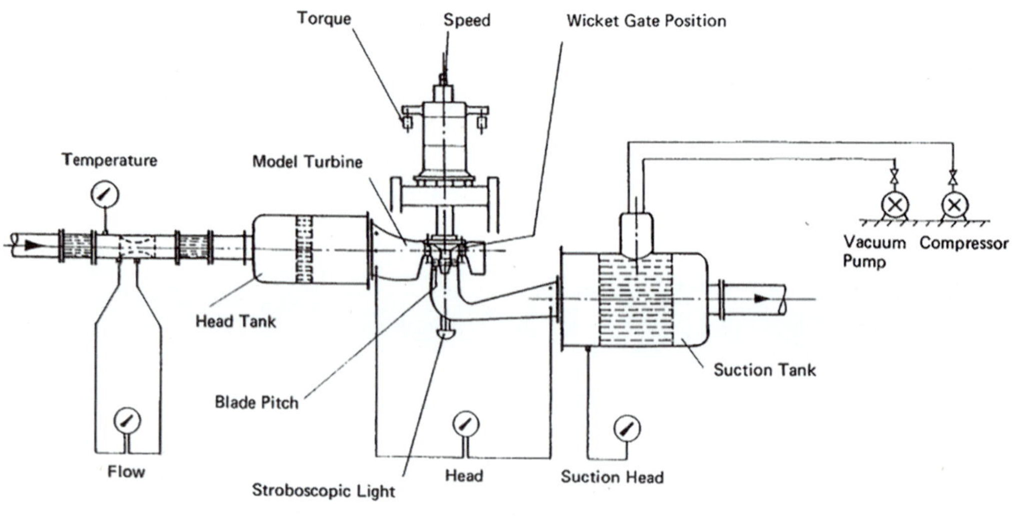

그림 **7.22** 수차 및 펌프수차 모형시험 장치 계측기 설치 위치도 예

자료: EPRI, 1988

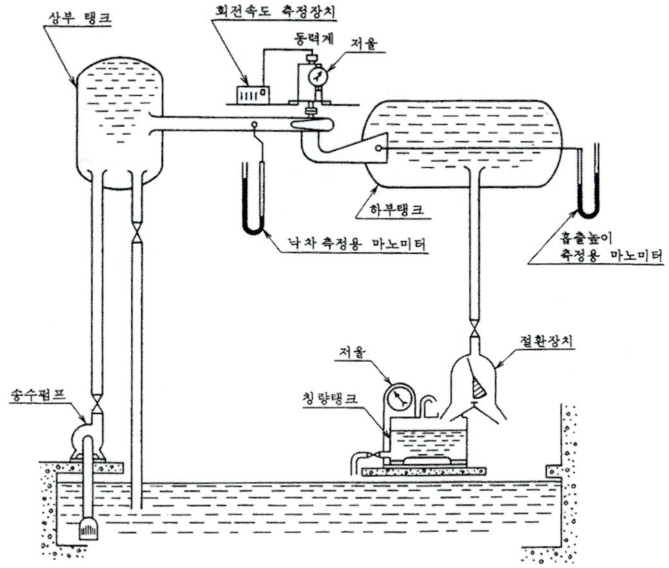

(a) 수차운전 시험용 측정장치

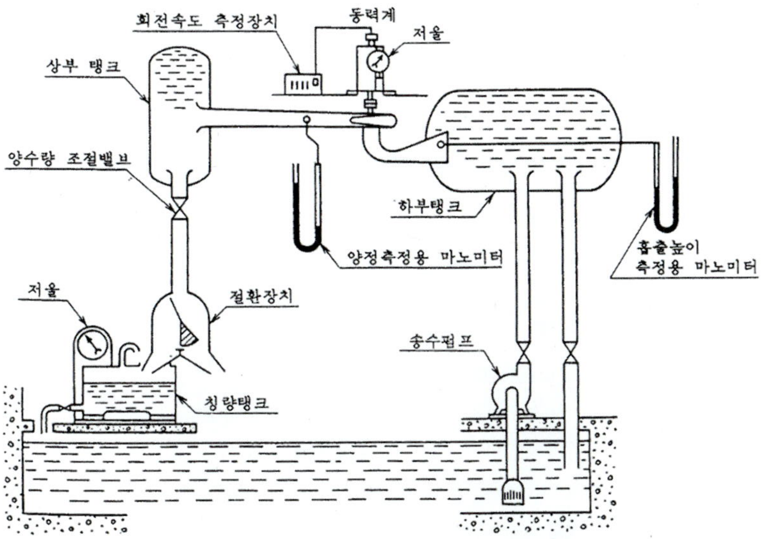

(b) 펌프운전 시험용 측정장치

그림 **7.23** 수차 및 펌프수차 모형 성능시험용 측정장치의 배치 보기

자료: KS B 6018, 2002

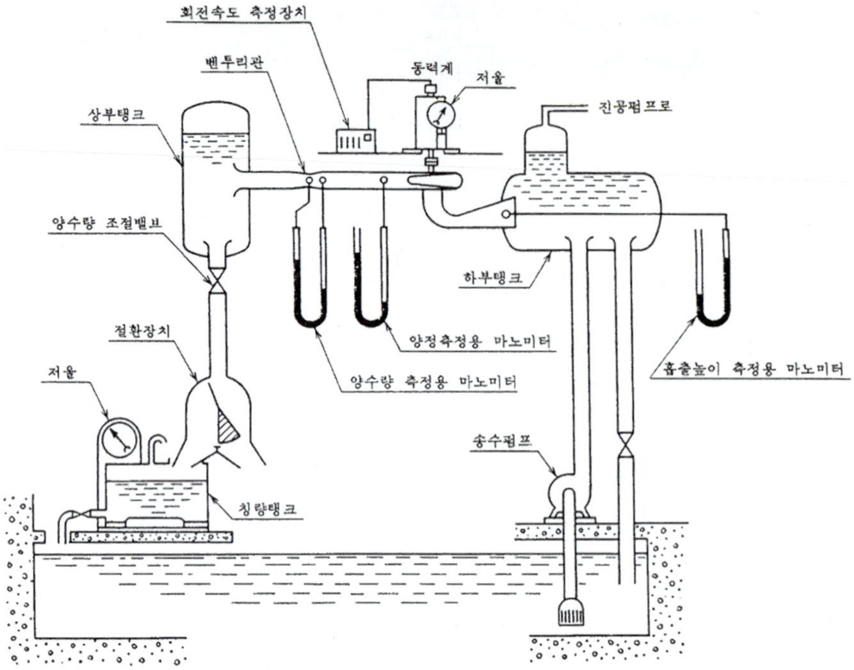

그림 **7.24** 펌프운전 캐비테이션 시험용 측정장치의 배치 보기

자료: KS B 6018, 2002

그림 **7.25** 펌프수차 축소모형 캐비테이션 특성 시험 장치

자료: Tao, 2018

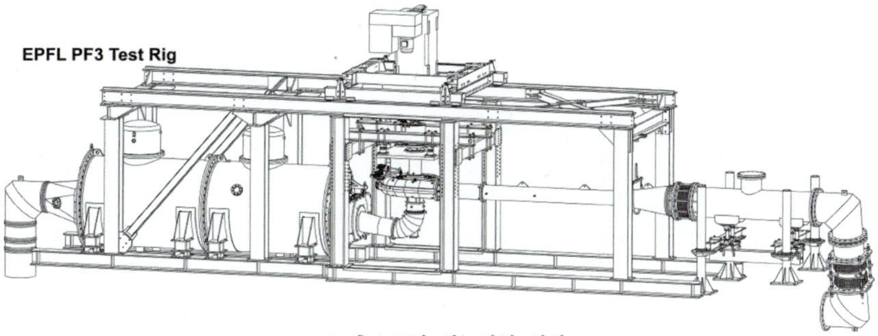

(a) 축소모형 성능시험 설비

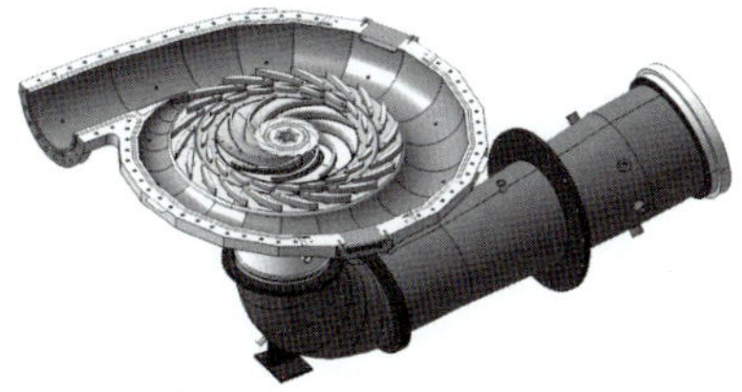

(b) 펌프수차 축소모형

(c) 성능시험 축소모형 및 계측장비 설치

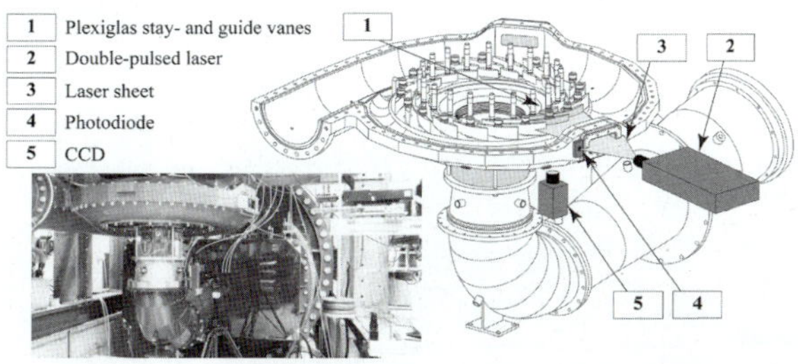

(d) 축소모형 가시화 시험 장치

그림 **7.26** 수차 및 펌프수차 모형시험 설비 및 계측장비

자료: Hasmatuchi, 2012

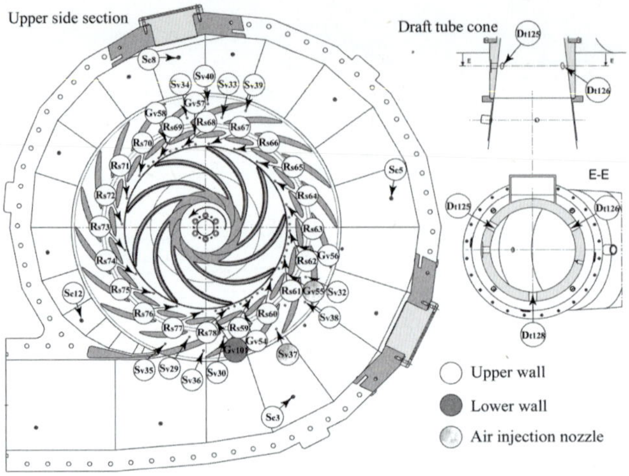

그림 7.27 펌프수차 축소모형과 압력센서 설치 위치

자료: Hasmatuchi, 2012

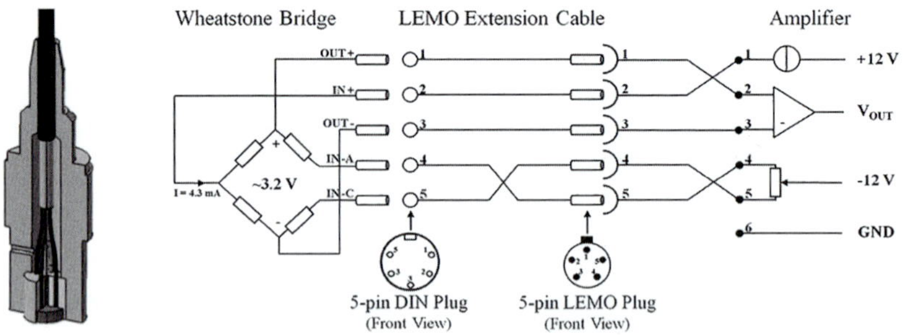

그림 7.28 압력계측용 센서와 측정신호 증폭기 전기적 연결도

자료: Hasmatuchi, 2012

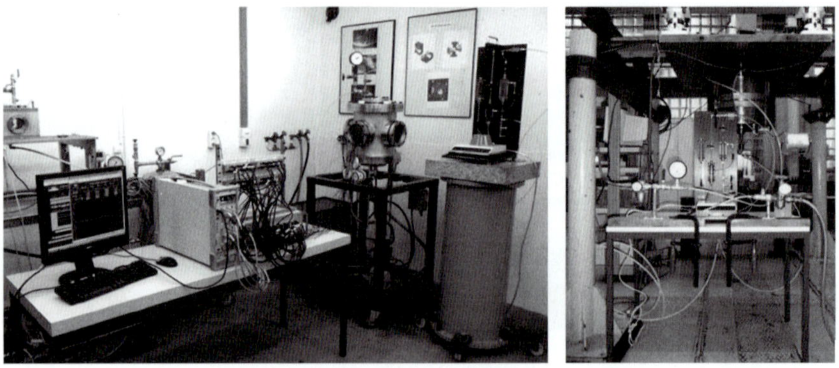

그림 7.29 축소모형 성능시험 계측용 압력센서 교정시험 장치

자료: Hasmatuchi, 2012

7.2.3 효율시험과 성능환산

(1) 효율시험

효율시험은 실물과 상사한 모형에 의해 실물의 특성(characteristics)을 정확하게 예측하기 위해서 실시된다. 이 시험의 주된 목적은 효율검증이지만, 효율은 캐비테이션의 발생에 의해 영향을 받는 것이 있고, 한국산업규격(KS B 6018)에서는 효율시험을 "캐비테이션의 영향을 받지 않는 상태에서 모형의 성능을 조사하는 시험"이라고 규정하고 있다. 효율시험을 하기 위해서는 기본적으로 실물과 모형의 러너 입구 및 출구 속도삼각형을 상사로, 즉 양 수차의 운전상태를 상사로 할 필요가 있고, 러너라는 회전체가 있기 때문에 회전속도를 포함한 아래의 관계식을 성립시킨 상태에서 시험을 수행한다.

$$N' = N\left(\frac{D}{D'}\right)\left(\frac{H'}{H}\right)^{1/2} \tag{7.19}$$

$$Q' = Q\left(\frac{D'}{D}\right)^{2}\left(\frac{H'}{H}\right)^{1/2} \tag{7.20}$$

여기서, H는 낙차 또는 양정 [m], N은 회전속도 [min^{-1}], D는 러너 지름 [m], Q는 유량 또는 양수량 [m^3/s]이고, 프라임(′)은 모형을 의미한다.

모형시험에서는 대상으로 하는 운전점에서 상기 각 수치와 입출력 및 효율을 양호한 정밀도로 계측할 필요가 있다. 이들의 계측 데이터로부터 모형의 특성이 산출되지만, 일반적으로 수차의 경우는 각 계측량을 단위량의 값으로 환산하고, 펌프의 경우에는 어떤 일정한 펌프시험 회전속도에서 운전한 때의 값으로 환산한다. 특성의 표시방법으로는 일반적으로 한국산업규격(KS B 6018)에 의한 단위량 또는 국제규격(IEC 60193)에 의한 무차원량으로 환산하여 나타낸다.

한국산업규격(KS B 6018)에 의한 모형의 수차 특성은 다음 식에 의해서 구한다.

$$Q_{11}' = \frac{Q'}{H'^{1/2}D'^{2}}\left(\frac{g_n}{g'}\right)^{1/2} \tag{7.21}$$

$$P_{11}' = \frac{P'}{H'^{3/2}D'^{2}}\left(\frac{\rho_0}{\rho'}\right)\left(\frac{g_n}{g'}\right)^{3/2} \tag{7.22}$$

$$N_{11}' = \frac{N'D'}{H'^{1/2}}\left(\frac{g_n}{g'}\right)^{1/2} \tag{7.23}$$

여기서, Q_{11}', P_{11}', N_{11}'은 각각 단위 치수·단위 낙차당의 값으로 환산한 모형의 유량 [m, m^3/s 단위], 출력 [m, kW 단위], 회전속도 [m, min^{-1} 단위]이다. 또한 H'는 측정한 모형의 유효낙차 [m], Q'는 유량 [m^3/s], P'는 출력 [kW], N'은 회전속도 [min^{-1}], D'는 모형의 대표 치수 [m], ρ'는 측정 시의 물의 밀도 [kg/m^3], ρ_0는 표준상태의 물의 밀도 1000 kg/m^3, g'는 측정 위치에서의 중력가속도 [m/s^2], g_n은 중력가속도의 표준값 9.80665 m/s^2이다.

모형 펌프수차의 수차 및 펌프 특성 예를 그림 7.30에 보인다.

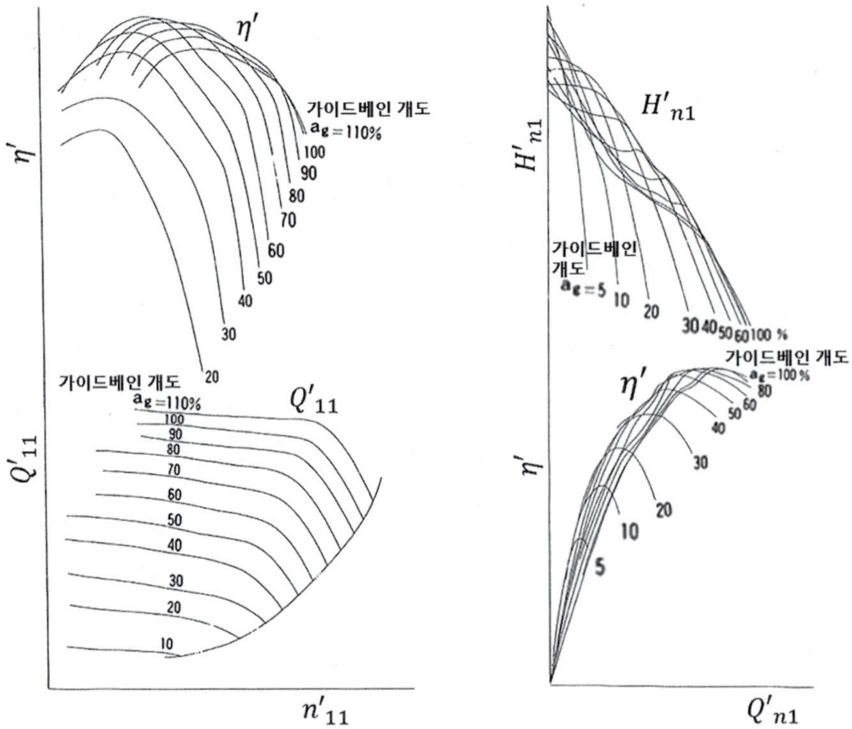

(a) 수차 특성 (b) 펌프 특성

그림 **7.30** 모형 펌프수차의 특성 예

자료: ターボ機械協会編, 1991

모형의 펌프 특성은 다음 식에 의해서 구한다.

$$Q_{n1}{}' = Q'\left(\frac{N_0{}'}{N'}\right)\left(\frac{1}{D'^3}\right) \tag{7.24}$$

$$H_{n1}{}' = H'\left(\frac{N_0{}'}{N'}\right)^2 \frac{1}{D'^2}\left(\frac{g'}{g_n}\right) \tag{7.25}$$

$$P_{n1}{}' = P'\left(\frac{N_0{}'}{N'}\right)^3 \frac{1}{D'^5}\left(\frac{\rho_0}{\rho'}\right) \tag{7.26}$$

여기서, $N_0{}'$은 모형의 펌프성능 표시를 위한 기준으로서 선정한 회전속도 [min^{-1}]이고, $Q_{n1}{}'$, $H_{n1}{}'$, $P_{n1}{}'$은 각각 단위 치수 모형을 회전속도 N_0'에서 운전한 때의 값으로 환산한 모형의 양수량 [m, $\mathrm{m^3/s}$ 단위], 전양정 [m 단위], 입력 [m, kW 단위]이다.

(2) 성능의 환산

모형에서 실물로의 성능환산(performance conversion)은 앞에서 설명했듯이 수차 내의 흐름이 모형과 실물 양쪽 수차에서 상사일 필요가 있고, 그렇게 되기 위해서는 기하학적으로 상사 형상으로 하여 흐름에 대한 자세각(예를 들면 앙각, 입사각, 유출각 등) 및 흐름의 레이놀즈수 Re를 동일하게 할 필요가 있다. 이 중에서 레이놀즈수 Re에 대해서는 모형의 규모에서 실물과 동일한 값으로 하는 것은 사실상 불가능하고, 이것을 보정하기 위한 성능환산이 필요로 한다. 여기서는 성능환산에 관한 환산방법 등에 대해서 개략적으로 설명한다.

성능환산에 대해서는 국내외에서 여러 가지 방법이 사용되고 있지만, 종래로부터 사용되어 온 주요한 환산식을 다음에 보인다.

Moody의 환산식

$$\frac{1-\eta}{1-\eta'} = \left(\frac{D}{D'}\right)^{-1/5} \tag{7.27}$$

Ackeret의 환산식

$$\frac{1-\eta}{1-\eta'}=0.5+0.5\left(\frac{Re}{Re'}\right)^{-1/5} \tag{7.28}$$

Hutton의 환산식(프로펠러수차에 대해서)

$$\frac{1-\eta}{1-\eta'}=0.3+0.7\left(\frac{Re}{Re'}\right)^{-1/5} \tag{7.29}$$

여기서, $Re=D(2gH)^{1/2}/\nu$이고, 프라임(′)은 모형을 나타낸다.

이들의 환산식은 종래의 한국산업규격(KS B 6018)과 국제전기표준회의(IEC 60193)의 모형시험규격에도 참고로 인용되고 있는 것이다. 하지만 최근, 고낙차, 대용량의 수차 및 펌프수차에도 대응하여 환산식의 확립과 환산 정밀도의 향상을 목적으로 하여 검토가 진행되고 있다.

먼저, 국제전기기준회의(IEC)에서는 모형에서 수력손실 중에 점하는 마찰손실의 비율, 즉 마찰손실율(loss distribution coefficient) V는 레이놀즈수 $Re_u(=Du/\nu)$에 의해서 달라지기 때문에 기준 레이놀즈수 $Re_{uref}(=7\times10^6)$에서의 값을 규정하는 형식이고, IEC 60995:1991와 IEC 60193:2019로서 규격안이 작성되어 있다. 여기서 이용되고 있는 기본식은

$$\frac{1-\eta}{1-\eta'}=(1-V)+V\left(\frac{Re_u}{Re_u'}\right)^{-0.16} \tag{7.30}$$

이고, 모형에서 실물로 효율상승분 $\Delta\eta$는 각 모형시험점마다 다음 식으로 계산한다.

$$\Delta\eta=\delta_{ref}\left\{\left(\frac{Re_{uref}}{Re_u'}\right)^{0.16}-\left(\frac{Re_{uref}}{Re_u}\right)^{0.16}\right\} \tag{7.31}$$

여기서,

$$\delta_{ref}=\frac{1-\eta_{opt}'}{\left(\frac{Re_{uref}}{Re_{uopt}'}\right)^{0.16}+\frac{1-V_{ref}}{V_{ref}}} \tag{7.32}$$

이고, δ_{ref}는 기준 레이놀즈수에서의 마찰손실분이고 모형의 최고효율 η'_{opt}의 값에서 계산한다.

V_{ref}는 수차 및 펌프수차의 각 형식마다 표준 레이놀즈수 Re_{uref}에서의 값으로서 다음과 같이 일정한 값이 정해져 있다.

- 프란시스수차:

$$V_{ref} = 0.7$$

- 프란시스형 펌프수차(수차모드 운전 시):

$$V_{ref} = 0.7$$

- 사류수차, 프로펠러수차, 벌브수차:

$$V_{ref} = 0.8$$

- 사류형 펌프수차, 프로펠러형 펌프수차(수차모드 운전 시):

$$V_{ref} = 0.8$$

- 프란시스형 펌프수차, 사류형 펌프수차, 프로펠러형 펌프수차(펌프모드 운전 시):

$$V_{ref} = 0.6$$

모형에서 실물로의 효율의 환산은 전효율 η를 수력효율(hydraulic efficiency) η_h, 체적효율(volumetric efficiency) η_v 및 기계효율(mechanical efficiency) η_m로 분리해서 각각의 환산을 해야 하지만, 실용식으로서 각 효율로 나누지 않고 본래는 주요 유로의 전마찰손실로 정의되어야 할 마찰손실율 V에 레이놀즈수의 영향을 강하게 받는 원판마찰손실을 더하여 구한 값을 이용하여 아래의 식을 전효율의 환산식으로 하고 있다.

$$\frac{1-\eta}{1-\eta'} = (1-V) + V\left(\frac{C_f}{C_f'}\right) \tag{7.33}$$

여기서, V는 모형의 마찰손실율, C_f/C_f'은 실물과 모형의 마찰계수비이다.

마찰계수비 C_f/C_f'에 대해서는 일반적으로 수차 및 펌프수차의 크기와 마무리 가공의 정도 및 그 운전조건에서 정해지는 레이놀즈수와 실용범위의 상대조도를 고려하여 다음의 근사식을 정하고 있다.

$$C_f/C_f' = 1.1(D/D')^{-0.18} \tag{7.34}$$

따라서 모형에서 실물로의 효율향상값은

$$\Delta\eta = V_{opt}(1-\eta_{opt}')\{1-1.1(D/D')\}^{-0.18} \tag{7.35}$$

로 된다.

여기서, V_{opt}는 최고효율점에서의 마찰손실율이고 많은 실험자료의 해석에서 수차 및 펌프수차의 각 형식마다 비속도의 함수로서 다음의 식으로 주어져 있다. IEC 60995:1991와 IEC 60193:2019에서는 시험 레이놀즈수에 의해서 V의 값을 변화시키도록 하고 있지만, V의 해석에 이용한 실험 레이놀즈수가 IEC의 기준 레이놀즈수에 가깝기 때문에 V의 정밀도를 고려하여 특별한 보정은 하지 않는다.

- 프란시스수차:

$$V_{opt} = 1.07 - 0.26\log_{10}n_{sQ} \tag{7.36}$$

- 프란시스형 펌프수차(수차모드 운전 시):

$$V_{opt} = 1.43 - 0.47\log_{10}n_{sQ} \tag{7.37}$$

- 사류수차, 프로펠러수차, 벌브수차:

$$V_{opt} = 1.04 - 0.22\log_{10}n_{sQ} \tag{7.38}$$

- 프란시스형 펌프수차(펌프모드 운전 시):

$$V_{opt} = 1.36 - 0.47\log_{10}n_{sQ} \tag{7.39}$$

여기서, n_{sQ}는 모형의 최고효율점 유량비속도 [min^{-1}, m^3/s, m]이고 아래의 식에 의한다. 또한 프란시스형 펌프수차의 수차모드 운전 시에는 펌프 최고효율점의 유량비속도로 한다.

$$n_{sQ} = N_{opt}^{'} \, Q_{opt}^{'\;1/2} / H_{opt}^{'\;3/4} \tag{7.40}$$

단, $N_{opt}^{'}$는 모형의 최고효율점의 회전속도 [min^{-1}], $Q_{opt}^{'}$는 모형의 최고효율점의 유량 또는 양수량 [m^3/s], $H_{opt}^{'}$는 모형의 최고효율점의 유효낙차 또는 전양정 [m]이다.

이와 같이 종래의 성능환산에 비교해서 엄밀한 검토를 바탕으로 한 식이 규격화되어 있지만, 유효낙차에 대해서는 아래의 사항에 유의할 필요가 있다.

유효낙차를 고압 측과 저압 측의 비에너지의 차로 생각하면 비에너지 E는 압력 및 속도에너지의 합이고, 이것을 관 벽면 압력의 평균값 P_w와 단면 평균유속 v로 나타내면

$$E = C_p P_w / \rho + C_v v^2 / 2 \tag{7.41}$$

로 된다. 여기서 C_p 및 C_v는 각각 압력 및 속도에너지 수정계수이고, 모형에서는 일반적으로 상류는 직관에서 거의 선회가 없고 1.0으로 간주해도 무방하다. 그러나 예를 들어 실물수차의 상류 측에 곡관 등이 있으면, 선회가 발생하여 $C_p \neq 1$이고 또한 곡관 하류의 2차 흐름을 동반한 불균일 흐름에서는 $C_v \neq 1$로 된다. 따라서 엄밀하게는 $C_p = 1$, $C_v = 1$로 하기에는 문제가 있다.

수정계수 C_p, C_v에 대해서는 값을 정확하게 구할 필요는 없지만, 모형 상류의 관로를 실물로 상사하여 C_p, C_v를 실물과 같도록 하여 환산에 미치는 영향을 작게 하는 배려도 필요하다. 펌프모드 운전 시에도 엄밀하게는 동일한 배려가 필요하다.

다음으로, 모형의 효율시험에서 얻어진 여러 양에서 상사조건하의 실물의 여러 양을 구하는 방법이지만, 고정익에서는 모형과 실물 양자의 가이드베인 개도비가 동일하다는 조건 또는 가동익에서는 더욱이 러너베인 설치 각도가 동일하다는 조건하에서 레이놀즈수의 차이가 속도삼각형의 상사성에 미치는 영향을 고려해서 임의의 운전점에서의 여러 양을 구할 필요가 있다.

모형의 수차효율시험에서 얻어진 여러 양을 상사조건하의 실물의 수차모드 운전 시의

여러 양으로 환산할 방법으로서 한국산업규격(KS B 6018)에서는 다음 식을 규정하고 있다.

$$H = N_{11}^{'-2}(ND)^2(g_n/g)(\eta_t^{'}/\eta_t) \tag{7.42}$$

$$Q = Q_{11}^{'}(D^2H^{1/2})(g/g_n)1/2(\eta_t/\eta_t^{'})^{1/2} \tag{7.43}$$

$$P = P_{11}^{'}(D^2H^{3/2})(\rho/\rho_0)(g/g_n)^{3/2}(\eta_t/\eta_t^{'})^{3/2} \tag{7.44}$$

여기서, H는 실물의 유효낙차 [m], Q는 실물의 유량 [m^3/s], P는 실물의 수차출력 [kW], N은 실물의 회전속도 [min^{-1}], D는 실물의 대표 치수 [m], ρ는 실물을 통과하는 물의 밀도 [kg/m^3], η_t는 실물의 수차효율(%), $\eta_t^{'}$은 모형의 수차효율(%)이다.

마찬가지로, 모형의 펌프모드 효율시험에서 얻어진 여러 양을 상사조건하의 실물의 펌프모드 운전 시의 여러 양으로 환산하는 방법으로서 다음의 식을 규정하고 있다.

$$Q = Q_{n1}^{'}(N/N_0^{'})(D/D^{'})^2 \tag{7.45}$$

$$H = H_{n1}^{'}(N/N_0^{'})(D/D^{'})^2(g_n/g)(\eta_P/\eta_P^{'}) \tag{7.46}$$

$$P = P_{n1}^{'}(N/N_0^{'})^3(D/D^{'})^5(\rho/\rho_0) \tag{7.47}$$

여기서, Q는 실물의 양수량 [m^3/s], H는 실물의 전양정 [m], P는 실물의 펌프 입력 [kW], η_P는 실물의 펌프모드 효율 [%], $\eta_P^{'}$은 모형의 펌프모드 효율 [%]이다.

상기와 같이 모형에서 실물로 성능환산에 대해서 여러 가지 방법이 검토되고 있지만, 그림 7.31에 모형비 $D/D^{'} = 12$, $H/H^{'} = 16$에서 실물 낙차 65 m, 출력 157.5 MW, 러너 바깥지름 5.5 m의 수차 환산성능비교 예를 보인다.

프란시스수차의 경우, 그림 7.31의 환산성능비교 결과로부터 알 수 있듯이 JSME(일본기계학회)기준의 엄밀한 환산법과 성능인수시험용 환산법(한국산업규격(KS B 6018)에 포함됨)에 의한 환산값의 차이는 작지만, 신 IEC와 Moody식에 의한 효율환산값과의 차이는 크며, 신 IEC의 유량 및 출력의 환산값에 문제가 있다.

특히 펌프수차의 펌프모드 운전의 경우, JSME의 엄밀 환산법과 성능인수시험용 환산법에서 효율환산값의 차이는 작지만 후자에서는 기계효율의 상승분을 무시하고, 수력효율의 대신에 전효율을 사용하고 있기 때문에 양정, 축동력도 엄밀한 환산법에 비해서 큰 환산값을 주도록 되어 있다.

따라서 이와 같이 성능환산을 위해 사용되는 여러 가지 환산식들이 간략한 실용식으로 되기 위해서는 정밀함이 아직 부족하고 검토의 여지가 남겨져 있다.

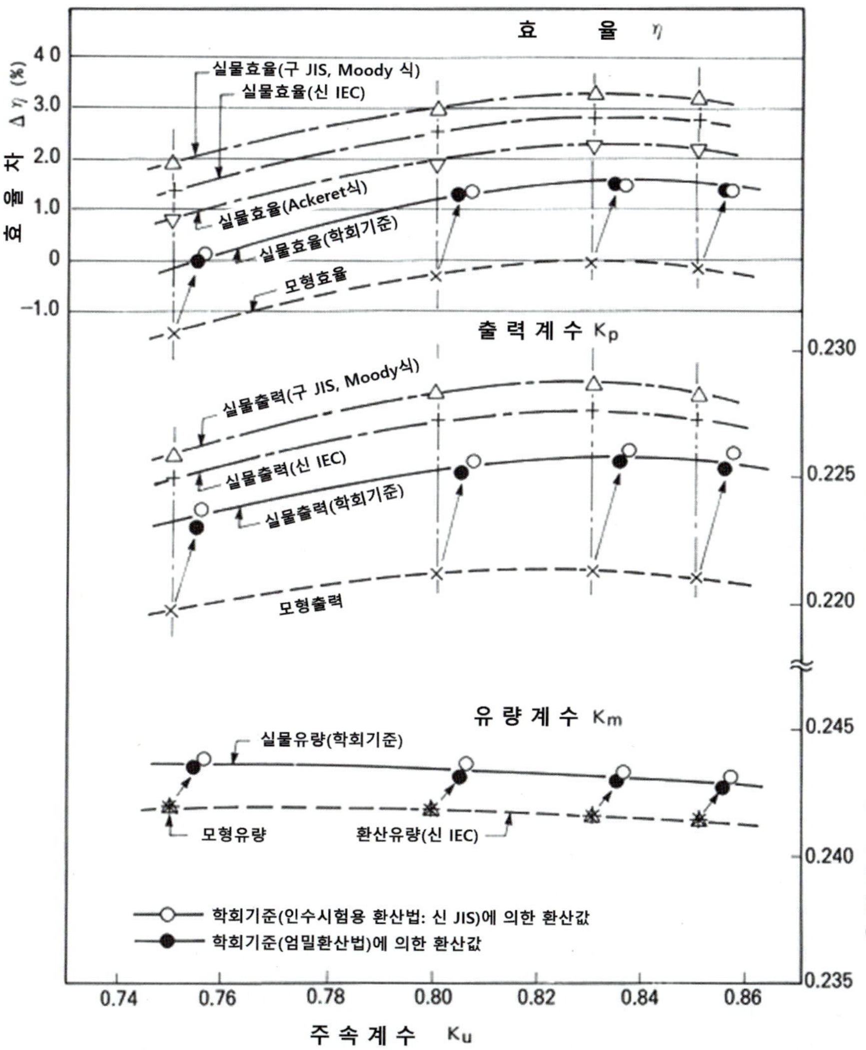

그림 7.31 프란시스수차의 환산성능비교 예

자료: ターボ機械協会編, 1991

7.2.4 캐비테이션시험과 캐비테이션 특성의 환산

(1) 캐비테이션시험

모형에 의해 흡출관 내부압력 등의 조건을 크게 변화시켜서 캐비테이션 특성을 파악하는 시험을 캐비테이션시험이라고 한다. 캐비테이션시험의 목적은 수차성능에 대한 캐비테이션의 영향을 조사하여 적절한 관찰창을 통해 캐비테이션의 발생 위치와 발생 범위를 관찰하고, 현장에서 실물수차 및 실물 펌프수차 캐비테이션 발생의 유무와 그 상황을 예측하는 것이다.

캐비테이션은 러너베인 표면에서 흐름이 박리하거나, 베인 입구 또는 출구에서 유속이 커지게 되어 절대압력이 증기압 이하로 되는 지점에서 발생한다. 전 절의 효율시험에서 상사조건이 만족되면 흐름의 패턴은 실물과 같아지고 베인 상의 압력분포는 동일하게 되지만, 절대압력은 반드시 항상 실물과 같아진다고는 할 수 없다. 모형에서 실물과 같은 캐비테이션의 발생을 얻기 위해서는 증기압보다도 낮아지는 부분은 같은 절대압력으로 할 필요가 있다. 따라서 기하학적으로 상사인 모형을 수력적으로 상사인 상태에서 운전한 경우에 실물과 캐비테이션의 발생상태를 같게 하기 위해서 다음 식 (7.48)의 토마(Thoma)의 캐비테이션계수(cavitation coefficient)를 일치시킨다.

$$\sigma' = \frac{H_a - H_v - H_s{}' + H_{v2}{}' - A'}{H'} \tag{7.48}$$

여기서, σ'은 모형의 캐비테이션계수, H_a는 수두로 나타낸 대기압 [m], H_v는 수두로 나타낸 측정 시 수온에서의 포화증기압 [m], $H_s{}'$은 모형의 출구 측 측정 단면에서의 압력수두 [m], $H_{v2}{}'$은 모형의 출구 측 측정 단면에서의 속도수두 [m], A'은 모형의 지정위치에서 러너의 지정위치까지의 수직거리 [m], H'은 모형의 유효낙차 또는 전양정 [m]이다.

수차 캐비테이션시험에서는 가이드베인 개도 및 단위 낙차 당의 회전속도를 일정하게 유지해가면서 압력조건을 변화시켜서 캐비테이션계수에 대한 출력, 유량 및 효율을 측정한다. 모형수차 캐비테이션 특성 예를 그림 7.32에 보인다. 펌프 캐비테이션시험에서는 가이드베인 개도 및 양수량(또는 전양정)을 일정하게 유지하고, 캐비테이션계수에 대한 전양정(또는 양수량), 입력 및 효율을 측정한다.

모형 수차 흡출관 관찰창을 통해서 본 모형수차 러너베인 출구와 흡출관에서의 캐비테이션 발생 상황을 그림 7.33에 보인다.

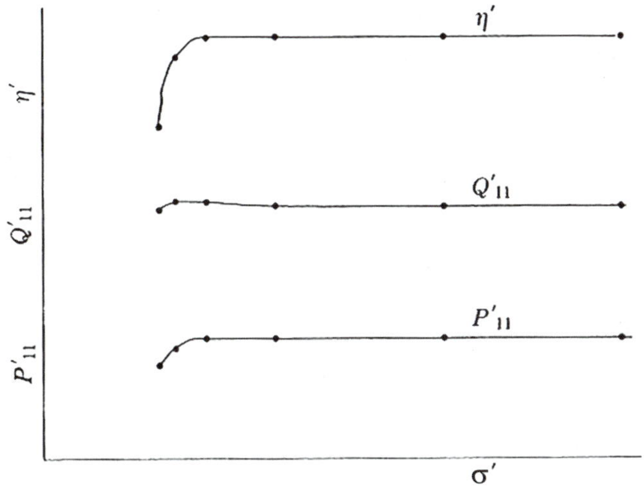

그림 **7.32** 모형수차 캐비테이션 특성 예
자료: ターボ機械協会編, 2007

그림 **7.33** 모형수차 러너베인 출구와 흡출관에서의 캐비테이션 발생 상황
자료: Brennen, 2014

(2) 캐비테이션 특성의 환산

캐비테이션 특성을 모형에서 실물로 환산하는 방법은 성능의 여러 양의 환산과 동일하게 한국산업규격(KS B 6018)에 규격화되어 있다.

즉, 수차의 경우는 가이드베인 및 러너베인의 개도, 단위 낙차·단위 치수당의 회전속도가 7.2.3절의 효율시험 조건을 만족시키는 관계에 있는 운전상태에서 캐비테이션계수가 같은 경우에 모형과 실물의 캐비테이션 발생상태가 같게 된다. 또한 펌프운전의 경우, 모형과 실물의 대응 운전상태라는 것은 가이드베인 개도비 및 러너베인 개도가 동일한 상태에서 양수량이 7.2.3절의 성능환산식으로 환산된 상태를 말하고, 실물의 흡출높이와 모형의 캐비테이션계수 또는 $NPSH$가 다음 식 (7.49)의 관계에 있는 경우 캐비테이션 발생상태가 같아진다.

$$\begin{aligned} H_s &= H_a - H_v + H_{v2} \\ &\quad - \sigma' H' \left(\frac{D}{D'}\right)^2 \left(\frac{N}{N'}\right)^2 \left(\frac{g_n}{g}\right) \left(\frac{\eta_P}{\eta_P{}'}\right) - A \\ &= H_a - H_v + H_{v2} \\ &\quad - NPSH' \left(\frac{D}{D'}\right)^2 \left(\frac{N}{N'}\right)^2 \left(\frac{g_n}{g}\right) \left(\frac{\eta_P}{\eta_P{}'}\right) - A \end{aligned} \tag{7.49}$$

여기서, H_s는 실물의 지정 위치에서의 흡출높이 [m], H_a는 실물 운전 시의 대기압을 수두로 나타낸 것 [m], H_v는 실물수차 운전 시 수온에서의 포화증기압을 수두로 나타낸 것 [m], H_{v2}는 실물의 출구 측 측정 단면에서의 속도수두 [m], H'은 모형의 시험회전속도에서의 전양정 [m], $NPSH'$는 모형의 시험회전속도에서의 $NPSH$ [m], D는 실물의 대표 치수 [m], D'는 모형의 대표 치수 [m], N은 실물의 회전속도 [min^{-1}], N'은 모형의 시험회전속도 [min^{-1}], η_P는 실물의 펌프효율 [%], $\eta_P{}'$는 모형의 펌프효율 [%], A는 실물의 지정 위치에서 러너의 지정 위치까지 수직거리 [m]이다.

또한 저낙차에서 횡축의 실물수차 등에서는 러너 상단(최고표고점)과 하단(최저표고점)간의 수직 거리(러너 직경)가 크기 때문에 캐비테이션 발달 상황에 미치는 중력(위치수두)의 영향이 문제로 된다. 따라서 한국산업규격(KS B 6018)에서도 이것을 고려해서 횡축 수차의 러너 직경이 유효낙차의 25% 이상인 경우에는 실물과 모형의 프루드수(Froude number, F_r)를

동일하게, 즉 다음의 식

$$D/H = D'/H' \tag{7.50}$$

의 조건을 만족시키는 것이 바람직하다.

7.3 수차 및 펌프수차의 실물수차 현장시험

수차 및 부속장치의 설치가 완료되면 수차에 물을 채우거나 흘려보내지 않은 상태에서 각 기기의 작동, 특성 등을 확인하는 무수시험이 실시된다. 이어서 수차에 물을 흘려보내 실제로 수차를 회전시켜서 실시하는 유수시험이 실행된다. 최근에는 현장시험에서도 데이터 로거 등 컴퓨터를 사용하여 시험의 효율화와 신속화가 도모되고 있다. 수차 및 펌프수차의 실물수차 현장시험 규격으로서는 국제규격인 IEC 60041:1991(1991)와 일본전기학회규격 JEC-4002-1992(電氣学会電気規格調査会, 1993) 등이 주로 사용되고 있다.

7.3.1 무수시험

기기 일반시험으로서 기기류의 구성시험, 각 계전기와 전자밸브의 조정, 동작시험, 리미트 스위치의 조정시험 및 유압, 전기의 시퀀스시험 등이 실시되는 이외에도 수차 및 부속장치에 대해서는 다음과 같은 시험이 무수시험 중에 실시된다.

(1) 수차 본체의 시험

일반적으로 수차에서는 유압 또는 전동으로 조작하는 가이드베인과 러너베인의 기능 측정이 주요한 것으로 서보모터 스트로크와 개구 치수의 관계, 개폐 시간 및 개폐 조작력의 측정이 실시된다. 펌프수차에서는 압축공기에 의한 수면눌러내림 관련 시험이 더해져 수면눌러내림 시간과 배기 시간 등의 조정, 측정이 실시된다.

(2) 입구밸브의 시험

주밸브 및 바이패스밸브의 작동 확인과 함께 각각의 개폐 시간이 조정된 후, 전체를 조합한 자동조작시험이 실시된다. 또한 적정한 조건이 갖추어져 있으면 입구밸브의 누수를 측정하는 시험도 실시된다.

(3) 기타 부속장치의 시험

장치를 구성하는 기기의 특성, 용량을 확인하는 시험 및 자동시동시험 등의 동작시험이 실시되지만, 주요한 시험 항목과 그 개요를 이하에 기술한다.

① **조속기 성능시험** 공장시험에서 실시되고 있지만, 현장에서도 각종 배압밸브 및 기구의 동작시험, 속도검출부 특성 및 부동시간, 개폐 시간, 속도조정율 및 속도저하율 등의 확인시험이 실시된다.

② **압유장치 및 윤활유장치시험** 각 펌프의 토출량시험, 언로더(unloader) 및 급기보급장치, 안전밸브 등의 동작시험 및 연속운전시험이 실시된다.

③ **급수장치시험** 급수펌프의 토출량시험, 여과기(strainer) 및 감압장치, 안전밸브 및 예비기와의 전환장치 등의 작동시험과 연속운전시험 등이 실시된다.

④ **배수장치시험** 배수펌프의 토출량시험, 수위 검출기 및 예비기와의 전환 장치의 동작시험과 연속운전시험 등이 실시된다.

⑤ **수면눌러내림장치시험** 펌프수차 및 조상운전을 실시하는 수차에 한정된 특유의 시험이며, 수면눌러내림 시간 및 공기보급 시간의 계측, 공기압축기의 연속운전시험 등이 실시된다.

⑥ **운전제어장치시험** 운전제어장치 각부의 동작이 적정하고 확실한지를 시험하는 것이며, 각각의 성능시험을 종료한 후에 유수시험이 실시된다.

7.3.2 유수시험

유수시험은 초도회전시험(initial run test)으로부터 자주보안검사까지 실시되는 시험이며, 수차를 회전시키면서 각종 운전상태에서의 수력발전소용 기기를 종합적으로 시험하는 것이다. 유수시험에서 수차의 주요한 시험 항목을 이하에 기술한다.

(1) 초도회전시험

가이드베인을 조금 열어서 수차를 수 회전 정도의 저속으로 회전시켜서 회전 중의 회전부와 고정부의 접촉, 소음, 악취의 유무 그리고 이상한 진동 및 누수가 없는지를 확인하기 위하여 실시하는 시험이다. 초도회전시험은 상술한 바와 같이 수차로서 회전시키는 것이 일반적이지만, 순양수발전소의 초도호기와 같이 상부저수지에 필요한 물이 저수되어 있지 않은 경우에는 양수시동장치를 이용해서 양수 방향의 초회전시험을 실시하는 경우도 있다.

(2) 금속길들이기시험

주기를 시동해서 정격회전속도까지 각 단계로 나누어서 계단 형상으로 회전을 상승시킨다. 그리고 계단마다 베어링 온도, 축 흔들림, 진동 및 누수 등에 이상이 없는지 확인해가는 것이 금속길들이기시험(bearing run test)이며, 정격회전속도에서는 베이링 온도가 포화안정될 때까지 시험을 실시한다.

(3) 자동시동정지시험

금속길들이기시험에 이어서 발전기 회전자의 불균형을 수정하는 수정밸런스조정시험 및 계통에 병입하기 위한 자동동기장치조정시험 등이 실시된 후, 자동시동정지시험(automatic start and stop test)가 실시된다.

자동시동정지시험은 수차의 시동과 정지가 순서대로 올바르게 실시되는 것을 확인하기 위해 이루어지는 것으로 가이드베인 닫힘, 입구밸브 닫힘, 제동, 정지까지의 시간을 측정한다.

펌프수차에서는 같은 취지의 시험을 펌프운전에서도 실시하는 동시에 발전, 양수의 전환도 원활하게 수행될 수 있음을 확인된다.

(4) 부하차단시험

주기가 발전운전 중에 전력 계통의 사고 등에 의해 부하를 차단한 경우, 조속기를 포함한 제어장치가 정상적으로 작동하고, 철관수압과 회전속도 및 발전기 전압에 이상이 없으며, 안전하게 무부하운전으로 이행할 수 있음을 확인하기 위해서 부하차단시험(load rejection test)이 실시된다. 수차 부하차단시험의 계측 결과의 일례를 그림 7.34에 보인다. 부하기가 차단되면 수차의 회전속도가 상승하고, 그에 따라 조속기가 동작하여 가이드베인은 미리 설정된 속도로 급폐쇄한다. 이 때문에 수압철관 내에는 수격작용에 의해 압력상승이 일어나서 수차의 과도운전 중 가장 가혹한 상황을 초래한다. 이와 같이 부하차단시험은 유수시험 중에서 가장 중요한 시험 중 한가지이며, 과도 시의 최대수압값, 속도변동율 그리고 압력변동율이 보증값으로 되어 있기도 한다. 또한 각종 측정은 계기계측과 오실로스코프 계측을 병용해서 실시하고, 차단부하도 1/4, 2/4, 3/4 및 전부하와 단계를 거듭하여 시험을 실시한다. 시험은 단계마다 수압변동값, 속도변동율, 전압변동율 등의 보증값에 관한 항목의 확인을 실시함과 동시에 가이드베인의 폐쇄모드 및 과도 시의 수압변동, 진동 및 음 등에서 이상한 현상이 없음을 확인해가면서 진행된다.

최근에는 컴퓨터에 의한 과도현상 해석의 정확도가 향상되어 그림에 보이는 바와 같이

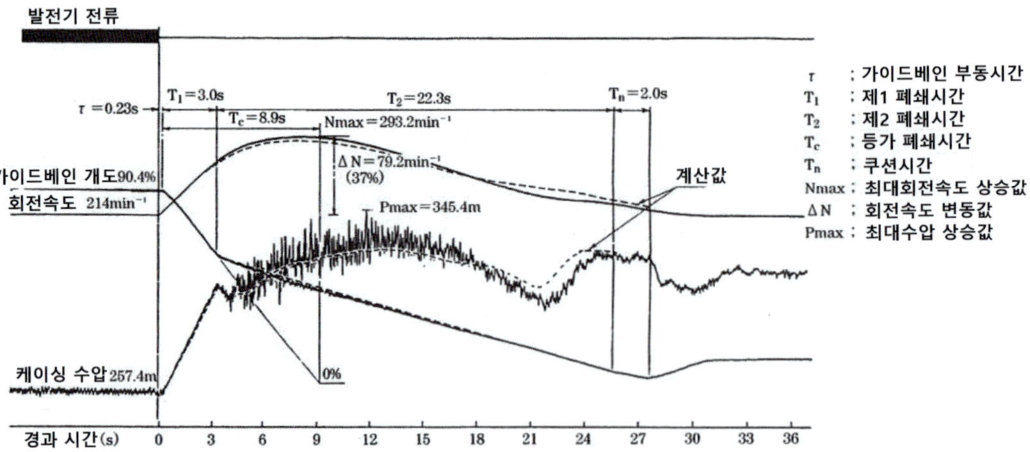

그림 7.34 수차 부하차단시험 계측 결과 예

자료: ターボ機械協会編, 2007

수압변동, 회전속도 상승의 상황이 계산에 의해서 실물기기 현상을 정확하게 예측할 수 있는 정도까지 되었다.

동일 수로계에 복수대의 수차가 설치되는 경우에는 각 수차의 부하차단시험이 완료된 단계에서 전기(total machine) 동시부하차단시험이 실시되어 보증값과 최종 확인이 이루어진다. 또한 필요에 따라서는 복수대 수차의 시간차 차단 등의 조합차단시험이 실시되는 것도 있다.

(5) 비상정지시험

주기운전 중에 전기적인 중대사고가 발생했을 때를 대비해서 이루어지는 것이 비상정지시험(emergency stop test)이며, 비상정지용 계전기의 하나를 조작하여 병렬용 차단기 개방으로부터 주기 정지에 이르기까지 각 기기의 동작이 순서대로 실시되어 안전하게 정지할 수 있음을 확인하는 것이다. 시험은 일반적으로 1/4 부하 정도의 운전상태에서 실시되고, 계전기 작동으로부터 해열, 가이드베인 및 입구밸브 전폐, 제동 및 정지까지의 시간 측정과 기기동작 등의 확인을 실시한다.

(6) 급정지시험

주기운전 중에 기계적 중대사고가 발생한 경우, 각 제어장치가 정상적으로 작동하고 주기가 안전하게 정지할 수 있음을 확인하는 것이 급정지시험(quick stop test)이다. 유수시험에서 급정지시험은 중대사고 중에서 압유탱크 유압저하 고장을 예상하여 시험을 실시하는 것이 일반적인 관례이다. 따라서 인위적으로 압유탱크의 유압을 낮추어서 급정지용 압유계전기를 작동시키고 가이드베인 전폐, 병렬용 차단기 개방, 입구밸브 전폐, 주기 정지가 순서대로 실시됨을 확인한다. 시험에서는 기기 동작완료 시의 압유탱크 유압, 유면도 계측되며, 유수시험에서도 압유탱크의 용량이 충분한지에 대해서 함께 확인한다.

(7) 출력개도시험

수차 각 부하에서의 운전상황을 확인하는 것이 출력개도시험(output vs guide vane opening test)이며, 무부하개도에서부터 전부하까지 최대 부하의 10등분 정도마다 수차의 부하를 증감시켜서 운전을 실시하고, 단계마다 가이드베인 개도와 발전기 출력의 관계를 구해가면서 동시에 축 흔들림, 진동, 소음 및 수압맥동 등의 계측도 실시하고, 발전소 운전 개시 이후의 기기운전지침이 되는 데이터를 얻는 것이다.

(8) 부하시험

정격부하에서 연속운전을 실시하여 이상이 없는 것을 확인하는 것이 부하시험(load test)이며, 발전기 고정자권선, 각부 베어링 온도 및 주변압기의 온도가 포화상태로 되기까지 연속운전을 실시한다. 시험은 각부의 온도 계측이 주된 것이지만, 동시에 각부 수압, 축 흔들림 및 진동 등도 계측됨과 동시에 누유, 누수, 이상음 및 보기계통 등에 대한 이상 유무를 확인한다.

(9) 펌프수차의 유수시험

양수발전소의 경우, 발전소 건물, 상·하부댐 및 수압철관(도수로를 포함)이 완성되더라도 상부댐에 시험을 시작하기 위한 물이 충분히 모아지지 않는 경우가 있다. 이 경우, 일반적으로 하부댐의 물을 이용해서 상부댐을 충수해야 하며, 이 작업은 초충수(initial filling)라고 한다. 초충수의 방법은 일반적으로 첫 시작 구배가 급한 수압철관부는 초충수펌프로, 그것보다도 상류 측의 도수로 및 상부댐은 펌프수차 주기로 행해지는 경우가 많고, 그 모습은 그림 7.35에 나타난다. 수압철관부를 초충수펌프로 충수하는 이유는 양정이 낮기 때문에 펌프수차의 가이드베인을 좁혀서 운전할 필요가 있는데, 그러한 운전은 진동·소음의 원인이 된다는 점 또한 수압철관의 용적이 펌프수차의 양수량에 비해서 작기 때문에 제어가 어렵다는 점 등을 들 수 있다. 초충수가 완료되면 전술한 발전 방향의 모든 시험을 실시하는 것 외에 양수 방향에서도 동일한 시험이 진행되며, 부하차단시험은 입력차단시험(input rejection test), 부하시험은 입력시험으로 불린다. 또한 양수운전에서는 비상정지, 급정지의 구별이 없기 때문에 비상정지시험만 실시된다.

펌프수차로서 새롭게 더해지는 시험 항목으로는 수면눌러내림 상태에서 시동장치를 이용해서 가속병입시험, 공회전입력측정시험, 체절운전시험, 초양수(initial pumping)시험, 적정개도시험 등이 있다. 또한 조상운전을 실시하는 경우에는 연속조상운전시험 및 조상운전 시동정지시험과 각종 운전패턴 전환시험 등이 실시된다. 가변속기에서는 속도를 변화시킨 경우의 입출력의 확인시험도 실시된다.

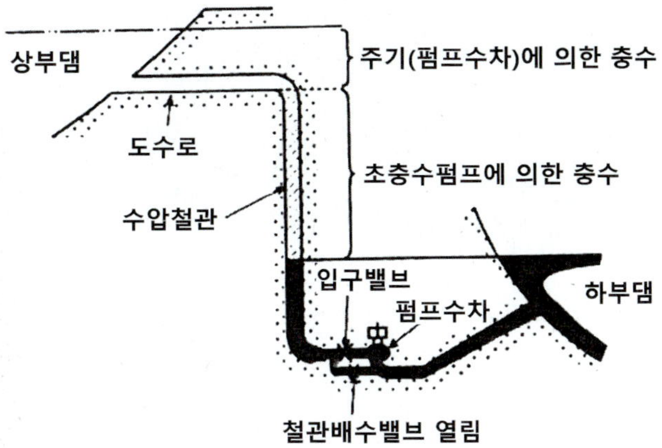

그림 7.35 초충수 방법
자료: ターボ機械協会編, 2007

7.3.3 현장효율시험

유수시험에서 수차가 정상적인 운전을 할 수 있는 상태가 된 것이 확인된 후, 수차의 각 부하에서의 효율을 측정하는 효율시험(efficiency test)이 실시된다. 효율시험에는 효율의 절댓값을 구하는 방법과 운전개시 후 보수의 지침으로 하기 위한 상대적인 값을 구하는 방법이 있다. 현장효율시험은 많은 인력과 시간을 필요로 하므로, 최근 수차(특히, 대용량수차와 펌프수차)에서는 효율시험을 모형시험으로 대체하는 경우가 많다. 현장효율시험을 실시하는 경우에도 간편한 상대효율을 측정하는 데 그치는 경우가 많아지고 있다. 수차 및 펌프수차의 효율시험방법에 대해서는 일본전기학회규격 JEC-4002-1992(電氣学会電気規格調査会, 1993)에 규정되어 있으며, 개요를 이하에 기술한다.

(1) 효율시험방법

수차 및 펌프수차의 효율은 다음의 식 (7.51)과 같이 나타낸다.

$$\eta_T = \left[(P_T \times 10^3)/(\bar{\rho} \cdot \bar{g} \cdot Q_T \cdot H_T)\right] \times 100 \qquad (7.51)$$

$$\eta_P = \left[(\bar{\rho} \cdot \bar{g} \cdot Q_P \cdot H_P)/(P_P \times 10^3)\right] \times 100$$

여기서,

η_T : 시험상태에서의 수차효율 [%]

η_P : 시험상태에서의 펌프효율 [%)

P_T : 시험상태에서의 수차출력 [kW]

P_P : 시험상태에서의 펌프입력 [kW]

H_T : 시험상태에서의 유효낙차 [m]

H_P : 시험상태에서의 전양정 [m]

Q_T : 시험상태에서의 유량 [m^3/s]

Q_P : 시험상태에서의 양수량 [m^3/s]

$\overline{\rho}$: 시험상태에서의 물의 밀도

$= (\rho_1 + \rho_2)/2$ [kg/m^3]

$\overline{g}$: 시험상태에서의 자유낙하 가속도

$= (g_1 + g_2)/2$ [m/s^2]

첨자 1 : 수차 및 펌프수차의 고압 측 지정점

첨자 2 : 수차 및 펌프수차의 저압 측 지정점

즉, 수차 (펌프)의 효율을 구하기 위해서는 출력(입력), 낙차(양정) 및 유량(양수량)을 측정하는 것이 된다. 이하에 그 방법을 기술한다.

1) 수차출력 또는 펌프입력의 측정

측정은 발전기(발전전동기) 단자에 가능한 한 가까운 위치에서 여자장치의 입력을 포함하지 않고 지시전력계, 전력트랜스듀서 및 정확도 0.2급 이내의 정밀기준전력계 등을 이용해서 실시한다. 수차출력은 계측된 전기적 출력에 그 발전기 및 연결장치에 귀속하는 손실 등을 더한 것으로 하고, 펌프입력은 동일하게 전기적 입력으로부터 상기 손실을 뺀 것으로 한다. 이들 손실은 공장시험에서 얻어진 결과를 이용하는 것도 있다. 전기적 입출력 읽기 횟수는 1회의 효율 측정에서 유량 또는 양수량의 측정시간 중에 10회 이상으로 되어 있다.

2) 유효낙차 또는 전양정의 측정

이 방법은 압력헤드, 위치헤드 및 속도헤드를 측정해서 유효낙차와 전양정을 구하지만, 고압 측, 저압 측의 각 측정 단면은 성능보증에서 지정된 점 부근으로 한다. 수압측정장치로서는 추형 압력계, 마노미터 또는 이들과 동등한 정확도를 가진 압력기준기에서 교정된 전기식 압력변환기가 사용된다. 이들 계측기에서 계측된 측정값을 이용해서 반동수차의 유효낙차 또는 펌프의 전양정은 다음의 식에 의해서 구해진다.

$$H = (p_{abs1} - p_{abs2})/(\bar{\rho} \cdot \bar{g}) + (v_1^2 - v_2^2)/(2\bar{g}) + (z_1 - z_2) \tag{7.52}$$

$$= (p'_{abs1} - p'_{abs2})/(\bar{\rho} \cdot \bar{g}) + (v_1^2 - v_2^2)/(2\bar{g}) + (z_1 - z_2)$$

$$= [p'_1 - p'_2 + (p'_{a1} - p'_{a2})]/(\bar{\rho} \cdot \bar{g}) + (v_1^2 - v_2^2)/(2\bar{g}) + (z'_1 - z'_2)$$

여기서,

H	: 유효낙차 또는 전양정	[m]
p_{abs}	: 절대압력	[Pa)
p	: 게이지압력	[Pa]
p_a	: 절대압력으로 표시한 대기압	[Pa]
v	: 단면 평균 유속	[m/s]
z	: 표고	[m]

첨자: 측정 위치에서의 값

케이싱 입구의 압력은 추압력계 또는 마노미터(수은주 또는 수주)를 이용해서 측정되고, 수위 측정은 부표 또는 수위표 등에 의해 실시된다. 속도헤드는 별도로 측정된 유량을 압력 측정 단면적으로 나눈 평균 유속에 의해 산출한다.

또한 흡출관이 직접 방수로에 접속되어 있어 흡출관 출구 직후에서 수위와 압력의 측정을 할 수 없을 경우에는 방수로의 손실을 차감(또는 가산)해서 유효낙차(또는 전양정)를 보정한다.

(2) 유량 또는 양수량의 측정방법

유량 또는 양수량의 절대량의 측정에는 다음과 같은 방법이 있다.

1) 유속계법(current meter method)

원형 단면의 폐수로(주로 수압관) 또는 장방형 단면의 폐수로의 한 단면상에 유수에 의해서 회전하는 직경 100 mm 이상의 유속계를 다수 배치해서 유로의 유속 분포를 측정하고, 이것을 적분해서 유량 또는 양수량을 구하는 방법이다. 적용조건으로서는 측정 단면에서의 평균유속은 0.4 m/s 이상(상한은 일반적으로 약 6~8 m/s까지), 측정 단면이 원형의 경우는 내경이 1.4 m 이상이고, 또한 측정 단면의 직경이 유속계 직경의 14배 이상 등이 있다.

2) 피토관법(Pitot tube method)

수압관 내에 설치한 피토관(전압과 정압을 동시에 계측하는 한 개의 관)으로 2직경의 동압분포를 구하여 유속을 측정하고, 유량 또는 양수량을 구하는 방법이다. 적용조건으로는 측정 단면의 평균유속은 1.0 m/s 이상일 것, 수압관에서의 등단면 직관부의 길이는 측정 단면의 상류 측에 내경의 20배 이상, 하류 측에는 5배 이상일 것 등이 있다.

3) 압력시간법(pressure time method)

제안자의 이름을 붙여서 깁슨법으로도 불리지만, 이 방법은 가이드베인 폐쇄 시에 수압관 내에서 발생하는 수압변화를 측정하고, 가이드베인 폐쇄 전의 유량을 구하는 것이다. 또한 수압변화를 수압관의 2단면 각각에서 측정하는 개별선도법과 수압변화를 수압관의 2단면의 압력차로 측정하는 차압선도법이 있다. 모든 방법은 가이드베인 폐쇄 시에 변화하는 관로의 압력상승을 시간 좌표축에 대한 곡선도로서 기록하고, 이 면적으로부터 유량을 산출하는 방법이며 개별선도법에서는 2단면의 수압관 길이가 50 m 이상일 것, 차압선도법에서도 마찬가지로 10 m 이상일 것 등이 적용조건으로 되어 있다.

4) 추적자법(tracer method)

원형 단면의 수압관 내에 추적자 용액을 분사하여 추적자가 제1 측정 단면과 제2 측정 단면의 사이를 통과하는 시간을 측정해서 유량 또는 양수량을 구하는 것이다. 적용조건으로서는 추적자 용액을 분사하는 분사밸브와 제1 측정 단면의 거리는 제1 측정 단면의 수압관 내경의 7배 이상 등이 필요하다. 추적자 용액으로서 식염수를 이용하는 경우가 가장 많으며, 그 때문에 염수속도법으로도 불린다. 추적자법에는 이 외에 추적자 용액을 일정한 주입속도로 주유로(main passage)에 주입하고 하류에서 주류 중의 추적자 농도를 측정해서 유량을 구하는 방법도 있으며, 추적자 용액으로서 식염수가 사용되기 때문에 염수농도법으로도 불리고 있다.

5) 4패스 초음파법(4 pass acoustic method)

수압관의 관축을 포함한 평면과 직행하고, 동시에 관축에 대해서 일정한 기울기를 가진 평면상에 관축을 포함한 평면에 대해서 평행으로 설치한 복수의 초음파 송수신기로 된 경로에 따라서 그 전파의 시간차를 측정하여 관내의 유속을 산출해서 유량 또는 양수량을 구하는 것이다. 또한 이 방법의 적용조건으로서 측정 단면은 기본적으로 원형이고, 내경은 0.8 m 이상, 관내 유속은 1.5 m/s 이상이며, 측정 단면의 상류 측에는 10 D(측정 단면의 내경) 이상, 하류 측에는 3 D 이상의 직선 부분이 필요하다.

기존의 방법은 단면적으로 볼 때, 중심을 지나는 통로로 초음파를 달리게 하는 1패스 방식이므로 관직경이 큰 수차유량에 대해서는 오차가 크지만 상대유량의 계측법으로 자리매김을 하고 있었다. 하지만 근래에는 관로 단면을 5분할하는 4개의 통로에 초음파를 달리게 하여 각각의 유속을 구하여 이 유속 분포로부터 유량을 산출하는 4패스 방식이 채용되고 있다. 패스의 수를 증가시킬수록 정확도가 높아지기 때문에 최근에는 8패스, 16패스 등의 사례도 알려지고 있다.

(3) 상대유량측정법

일반적으로 이하의 목적을 위해서 차압법, 초음파법에 의해 유량 또는 양수량의 상댓값을 구할 수 있다.

- 수차 또는 펌프의 특성을 추정한다.
- 가동익 구조의 수차(펌프수차) 가이드베인과 러너베인의 개도 관계를 구한다.
- 마모, 부식, 부품의 교환 등에 의한 수차 또는 펌프의 특성 변화를 구한다.

1) 차압법(pressure difference method)

이 방법에는 윈터케네디법, 벤츄리법 등이 있고, 인덱스(지수)법으로도 불린다. 윈터케네디법은 케이싱의 외주 및 스피드링 가까이의 한 단면의 적절한 장소에 여러 개의 수압측정구를 설치하고, 이들의 차압을 계측하여 유량 또는 양수량의 상댓값을 구하려는 것이다. 또한 벤츄리법은 수압관의 축소부, 케이싱 입구 축소부 등의 속도헤드 변화가 큰 장소에 수압측정구를 설치하여 계측하는 방법이다. 이 방법으로 펌프수차의 양수량을 측정하는 경우에는 흡출관 곡관부의 상하류 측에 각각 수압측정구를 설치하는 것이 일반적인 관례이다.

2) 초음파법

이 방법에는 전파시간차법 또는 싱글어라운드법을 이용한 초음파법에 의해서 관내의 유속을 측정하여 유량 또는 양수량의 상댓값을 구하는 방법이다. 이전에는 시험의 간략화를 위해서 1조 또는 2조의 초음파 송수신기로 절댓값을 구하는 방법으로서 활용되는 경우도 있었지만, 정확도 등의 문제도 있기 때문에 JEC-4002-1992 규격에서는 상대유량계측법으로 되어 있다. 이 방법의 적용조건으로서는 내경이 1 m 이상의 원형 단면일 것, 측정 단면의 평균유속이 0.5 m 이상일 것 등이 있다.

(4) 열역학법(부분감압법)에 의한 효율시험방법(thermodynamic method)

유량을 측정하는 방법은 아니지만, 수차 또는 펌프수차의 고압 측과 저압 측에서의 물의 열역학적 상태를 측정하여 수차 또는 펌프수차의 효율을 직접 구하는 방법이며, 유효낙차 또는 전양정이 100 m 이상의 수차 및 펌프에 적용된다. 이 방법은 수차 또는 펌프수차를 통과하는 물의 에너지 중 동력으로서 유효하게 작용하지 않는 손실분은 물을 가열한다고 하는 원리에 근거하여 수차 또는 펌프의 입구, 출구에서의 물의 온도차를 구하여 수차 또는 펌프의 효율을 산출하는 것이다. 따라서 미소한 온도차를 계측할 필요가 있기 때문에 계측용의 기기는 0.001℃의 분해능이 필요하다. 이 방법에는 온도차법과 부분감압법의 2종류가 있다. 온도차법은 고압 측과 저압 측에서의 온도차를 주측정량으로 하고, 부분감압법은 수차 또는 펌프수차의 고압 측 압력수를 수차 또는 펌프수차의 손실과 동일한 만큼 감압한 후의 압력을 주측정량으로 한다.

(5) 효율시험 결과의 판정

JEC-4002-1992 규격에는 현장효율시험 결과의 판정방법에 대해서도 규정되어 있으며, 본 항에서는 이들 중 측정오차 및 결과판정 방법에 대해서 설명한다.

1) 측정오차

측정오차로서는 출력(입력)의 오차 f_P, 유효낙차(전양정)의 오차 f_H 및 유량(양수량)의 오차 f_Q가 있으며, 현장효율시험이 JEC-4002-1992 규격에 따라서 주의 깊게 실시된다는 것을 전제로 하여 각 측정방법에 의한 오차가 동규격에 의해 표 7.4와 같이 정해져 있다.

효율의 측정오차 f_η는 개개의 측정오차의 조합으로서 다음의 식 (7.53)으로 나타내며

$$f_\eta = \pm \sqrt{f_P^2 + f_H^2 + f_Q^2} \tag{7.53}$$

오차 f_η는 표 7.4의 수치로부터 산출하면 대부분의 경우 2% 이내로 된다.

2) 효율시험 결과의 판정

시험 결과와 보증값을 비교하는 경우, 판정은 상기 1)의 판정오차를 고려해서 실시한다. 효율측정값은 그림 7.36에 보이는 바와 같이 횡축에 수차출력(유량) 또는 펌프전양정, 종축에 수차효율 또는 펌프효율을 두고, 매끄러운 효율곡선을 그린다. 이 효율곡선으로부터 1.5% 이상 떨어진 효율측정값은 부적격으로서 판정하고 파기된다.

적격으로 판정한 효율측정값에 의해 새롭게 효율곡선을 그리고 이 곡선의 판정오차 f_η에 상당하는 분만큼 떨어진 2개의 매끄러운 곡선을 그린다. 2개의 곡선 사이를 효율대(efficiency band)로서 정하고, 이 상한이 보증효율(guaranteed efficiency)곡선 이상의 경우는 모든 효율은 보증을 만족하고 있는 것으로 하며, 효율대의 상한이 보증효율곡선의 전부 또는 일부에 미달하는 경우에는 그 수차출력(유량) 또는 전양정의 범위에 대한 효율은 보증을 만족하지 않는 것으로 한다.

가중평균효율(weighted mean efficiency)이 보증되어 있는 경우에도 효율대의 상한의 효율곡선을 이용해서 가중평균효율을 구하고, 이 값이 보증값 이상의 경우는 보증을 만족하고 있는 것으로 한다. 효율대의 하한곡선이 계약조건에 의해서 효율의 보상이 정해져 있는

표 7.4 현장효율시험의 판정오차

1. 출력 또는 입력의 측정오차
   출력 또는 입력의 측정오차: f_P ±0.8 [%]

2. 유효낙차 또는 전양정의 측정오차
   (a) 수위의 측정오차: f_h
      (i) 부표 등에 의한 경우 ±0.01 [m]
      (ii) 수위표 등에 의한 경우 ±0.05 [m]
      (iii) 전기식 수위변환기의 경우 교정원기의 측정 오차와 동등하게 한다.
   (b) 압력헤드의 측정오차: f_p
      (i) 추형 압력계에 의한 경우 ±0.2 [%]
      (ii) 수주 마노미터에 의한 경우 ±0.1 [%]
      (iii) 수은 마노미터에 의한 경우 ±0.1 [%]
      (iv) 전기식 압력변환기에 의한 경우 ±0.3 [%]
   (c) 유효낙차 또는 전양정의 측정오차: f_H

$$f_H = \pm \frac{f_{p1}\dfrac{p_1}{\bar{\rho} \cdot \bar{g}} + f_{p2}\dfrac{p_2}{\bar{\rho} \cdot \bar{g}}}{H}$$

단, 저압 측 측정점의 측정을 흡출관 출구 직후에서 실시하는 경우는 상식의 우변 제2항은 $100 \cdot f_p$로 한다.

여기서,

$\dfrac{p}{\bar{\rho} \cdot \bar{g}}$: 압력헤드 [m]

H: 유효낙차 또는 전양정 [m]

p: 압력 [Pa]

$\bar{\rho}$: 시험상태에서의 물의 밀도 [kg/m³]

$\bar{g}$: 시험상태에서의 자유낙하 가속도 [m/s²]

첨자 1: 수차 및 펌프의 고압 측 지정점

첨자 2: 수차 및 펌프의 저압 측 지정점

3. 회전속도의 측정오차
   (a) 주파수측정법에 의한 측정오차: f_n ±0.1 [%]
   (b) 축속도측정법에 의한 측정오차: f_n ±0.1 [%]

4. 유량 또는 양수량의 측정오차
   (a) 유량계법에 의한 측정오차: f_Q
      (i) 원형 단면의 폐수로의 경우 ±1.0 [%]
      (ii) 안내벽이 있는 개수로의 경우 ±1.2 [%]
      (iii) 안내벽이 없는 개수로의 경우 ±1.5 [%]
   (b) 피토관에 의한 측정오차: f_Q ±1.5 [%]
   (c) 압력시간법에 의한 측정오차: f_Q ±1.5 [%]

5. 효율의 측정오차
   효율의 측정오차: f_η [%]

$$f_\eta = \sqrt{f_P^2 + f_H^2 + f_Q^2}$$

비고 1. 시험이 이 규격에 의해서 주의 깊게 실시된 경우, 효율의 측정오차는 대부분의 경우 ±2% 이내로 된다.

자료: ターボ機械協会編, 2007

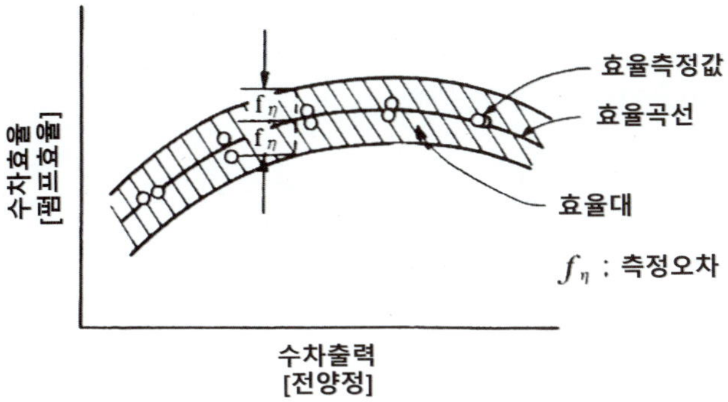

그림 7.36 효율곡선과 효율대의 관계도

자료: ターボ機械協会編, 2007

경우의 판정곡선으로서 이용되기도 하지만, 그 예는 적다.

출력, 입력 및 양수량의 판정도 판정오차를 이용해서 실시되고, 아래의 식으로 보증을 만족하고 있다고 판정된다.

$$\text{수차출력 ; } P_r(1+f_P/100) \geq P_N \tag{7.54}$$

여기서,

P_r: 지정상태에 환산된 수차 최대출력 [kW]

P_N: 지정상태에서의 수차 최대출력의 보증값 [kW]

f_P: 수차출력의 측정오차 [%]

$$\text{펌프입력 ; } P_{nr}(1-f_P/100) \leq P_N \tag{7.55}$$

여기서,

P_{nr}: 지정회전속도에 환산된 펌프 최대입력 [kW]

P_N: 지정상태에서의 펌프 최대입력의 보증값 [kW]

f_P: 펌프입력의 측정오차 [%]

양수량의 하한이 보증되어 있는 경우

$$Q_{nr} \times (1 + f_Q/100) \geq Q_N \tag{7.56}$$

양수량의 상한이 보증되어 있는 경우

$$Q_{nr} \times (1 - f_Q/100) \leq Q_N \tag{7.57}$$

여기서,

Q_{nr}: 지정회전속도에 환산된 양수량 [m^3/s]

Q_N: 지정상태에서의 양수량의 보증값 [m^3/s]

f_Q: 양수량의 측정오차 [%]

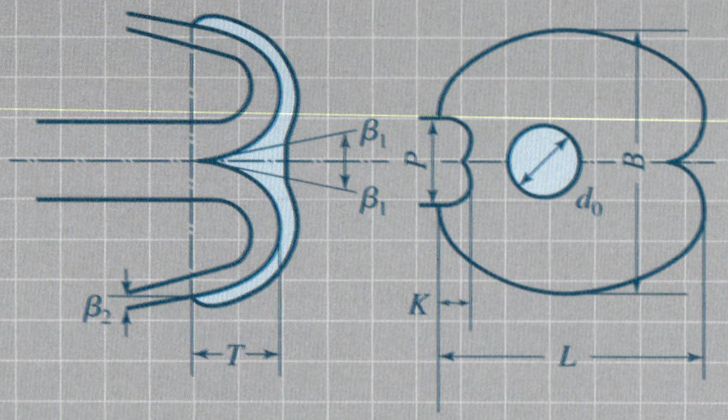
β1
β1
P
B
d0
β2
T
K
L

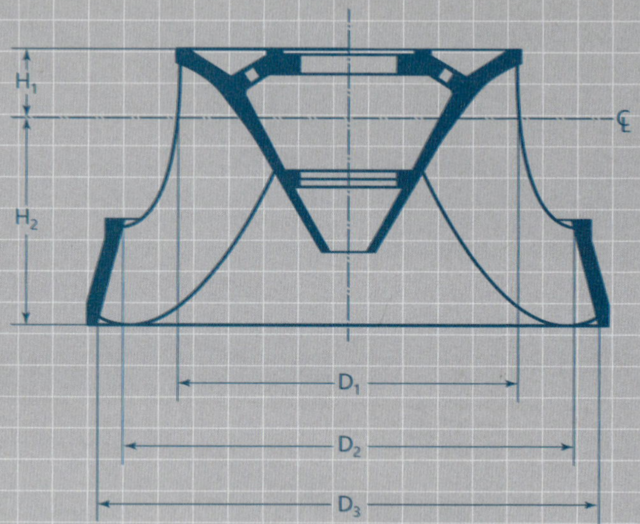
H1
H2
℄
D1
D2
D3

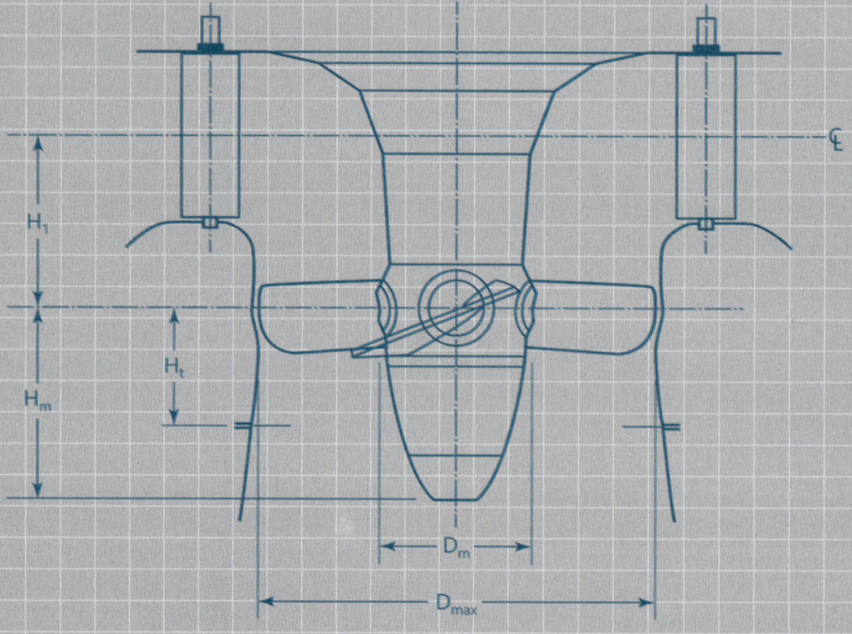
℄
H1
Ht
Hm
Dm
Dmax

8

수차 및 펌프수차의 수력과도현상

8장

수차 및 펌프수차의 수력과도현상

8.1 수력과도현상

8.1.1 수력과도현상의 정의

(1) 주요 용어의 정의

① **수력과도현상(hydraulic transient)** 하나의 정상상태에서 다른 정상상태로 변화하는 동안 유체 내부에서 발생하는 장애현상이다. 장애의 주요 구성요소는 수력시스템 전체에 압력파가 전파됨에 따라 발생하는 압력변화이다.

② **안정적인 흐름(steady flow)과 불안정한 흐름(unsteady flow)** 한 지점에서의 압력, 속도 등의 흐름 조건이 시간에 따라 일정할 경우, 흐름이 안정하다고 하며, 시간에 따라 조건이 변하면 흐름이 불안정하다고 한다. 엄밀히 말하면 난류 흐름은 항상 불안정한데, 그 까닭은 난류 흐름의 한 지점의 조건이 지속적으로 변화하고 있기 때문이다. 그러나 단기간에 걸친 시간 평균 흐름 조건이 시간에 따라 변하지 않는다면 이러한 흐름은 안정된 것으로 간주한다.

③ **과도 흐름(transient flow)** 흐름 조건이 하나의 정상상태에서 다른 정상상태로 바뀌는 중간 단계의 흐름을 과도 흐름이라고 한다.

④ **균일 흐름(uniform flow) 및 불균일 흐름(nonuniform flow)** 일정한 시간에 거리와 관련하여 유

속이 일정하면 균일 흐름이라 하고, 거리에 따라 속도가 달라지면 불균일 흐름이라 한다.

⑤ **주기적 흐름**(periodic flow) **또는 안정적인 진동 흐름**(steady oscillaory flow) 시간에 따라 흐름 조건이 달라지고 일정한 시간 간격 후에 반복될 경우, 흐름은 주기적 흐름 또는 안정적인 진동 흐름이라고 한다. 조건이 반복되는 시간 간격을 기간이라고 한다.

⑥ **수주분리**(water column separation) 흐름의 압력이 물의 포화증기압력까지 떨어지면 물에서 캐비티가 형성되고, 물기둥이 전체 단면에 걸쳐 여러 번 분리될 수 있다.

⑦ **수격작용**(water hammer) 관 속을 흐르는 물의 흐름을 갑자기 막았을 때 흐름의 급격한 변화에 수반하는 과도적인 압력의 변동을 의미한다.

⑧ **압력 서지**(pressure surge) 압력 진동이 서서히 변화하는 과도현상을 압력 서지 또는 서지라고 한다.

그림 8.1은 상부저수지 측에서 하부 서지탱크, 수압철관, 발전소를 배경으로 촬영된 양수발전소의 예를 보이고 있으며, 그림 8.2에 일반적인 수력발전소 및 양수발전소의 시스템 배치 개략도를 각각 나타내고 있다.

상류 도관은 상류저수지, 호수 또는 운하로부터 수차로 물을 전달하고 수차 배출수는 방수로 도관을 통해 하류로 운반된다. 발전기는 수차와 기계적으로 결합되고, 전기 출력은 변압기 라인을 통해 고전압 송전선로로 전달된다. 수차 회전속도가 변경될 때 가이드베인을 열거나 닫아 시스템 주파수를 일정하게 유지할 수 있는 조속기가 제공된다.

수력발전소와 양수발전소에서 과도현상을 분석하기 위한 수학적 모델의 구성요소는 일반적으로 모든 서지탱크, 수차 및 발전기, 조속기를 비롯한 상류 및 하류 도수관을 포함한다.

그림 8.3은 Cerron Grande Dam 수력발전소 1호기에서 부하차단 후 가이드베인 개도 변화 시 수차 내부 과도현상에 따른 러너 축 회전속도와 스파이럴 케이싱 압력변화에 대한 현장 계측 및 계산에 의해 예측된 결과를 비교한 것이다. 이와 같은 불가피한 과도현

그림 8.1 6대의 펌프수차(65 m^3/s 양수, 98.3 m^3/s 발전)와 1대의 펠턴수차(22.7 m^3/s), 328.6 m 정압헤드, 다양한 직경(7.1~2.7 m)의 732 m 길이 수압관, 36.6 m 높이의 서지탱크가 있는 Castaic 발전소 전경

자료: Chaudhry, 2014

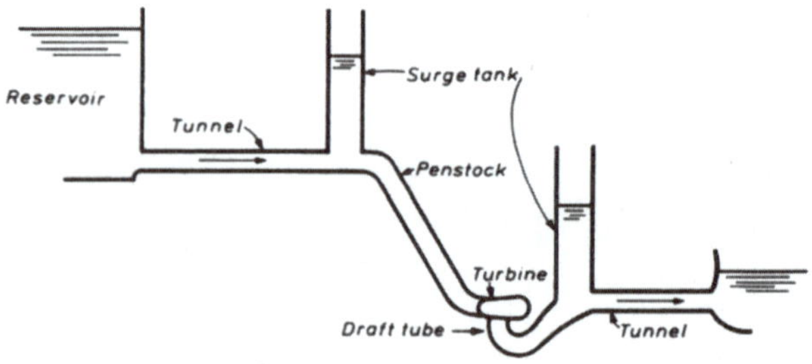

(a) 수력발전소

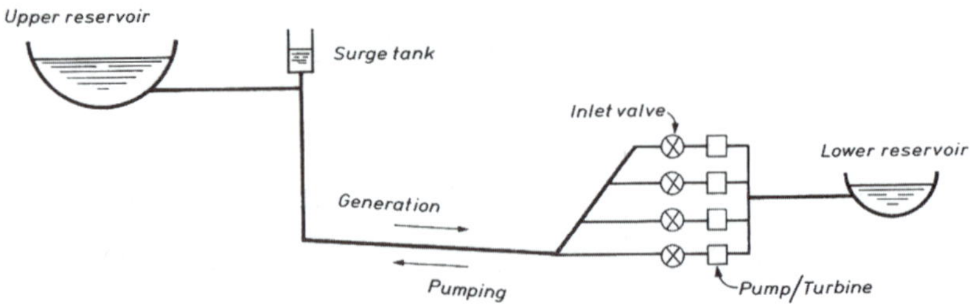

(b) 양수발전소

그림 8.2 일반적인 수력발전소와 양수발전소의 시스템 배치 예

자료: Chaudhry, 2014

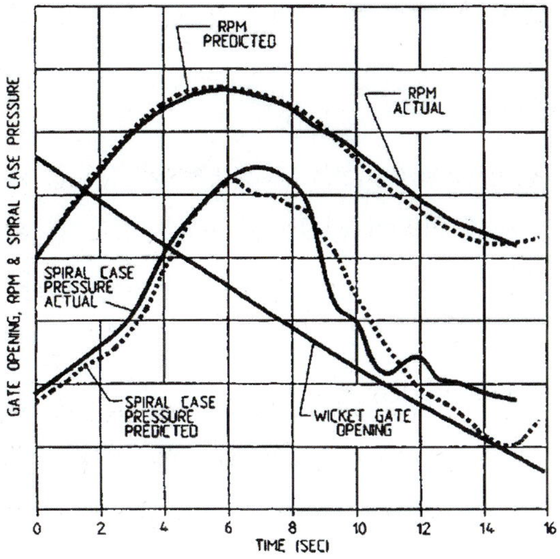

그림 **8.3** 과도현상의 현장 실측 결과와 계산 결과의 비교 예
자료: ASME Hydro Power Technical Comitee, 1996

상으로부터 발전소 장비의 손상이 발생하지 않는 방식으로 발전소를 설계해야 한다.

(2) 수력발전소 수력과도현상

모든 수력발전소는 정지상태로부터 기동 시, 부하의 변동 시 및 폐쇄 시에 수력학적 변화로 인한 과도현상이 발생하게 된다. 또한 과도현상은 사람의 오류, 장비 오작동, 송전선 장애, 물 도관사고, 지진 등으로 인해 발생한다. 따라서 발전소의 안전과 인력을 위험하게 하거나 장비를 손상시켜 작동에 어려움을 초래할 수 있을 정도의 과도현상에 주의를 기울여야 한다. 과도현상을 분석하여 가장 심각한 작동 조건을 파악해야 하며, 설계 시 수력기계와 도수관로를 안전하고 손상되지 않은 수력발전시스템으로 제공해야 한다.

수력발전장치는 전력망에 접속된 부하에 따라 회전속도 또는 주파수를 조절하게 된다. 수력발전장치의 제어에 의하여 수차를 통과하는 흐름을 실용적으로 신속하게 조정하여, 부하가 변경될 때 회전속도 또는 주파수의 변화를 최소화해야 한다. 그러나 흐름 변화에 허용되는 시간 간격이 줄어들수록 관로 내 압력의 과도현상의 크기는 커진다. 흐름을 변경할 수 있는 조속기 속도에 대한 실제 한계는 과도압력의 크기를 견딜 수 있는 도수관로의 능력이 된다. 즉, 발전기 회전수의 과속이 문제가 되지 않을 경우 조속기는 매우 느리게 흐름을 차단하여 적은 양의 물을 낭비하지만 약간의 압력과도현상만 일으킬 수 있다.

(3) 수력학적 압력과도현상

수력학적 압력과도현상은 물 도관에 수용하기에 충분한 강도를 제공하거나, 크기를 제한하거나 또는 두 가지 모두를 조합하여 해결할 수 있다. 강도가 높아지면 물 도관은 더 높은 최대압력과 더 낮은 최소압력을 견딜 수 있다. 단, 수주분리현상은 어떠한 상황에서도 피해야 한다. 물 도관의 벽 두께를 높이거나 고강도 재료 또는 고강도 재료의 조합을 사용하면 손상 없이 과도현상을 더 크게 할 수 있다. 수력학적 압력 과도현상을 최소화하는 한 가지 방법은 수차를 통과하는 물의 흐름을 일정하게 유지하는 것이다.

설계량을 초과하는 압력 과도현상은 수압관, 터널, 밸브 또는 기타 시스템 구성요소를 파괴할 수 있다. 압력이 강하게 증가하면 물 도관의 내부 라이닝에 금이 가거나 강철과 콘크리트 사이의 연결부가 손상될 수 있으며 수력기계, 추력 베어링, 공기밸브, 수압관밸브 또는 게이트가 손상될 수 있다. 압력 과도현상으로 인한 손상은 즉시 나타나지 않을 수 있지만, 반복적인 과도현상 발생 후 기계 또는 물 도관이 고장 날 수 있다.

과도현상이 발생하는 동안의 최소압력은 설계량 미만으로 물 도관 지지대에 기계적 손상을 입히거나, 그러한 응력에 견딜 수 있도록 설계되지 않은 수압관 또는 콘크리트 물 도관을 붕괴시킬 수도 있다. 수주분리와 그 이후의 재결합은 수차 러너 및 비회전 부품을 손상시키는 힘을 발생시킬 수 있다. 국부압력이 수증기 압력 또는 용존가스의 부분압력 이하로 떨어질 때 이 상태가 발생하게 된다.

가스는 강철 구간의 부식 및 약화를 촉진하여 압력이 더 높은 영역으로 유입될 때 기포가 붕괴되면서 캐비테이션 손상이 발생할 수 있다.

(4) 과도현상 제어를 위한 설계

과도현상이 발생하는 동안 강한 수력 진동이 발생하면 측정 및 제어 장비뿐만 아니라 물 도관이 손상될 수 있다. 공진이 발생하면 발전소 전체가 파괴될 수도 있다. 저수지와 서지탱크 사이의 물 덩어리가 진동하면 소음, 물 도관과 탱크의 벽에 대한 충격이 발생하고, 압축 가능한 공기가 시스템으로 유입될 수 있다. 발전소에 대한 통제력은 일시적으로 상실될 수 있으며, 잠재적으로 재앙적인 결과를 초래할 수 있다.

과도현상 제어를 위한 설계는 다음과 같아야 한다.

- 과도현상 발생 시 발전소 및 인력의 안전을 보장한다.
- 가장 부정적인 과도현상 조건을 파악하고, 과도현상 매개변수가 설계 값 내에 유지되도록 적절한 조치를 취한다.
- 회전속도 상승 및 압력 과도현상에 대한 합리적인 설계의 한계를 설정한다.

과도현상은 수차 러너, 헤드 커버, 베어링 지지대 및 기타 구조 구성요소에 작용하는 축방향 및 반경 방향 힘을 생성할 수 있기 때문에 과도현상으로 인한 구조적 처짐을 수용할 수 있는 허용 한계를 설계 시 고려해야 한다.

8.1.2 수력과도현상의 구분

수력과도현상은 시스템에 대한 심각도가 증가하는 3가지 종류로 분류할 수 있다.

(1) 정상운전상태(normal operating condition)

예상 및 예정대로 실행되며, 시스템에 위험하지 않다. 여기에는 기동, 정지, 부하 증가 또는 감소 또는 간헐적인 부하 손실이 포함된다. 설계는 정상운전 중 발생하는 과도현상으로부터 시스템에 손상이 없어야 하며 구조물의 응력이 정상 허용범위 내에 있어야 한다. 한편, 대부분의 소형 수차발전기 장치와 초대형 저낙차 수차발전기 장치는 고유의 관성이 거의 없기 때문에 흐름을 줄여 축 토크를 감소시키기 전에 무구속속도에 도달하지만, 그것은 정상적인 작동 조건이다. 그러나 이러한 경우 최대 무구속속도 시 회전 부품의 최대 허용응력(카플란수차의 경우 on-cam 운전조건)은 일반적으로 공칭항복강도의 3분의 2로 지정된다.

(2) 비정상상태(abnormal condition) 또는 비상상태(emergency condition)

예상할 수는 없지만, 모든 수력발전소에서 발생할 가능성이 있다. 수력발전소는 많은 장비와 시스템으로 구성되어 매우 복잡하기 때문에 하나 이상의 구성요소가 일정 시간(과도현상상태 또는 안정상태)에 고장 날 수 있으며, 과도현상상태를 생성할 수 있다. 그러한 사고는 비정상적인 경우이다. 비정상적인 운전조건에서의 허용응력은 정상운전조건에서의 허용응력보다 높을 수 있으며, 항복한계에 더 가까워질 수 있다. 이로 인해 불편이 발생할 수는 있지만, 시스템이 손상되지는 않아야 한다.

(3) 재해발생상태(catastrophic condition)

예상할 수 없고 발생 가능성이 매우 낮으며, 사고 발생 시 시스템이 손상될 수 있지만, 경제적인 방법으로는 손상을 방지할 수 없기 때문에 설계 기준으로 고려해서는 안된다(예: 지진 또는 산사태).

한편, 두 개 이상의 장치가 동일한 도수관로에서 공급되는 상황에서 정상 및 비상상태 분석에는 모든 장치에 대해 거의 동시에 부하 제거가 발생하는 경우가 포함되어야 한다.

본 장에서는 이상의 수력과도현상 구분 중에서 정상운전상태의 경우 대해서 다루어 보도록 한다.

8.2 수차 및 펌프수차의 수격작용

8.2.1 수격작용의 정의

일반적으로 액체는 기체에 비해 압축성이 적고 밀도가 크기 때문에 흐름을 급격히 정지시키면 일시적으로 큰 압력상승이 일어난다. 예를 들면 밸브를 급폐쇄하거나 펌프의 송수를 급정지하면, 그 부분에 큰 압력상승이 생기고 파동이 되어 관로 내에 전파되므로 기기 및 관로의 파괴를 초래할 수가 있다. 이와 같이 급격한 흐름의 변화에 수반하는 과도적인 압력변화를 수격(water hammer)이라 한다.

그림 8.4는 가장 기본적인 2가지 형태의 수격현상을 나타낸 것이다. 관로 도중에서 유속이 감소하면 상류 측에서는 압력이 상승하고(그림 8.4(a)), 하류 측에서는 입력이 저하한다(그림 8.4(b)). 식 (8.1)은 그림 8.4의 수격작용을 나타내는 Joukowsky의 식이라 하고, 다단에서의 반사파의 영향이 없는 범위 내에서 성립한다.

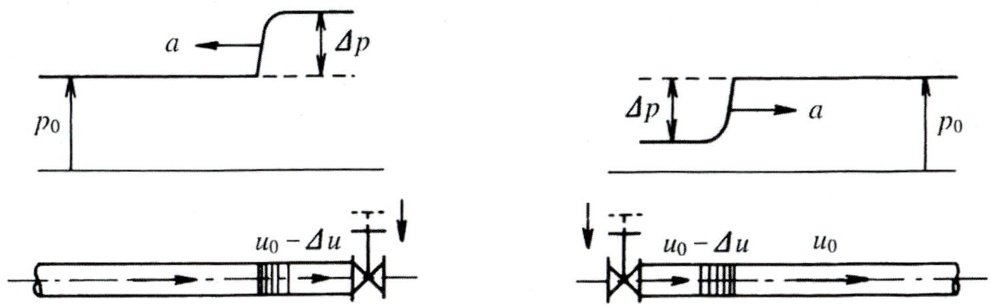

(a) 하류 측에서 밸브가 급폐쇄하는 경우　　(b) 상류 측에서 밸브가 급폐쇄하는 경우

그림 **8.4** 기본적인 수격현상

자료: ターボ機械協会編, 2005

$$\Delta p = \rho a \Delta u \tag{8.1}$$

여기서, Δp는 압력변화, Δu는 유속변화, ρ는 액체의 밀도, a는 압력파의 전파속도이다.

식 (8.1)에서 알 수 있는 바와 같이 압력파의 전파속도는 수격압력을 평가하는데 굉장히 중요한 역할을 한다. 통상의 관로에서 압력파의 전파속도는 관의 탄성변형 및 액체 중에 존재하는 비용해 기체의 영향에 의해서 액체 자신의 음속보다도 낮게 되고, 식 (8.2)와 같이 나타낸다. 상온의 물의 음속은 $\rho = 1000$ k/m^3, $K = 2.2 \times 10^3$ MPa로부터 $a_0 = 1480$ m/s가 되지만, 실제 송수관로의 전파속도는 위에서 기술한 이유에 의해서 $a = 1000 \sim 1300$ m/s 정도가 된다.

$$a = \frac{a_0}{\sqrt{1 + c(D/e)(K/E) + \alpha(K/p)}} \tag{8.2}$$

여기서, $a_0 = \sqrt{K/\rho}$는 액체 자신의 음속, K는 액체의 체적탄성계수, D와 e는 관로의 안지름과 두께($e/D < 0.1$), E는 관재료의 종탄성계수, c는 관로의 지지조건에 의해 결정되는 상수($\fallingdotseq 1.0 \sim 0.85$), α는 보이드율($\ll 1$), p는 관로 내의 압력(절대압)이다.

8.2.2 수격작용의 계산방법

송수관로에서 발생하는 수격작용을 예측하는 것은 시스템의 안전성과 경제성을 검사하는 데에서 중요한 과제가 된다. 수격해석의 주된 목적은 이하와 같다.

- 주어진 관로 시스템에 대해서 기기의 작동점이 급격히 변화한 경우의 압력 및 유속 변화를 구하여 압력상승의 최댓값, 최솟값과 그 발생 위치 등을 예측하고, 수격대책의 평가를 하는 것
- 수격작용에 미치는 시스템의 주요 파라미터의 영향을 명확하게 하고, 관로 시스템의 설계자료를 작성하는 것

관로 도중의 밸브에서 발생한 유속과 압력의 변동이 관내의 다른 부분의 물에까지 미치는 것은 물의 탄성 때문이다. 따라서 수격작용에서의 물의 운동을 논할 때는 일반적으로 물을 탄성체로서 다루어야 하며, 이것을 탄성이론이라고 한다.

단, 밸브가 완만한 속도로 개폐되어 유속과 압력의 전달이 밸브의 개폐 속도에 비하여 빠른 경우에는 관 내의 물은 어디에서도 한결같이 똑같은 상태로 되어 하나의 강체처럼 운동한다. 따라서 이 경우에는 근사적으로 관 내의 물을 강체로 취급할 수 있으며, 이것을 강체이론이라고 한다.

강체이론은 간단한 문제를 수식으로 풀 때 사용하기 쉽고, 탄성이론은 복잡한 문제를 도식해법으로 풀 때 사용하기 쉽다.

또한 수격작용을 나타내는 기초방정식인 압축성 유체의 1차원 비정상류에 대한 연속방정식과 운동방정식을 연립시켜 수치해석적으로 푸는 특성곡선법이 있다.

이하에 수격압과 특성곡선법의 개요에 대해서 간단히 설명한다.

(1) 수격압

철관 길이를 L [m], 압력파의 전파속도(음속)를 a [m/s]로 할 때, 압력파가 철관을 왕복하는 시간 T_r [s]은

$$T_r = 2L/a \tag{8.3}$$

가이드베인을 폐쇄하는 데 소요되는 시간을 T_g로 할 때,

$$T_g \leq T_r \tag{8.4}$$

이면, 가이드베인 폐쇄에 의해 발생한 압력파가 취수구까지는 서징으로 반사되어 돌아올

때까지 폐쇄가 완료됨을 의미하며, 이것을 급폐쇄라고 한다. 속도 v로 흐르고 있던 물의 운동량이 0으로 될 때의 힘의 균형의 식으로부터 수압상승의 최댓값은

$$\Delta H = av/g \tag{8.5}$$

$$= 100v \tag{8.6}$$

여기서, a는

$$a = \sqrt{\rho\{(1/K) + (D/Et)\}} \tag{8.7}$$

로 계산된다. ρ, K는 물의 밀도 [kg/m^3]와 체적탄성계수 [N/m^2], D, E, t는 관의 내경 [m], 종탄성계수 [N/m^2] 및 두께 [m]이다. 식 (8.5)에 의해서 최대수압상승값은 음속과 차단 전의 관 내 속도 v에 의해서 정해지고, 폐쇄 시간 T_g와 관 길이 L에는 관계가 없다.

한편, 폐쇄 시간이 왕복 시간보다도 긴

$$T_g > T_r \tag{8.9}$$

의 조건을 완폐쇄라고 한다. 이때의 운동량의 식으로부터 미소항을 생략하여,

$$\Delta H = (Lv/gT_g)(-dq/d\tau) \tag{8.9}$$

여기서, $q = Q/Q_g$는 무차원 유량, $\tau = T/T_g$는 무차원 폐쇄 시간이다. $dq/d\tau$는 가이드베인 폐쇄 특성의 구배이며 그 최댓값이 -1.8 정도가 되므로,

$$\Delta H_{\max} \cong 1.8Lv/gT_g \tag{8.10}$$

즉, 완폐쇄에서는 최대수압상승값은 관 길이 L과 차단 전 속도 v에 비례하고, 폐쇄 시간 T_g에 반비례함을 알 수 있다.

(2) 기초방정식과 해석방법

수격작용을 나타내는 기초방정식은 압축성 유체의 1차원 비정상류에 대한 연속방정식과 운동방정식으로 식 (8.11) 및 식 (8.12)와 같이 표시된다. 이러한 식에 초기 조건과 경계 조건을 주면 해 $p^*(x, t)$, $u(x, t)$를 구할 수 있다. 정압 $p(x, t)$는 식 (8.13)에서 구해지

고, 정압헤드 $H(x, t)$ 및 유량 $Q(x, t)$가 필요한 때는 $H = p/\rho g$, $Q = Au$(단, A: 관로 단면적)로부터 구할 수 있다.

$$\text{연속방정식: } \frac{\partial p^*}{\partial t} + \rho a^2 \frac{\partial u}{\partial x} = 0 \tag{8.11}$$

$$\text{운동방정식: } \frac{\partial u}{\partial t} + \frac{1}{\rho}\frac{\partial p^*}{\partial x} + \frac{f}{2D}|u|u = 0 \tag{8.12}$$

$$p^*(x, t) = p(x, t) + \rho g z(x) \tag{8.13}$$

여기서, t는 시간, x는 관로의 중심축에 따라 측정한 거리, $p(x, t)$는 정압력, $u(x, t)$는 유속, $z(x)$는 관로높이, D는 관 내부 지름, f는 관마찰계수, g는 중력가속도이다.

식 (8.11)~식 (8.13)의 해석방법을 대별하면,

① 수치해법(특성곡선법)

② 도식해법(탄성이론)

③ 해석해법(강체이론)

으로 나누어진다. ①은 기초방정식을 차분근사하여 계산기에 의해 x, t평면상의 격자점에서의 p, u값을 구하는 것으로, 가장 일반적인 해법이다. 한편, ②와 ③은 컴퓨터가 보급되기 이전에 이용된 해법으로 각각 수치해법에 없는 이점도 있으나 적용범위가 제한된다.

수격의 기초방정식 (8.11)과 (8.12)는 편미분방정식의 특성선 이론에 의해서 그림 8.5에 나타낸 것과 같은 2방향의 특성방정식으로 변환된다. 식 (8.14)와 식 (8.15)는 그것들의

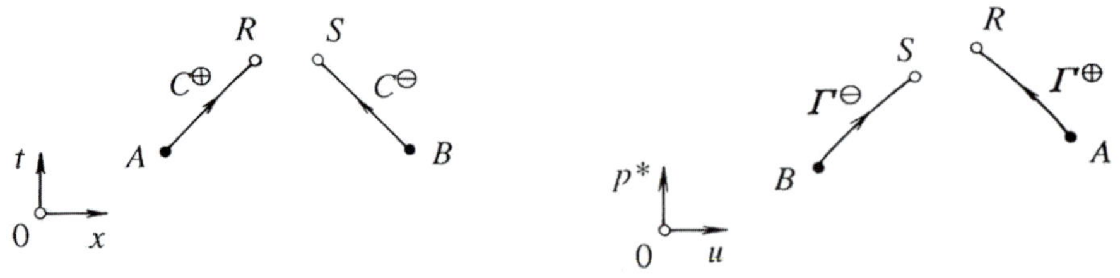

(a) 물리평면 (b) 상태평면

그림 8.5 특성곡선법

자료: ターボ機械協会編, 2005

근사식으로 수치해법 및 도식해법의 기초가 되는 중요한 관계식이다(특성곡선). $(x,\ t)$ 평면상에서 내부의 점인 p^*, u는 점 A와 B의 상태를 이미 알고 있는 것으로 하고, 점 R과 S가 일치하는 것으로 하여 식 (8.14)와 식 (8.15)를 연립시키면 정해진다. 경계점의 p^*, u값은 식 (8.14)와 식 (8.15)의 한쪽을 다음에 기술하는 경계 요소의 압력과 유속의 관계를 규정하는 식과 연립시키면 구해진다.

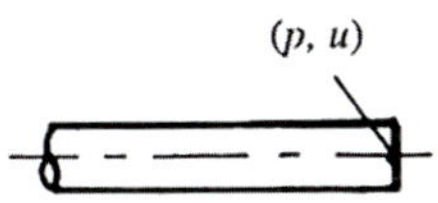

(a) 관로폐단부

$u = 0$

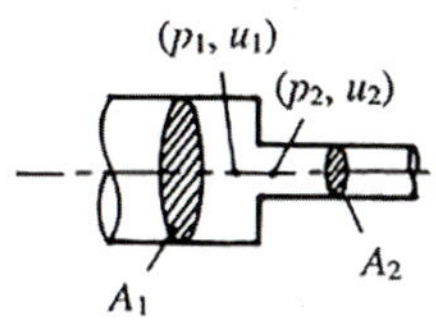

(d) 지름이 다른 관로 결합부(무손실)

$u_2 A_2 = u_1 A_1 = Q$

$p_2 = p_1$

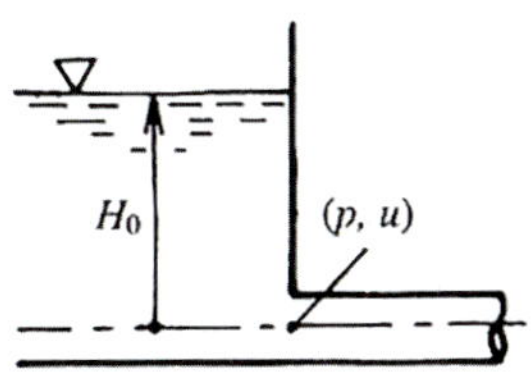

(b) 저수조 또는 관로개방단(무손실)

$p = \rho g H_0$

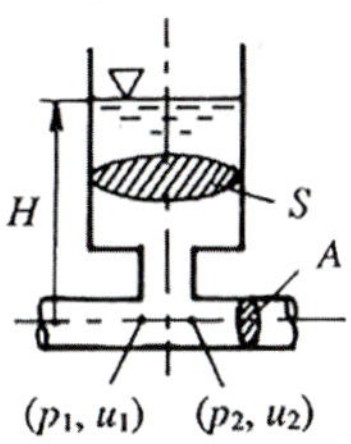

(e) 서지탱크(무손실)

$p_2 = p_1 = \rho g H$

$S(dH/dt) = A(u_1 - u_2)$

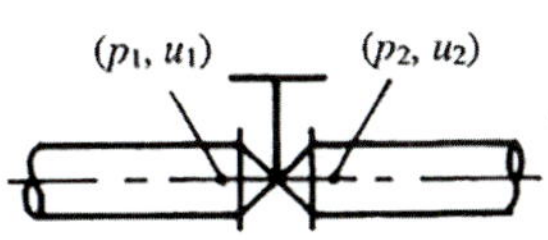

(c) 밸 브

$u_2 = u_1 = u$

$p_2 - p_1 = \zeta(\rho u^2/2)$

또는

$u = C_d\sqrt{2(p_2 - p_1)\rho}$

단,

ζ : 밸브손실계수

$C_d = 1/\sqrt{\zeta}$: 유량계수

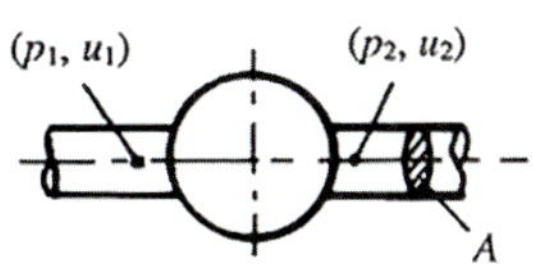

(f) 펌 프

$u_2 = u_1 = Q/A,$

$p_2 - p_1 = \rho H(Q,\ \omega),$

$I(d\omega/dt) = -T(Q,\ \omega)$

단, $H(Q,\ \omega), T(Q,\ \omega)$: 펌프완전특성에 따른 전양정, 토크, ω : 펌프 회전각속도,

$I = (GD^2/4g)$: 구동축계의 회전관성

그림 **8.6** 관로요소의 $p-u$관계식(경계조건)

자료: ターボ機械協会編, 2005

$$C^{+}: \frac{(x_R - x_A)}{(t_R - t_A)} = a \text{에 따라서,}$$

$$\Gamma^{+}: (p_R^* - p_A^*) + \rho a(u_R - u_A) + \frac{f}{2D}\rho|u_A|u_A(x_R - x_A) = 0 \tag{8.14}$$

$$C^{-}: \frac{(x_S - x_B)}{(t_S - t_B)} = -a \text{에 따라서,}$$

$$\Gamma^{-}: (p_S^* - p_B^*) + \rho a(u_S - u_B) + \frac{f}{2D}\rho|u_B|u_B(x_S - x_B) = 0 \tag{8.15}$$

여기서, $p^* = p + \rho g z$

(3) 경계조건과 초기조건

수격해석의 경계조건이 되는 대표적인 관로요소의 특성을 이상화하여 나타내면 그림 8.6과 같다.

초기조건은 일반적으로 $t = 0$에서 압력과 유속의 분포를 지정한다. 이 경우 위에서 기술한 관로요소의 초기조건도 고려해야 한다.

8.2.3 수차와 펌프수차의 수격작용

(1) 펌프 및 펌프수차 펌프모드 운전의 경우

양수발전소의 양수전용 펌프 및 펌프수차 펌프모드 운전 시의 펌프송수시스템에서 가장 문제가 되는 수격작용은 정전 등에 의해 갑작스럽게 펌프의 구동력이 정지하는 경우에 발생하는 것이다. 그림 8.7은 그러한 케이스 중 토출밸브가 열린 상태로 발생하는 가장 단순한 것으로 이하의 과정으로 압력이 상승한다.

우선, 구동력 소실에 의해 회전차(임펠러)의 구동속도가 감소하고 펌프 토출구에서 유량과 압력이 감소한다(그림 8.7(b)의 ①). 다음에 흐름은 역류를 시작하는데 회전차가 정회전을 하고 있기 때문에 펌프 토출구에서 압력이 상승하기 시작한다(그림 8.7(b)의 ②). 그리하여 회전차의 역류·역회전 영역(수차 영역)에서 펌프 토출구의 압력은 최댓값에 달한다(그림 8.7(b)의 ③). 이러한 수격작용은 그림 8.4(b)의 타입에서 하류단에 정압원이 있는 경우의

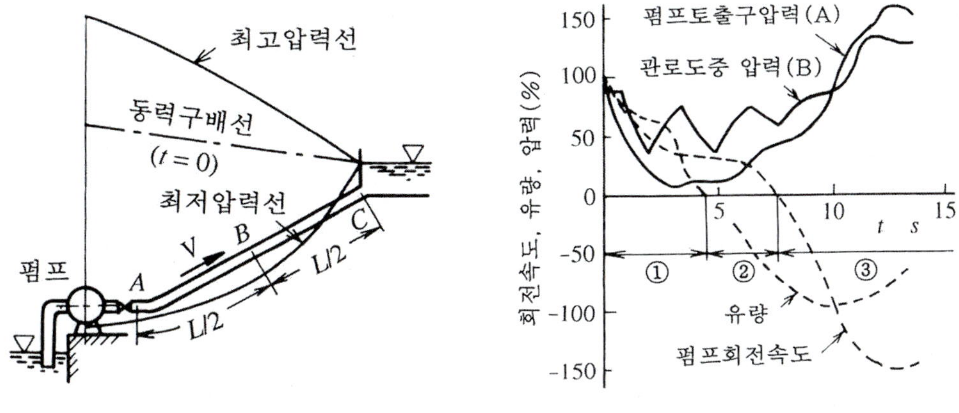

(a) 송수관로와 압력진폭의 분포 (b) 압력과 유량의 시간변화

그림 **8.7** 펌프송수시스템의 동력소실에 의한 수격(관마찰 무시)

자료: ターボ機械協会編, 2005

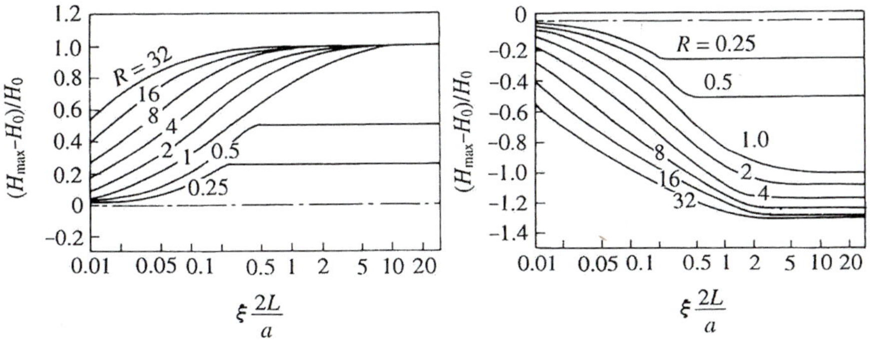

그림 **8.8** 동력소실에 따른 펌핑 직후의 수격압력(관마찰 무시)

자료: ターボ機械協会編, 2005

수격으로 생각할 수 있고, 압력변화의 관로에 따른 진폭은 그림 8.7(a)와 같이 분포한다. 이 그림으로부터 관로에 생기는 압력의 최댓값과 최솟값 및 그것의 발생 위치 등을 판단할 수 있다. 그런데 관로 내의 정압이 물의 포화증기압 부근까지 감소하면 비용해 기체의 석출 및 물의 기화에 의해 수류 중에 캐비테이션이 발생하게 된다. 이것을 수주분리(water column separation)라 한다. 수주분리가 발생하면 식 (8.11), 식 (8.12)가 성립하지 않게 되고 그 후의 압력변화의 예측이 대단히 어렵게 된다. 관로가 높은 부분에서는 이러한 수주분리가 생기기 쉽기 때문에 주의를 요한다.

그림 8.8은 그림 8.7에 나타낸 펌프에 의한 가장 단순한 송수관로시스템(단, 수평관로)에 대해서 비속도가 작은 원심펌프를 가정하여 관마찰을 무시한 경우의 동력소실에 따른 펌핑 직후의 수격압력을 구한 것이다. 이 그림은 펌프가 같다면 회전관성 GD^2이 작아서 관로의 길이가 길수록 압력변화가 커지는 것을 나타낸다.

그림 8.8에서 $H_{\max}$와 $H_{\min}$는 압력변화의 최댓값과 최솟값[m]을 각각 나타내고, $\xi=(M_0/I)(60/(2\pi N_0))/2$는 관성계수[1/s], $I=(GD^2/4)/g$는 모터회전자와 회전차의 회전관성[kg · m²], $M_0=\rho g Q_0 H_0/(2\pi\eta_0 N_0)$는 펌프 정상운전 시의 토크[N · m], H_0, Q_0, N_0, η_0는 각각 토출압[m], 토출유량[m³/min], 회전속도[min⁻¹] 및 효율, $R=au_0/gH_0$는 관로상수이다.

(2) 수차 및 펌프수차 수차모드 운전의 경우

수차 수로에 충만하여 물이 흐르고 있는 경우, 관로의 도중(관 끝도 괜찮음)에 있는 밸브(또는 수차의 가이드베인)를 개폐하여 관내의 유속을 바꾸면 그 가속도 또는 감속도에 따라서 물의 수압변화가 생긴다. 이것을 수차의 수격작용이라고 하며, 개폐가 급격한 경우에는 과대한 수압변동 때문에 관로가 파괴되는 경우도 있다.

수격작용은 관로와 수차에서 유해한 작용이기 때문에 그 대책은 충분하게 이루어져야 하며, 수차에서 수격작용이 문제가 되는 것은 다음과 같은 경우이다.

① 평상 시 운전에서 부하의 증감에 따라 가이드베인을 빨리 개폐하는 경우
② 예측사고(예를 들면 낙뢰단선)에 의한 부하의 급감에 따라 가이드베인을 빨리 폐쇄하는 경우
③ 상기의 경우에 열려야 할 제압기(일종의 안전밸브)가 고장으로 열리지 않는 경우
④ 불측사고에 의해서 가이드베인(또는 버터플라이밸브)이 유수의 힘에 의해 급폐쇄하는 경우

일반적으로는 상기 ①~③의 순서로 수압변동이 커지게 되지만, 관로 및 수차는 이러한 경우에 발생하는 수압변동에 대하여 충분히 안전하게 제작된다. ④는 극히 드문 경우이지만, 한 번 발생하게 되면 도수관이 파열되어 누수로 인한 홍수 때문에 대형사고가 일어나

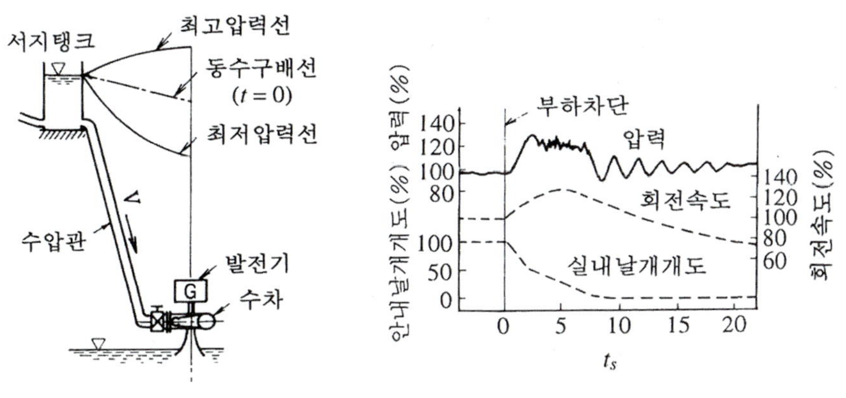

(a) 수력발전시스템과 압력진폭의 분포 (b) 압력과 회전속도의 시간변화

그림 **8.9** 수력발전시스템의 부하차단에 의한 수격

자료: ターボ機械協会編, 2005

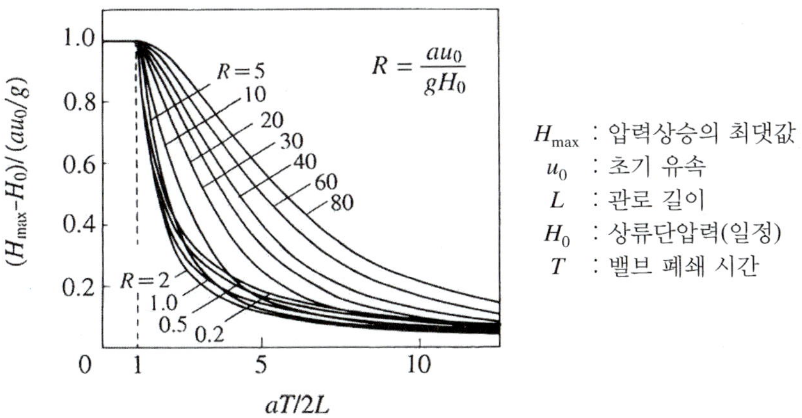

H_{max} : 압력상승의 최댓값
u_0 : 초기 유속
L : 관로 길이
H_0 : 상류단압력(일정)
T : 밸브 폐쇄 시간

그림 **8.10** 하류단의 밸브 폐쇄에 의한 수격압력(관마찰 무시, 직선 폐쇄)

자료: ターボ機械協会編, 2005

는 경우가 많다.

그림 8.9에 수력발전소 및 양수발전소 수차모드 운전의 수차발전시스템에서 발생하는 수격작용의 예를 나타낸다. 발전기의 부하가 갑자기 없어지면 회전차(러너)가 무구속 운전이 되어 회전속도가 상승함으로써 위험한 상태가 된다. 이러한 때에는 수차의 안내 날개를 가능한 한 빨리 폐쇄하여 러너로 흘러들어가는 물을 정지시킬 필요가 있지만, 이에 따라 수격작용은 피할 수 없게 된다.

이러한 수격은 그림 8.4(a)의 타입으로 상류단에 압력원이 있는 경우의 수격작용으로 생각할 수 있고, 압력상승의 최댓값은 관로하류단에서 생긴다. 하류단에서 수차 입구의 밸브를 직선적으로 폐쇄하여 관로손실을 무시하고, 압력상승의 최댓값을 구하면, 그림 8.10과 같이 된다. 이 그림은 밸브의 폐쇄가 급폐쇄, 즉 $T \leq 2L/a$가 되면 압력상승의 최댓값은 밸브의 폐쇄 시간에 관계없이 식 (8.1)로 나타내어진다. 또한 밸브의 폐쇄가 완폐쇄, 즉 $T > 2L/a$가 되면 밸브의 폐쇄 시간이 길수록, 또 초기 유속이 작을수록 압력상승의 최댓값이 식 (8.1)보다 작아진다는 것을 나타내고 있다.

(3) 수격작용에 의한 수력발전소 사고 사례

펌프 시동 및 펌프 입력차단 시 또는 수차 기동 및 수차 부하차단 시 수압철관과 방수로에서 수격작용에 의한 수압변화, 유량변화, 펌프수차의 회전속도 변화 등이 발생한다. 또한 수력발전소 및 양수발전소에서 정상운전 중에 사고로 인하여 갑자기 부하를 잃게 될 때 혹은 밸브의 개도를 빠르게 변화시킬 때 그 순간 수압철관 내에 유속이 급격하게 변하며 압력도 크게 상승하거나 강하하여 심한 수격작용을 일으키게 된다. 이러한 관로 내의 갑작스런 유속 변화로 압력파가 수력발전소 및 양수발전소와 저수지 사이를 왕복할 때 발전소 내 배관의 압력이 비정상적으로 상승하여 수차 및 펌프수차나 밸브류, 배관 및 부대시설 등이 파열되어 발전소 침수 사고가 발생하기도 한다.

이와 같은 수격작용에 의한 사고는 높은 수격 압력파로 인한 수압철관의 파열과 관 내 부압으로 인한 좌굴, 입구밸브의 개폐 및 작동 불능사고, 안내깃의 폐쇄 사고, 에어챔버의 파손, 각종 구동부의 손상 등의 사고를 유발하게 된다.

1) 수력학적 과도현상에 따른 위험 요소

수력학적 과도현상(hydraulic transient)은 하나의 정상상태에서 다른 정상상태로 바뀌는 동안 발생하는 유체 내 장애를 나타낸다. 장애의 주요 구성요소는 수력시스템 전체에 압력파가 전파됨에 따라 발생하는 압력변화이다. 따라서 수력발전소 및 양수발전소의 운전에서 운전 상황에 따라서 과도현상은 필연적으로 대처해야 할 상황이다. 모든 수력발전소 및 양수발전소는 일정 시간 가동, 정지, 부하 변화 등을 겪어야 하고, 사람의 오류, 장비 고장, 지진 등에 의한 사고 발생 요소가 항상 존재하고 있다.

수력발전소 및 양수발전소에서 과도현상이 발생할 경우 가장 심각한 사고를 초래할 수 있는 위험 요소는 다음과 같다.

① **최대압력** 과도상태 동안 최대압력은 파이프라인, 밸브 또는 기타 구성요소를 파괴하여 상당한 피해를 입히고 때로는 인명 손실을 초래한다. 덜 급격한 경우, 강한 압력 서지는 내부 라이닝의 균열, 강철과 콘크리트 사이의 연결부 손상, 장비(공기밸브, 수압관밸브 또는 게이트밸브 등)의 파괴 또는 변형을 유발할 수 있다. 때로는 손상이 눈에 띄지 않지만 부식이 심화되어 반복적인 과도현상과 함께 수압관이 예기치 않게 붕괴될 수 있다.

② **국소 진공** 진공은 일반 작동범위에서와는 매우 다른 응력과 변형률을 생성하기 때문에 비용이 많이 들더라도 대부분 회피 대책을 세우게 된다. 진공상태로 인해 얇은 벽면 두께의 수압관이나 철근 콘크리트 단면이 붕괴될 수 있다. 이러한 운영상의 어려움은 수력발전소와 화력발전소 및 원자력발전소 등의 수냉시스템에서 발생할 수 있다. 종종 심하게 오염된 지하수 또는 가스는 과도상태 동안 진공상태가 발생할 경우 파이프라인이나 터널로 빨려 들어갈 수 있다. 이것은 명백히 공공 급수시스템의 큰 위험이다. 용존가스는 국부압력이 현저히 떨어질 때마다 물에서 방출되며, 이러한 가스는 철판 부분의 부식을 촉진하여 결과적으로 손상을 초래할 수 있다.

③ **캐비테이션** 국부압력이 상온에서 포화증기압력 이하로 낮아질 때 캐비테이션 현상이 발생한다. 국소 진공이 96~97%일 때 물 안의 모든 가스가 방출되고 물이 증발하기 시작한다. 압력파가 이 지점에 도달하면 물이 즉시 응축되어 매우 희박화된 가스만 채워진 공간이 남는다. 물기둥(수주)은 이 공간에 들어가 캐비티의 측면에 있는 모든 것(즉, 다른 물기둥 또는 단단한 경계)과 충돌하여 압력상승이 발생한다. 이 경우 진공 및 강한 압력 서지가 모두 존재하여 상당한 손상을 초래할 수 있다. 캐비테이션과 관련된 주요 문제는 설계의 단계에서 다양한 매개변수를 파악하기 어렵기 때문에 합리적인 정확도로 분석하여 그 효과를 추정하기에는 어려움이 있다.

④ **수력학적 진동** 수력학적 진동은 충분히 강할 경우 파이프라인, 터널, 측정 및 제어 장비

의 손상을 유발하고 터널의 내부 라이닝이 손상될 수 있다. 공진이 발생하면 발전소 전체가 쉽게 파괴될 수 있다.

⑤ **물기둥(수주)의 너무 강한 진동** 저수지와 서지탱크 사이의 물기둥이 진동하면 소음, 충격, 공기 흡입 등이 발생할 수 있다. 발전소에 대한 통제력은 일시적으로 상실될 수 있으며, 그 순간에 다른 사고가 발생하면 엄청난 재앙이 될 수 있다.

2) 수격작용에 의한 대표적인 사고 사례

그림 8.11에 보이는 일본 Oigawa 수력발전소에서 1950년에 발생하였으며, 수주분리에 따른 수격작용이 발생하여 직경 9 ft의 수압철관이 파손되는 사고가 발생하였다. 그림 8.12는 그 사고 현장을 보여 주고 있으며, 높은 수격압으로 인한 수압관의 파열과 관 내 부압 발생으로 인한 좌굴된 수압철관 형상을 보이고 있다.

또한 그림 8.13은 러시아의 Sayano-Shushenskaya 수력발전소 사고 전과 후의 모습을 보이고 있다. 2009년에 발생한 이 사고는 수격작용으로 인한 압력파가 총 900톤에 달하는 2호기를 들어 올리면서 발전소 지붕의 붕괴, 발전소 내 인접한 수차들의 심각한 피해, 변압기의 폭발, 76명이 사망하는 대형 인명 사고 등이 발생하였다.

그림 8.14와 그림 8.15는 폴란드 Lapino 수력발전소의 배치도 및 사고 발생 후의 수압관 파열 현장 사진을 보이고 있다. 본 사고는 발전소 현대화사업을 위해 1997년에 실시한 조속기 인수시험 중에 과도한 수격 압력파로 인하여 낡은 수압관의 용접 결함부에서 파열이 발생한 것이며, 관로 내 유수의 급차단으로 인한 과도한 수격작용이 수압철관 파열의 직접적인 원인으로 지적되었다. 사례 조사 결과는 수력발전소의 안전 운행을 보장하기 위해 수력발전소의 설계, 현대화 및 운영 과정에서 고려해야 할 몇 가지 문제점들을 강조하였다.

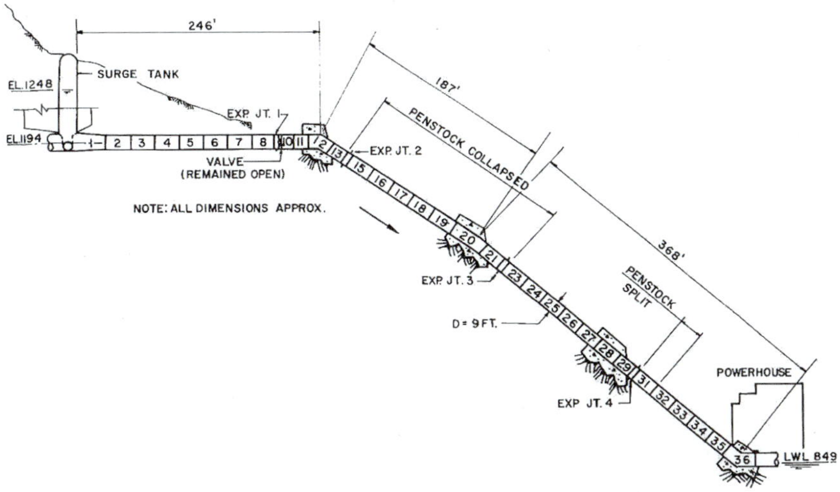

(a) 수압철관

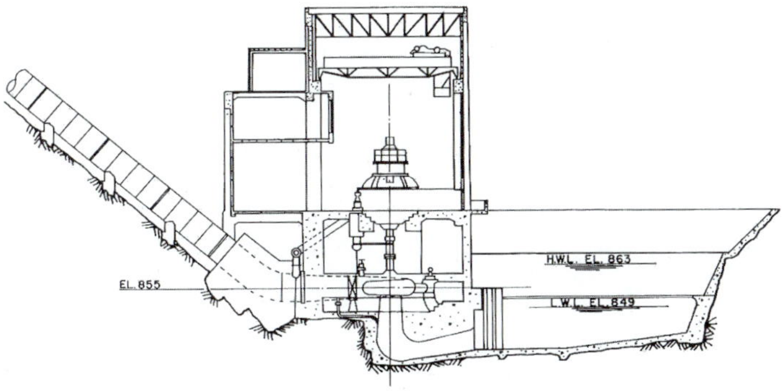

(b) 발전소

그림 **8.11** 일본 Oigawa 수력발전소 수압철관 및 발전소 단면도

자료: Bonin, 1960

그림 **8.12** 수격현상에 의한 수압철관 파열 및 좌굴

자료: Bonin, 1960

(a) 사고 전 발전소 전경(자료: Cruz, 2009)

(b) 사고 후 붕괴된 발전소 내부와 파괴된 2호기 잔해(자료: BOSTON.COM)

그림 **8.13** 수격현상에 의한 러시아 Sayano-Shushenskaya 수력발전소 붕괴사고

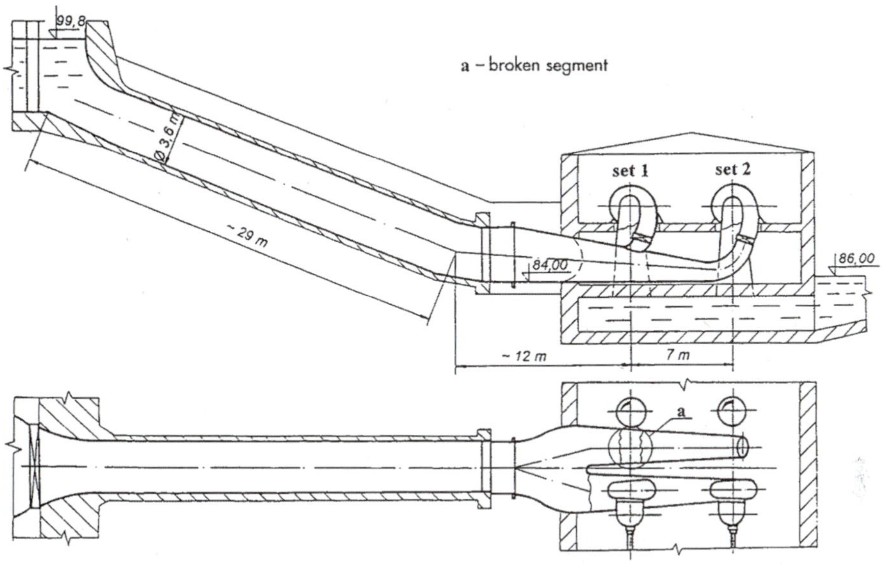

그림 8.14 폴란드 Lapino 수력발전소 배치도 및 수격현상에 의한 고장 지점
자료: Adamkowski, 2001

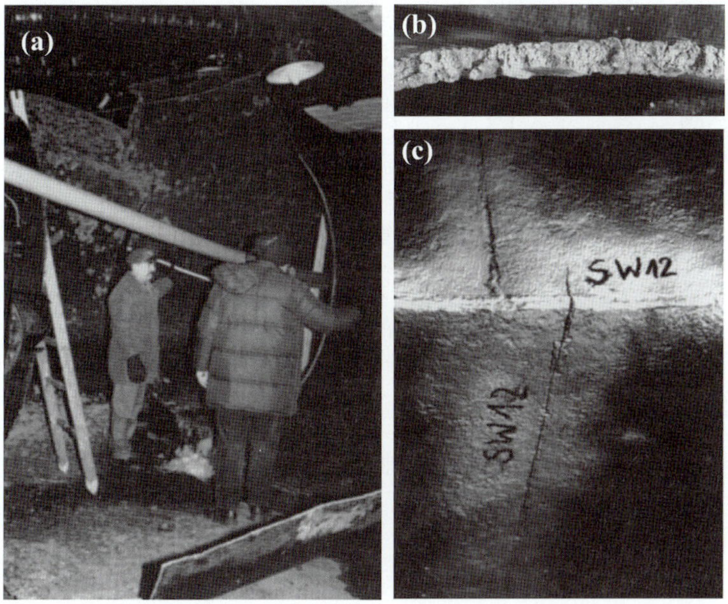

그림 8.15 Lapino 수력발전소 수압관 파열 사고 사진
(a) 수압관 파열, (b) 용접 부위 파열, (c) 용접부 주위 균열 발생
자료: Adamkowski, 2001

3) 수력학적 과도현상으로 인한 사고 사례

아래에 요약된 사례들은 수력발전소 및 양수발전소에서 실제로 발생했던 사고 사례 및 그 원인들을 간략하게 요약한 것(Pejovic, 1987)이며, 발전소에서 발생한 사고의 경우 그 정보를 공개하는 경우가 거의 없기 때문에 사고와 관련된 사실들을 실제로 입수하기에는 매우 어려움이 있다.

- 볼밸브에 의한 자동 진동(auto-oscillation) 및 이어지는 공진은 수력발전소와 양수발전소에서 모두 발생하고 있다. 그림 8.16(a)에서 서지탱크 챔버에 설치된 공기밸브가 볼밸브 하류에서 발생한 자동 진동에 의해 손상된 경우를 보이고 있다. 또한 그림 8.16(b)는 다른 발전소의 서지탱크 챔버에 설치된 압력측정기로 볼밸브의 자동 진동을 측정한 것이다.

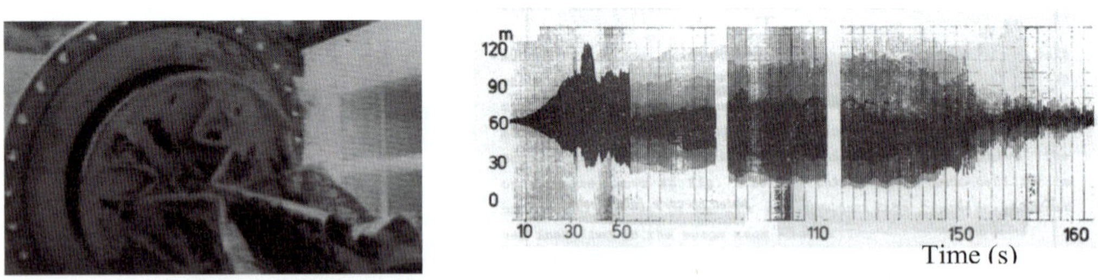

(a) 손상된 600 mm 공기밸브　　　(b) 자동 진동 계측값

그림 **8.16** 볼 밸브에서 발생하는 자동 진동에 의한 사고

자료: Pejovic, 1987

- 압력과 전력의 지나친 진동은 공진과 함께 발생하여 발전소에서 운전상의 어려움을 발생시켰다.
- 정상 폐쇄 운전 후에 공진이 발전소에서 발생하였다.
- 공기밸브 오작동으로 인한 수력학적 진동 및 공진이 발전소 터널에 손상을 입혔다.
- 체크밸브 폐쇄로 인한 자동 진동이 두 곳의 설비에서 공진을 발생시켰다.
- 흡출관의 역 수격현상이 수력발전소의 카플란수차에 상당한 손상을 입혔다. 그림 8.17은 손상된 러너베인 개략도와 부러진 러너 조각 사진을 보인다.

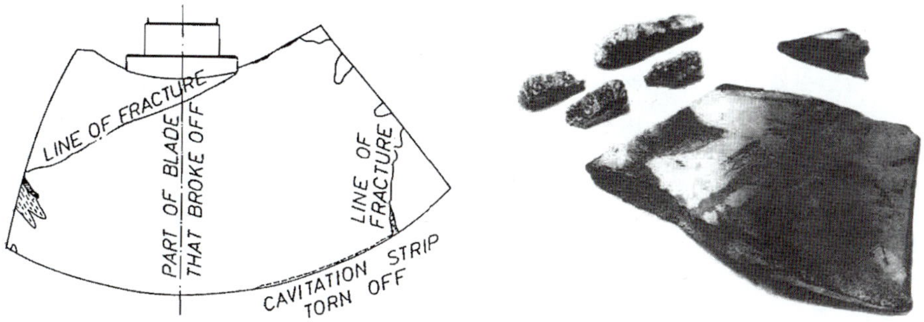

그림 8.17 역 수격작용에 의한 러너의 파손 사고
자료: Pejovic, 1987

- 버터플라이밸브의 급폐쇄로 인하여 발전소가 피해를 입었다.
- 수주분리에 따른 수격작용이 사고 원인이 되었으며, 그림 8.12의 잘 알려진 사고 사례에서 그 결과를 보여준다.
- 최대 수격 압력파가 주요 발전소의 설비에 손상을 입혔다.
- 압력조절밸브의 오작동이 발전소에서 발생한 사고의 원인이었다.
- 과도현상과 부적절한 가이드베인 폐쇄가 허용 속도와 압력상승 제한범위를 벗어나게 하였다.
- 수격작용으로 인하여 원자력발전소 냉각시스템에 심각한 고장이 발생하였다.
- 수차의 가이드베인이 너무 빨리 폐쇄되어 발전소에서 사고가 발생하였다.

8.2.4 수격작용 및 수력과도현상의 경감 대책

수차시스템 및 펌프수차시스템에서 발생하는 수격작용 및 수력과도현상의 경감 목적은 운동에너지가 탄성변형에너지로 변환되는 것을 막는 것과 최대 및 최소압력을 제한범위 이내로 제어하는 것이다. 기본적인 방법으로써 에너지저장, 단방향서지 및 환기 시설 설치, 밸브닫힘 특성 최적화, 배관제어시스템 설계의 최적화가 있다. 수차시스템 및 펌프수차시스템에 적용되는 대표적인 수격작용 및 수력과도현상 제어 방법으로는 최대 및 최소압력을 제어하기 위한 많은 방법이 존재하며, 기본적으로 다음과 같은 제어 방법이 적용된다.

- 회전 부품의 극관성모멘트(주로 발전기)를 증가시켜 장치의 각가속을 늦춘다. 즉, 수차

및 펌프수차 구동축에 플라이휠을 설치하여 회전관성 GD^2을 크게 하여 동력소실 시의 급격한 회전속도 저하를 방지한다. 그림 8.18는 일반적인 플라이휠시스템의 설치 구조와 구성요소를 보인다.

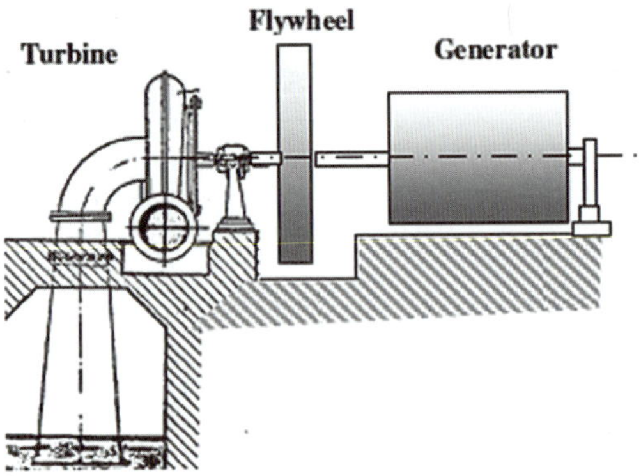

(a) 횡축 시스템 개념도(자료: Garg, 2015)

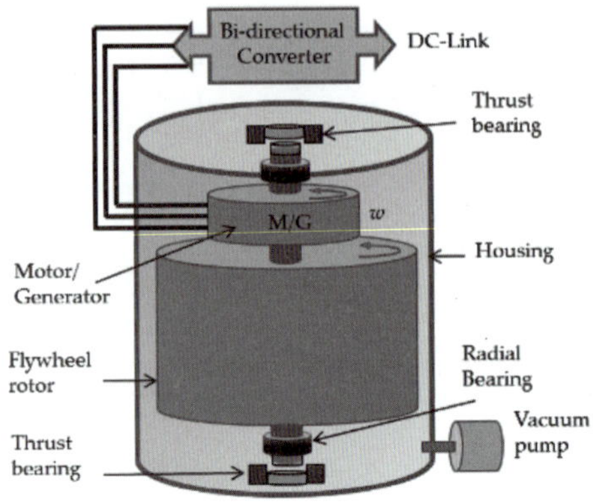

(b) 종축 시스템 구조(자료: Amiryar, 2017)

그림 **8.18** 일반적인 플라이휠 시스템의 구조와 구성요소

- 관로에 서지탱크(surge tank) 또는 에어챔버(air chamber)를 설치하여 그 용량효과에 의해 운동에너지를 포텐셜에너지로 변환하여 과도적인 압력변화를 완화한다. 그림 8.19는

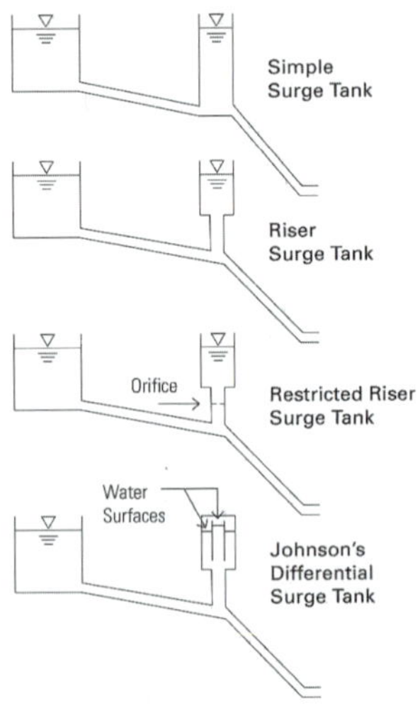

그림 **8.19** 수력발전소에 설치된 서지탱크와 그 종류

자료: POWER, 2020

수력발전소에 설치된 서지탱크와 그 종류를 나타내고, 그림 8.20은 에어챔버를 적용한 수격작용 제어 방법의 예를 보인다.

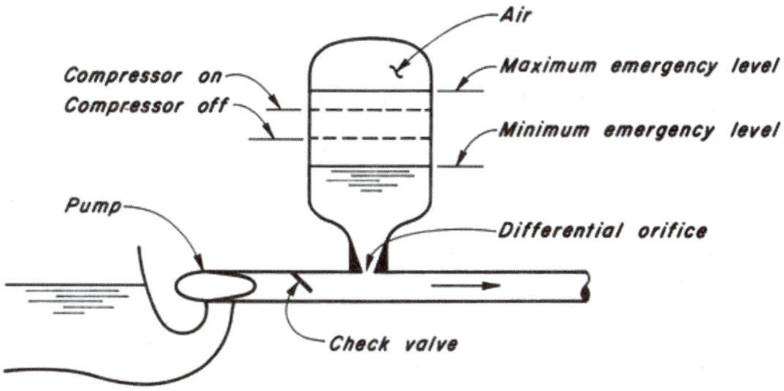

그림 **8.20** 에어챔버를 적용한 수격작용 제어 예
자료: Chaudhry, 2014

• 특히 수주분리의 발생이 예상되는 곳에는 1방향 서지탱크를 설치하고 압력감소 시에 물을 관로에 보급하여 극도의 압력감소를 방지한다. 그림 8.21은 수주분리현상 개략도를 보이며, 그림 8.22는 수주분리 방지를 위한 1방향 서지탱크의 구성 예를 보인다.

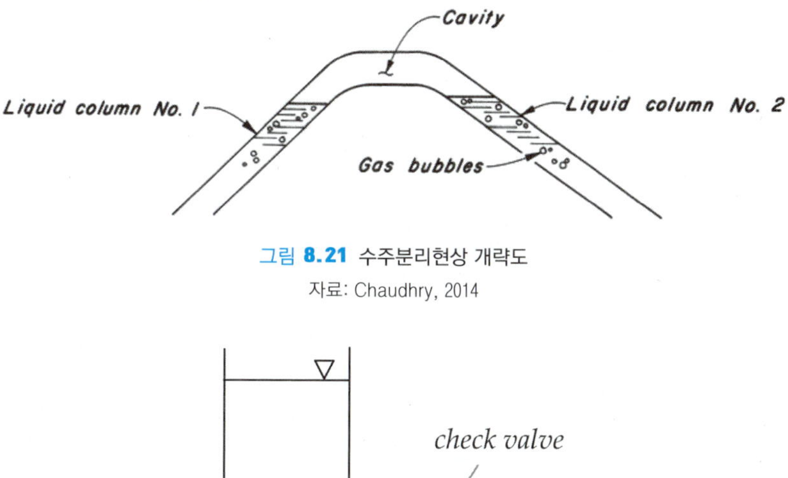

그림 **8.21** 수주분리현상 개략도
자료: Chaudhry, 2014

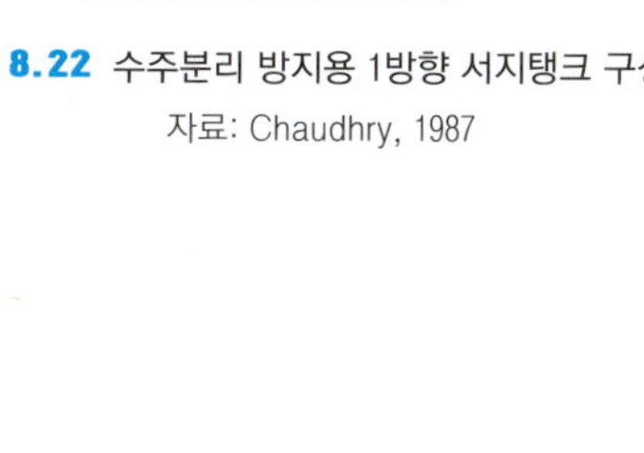

그림 **8.22** 수주분리 방지용 1방향 서지탱크 구성 예
자료: Chaudhry, 1987

• 밸브 또는 공기 파이프를 통하여 공기를 유입시킨다. 그림 8.23은 공기 입구밸브를 적용한 수격작용 제어 방법 예를 보인다.

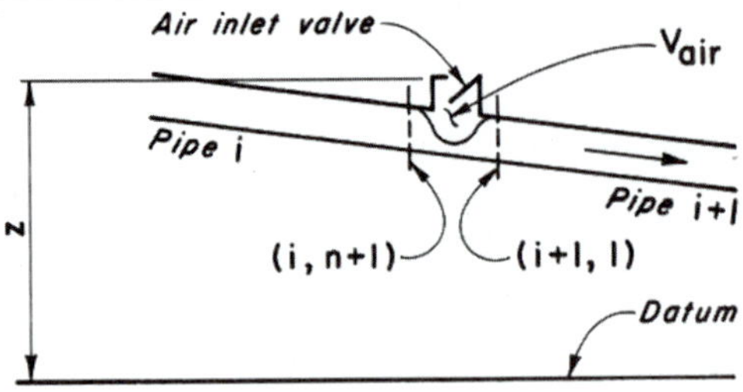

그림 **8.23** 공기 입구밸브를 적용한 수격작용 제어 예
자료: Chaudhry, 2014

• 보정된 파열막(사전에 결정된 과압력값에서 파열됨)을 제공하여 손상을 제한한다. 그림 8.24는 안전막(safety membrain or rupture disk)에 의한 수격작용 제어 방법을 보이고 있으며, 그림 8.25는 용기 또는 탱크 내부에 가스와 막으로 구성된 수압축압기에 의한 수격작용 제어 방법 예를 보인다.

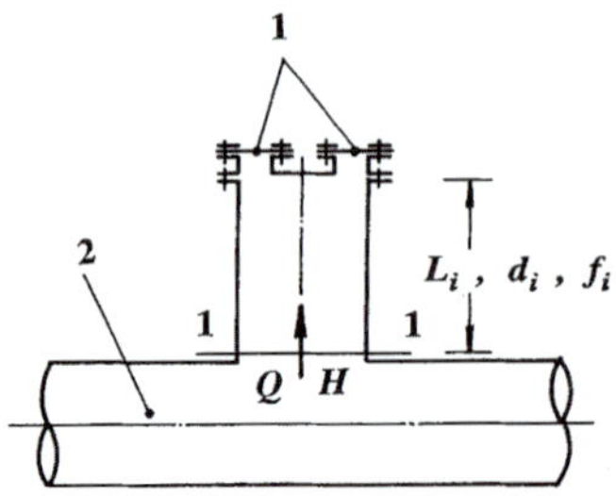

그림 **8.24** 안전 막에 의한 수격작용 제어 예 (1: 안전 막, 2:수압관)
자료: Ni, 1996

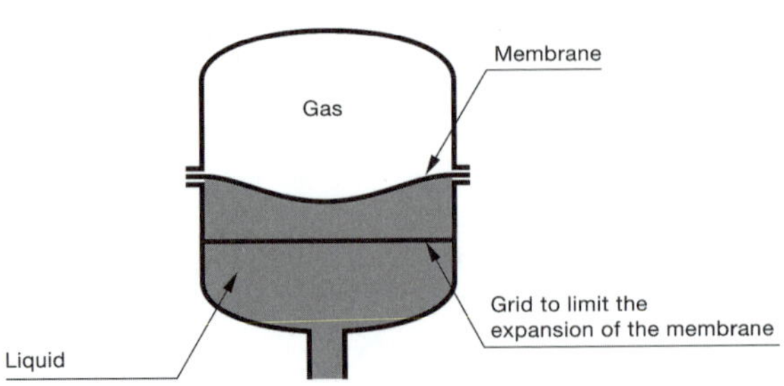

그림 **8.25** 수압축압기에 의한 수격작용 제어 예
자료: KSB, Water Hammer

• 바이패스에 의해 물의 일부를 하류로 빼내어 수차 상류 측 수압관의 급격한 유속의 감소를 완화한다. 압력조정밸브 또는 동기식 바이패스밸브를 제공하여 물의 양을 추가하거나 뺀다. 그림 8.26과 8.27은 수격작용 밸브의 예 및 밸브 유량 특성을 각각 보인다. 그림 8.28은 수차 관로 상부 바이패스 관로 설치에 의한 수차 수격작용 제어 예와 그림 8.29는 수차 가이드베인과 바이패스 관로 압력조정밸브의 동기제어 예를 각각 보인다.

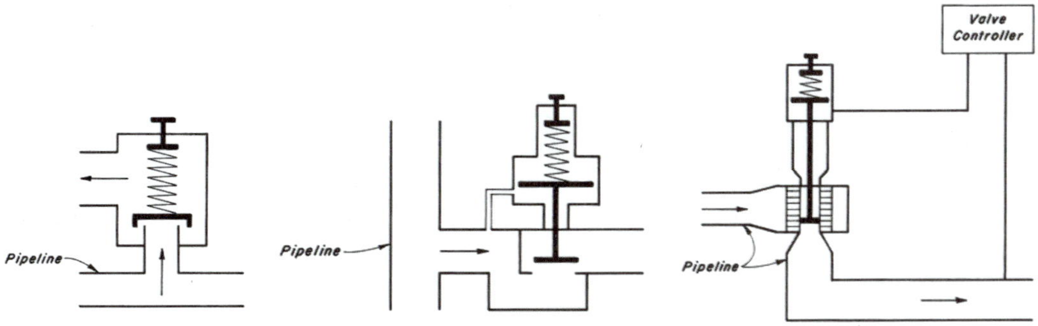

(a) 안전밸브 (b) 압력방출밸브 (c) 압력조정밸브

그림 8.26 수격작용 제어용 밸브 예

자료: Chaudhry, 2014

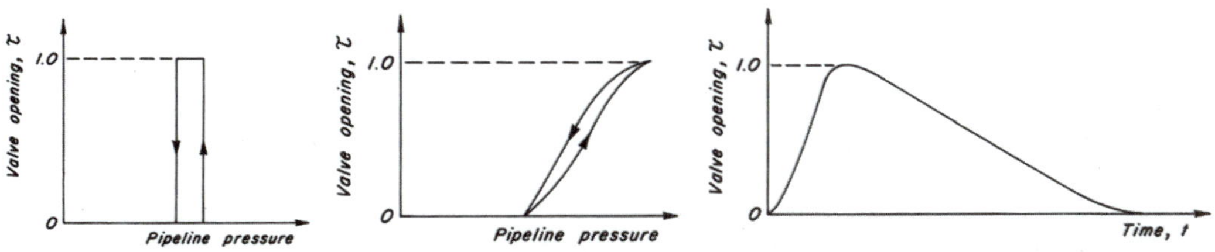

(a) 안전밸브 (b) 압력방출밸브 (c) 압력조정밸브

그림 8.27 수격작용 제어용 밸브의 유량 특성

자료: Chaudhry, 2014

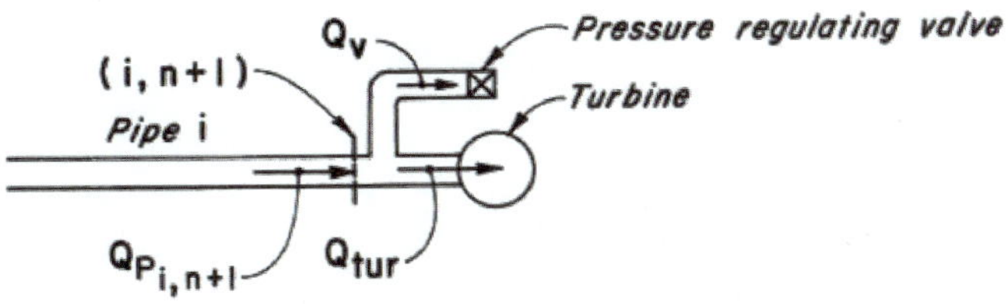

그림 8.28 수차 관로 상부 바이패스 관로 설치에 의한 수차 수격작용 제어 예

자료: Chaudhry, 2014

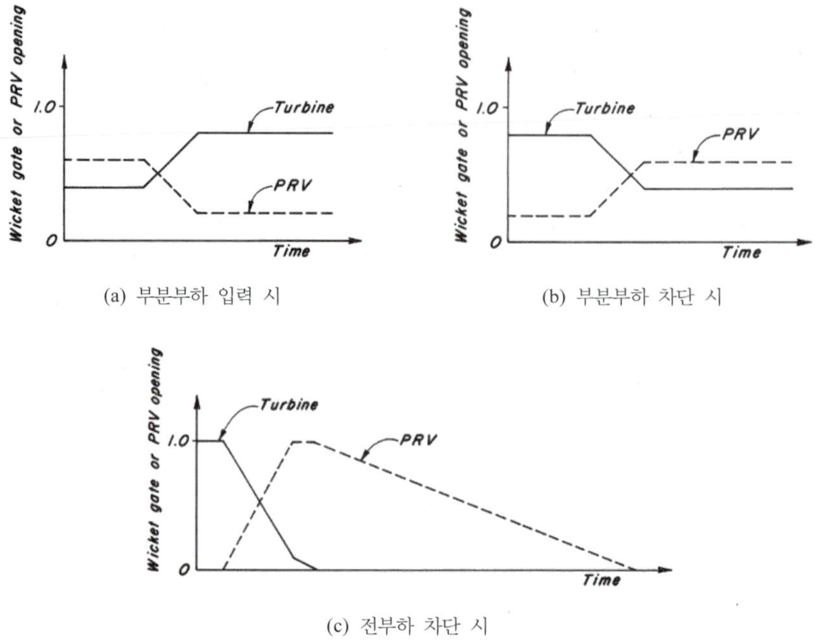

그림 **8.29** 수차 가이드베인과 바이패스 관로 압력조정밸브의 동기제어 예

자료: Chaudhry, 2014

- 토목, 전기 및 기계 조합시스템의 고유주파수를 변경한다. 즉, 수력발전소 및 양수발전소시스템의 고유주파수를 변경한다. 서지탱크, 에어챔버 또는 전체 발전소의 레이아웃 변화가 시스템의 고유주파수를 변화시킨다. 그림 8.30은 Perucica 수력발전소(Montenegro)의 시스템 구성 예를 보인다.

그림 **8.30** Perucica 수력발전소(Montenegro)의 시스템 구성 예

자료: epcg

- 수차 운전방식을 변경하고, 수차 수구에 대한 적절한 조정을 실시한다. 즉, 반동수차 가이드베인 및 러너베인의 기동, 충동수차의 수차 분배기(니들밸브) 및 제트 디플렉터의 기동에 대한 조정 등이 포함된다. 일반적으로 2단 가이드베인 폐쇄 시간 기능(쿠션 스트로크 추가)은 반동수차의 안전 운전을 크게 향상시킨다. 카플란수차 또는 벌브수차 정지(정상, 기계적 급정지, 비상) 중에 러너베인이 열리면 러너베인 작동이 유리해지고, 과속 성능이 향상되며, 상향 수력 축추력(upthrust)이 감소한다. 그림 8.31은 수차 부하차단 시의 가이드베인 개도 2단 폐쇄에 따른 수압관 압력과 수차 회전속도 변화를 나타낸다. 또한 차단밸브(shut off valve)의 폐쇄/개방 시간을 적절히 설정하면 비상 및 예외적인 작동 조건에서 이러한 장치를 보다 안전하게 작동할 수 있다. 흡출관 게이

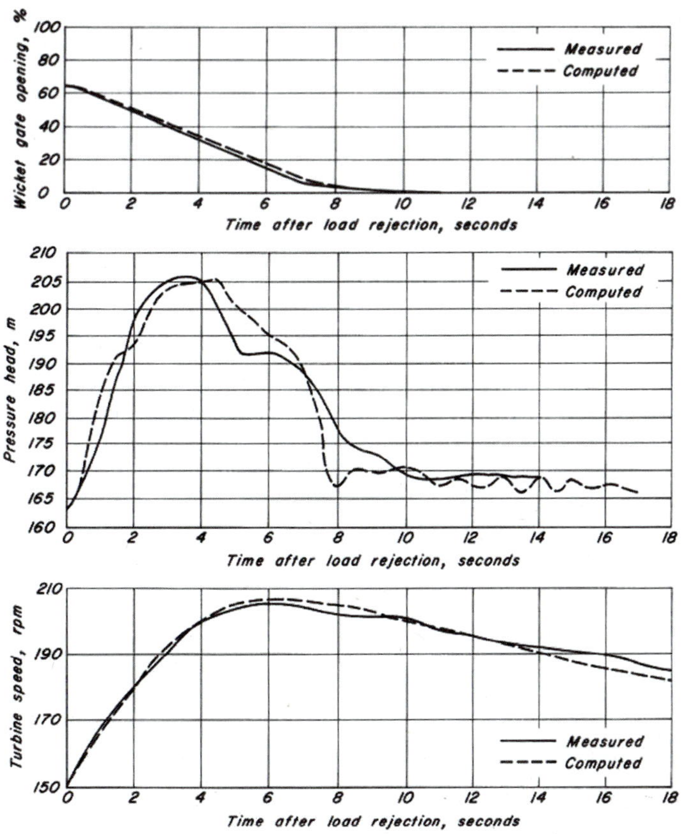

그림 **8.31** 250 MW 부하차단 시의 수차 가이드베인 개도(2단 폐쇄)에 따른 수압관 압력과 수차 회전속도 변화 예

자료: Chaudhry, 2014

트를 사용하여 무구속속도로부터 축류형 수차를 보호할 수 있다. 또한 저낙차 축류형 수차의 수문 작동은 과도상태의 운전 동안 개방 채널 파동을 감쇠시킬 수 있다. 그리고 운전 영역의 제한(유량 감소)도 또 다른 선택사항이 될 수 있으며, 이 방법은 보다 효과적인 방법을 고안하기 전에 일시적인 방법으로 고려할 수 있다.

수격작용을 경감하거나 방지하기 위해서는 선택할 수 있는 모든 보호장치의 상대적인 장단점을 평가해야 하며, 일반적으로 최선의 해결책은 여러 장치를 조합하는 것이다. 예를 들면 발전소에는 보통 서지탱크가 있지만, 발전기의 관성이 고유값 이상으로 증가하는 경우 가이드베인 폐쇄 타이밍을 조정하여 최상의 결과를 얻을 수 있다. 또한 서지탱크, 에어챔버 또는 전체 발전소의 레이아웃의 변화가 시스템의 고유주파수를 변화시키며, 이러한 새로운 주파수가 가진주파수에 더 가까울 경우 공진의 가능성은 더 커진다. 따라서 수력발전소가 더 안전한지, 아니면 오히려 더 위험한 상황에 놓일지 여부는 신중한 분석으로 해결해야 한다.

표 8.1은 수격작용에 대한 보호장치의 일반적인 특성을 나타내고 있다.

표 8.1 수격작용에 대한 보호장치의 일반적인 특성

Device	When to use	Protects against			Change natural frequencies	Operating reliability	Special demands	Problems in restarting	Frequency of application	Costs
		High pressure	Low pressure	Vibration						
System without protection	Long tunnel/pipe	Yes	Yes	Yes	No	Very good	None	None	Very often	High
Water tower	Long tunnel/pipe	Yes	Yes	Yes/No	Yes	Very good	None	None	Often	High
Surge tank	Long tunnel/pipe	Yes	Yes	Yes/No	Yes	Very good	None	None	Often	High
Air vessel	Long tunnel/pipe	Yes	Yes	Yes/No	Yes	Good	Air compressor	Routine control	Often	Not very high
Increased inertia of rotating parts	All types	Yes	Yes	No	No	Excellent	None	Some difficulties	Rarely	Medium
Reverse flow	All types	Yes/No	Yes/No	No	No	Poor	None	None	Rarely	Very low
Regulated opening and closing	All types	Yes	Yes	No	During transient only	Good	Governing system	Routine control	Rarely	Not very high
Pressure relief valve	Long pipe	Yes	No	No	No	Poor	Frequent control and Maintenance	Routine control	Rarely	Medium
One way feed tank	Long pipe	NO	Yes	No	No	Poor	Frequent control and Maintenance	Routine control	Rarely	Medium
Air valve	All types	NO	Yes	No	No	Poor	Frequent control and Maintenance	Routine control	Often	Low
Aeration pipe	All types	Yes/No	Yes	Yes/No	Yes	Very good	None	None	Often	Low
By-pass	Long pipe	Yes	Yes	No	Yes	Medium	Frequent control	Control	Rarely	Medium
Check valve	Small systems	Yes/No	No	No	No	Good	Control	None	Often	Low
Rupture membrane	As last means of protection	Yes	No	No	No	Medium	Arrange outlet for water	Replace membrane	Rarely	Very low

자료: Pejovic, 1992

8.3 수차 및 펌프수차의 운전제어

수차와 펌프수차는 주로 발전 또는 양수를 위해서 운전되지만, 대기운전과 조상운전과 같은 모드로 운전되는 것도 있다.

대기운전은 전력 계통의 발전량 또는 양수부하를 급증시키고 싶을 때를 대비하여 발전기를 전력 계통에 병렬로 접속시킨 채로 수차 또는 펌프수차의 러너 주위의 물을 압축공기로 눌러 내려서 공회전하고 있는 상태이다. 조상운전은 수력기계로서는 대기운전과 같지만, 발전기 또는 발전전동기가 전력 계통의 역률조정을 위해서 조상기로서 운전되고 있는 점이 대기운전과 다르다.

8.3.1 수차 및 펌프수차 시스템의 운전제어

(1) 발전 및 양수 운전제어 순서

최근의 수력발전소의 운전제어는 거의 시퀀스 제어(sequence control) 또는 컴퓨터 제어에 의해 자동화되어 있으며, 기동·정지도 멀리 떨어진 제어소 등으로부터 원격 조작에 의한 지령 신호를 받아서 자동적으로 실시된다. 일반적인 수차 및 펌프수차 시스템의 발전운전 및 양수운전의 기동 및 정지의 제어 순서 예를 그림 8.32에 보인다.

(2) 정상기동과 정지 운전

수차모드에서 가역식 펌프수차의 기동 및 정지는 그림 8.32와 같은 기존 수차에 대한 동일한 절차에 의해 실행될 수 있다. 경우에 따라서는 수차출력이 음(−)이 될 수 있으며, 장치가 전력망에 연결된 직후 러너를 회전시키기 위해 입력 전력이 필요하다. 이 문제는 가이드베인 개도가 무부하 상태의 개도보다 약간 작거나, 장치를 전력망에 접속한 후 수압서지에 의해 유효낙차(순헤드)가 아래쪽으로 요동칠 때 발생한다.

그림 8.33과 같이 고낙차(헤드) 펌프수차의 S자형 특성은 점선으로 표시된 무부하속도 조건 근처에서 나타난다. 가이드베인 개방 또는 유효낙차(헤드)의 변동 또는 편차는 운전지점이 A(무부하속도)에서 B(역회전펌프)로 이동되고 장치의 출력 토크가 역전된다. 이 음(−)의 입력 전력은 운전낙차(헤드)가 정상낙차(헤드)에 비해 매우 낮은 경우 최대 수차출력

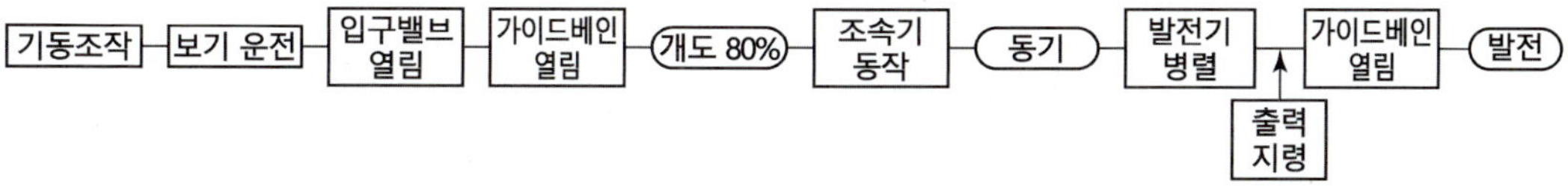

(a) 발전기동

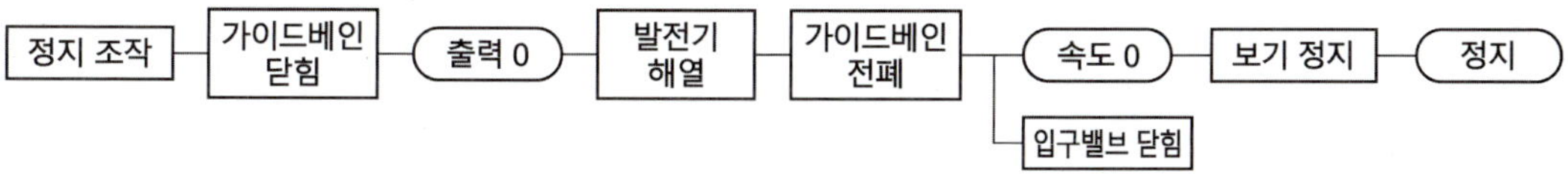

(b) 발전정지

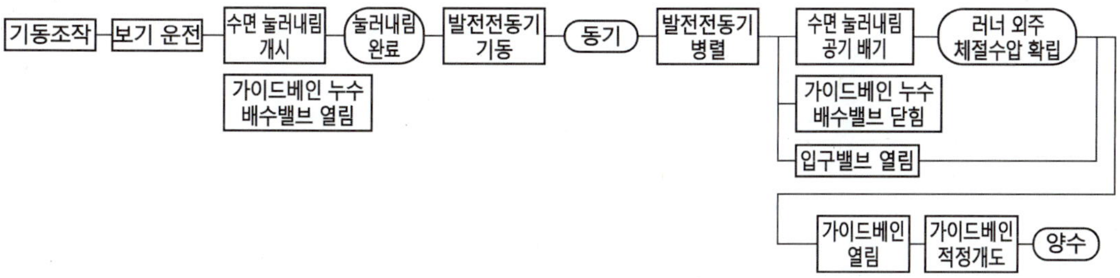

(c) 양수기동

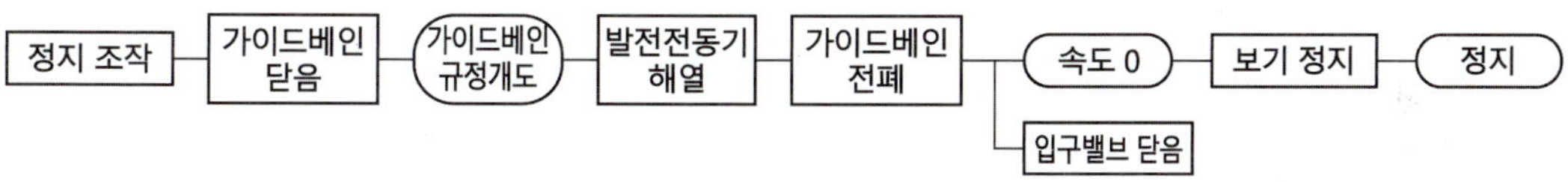

(d) 양수정지

그림 **8.32** 발전 및 양수 운전의 기동 및 정지를 위한 제어 순서(sequence) 예

자료: 日本機械学会編, 1986

의 40%에 도달할 수 있다. 이러한 출력 역전을 방지하고, 양(+)의 전력 발전을 보장하기 위해서는 장치를 전력망에 연결한 직후 가이드베인을 약간 더 열어야 한다.

펌프모드에서 시동하는 데 필요한 전력 용량을 최소화하기 위해 기계는 작은 용량의 기계를 제외하고, 일반적으로 러너의 사전 탈수운전을 통해 시동된다.

일반적으로 펌프모드에서 가역식 장치를 기동하기 위해 발전전동기에 대한 다음의 기동 절차가 사용된다.

- 유도모터의 최대전압기동, 감소전압기동으로서 발전전동기의 직접기동

- 다른 발전장치의 도움을 받아 연속동기식기동
- 주 발전전동기에 연결된 소형유도모터(포니모터)로 기동
- 주 발전전동기에 가변주파수 전력을 제공하기 위해 사이리스터로 구성된 정적컨버터를 사용하여 동기식기동

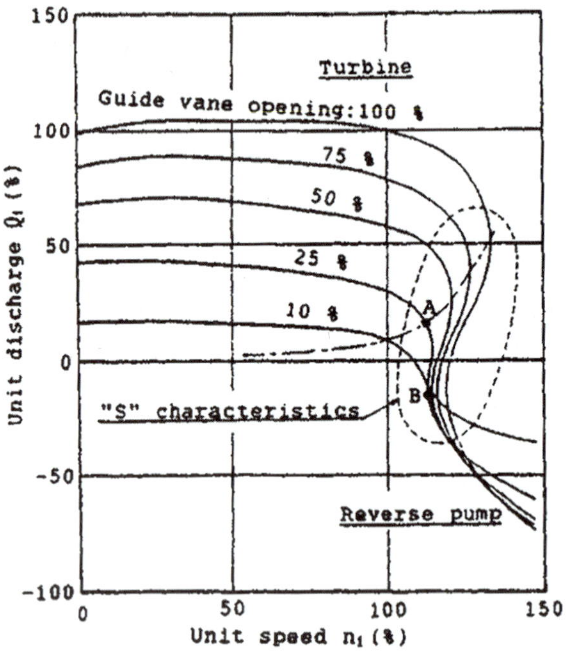

그림 **8.33** 고낙차 가역식 펌프수차의 S자형 특성

자료: Mei, 1991

어떤 방법을 사용하든지 기동시스템의 토크 용량은 그림 8.34와 같이 회전부의 가속토크와 탈수운전 시 손실되는 토크의 합계보다 커야 한다. 대부분의 전력 손실은 가이드베인 주변의 간극을 통한 누설로 인해 발생하는 물과 러너 씰 간극에 공급되는 냉각수가 회전하는 러너와 교반하면서 발생한다.

이러한 전력 손실을 줄이기 위해 일반적으로 그림 8.51과 같은 가이드베인 실을 사용하여 누설을 줄이고 그림 8.35와 같은 누설 배출시스템을 제공한다. 효율적인 배출을 위해 배출파이프는 가능한 한 러너 외주에 가까운 위치에서 하단 링에 연결된다.

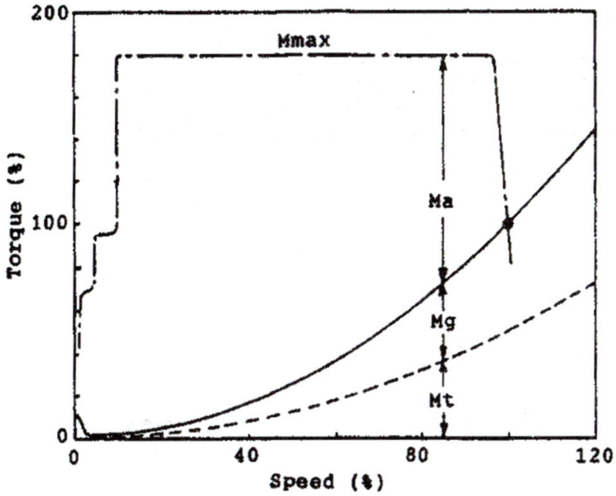

- Mmax: 기동시스템의 최대로 사용이 가능한 토크
- Ma: 회전부의 가속에 사용할 수 있는 토크
- Mg: 발전전동기의 기계적 및 바람에 의한 손실에 해당하는 토크
- Mt: 펌프수차의 기계적 및 바람에 의한 손실에 해당하는 토크

그림 **8.34** 발전전동기와 펌프수차의 손실 토크에 대한 기동 토크(정적 컨버터)의 특성

자료: Mei, 1991

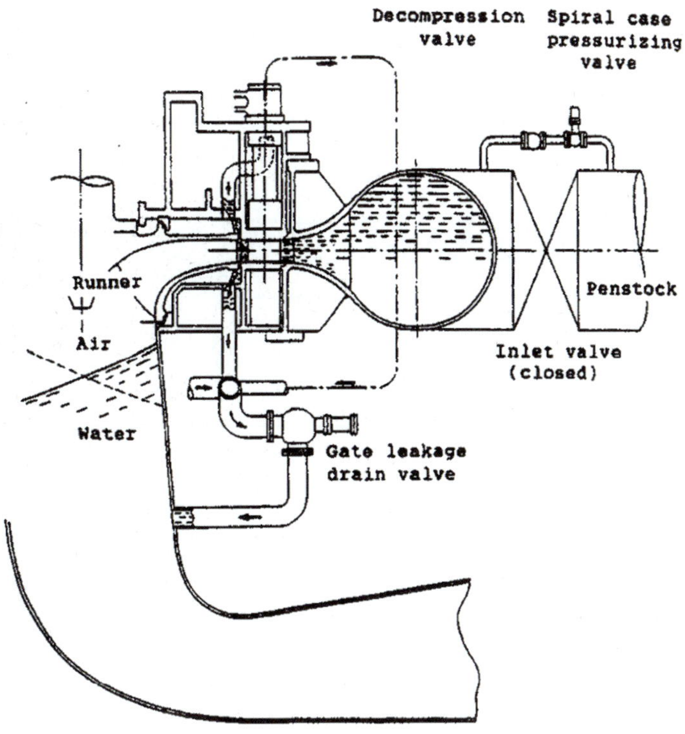

그림 **8.35** 가이드베인 누설 배출시스템

자료: Mei, 1991

탈수운전에서는 일반적으로 나선형 케이싱의 상류 입구밸브가 닫히고 나선형 케이싱 내부가 감압되어 가이드베인을 통한 누설을 감소시킨다. 그러나 나선형 케이싱의 압력이 가이드베인 내부의 압력보다 낮거나 같으면 공기가 나선형 케이싱쪽으로 누설되고, 나선형 케이싱에 공기가 축적되어 입구밸브가 열릴 때 수압관으로 배출된다. 실제로 탈수 중 공기 축적을 방지하기 위해 나선형 케이싱은 그림 8.35에서와 같이 감압밸브를 통과하는 수압관 물 또는 소형 보조펌프에 의해 가압된다.

펌프모드에서 가역식 펌프수차의 기동 및 정지 절차의 예는 그림 8.32와 같다. 펌프수차가 전력망에 연결된 후 러너가 펌프 양정(헤드)을 만들기 위해 물로 채워질 때까지 헤드커버의 내부 구간에 제공된 파이프를 통해 공기를 배출하여 펌프를 충수(프라이밍)한다. 이 과정에서 헤드커버의 공기배출파이프 위치 또는 러너 크라운을 통과하는 공기배출구가 부적절한 경우 공기배출 정체가 발생하여 원활한 물의 주입이 이루어지지 않게 된다.

주입 과정에서의 러너 주변의 공기와 물의 거동을 그림 8.36에 나타내었다.

러너의 외부 구간에 물이 대부분 채워지면 펌프 체절양정의 절반 이상이 러너 외주에서 발생하며 러너 크라운 위의 물은 이 압력에 의해 내부로 흐를 수밖에 없다. 러너 씰 간극

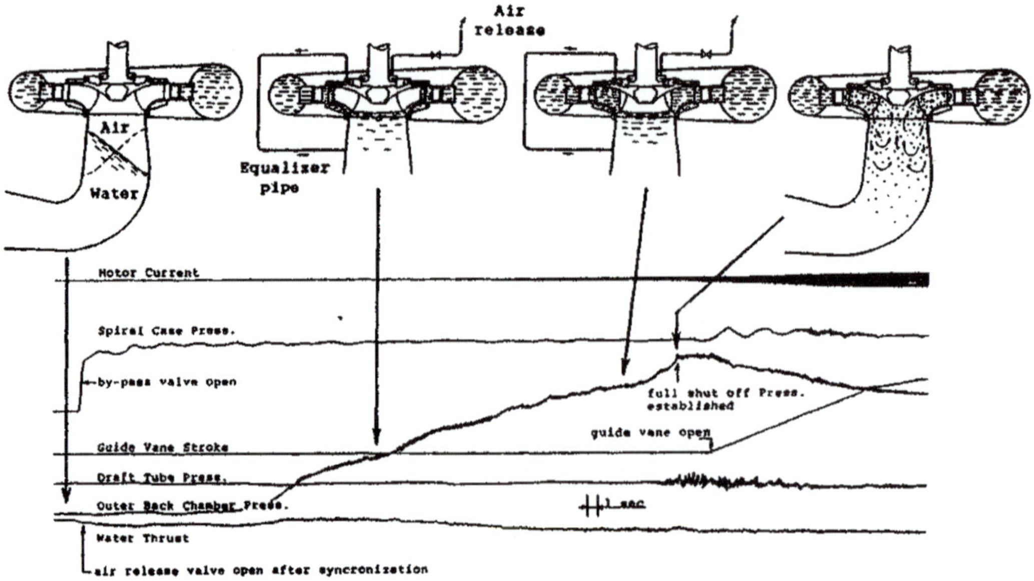

그림 8.36 회전하는 러너의 충수 과정

자료: Mei, 1991

이 너무 크고 공기배출관 용량이 충분하지 않으면 이 고압수가 러너 크라운의 통기구(에어 벤트) 또는 공기배출관 입구까지 역류하여 이를 차단한다. 주입 과정에서 압력이 원활하게 상승하려면 공기배출관 및 균압관(이퀄라이저 파이프)을 적절히 배치하여 이러한 상태를 방지해야 한다.

한편, 펌프수차를 수차로 기동할 때의 기동조작에서 100% 출력운전까지의 시간을 되도록 단축하여 신속응답(속응)성을 높이겠다는 요구는 사용자 측에서 끊임없이 제시하는 것 중 하나이다. 이 요구는 특히 전력 계통의 신뢰성이 낮은 개발도상국 등에서 강하다. 이에 대처하기 위해 다음과 같은 방식이 도입되거나 채택되고 있다.

- 입구밸브의 열림 동작시간 단축(종래의 60~90초에서 30초 정도로 단축)
- 입구밸브 부분열림상태에서 가이드베인을 열고 펌프수차를 기동
- 조속기의 조속기능 향상에 따른 정속, 병입 시간 단축(PID 조속기의 채택)
- 가이드베인의 열림 동작시간 단축(60초에서 30초 정도로 단축)

이를 통해 기존에 기동조작에서 100% 수차출력 상태까지 4~5분 걸리던 것이 3분 정도 또는 그 이하까지 단축되도록 하고 있다.

(3) 긴급차단운전

그림 8.37은 4상한 특성이라고도 하는 정상펌프, 제동, 정상수차 그리고 역회전펌프에 이르는 모든 작동조건으로 구성된 가역식 펌프수차의 완전 특성곡선을 보여준다. 이 도표에서 속도 n_1, 유량 Q_1 및 토크 M_1은 1 m 헤드(낙차 또는 양정)의 단위량이며 수차운전 방향으로 양의 부호가 부여된다.

정상수차, 수차제동(무구속과 역회전펌프 사이의 범위) 및 역회전펌프 영역의 가역식 펌프수차 유량 및 토크 특성은 모두 기존 수차와 매우 다르다. 기존 수차에 사용되는 수차 부하차단 시의 압력 또는 회전속도 상승을 계산하기 위한 수차 특성의 선형 근사에 기초한 간단한 공식은 더 이상 사용할 수 없다. 따라서 컴퓨터 시뮬레이션은 펌프 정전(입력차단)을 포함한 가역식 장치의 과도 거동을 연구하기 위해 필요하다. 그림 8.38은 이러한 계산 결과 예를 보여준다.

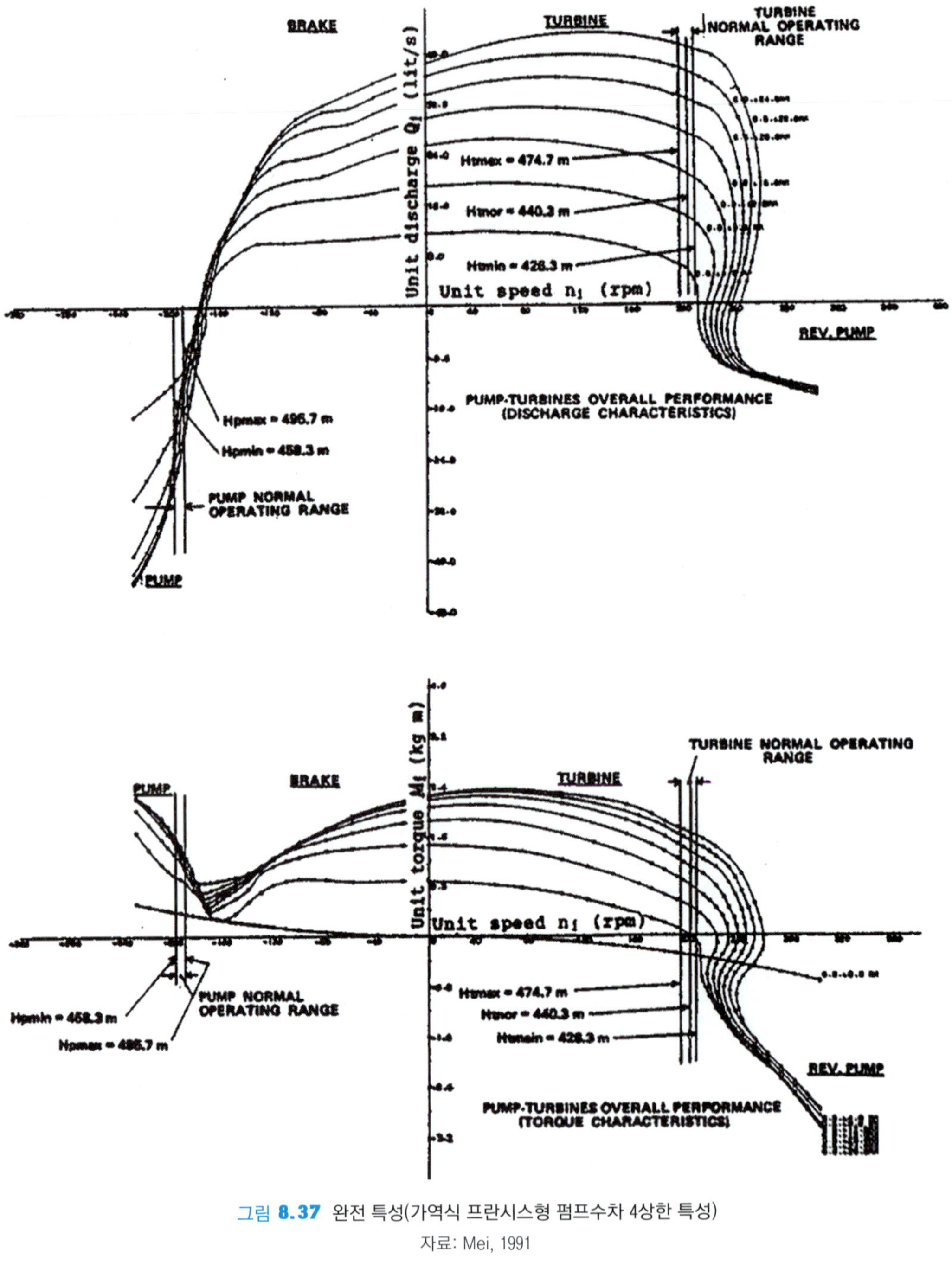

그림 **8.37** 완전 특성(가역식 프란시스형 펌프수차 4상한 특성)

자료: Mei, 1991

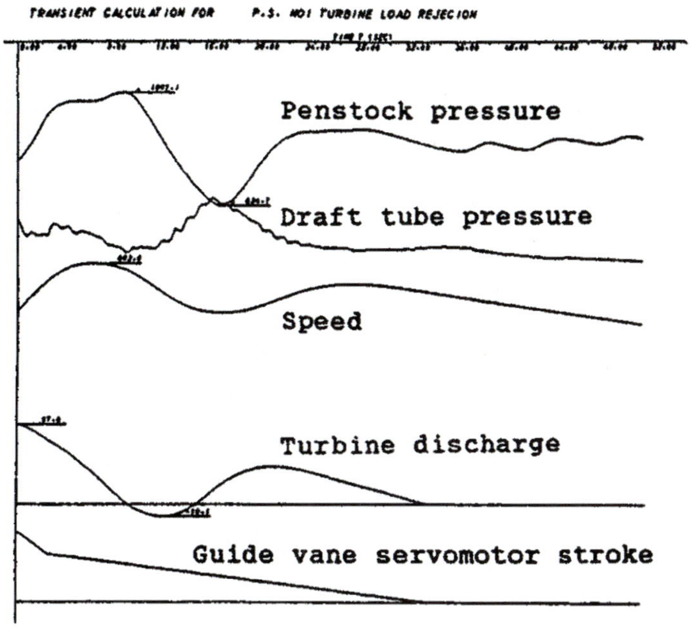

(a) 수차 부하차단

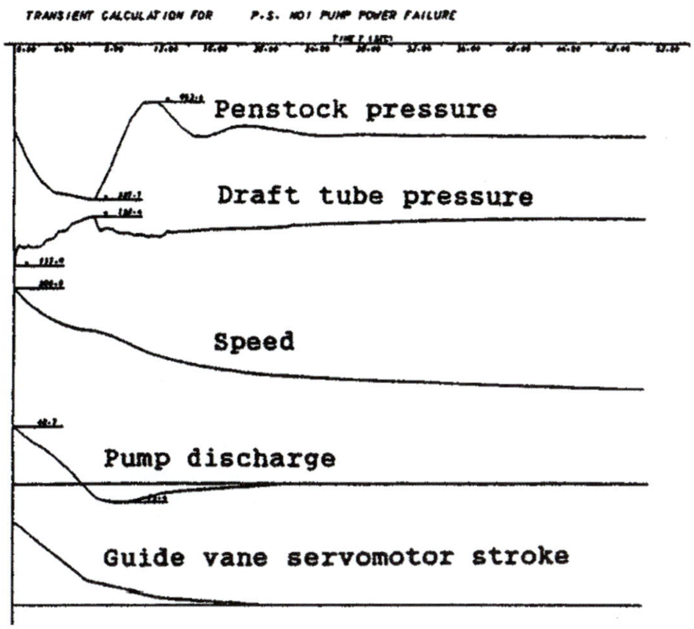

(b) 펌프 입력차단

그림 **8.38** 수차 부하차단과 펌프 입력차단 시 수력 과도상태의 컴퓨터 시뮬레이션 예

자료: Mei, 1991

수차 부하차단 시에 그림 8.38(a)와 같이 가이드베인의 2단 폐쇄는 수압관 압력상승을 줄이고, 역회전펌프 영역의 가이드베인에 대한 과도한 수력모멘트를 방지하기 위해 종종 사용된다. 그러나 선형 폐쇄가 2단 폐쇄보다 더 나은 과도 응답을 제공하는 경우가 있으므로 이러한 과도상태 시뮬레이션에 의한 신중한 비교연구 후에 선택해야 한다. 그림 8.39는 가역식 펌프수차와 낮은 비속도의 기존 수차 사이의 회전속도변화 Δn과 압력변화 Δp의 비교를 보여준다. 이 도표에서 T_r은 회전 부품의 시간상수, T_p는 파이프라인 수주의 시간상수, T_c는 가이드베인의 닫힘 시간을 나타낸다. 이들은 다음의 식 (8.16)과 같이 정의된다.

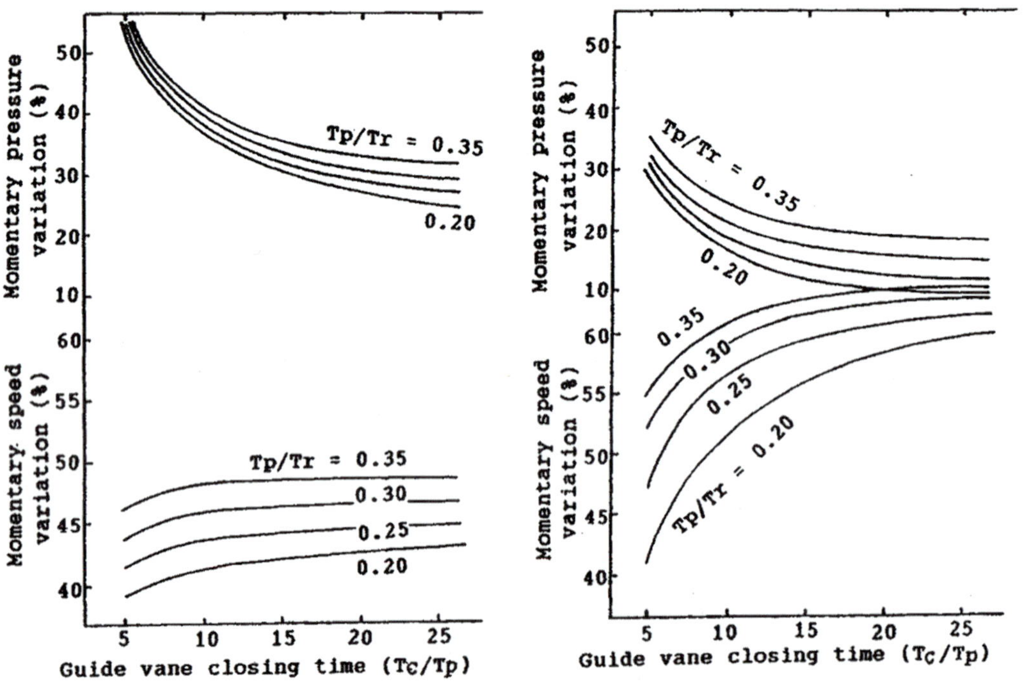

(a) Reversible pump-turbine (Ns = 30 m-m³/s)

(b) Conventional Francis turbine (Ns = 80 m-kW)

그림 **8.39** 가역식 펌프수차와 기존 수차의 압력 및 회전속도 변동 비교

자료: Mei, 1991

$$T_r = I\frac{\omega_0}{M_0} = I\frac{\omega_0^2}{1000P_0} = 2.74\times 10^6\left(\frac{GD^2 n_0^2}{P_0}\right) \tag{8.16}$$

$$T_p = \frac{\rho L Q_0}{A p_0} = \frac{L Q_0}{A E_0} = \frac{L Q_0}{g A H_0}$$

여기서, I: 관성모멘트 $= GD^2/4 = WR^2$ [kgm²]

ω_0: 회전각속도$= \pi n_0/30$ [rad/s]

n_0: 정격 회전속도 [mm^{-1}]

M_0: 정격출력에서의 토크$= 1000P_0/\omega_0$ [Nm]

P_0: 정격출력 [kW]

ρ: 물의 밀도 [kg/m³]

g: 중력가속도 [m/s²]

A: 관로의 평균 단면적 [m²]

L: 관로 길이 [m]

Q_0: 정격유량 [m3/s]

p_0: 정격헤드에 해당하는 압력$= \rho g H_0$ [Pa]

H_0: 정격 순헤드$= E_0/g = p_0/(\rho g)$ [m]

E: 정격 비에너지$= gH_0 = p_0/\rho$ [J/kg]

저비속도 펌프수차의 수차 부하차단의 경우, 유량 특성 때문에 장치의 차단 후 과속 기간 중에 유량이 상당히 줄어들고, 가이드베인의 닫힘 작동 없이도 회전속도가 증가함에 따라 유량이 급격히 감소한다. 회전속도 상승에 의한 이러한 유량 감소는 수압관에 양(+)의 수격작용을 발생시킨다. 결과적으로, 그림 8.39와 같이 수압관의 압력상승은 기존 수차보다 높으며, 가이드베인 닫힘 시간을 연장하여도 거의 줄일 수 없다. 이러한 경우 회전속도 상승뿐만 아니라 압력상승도 회전 부품의 플라이휠 효과에 의해 제어된다.

2대 이상의 가역식 펌프수차가 공통 수압관에 연결되어 부하제거 시 동시에 정지될 경우, 이들은 S자형 특성 영역을 통과하는데 서로 간섭하여 수압관에 상호작용 수격작용을 발생시킨다. 이러한 상호작용 수격작용은 그림 8.40과 같이 두 장치에 의한 유량 교환에

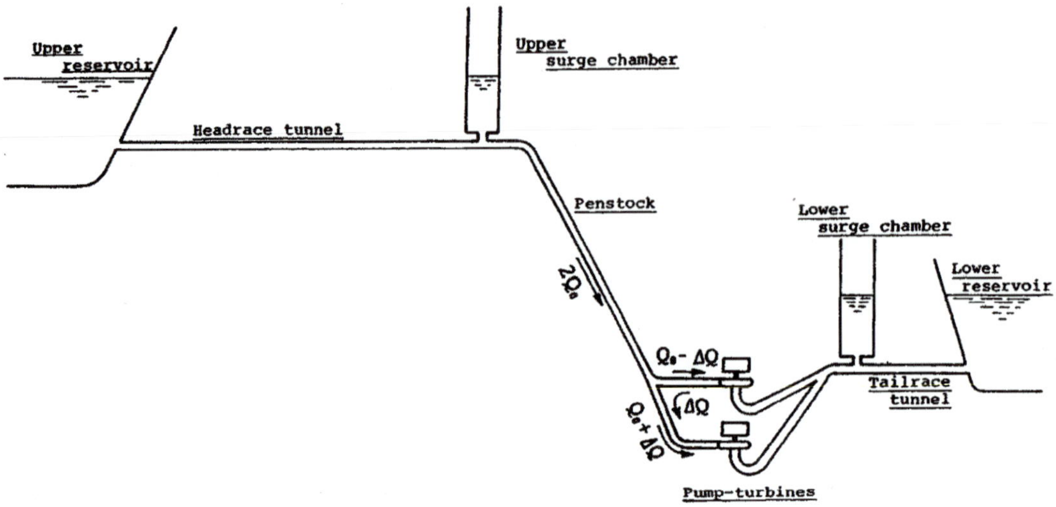

그림 **8.40** 2대의 병렬 수차운전 부하차단 시 상호작용 수격작용의 유량 왕복 교환 과도현상 개념도
자료: Mei, 1991

서 비롯된다. 한 장치는 수차제동 영역을 통해 $(Q_0+\Delta Q)$를 배출하는 반면, 다른 장치는 $(Q_0-\Delta Q)$를 배출하는 역회전펌프 범위에 있다. 이 현상의 과도 프로세스는 그림 8.41과 같다.

이 현상에 의해 발생된 비정상적인 수격작용은 수압관의 상류와 하류 부분 모두에서 나타날 것이다. 분기관 하류 부분에 큰 파이프인자 $F=L/A$가 있는 경우 이 수격작용은 수압관에 과도한 진공이 발생할 수 있으며, 이것은 분리된 수주의 재결합 시에 이어지는 압력상승을 초래할 수 있다. 그러한 상호작용 현상을 시뮬레이션하기 위한 컴퓨터 시뮬레이션 연구는 설계과정에서 수행되어야 한다.

펌프 정전 후 파이프라인의 압력감소의 크기는 대부분 비율 T_p/T_r(T_p: 파이프 수주의 시간상수, T_r: 회전부 시간상수)에 따라 달라지며, 가이드베인의 닫힘 시간 또는 닫힘모드에는 거의 영향을 미치지 않는다. 또한 장치의 비속도에 따라 더 낮은 수준으로 달라진다. 이는 압력감소가 주로 수주의 관성과 감속도에 의해 결정된다는 사실에 의해 설명된다. 수주의 관성은 T_p로 나타내며, 감속도는 트립 후 속도감소로 인한 유량 감소율이며, $1/T_r$로 나타낸다. 따라서 T_p/T_r 값이 클수록 트립 후 속도의 감속과 수압관의 압력감소가 모두 커진다.

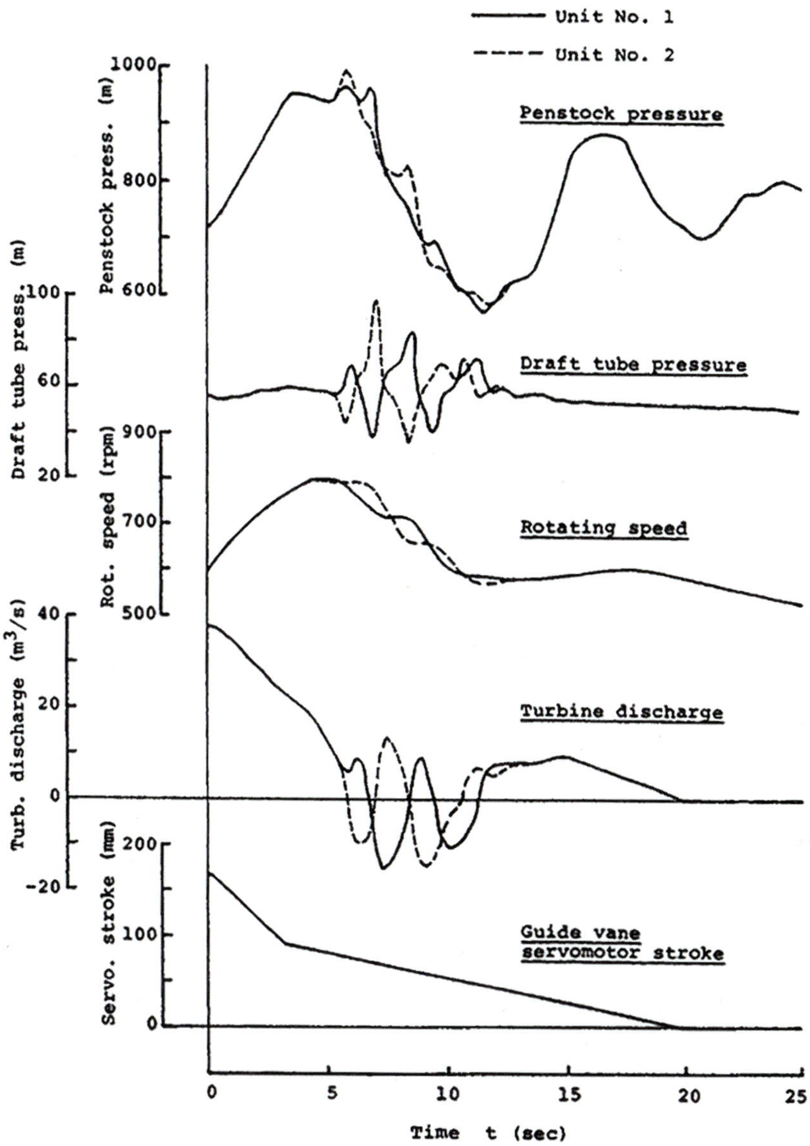

그림 **8.41** 2대의 병렬 수차운전 부하차단 시 상호작용 수격작용의 과도현상

자료: Mei, 1991

최소 수압관 압력은 펌프유량이 0이 될 무렵에 발생한다. 그 후, 수압관의 압력이 회복되고 수압관의 유량이 수차 방향(수차제동 영역)으로 되돌아간다. 따라서 이 기간의 압력상승값은 가이드베인의 닫힘 속도에 의해 제어되며, 급한 닫힘은 높은 압력상승을 일으킨다.

일반적으로 가이드베인의 닫힘 속도는 수차 부하차단보다 펌프 정전 시 더 빠르게 설정할 수 있다. 제동 영역의 펌프수차에 강한 난류가 존재하기 때문에 수압관의 압력변동은 이러한 과도조건하에서 그것에 따라 증가한다.

(4) 조상운전

양수발전소는 본래 전력 계통의 안정적인 공급을 위해 설치되는 것으로, 계통 이상 사태에 신속하게 대응할 수 있는 능력이 요구된다. 또한 가동률이 거의 높지 않은 양수발전소를 가능한 한 효율적으로 활용하려는 목적에서 전력 계통의 역률조정을 위한 조상운전을 양수발전소에서 하게 하려는 요구가 강하다. 조상운전이란 발전전동기를 동기조상기로 운전하는 것으로, 펌프수차는 발전전동기를 계통에 병입한 후에는 압축공기에 의한 수면눌러내림을 하여 러너를 공회전 상태로 운전하는 것이다.

1) 발전 방향 조상운전

이 운전모드는 먼저 펌프수차를 수차기동하여 발전전동기의 회전속도가 정격에 이르러 동기병입하여 펌프수차의 가이드베인을 닫고, 러너 주위에 압축공기를 불어넣어 러너를 공회전운전하려는 것이다. 또한 조상운전 중에 발전운전으로 이행시키고 싶은 경우는 공회전 러너에 충수하고, 가이드베인을 열어 발전운전으로 이행시킨다.

이 발전 방향 조상운전에서는 다음과 같이 상당히 어려운 문제가 있으므로 각각 적당한 대책을 강구해 둘 필요가 있다.

① 조상운전 중 러너 주변의 과도한 온도상승
② 러너 공회전에 필요한 축 입력 과대
③ 공회전 중인 러너 주변 물의 불안정 유동
④ 조상에서 발전으로의 이행 시 역회전펌프 영역 통과에 따른 과대 축 입력 발생

먼저, ①과 ②의 문제로, 가이드베인 누설량과 러너 씰 냉각수가 부족할 경우, 손실전력으로부터 발생한 열로 인해 러너 주위의 수온이 상승할 수 있다. 과도한 온도상승은 러너의 열 팽창을 초래하고 러너 씰 간극을 위험할 정도로 감소시킬 수 있다. 그림 8.42에 공

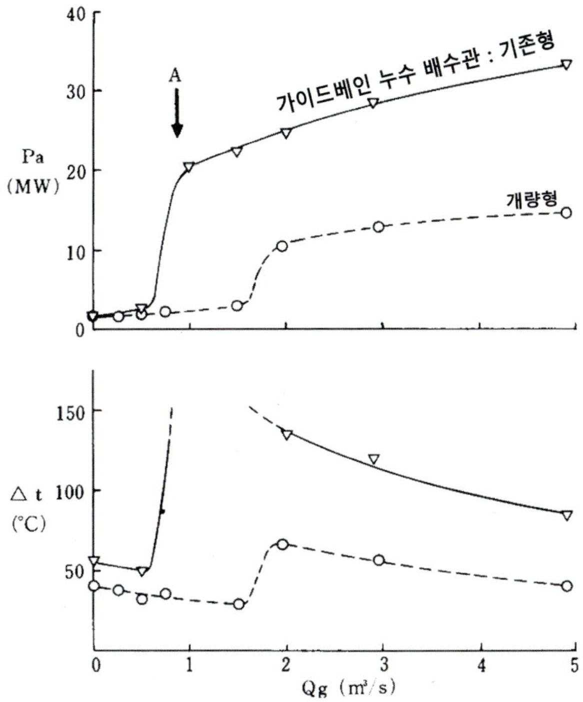

그림 8.42 공회전 축 입력과 온도상승
자료: 田中, 1982

회전 중인 러너에 대하여 케이싱의 가압 압력을 바꾸어 전폐한 가이드베인에서 러너 쪽으로 누설되는 가이드베인 누설량 Q_g를 바꾸었을 때의 공전축 입력(손실전력) P_a 및 러너 외주부 물의 온도상승 Δt를 나타냈다.

그림 8.42와 같이 가이드베인 누설량 Q_g가 더 많아질 경우, 손실전력 P_a는 다소 증가하지만, 물의 온도 Δt가 낮아질 수 있다. 따라서 가이드베인 누설수와 러너 씰 냉각수의 양은 손실전력을 과도하게 증가시키지 않고 온도를 낮추도록 최적화하여야 한다. 충분한 용량의 가이드베인 누설 배수관을 설치하는 것은 물의 간섭을 줄이고 그림 8.42와 같이 과도한 온도 상승 및 손실전력을 방지하는 데 효과적이다.

여기서 가이드베인 누설량 Q_g가 많을 때는 당연히 공회전 중인 러너와 가이드베인 사이의 공간은 물로 채워진 상태이며 물의 간섭으로 인해 공회전 축 입력은 크다. Q_g를 서서히 줄이면 공회전 축 입력은 감소하지만, 그 감소 정도는 Q_g보다 적기 때문에 온도상승

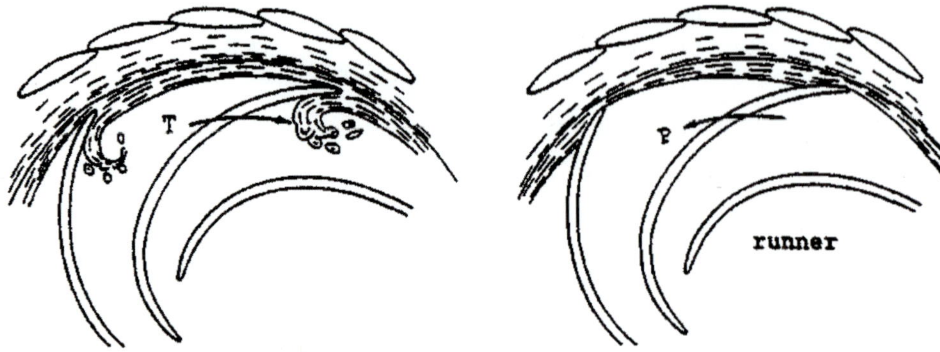

(a) 수차 회전 방향 (b) 펌프 회전 방향

그림 **8.43** 탈수 운전 시 회전하는 러너 외주에서 물의 간섭

자료: Mei, 1991

은 오히려 커진다.

이런 경향은 물이 러너와 가이드베인 사이에 가득 찬 상태 동안에는 지속된다. 또한 Q_g가 감소되어 있는 값(A점) 이하가 되면 러너와 가이드베인 사이의 물이 자유표면을 갖게 되고, 이 이하의 Q_g에서는 공회전 축 입력, 온도상승 모두 급격히 감소된다. 이상에서 알 수 있듯이 축 입력, 온도상승 모두 낮게 억제하여 조상운전을 하려면 Q_g를 낮게 억제하는 것이 중요하다는 것을 알 수 있다.

또한 여기서 문제가 되는 것은 ③에서 말한 불안정 유동의 현상이다. 탈수상태에서의 손실전력은 회전하는 러너와 가이드베인 누수 등 물의 간섭에 의한 것이다. 장치가 펌프 회전 방향으로 운전할 때는 회전하는 러너베인에 의해 물이 계속 밀려나지만 수차 회전 방향으로 운전할 때는 러너베인이 물을 안쪽으로 퍼 넣은 뒤 원심력으로 배출한다. 따라서 그림 8.43에서 보는 바와 같이 물의 난류는 수차 회전 방향이 펌프 회전 방향보다 훨씬 더 커지며, 큰 압력맥동, 높은 온도상승 및 장치의 강한 진동으로 훨씬 더 큰 손실전력을 야기한다.

이는 러너와 가이드베인 사이에 고인 물이 러너 외주에 균일하고 안정적으로 분포하지 못하고 불안정한 파동을 일으켜 러너 주변을 큰 소음와 진동을 동반하여 유동하는 현상이다. 이것은 그림 8.42의 A점보다 Q_g가 작은 영역의 A점 근방에서 발생하기 쉽다. 이러한 현상이 발생하면 러너는 큰 축의 흔들림을 동반하여 휘둘리며 장시간의 연속 운전은

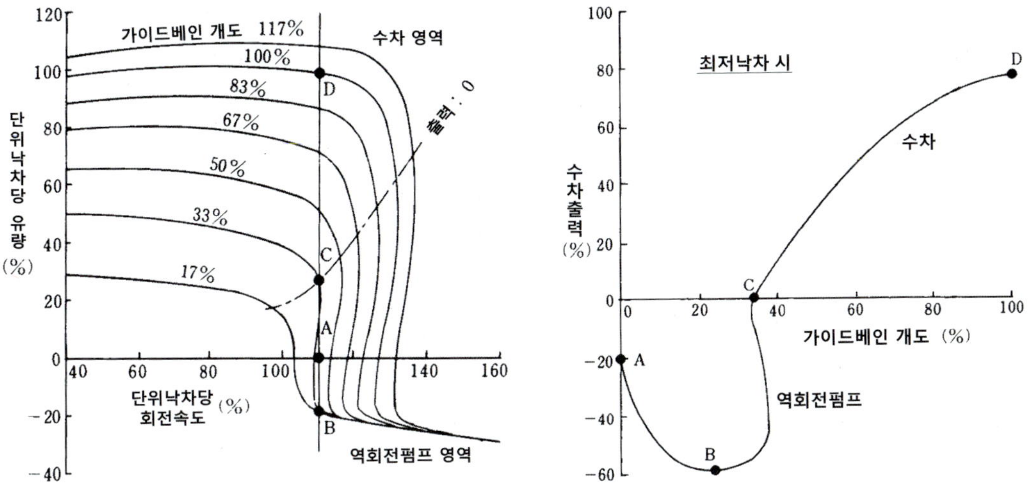

(a) 완전 특성상의 궤적 (b) 조상→발전 전환 시 출력변화

그림 **8.44** 조상→발전 전환 시 축 입력변화

자료: 田中, 1982

불가능하다.

이러한 현상은 가이드베인 누수량에도 의존하지만 가이드베인 누수를 배수하는 배수관의 치수, 위치에 따라서도 큰 영향을 받는다. 그림 8.42에는 점선으로 가이드베인 누수 배수관의 개량형에 대한 실험 결과를 제시했는데, 이 개량형에서는 축 입력, 온도상승을 낮게 억제할 수 있을 뿐만 아니라 불안정 유동현상에 의한 러너 주변의 수압맥동도 큰 폭으로 억제할 수 있었다.

다음으로 조상에서 발전으로 이행할 때 ④의 과대 축 입력 발생 문제이다. 이것은 우선 러너 주위를 배기 충수한 후, 가이드베인을 열어 가는 과정에서 그림 8.44의 완전 특성선상에서 $A \rightarrow D$와 같은 과정을 지나서, 무부하 개도에 이르기 전에 역회전펌프 영역에 들어감으로써 생기는 것으로, 심할 경우는 수차출력의 40~50%에 이르는 크기의 축 입력을 소비한다. 이것으로 알 수 있듯이 이 문제는 이른바 S자형 특성을 나타내는 고낙차 펌프수차의 저낙차 영역($N/\sqrt{H}$가 큰 영역)에서 발생한다. 사용낙차 범위의 관계에서 어떻게 해서든 이러한 저낙차 영역에서 조상에서 발전으로 이행해야 하는 경우에는 이행에서 일단 해열하고 러너의 충수가 끝난 후 가이드베인을 열어 다시 전속 병입 조작을 실시하도록 함으로써 이 과대 축 입력을 피할 수 있다. 만약, 하류 측으로 대량의 공기를 방출해도 무방한 경우, 러너를 배기 충수하지 않고 갑자기 가이드베인을 열어 수차운전으로 이행하는 방법도 이 과대 축 입력을 피하는 방법인데, 이 방법은 일반적으로 하류의 토목구조물을 손상시킬 가능성이 크기 때문에 채택할 수 없는 경우가 많다.

수차 회전 방향에서 고헤드 펌프수차가 조상기로 작동할 때 러너 주변부의 물을 제거하기 위한 신속한 탈수 및 충분한 배수 용량에 대한 예방조치를 반드시 취해야 한다.

2) 양수 방향 조상운전

이것은 러너의 회전 방향을 펌프 방향으로 하여 앞에서 설명한 바와 같이 러너를 공회전하려고 하는 것이다. 기존에는 이 운전모드로 이행하는 것이 정지상태에서 펌프기동과 마찬가지로 수면을 눌러 기동장치 등으로 기동, 가속, 병입하여 실시하였으나, 현재는 양수운전에서 정지하지 않고 즉시 조상운전으로 이행할 수 있게 되었다. 이 운전모드는 발전 방향과 같은 과대한 축 입력의 발생이나 온도상승의 문제가 적으므로 이미 양수대기운전이라 칭하여 실용화되고 있으며, 양수운전 중 펌프수차의 가이드베인을 닫고 러너가 회전하고 있는 상태로 수면누름을 실시한 후 양수상태에서 직접 이 운전모드로 전환하고 있다. 그림 8.45는 양수에서 양수조상으로 이행할 때의 펌프수차 운전에 따른 파라미터 변화의 예를 나타낸다.

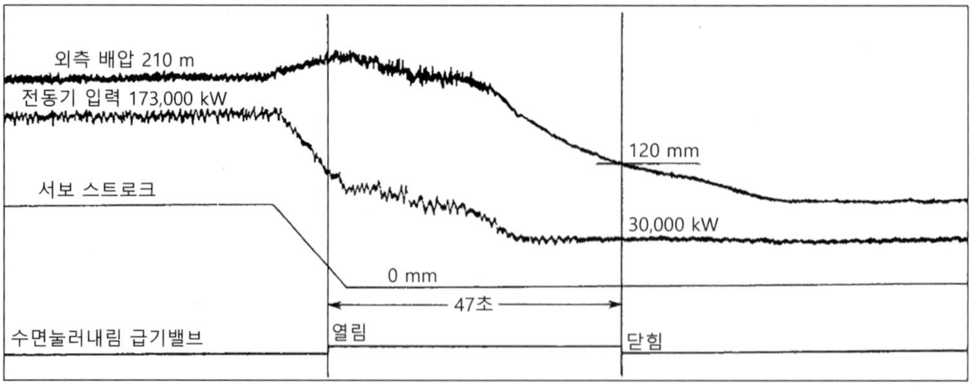

그림 8.45 양수→양수조상 전환 시 펌프운전 파라미터 변화 예

자료: 田中, 1982

8.3.2 주요 구성요소의 운전제어

(1) 가이드베인

펌프수차의 경우, 펌프운전 시 가이드베인의 입구 가장자리는 유동 분리에 의한 진동을 방지하기 위해 그림 8.46과 같이 뭉툭한 코 형상으로 설계된다. 수차 및 역회전펌프 운전 영역에서 가이드베인에 작용하는 수력모멘트는 그림 8.47와 같다. 여기서 n_{11}은 1미터 헤드에서 모형의 단위 속도이고 a_0는 가이드베인 개도이다.

그림 8.47에서 보는 바와 같이 수력모멘트는 역회전펌프의 운전범위에서 매우 커진다. 수차 부하차단 후 펌프수차 과도상태는 그림 8.48의 지점 3에서 5까지에서와 같이 양수 방향의 역류과 함께 과속상태에서 역회전펌프 범위를 통과한다.

가이드베인은 그림 8.47의 과도 위치 1에서 8까지에 표시된 바와 같이 이 조건에서 개방 방향에서 매우 큰 수력모멘트에 직면한다. 극단적인 경우, 가이드베인의 닫힘 동작이 멈추거나, 반대 방향으로 동작하여 열릴 수 있다. 따라서 이 수력모멘트를 고려하여 서보모터의 가이드베인 작동 용량을 결정해야 한다. 과도상태에서 가이드베인 동작이 멈추는 현상은 어느 정도 완화될 수 있다. 그 방법으로는 역회전펌프 흐름을 줄이기 위해 게이트 닫힘 속도를 늦춤으로써 가능하다.

그림 8.49는 정상적인 가이드베인 개폐 조건과 과도 조건(수차 부하차단 및 펌프 입력차단)

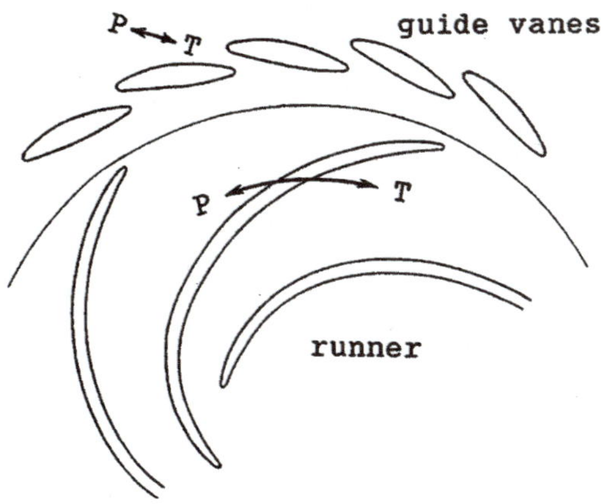

그림 **8.46** 가역식 펌프수차 가이드베인과 러너의 형상
자료: Mei, 1991

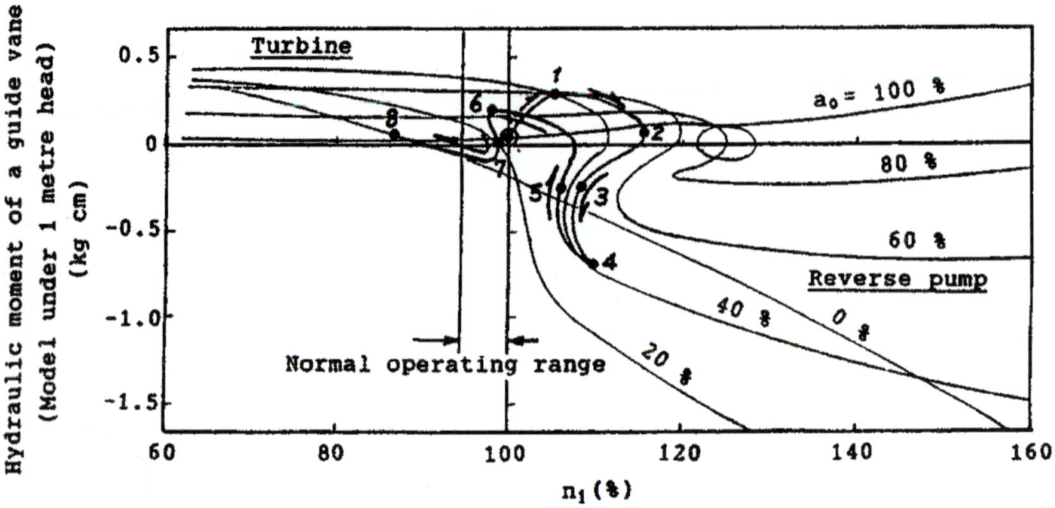

그림 **8.47** 수차 및 역회전펌프 영역에서 가이드베인에 작용하는 수력모멘트

자료: Mei, 1991

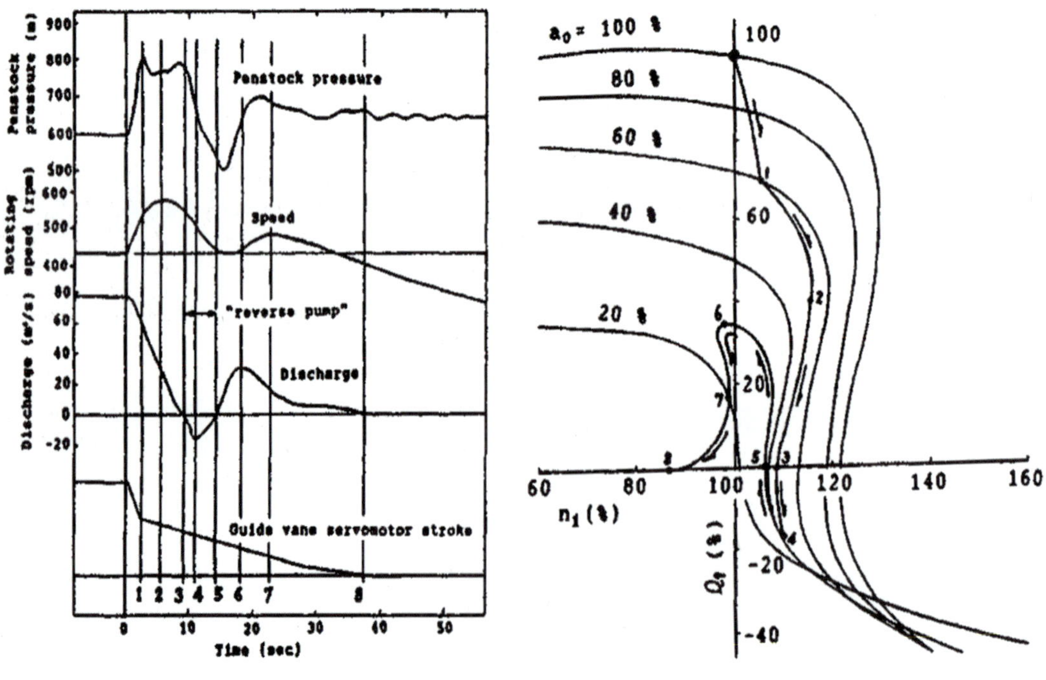

그림 **8.48** $n_{11} - Q_{11}$ 선도에서 부하차단 시의 과도 위치

자료: Mei, 1991

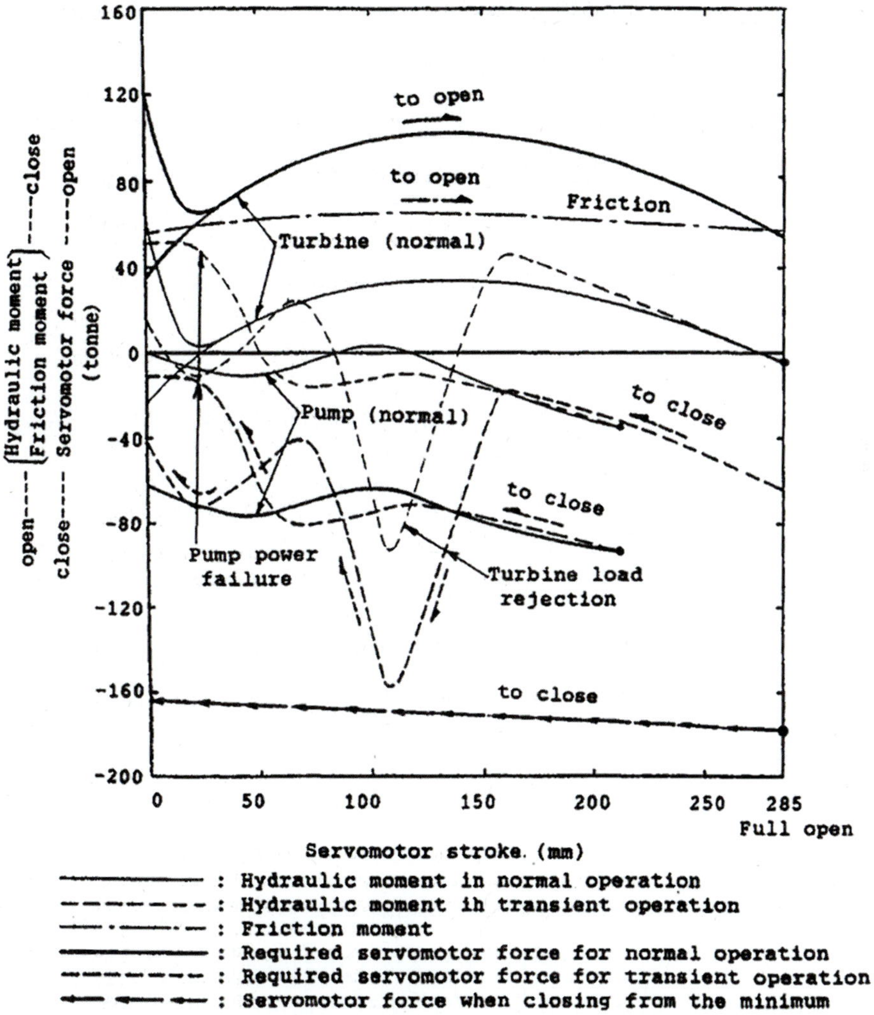

그림 **8.49** 서모모터 힘에 관한 수력모멘트와 마찰모멘트

자료: Mei, 1991

모두에서 가이드베인에 작용하는 수력모멘트의 변화를 보여준다. 이 도표에서, 요구되는 서보모터 힘은 수력모멘트 및 마찰모멘트의 합에 해당하는 힘이다. 가이드베인 서보모터의 용량은 작동 오일 압력이 허용 가능한 최솟값에서도 이러한 모멘트를 극복하도록 설계된다.

펌프수차가 펌프운전을 기동하고 가이드베인이 프라이밍(펌프 체절양정의 형성) 후 열리기 직전일 때, 수압관에서 심하게 진동하는 수격작용과 관련된 가이드베인의 자려진동이 유발될 수 있다. 이 현상은 다음과 같은 일련의 사건에 의해 발생한다.

① 가이드베인이 약간 열리면 수압관에 양(+)의 수격압이 유도된다.

② 이 양(+)의 수격파는 수압관의 상류쪽 끝에서 음(−)의 파로 반사된다.

③ 나선형 케이싱의 압력이 낮아질 때 가이드베인의 수력모멘트가 닫히는 경향을 보일 경우, 음(−)의 수격파가 펌프수차에 도달할 때 가이드베인은 닫히는 방향으로 약간 움직인다.

④ 가이드베인의 닫힘 동작은 펌프운전 유량을 감소시켜 음(−)의 수격작용을 증폭시킨다.

⑤ 이러한 수격파의 증폭은 펌프수차에서 반사될 때마다 반복되며, 결과적으로 가이드베인의 진동이 증폭된다.

⑥ 양(+)의 수격파가 펌프수차에 도달하면 가이드베인이 개방 방향으로 이동하여 양(+)의 수격압을 증폭한다.

이러한 자려진동이 발생할 경우, 수격파의 몇 차례 왕복 이내에서 위험한 강도로 증가할 수 있다. 이 현상은 가이드베인의 수력모멘트 특성과 가이드베인 스템의 강성이 부족하기 때문이다. 따라서 이러한 진동을 방지하기 위해서는 양수 시 가이드베인의 수력모멘트 특성을 변경하여 나선형 케이싱의 압력이 낮아(높아)질 때 열림(닫힘) 경향을 갖도록 해야 한다. 이러한 특성은 가이드베인이 그림 8.50에 보이는 바와 같이 $L_1/L_2 > 1$을 갖도록 설계된 경우 달성될 수 있다.

펌프수차는 일반적으로 물에서 회전하는 러너의 과도한 교반손실을 방지하기 위해 압축공기로 러너 주변의 물을 눌러 내리고 펌프모드에서 시작된다. 가이드베인은 닫힌 위치에서 나선형 케이싱에서 러너로 누수되지 않도록 누설 방지가 되어야 한다. 이를 위해 가이드베인 씰은 일반적으로 헤드커버와 하단링 양쪽의 대면에 제공되며 가이드베인의 상단 및 하단 끝은 닫힌 위치에 놓인다. 그림 8.51과 같이 두 가지 유형의 가이드베인 씰이 일반적으로 사용된다. 하나는 단순한 고무 씰이고 다른 하나는 고무와 같은 신축성 있는 소재로 지지되는 금속 씰이다. 금속 씰은 일반적으로 가동 가이드베인과 슬라이딩 접촉 시 고착을 방지하기 위해 청동으로 제작되지만 밀봉 결과에서는 고무 씰보다 열등하다. 그러나 고무 씰은 종종 물 속의 이물질에 의해 손상되어 수년 동안 작동한 후, 심각한 누출을 일으킬 수 있다.

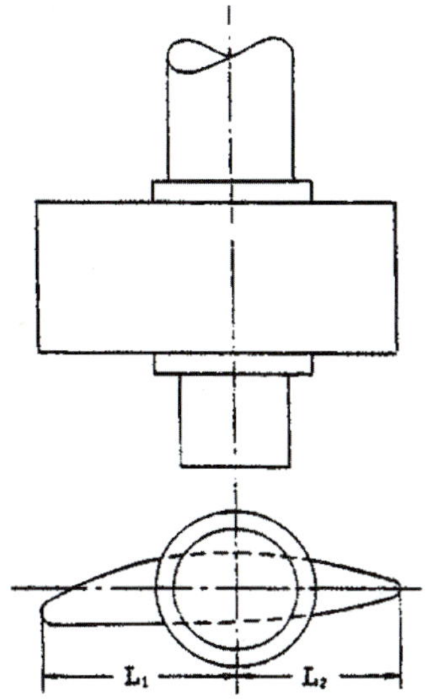

그림 **8.50** 가이드베인 스템의 위치

자료: Mei, 1991

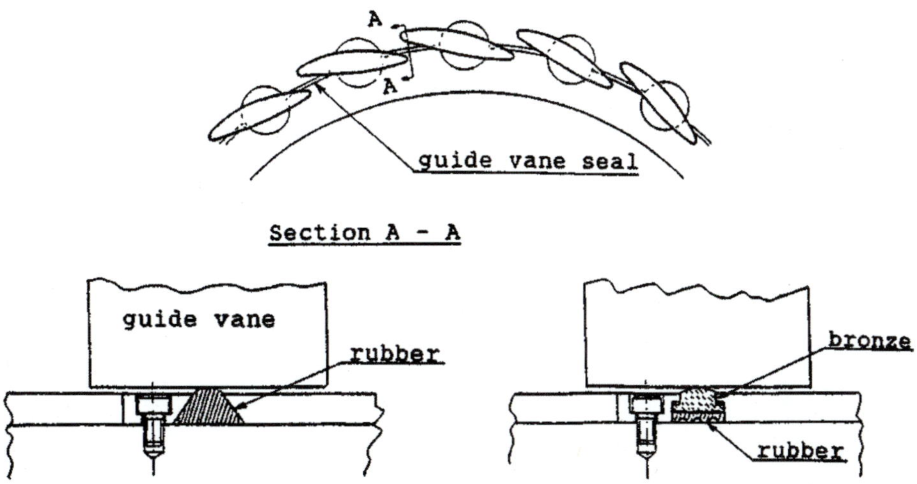

(a) 고무 씰 (b) 메탈 씰

그림 **8.51** 가이드베인 씰

자료: Mei, 1991

2) 흡출관

펌프수차에 사용되는 흡출관 중 방수면 이하로 덜 잠기는 경우에는 일반적으로 기존 수차 흡출관과 유사하게 설계된다. 고헤드 펌프수차의 경우, 방수면 이하로 잠기는 깊이는 종종

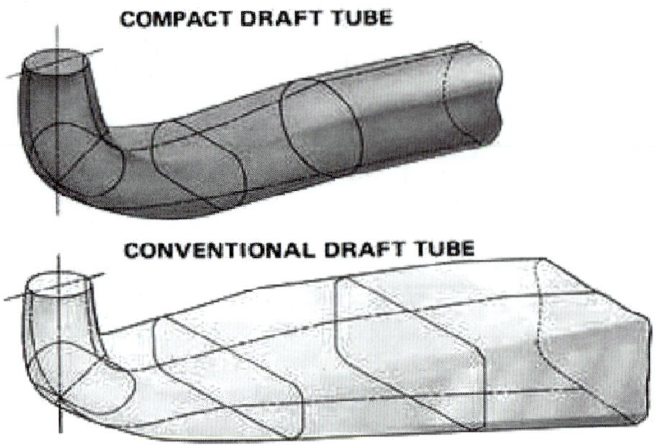

Compact draft tube

그림 **8.52** 지하 발전소 흡출관 설계
자료: Toshiba International Corporation

50 m에서 100 m에 이르며, 흡출관은 고압의 영향을 받는다. 그러한 흡출관은 일반적으로 높은 내부의 압력을 견디고 지하 방수로 터널에 쉽게 연결할 수 있도록 하류 말단(수차운전)에 원형 단면을 가지는 간결한 설계(compact draft tube)로 된다. 이 흡출관 설계의 예는 그림 8.52의 기존 설계와 비교된다.

가역식 펌프수차는 일반적으로 압축공기에 의해 러너가 탈수된 상태에서 펌프기동을 하므로, 공기 압축기와 공기 수신기를 갖춘 공기주입시스템, 공기주입밸브 및 흡출관 수위 탐지를 위한 수위 센서가 그림 8.53과 같이 제공된다.

펌프기동에서 러너는 탈수(de-watering)운전이 완료된 후 회전을 시작한다. 러너가 정격(최대출력상태) 회전속도 가까이 가속되면 회전운동으로 인해 러너 아래에서 강한 회전이 발생한다. 이 소용돌이는 그림 8.54에 나타낸 바와 같이 흡출관에서 물 표면의 회전 출렁임 운동을 유도한다. 고헤드 러너의 원주속도가 매우 크기 때문에 물 표면의 출렁임 운동은 소용돌이에 의해 날려진 출렁임 파동의 상단과 함께 다소 격렬하다. 수면 출렁임은 소용돌이 안쪽 중심에서 상향 2차 흐름에 의해 러너와 접촉한다. 흡출관의 수위가 높으면 물의 출렁임 양이 과도해지고 러너를 공기 중에서 구동하는 데 필요한 입력 전력이 크게 증가한다. 반면, 흡출관의 수위가 낮으면, 흡출관의 곡관부(엘보우)까지 물 출렁임 파동의 바닥이 도달하고 일부 탈수공기는 하류로 빠져나가 손실된 공기를 보충하기 위해 훨씬 더 많은 공기의 공급이 필요할 것이다.

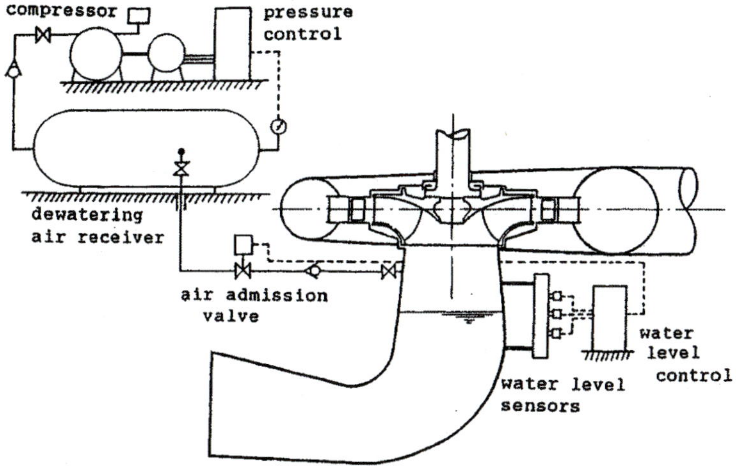

그림 8.53 탈수 공기주입 시스템 개략도

자료: Mei, 1991

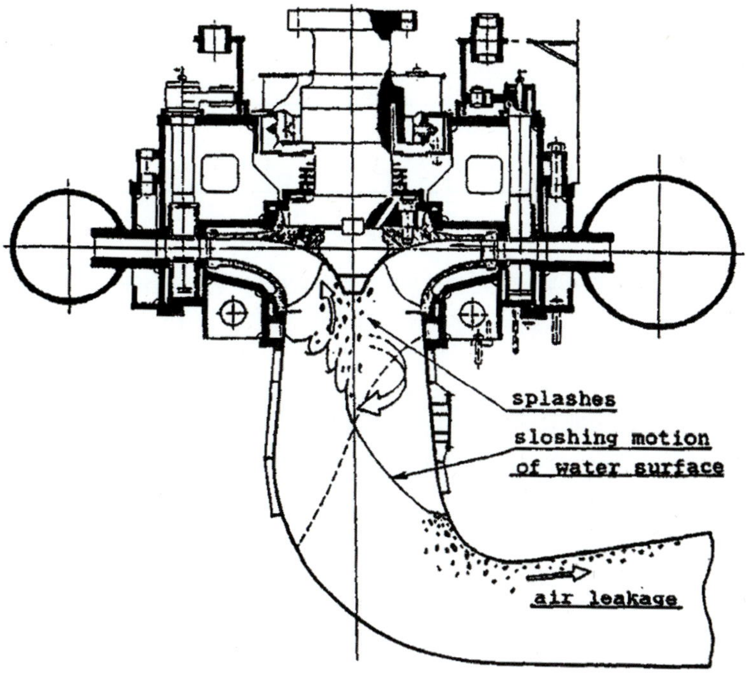

그림 8.54 수면눌러내림의 거동 개략도

자료: Mei, 1991

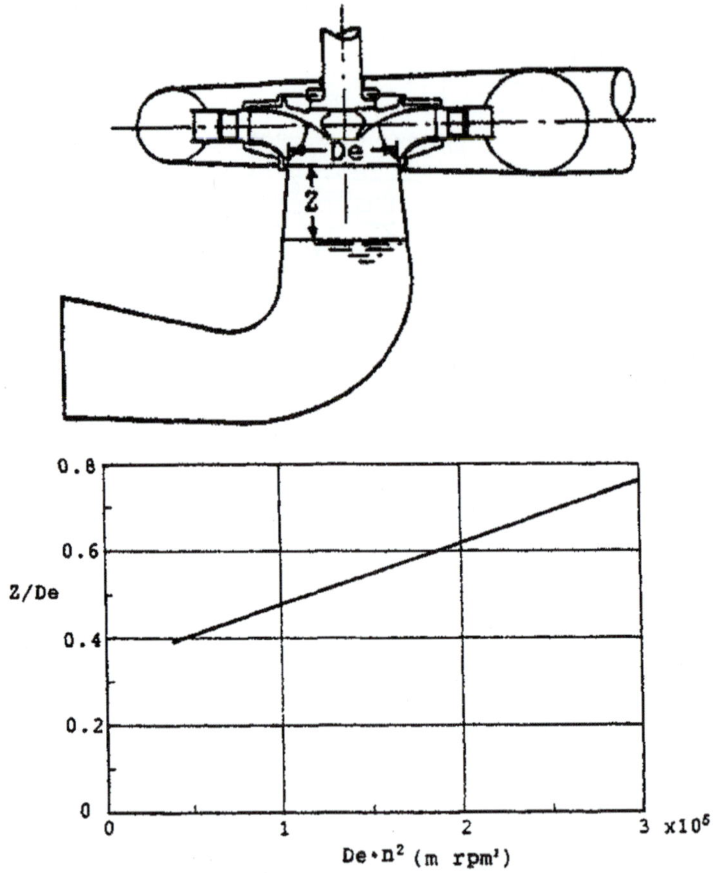

그림 **8.55** 탈수운전을 위한 흡출관 수면눌러내림 필요 높이
자료: Mei, 1991

만족스러운 운전을 유지하기 위해 러너 바닥에서 눌러내림 수위까지의 수직 거리를 그림 8.55에 표시된 값 이상으로 설정해야 한다. 수면에서 곡관부까지의 거리는 Z보다 커야 한다.

고헤드 펌프수차의 흡출관의 내부압력은 매우 깊은 수몰로 인해 상당히 높을 수 있지만, 이 압력은 주변 콘크리트에 의해서도 지탱되기 때문에 흡출관 라이너의 구조 설계상 중요한 문제는 아니다. 대신 중요한 문제는 외압에 대한 힘이다. 수몰이 깊은 기계의 경우, 주변 암석을 통해 물이 스며들면서 흡출관 라이너에 작용하는 외부압력이 거의 전체 수몰 깊이에 해당하는 값에 도달할 수 있다.

흡출관이 탈수될 경우 주변 콘크리트로부터 라이너가 분리될 수 있으며 극단적인 경우, 좌굴 파손이 발생할 수 있다. 흡출관 라이너의 강도 및 외부에 부착된 앵커의 수와 간격은 물이 스며들 것으로 예상되는 경우 외부압력을 고려하여 결정해야 한다.

8.3.3 정속 및 가변속 운전제어

수력기계의 에너지 매체는 비중이 큰 물이며, 수로도 비교적 길기 때문에 기동, 정지, 부하차단 등 과도상태에서 고려해야 할 현상은 수격현상과 관련된 것이 많다. 특히 펌프수차의 경우, 비설계점에서의 S자형 특성이나 역류 특성이 관계되어 있어 한층 복잡한 양상을 보인다. 또한 수로계의 경제성 추구에서 여러 대의 펌프수차가 동일 관로를 공유하는 발전소가 증가하고 있어 펌프수차 상호간의 수격간섭도 고려할 필요가 있으며, 정속 및 가변속 펌프수차에 대한 운전방식의 차이로부터 과도현상에 대한 평가 기준도 달라져 한층 복잡해진다.

이를 고려한 최적이며 신뢰성 높은 펌프수차의 운전제어 방법을 제공하기 위해서는 수로계, 수력 특성계, 회전운동계, 운전제어계를 포함한 종합적인 과도현상과 동특성 해석이 필수적이다.

여기서는 정속 및 가변속 펌프수차의 주요 운전모드별로 고려해야 할 과도현상과 운전제어상 특성 등을 설명한다.

(1) 정속 펌프수차의 운전제어

1) 수차 및 수차조상 운전

펌프수차의 수차운전 과도현상을 검토하기 위해서는 먼저 S자형 특성을 고려해야 한다. 그림 8.56과 같이 $dQ_1/dN_1 > 0$로 되는 특이한 특성이 S자형 특성이라 불리고 있다.

수차 방향 회전속도 상승에 따라 증가하는 원심펌프 작용이 수차 방향 흐름과 맞서는 영역에 S자 형태의 특성을 보인다. 펌프수차의 운전점이 이 부분에 들어가면 '유효낙차 H 증가 → 회전속도 N_1 감소 → 유량 Q_1 감소 → 유량 Q감소 → 유효낙차 H 증가'와 같이 정귀환 회로가 형성되기 때문에 수격의 반사파 등 외부로부터 큰 억제 작용이 작용하지 않는 한 가이드베인 개도를 고정하고 있어도 자연스럽게 유량이 감소하여 S자형 특

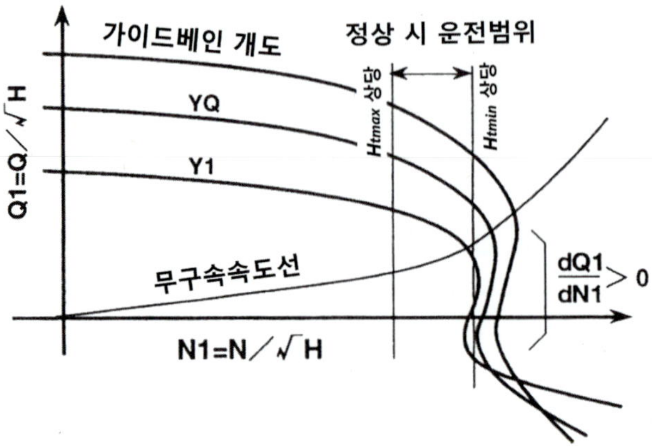

그림 **8.56** 수차 *S*자형 특성

자료: 新倉, 1996

성 영역으로 굴러 떨어지듯 다른 끝까지 가게 된다.

① **부하차단** 운전 중에 부하차단이 일어나면, 전력 계통으로부터 분리된 펌프수차의 회전 속도는 상승한다. 이것을 검출한 조속기가 회전상승 ΔN을 억제하기 위해서 가이드베인을 닫아 수차 유량이 줄어든다. 이로 인해 상하류 수로에 수격이 발생하고 철관수압은 상승하며 흡출관 수압은 하강한다. 여기에서 가이드베인 폐쇄 속도를 빠르게 하면 ΔN은 작게 할 수 있지만, 철관 수압이 더욱 상승하여 철관이나 펌프수차의 설계수압을 초과하거나 흡출관 수압이 더욱 내려가서 수주분리를 일으킬 가능성이 생긴다. *S*자형 특성을 가진 펌프수차의 경우, 가이드베인을 직선적으로 폐쇄하는 것이 아니라 중간에 폐쇄 속도 구분점을 만들어 전반을 빠르게 하고, *S*자형 특성을 통과하는 후반을 느리게 하는 합리적인 방법을 채택하고 있다.

즉, 전반부에서 가이드베인 개도를 가능한 한 작은 개도까지 닫아 두었다가 후반이 되어서 통과하는 *S*자형 특성 자체를 미리 작게 하는 한편, 후반에서는 가이드베인을 천천히 폐쇄하여 전술한 정귀환 작용을 가능한 한 조장하지 않도록 하는 폐쇄 방법을 채용하고 있다. 그림 8.57은 이와 같이 조정된 부하차단 시 운전 파라미터 값의 변화 예를 나타내고 있다. 철관수압에서는 전반의 급폐쇄에 의한 제1최댓값과 *S*자형 특성에 의한 제2최댓값이 나타나고 있다.

그림 8.58과 같이 복수의 펌프수차가 상류 측 관로를 공유하고 있을 경우에는 분기관을 통해 서로 수격간섭을 받으므로 신중한 배려가 필요하다. 일반적으로 단독 전부하차단 시에 제1최댓값≧제2최댓값이 되도록 가이드베인 폐쇄를 설정해 둔다. 이것은 상호간섭이나 어긋남 차단 등에 의해 *S*자형 특성 돌입 시기가 어긋나 제2최댓값이 증대되어도 전체대수 동시 차단 시 제1최댓값 이상의 수압은 발생하지 않도록 여유를 두기 위함이다.

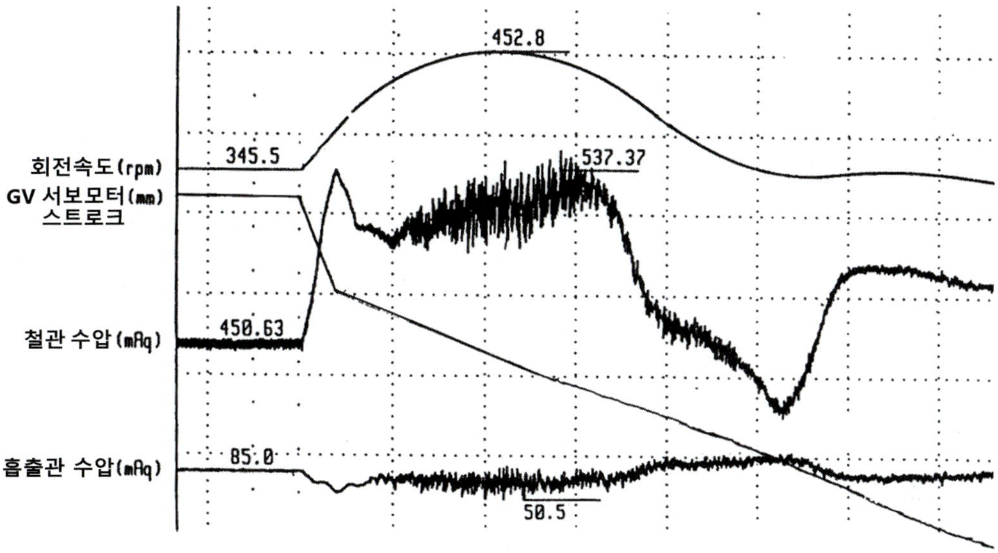

그림 **8.57** 부하차단 시의 수차운전 파라미터 과도현상 예

자료: 新倉, 1996

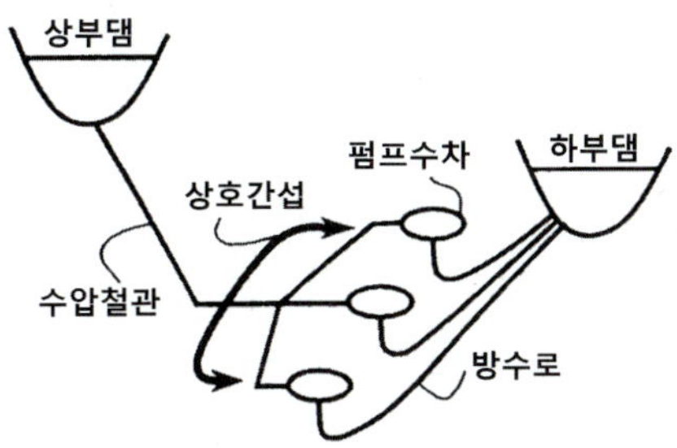

그림 **8.58** 분기수로 예

자료: 新倉, 1996

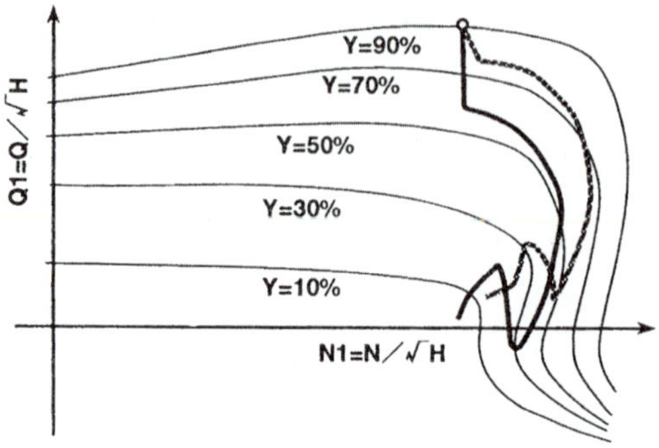

그림 **8.59** 부하차단 시 운전점 궤적 해석 예

자료: 新倉, 1996

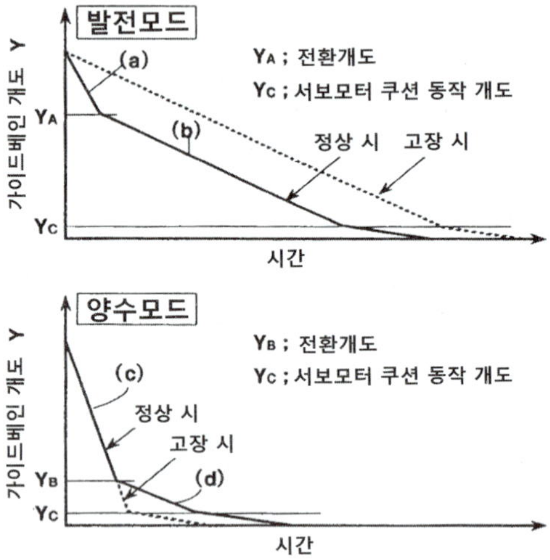

그림 **8.60** 부하/입력차단 시의 가이드베인 폐쇄 방법

자료: 新倉, 1996

그림 8.59의 실선은 제1최댓값≧제2최댓값으로 했을 경우의 운전 궤적으로 점선은 반대의 경우를 나타낸다.

펌프수차의 폐쇄제어에는 자동안전장치(fail safe)방식을 도입하고 있는데, 이 방식은 부품 고장이나 파손, 조작 실수, 오작동 등이 발생했을 때 가급적 안전한 상태로 이행하도록 하는 것을 말한다. 그림 8.60은 가이드베인에 대한 가장 바람직한 자동안전장치 방식의 예를 제시한다. 발전모드에서는 부하차단이 언제 일어나더라도 전술한 바람직한 가이드베인 폐쇄 패턴을 확보할 수 있도록 가이드베인 개도 Y_A 이상에서는 항상 폐쇄 속도를 (a)의 속도로 제한하고, 그 이하의 개도에서는 항상 (b)의 속도로 제한하도록 전환한다. 이 전환은 일반적으로 가이드베인을 움직이는 서보모터용 배압밸브의 닫힘 측 포트 개구 면적을 전자밸브 등으로 구동되는 피스톤을 사용하여 제한하도록 하고 있다. 이 전환이 전자밸브 등의 고장에 의해 작동되지 않을 경우에 가이드베인 개도에는 관계없이 무조건 점선과 같이 (b)측의 폐쇄 속도 제한이 되도록 하고, S자형 특성 상태로 되는 중에 (a)의 급폐쇄가 이루어져 S자형 특성이 불필요하게 조장되는 일이 없도록 하고 있다.

② **수차기동** 최저 유효낙차에서 정상 시의 N_1이 S자형 특성에 너무 근접하면 약간의 수격으로 S자형 특성에 떨어져 전력 계통으로의 병렬을 할 수 없게 될 가능성이 있다. 만일 이러한 사태가 발생했을 경우에는, 조속기를 속도조정모드보다 오히려 부하제한모드로 하여 수격을 최소한으로 억제하도록 해서 기동 및 병입(전력 계통에 병렬 연결)할 수밖에 없다.

또한 이 경우에는 병렬 연결 직후에도 S자형 특성에는 주의를 필요로 한다. 병렬 연결에 의해 회전속도 N은 일정하게 되지만, 수격에 의한 낙차변동에 의해 운전 N_1이 변동될 가능성이 남아 있기 때문이다. 특히 부하를 취하려고 가이드베인을 열면, 유효낙차가 저하하여 운전점이 S자형 특성에 떨어지게 되고 수차 방향으로 회전하면서 양수(역회전펌프) 상태가 되어 전력을 소비하는 전동기화 현상이 되는 경우가 있다. 이 가능성이 있는 경우에는 병렬 후 쉬지 않고 가이드베인 조작 작업을 시작하여 적어도 그 N_1에서는 Q_1의 유량 변동이 일어나지 않는 개도까지 피하는 것이 좋다. 예를 들어 그림 8.56의 Y_Q까지 천천히 올린다.

③ **조상운전에서 발전운전으로의 전환** 수차 방향 조상운전 중에 러너실 내의 눌러내림 공기를 배기하여 수차운전으로 이행하는 이른바 조상→발전 전환에 대해서 생각한다.

이 경우에도 수차기동 시와 마찬가지로 S자형 특성에 떨어져 전동기화 현상이 발생할 가능성이 있다. 이 경우에는 수차기동 시처럼 가이드베인이 서서히 열리는 것을 통해 S자형 특성을 회피하는 것이 아니라 그림 8.56과 같이 Q_1의 유량 변동이 일어나지 않는 개도 Y_Q까지 가이드베인을 급속하게 여는 것이 좋다. 운전점이 S자형 특성을 수차 유량 감소 방향으로 가고 있을 때 가이드베인을 열면 동적으로는 S자형 특성의 정귀환 특성이 약화되는 효과를 노리기 때문이다.

④ **수차의 보통정지, 급정지, 비상정지** 보통정지는 출력 지령을 내려 발전기 부하를 거의 제로까지 낮춘 후, 차단기를 열어 정지하는 것이다.

급정지는 수차 관련 보호장치가 동작했지만 발전기 측이 정상인 경우에 사용하는 보호정지이며, 가이드베인은 무조건 정해진 최대속도로 폐쇄하는 한편 차단기는 발전기 부하가 거의 0이 될 때까지 열리지 않는 정지 방법이다.

비상정지는 주로 발전기 관련 보호장치가 동작했을 경우에 사용하는 보호정지이며, 차단기는 즉시 여는 한편 가이드베인도 정해진 최대속도로 폐쇄하는 정지 방법이다. 이 경우는 앞에서 기술한 2개의 정지 방법과 달리 부하차단처럼 회전속도 상승을 수반한다.

2) 양수운전 및 양수조상운전

양수모드에서는 기동이나 정지의 도중에 저유량역에 있는 역류 특성을 통과하므로 이것을 고려한 제어가 요구된다.

① **입력차단** 양수운전 중 차단기가 열렸거나 전동기 전원이 상실되었을 경우 입력차단이 된다. 회전속도는 곧바로 감소하기 시작하고 이에 따라 양수량도 급감한다. 이때 가이드베인은 그림 8.60과 같이 급속히 폐쇄된다.

펌프수차의 입력차단에서 주의해야 할 점은 정지까지 수차 방향으로 역회전되지 않도록 가이드베인을 빨리 닫는 것이다. 역회전은 추력베어링에 가혹할 뿐만 아니라 특히, 역회전 시의 가이드베인 개도가 클 경우 심한 진동을 수반하기 때문이다. 또한 가이드베인 폐쇄 중에 흐름이 반전되어 수차 흐름으로 이행하므로 그 전에 가이드베인은 느린 폐쇄로 이행시킬 필요가 있다.

입력차단에도 부하차단과 마찬가지로 폐쇄 속도의 전환이 불가능하게 되었을 경우에 자동안전장치방식(fail safe)을 고려하고 있으며, 이 경우에는 점선처럼 급폐쇄 속도가 자동 선택되도록 하고 있다.

② **양수기동** 양수기동 시에는 러너실 내의 물을 압축공기로 눌러 시동장치로 정격 회전속도까지 상승시켜서 계통에 병입한다.

다음으로 러너실 내의 공기를 배기시켜 프라이밍 압력이 정해진 값에 이르면 가이드베인을 열고 양수를 시작한다. 가이드베인을 적정 개도까지 여는 속도가 느리면, 역류를 수반하는 진동이 큰 영역을 통과하는 시간이 길어지므로 바람직하지 않다. 반대로 빠르면 입력이 급격하게 증가하므로 전력 계통에서는 바람직하지 않다. 가이드베인은 1분 정도로 적정 개도까지 여는 예가 많다.

여러 대의 펌프수차가 그림 8.58과 같이 동일 관로를 공유하는 경우에 인접 호기의 양수기동에 수반하는 수격에 의해서 해당 호기의 양정이 상승했을 경우에서도 역류 영역에 빠지지 않게 할 필요가 있다. 정속기의 경우는 고양정 측에 그 만큼의 여유를 두지만, 가변속기의 경우는 운전범위를 최대한으로 넓히려는 목적이 있으므로 후술과 같이 특별한 대책을 강구할 필요가 있다.

(2) 가변속 펌프수차의 운전제어

1) 수차운전

그림 8.61의 왼쪽 절반은 수차모드의 정속기와 가변속기의 운전범위의 비교를 나타낸다. 정속기의 경우는 전력 계통에 병렬 연결이 되면 회전속도는 동기속도 N_0로 고정되어 운전점은 N_0선상을 상하로 이동할 뿐이다. 이에 반해 가변속기인 경우에는 회전속도가 발전출력 PG 및 유효낙차 H에 따른 최적값으로 제어된다. 예를 들면 하한 출력 부근에서는 하한 속도로 운전되므로 기동 시나 조상 해제 시의 N_1을 S자형 특성으로부터 충분히 멀리할 수 있어 S자형 특성 저하 가능성을 해소할 수 있다.

또한 발전기 손실을 무시하면 정속기에서는 발전기 출력 PG는 항상 수차출력 Pt에 일치하도록 추종하는 것뿐이며 독립제어를 할 수 없지만, 가변속기에서 PG와 Pt는 완전히 독립적으로 제어할 수 있다. 특히 그림 8.62의 왼쪽과 같이 수격 때문에 제어속도에 제약이 있는 Pt에 관계없이 PG를 훨씬 고속으로 제어하면 전력 계통의 안정성을 비약적으로 개선할 수 있는 가능성이 있다. 한편 PG와 Pt의 차이에 의해 회전속도가 과도적으로 변동하지만 가변속 범위에서 벗어나지 않도록 할 필요가 있다. 이와 같이 가변속기의 최적 설정은 정속기와는 비교가 되지 않을 정도로 복잡하고 컴퓨터에 의한 사전 시뮬레이

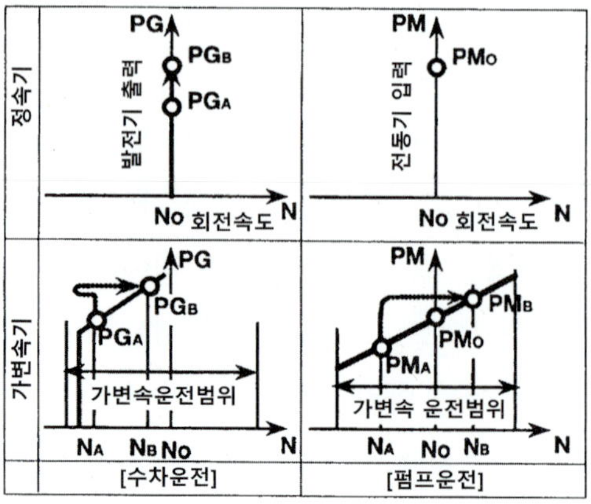

그림 8.61 정속기와 가변속기의 운전범위

자료: 新倉, 1996

션이 필요하다.

2) 양수운전

그림 8.61의 오른쪽 절반은 양수모드의 정속기와 가변속기의 운전범위 비교를 나타낸다. 정속기의 경우는 회전속도가 N_0에 고정되므로 전동기입력도 전혀 조정할 수 없다. 반면, 가변속기에서는 그림과 같이 동기속도의 상하로 수 %씩 조정하는 것만으로 펌프입력 즉, 전동기입력을 수십 % 조정할 수 있다.

또한 그림 8.62 우측과 같이 제어속도에 한계가 있는 펌프입력 Pp에 관계없이 전동기입력 PM을 고속제어하여 전력 계통에 대한 기여를 최대한으로 추구한다. 전동기입력의 조정에 맞추어 회전속도 N이나 가이드베인 개도 Y의 최적화 제어를 하지만 양측의 응답속도는 그림 8.63과 같이 협조를 취할 필요가 있다. 이것은 운전점이 과도적으로 역류 영역에 접근하지 않게 하기 위해서이다. 또한 그림 8.58과 같이 관로를 공유하여 타호기로부터의 수격으로 양정이 일시적으로 상승하는 경우에도 그림 8.63의 회피(a)나 회피(b)와 같이 Y를 일시적으로 내리거나 N을 일시적으로 올려 역류 회피를 할 필요가 있다. 이와 같이 가변속기는 양수운전에서도 정속기와는 비교가 안 될 정도로 복잡하여 컴퓨터에 의한 사전 시뮬레이션이 필수적이다.

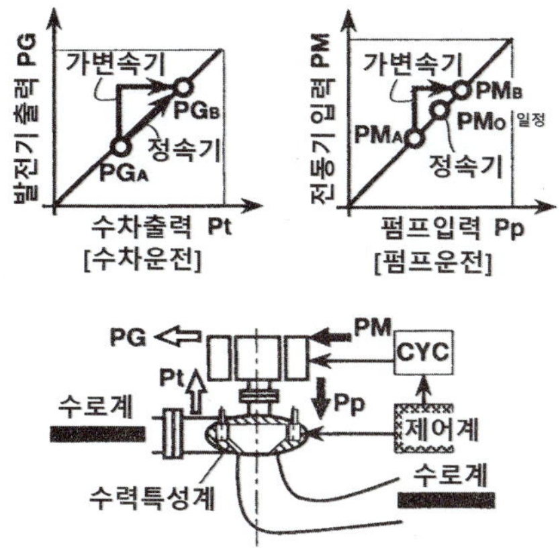

그림 **8.62** 정속기와 가변속기의 거동 비교
자료: 新倉, 1996

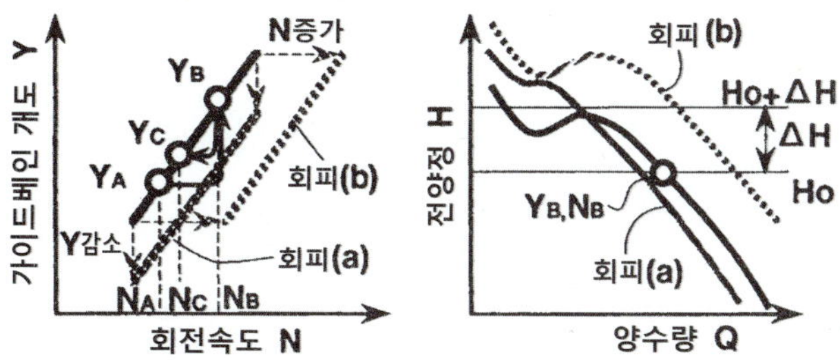

그림 **8.63** 가변속기의 역류 회피 예
자료: 新倉, 1996

8.4 수차 및 펌프수차의 운전 과도현상

8.4.1 운전 과도현상

(1) 운전 과도현상의 정의

수차 및 펌프수차 등의 수력기계에 대한 시동·정지와 부하의 급증·급감 등과 같이 운전 상태를 급하게 변화시키면 회전속도, 유량, 수압 등이 크게 변동하게 되며, 이러한 상태를 수력기계의 운전 과도현상이라고 한다. 발전소의 수로계와 발전기, 수차 등의 주기의 설계에서는 수차 부하차단과 펌프 입력차단 등의 변동이 큰 과도현상을 충분히 검토해야 한다.

(2) 운전 과도현상의 완전 특성 영역별 구분

1) 과도현상 영역 표현

펌프수차의 과도현상 경로는 전체 무구속 운전조건 동안 4개의 사분면에 모두 들어갈 수 있다. 그림 8.64는 펌프의 완전 특성을 나타내는 사분면을 나타내며 각 사분면은 다음과 같은 특징을 가진다. 그림 내 Ⅱ 사분면의 $y-t$ 그래프는 가이드베인 개도를 각 라인과 연계하여 표시하고 있다.

- Ⅰ사분면 = 펌프운전
- Ⅱ사분면 = 역회전펌프운전
- Ⅲ사분면 = 수차운전
- Ⅳ사분면 = 펌프역류운전

펌프운전에서 시작하는 과도현상 영역은 급폐쇄로 인해 처음 두 사분면(Ⅰ, Ⅳ)으로 제한될 수 있으며, 대표적인 사례는 기계 특성의 단위량(Q_1', n_1') 표시에 대한 그림 8.64에서 3번 선과 같다.

① **1번 선** 정전과 정지 후 기계의 완전 무구속속도 및 수구(밸브 또는 가이드베인) 완전 개방. $A=$정상 펌프 작동, $B=$무구속속도(효율 $\eta=0$, 토크 $m=0$), $C=$펌프 폐쇄, $Q_1'=0$ 유량 없음 조건.

② **2번 선** 과도현상이 제3사분면에 진입한 후 짧은 무구속속도 발생을 차단하기 위한 비상밸브 폐쇄. 2번 선은 1번 선과 같음.

③ **3번 선** 정전 이후 급폐쇄. 펌프가 제3사분면에 들어가지 않고, E지점에 도달한 후 가로 좌표 $Q_1'=0$상에서 D지점으로 돌아감.

④ **4번 선** 체크밸브가 파이프라인을 닫을 때 A지점에서 D지점으로 가는 경로가 제1사분면에만 있음.

⑤ 5번 선 펌프운전정지.

⑥ 6번 선 펌프기동운전.

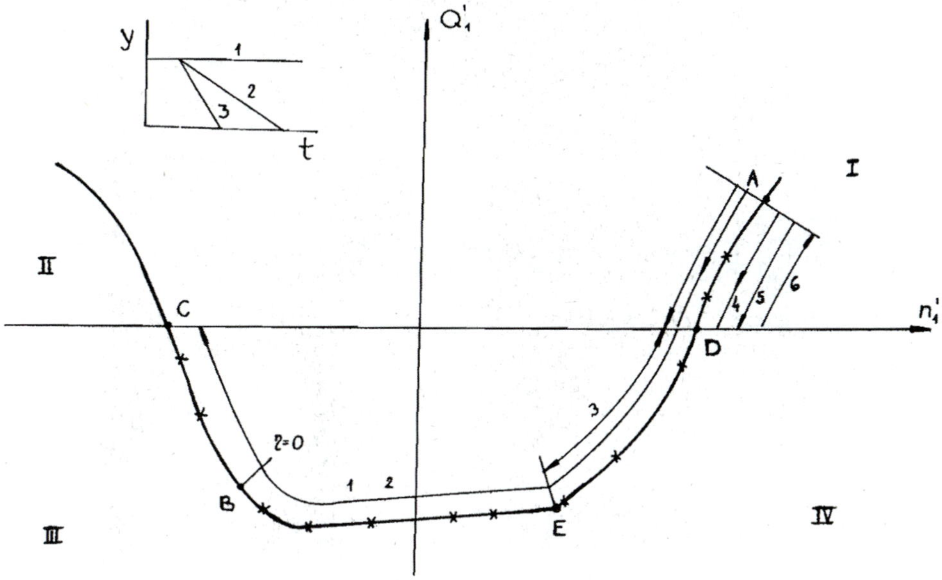

그림 8.64 펌프의 단위량 성능 특성에 겹쳐진 과도 영역

자료: Pejovic, 1992

2) 과도상태 운전경로

그림 8.65는 펌프수차 완전 특성상 운전경로를 나타내고 있으며, I 사분면과 III사분면에 펌프모드 및 수차모드 정상상태 운전 영역이 존재하고, 그 이외의 이동 중인 영역에서 과도상태 운전 영역이 존재한다.

① 펌프기동, ② 입력차단, ③ 펌프트립 → 무구속속도 n_R, ④ 수차기동, ⑤ 수차정지, ⑥ 부하차단 → 무구속속도 n_R, ⑦ 부하차단

3) 수차 및 펌프수차의 정상 및 과도 운전모드

수력발전소 및 양수발전소는 그림 8.66에 보이는 운전모드로 구성되어 있으며, 다음과 같이 구분할 수 있다. 정상(normal)상태 운전모드(아래 구분 내용 중 ①)로는 발전운전, 양수운전

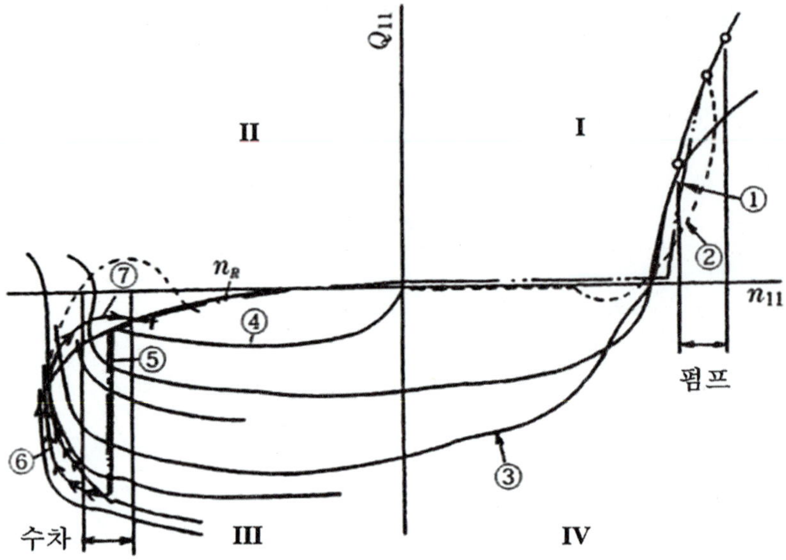

그림 8.65 완전 특성상의 과도상태 운전경로

자료: ターボ機械協会編, 2007

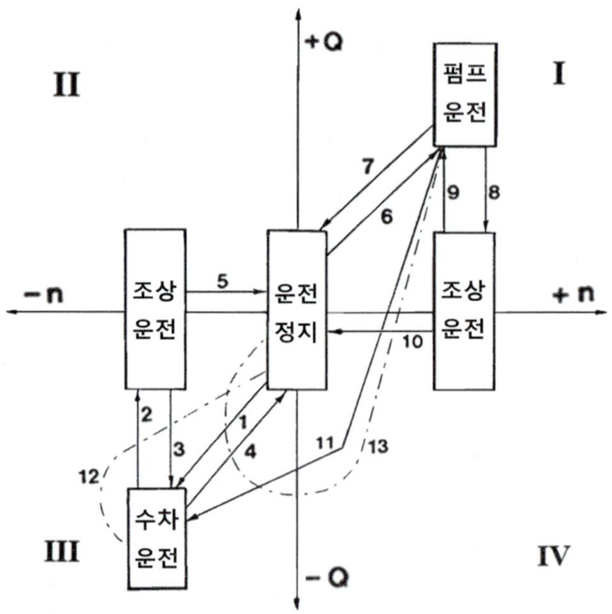

그림 8.66 수력발전소 및 양수발전소의 각 운전모드

자료: Pejovic, 1987

그리고 무부하 동기속도 운전 중인 상태이며, 과도(transient)상태 운전모드(②~⑫)는 그 이외의 정지 및 발전·양수 운전모드 사이에서 일어나는 다양한 운전조건으로 인하여 관로계 과도현상을 수반하게 된다. 단, 수차전용기의 발전운전에 대해서는 양수발전소 수차운전모드와 일부 다른 점이 있지만, 정상상태의 운전모드에서는 거의 동일한 운전을 행한다.

① 발전운전(turbining), 양수운전(pumping), 무부하 동기속도 운전: 정상상태 운전모드
② 정지상태에서 발전모드 동기속도까지의 기동운전 후 부하 입력(1번 선),
③ 수차운전에서 조상운전(synchronous compensation)으로(2번 선), 다시 수차운전으로 복귀(3번 선),
④ 수차운전(부하접속)에서 정지로(4번 선),
⑤ 조상운전에서 폐쇄로(5번 선),
⑥ 정지상태에서 펌프모드 동기속도까지의 기동운전 후 펌프부하 입력(6번 선),
⑦ 펌프운전(부하접속)에서 정지로(7번 선),
⑧ 펌프운전에서 조상운전으로(8번 선), 다시 펌프운전으로 복귀(9번 선),
⑨ 조상운전에서 폐쇄로(10번 선) (양수 방향),
⑩ 펌프운전(동력접속)에서 수차운전(부하접속)으로 변경(11번 선). 가역식 펌프수차는 일반적으로 먼저 정지(7번 선) 후, 정지상태에서 수차운전(부하접속)으로 기동(1번 선),
⑪ 수차운전 중 정전(부하차단) 후 가이드베인 급폐쇄(12번 선),
⑫ 펌프운전 중 정전(동력차단) 후 가이드베인 급폐쇄(13번 선)

(3) 수차 및 펌프수차의 운전조건

발전소의 정상(steady state)운전 중 정상상태(normal condition)로부터 운전상태의 전환과 함께 발생하는 과도상태(transient condition)의 다양한 운전조건에 대해서 발전소 관로계의 가이드베인 개도(y), 러너 회전속도(n), 수압관 압력헤드(h) 등을 중심으로 설명하면 다음과 같다.

1) 정지상태로부터 수차운전

이 과정은 그림 8.67에 개략적으로 나와 있다. 1번 지점은 시작 명령에 해당하며 T_{pr}로

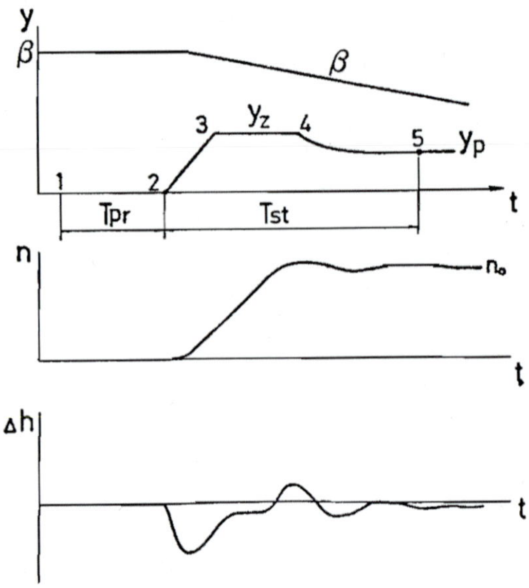

그림 8.67 정지상태로부터 수차운전 기동까지의 변화
자료: Pejovic, 1987

표시된 기간이 준비에 사용된다. 가이드베인 또는 노즐이 2번 지점에서 열리기 시작하고, T_0초 만에 완전 개방인 3번 지점에 도달한다. 러너가 최대 동기화 속도인 4번 지점에 도달하면 기계가 전력망(5번 지점)과 성공적으로 동기화될 때까지 가이드베인 또는 노즐의 개방이 약간 감소한다. 가이드베인 또는 노즐 개방 y_p는 공회전에 해당한다. 수차는 5번 지점에서부터 부하를 수용할 수 있다. 위의 시퀀스(순서) 동안 수압관에서는 압력이 감소하고, 흡출관에서는 압력이 증가한다. 시간 지연 T_{pr} 및 T_{st}는 가능한 작게 유지해야 한다.

카플란수차의 경우 러너베인이 공회전 운전에 해당하는 위치로 회전한다(그림 8.67의 러너베인 각도 β선).

2) 수차 발전운전으로부터 조상운전

이 과정은 수차를 '무구속속도' 상태로 만드는 것으로 시작된다. 가이드베인은 그림 8.68의 선 1-2와 같이 완전히 닫히지만, 장치가 전력망에서 분리되지는 않는다. 운전상태가 수차 특성의 이른바 '제동 영역'에 있기 때문에 축의 토크는 음의 값을 가정한다. 가동익을 가진 수차의 경우, 축 방향 수력학적 힘(F_a)이 음(−)의 값 상태가 되어 위 방향 축추력

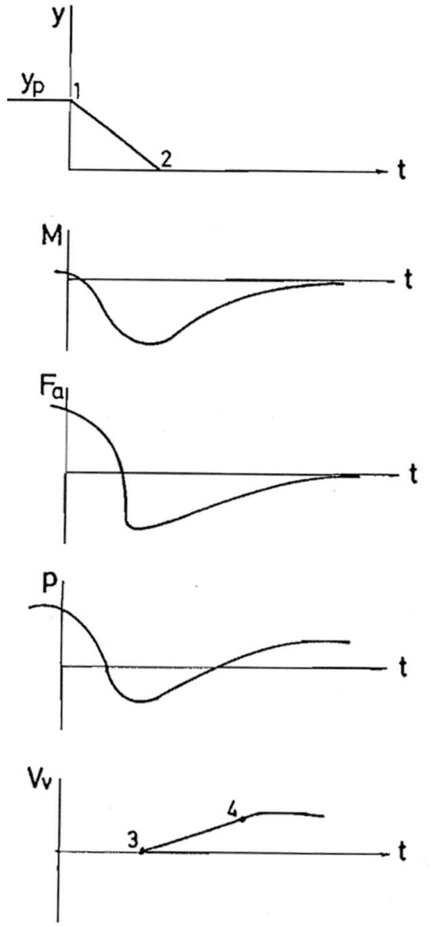

그림 8.68 수차 발전운전으로부터 조상운전까지의 변화
자료: Pejovic, 1987

(upthrust)을 발생시키고, 닫힌 가이드베인과 러너 사이에 진공이 나타날 수 있다. 역방향 수격현상(reverse water hammer) 발생 위험이 높으므로 가이드베인을 너무 빨리 닫지 말아야 한다. 또한 모든 회전 부품(회전자, 축 및 러너)을 들어 올릴 수 있을 만큼 상당한 손상을 유발할 수 있는 위 방향 추력이 발생할 수 있는 조건인지 점검해야 한다.

가이드베인이 완전히 닫힌 후, 3번 지점에서 러너 주변 공간은 압축공기로 채워져 물이 아래로 밀려 내려간다. 축 방향 힘이 작은 편이고 압력은 방수위에 따라 달라진다. 공기량(V_v)은 4번 지점부터 일정하게 유지된다. 가동익이 있는 기계에서는 이 운전 중에 러너가 완전히 닫힌다. 러너는 물속에서 회전하는 것에 비해 전력 손실을 줄이기 위해 공기 중에서 회전한다. 펠턴수차의 경우 압축기가 필요하지 않기 때문에 이러한 작업은 간단하다. 그래프 종축의 M은 토크, P는 출력을 나타낸다.

3) 수차 발전운전으로부터 정상정지

이 운전은 조속기에 '정지' 신호를 제공하거나 수차/조속기 보호 기능을 작동시켜 '정지' 명령을 생성한다. 서보모터는 그림 8.69와 같이 최대속도로 가이드베인을 닫는다. 수차는 토크 제로(효율 제로)선까지 전력망에 연결된 상태를 유지하며, 그 후 전력망으로부터 연결이 분리되고 회전속도가 감소한다. 이 과정에서 수압관의 압력은 증가하는 반면 흡출관의 압력은 감소한다.

펠턴수차는 비슷한 방식으로 정지되며, 니들의 움직임이 노즐을 통한 흐름을 점차 폐쇄한다.

그래프 종축의 y는 서보모터 스트로크 상대 위치, y_h는 서보모터 스트로크 과도 위치를 의미한다.

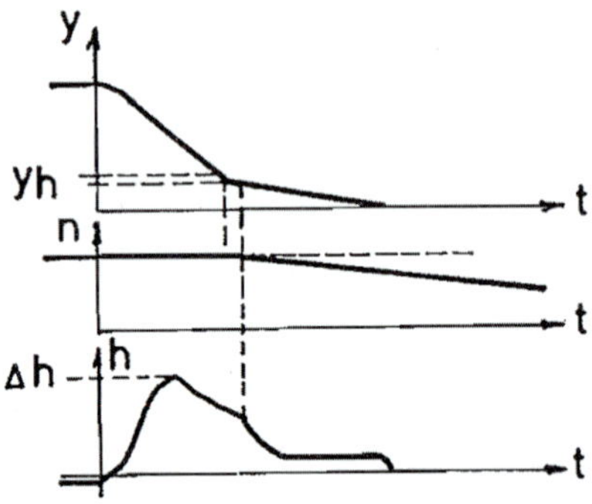

그림 8.69 수차 발전운전으로부터 정상정지까지의 변화
자료: Pejovic, 1987

4) 수차운전에서 부하의 변화

조속기는 부하의 변화 시 허용 가능한 제한범위 내에서 회전속도 변화를 유지한다. 스풀밸브가 완전히 열리고 서보모터 피스톤이 최대속도로 이동할 때 시스템에서 최대응력이 발생한다. 과도현상은 그림 8.70에 나타나 있으며, 다음과 같은 특징이 있다.

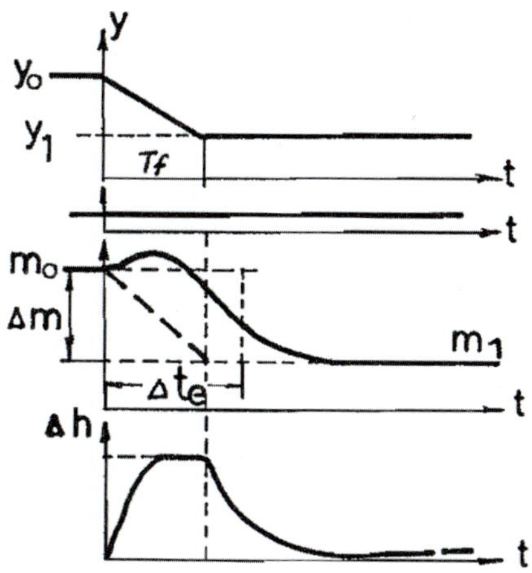

그림 8.70 수차운전의 부하 변화
자료: Pejovic, 198

- 서보모터 피스톤의 위치 (y_0) 및 (y_1)에 해당하는 무차원 토크의 초기(m_0) 및 최종 (m_1) 값
- (m_0)과 (m_1) 사이의 토크 $m(t)$의 변화는 서보모터 속도, 헤드 및 수격작용 효과에 따라 달라진다. 가이드베인이 닫히기 시작할 때 토크가 증가하여 감소하기 시작할 수 있다. 그림 8.70에 표시된 끊어진 파선은 수격현상의 영향이 없는 토크의 변화를 나타낸다.
- 압력 서지 Δh

이러한 모든 매개변수는 다음과 같이 정의된 등가지연시간 Δt_e로 나타낼 수 있으며,

$$\Delta t_e = \frac{\int_0^{\infty} |m(t) - m_0| dt}{|m_0 - m_1|} \tag{8.17}$$

그림 8.70에 시각적으로 표시되어 있다.

하중방정식인 식 (8.17)의 작은 변화는 다음과 같이 선형화할 수 있다.

$$\Delta t_e = 0.5 \frac{|m_0 - m_1|}{\partial m / \partial y} T_f + \frac{m_0 + 0.5 \partial m / \partial x_i}{\partial m / \partial y} \cdot \frac{\partial q}{\partial y} T_w \tag{8.18}$$

여기서, $\partial m/\partial y$ = 가이드베인 개방(또는 서보모터 피스톤 위치)을 통한 토크 변화

$\partial m/\partial x_i$ = 상대 회전속도 변화에 따른 토크 변화(자체 조절계수)

$\partial q/\partial y$ = 서보모터 스트로크를 사용한 유량 변화

위의 변화율 값은 수차 특성에 따라 결정된다.

다음의 식 (8.19)의 관계는 조절(regulation)의 일반적인 특성을 나타낸다.

$$\Delta t_e = f(m_0,\ |m_0 - m_1|) \tag{8.19}$$

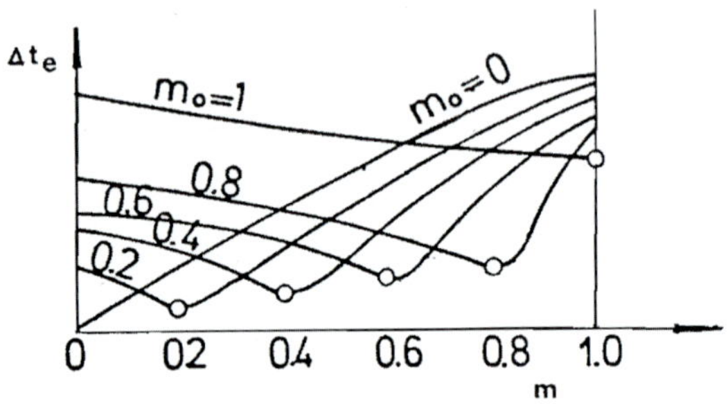

그림 8.71 수차운전의 부하 변화

자료: Pejovic, 1987

m_0의 다양한 값에 대한 곡선을 나타내는 그림 8.71은 수차운전의 부하 변화 시 토크의 함수로써 동등한 지연시간의 변화를 보여주는 조절의 일반적인 특성을 나타내며, Δt_e 값은 주어진 값 m_1에 대해 쉽게 찾을 수 있다. 작은 토크의 변화에 대해서는 식 (8.18)이 더 적절하다.

보편적 특성은 일반적으로 정격낙차에 대해 계산된다. Δt_e는 실제 낙차에 따라 다르므로 범위가 큰 경우에도 최대 및 최소낙차에 대해 이러한 선도를 준비하는 것이 좋다.

5) 정지상태로부터 펌프운전

그림 8.72에서 보이는 이 운전의 경우 현대식 대형 양수발전소에서는 완전히 자동화된다. 우선 압축공기를 주입하여 물을 누른 후에는 러너가 회전하도록 설정되며, 러너의 회전속도는 전력망과 동기화 된다(1단계). 2단계에서는 공기가 배출되고 수위가 상승하며 러너가

물로 채워진다. 가이드베인은 3단계에서 열리고, 물은 수압관으로 흘러들어가서 수압관의 일시적인 압력상승과 흡출관의 해당 압력감소를 유발한다. 과도현상 효과 분석의 경우, 오직 3단계만 고려할 필요가 있다.

정지상태로부터 펌프운전을 다른 수력기계(포니터빈 또는 다른 터빈)의 도움을 받아 수행하는 경우, 이 부분의 전체 과정을 일반적인 터빈기동으로 검토되어야 한다.

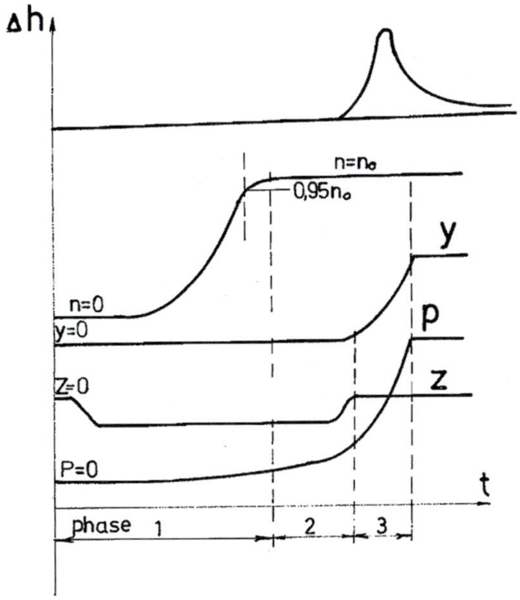

그림 8.72 정지상태로부터 펌프운전까지의 변화
자료: Pejovic, 1987

6) 펌프운전으로부터 정상정지

이 운전은 일반적으로 일정한 속도로 가이드베인을 닫아 수행된다. 압력 서지의 진폭이 폐쇄의 끝으로 갈수록 너무 높을 경우, 조속기 피스톤의 움직임은 그림 8.73과 같이 감속되어야 하며, 최대 및 최소압력은 계산에 의해 결정되어야 한다. 수압관 밸브를 폐쇄하여 기계를 정지시키는 경우에도 동일한 절차가 유효하다. 최적 폐쇄모드는 폐쇄율과 시간의 변화 관계에 대한 계산으로부터 찾을 수 있다.

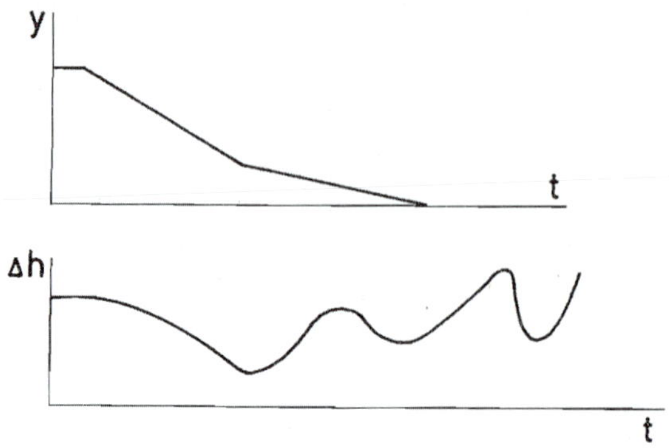

그림 8.73 펌프운전으로부터 정상정지까지의 변화
자료: Pejovic, 1987

7) 수차운전으로부터 부하차단

수력기계가 기동 중(기동 실패) 또는 정상상태 운전 중에 일부 장애로 인하여 부하를 갑자기 차단할 수 있다. 이 경우 가이드베인 또는 노즐은 그림 8.74와 같이 T_f초 내에 완전히 닫힌다. 가이드베인을 닫는 동안 회전속도 및 수압관 압력헤드가 모두 최댓값으로 증가한다. T_q는 조속기의 부동시간이다. 회전속도가 동기속도에 다시 가까워지면 가이드베인이 공회전(y_p)에 해당하는 위치로 열리고 장치가 동기화할 준비가 된다.

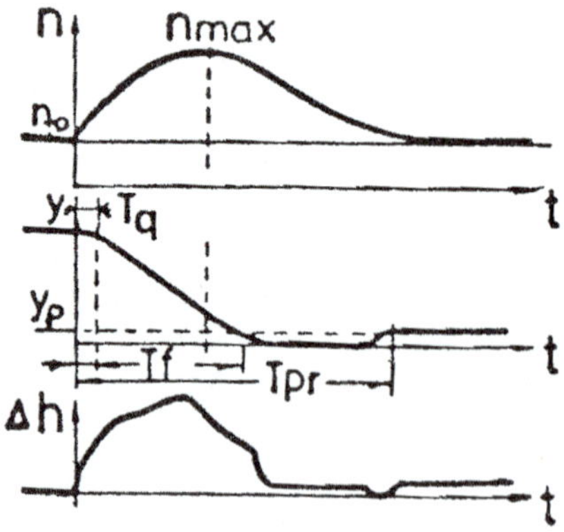

그림 8.74 수차운전으로부터 부하차단
자료: Pejovic, 1987

일시적인 속도 상승의 최댓값

$$x_{i\max} = \frac{n_{\max} - n_0}{n_0} \tag{8.20}$$

및 압력 서지

$$\Delta h_{\max} = \frac{\Delta H_{\max}}{H_0} \tag{8.21}$$

는 일반적으로 발전소의 모든 장치에 대한 부하차단이 동시에 발생하는 최악의 경우에 대해서 계산되어야 한다. $x_{i\max}$ 및/또는 $\Delta h_{\max}$의 값이 허용되지 않거나 이 운전의 총 시간 (T_{pr})이 너무 길면 가이드베인 또는 노즐 폐쇄 속도를 그에 따라 변경해야 한다. 예를 들면 수압관이 너무 길기 때문에 이 운전이 성공하지 못할 경우 발전기 로터의 관성 증가 또는 동기 압력조절밸브 설치와 같은 보다 과감한 변화가 도입되어야 한다.

그림 8.75는 압력조절밸브(2)의 작동 순서를 나타낸다. 수차에서 부하를 제거하면 밸브가 열리기 시작하고 흐름의 일부가 밸브를 통해 전환되어 수차로 집중하는 압력상승을 완화시킨다. 가이드베인(1)은 과도한 압력 서지를 유발하지 않고 빠르게 닫힐 수 있다. 이후 순차적으로 압력조절밸브가 천천히 닫힌다. x_i와 Δh의 최댓값은 계산에 의해 구해야 하며, 압력조절밸브와 가이드베인의 적절한 작동에 의해 둘 다 필요한 만큼 낮게 유지될 수 있다.

이러한 압력조절밸브는 일반적으로 프란시스수차를 장착한 수력발전소에 포함되어 있다. 펠턴수차가 장착된 경우, 디플렉터와 같은 흐름편향장치가 과도한 회전속도를 방지하

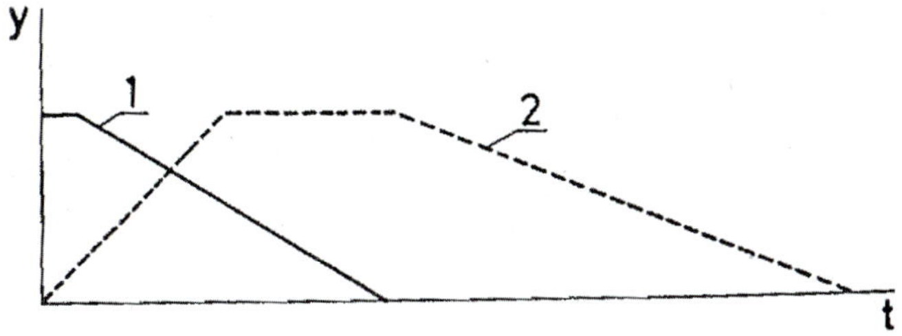

그림 8.75 수차운전으로부터 부하차단과 압력조절밸브 작동
자료: Pejovic, 1987

고 노즐을 적절히 닫아 과도한 압력 서지를 방지할 수 있다.

8) 수차 급폐쇄

이 사례는 그림 8.76에 나타나 있으며, 수차운전으로부터 부하차단 사례와 유사하다. 차이점은 모든 변화가 훨씬 더 격렬하다는 것이다. 역방향 수격현상의 발생 가능성은 다른 운전에 비해 훨씬 높으며, 카플란수차의 경우 강한 음(위 방향)의 축추력(upthrust)에 의해 러너가 들어 올려질 수 있다. 이것은 x_i와 Δh의 최댓값 계산과 함께 계산하여 확인해야 한다. 이러한 결과를 수용할 수 없는 경우 위에서 설명한 대로 변경이 필요하다.

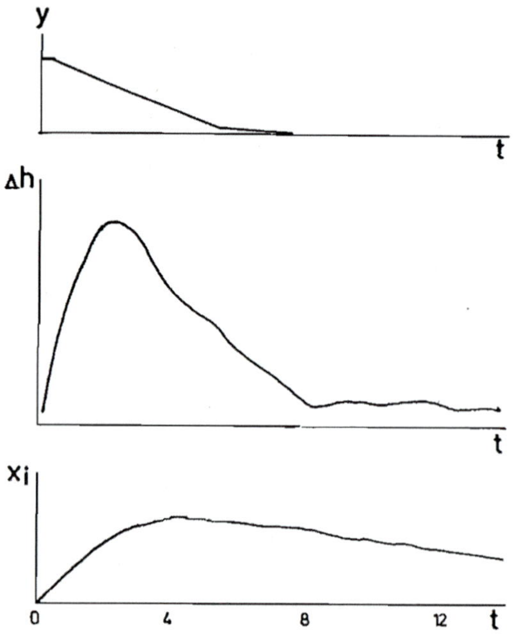

그림 **8.76** 수차 급폐쇄

자료: Pejovic, 1987

9) 펌프운전으로부터 부하차단

이러한 사고는 일반적으로 전원장애(정전)로 인해 장치가 전력망에서 분리되어 발생한다. 가이드베인 개도 y는 그림 8.77과 같이 빠르게 닫혀 수압관 Δh의 압력이 떨어지고 흡출관의 압력 Δh_s가 상승한다. 동시에 러너의 회전속도 X_i가 감소한다. 이 과정은 강한 진동을 동반하는 경우가 많으므로 설계단계에서 소홀히 해서는 안된다.

계산 결과 최대속도 상승 $x_{i\max}$ 및 압력상승 $\Delta h_{\max}$가 허용한계 이내로 유지되어야 한다. 수압관 터널이 긴 발전소나 러너 들어올려짐(카플란수차발전기)에서 역방향 수격현상의 가능성을 주의 깊게 점검해야 한다. 가동익이 장착된 기계의 경우 과도현상 중에 러너베인의 움직임도 분석해야 한다.

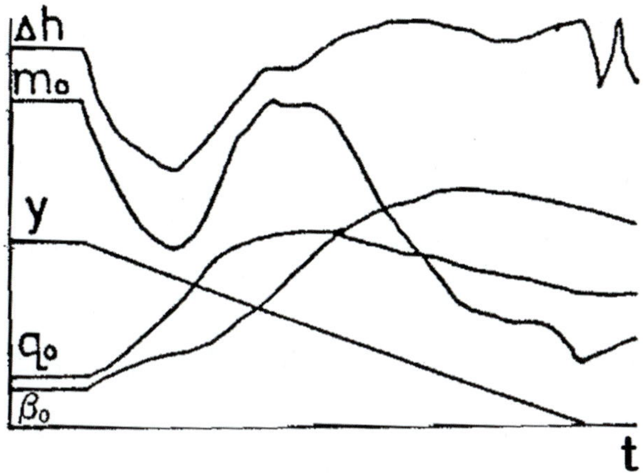

그림 **8.77** 펌프운전으로부터 부하차단
자료: Pejovic, 1987

8.4.2 수차운전 과도현상

(1) 충동수차의 과도현상

각 노즐의 끝에 디플렉터(deflector)를 갖춘 펠턴수차나 터고임펄스수차에서는 부하차단이 발생하면 이 디플렉터를 급폐쇄한다. 이를 통해 제트를 러너 버킷에서 빗나가게 하여 입력을 차단해서 회전속도 상승을 억제할 수 있다. 각 노즐의 니들은 천천히 닫을 수 있기 때문에 거의 수압상승을 일어나지 않게 할 수 있다.

그림 8.78과 그림 8.79는 일반적인 충동수차 시스템에서 부분 하중을 받는 2노즐 펠턴수차시스템 개략도와 부하차단 후 수력시스템에서 발생하는 압력 응답 및 진동을 각각 나타낸다. 충동수차의 전체 시스템은 일반적으로 높은 고도의 상부저수지(호수), 물 수송을 위한 긴 파이프라인, 서지탱크, 노즐 분사장치(인젝터) 그리고 수차발전기로 구성되어 있다.

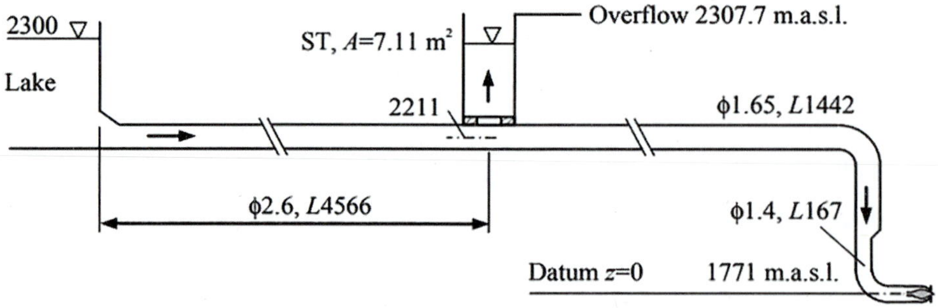

그림 **8.78** 부분 하중을 받는 2노즐 펠턴수차시스템 개략도
자료: Zhang, 2020

반동수차에서는 상부저수지와 하부저수지(또는 하천) 전체가 폐관로로 연결되어 있다. 하지만 충동수차에서는 수차의 하부에 흡출관이 없고, 수차 하류가 대기에 직접 노출된 후 방수로에 연결되는 경우가 대부분이다.

서지탱크는 수차 부하가 감소하거나 차단될 때 주로 파이프라인 흐름에 포함된 운동에너지를 흡수하는 역할을 한다. 또한 수차가 기동하고 긴 파이프라인의 흐름이 흐름의 관성 때문에 지연이 발생할 때 짧은 시간 동안 물을 공급하는 역할도 한다. 수력과도현상은 이러한 시스템에서 수력 부하가 변경되는 즉시 발생한다.

그림 8.79는 펠턴수차가 정지하고, 유량이 $Q = 3.3\ \mathrm{m^3/s}$에서 0으로 변화할 때 흐름에서 측정된 압력반응을 나타내며, 펠턴수차 인젝터의 니들밸브가 $t_{close} = 27.6\ \mathrm{s}$ 이내에 2단 폐쇄 과정으로 진행되었다. 이 폐쇄 기간 동안 펠턴수차 인젝터 노즐(곡선 2) 바로 앞의 파이프 단면에서 압력 충격파라고 불리는 상당한 고주파 압력변동이 기록되었다. 그림 8.79에서 흐름의 압력반응을 나타내기 위해 사용되는 압력수두는 정압과 상대 고도의 합을 나타낸다(예: $h_z = p/\rho g + z$). 기준 고도는 인젝터가 설치된 높이이다.

흔히 압력 서지라고 불리는 저주파 흐름 진동(곡선 1)은 상부저수지와 서지탱크 사이의 시스템 진동을 나타낸다. 고도 높이 $z = 400$ m를 뺀 곡선은 서지탱크가 연결된 배관 부분의 정압헤드를 나타낸다. 따라서 서지탱크 입구의 국부유량저항이 무시될 경우 서지탱크 내 수위를 대략 반영한다.

흐름의 충격압력은 인젝터 니블밸브의 닫힘 시간에 따라 달라진다. 인젝터가 닫히는 속도가 빠를수록 흐름의 최대충격압력이 높아진다. 최댓값을 포함한 충격압력은 실제로 유

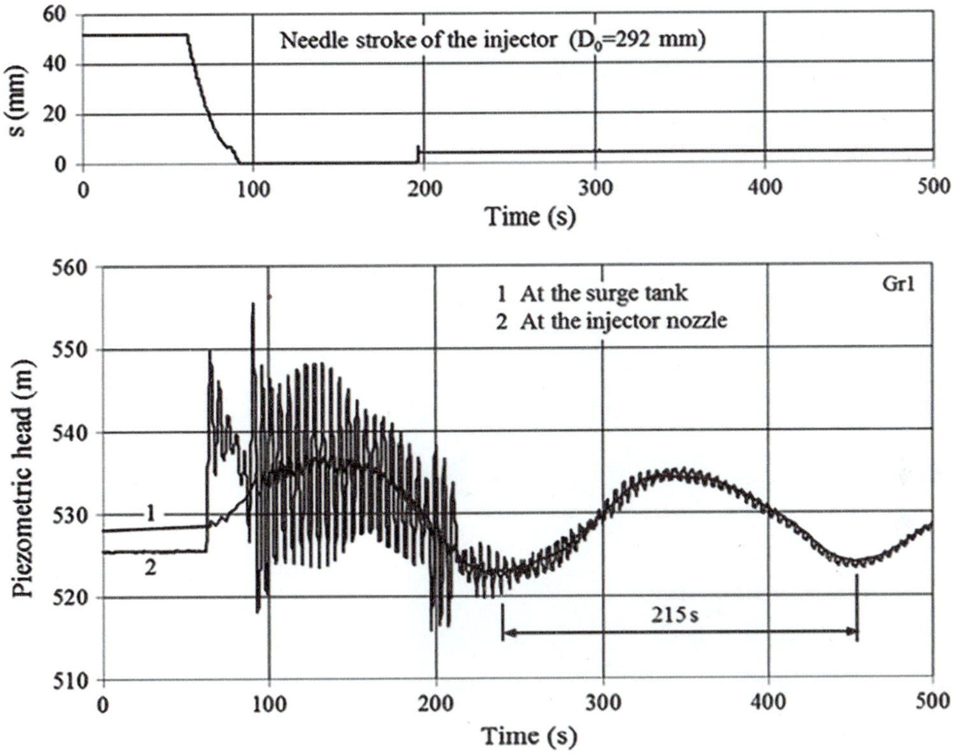

그림 **8.79** 부분 하중을 받는 2노즐 펠턴수차의 부하차단 후 압력 응답 및 진동

자료: Zhang, 2020

량 변화 속도에 정비례하기 때문에 각 인젝터의 닫힘은 항상 부드럽게 수행해야 한다. 실제로 인젝터의 폐쇄 속도를 2단으로 나누어서 닫는 것이 좋으며 일반적이다.

그림 8.80은 몬테네그로 페루치카(Montenegro Perucica) 수력발전소의 펠턴수차 긴급 부하차단 시 노즐개도 폐쇄에 따른 압력헤드 변화 및 회전수 변화 운전 과도현상을 보이고 있다. 그림 8.30에 보이는 페루치카 수력발전소는 콘크리트 터널(길이 3335 m, 직경 4.8 m), 서지탱크, 3개의 평행 수압관 및 하류 끝단에 설치된 수평축 펠턴수차로 구성되어 있다.

이때 수압관 I은 39 MW의 정격 단위 출력을 가진 2대의 각 수차 장치(*A*1 및 *A*2)에 공급하고, 수압관 II는 39 MW 출력의 각 수차 장치 3대(*A*3, *A*4, *A*5)에 공급하며, 수압관 III은 59 MW 출력의 각 수차 장치 2대(*A*6 및 *A*7)에 공급한다. 7대의 펠턴수차 장치(그림 8.80 왼쪽 사진)는 모두 2개의 방수로 터널이 있는 발전소에 내장된다.

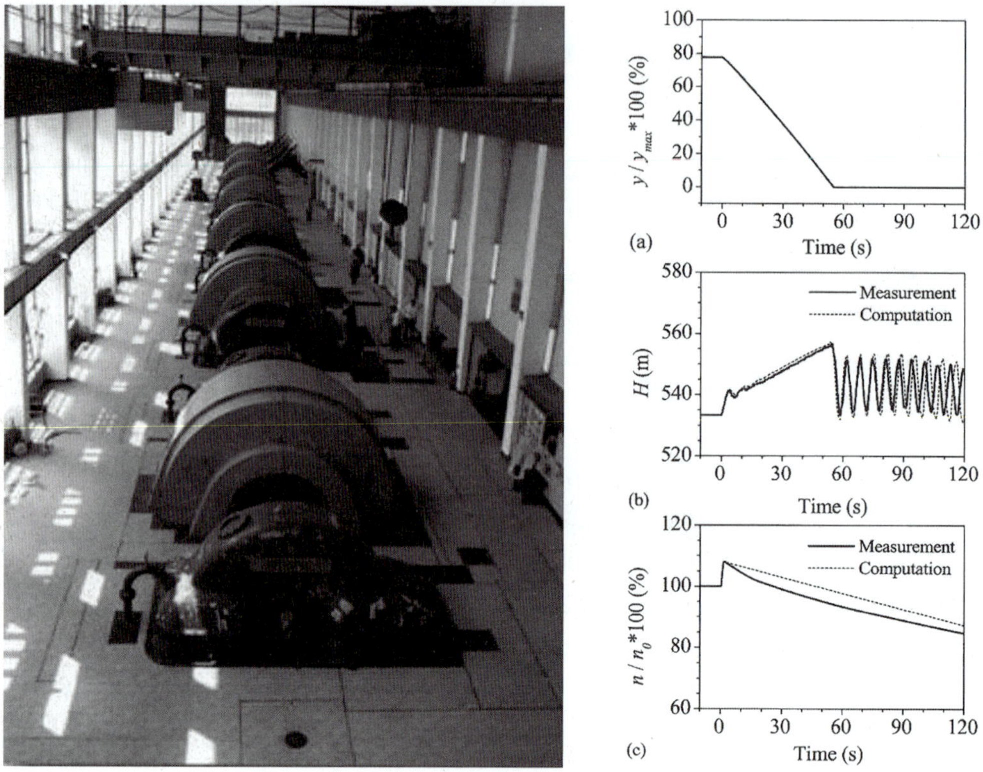

그림 **8.80** 페루치카 수력발전소 펠턴수차 1대의 긴급 부하차단 시 운전 과도현상 예 (출력 $P = 39.5$ MW)

자료: Bergant, 2018

그림 8.80의 오른쪽 그래프는 초기 출력 39.5 MW에 의한 수차 장치 $A1$의 비상정지 시 운전 과도현상을 나타내고 있다. 이 때 비상정지 전의 수압관 I의 해당 유량은 8.4 m^3/s, 수압관 II의 유량은 없으며, 수압관 III의 유량은 22 m^3/s이다.

그림 8.80(a)는 니들밸브 총 폐쇄 시간(55.3초)에 대한 측정 및 계산 결과를 보이며, 잘 일치함을 알 수 있다. 그림 8.80(b)는 펠턴수차 장치 $A1$의 비상정지 시 수차 입구에서의 압력헤드 H에 대한 측정 및 계산 결과를 비교하고 있다. 최대측정헤드는 557.7 m로 노즐이 완전히 닫혔을 때 발생하며(2단 폐쇄, 완충 스트로크 2.5%), 이 경우에 대한 헤드 상승은 24.5 m이다. 계산 및 측정된 헤드는 최대허용헤드 602 m보다 훨씬 낮다. 그림 8.80(c)는 측정 및 계산된 회전속도의 비교를 보여준다. 수차 최대측정회전속도 상승률 8.1%는 제트 최대편향 시(1.6초)에 발생한다. 수차 최대입구압력헤드 및 최대속도상승값이 보장된 한계 내에 있다.

(2) 반동수차의 과도현상

1) 부하차단 특성

낙뢰 등의 사고로 발전기 부하가 차단되면 러너의 구속이 없어지고 회전속도가 상승하여 위험한 상태로 된다. 이 때문에 가이드베인을 급속하게 폐쇄해서 회전속도 상승을 억제하도록 하지만, 이것에 동반하여 수격현상이 발생한다.

수력발전소의 수차 부하차단(load rejection)의 예를 그림 8.81에 보인다. 부하차단으로 발생하는 최대수압, 최고회전속도는 가이드베인 폐쇄 속도, 회전부의 플라이휠 효과에 따라서 변한다.

수차 및 수압관은 이들 과도현상에 의해서 발생하는 최대수압, 최고회전속도를 고려해서 설계된다.

또한 부하차단 후의 가이드베인 서보모터 스트로크 S, 러너 회전속도 n, 케이싱 입구와 상부흡출관의 수압 H_1, H_2의 시간에 대한 변화를 그림 8.82에 보인다. 부하차단이 검지되면 가이드베인이 급폐쇄하여 입력을 억제하고 회전속도 상승을 감소시킨다. 이것에 의해서 유량의 급감에 따른 수격작용에 의해 케이싱 입구에서 수압상승 H_1, 흡출관에서 수압감소 H_2가 발생한다.

저비속도의 프란시스수차와 펌프수차 등에서는 러너의 입구 및 출구 반경비 r_1/r_2가 크기 때문에 회전속도가 상승하면 가이드베인을 닫지 않더라도 유량 감소가 발생해서 이것

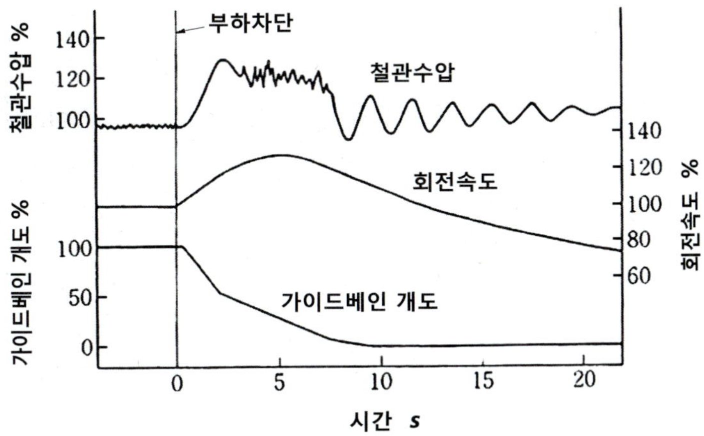

그림 8.81 수차 부하차단 시 운전 과도현상의 예

자료: 日本機械学会編, 1986

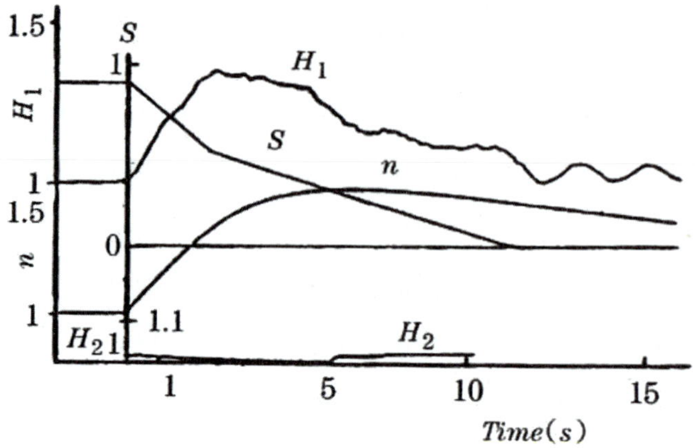

그림 **8.82** 부하차단 특성
자료: ターボ機械協会編, 2007

에 따른 수격이 발생한다.

한편, 고비속도 프란시스수차에서는 회전속도 상승에 따라서 유량이 거의 변화하지 않는 것을 이용해서 수압상승을 꺼려하는 기설 파이프라인 등에 삽입되는 소수력발전소의 부하차단 후에도 가이드베인을 급폐쇄하지 않고 회전속도를 무구속속도까지 올려서 수압상승을 일으키지 않도록 할 수도 있다.

그림 8.83은 80 MW급 카플란수차에 대해서 부하 P=75 MW 시에 비상정지할 경우의 과도운전 특성을 나타낸다. 75 MW 부하로부터 수차 장치의 비상정지는 큰 과도 부하와 관련한 가장 심각한 정상 운전방식 중 하나이다. 수차는 전력망에서 분리되고, 이어서 가이드베인이 완전히 닫히며, 러너 블레이드가 완전히 열린 위치까지 개방된다(그림 8.83(a)). 압력조정밸브(PRV)는 먼저 가이드베인 폐쇄(그림 8.83(a))와 동시에 약 90% 개방까지 연 다음 완전히 닫힌 위치로 매우 느린 속도로 닫히기 시작한다. 압력조정밸브의 선형 전체 스트로크의 닫힘 시간은 20분이다.

35 m의 계산된 최대 순간 나선형 케이싱 압력헤드(H_{sc})는 측정된 압력헤드와 실질적으로 일치한다. 계산된 흡출관 압력헤드와 측정된 흡출관 압력헤드 사이에도 합리적인 일치가 있다(그림 8.83(b)). 35%의 계산된 최대 회전속도 상승과 측정된 속도 상승 사이의 일치도 양호하다(그림 8.83(c); n_0=125 min^{-1}). 최대 나선형 케이싱 압력헤드와 최대 회전속도 상승이 보장한계(각각 43.9 m 및 45%) 이내에 있다.

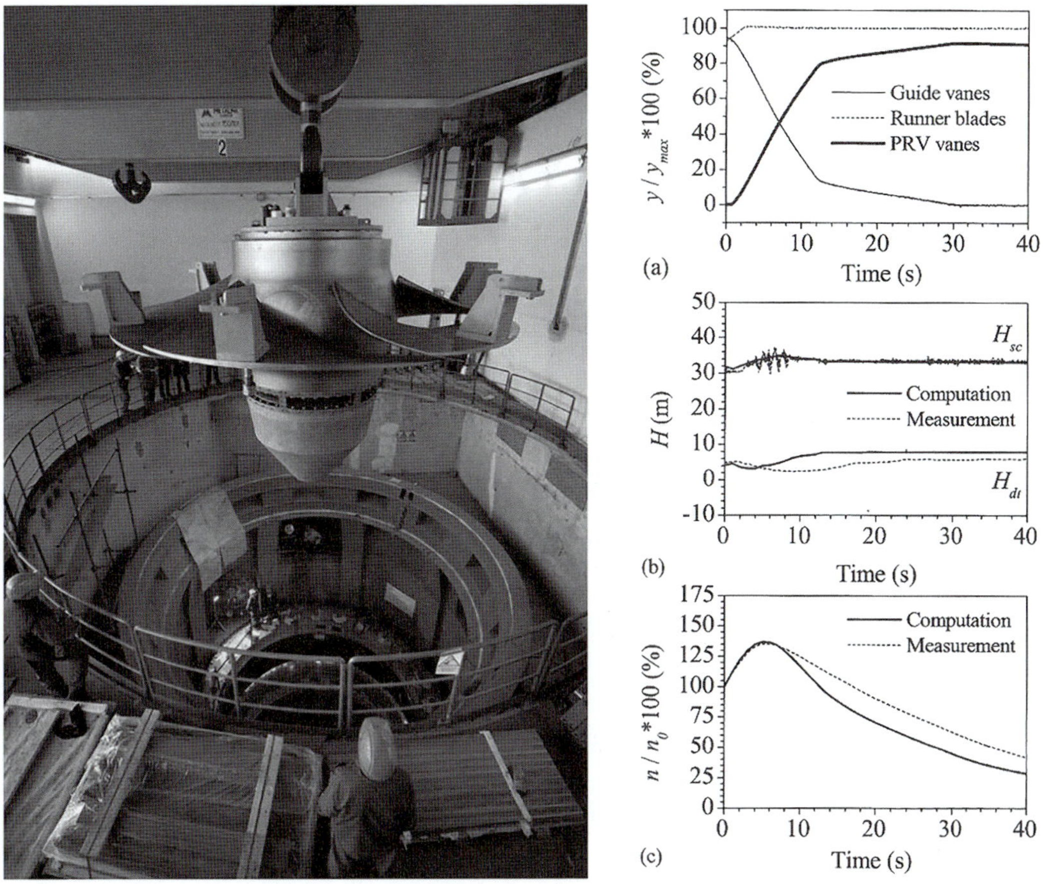

그림 **8.83** 80 MW급 카플란수차의 비상정지(부하 P=75 MW 시) 과도운전 특성
(a) 가이드베인 개도비, 러너 블레이드 개도비, 압력조정밸브 서보모터 스트로크 개도비,
(b) 나선형 케이싱 및 흡출관 압력헤드, (c) 단위회전속도비
자료: Bergant, 2018

2) 가동익 수차의 부하차단

가동익 수차가 부하차단한 경우, on-cam 개도의 관계를 가지도록 러너베인과 가이드베인의 개도를 조절하면 수압맥동의 발생을 최소로 억제할 수 있다. 그러나 보스 내장형 등의 러너베인용 서보모터의 용량 제약으로부터 일반적으로 가이드베인 쪽이 빨리 닫히는 경우가 많다. 러너베인 개도가 아직 큰 가운데 가이드베인을 너무 닫아버리면 가이드베인 출구와 러너베인 입구 사이에서 강한 선회류가 발생하고 선회류의 중심 측에서 압력이 감소한다. 수주분리현상과 마찬가지로 포화수증기압 이하로 감소하면 캐비테이션이 발생하고

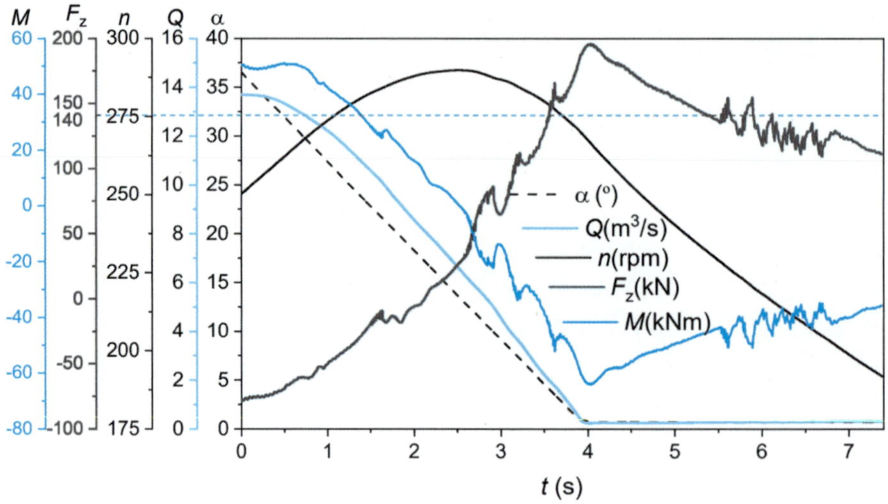

그림 8.84 가이드베인 선형 폐쇄에 의한 부하차단 중 주요 파라미터의 변화

자료: Liu, 2019

러너의 상면 압력이 급속히 저하하여 경우에 따라서는 러너가 들뜨는(부상) 사태로 된다. 또한 캐비테이션과 주류의 경계에서 보텍스로프가 발생하고 러너로 유입하여 이상수압맥동을 일으키는 경우가 있다. 내측 상부커버의 적당한 위치에 진공파열밸브를 설치하여 부하를 차단 후에 압력이 많이 내려가면, 열어서 캐비테이션을 공기로 채워 러너의 들뜸과 이상수압맥동을 방지할 수 있다.

그림 8.84는 CFD해석을 통하여 T_s=4.0 s의 카플란수차 가이드베인 선형 폐쇄 시간이 주어졌을 때 얻어진 주요 파라미터의 시간에 따른 변화값 및 러너에 작용하는 축 방향 상향 수력 F_Z을 검토한 결과이다.

가이드베인 개도가 α=36°~0.73°까지 선형적으로 변화할 때 유량은 처음에는 느리게, 그 다음에는 빠른 속도로 Q=13.8 m³/s에서 0.2 m³/s까지 감소한다. 회전속도 n은 t=0 s에서 2.52 s까지 증가했다가 감소한다. 최대 회전속도는 $t_{n\max}$=2.52 s에서 n=289.7 min^{-1}에 이르며, 최대 속도상승비율은 15.88%이다. $t_{n\max}$=2.52 s 후 수차는 수차제동 영역으로 진입하며, 이때 모멘트가 양(+)의 부호로 되고 러너 회전속도가 감소한다. 이 전체과정 동안, 러너에 작용하는 축 방향 수력 F_Z은 큰 변동을 경험한다. 부하차단 시작 시 F_Z은 −79.4 kN의 값으로 음(−)의 값(수직 방향에서 하향)이다. F_Z가 증가하고 t=2.13 s에서 음

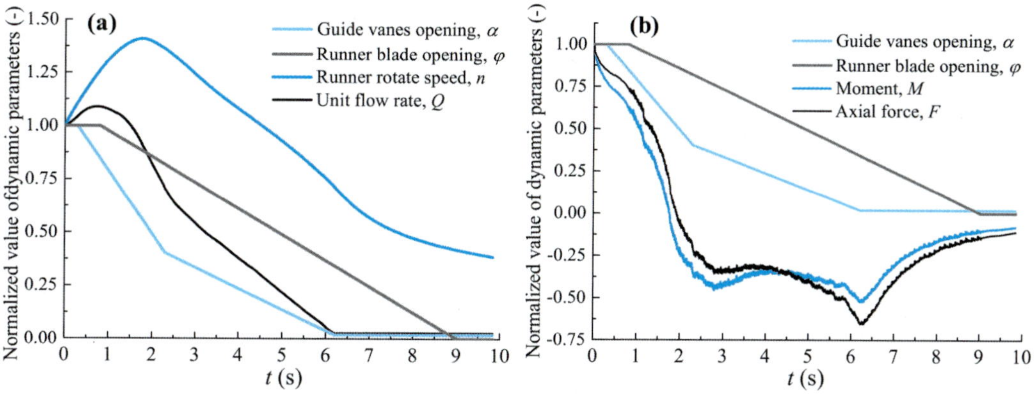

그림 **8.85** 카플란수차 부하차단에 따른 동적 파라미터의 변화

(a) 러너 회전속도와 단위 유량의 변화, (b) 모멘트 및 축력의 변화

자료: Chen, 2018

(−)에서 양(+)으로 부호가 바뀐다. F_Z의 지속적인 증가는 회전속도 n의 증가 및 유량 감소와 함께 수반된다. F_Z는 t=3.92 s(α=0.73°개방)에서 가이드베인 폐쇄 정지 후 짧은 시간 동안 계속 증가한다. t=4.04 s에서 F_Z는 최대 195.8 kN에 도달하여 장치의 중량 W=140 kN을 39.9% 초과한다. 상향 축 방향 수력이 회전부품의 무게보다 큰 주기는 $t_{1(F_Z > W)}=3.57$ s부터 $t_{2(F_Z > W)}=6.13$ s까지며, 불균형 시간 $T_{F>W}=t_{2(F_Z > W)}-t_{1(F_Z > W)}=2.56$ s이다. 이 시간은 러너 들뜸(runner lifting-up)사고 발생에 직접적으로 관련된 것이다.

또한 그림 8.85는 카플란수차 부하차단과 가이드베인 및 러너베인의 개도에 따른 동적 파라미터의 변화에 대한 CFD해석 결과를 나타내며, 그림 8.85(a)는 러너 회전속도와 단위 유량의 변화, 그림 8.85(b)는 모멘트 및 축력의 변화를 보인다.

축력 F의 경우, 가이드베인이 거의 닫혔을 때 상댓값이 −0.638인 최댓값이 발생했으며, 러너베인이 닫힘 프로세스를 완료하면 모든 동적 파라미터가 점차 안정화된다. 즉, 가동익 수차의 부하차단에서 가이드베인과 러너베인을 연동하여 폐쇄할 경우에도 가이드베인이 완전히 닫히는 순간 상승 축력의 최댓값이 발생함을 알 수 있다.

3) 수압변동율과 속도변동률

수압변동율(momentary pressure variation) δ_p는 수차의 부하가 급변한 때의 최대수압(또는 최소

수압 $p_{\max}$) 및 수차정지 시의 정수압 p_{st}에 의해서 식 (8.22)로 나타내는 비이다.

$$\delta_p = (p_{\max} - p_{st})/p_{st} \tag{8.22}$$

부하차단의 경우 수격에 의한 수압변동은 수구 개도(펠턴수차의 니들 개도, 프란시스수차 및 프로펠러수차에서는 가이드베인 개도에 해당)가 근사적으로 직선 폐쇄한다고 간주할 수 있는 경우, 수구 개도의 폐쇄 시간 T_c로부터 근사 계산할 수 있다.

속도변동율(momentary speed variation) δ_n은 수차의 부하가 급변한 때의 과도상태의 회전속도의 변화량과 정격회전속도 n_n과의 비이며, 식 (8.23)으로 나타내어진다.

$$\delta_n = (n_m - n_1)/n_n \tag{8.23}$$

여기서, n_m은 변동 중의 최대(또는 최소)의 회전속도, n_1은 부하 변화 전의 회전속도이다.

이 δ_n은 급변하는 부하의 대소, 조속기, 수차의 특성 및 발전기 회전부의 플라이휠 효과 GD^2 등에 의해서 정해진다. 부하차단 시의 n_n을 소정의 값으로 하기 위해서 수차가 요구하는 GD^2의 계산식으로서는 다음의 식 (8.24)가 있다.

$$GD^2 = \frac{364P\left(\tau + \dfrac{T_c}{2}\right)}{n^2} \frac{\left(1 + \dfrac{\Delta H'}{2}\right)^{3/2}}{\delta_n} \frac{n_r - \delta_n^2}{n_r} K \tag{8.24}$$

여기서, GD^2: 플라이휠 효과(관성모멘트 I의 4배를 함) [t · m^2], P: 차단부하 [kW], $\Delta H'$: 부하 급변 시의 수압변동/유효낙차(소수로 나타냄), δ_n: 속도변동율(소수로 나타냄), n: 부하차단 전의 수차 회전속도 [min^{-1}], τ: 조속기의 부동시간 [s], T_c: 조속기의 폐쇄 시간 [s], $n_r = (n_d - n)/n$, n_d: 무구속속도 [min^{-1}], $K = 0.8 \sim 0.9$. 즉, 식 (8.24)는 δ_n, $\Delta H'$ 등이 주어졌을 때 필요한 GD^2의 최솟값을 부여하는 것이다.

δ_p, δ_n은 수압관, 수차발전기를 포함한 발전소 전체의 경제성으로부터 설곗값이 결정된다. 일반적으로 δ_n은 30～40%이지만, 60% 정도까지 선정되는 경우도 있다. δ_p는 수압관로의 강도와 서지탱크의 형상 치수 등에 의해서 제한되며, 일반적으로 20～50%의 값을 취한다.

8.4.3 펌프운전 과도현상

(1) 입력차단 특성

펌프수차의 양수운전 중에 전동기 입력이 차단되면 회전속도가 감소하여 케이싱 입구 측의 수압이 감소한다.

양수발전소의 펌프운전 입력차단의 예를 그림 8.86에 보인다. 여기서, 수압관의 최저수압 및 회전속도의 감속도는 수압관로 내 물의 관성과 GD^2의 비, 펌프수차의 특성에 의해서 거의 정해지고, 가이드베인 폐쇄 속도는 거의 영향을 주지 않는다. 수압감소 후에 발생하는 수압상승은 역으로 가이드베인 폐쇄 속도에 의해 정해진다.

수압감소를 적게하기 위해서는 GD^2을 증가시키든지 수압관로 내 물의 관성을 작게 한다.

또한 입력차단(input failure) 후의 가이드베인 개도 S, 러너 회전속도 n, 케이싱 입구와 상부 흡출관의 수압 H_1, H_2의 시간에 대한 변화를 그림 8.87에 보인다. 펌프역류 영역에 들어가면 큰 수압맥동이 발생하기 때문에 가이드베인을 급폐쇄한다. 상부수조로부터 관로가 수평에 가깝게 긴 경우에는 이 관로의 말단 부분에서 내부압력이 대기압보다도 낮아지고, 수압철관이 외부압력에 의해서 찌그러질 위험이 있다. 과도현상 해석에 의해서 가이드베인의 폐쇄모드를 궁리하여 압력이 너무 내려가지 않게 해야 한다.

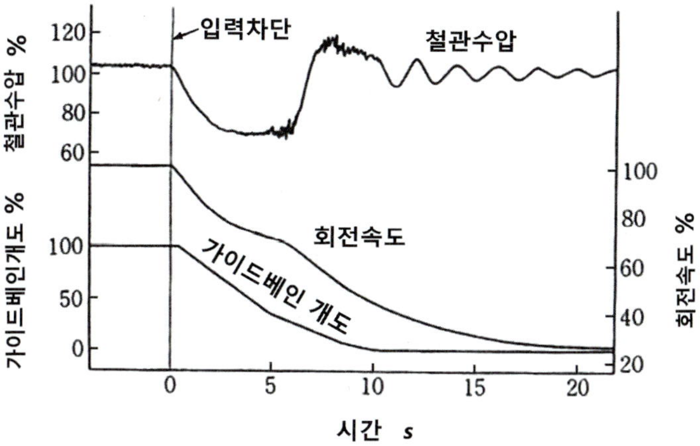

그림 8.86 펌프 입력차단 시 운전 과도현상의 예

자료: 日本機械学会編, 1986

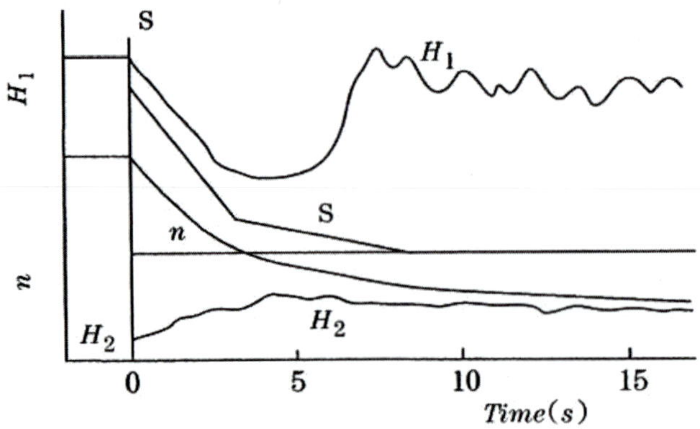

그림 **8.87** 입력차단 특성

자료: ターボ機械協会編, 2007

(2) 펌프기동 특성

펌프수차의 용량이 작으면 임펠러를 수중에서 시동하는 것도 가능하지만, 일반적으로는 압축공기로 임펠러 주위의 물을 상부 흡출관으로 눌러내리고, 공중에서 시동함으로써 시동에 필요한 용량을 감소시키고 있다. 그림 8.36에는 회전하는 러너의 충수 과정과 펌프기동 시의 펌프수차 각 운전 파라미터의 변화를 나타내고 있다. 펌프모드 기동 시, 수면눌러내림 운전에서 수면은 러너베인에 접하지 않는 위치에 설정되지만, 임펠러가 회전을 시작하면 수면에 접하는 공기가 회전함에 따라서 수면의 동요가 발생한다. 수면이 동요하더라도 러너베인에 접하지 않도록 그만큼 수면 위치를 내려야 하지만, 일반적인 엘보형 곡관 흡출관에서는 곡관부의 천정 높이를 이 수면보다도 어느 정도 낮게 설정하지 않으면 흡출관 내의 압축공기가 방수로 측에 누설하고, 수면눌러내림 운전을 지속할 수 없게 된다. 따라서 수면눌러내림 시 수위는 흡출관의 깊이를 결정하는 것으로 되고, 발전소의 토목건설비에 큰 영향을 미치는 중한 사항이다. 한편, 수면눌러내림 운전 중의 압축공기는 발전소의 흡출높이에 따라서 압력이 결정된다. 최근의 고낙차 양수발전소에서는 흡출높이가 100 m 이상 되고 있고, 이러한 고압·고밀도의 공기에 의해서 일어나는 수면 동요는 보다 격렬해지는 것으로 알려져 있다. 안전하게 수면눌러내림 운전을 지속할 수 있거나 적게라도 흡출관의 깊이를 얕게 하여 토목 비용을 감소시키는 것과 같은 상반된 요구를 최대한 합리적으로 만족시키기 위해서 흡출높이를 파라미터로 한 모형에 의한 수면 동요의 모의실험 등의 연구가 행해진다.

회전속도가 동기속도에 도달하여 주기를 계통에 병렬한 후에 배기밸브를 열어서 배기한다. 상부 흡출관의 수면이 상승하여 러너베인 하단에 접하면, 물은 러너밴드 내면을 따라서 끌어올려져서 닫혀 있는 가이드베인의 내측에서 내경 방향으로 향하여 채워져 간다. 이 충수의 과정에서는 프라이밍부의 수압은 거의 직선적으로 상승해간다. 물이 임펠러의 눈 지름 부분까지 채워지면 펌프작용이 시작되고 지금까지와 달리 물은 크라운 측에서 임펠러에 빨려 들어가서 역류에 의해 상부 흡출관 내의 물을 휘젓는다. 이 때문에 임펠러 눈 지름의 안쪽에 남아 있던 공기는 격렬하게 물과 혼합되어 배기밸브로부터 공기와 물이 섞여서 유출한다. 이것에 의해서 배기충수의 최종과정이 늦어지면서 충수(priming)수압의 상승이 한번 멈추게 되어 마치 충수수압이 확립된 것처럼 보이므로 유사 충수수압 확립이라고 부르고 있다. 충수수압은 그 후에도 천천히 상승하고, 공기가 완전히 빠져나가고 체절 양수운전에 도달한 때에 진정한 충수수압이 확립된다. 원활한 배기충수를 실시하기 위해서는 유사 충수수압이 확립될 때까지 가능한 한 많은 배기를 실시하여 잔류공기가 적게 될 수 있도록 배기 계통을 확보해야 한다.

8.4.4 운전 과도현상에 의한 내부 유동 불안정 현상

(1) 펌프수차의 완전 특성과 과도현상

펌프수차에서는 발전운전에서의 부하차단과 양수운전에서의 입력차단에 대한 양쪽 모두를 검토할 필요가 있다. 따라서 완전 특성(또는 4상한 특성, four quadrant characteristics)을 모형실험에 의해서 측정해 둘 필요가 있다. 완전 특성은 펌프 방향의 단위 유량을 정의 횡좌표로, 펌프 방향의 단위 회전속도를 정의 종좌표로 선택하여 그림 8.88과 같이 나타낸다. 이와 같이 좌표를 정함에 따라서 제1상한은 정회전 정류(펌프 방향 회전) 영역, 제2상한은 정회전 역류(펌프 방향 회전, 수차 방향 유량) 영역, 제3상한은 역회전 역류(수차 방향 회전, 수차 방향 유량) 영역, 제4상한은 역회전 정류(수차 방향 회전, 펌프 방향 유량) 영역을 나타낸다. 상한이 전부 모여 있기 때문에 완전 특성이라고 한다.

단, 그림 8.88에서는 횡축과 종축을 각각 단위 유량과 단위 회전속도로 나타내고 있지만, 사용 목적에 따라서 완전 특성의 좌표는 그림 4.49와 같이 일반적으로 횡축에 단위 회전속도 n_{11}(또는 n_1), 종축에 단위 유량 Q_{11}(또는 Q_1)으로 표현하여 각 상한의 위치가 바

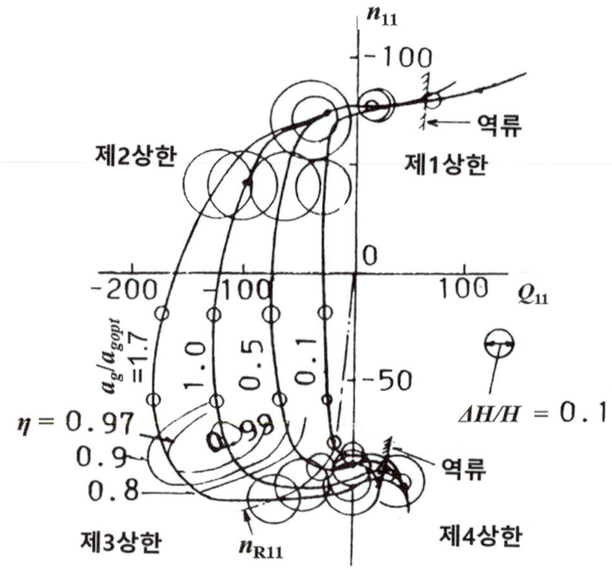

그림 8.88 펌프수차의 완전 특성
자료: ターボ機械協会編, 2007

꿔기도 한다.

그림 8.88에서는 펌프수차 내부의 흐름의 흐트러짐의 기준으로서 가이드베인 출구와 러너베인 입구 사이의 공간(플라이밍실)의 수압맥동 크기를 그림 중에 원의 크기로 나타내고 있다. 제1상한의 펌프체절운전 부근에서 수차 방향 흐름으로 변하는 제2상한의 전반부와, 제3상한의 수차 제동 영역으로부터 정회전 역류로 변하는 제4상한에 걸쳐서 수압맥동이 커지고 있다. 흐름의 방향이 바뀌는 영역 부근에서는 유로 내에서 정류와 역류가 3차원적으로 뒤엉키고 격렬하게 혼합하기 때문에 큰 수압맥동이 발생한다. 이것에 대해서 제2상한으로부터 제3상한에 걸쳐서는 회전 방향이 바뀌지만, 회전속도가 낮고 수압맥동이 작다.

그림 8.89는 완전 특성곡선에서 차원 및 무차원 표시에 의해 일정한 가이드베인 개도에서 펌프모드 운전 시 체절점 부근의 성능 불안정 구간과 수차모드 운전 시 무부하 조건 부근의 운전상태에서 발생하는 불안정 구간을 곡선의 기울기에 의해 나타내고 있다. 기울기 값의 부호에 따라서 안정 및 불안정 구간을 구분하게 된다. 예를 들면 $dH/dQ > 0$(펌프운전), $dH/dQ < 0$(수차운전), $dQ_{ED}/dn_{ED} > 0$(수차운전)일 경우 불안정 구간을 나타낸다.

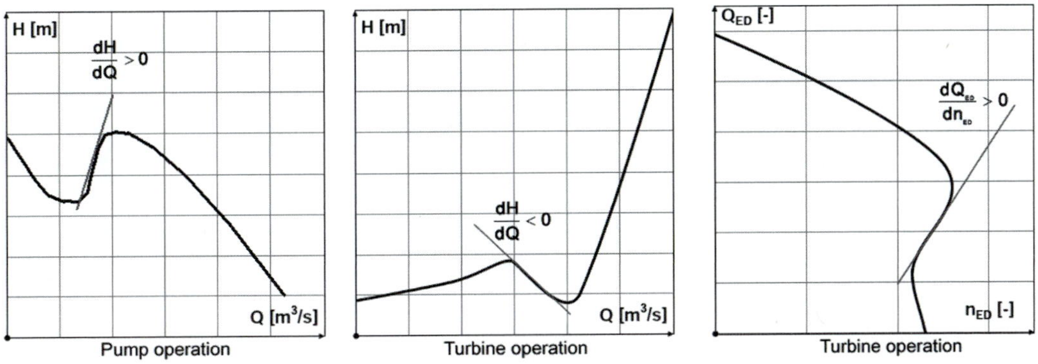

(a) 펌프운전 (b) 수차운전 (c) 수차운전

그림 **8.89** 펌프수차 무부하 상태에서의 펌프 양정곡선과 수차 특성곡선

자료: Gentner, 2012

(2) 펌프수차 펌프모드에서 수차모드로 운전 전환 시의 과도현상

그림 8.90은 프란시스형 펌프수차가 가이드베인 개도를 일정하게 유지하고, 펌프모드에서 수차모드로 운전 전환 시의 시간변화에 따른 성능요소 변화(그림 8.90(a)) 및 완전 특성곡선 상의 운전경로 변화(그림 8.90(b))를 나타내고 있다. 운전구간은 완전 특성곡선 경로를 따라서 정상상태의 펌프모드 운전구간에서 과도현상 영역을 지나 정상상태의 수차모드 운전구간까지이고, 시간적 변화에 따른 운전상태의 변화를 CFD해석을 통하여 내부의 유동 상태를 검토하였다.

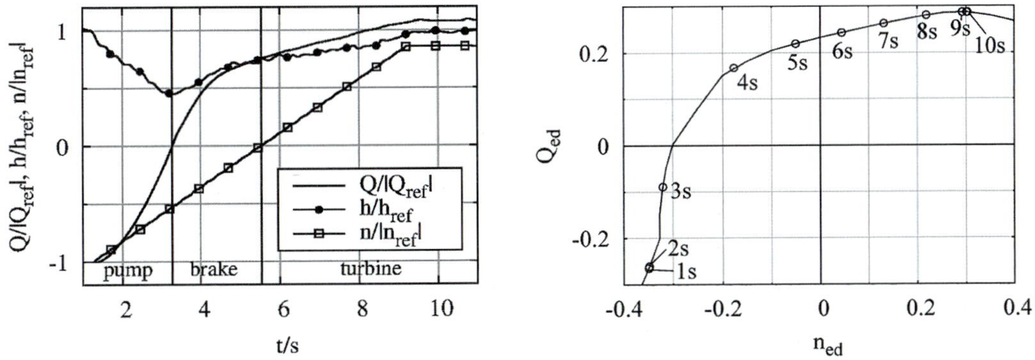

(a) 성능요소 변화 (b) 운전경로 변화

그림 **8.90** 펌프수차 펌프모드에서 수차모드로 운전 전환 시의 변화

자료: Riedelbauch, 2019

그림 **8.91** 펌프모드에서 수차모드로 운전모드 전환 중의 시간변화에 따른 펌프수차 러너 중간 높이 단면 내부 유로 유선분포
자료: Riedelbauch, 2019

그림 8.91은 그림 8.90의 운전모드 전환 중 시간변화에 따른 펌프수차 러너 중간 높이 단면 내부 유로 유선분포를 나타낸다. 펌프운전이 안정 구간($t = 1.1$ s)에서는 러너 내부 유선이 매우 균일하고 안정된 흐름을 보이고 있지만, 과도현상이 시작되는 시점($t = 3.0$ s)부터는 펌프 방향의 흐름과 함께 펌프 불안정 영역 내에서 강한 와류를 가진 불균일한 거동이 분명하게 보인다. 운전 시간 $t = 4.0$ s 및 $t = 5.0$ s에서 러너의 회전 방향은 아직 펌프 방향이지만, 흐름은 수차 방향의 역류로 변하여 큰 유로와가 형성된다. 이러한 와류는 시간이 경과함에 따라 점차 감소하고, 목표 지점인 정상상태 수차모드에 근접($t = 9.0$ s)하면 흐름이 다시 매우 부드러운 유선분포로 변하여 안정된 흐름을 나타낸다.

또한 그림 8.92는 펌프운전 불안정 영역 내($t=2.45$ s)에서 가이드베인 유로에 발생하는 와류를 속도벡터로 나타내고 있으며, 속도분포가 각 채널 사이뿐만 아니라 채널 높이 간에도 균일하지 않음을 분명히 알 수 있다. 러너 유로 내부 국소 영역에서는 역류 현상이 이미 발생하였으며, 회전속도가 지속적으로 변화하므로 장기적이고 안정적인 회전 실속 현상은 없다.

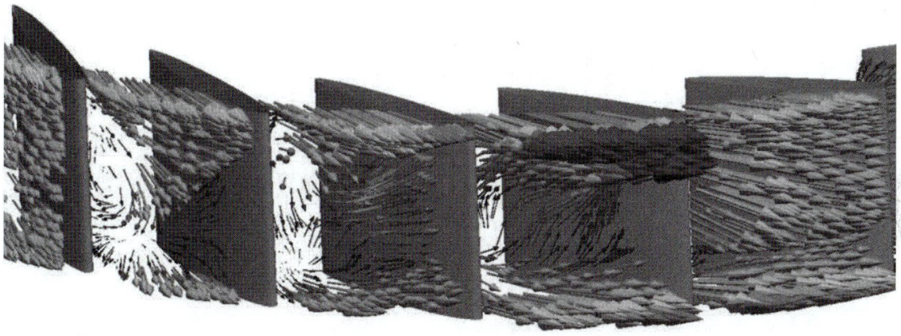

그림 **8.92** 펌프운전 불안정 영역 내($t=2.45$ s)에서 가이드베인 유로에 발생하는 와류
자료: Riedelbauch, 2019

(3) 펌프수차 수차운전 시 무부하속도 영역의 과도현상

펌프수차 수차운전 시 무부하속도 영역에서의 각 운전점 과도현상에 대한 압력맥동 발생, 러너입구 평균 속도삼각형, 러너-가이드베인 경계면 반경 방향 순간 속도벡터, 러너 내부 상대속도 순간 유선분포를 그림 8.93~8.96에서 각각 보인다.

그림 8.93(b)에서 가이드베인 부근에서 측정한 압력맥동은 수차운전 정상운전점(#1) 이외의 영역에서는 압력맥동이 비교적 크게 나타나며, 특히 #3~#6 지점에서는 상대적으로 매우 큰 압력맥동이 확인되고 있다. 또한 그림 8.94에서 이론적 평균 속도삼각형에서는 각 운전지점의 유량상태에 따라서 러너-가이드베인 경계에서의 반경 방향 속도성분 $\vec{C}_{m1}$의 크기 및 방향이 평균적으로 정해지지만, 그림 8.95에서 과도영역인 #3과 #4지점에서는 러너-가이드베인 경계면에서의 반경 방향 속도벡터가 원주 방향 각 위치에서 달라짐을 알 수 있다. 한편, 러너 내부의 유동에 대한 그림 8.96의 순간 유선분포에서는 정상운전상태인 #1지점에서는 상대적으로 균일한 흐름을 보이지만, 과도 영역인 #3과 #4지점에서는 러너 내부의 유동이 큰 와류를 포함한 매우 복잡한 유동을 나타냄을 알 수 있다.

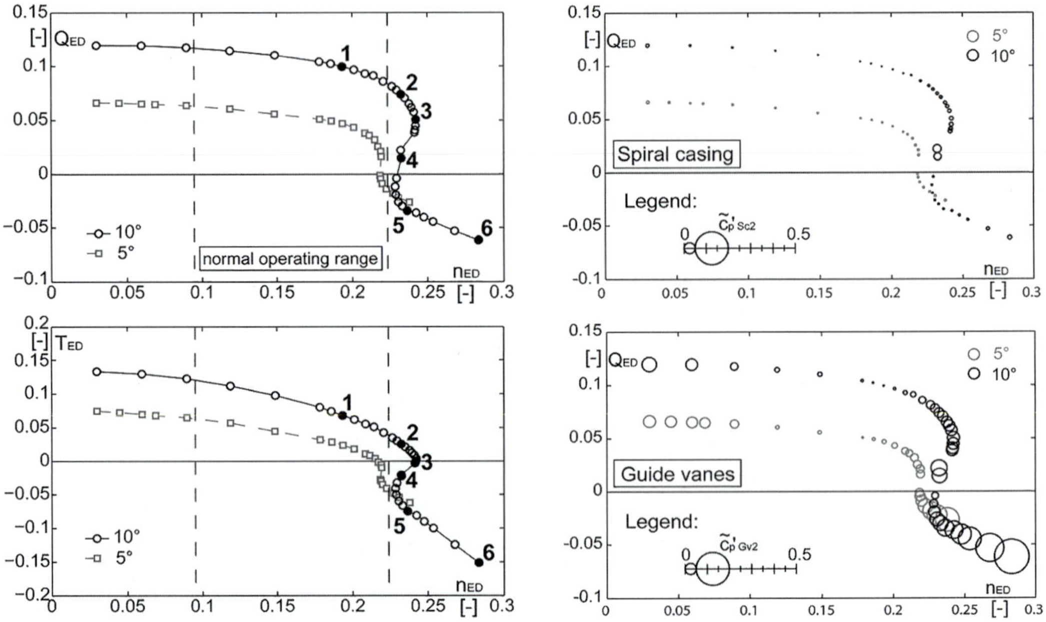

(a) 유량 및 토크계수 (b) 압력맥동 표준편차

그림 **8.93** 펌프수차 수차운전 시 무부하속도 영역의 *S*자형 특성과 압력맥동 발생

자료: Hasmatuchi, 2011

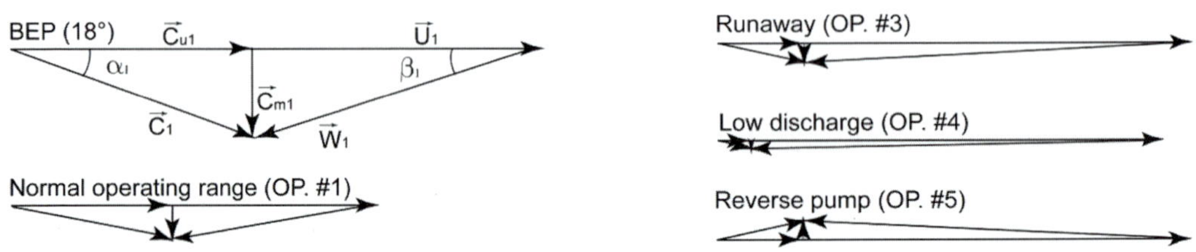

그림 **8.94** 가이드베인 개도 10°에서 정상운전 영역 및 비설계점 운전 영역에서 수차모드 러너 입구 이론적 평균 속도삼각형

자료: Hasmatuchi, 2011

(4) 수주분리현상

방수로가 길고 또한 서지탱크가 생략되는 경우에는 흡출관 측의 수압이 부하차단 후의 수격작용에 의해서 감소한다. 만일, 그 수압이 포화증기압 이하로 감소하게 되면 수로의 저압부에 발생한 기포가 급격하게 퍼져서 상류와 하류 측에 분리하는 수주분리현상(water column separation) 발생의 위험이 있다. 일단 분리한 수주는 수격 압력파가 방수로 출구에서 반사하여 되돌아오면 재결합해서 비정상적인 수압상승을 일으킨다.

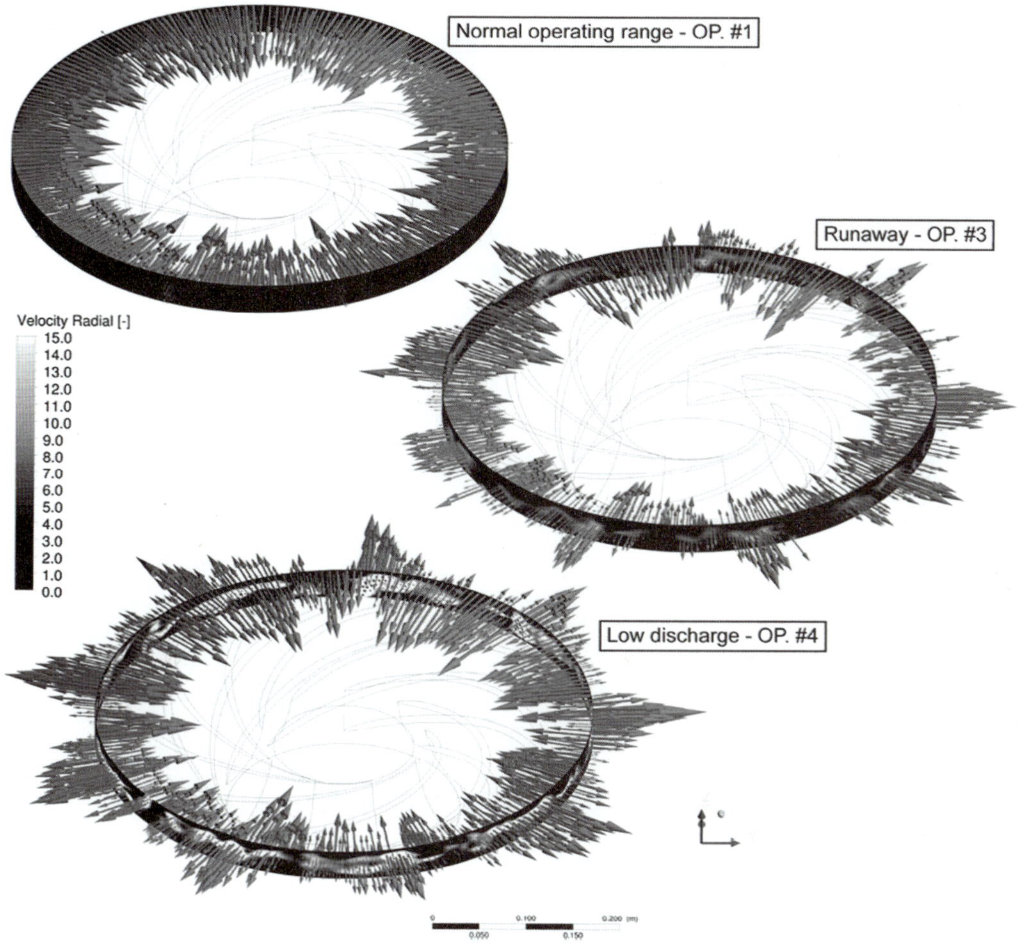

그림 **8.95** 펌프수차 수차운전 시 무부하속도 영역의 러너-가이드베인 경계면 반경 방향 순간 속도벡터
자료: Hasmatuchi, 2012

실제 흡출관 내의 흐름은 복잡하며 와중심과 사수코어가 존재한다. 이것들에 의한 국소적인 압력저하에 의해서 1차원적인 과도현상 해석의 결과가 물의 포화증기압 이상이라도 수주분리가 발생할 수 있다. 따라서 실제의 경험과 모형수차에 의한 모의시험 결과에 의해서 이 국소적인 압력저하분에 대한 보정량을 구하여 1차원의 과도현상 해석 결과를 보정한 후 수주분리의 발생 예측이 이루어진다.

그림 8.97∼그림 8.99는 펌프수차 부하차단 시의 수주분리 발달과정에 대해서 수치를 해석한 결과를 보이고 있다. 그림 8.97은 $Q_{11} \sim n_{11}$특성곡선에서 흡출관과 러너 블레이드

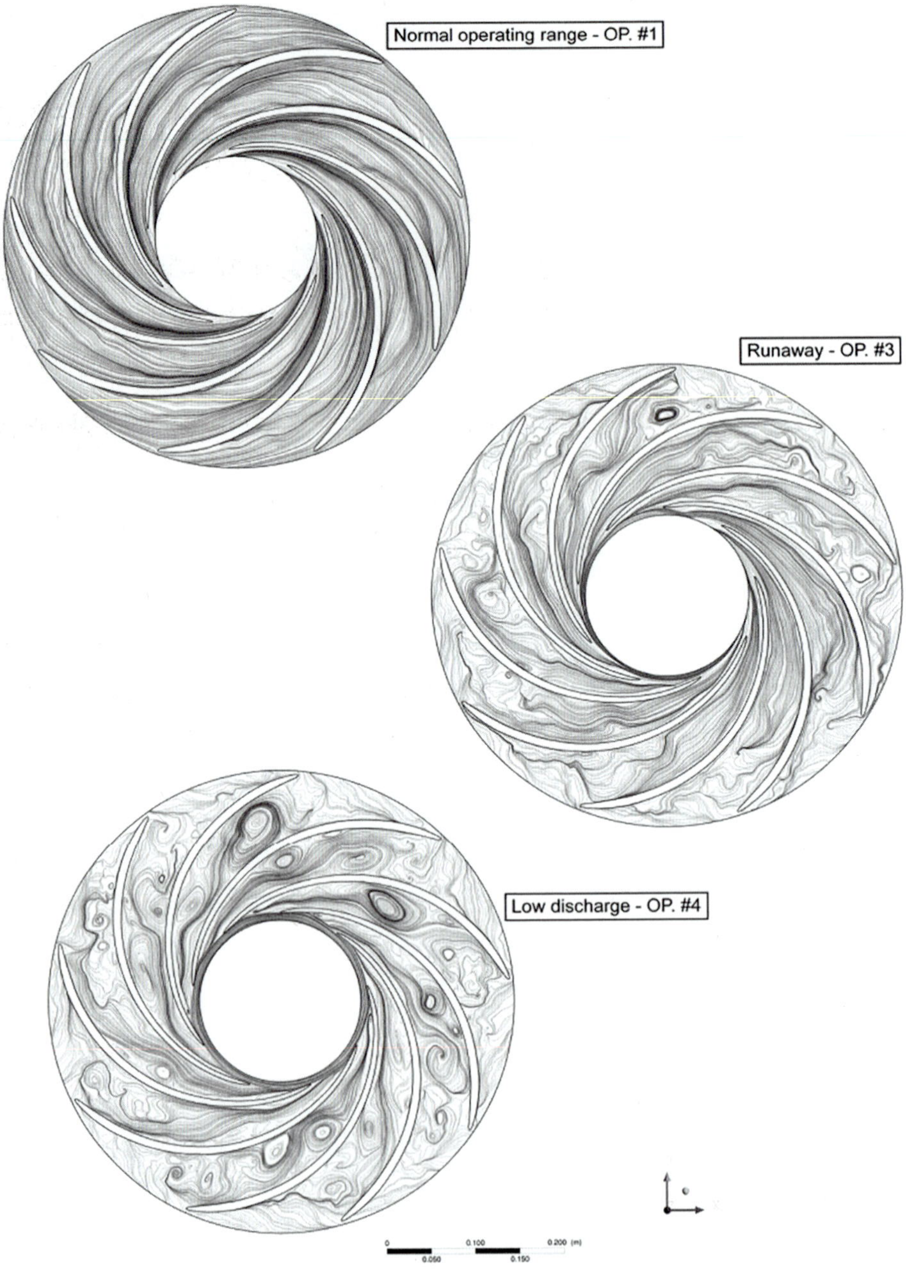

그림 **8.96** 펌프수차 수차운전 시 무부하속도 영역의 러너 내부 상대속도 순간 유선분포

자료: Hasmatuchi, 2012

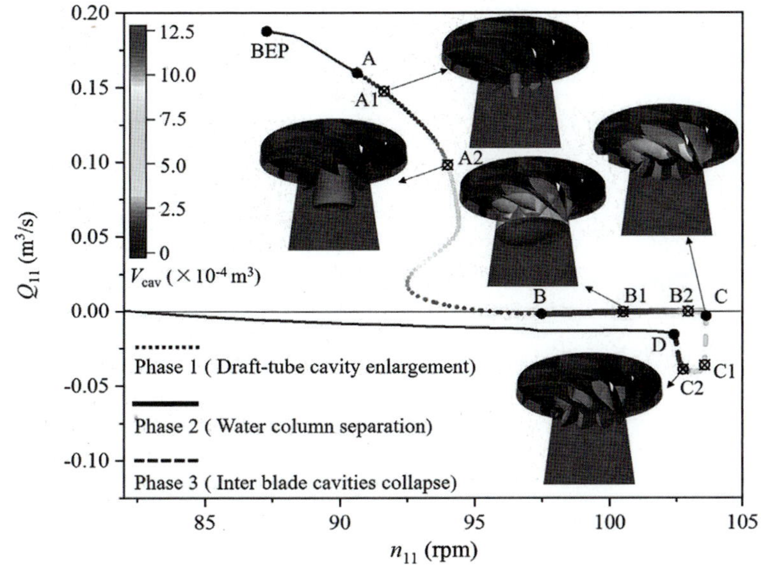

그림 **8.97** 펌프수차 부하차단 시의 수주분리 발달과정 수치해석 결과

자료: Zhang, 2021

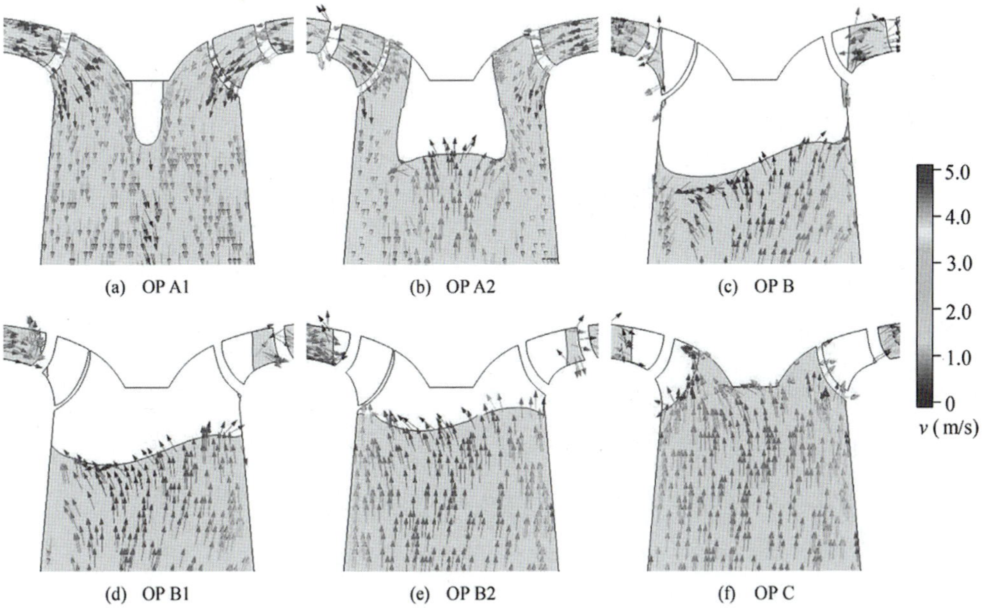

그림 **8.98** Phase 1과 2에서 물의 흐름을 고려한 흡출관 캐비티의 발달과정 수치해석 결과

자료: Zhang, 2021

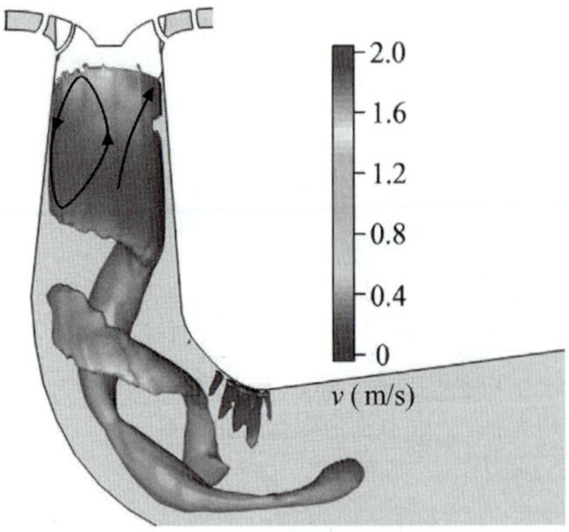

(a) OP B

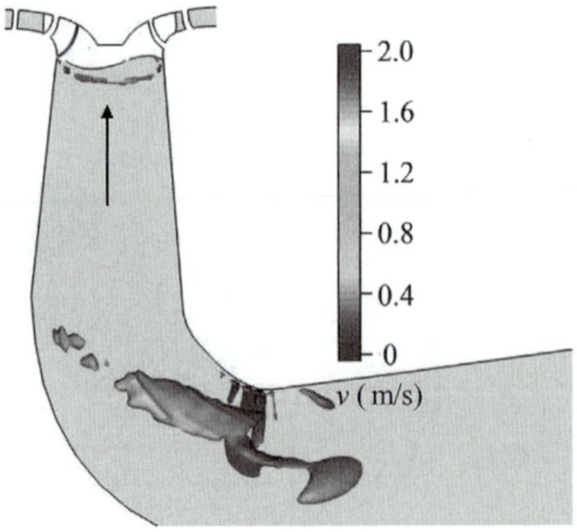

(b) OP B2

그림 **8.99** Phase 2에서 흡출관 보텍스로프의 발달과정 수치해석 결과
자료: Zhang, 2021

유로 사이의 캐비티에 대한 가시화 및 펌프수차의 동적 운전 궤적을 따라 캐비티 부피의 변화를 나타내고 있다.

캐비티의 크기, 모양 및 위치에 따라 이 과정은 세 단계로 나눌 수 있다. Phase 1은 흡출관 캐비티의 형성 및 성장 단계를 포함한다(그림 8.97의 점선 참조). Phase 2는 수주분리현상의 외관상 형성 단계이다(그림 8.97의 굵은 실선 참조). Phase 3은 분리된 물 액체가 부분적으로 재결합하는 상태에서 내부 러너 블레이드 유로 캐비티의 수축 및 붕괴 단계를 포함한다(그림 8.97의 굵은 파선 참조).

그림에서 알 수 있듯이 물의 흐름은 완전히 부서지고 Phase 2에서 러너 출구와 흡출관 입구 사이에 있는 큰 캐비티에 의해 2개의 독립적인 부분으로 분리된다. 3단계의 캐비티와 물의 흐름 사이의 상호작용은 다음과 같이 분석된다.

그림 8.97의 Phase 1(운전점 OP *A*에서 *A*1까지) 시작 시 러너 콘 아래에 작은 캐비티가 형성되고 흡출관 압력이 지속적으로 감소함에 따라 축 방향과 반경 방향으로 확대된다. 이 기간에 캐비티는 흡출관 수직 방향 디퓨저(그림 8.98(a))에서 아래로 흐르는 흐름에 의해 움직이는 총알의 모양을 하고 있다.

운전점이 중간 유량 영역에 이르면(그림 8.97의 운전점 *A*1에서 *A*2까지) 국소 상향 흐름이 흡출관의 중심선 주위에서 발생한다. 상승 흐름의 충격에 의해 캐비티는 바닥에서 평평해지고 그 성장은 축 방향으로 제한된다(그림 8.98(b)).

그런 다음, 캐비티가 반경 방향으로 팽창하기 시작하고, 축 방향으로는 길이가 거의 변하지 않는다. Phase 1의 끝(그림 8.97의 운전점 B)에서 캐비티는 러너 출구와 흡출관 입구 사이의 유로 단면을 교차할 때 성장을 멈춘다. 이 순간 펌프수차에서 흐르는 연속적인 물 액체는 캐비티에 의해 완전히 파괴되며(그림 8.98(c)), 이것은 수주분리의 형성을 보여주는 것이다. 또한 운전점 B 및 $B1$과 같이 유량이 극히 낮은 운전조건에서 큰 규모의 나선형 보텍스로프가 생성되고, 흡출관의 축대칭 흐름 패턴을 부수는 것에 주목하는 것이 중요하다. 결과적으로, 수평면이어야 할 캐비티와 낮은 물의 액체 사이의 접점은 불규칙한 표면이 된다.

Phase 2(그림 8.97의 운전점 $B \sim C$)의 전체 기간 동안 펌프수차는 수주분리 상태에서 운전하게 된다. 따라서 러너를 통해 흐르는 물 액체는 거의 없으며, 단위 유량 Q_{11}은 0 주위의 상당히 좁은 범위를 유지한다. 이 단계가 시작될 때(그림 8.97의 운전점 B), 전체 방수로 물 액체는 러너 출구와 흡출관 입구 사이의 연속적인 물 흐름이 완전히 끊어지는 순간 위로 흐른다. 위로 흐르는 물의 액체는 캐비티의 아래쪽 경계를 위로 밀어 올려서, 축 방향으로 캐비티의 축소를 유도한다(그림 8.98(d)). 이 과정에서 흡출관의 수직 방향 디퓨저의 물 흐름은 위아래 흐름이 혼합된 저유량 조건(그림 8.98(c))에 비해 상대적으로 부드러운 패턴(그림 8.98(e))으로 회복된다.

그 결과 흡출관 보텍스로프가 크게 감소하며(그림 8.99(b)), 캐비티와 낮은 물 액체 사이의 경계면이 점점 평평해진다(그림 8.98(e)). 그림 8.99(a)와 그림 8.99(b)에 표시된 와 구조는 같은 기준과 임곗값으로 확인된 것이다. 이 단계(그림 8.97의 운전점 C)가 끝나면, 방수로 물 액체가 고속으로 러너와 충돌하여 러너 유로로 돌진한다(그림 8.98(f)). 그럼에도 불구하고 분리된 물의 흐름은 부분적으로 다시 합류하는데, 그것은 블레이드 꼬리에 붙어 있는 작은 익간 캐비티가 있기 때문이다.

익간 캐비티가 0.1초 이내에 수축 및 붕괴하는 3단계(그림 8.97의 운전점 $C \sim D$)는 역회전 펌프모드에서 발생한다. Phase 3(그림 8.97의 운전점 $C1$)가 시작될 때, 상부 및 하부 물 액체는 러너 블레이드 부압면 근처의 얇은 띠를 통해 서로 연결된다. 이는 위에서 언급한 분리된 물 흐름이 부분적으로 재결합하는 상태이다. 그러나 방수로 물 흐름의 갑작스런 상향 충격으로 인해 러너의 물 액체 유량은 여전히 펌핑 방향에서 급격하게 증가한다. 결과적으로 펌프수차의 운전점은 깊고 갑작스럽게 역회전 펌프모드로 들어간다(그림 8.97의 운전점 C에서 $C1$까지). 그 후 러너 블레이드에 의한 수력손실과 수축 캐비티의 폐색으로 인해 양수량이 짧은 시간 동안 일정한 수준을 유지(그림 8.97의 운전점 $C1 \sim D$) 후 급격히 감소한다. 마지막으로, 그림 8.97의 운전점 D에서 이 캐비티들은 붕괴하고, 러너에 있는 액체는 완전히 다시 결합한다. 이후 양수량의 감소 속도가 현저하게 느려지고, 그림 8.97의 운전점 D 좌측의 가는 곡선에서 보듯이 펌프수차는 점차 제로 유량 상태로 가는 경향이 있다.

(5) 어긋나게 정렬된 가이드베인에 의한 유동 안정화

그림 8.88에서 수차운전으로부터 제동 영역을 지나서 역회전펌프 영역에 도달하는 특성곡선의 형이 S자 형상을 하고 있는 것으로부터 이것을 S자형 특성이라고 한다. 이것은 역회전펌프의 체절양정이 높기 때문에 부(−)의 종좌표상의 n_{110}이 무구속속도 n_{R11}보다도 작아지기 때문이다. 특히 가이드베인 개도가 작으면 가이드베인의 충돌손실이 적고, 원심력에 의해서 높아진 러너 출구의 압력은 내려가지 않고 n_{110}가 작아진다.

S자형 특성이 강하면 조상운전과 대기운전에서 발전운전으로 모드를 바꿀 때 제4상한으로 이동해버려서 그 후에 제3상한으로 점프하여 급격하게 출력이 증가하는 이상 현상이 발생할 가능성이 있다.

그림 8.100은 펌프수차 무구속속도 곡선 근처의 S자형 특성 예를 보이고 있으며, 일정한 가이드베인 개도각 α에 대한 $Q_{ED} \sim n_{ED}$ 성능곡선은 특히 상대적으로 더 큰 가이드베인 개도에 대해 주어진 임의의 n_{ED}에서 종종 세 가지 다른 Q_{ED} 값을 갖는다. 즉, 일정한 회전속도로 작동하는 기계의 경우, 이는 동일한 유효낙차 H에 대해 세 가지 유량 Q 값이 있을 수 있음을 의미한다. 이 동작을 S자형 특성이라고 한다.

그림 8.100은 무구속속도에서 안정적이거나 불안정한 거동을 초래할 수 있는 특성의 형상을 나타낸다(그림에서 $T=0$). 안정성은 개도가 일정한 각 성능곡선이 무구속속도 선($T=0$)과 만나선 지점에서의 성능곡선 기울기에 따라 달라진다. 이 경우 유량 대 회전속도 특성의 음(−)의 기울기($dQ_{ED}/dn_{ED} < 0$)는 안정적이다.

이러한 안정성 문제는 대부분 수차모드 운전의 기동 프로세스와 관련이 있다. 관심이 있는 운전 지점은 다양한 운전 낙차 값 또는 비에너지 $E(=gH)$에 대한 무구속속도 지점이다(그림 8.100 참조). 이 지점이 안정적이지 않으면 수차는 압력헤드와 유량의 진동이 동시에 발생하며 회전축 토크와 속도의 진동이 수반되기 때문에 동기화하기가 매우 어렵다.

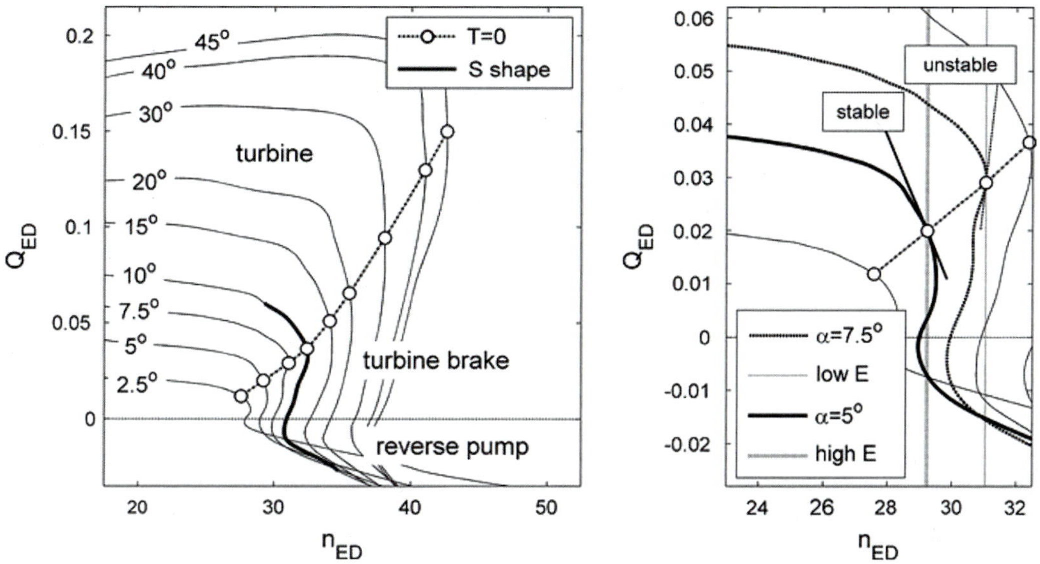

그림 **8.100** 펌프수차 무구속속도 곡선 근처의 *S*자형 특성 예

자료: Dörfler, 2013

일반적으로 무구속속도에서 불안정성의 위험은 가이드베인 개도 증가, 즉 낙차 감소에 따라 증가한다.

*S*자형 영역의 안정성을 개선하는 방법으로써 기본적으로 다음의 3가지가 있다.

- 안정성의 한계에 가까운 안정적인 범위에서 수차를 기동해야 하는 경우, 수차 조속기의 보조 입력으로 수압관 압력을 사용함으로써 조속기 기능을 개선할 수 있다. 이 방법을 사용하면 수력 안정성 한계에 가깝게 만족스러운 작동을 할 수 있지만 초과는 할 수 없다.
- 또 다른 방법은 주 입구밸브를 댐핑장치로 사용하여 수력시스템을 실제로 안정화시킨다. 기동 시 밸브가 완전히 열리는 것이 아니라 20%까지 부분적으로만 개방된다. 이 개도에서 수차모드의 기동과 동기화는 불안정성의 문제 없이 수행된다. 수차와 밸브가 함께 앙상블(전체)로 간주될 경우 이 앙상블의 유량 특성은 안정적이며 밸브의 가변낙차손실이 수차낙차에 추가된다.
- 가이드베인 개별 서보모터방식의 경우에 여러 매의 가이드베인을 비동기적으로 세움

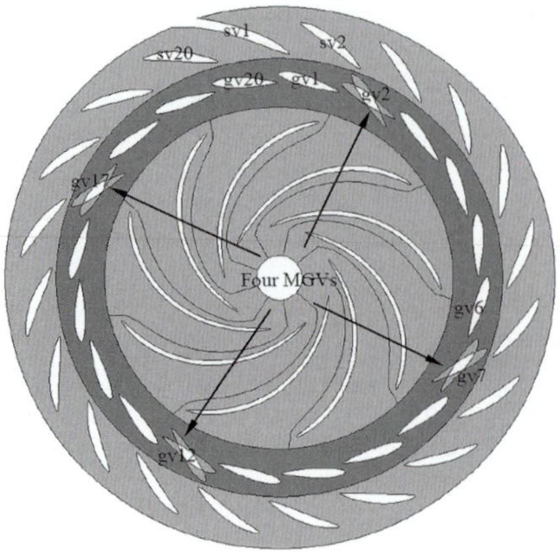

그림 **8.101** 어긋나게 정렬된 가이드베인(misaligned guide vane, MGV) 방법에 의한 가이드베인 정렬 예

자료: Xiao, 2018

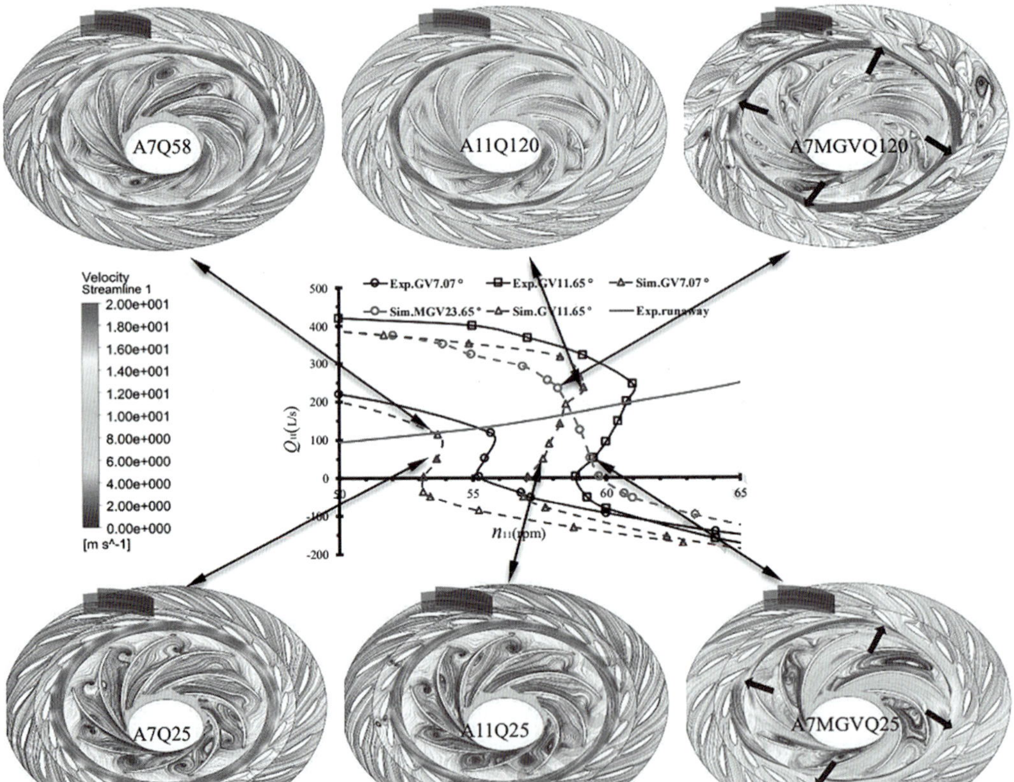

그림 **8.102** MGV 방법에 의한 *S*자 특성 개선의 예

자료: Xiao, 2018

으로써 S자형 특성을 개선하는 것도 가능하다. 즉, 불안정성을 극복하기 위한 가장 보편적인 방법으로써 어긋나게 정렬된 가이드베인(misaligned guide vanes) 방법이 있는데, 이것은 그림 8.101에 보이는 바와 같이 주축에 대해서 서로 반대편에 있는 가이드베인 2개가 큰 개도로 설정되고, 다른 가이드베인은 모두 평상시와 같이 조절을 위해 사용된다. 그 결과, 그림 8.102에 보이는 바와 같이 과도하게 개방된 베인의 유로를 통해 러너로 유입되는 두 개의 워터 제트는 충분한 범위의 가이드베인 개도에서 수차의 안정적인 운전을 가능하게 한다. S자형 특성은 러너의 출구 직경과 익 형상에도 영향을 받지만, 러너 입구 직경과 가이드베인 형상의 영향이 크다. 이것은 정회전펌프의 체절 n_{110}이 가이드베인 개도의 영향을 거의 받지 않는 것에 대해서 역회전펌프의 체절 n_{110}이 개도에 의해서 크게 변하는 것으로부터도 이해할 수 있다.

8.4.5 운전 과도현상의 문제점과 대책

펌프수차의 수차운전에서는 그 무부하운전 혹은 무구속속도 상태 부근의 특성이 일반 수차전용기와 다르기 때문에 수차기동이나 부하차단 시 일반 수차전용기에서는 볼 수 없는 현상이 생길 수 있다. 한편 펌프운전에서도 펌프 기동 시에 공회전 기동 후 충수 체절에 이르는 동안에 여러 가지 이상 현상이 발생하는 것을 비롯하여, 정지 등의 경우에도 대용량기로서 제어상 유의해야 할 문제가 있다.

(1) 수차운전 시의 과도현상

1) 펌프수차의 완전 특성

과도현상의 대부분은 펌프수차뿐만 아니라 서지탱크를 포함한 수로계(시스템), 발전기를 포함한 주기의 회전부분 관성계, 조속기 등을 포함한 제어계가 관계하고 있다. 이러한 시스템들은 서로 그림 8.103에 나타낸 것과 같은 상태량에 의해 관련되어 있는데, 그 중심이 되는 것은 펌프수차의 특성이다.

과도현상 시에는 회전속도, 유량이 일반적인 운전범위 밖으로 대폭 변화하므로 그 해석에는 이른바 완전 특성을 이용한다. 이는 보통 단위 낙차당 유량 $Q/\sqrt{H}$ 및 토크 M/H의 변화를 수차 및 펌프 양방향의 회전속도 $N/\sqrt{H}$에 대해 가이드베인 개도를 파라미터

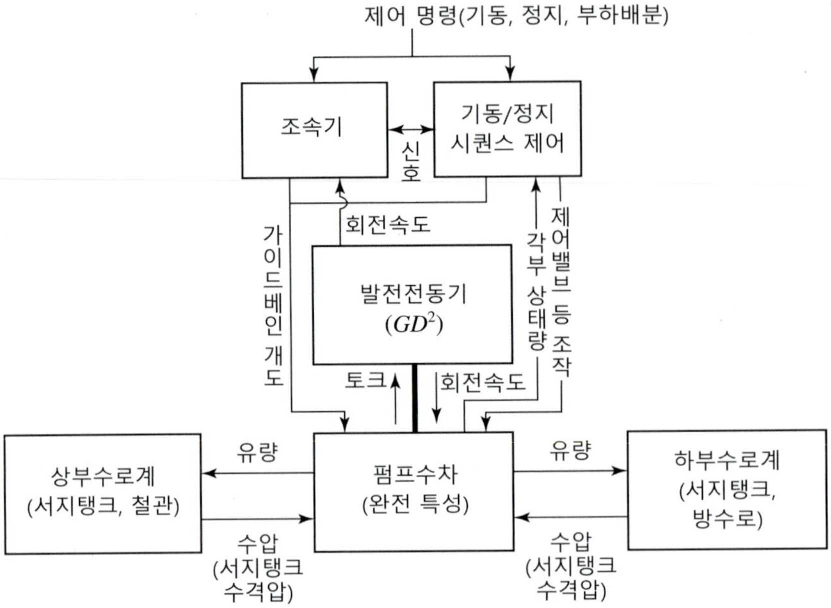

그림 **8.103** 펌프수차의 제어에 관련된 시스템

자료: 田中, 1976

로 표시한 것으로 그림 8.104에 그 대표적인 예를 나타낸다. 또한 이와 비교하기 위해서 그림 8.105에 동일한 정도의 비속도를 가진 프란시스수차의 수차 방향 회전속도에 대한 같은 특성의 예를 나타낸다.

그림 8.104와 그림 8.105에서 알 수 있듯이 펌프수차의 완전 특성에서는 그 수차운전 영역에서도 다음과 같은 점에서 프란시스수차의 특성과 다른 특징을 보이며, 이것이 여러 가지 이상 현상의 원인이 되는 경우가 많다.

① 무부하 규정회전속도($N/\sqrt{H}$가 거의 100%부근에서의 토크=0상태) 부근에서의 유량 및 토크 특성의 구배가 크다.

② 전반적으로 무구속속도 상태에서의 유량과 토크 특성의 구배가 커지는 개도 이상에서는 초무구속속도 상태(수차 방향 흐름에서 부(−)토크 영역: 수차제동 영역이라고도 함)에서 역구배가 되어, 이른바 S자형 특성을 나타낸다.

③ 역회전펌프 영역이 수차 사용범위에 가깝다. 이러한 특징에 의해 발생하는 문제점에 대해서 이하 각 경우별로 기술한다.

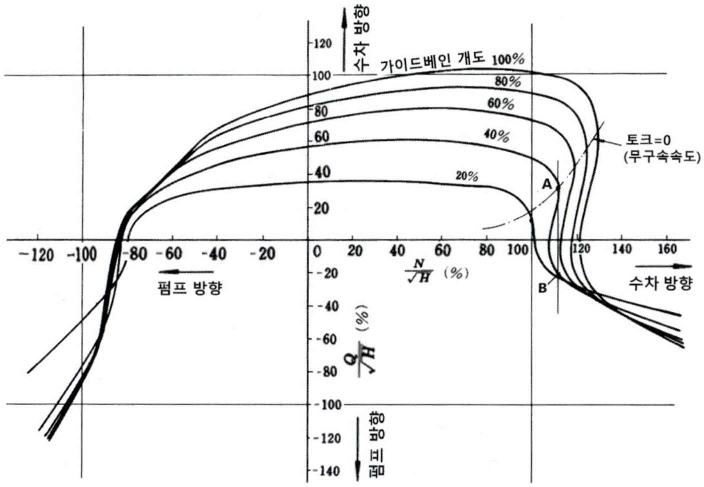

(a) 유량 특성

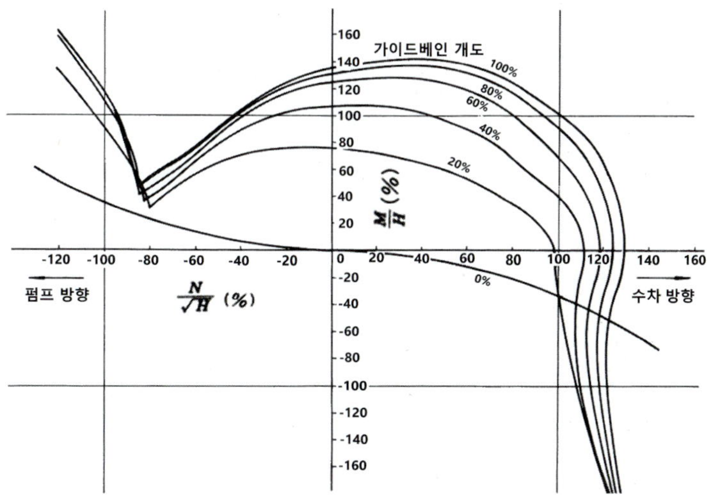

(b) 토크 특성

그림 **8.104** 펌프수차의 완전 특성 예

자료: 田中, 1976

2) 수차기동

수차로서 기동하는 경우, 우선 가이드베인을 열어 회전속도를 규정회전속도 부근으로 가져가고, 발전기를 전력 계통에 병렬로 연결하기 위해 조속기에 의한 전속(equal speed)제어 과정을 통해 동기 회전속도에 맞춘다. 이 때, 전항 ①에서 기술한 바와 같이 토크 특성의

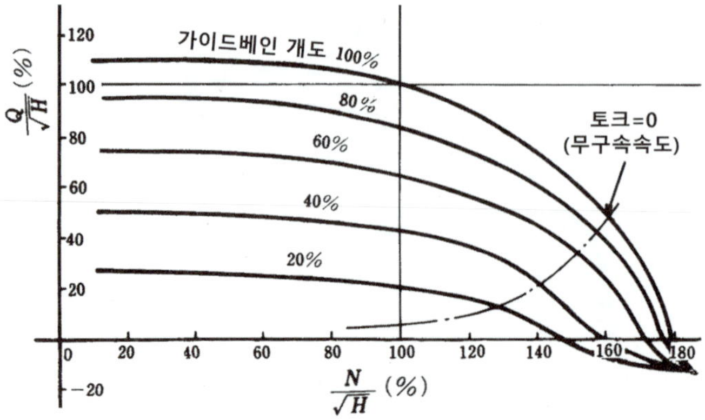

(a) 유량 특성

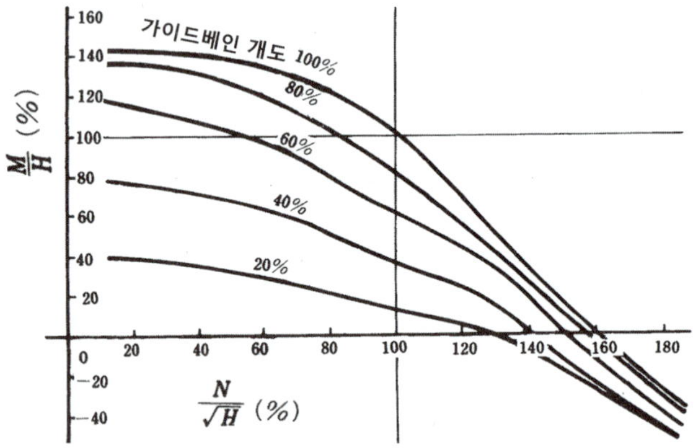

(b) 토크 특성

그림 **8.105** 프란시스수차의 유량 및 토크 특성의 예

자료: 田中, 1976

구배가 가파르기 때문에 수차전용기에 비하면 펌프수차의 회전속도에 대한 자기 제어성이 매우 크다. 따라서 낙차가 안정되어 있으면 회전속도는 매우 안정되어 있지만, 반대로 낙차에 외란이 들어가 변동하는 경우에는 낙차에 따라 토크가 크게 변동하므로 회전속도도 크게 변동한다. 즉, 낙차 변동에 의한 외란의 영향을 매우 받기 쉽다. 이것을 개선하기 위해 조속기의 제어 증폭도를 올리거나 시정수를 짧게 해도 오히려 수격파나 서징 등의 낙차 변동을 유발하여 회전속도의 안정을 좀처럼 얻을 수 없는 경우가 많다. 이러한 제어 곤란은 그림 8.104에서도 알 수 있듯이 $N/\sqrt{H}$가 큰 쪽 즉, 저낙차 범위에서 발생하기 쉽다. 특히 그림 8.106과 같은 수실식 서지탱크를 설치한 수로계에서는 중간 수위에서의

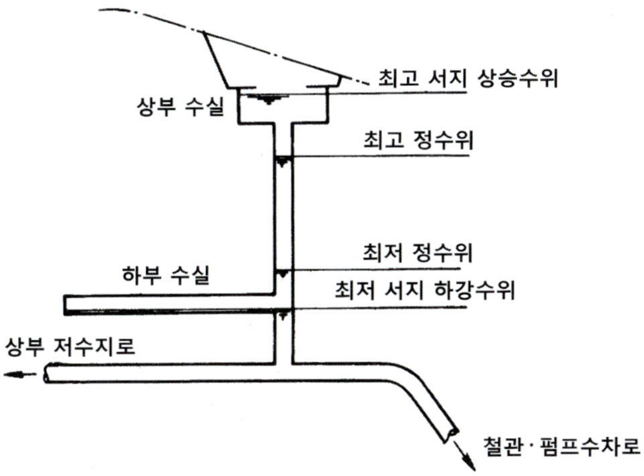

그림 8.106 수실식 서지탱크
자료: 田中, 1976

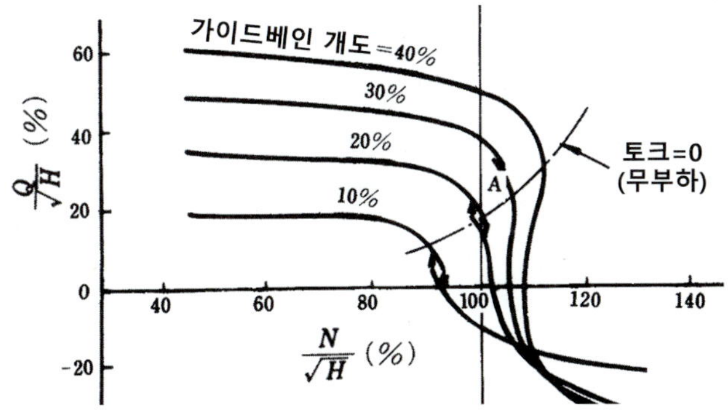

그림 8.107 무부하 부근의 이중 특성
자료: 田中, 1976

서징이 단주기로 진폭이 커지기 때문에 불안정해지기 쉬우므로 주의가 필요하다.

이러한 종류의 제어곤란 외에 펌프수차에서는 이중 특성에 의한 제어곤란이 발생하기도 한다. 이것은 유량 및 토크 특성의 무부하 부근에 그림 8.107과 같은 히스테리시스 루프가 존재함에 따른 것으로, 그림 8.107의 A점에 상당하는 낙차에서는 가이드베인 개도를 일정한 개도로 해 두어도 회전속도가 2~3%인 폭으로 규정회전속도의 상하로 랜덤하게 변화하는 현상이 생겨 발전기를 계통에 병렬로 넣을 수 없게 된다.

이러한 이중 특성은 펌프수차의 러너 날개 입구의 박리가 두 가지 다른 양상으로 생기는 것에 의한 것으로 알려져 있으며, 수차전용기에서는 거의 생기지 않는다. 이 문제를 피하기 위해서는 우선 모형시험 단계에서 이중 특성의 유무를 검토해 두는 것이 바람직하다. 만일, 실제 기기에서 나타나는 현상이 발생했을 때에는 병렬 전의 전속제어에 대한 특별한 대책을 세워야 할 필요가 있다.

또 한 가지의 문제는 S자형 특성에 의한 이상 현상으로서 병입 후의 역회전펌프 운전이 있다. 이것은 무부하 상태에서 병입되어 회전속도가 동기속도로 고정된 후 어떠한 원인으로 가이드베인이 약간 닫히거나 또는 서징에서 낙차가 감소하여 $N/\sqrt{H}$가 증가하면 그림 8.104에서 병입 시의 상태점 A에서 B 또는 그 근방으로 상태가 이행하여 예기치 않은 역회전펌프 상태가 되는 것이다. 이 상태가 되어도 진동소음은 무부하 상태와 크게 다르지 않지만, 축입력이 상당히 커져 극단적인 경우에는 정격수차출력의 50% 이상에 이를 수 있으므로 주의가 필요하다. 이를 피하기 위해 병입 후 즉시 10% 정도의 출력을 내는 상태까지 강제로 가이드베인을 자동 또는 수동으로 열도록 하는 예도 있다.

3) 부하차단(수차 비상정지)

① **역회전펌프 영역 통과 시의 문제** 그림 8.105와 같은 수차전용기의 경우에는 부하차단 시의 과도현상 도중에 회전속도가 상승해도 역회전펌프 영역으로 들어가는 경우는 없으나, 그림 8.104와 같은 펌프수차의 경우에는 가이드베인의 폐쇄 방법이나 수로계 조건에 따라서는 수압상승이 하강기에 들어가는 즉시 역회전펌프 영역으로 들어가는 경우가 있다. 이러한 경우의 과도현상 도중의 수압관 수압, 회전속도, 유량 및 가이드베인 개도(서보모터 스트로크) 변화의 예를 그림 8.108에 나타냈다. 그림의 $A \rightarrow B$ 사이는 회전속도가 수차 방향이고, 유량이 부(−)(즉, 양수하고 있는 상태)가 되어 있어 역회전펌프 상태가 되어 있는 것을 나타낸다. 이와 같은 운전상태에서도 특히 진동이나 수압변화 등으로 이상 현상이 일어나지는 않지만, 가이드베인에 작용하는 수력모멘트가 매우 커지므로 주의를 요한다.

이와 같은 큰 수력모멘트는 역회전펌프에서의 러너 내 및 가이드베인 주위의 흐름이 그림 8.109와 같이 되기 때문이다. 즉, 역회전펌프 상태에서는 러너로부터 토출된 물은 매우 큰 원주 방향 속도 성분을 가지고 있는데, 이것이 가이드베인 주위에서 급격한 방향 변화를 하기 때문에 가이드베인 개도가 클 때에는 큰 닫힘 방향 수력모멘트, 가이드

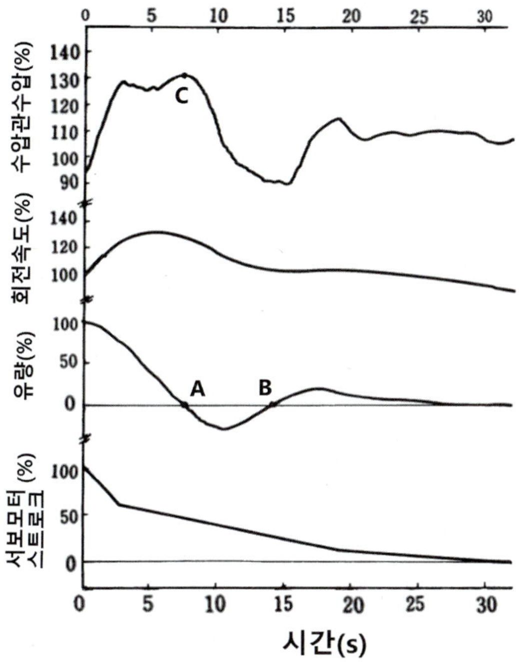

그림 **8.108** 부하차단 시 과도현상의 예
자료: 田中, 1976

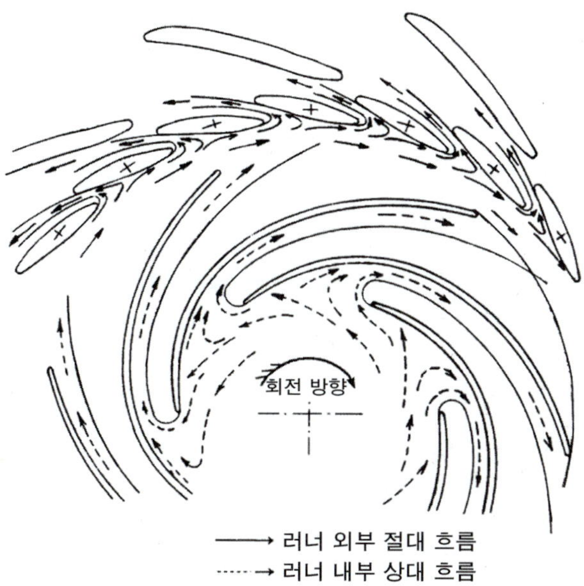

그림 **8.109** 역회전펌프 상태에서의 흐름
자료: 田中, 1976

베인 개도가 작을 때에는 큰 열림 방향 수력모멘트가 생긴다. 일반 가이드베인 폐쇄 방법에서는 역회전펌프 상태에서 큰 열림 방향 수력모멘트를 받는 경우가 많으며, 이로 인해 서보모터 용량 부족으로 폐쇄 도중의 가이드베인이 반대로 되돌려져 일시적으로 열리는 문제점이 발생한 예도 있다. 다만 다행인 것은, 이 열림 방향 수력모멘트는 일반적으로 부하차단 후 가이드베인 폐쇄 속도를 느리게 함으로써 줄일 수 있다. 따라서 회전속도 상승률에 조금이라도 여유가 있으면 폐쇄 속도를 바꾸어 대처할 수 있다.

② **속도상승률의 제어** 수차전용기의 부하차단에서는 속도상승률을 낮추려면 가이드베인 폐쇄 시간을 짧게 하지만, 펌프수차에서는 가이드베인 폐쇄 시간을 짧게 하더라도 속도상승률을 낮추는 것이 거의 불가능하다.

그림 8.110에 펌프수차와 수차전용기에 대해서 가이드베인 폐쇄 시간 T_c를 변경했을 때의 수압상승률과 속도상승률의 변화를 나타낸다.

이 그림에서 T_P는 수로계의 시정수($T_P = LV/gH$), T_R은 회전부분의 시정수($T_R = (\pi \cdot GD^2 \cdot N)/(120g \cdot M)$)이고, 각 곡선은 각각 이들 시정수의 비 T_P/T_R이 다른 경우 즉, 수로계와 회전부분의 관성 크기가 상대적으로 다른 경우의 변화를 나타낸다. 단, L은 관로의 길이 [m], V는 관로 내 평균 유속 [m/s], H: 기준낙차 [m], GD^2는 회전부분의 플라이휠 효과 [ton · m^2], N은 정격회전속도 [min^{-1}], M은 정격 출력시 토크 [ton · m], g는 중력가속도 [m/s^2]이다.

이것을 보면 알 수 있듯이 펌프수차는 그 유량 특성 때문에 수압상승을 발생시키기 때문에 동일한 가이드베인 폐쇄 시간에도 수차전용기에 비해서 높은 수압상승을 나타낸다. 한편, 펌프수차의 속도상승률은 무구속속도가 낮기 때문에 수차전용기에 비해 작다. 따라서 수차전용기에서는 속도상승률을 40% 정도로 억제하기 위해서 일반적으로 T_c/T_P가 5 또는 그 이하가 되는 가이드베인 폐쇄 시간을 취하고 있는데 반해, 펌프수차에서는 수압상승률을 30~40% 이하로 하기 때문에 $T_c/T_P > 10 \sim 15$의 범위를 이용하고 있다. 이 때문에 수차전용기에서는 T_c를 바꾸면 수압상승률과 속도상승률이 모두 크게 변화하지만 펌프수차의 T_c/T_P 영역에서는 T_c를 바꾸어도 수압상승률에 약간 변화가 보일 뿐 속도상승률은 거의 변화하지 않는다.

따라서 펌프수차의 경우, 속도상승률이 과대하다고 해서 현장에서 폐쇄 시간을 조절하여 이를 억제하는 것은 거의 불가능하며 설계단계의 GD^2 선정 즉, T_P/T_R 값의 선택 방법에 따라 속도상승이 결정되므로 주의해야 한다.

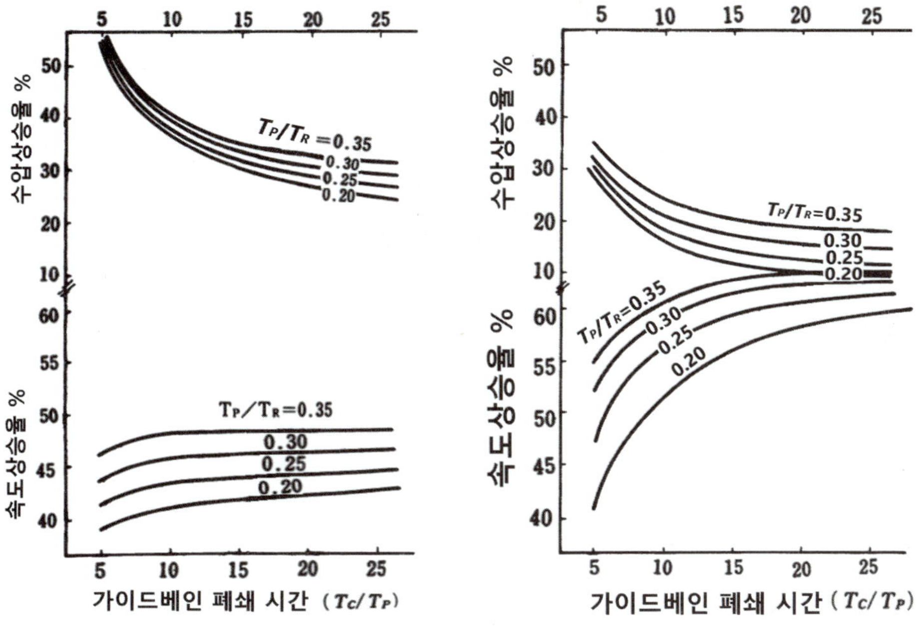

(a) 펌프수차($n_s=30$ m-m³/s) (b) 프란시스수차($n_s=80$ m-kW)

그림 8.110 가이드베인 폐쇄 시간 변경 시 수압상승율과 속도상승율의 변화

자료: 田中, 1976

③ **S자형 특성에 의한 수압상승** 전 항(1)의 1), ②에서 기술한 바와 같이 수차제동 영역에서 유량의 S자형 특성에 의해 그림 8.108의 C점과 같은 수압상승의 최댓값을 발생시킨다. 이것은 거의 역회전펌프의 체절점($Q/\sqrt{H}=0$)에 대응하여 나타나는 것으로 S자 형상의 정도가 심한 저비속도 펌프수차의 경우에 현저하다. 이러한 수압상승은 이 영역 전후의 가이드베인 폐쇄 속도에 따라 크게 영향을 받는다. 따라서 이 수압상승이 허용 수압상승값을 넘는 경우 S자형 특성의 개선은 일반적으로 매우 어려우므로, 이 영역 전후의 가이드베인 폐쇄 속도를 매우 느리게 한다. 단, 이 경우 가이드베인 폐쇄 시간을 매우 느리게 하면 비상정지 여부에 관계없이 가이드베인 전폐까지 2분 이상이나 소요되게 되므로 그림 8.111의 파선과 같은 3단 폐쇄를 이용하여 제2단의 가이드베인 폐

쇄 속도를 매우 느리게 하여 정지에 가까운 상태로 하더라도 전체 폐쇄 시간이 길어지지 않도록 하여 개선하는 방법도 있다.

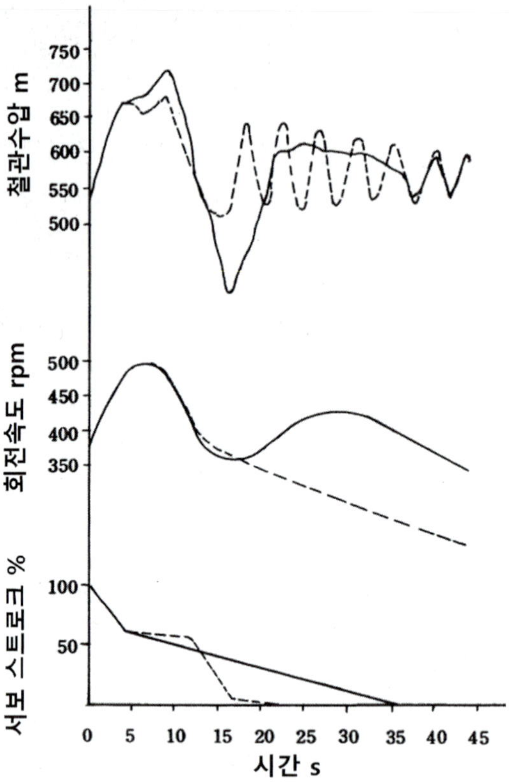

그림 8.111 가이드베인 3단 폐쇄
자료: 田中, 1976

④ **무구속상태에서 시스템의 진동발생** 무구속속도 부근의 *S*자형 특성으로 유량 및 토크 특성이 역구배가 되는 영역에서는 펌프수차의 특성이 수로계까지 포함한 시스템 전체에 대해 부(−)의 댐핑으로 작용하기 때문에 시스템 전체의 여진이 일어난다. 이 결과로 그림 8.112에 나타낸 바와 같이, 가이드베인 완전 개방 부근에서 무구속상태가 되었을 때 큰 수격파와 연성하여 회전속도가 거의 정격회전속도와 무구속속도 사이를 수십 초 주기로 왕복하는 것과 같은 변동이 생기고 이것이 영구적으로 지속되는 현상을 보인다.

이 진동의 주기는 관로 및 회전 부분의 관성과 *S*자 형상의 굴곡 정도에 따라 정해지며, 그 진폭은 S자형 특성 중 부(−)의 댐핑으로 작용하여 유량 영역의 크기에 따라 정해진다. 이러한 유량 영역은 일반적으로 가이드베인 개도가 클수록 크므로, 이 불안정 현상의 진폭은 무구속상태로 되었을 때 가이드베인 개도가 클수록 크다.

가이드베인 동작 불량으로 인하여 무구속상태가 되었을 경우, 일반적으로는 입구밸브를 폐쇄하여 보호한다. 상기와 같은 여진이 일어나더라도 일반적인 경우처럼 입구밸브를 폐쇄하면 진동은 억제되어 주기를 안전하게 정지시킬 수 있다. 따라서 이런 종류의 불안정 현상에 대한 특별한 보호를 필요로 하는 것은 아니지만 설계단계에서는 이러한 여진이 발생했을 경우의 서징 폭, 유량 변화 폭 및 가해지는 여진상태에서의 최대 무구속속도를 일단 검토해 둘 필요가 있다.

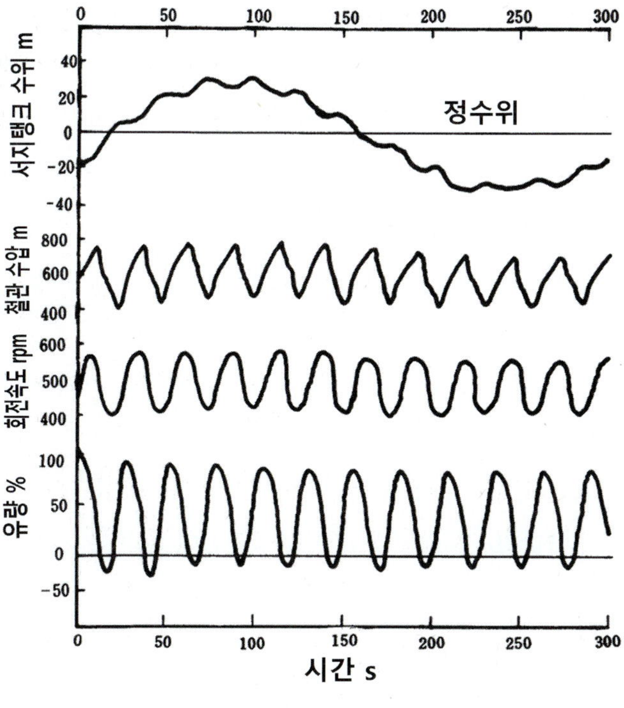

그림 8.112 무구속상태에서의 불안정 현상
자료: 田中, 1976

⑤ **이상 수추력** 부하차단 시에 이상 수추력, 특히 상향 수추력(upthrust)을 일으켜 회전체 부분이 상부 축 방향으로 올라가는 경우가 있다. 이것은 펌프수차의 러너가 편평하고 러

너 배압실, 측압실 등의 수압변화에 대한 수추력의 변화가 크고, 이들의 수압제어 방법 (예를 들면 밸런스파이프의 치수 및 설치 위치) 등이 부적당하면 이들 수압에 불균형이 발생하여 비정상적인 수추력을 발생시키게 된다. 따라서 이를 피하기 위해서는 모형시험에 의한 확인을 포함하여 설계단계에서 관련된 각부의 설계를 검토해 둘 필요가 있다.

⑥ **장대(long and large)방수로의 수주분리** 최근의 양수발전소는 지하발전소로 건설되는 경우가 많아, 방수로가 긴 지하터널을 이루고 있는 경우가 많다. 이 경우 건설비 저감을 위해 가능한 한 서지탱크를 생략하는 설계가 이용된다.

이와 같이 서지탱크가 없는 장대방수로에서 가장 문제가 되는 것은 부하차단 시 방수로 터널 내의 수주분리이다. 이 수주분리는 방수로 터널이 직선에 가까운 형상을 하고 있을 경우에는 일반적으로 최상류 펌프수차의 흡출관 내에 생긴다. 실험 결과에 의하면 이 수주분리의 재결합 시에 발생하는 이상 수압상승은 수격 계산 등에서 예측되는 수주분리 발생한계보다 약간 빨리(즉, 약간 느린 유속 또는 약간 긴 가이드베인 폐쇄 시간) 발생하기 시작하는 것이 관측된다. 이는 완전한 수주분리의 전조현상으로서 흡출관 내 선회류 등에 의한 국부압력감소에 의해 국부적인 캐비티가 형성되며, 이것이 압축파괴 시 이상 수압상승을 발생함에 따른 것이다. 따라서 이 수주분리에 의한 이상 수압상승 유무를 검토할 때에는 흡출관 내의 국부압력감소를 고려할 필요가 있다. 이 압력감소의 크기는 방수로의 수격압이 최젓값을 나타낼 때의 펌프수차의 운전조건에 따라 달라지는데, 그 때의 러너 출구 원주속도를 U_e [m/s]로 하여 어느 정도의 여유도 포함하여 아래와 같은 크기의 국부압력감소를 고려해 두면 안전하다. 즉, 방수로의 수격압 최젓값에서 아래의 국부압력감소를 뺀 것이 포화수증기압보다 높으면 이상 수압상승은 일어나지 않는다.

$$\Delta H_s = 0.11 \frac{U_e^2}{2g} \tag{8.25}$$

국부압력감소를 무시하고 좀 더 거시적으로 생각했을 경우, 수주분리가 발생하는지 여부, 수격압에 의한 압력감소와 그 펌프수차의 흡출높이($-H_s$)의 대소에 따라 결정된다. 즉, 다음 식의 k가 클수록 수주분리를 일으키기 쉽다.

$$k = \frac{\frac{LV}{gT_e}}{(-H_s)} \tag{8.26}$$

여기서, $(-H_s)$는 펌프수차 흡출높이 [m], L은 방수로 터널의 길이 [m], V는 방수로 터널 내의 차단 전 평균유속 [m/s], T_e는 차단 중에 유량이 100% 변화하는데 소요되는 등가 폐쇄 시간이다.

지금 유량이 100% 차단되는데 소요되는 시간은 펌프수차의 경우 가이드베인 폐쇄 시간보다 유량이 0이 되어 역회전펌프로 이동할 때까지의 시간(그림 8.108의 A점까지의 시간)으로 대표되며, 이는 수로계나 회전부의 시정수 T_P, T_R과 밀접한 관계가 있다. 그러나 이러한 시정수는 일반 양수발전소에서는 그렇게 큰 차이가 없다. 따라서 일반적으로 역회전펌프 영역으로 이동할 때까지의 시간 혹은 100% 유량 변화를 일으키는 데 필요로 하는 등가 폐쇄 시간 T_e는 각 발전소에서 서로 비슷한 값을 나타낸다.

그래서 다음과 같은 방수로 시정수 T_s를 정의하면, T_e가 거의 같으면 T_s가 k의 대소를 나타내게 되므로, T_s가 클수록 수주분리를 일으키기 쉽다.

$$T_s = kT_e = \frac{LV}{g(-H_s)} \tag{8.27}$$

장대방수로를 가진 양수발전소에서 T_s가 큰 것의 실적값 예를 표 8.2에 나타낸다. 이로부터 대략 $T_s < 5.5 \sim 6$초까지는 수주분리를 일으키지 않고 부하차단을 할 수 있음을 알 수 있으나, 정확하게는 수격 계산과 앞에서 설명한 국부압력감소를 고려한 검

표 **8.2** 장대방수로의 예

최대 유량 [m^3/s]	길이 [m]	내경 [m]	LV [m^2/s]	시정수 T_s [sec]
57.5	498	3.7	2650	5.87
393	341	9.3	1980	5.62
161	315	6.4	1640	5.44
132	402	5.2	2490	4.79

자료: 田中, 1976

토를 실시해야 한다.

(2) 펌프운전 시의 과도현상

펌프수차를 펌프로 기동할 때의 표준적 제어 순서(sequence) 예를 그림 8.113에 나타낸다. 이하, 이 과정 각 단계마다의 문제점에 대해 설명한다.

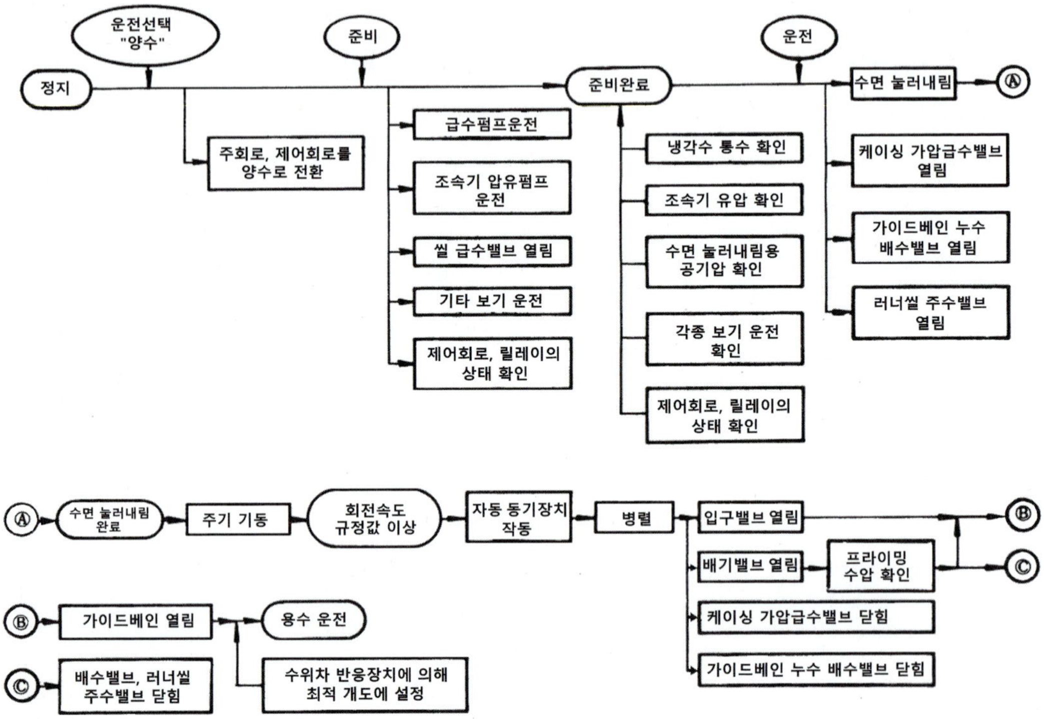

그림 **8.113** 펌프 기동 순서

자료: 田中, 1976

1) 펌프 기동

① **수면눌러내림 시 공회전 축 입력** 러너 주변의 물을 압축공기로 눌러 기동할 때, 기동용 기기(기동전동기, 기동변압기 등)에 대한 용량 등의 결정에서 공회전 축 입력이 문제가 된다.

이 공회전 축 입력은 다음과 같은 손실 구성요소에 따라 결정된다.

① 가이드베인 누수를 러너 외주로 교반함으로써 생기는 손실.

② 러너베인이 눌러내림 공기를 교반함으로써 발생하는 손실.

③ 러너 씰부의 냉각수교반손실.

④ 베어링 및 씰부(stuffing box)의 마찰기계손실.

이들 구성 비율, 특히 ①의 손실 크기는 각 기기의 설계에 따라 크게 다르지만, 예를 들면 그림 8.114와 같다.

이 중 큰 부분을 차지하는 ①은 가이드베인 누수량에 크게 의존하고, 따라서 그림 8.114에 나타낸 것과 같이 수면눌러내림 중의 케이싱 가압압력에 의해 크게 바뀐다. 또한 가이드베인 누수를 막기 위한 레일구조의 좋고 나쁨과 누수를 배수하기 위한 배수관 용량에 의해서도 영향을 받는다.

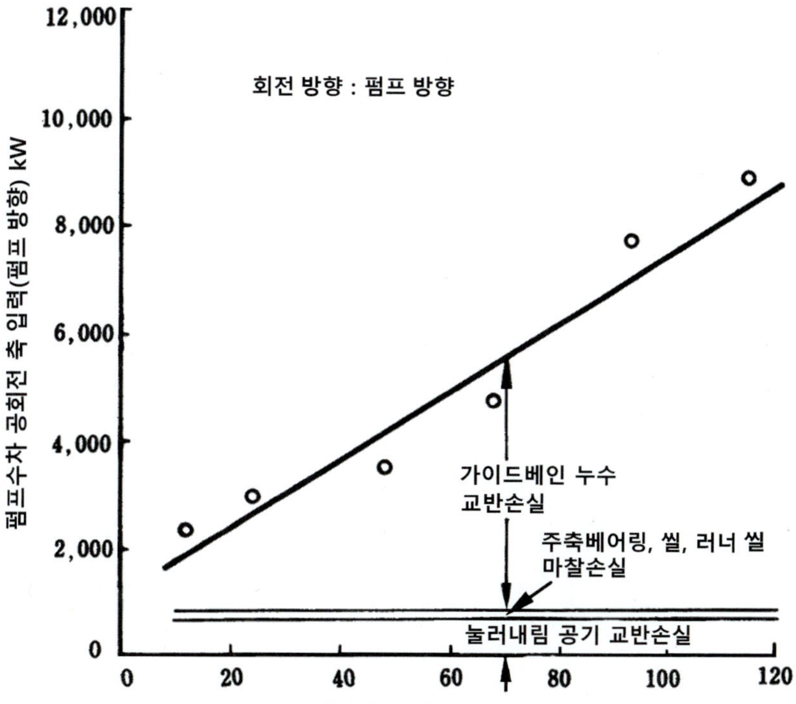

그림 **8.114** 공회전 축 입력의 성분

자료: 田中, 1976

따라서 공회전 축 입력을 감소시키기 위해서는 케이싱 가압압력을 수면눌러내림 공기가 케이싱 측으로 누출하는 것을 막는 데 필요한 최소한의 값까지 내리고 누설이 적은 가이드베인 구조, 배수 용량이 큰 배수관을 설치하는 것이 효과적이다. 단, 가이드베인 누수는 자체적으로 발생한 손실 열을 냉각하는 역할도 하고 있기 때문에 누수량을 극단적으로 적게 하면 손실(즉, 공회전 축 입력)은 감소하지만, 그 이상으로 냉각효과가 감소하여 가이드베인 누수의 배수온도가 상승하는 현상이 나타난다. 이 온도상승은 경우에 따라서는 상당히 현저해져서 러너의 온도팽창 등이 무시할 수 없는 값이 되므로 주의를 필요로 한다.

② **배기 정체** 러너 공회전상태에서 정격회전속도까지 가속하여 발전전동기를 계통에 동기병입한 후, 러너 주위의 공기를 배기하여 충수체절운전상태로 옮겨간다. 이 배기가 시작되면 우선 흡출관 내의 수위가 상승하여 러너베인 하단에 이르고, 이어서 이 물을 러너베인이 떠올려서 원심력으로 외주로 날아가고, 러너 외주에서 충수가 진행된다.

이 충수가 어느 정도 진행되면 그림 8.115와 같은 상태가 되는데 이때, 러너 내의 물은 러너 회전속도와 같은 각속도 ω_0로 회전하고 있는 반면, 러너 배압실 및 측압실 내의 물은 거의 $\omega_0/2$밖에 회전하지 않기 때문에 배압실 내의 물은 러너 내의 물의 내측 반경보다 상당히 작은 반경까지 진입한다. 이 물은 보통 배압실에 설치되어 있는 밸런스파이프에서 흡출관쪽으로 배수되는데, 이 배수 용량이 작으면 물은 더욱 안쪽으로 진입하고 설계가 부적당한 경우 마침내 배기관 입구를 막기에 이른다. 만약 막히는 상태가 되면, 배기관이 열려 있어도 나오는 것은 물뿐으로 러너 내의 공기는 갇힌 채로 그 이상 러너에 충수할 수 없게 된다.

이 배기 정체의 해결책으로서는 배기관 장착 위치를 안쪽으로 당기거나 밸런스파이프의 용량을 대폭 늘릴 수밖에 없다. 이러한 대책은 사실상 모두 어려우며, 설계단계에서 관련된 현상이 발생하지 않는 것을 충분히 확인해 두어야 한다.

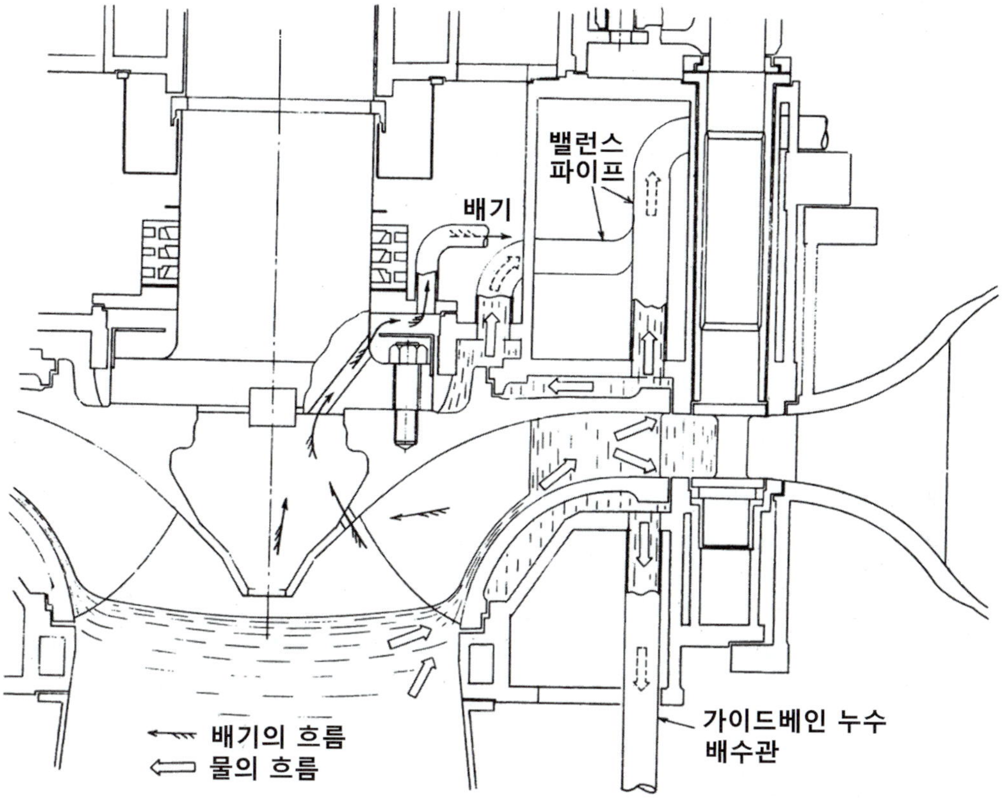

그림 8.115 충수 도중의 러너 주변 물의 상태

자료: 田中, 1976

③ **이상 수추력** 러너가 충수체절상태에 가까워지면, 러너 내에 체절운전 시에 생기는 강한 2차 흐름이 유발된다. 이 때문에 각부의 압력분포가 불균일해지는데, 이로 인해 부하차단 시와 마찬가지로 비정상적인 수추력이 발생할 수 있으므로 주의가 필요하다.

④ **가이드베인 열림 시작 시의 수격파 여진** 체절 도달 후, 가이드베인을 약간 열었을 때 가이드베인의 진동과 연성한 수압관 내 수격파의 여진이 생기는 경우가 있다. 이것은 가이드베인을 열기 시작했을 때 생긴 작은 수격파가 관로를 왕복하고 있는 동안에 가이드베인의 강성과 가이드베인에 작용하는 수력모멘트의 특성 사이의 관계로부터 증폭되는 것으로, 경우에 따라서는 매우 큰 수격압이 생길 때까지 성장한다. 이러한 자려진동의 안정과 불안정은 특수한 경우를 제외하고 가이드베인의 수력모멘트 특성에 따라 거의

정해진다. 따라서 이러한 현상이 발생하면 가이드베인의 설계를 바꾸어 수력모멘트의 특성을 안정화하거나, 일반적으로 입구밸브 기동이라 불리는 방식을 이용하여 가이드베인과 입구밸브를 거의 동시에 여는 방법을 취한다. 입구밸브 기동방식은 입구밸브를 작게 열었을 때의 손실을 계의 진동 제어에 이용하여 안정화하려는 것이다.

2) 펌프 정지

펌프 정지는 일반적으로 가이드베인을 닫아가면서 양수량 및 축 입력을 가능한 한 줄인 상태에서 발전전동기를 해열하여 정지시킨다. 여기서, 해열은 발전설비 등을 상용전력 계통으로부터 떼어내는 것을 말한다. 또한 상대적인 의미로 병렬은 발전설비 등을 상용전력 계통에 연결하는 것을 말한다.

이때, 해열 시의 가이드베인 개도를 가능한 한 작게 하는 것이 차단입력을 작게 할 수 있어 전력 계통으로의 영향이 적고 바람직하지만, 펌프수차는 일반적으로 체절에 가까워짐에 따라 러너 내의 2차 흐름이 격렬해져 진동이 커지므로, 보통 5～20% 개도 정도까지 좁힌 지점에서 해열하고 있다.

계통에 미치는 영향을 극도로 작게 하고 싶을 경우에는 가이드베인을 전부 닫고 체절까지 가져간다. 또한 대량의 압축공기를 러너 내에 도입하여 수면눌러내림을 하여 체절 축 입력을 수십 초에 걸쳐 공회전 축 입력 근처에까지 낮춘 후에 해열하는 방법이 취해지는 경우도 있다.

3) 입력차단

펌프 입력차단 시의 과도현상의 대표적인 예를 그림 8.116에 나타낸다.

입력차단 후에 발생하는 수압관 내의 수압감소 및 방수로 수압상승은 관로 수주의 관성과 회전부의 관성의 비 즉, T_P/T_R에 의해 결정된다. 이 비가 클수록 크며, 가이드베인 폐쇄 시간에는 거의 무관하다. 따라서 수압관의 수압감소에 의한 수주분리 또는 방수로 측의 과대수압이 문제가 될 경우에는 수로의 LV를 줄이거나 회전부의 GD^2를 증가시킬 수밖에 없다.

입력차단의 경우 가이드베인 폐쇄 시간은 수압관 측의 수압감소에 이어 일어나는 수압상승에 관련하여 결정된다. 그러나 일반적으로는 상당히 빠른 폐쇄 시간을 취해도 이 수압상승이 수차 부하차단 시의 수압상승을 넘는 경우는 드물다. 따라서 펌프 입력차단 시에는 수차 부하차단 시보다 상당히 빠른 폐쇄 시간을 갖는 것이 보통이다. 그러나 이것이 너무 빨라서 수압관 측의 수압감소 도중에 가이드베인이 전폐하도록 하면 그 반사파로서 큰 수압상승이 나타나게 되므로, 가이드베인은 수압변화가 상승으로 변한 후에 전폐하도록 한다. 또한 경우에 따라서는 가이드베인 전폐 시기를 일부러 늦게 하여 전폐 시에 정확하게 주기의 속도를 거의 정지하도록 조정하기도 한다. 결국, 입력차단은 부하차단에 비해 소음·진동도 적고, 수압상승이나 속도상승으로 문제가 되는 경우가 적으므로 제어상의 어려움은 거의 없다.

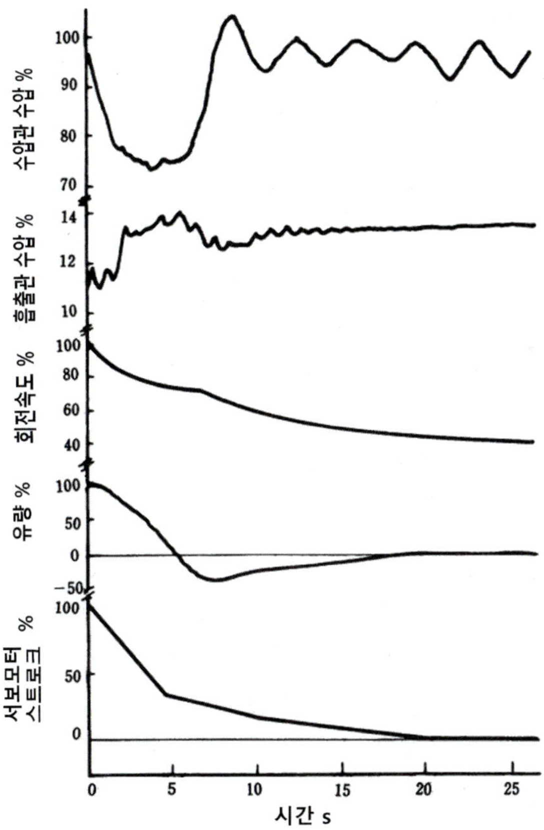

그림 8.116 펌프수차 입력차단 시 과도현상의 예

자료: 田中, 1976

8.5 수차 및 펌프수차의 수력과도현상 해석 사례

8.5.1 발전소 과도현상 프로그램의 개발과 활용

대규모 수력발전소 및 양수발전소의 설계와 건설은 매우 큰 비용이 소요될 수 있으며, 수력과도현상이 건설비용에 상당한 영향을 미칠 수 있다. 즉, 수력과도현상이 서지챔버의 크기와 파이프의 압력 등급을 결정하는 중요한 인자가 될 수 있다. 따라서 수력발전 및 양수발전 시스템 설계에서 수력과도현상은 중요한 고려사항이며, 발전소 수로계의 빠른 흐름 변화는 잠재적으로 치명적인 압력 증가(수격작용)를 초래할 수 있다.

이러한 수력과도현상을 해석하기 위한 수치기법은 잘 확립되어 있다고 이해되고 있으며, 각 발전소 프로젝트별 특성을 고려하여 운전, 제어 및 모니터링이 동시에 가능한 소프트웨를 제작하여 사용하고 있고, 상용 패키지로 출시되는 소프트웨어도 사용 가능하다.

그러나 수차 무구속속도 영역에 있는 기계 특성인 *S*자형 특성은 실제 기계의 불안정성의 원인이며, 잘못 설계되었거나 적합하지 않은 소프트웨어 패키지의 사용은 수치 불안정성의 잠재적 원인이 될 수도 있다.

따라서 수력과도현상에 대한 상용 해석 소프트웨어의 민감도 분석은 마찰계수, 서지탱크 조절계수 및 발전기 관성이 모두 모델출력에 미치는 영향을 검토하는 과정이며, 적절한 모델링 파라미터의 선택이 중요하다. 민감도 분석은 프로젝트에 대한 위험 분석의 맥락에서 수행되어야 하며, 모델링 파라미터의 민감도 분석에서 비롯되는 지나치게 보수적인 권고사항은 시스템의 과다 설계와 건설비용 증가로 이어질 수 있다.

그림 8.117은 가변속 양수발전소의 전체시스템 시뮬레이션 프로그램의 개발 예를 나타내며, 그림 8.118은 이러한 프로그램을 적용하여 수로를 공유하는 2대의 가변속 수차의 상호간섭계산 결과의 예를 보인다. 여기에서는 양 가변속기 모두 발전출력 PG의 응답속도가 양수입력 Pt의 응답속도보다 현격히 빨라지도록 설정하였으므로 수격간섭을 받는 측의 발전기 출력 PG는 전혀 변동하지 않으며, 수격간섭의 영향을 전력 계통으로 유출하지 않고 전력 조정이 이루어졌음을 보여주고 있다.

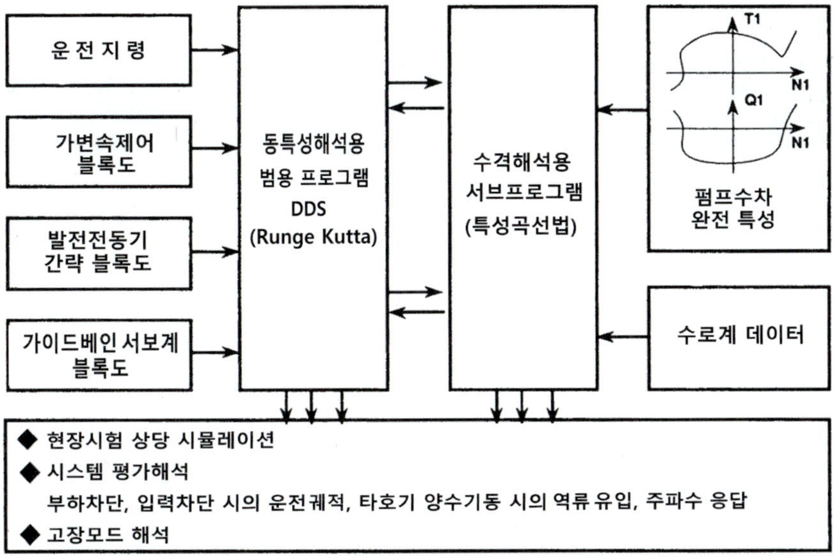

그림 **8.117** 가변속 양수발전소의 전체시스템 시뮬레이션

자료: 新倉, 1996

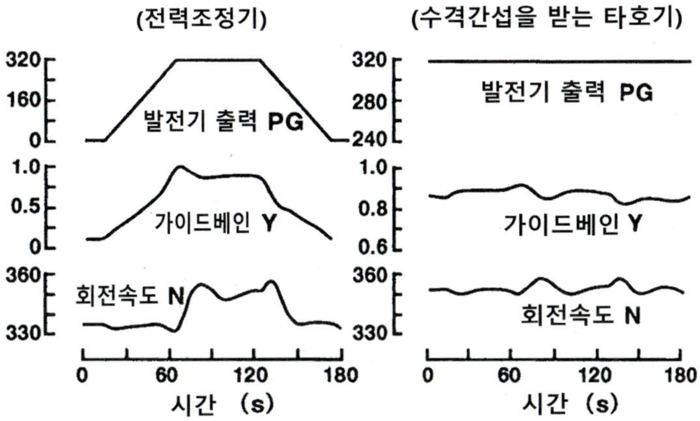

그림 **8.118** 수로를 공유하는 2대의 가변속 수차의 상호간섭 계산 예

자료: 新倉, 1996

8.5.2 상용 해석 소프트웨어의 선정과 사용

다양한 용도로 사용되는 수많은 수력과도현상 해석 소프트웨어 패키지가 존재하며, 표 8.3은 그 일부를 보이고 있다. 각각의 장단점이 있기 때문에 특정 패키지의 선정은 실무

표 8.3 수력과도현상 해석을 위한 상용 소프트웨어 패키지의 특성

	Developer	Suter curves, multiple GVO	Graphical User Interface	Software currently maintained?	Electrical component modelling
Pipe/Surge	KYPipe	*	Yes	Yes	No
Hammer	Bentley	**	Yes	Yes	No
WHAMO	US ACODE	Yes	No	No	No
SIMSEN-Hydro	ÉPFL	Yes	Yes	Yes	Yes

자료: Pullinger, 2011

자의 필요에 기초해야 한다. 상업적으로 이용 가능한 소프트웨어의 대부분은 도시 급수망의 수격현상 분석에 사용하기 위해 개발되었다. 따라서 수차와 펌프수차에서 발생하는 수력과도현상을 모델링할 수 있는 용량이 제한되어 있다.

소프트웨어의 모델링 시 수차와 펌프수차의 특성을 잘못 처리하면, 수차와 펌프수차의 운전조건 변화가 클 때 중대한 오류가 발생할 수 있으므로, 사용 목적에 따른 소프트웨어의 선정 시 신중해야 한다.

본 절에서는 수차 및 펌프수차 시스템의 수력과도현상 해석용 상용 소프트웨어 중 SIMSEN을 적용한 수력발전소 및 양수발전소의 수력과도현상 해석 결과에 대해서 소개한다. SIMSEN은 최근에 개발되어 펌프수차의 완전 특성과 그 동작의 모델링을 가능하게 하며, 운영 중인 수력발전시스템의 시험 데이터에 대해서 검증된 것으로 알려져 있다 (Nicolet, 2007).

그림 8.119는 SIMSEN 소프트웨어의 GUI 일례를 보이고 있으며, 과도 또는 정상상태 모드의 전력 네트워크 시스템 및 스피드 드라이브 시스템의 시뮬레이션을 위해 개발되었다. 또한 이 소프트웨어는 제어시스템을 현실적으로 모델링하기 위한 광범위한 구성요소를 가지고 있으며, 소프트웨어에 대한 수력학적인 사용 범위의 확장은 수력발전시스템의 수력과도현상을 모델링하기 위해 개발되었다(Nicolet, 2007).

따라서 SIMSEN의 계산방법론은 수력부품을 전기등가물로 변환하며, 기존 과도 전기패키지와 함께 개발되어 주변 전기그리드와 관련하여 수력발전 과도현상을 분석할 수 있다. SIMSEN을 사용하여 생성된 일반적인 해석 대상 모델을 그림 8.120에 보이고 있다.

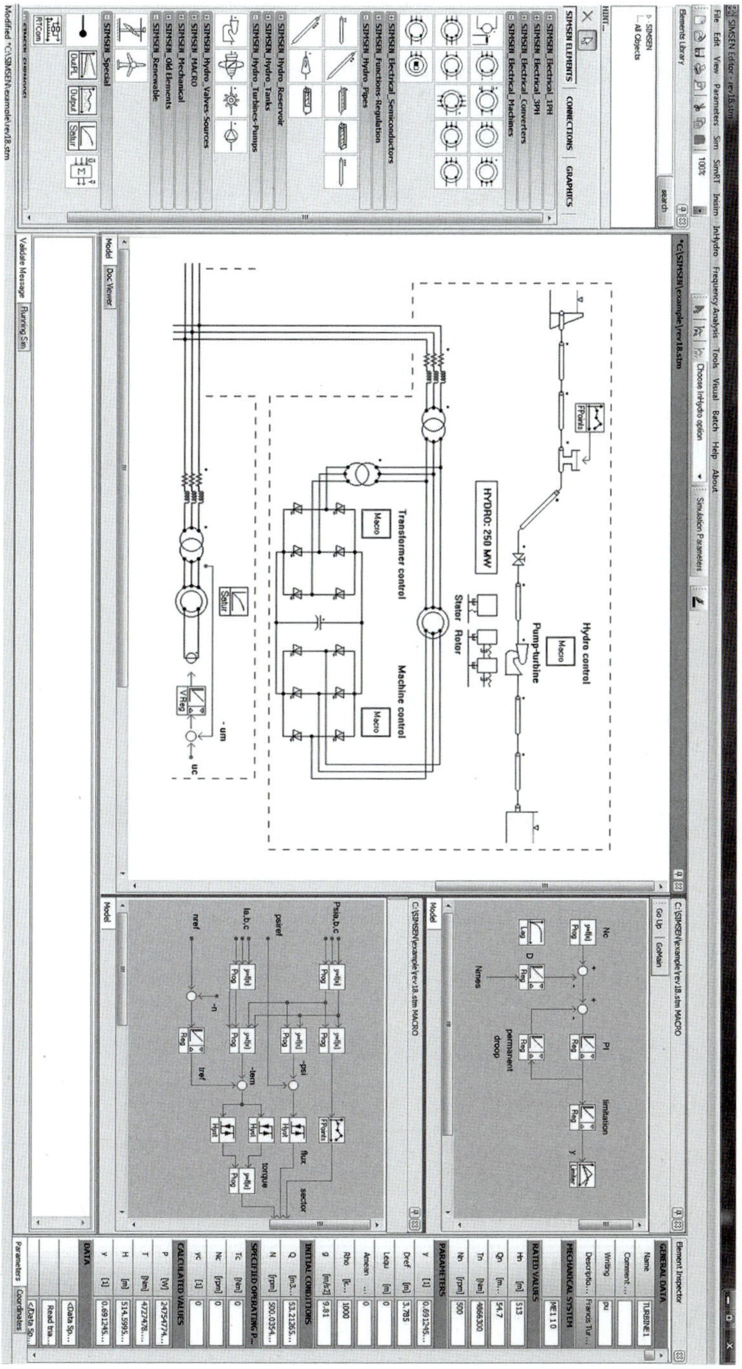

그림 **8.119** SIMSEN 소프트웨어 그래픽 유저 인터페이스(GIU) 예

자료: SIMSEN

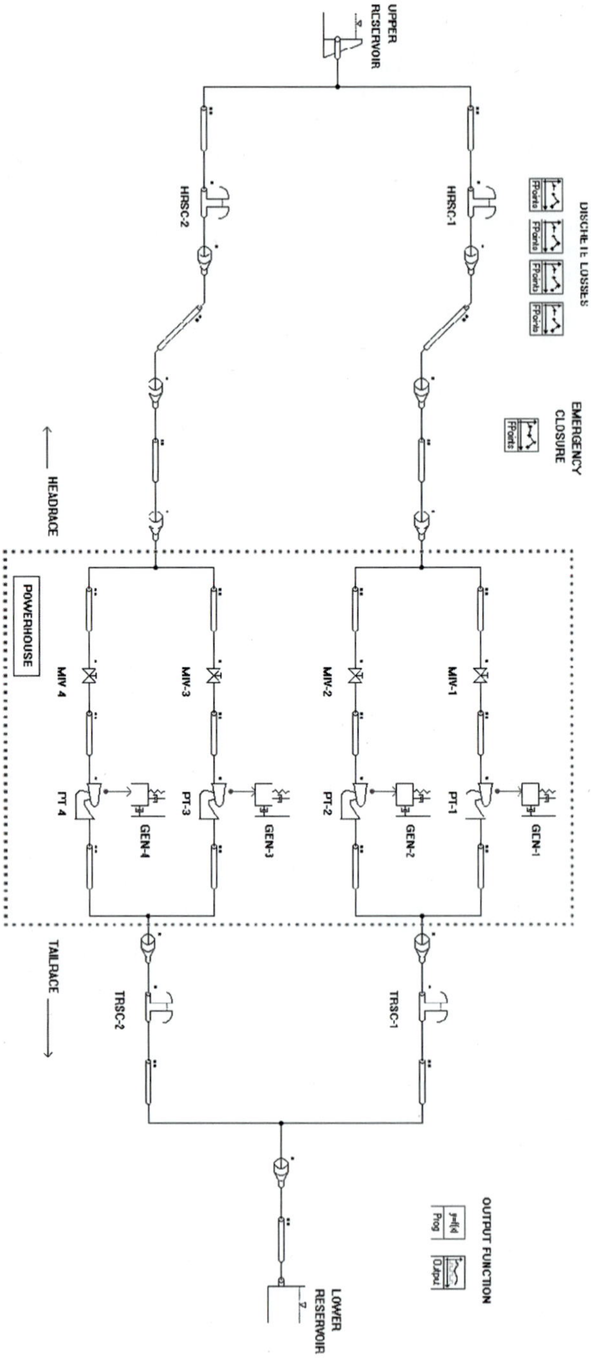

그림 **8.120** SIMSEN 소프트웨어를 이용하여 생성된 수력발전시스템 모델 예

자료: Pullinger, 2011

Component	Electrical equivalent	Equation set
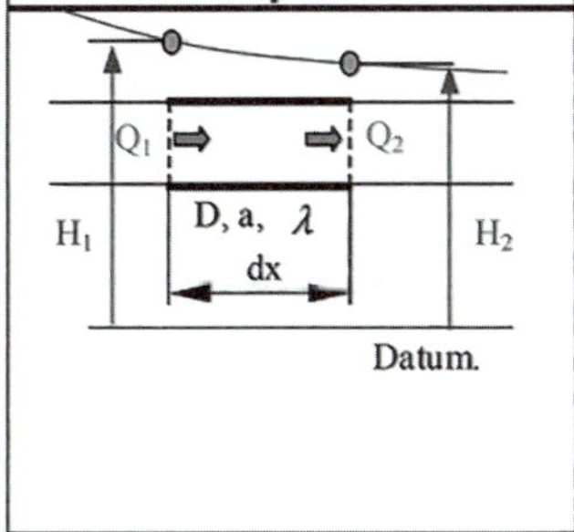	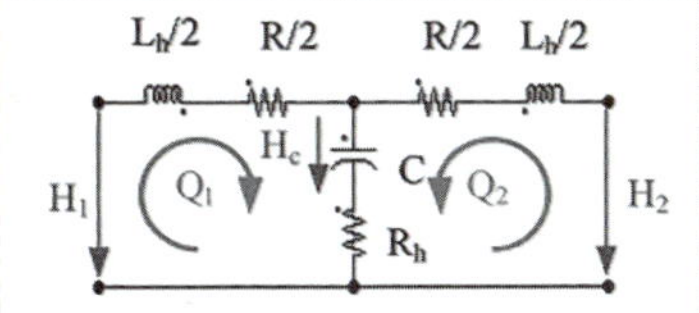	$\frac{dx\cdot a^2}{gA}\frac{dH_c}{dt}=C\frac{dH_c}{dt}=Q_1-Q_2$ $\Delta H_R=\frac{\lambda dx\lvert Q_1\rvert}{2DgA^2}Q_1=RQ_1$ $\Delta H_L=\frac{dx}{gA}\frac{dQ_2}{dt}=L\frac{dQ_2}{dt}$
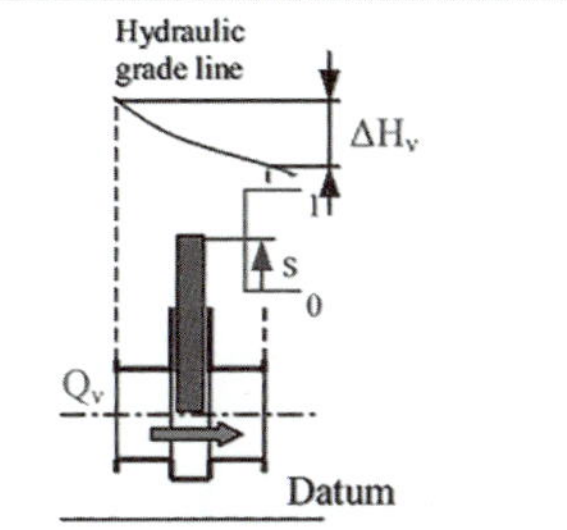	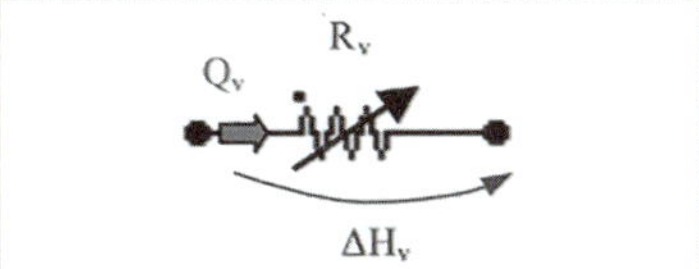	$\Delta H_v=\underbrace{\frac{\lvert Q_v\rvert}{2g\left(C_d(s)A_G(s)\right)^2}}_{R_v}Q_v$
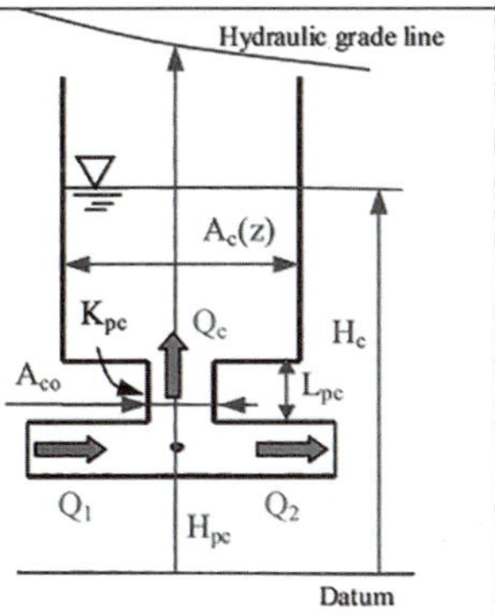	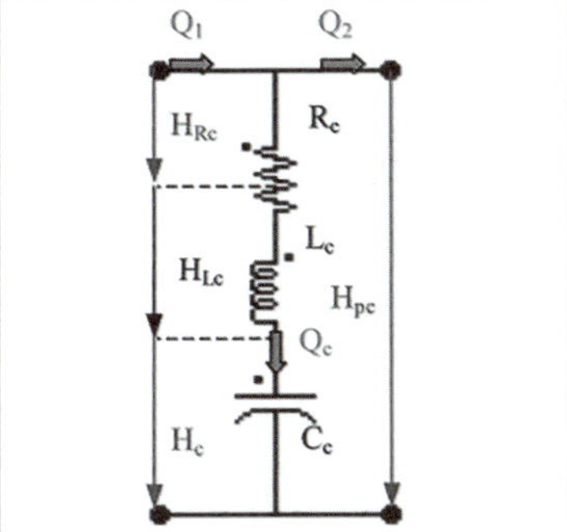	$\left(H_{pc}-H_c\right)=\underbrace{\frac{K_{pc}\lvert Q_c\rvert}{2gA_{co}^2}}_{R_c}Q_c$ $\underbrace{A_c(z)}_{C_c}\frac{dH_c}{dt}=Q_c$ $L_c=\frac{L_{pc}}{gA_{co}}$
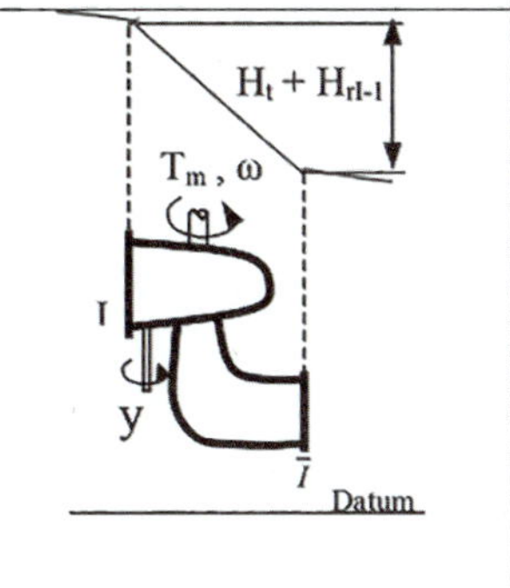	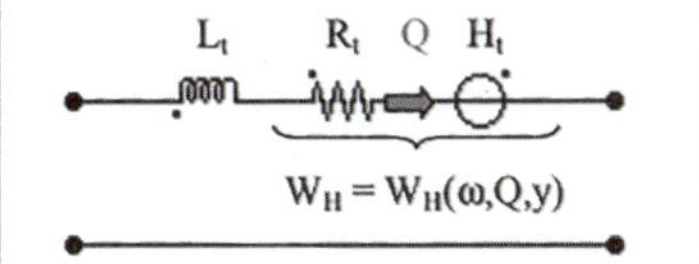	$W_B(\theta)=\frac{\beta}{\alpha^2+\upsilon^2}$ $W_H(\theta)=\frac{h}{\alpha^2+\upsilon^2}$ $\theta=\tan^{-1}\left(\upsilon/\alpha\right)$ $L_t=\int_I^{\bar{I}}\frac{1}{gA(x)}dx$

그림 **8.121** SIMSEN 소프트웨어 수력학적 구성요소 모델링 예

자료: Nicolet, 2003

또한 전기, 유압 및 제어 부품을 포함한 전체 수력발전소의 동적 거동을 연구할 수 있도록 수력학적 확장이 구현되었으며, 파이프, 밸브, 서지탱크 및 프란시스수차 모델이 포함된다. 이 소프트웨어의 형식에 맞추기 위해 수력학적 부품의 모델링 방법에 임피던스법이 선택되었으며, 복잡한 배관시스템을 모델링할 수 있는 임의 토폴로지 기능에서 수력학적 확장이 가능하다. 그리고 자체적인 수력학적 실치 또는 제어 장치와 전기 장치를 모두 포함한 수력학적 설비의 설치가 가능하다. 그림 8.121은 SIMSEN 소프트웨어 수력학적 부품 요소의 모델링 예를 나타낸다.

8.5.3 수차 및 펌프수차 시스템 과도현상 해석 예

(1) 수력과도현상 해석 개요

상용 수력해석 소프트웨어 패키지인 SIMSEN-Hydro를 이용한 수력발전 및 양수발전시스템에 대한 수력과도현상을 시뮬레이션 하여 그 결과를 검토하였다.

일반적으로 수력발전 프로젝트 초기에는 건설 예정인 발전소 전체의 수력학적 시스템에 대한 과도현상 분석을 수행한다. 그리고 수차 제조업체가 시스템에 대한 수차를 설계한 후 최종 상세 분석을 제공하는 과정으로 과도현상 관련 프로젝트 업무가 진행되지만, 발전소 현장의 수력학적 시스템이 구축되기 전까지는 과도현상 해석 결과를 보증할 수 없기 때문에 현장시험 결과와의 비교가 없을 경우, 최종 상세 분석 결과의 제공은 신중할 수밖에 없다.

수력과도현상의 해석에서 모델링 매개변수의 정확한 선택이 중요하지만, 시스템이 구축될 때까지 알 수 없는 양이 많은 시스템에서 항상 가능한 것은 아니다. 입력 매개변수에 대한 여러 가지 선택을 분석하면 시스템이 설계조건을 초과할 가능성에 대해서 검토할 수 있다. 즉, 서지탱크 조절계수의 경우 적절한 데이터 부족으로 인해 모델링 시 부정확하게 추정하는 매개변수가 될 수도 있다.

따라서 프로젝트 A에서는 현장 측정 결과와 해석 결과를 비교함으로써 해석 소프트웨어의 신뢰성을 확인할 수 있었으며, 프로젝트 B에서는 아직 현장 시스템으로부터 측정 데이터를 확보할 수 없었기 때문에 해석 결과에 대한 민감도 분석을 실시함으로써 해석 결과에 대한 입력 파라미터 수정의 효과에 대해서 검토하였으며, 파이프 마찰계수, 서지탱크 조절계수 및 발전기 관성의 선정은 모두 해석 결과에 현저한 영향을 미치는 것을 확인하였다.

(2) 프로젝트 A: 프란시스수차 과도현상 해석 및 측정 결과와의 비교/검토

프로젝트 A는 3개의 프란시스수차를 이용하는 25.5 MW(3 x 8.5 MW Francis 터빈)의 유입식 수력발전소시스템에 대한 수력과도현상의 모델링 및 해석을 수행하였으며, 과도현상 해석 결과를 해당 수력발전시스템 현장시험 중 측정한 데이터와 비교함으로써 해석 소프트웨어의 신뢰도를 확인하였다.

1) 프로젝트 A 개요

그림 8.122는 유입식 수력발전시스템 프로젝트 A의 모델링 결과를 보이고 있으며, 표 8.4와 표 8.5는 프로젝트 A에 사용된 3대의 프란시스수차 정격 사양과 수압관 파이프 종류와 물성치에 대한 설정값을 각각 나타내고 있다.

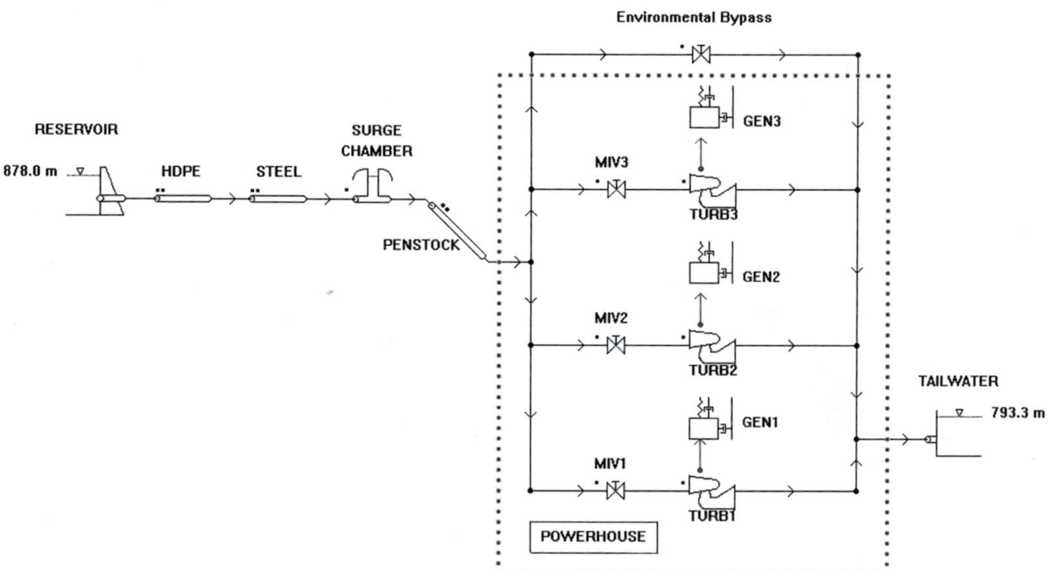

그림 8.122 프로젝트 A의 유입식 수력발전시스템 모델링
자료: Pullinger, 2011

표 8.4 프로젝트 A에 사용된 3대의 프란시스수차 정격 사양

H_R (m)	Q_R (m^3/s)	P_R (MW)	N_R (rpm)	D_{ref} (m)	J (kg · m^2) (WR^2)	n_s
78.6	12.25	8.5	400	1.4	1.064×10^4	0.95

자료: Pullinger, 2011

표 8.5 프로젝트 A에 사용된 파이프의 종류 및 물성치

Label	Material	L (m)	D (m)	λ	a(m/s)	a′(m/s)	elevation in (m)	elevation out (m)
HDPE	HDPE	850.0	3.35	0.0094	200	200	868.0	866.6
STEEL	Steel	152.8	2.90	0.010	1200	1274	866.6	864.2
PENSTOCK	Steel	163.3	2.59	0.010	1400	1360	864.2	795.3

자료: Pullinger, 2011

2) 계산조건 모델링

표 8.6, 그림 8.123 그리고 그림 8.124는 수차 부하차단에 대한 정상상태 조건, 가이드베인 폐쇄 절차, 수차운전 특성에 대한 해석 소프트웨어 계산조건을 나타낸다.

표 8.6 프로젝트 A 수차 부하차단에 대한 정상상태 조건

	Discharge (m^3/s)	Head (m)	Power (MW)	Initial GVO (%)	GVO close time, initial–20% (s)	GVO close time, 20–0%(s)
Turbine 1	11.3	76.3	8.3	73.4	18	23
Turbine 2	11.3	76.6	8.3	72.9	18	26
Turbine 3	11.8	77.0	8.5	77.3	18.5	24.5
Average	11.5	76.6	8.4	74.5	18.2	24.5
Model Input	11.5	76.6	7.9	72.1	18.2	24.5

자료: Pullinger, 2011

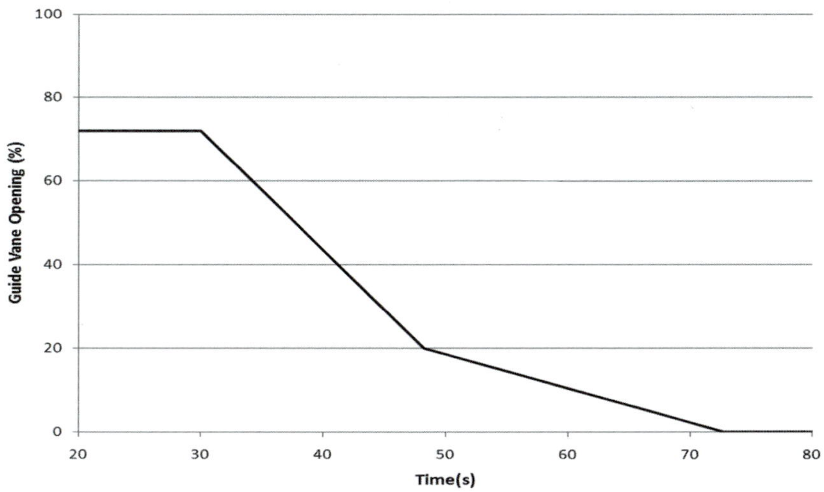

그림 **8.123** 프로젝트 A 가이드베인 2단 폐쇄 절차

자료: Pullinger, 2011

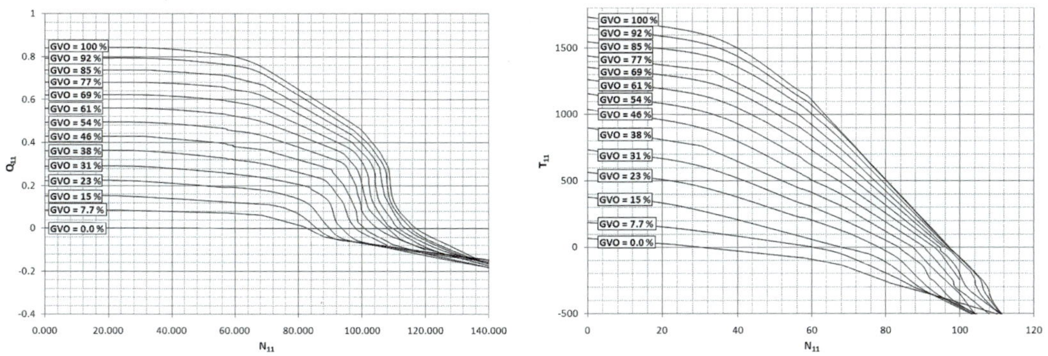

그림 **8.124** 프로젝트 A 수차의 대표적인 운전 특성

자료: Pullinger, 2011

3) 해석 결과의 검토

표 8.7, 표 8.8 그리고 그림 8.125는 과도상태 현장 측정값과 해석 결과의 비교를 보이고 있다. 프로젝트 A의 과도현상 수치해석 결과는 대부분의 파라미터에 대해 측정된 결과와 비교적 잘 일치하는 것을 보여준다. 수차 입구 및 서지탱크의 정상상태 헤드로 표시된 정상상태 수력헤드에 작은 오류가 있다. 또한 비상정지 후 수차의 최대 속도상승에 대한 오차는 3% 미만이다. 서지탱크의 최대수위와 서지탱크의 수위 상승값도 측정된 결과와 잘 일치한다. 현장 테스트 중 1대의 서지탱크가 넘쳤으며, 실제 조절계수가 예상보다 훨씬

표 8.7 프로젝트 A 수차 부하차단에 대한 과도 조건 비교

	Inlet Head/Elevation (m)		Head rise	Max. Spd	Speed rise
	Steady state	Maximum	(m/%)	(rpm)	(rpm/%)
Turbine 1 Measured	76.3/871.6	92.9/886.2	14.6/18.6	703	303/75.8
Turbine 2 Measured	76.6/871.9	93.4/886.7	14.8/18.8	702	302/75.5
Turbine 3 Measured	77.0/872.3	92.3/885.6	13.3/16.8	696	296/74.0
Average of Measurements	76.6/871.9	92.9/886.1	14.2/18.1	700	300/75.0
Calculated	76.6/871.9	96.6/890.3	18.4/23.4	691	291/72.8
% Error	0.0	4.0	29.6	1.28	3.0

자료: Pullinger, 2011

표 8.8 프로젝트 A 서지탱크에 대한 과도 조건 비교

	Water Level/Elevation (m)		Water Level	Time of Peak (s)
	Steady state	Maximum	Rise (m/%)	
Measured	9.0/873.0	18.8/882.8	9.8	91
Calculated	9.3/873.3	19.3/883.3	10.0	86
% Error	3.3	0.6	2.4	5.5

자료: Pullinger, 2011

작았기 때문에 초기 과도해석에서는 이러한 현상이 예측되지 않았다.

수차 입구에서의 최대압력은 측정 결과보다 계산상 약 30% 더 높았다. 초기 압력 급상승 이후 수차 입구에서의 계산된 헤드는 현장 측정 결과와 밀접하게 일치한다. 초기 압력 피크의 오류는 소프트웨어의 유효성 검사 중 얻은 결과와 일치하며, 수치 오류, 감지 장비의 응답시간 및 데이터로깅 장비의 기록 빈도 등 여러 가지 불확실도 성분에 의한 원인으로 추정된다. 또한 현장 측정시스템이 짧은 지속시간 동안의 압력 급상승을 포착하기 위

한 적절한 해상도를 제공하지 않는 경우, 해석 결과와 측정된 데이터가 다르게 나타날 수 있다.

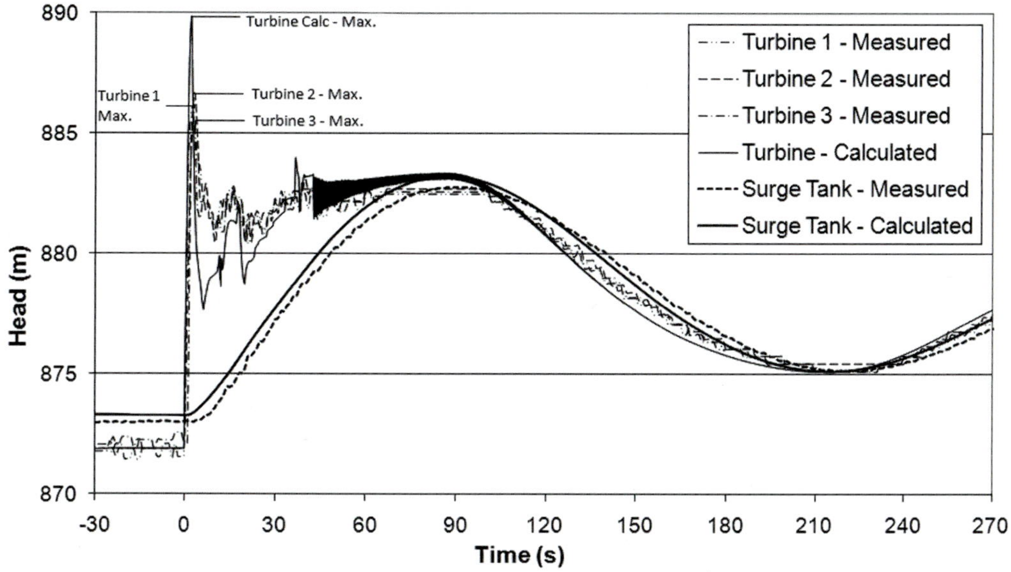

그림 8.125 프로젝트 A 수차에 대한 부하차단 데이터의 측정값과 해석 결과의 비교

자료: Pullinger, 2011

(3) 프로젝트 B: 가역식 프란시스형 펌프수차 과도현상 해석

프로젝트 B는 4대의 가역식 프란시스형 펌프수차를 사용하는 1333 MW(4 x 333 MW 프란시스형 펌프수차) 양수발전시스템의 과도해석을 수행하였다. 펌프수차 완전 특성은 수차 영역의 무구속속도 영역에 있는 S자형 특성을 포함한다. 시스템의 수력과도현상 모델링 및 해석 결과에 대해서 설명한다.

1) 프로젝트 B 개요

그림 8.126은 1333 MW의 정격출력을 가진 현재 건설 중인 양수발전시스템 프로젝트 B의 모델링 결과를 보이고 있다. 표 8.9와 표 8.10은 프로젝트 B에 사용된 4대의 펌프수차 정격사양, 수압관 파이프 종류 및 물성치에 대한 설정값을 각각 나타내고 있다.

그림 8.127은 해석을 위해 사용된 펌프수차의 완전 특성을 보이고 있다.

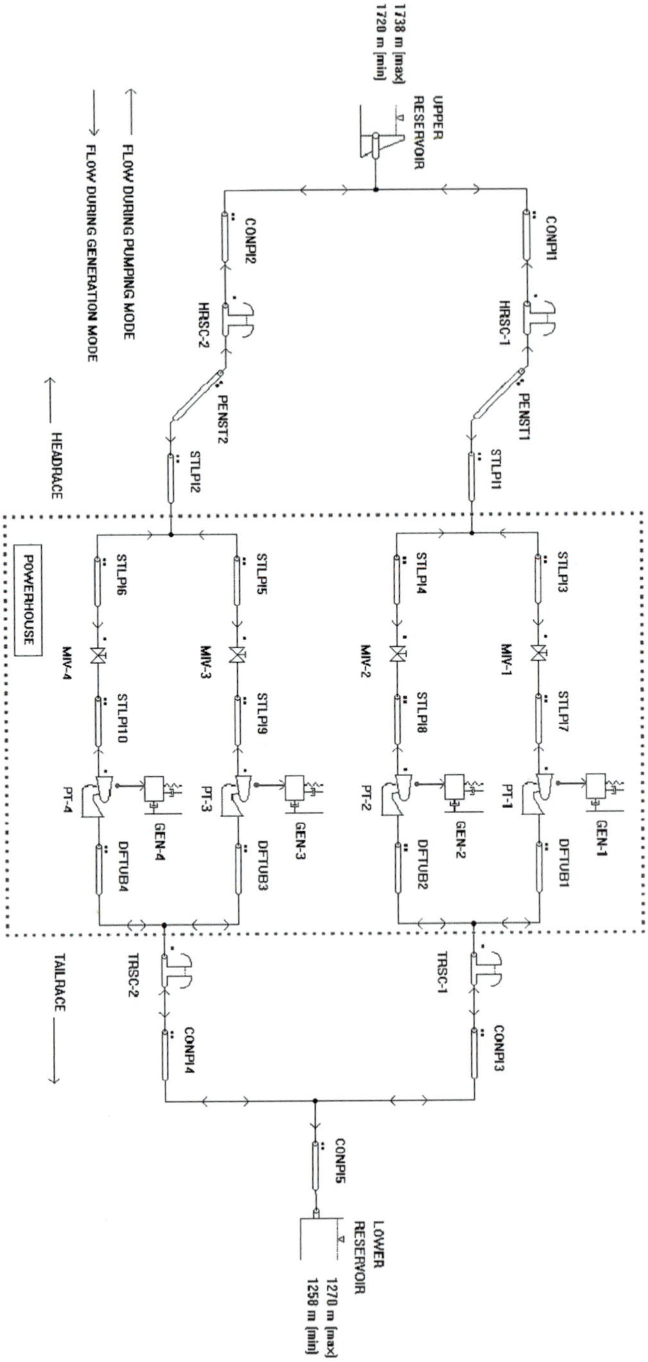

그림 8.126 프로젝트 B의 양수발전시스템 모델링

자료: Pullinger, 2011

표 8.9 프로젝트 B 4대의 펌프수차 정격사양

H_R (m)	Q_R (m^3/s)	P_R (MW)	N_R (rpm)	D_{ref} (m)	J ($kg \cdot m^2$) (WR^2)	n_s
445	83.8	333	428	4.41	1.75×10^6	0.63

자료: Pullinger, 2011

표 8.10 프로젝트 B 수압관 관로의 종류 및 물성치

Label	Material	L (m)	D (m)	λ	a (m/s)	a′ (m/s)	elevation in (m)	elevation out (m)
CONPI1 CONPI2	Concrete	1011	6.6	0.011	1350	1350	1701	1577
PENST1	Steel	835.7	5.1	0.010	1350	1348	1577	1203
PENST2	Steel	836.9	5.1	0.010	1350	1350	1577	1202
STLPI1	Steel	190.9	5.1	0.010	1350	1364	1203	1184
STLPI2	Steel	184.9	5.1	0.010	1350	1321	1202	1184
STLPI3 STLPI4 STLPI5 STLPI6	Steel	68.03	3.6	0.0	1350	1133	1184	1176
STLPI7 STLPI8 STLPI9 STLPI10	Steel	28.71	2.7	0.0	1350	1435	1176	1176
DFTUB1 DFTUB2 DFTUB3 DFTUB4	Steel	145.8	4.7	0.0	1350	1450	1168	1219
CONPI3 CONPI4	Concrete	162.5	6.6	0.011	1350	1354	1219	1220
CONPI5	Concrete	2350	9.4	0.011	1350	1350	1220	1239

자료: Pullinger, 2011

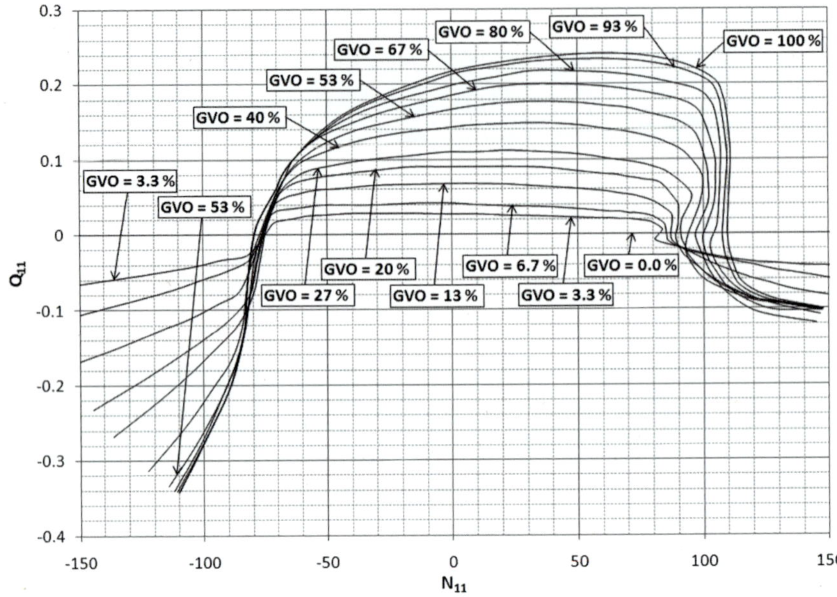

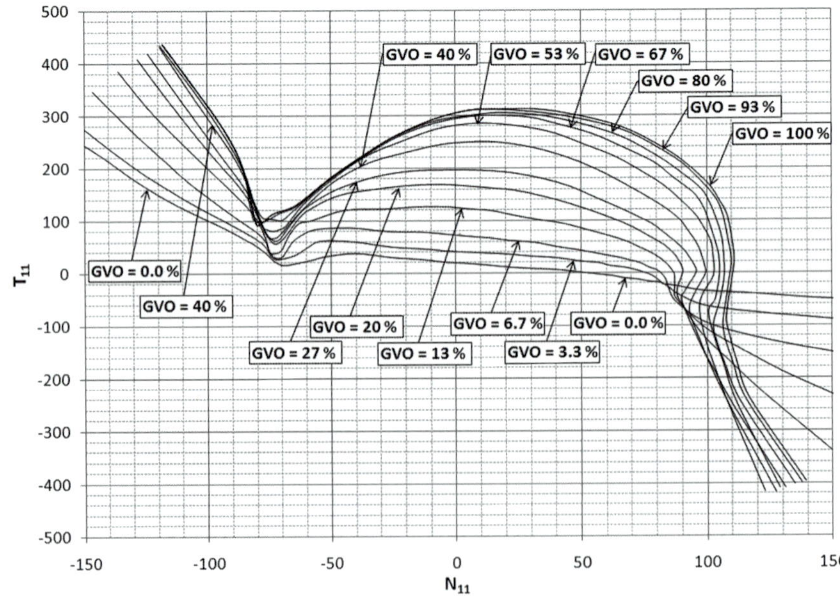

그림 **8.127** 프로젝트 B 수차의 대표적인 운전 특성

자료: Pullinger, 2011

2) 긴급 폐쇄

이 시나리오에는 최대헤드(상부저수지의 최대수위, 하부저수지의 최소수위)에서 4대의 장치 모두에서 동시에 발생하는 것이 포함된다. 가이드베인이 완전히 열린 상태에서 4대의 장치가 과부하 조건에서 작동하는 동안 순간적으로 전체 부하차단이 발생한다(발전기의 외부 토크는 t=20 s에서 순간적으로 0으로 설정됨). 컨트롤 시스템이 즉시 반응하여 가이드베인 폐쇄가 시작되는 것으로 가정하였다. 그림 8.128에서 가이드베인은 30% 닫힐 때까지 16.6 %/s, 85% 닫힐 때까지 2 %/s, 완전히 닫힐 때까지 0.5 %/s의 비율로 닫힌다.

펌프수차의 과도상태가 표 8.11에 요약되어 있다. 또한 도수로와 서지탱크의 수위 과도상태가 표 8.12와 표 8.13에 각각 요약되어 있다. 해석을 위한 소프트웨어 입력 데이터의 참고값으로 사용되는 AOR(analysis of record)은 프로젝트 B 시스템에 대한 예비조사의 일환으로 이전에 수행했던 시스템 수력과도현상 해석에서 사용되었던 데이터이며, 본 해석을 위한 모델을 만드는 데 사용된 대부분의 데이터는 이 보고서에서 수집되었다. 예비조사 이후로 관련 데이터의 많은 부분이 변경되었을 가능성이 있지만, 비교에 사용되는 데이터 AOR은 현재 수행 중인 조사와 동일한 모델링 입력에 기초하므로 이것은 문제가 되지 않는다고 판단하였다.

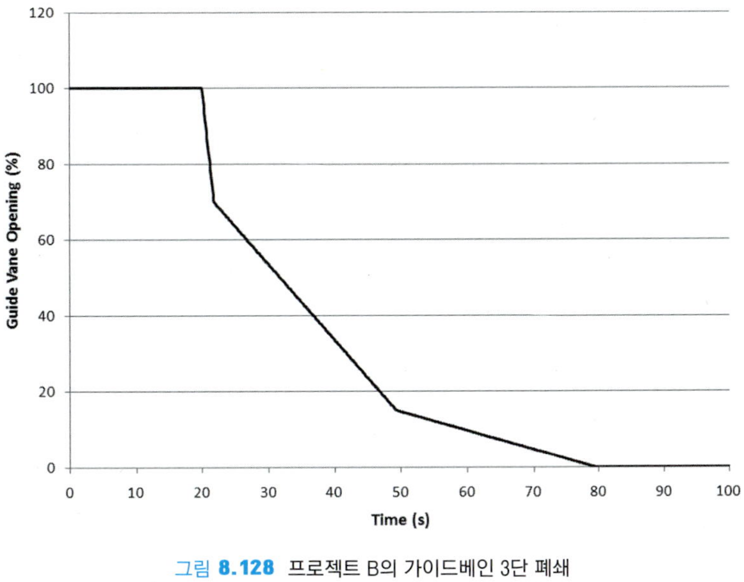

그림 8.128 프로젝트 B의 가이드베인 3단 폐쇄

자료: Pullinger, 2011

표 8.11 프로젝트 B 긴급 폐쇄 시 펌프수차 과도상태

	Inlet Head/Elevation (m)			Head rise	Head fall	Max. Spd	Speed rise
	Steady State	Max.	Min.	(m/%)	(m/%)	(rpm)	(rpm/%)
AOR	533.3/ 1709.3	736.7/ 1913.0	413.8/ 1590.0	203.4/ 38.1	119.5/ 22.4	609	181/42.0
SIMSEN	545.4/ 1721.4	781.0/ 1957.0	418.0/ 1594.0	235.6/ 43.2	127.4/ 23.4	611	184/42.6
% Diff	2.3	6.0	1.0	15.8	4.7	0.4	1.4

자료: Pullinger, 2011

표 8.12 프로젝트 B 긴급 폐쇄 시 도수로 과도상태

	Water Level/Elevation (m)			Water Level	Water Level	Oscillation
	Steady State	Max.	Min.	Rise (m/%)	Fall (m/%)	Period (s)
AOR	156.7/ 1733.7	179.9/ 1756.9	145.1/ 1722.1	23.2/14.8	11.6/7.4	145
SIMSEN	158.3/ 1735.3	179.5/ 1756.5	145.6/ 1722.6	21.2/13.4	12.7/8.0	157
% Diff	1.0	0.2	0.3	9.5	9.5	8.3

자료: Pullinger, 2011

표 8.13 프로젝트 B 긴급 폐쇄 시 방수로 서지탱크 과도상태

	Water Level/Elevation (m)			Water Level	Water Level	Oscillation
	Steady State	Max.	Min.	Rise (m/%)	Fall (m/%)	Period (s)
AOR	43.7/ 1262.7	58.2/ 1277.2	14.0/ 1233.0	14.5/33.2	29.7/68.0	335
SIMSEN	43.8/ 1262.8	57.7/ 1276.7	15.4/ 1234.4	13.9/31.7	28.4/64.8	305
% Diff	0.2	0.9	10.0	4.1	4.4	9.9

자료: Pullinger, 2011

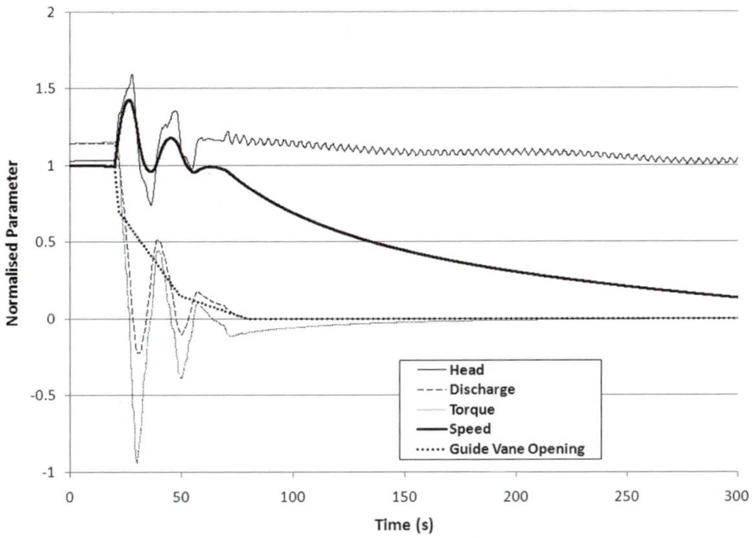

그림 8.129 프로젝트 B 수차 긴급 폐쇄에 대한 운전 파라미터의 변화

자료: Pullinger, 2011

그림 8.129는 펌프수차 장치 1에 대한 긴급 폐쇄 시 운전 파라미터 변화를 보여준다.

3) 무구속속도, 발전기동 및 트립 그리고 펌프기동 및 트립 상태 해석 결과

그림 8.130~그림 8.134에 무구속속도 상태, 발전기동 및 트립 상태, 펌프기동 및 트립

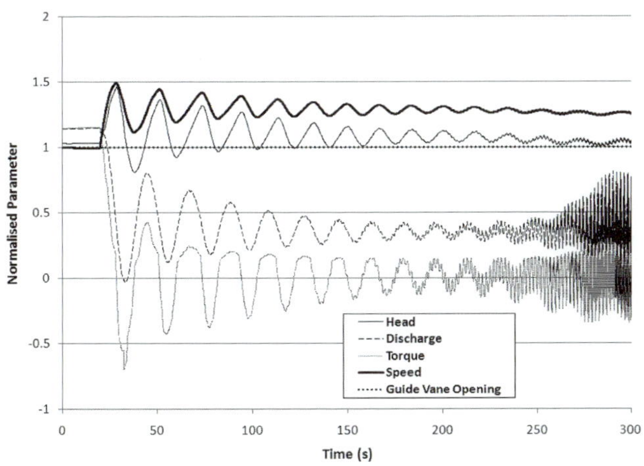

그림 8.130 프로젝트 B 수차 무구속속도에 대한 운전 파라미터의 변화

자료: Pullinger, 2011

상태에서의 과도 수치해석 결과를 보이고 있으며, 수차의 각 운전모드에 따른 수차운전 파라미터의 변화를 확인할 수 있다.

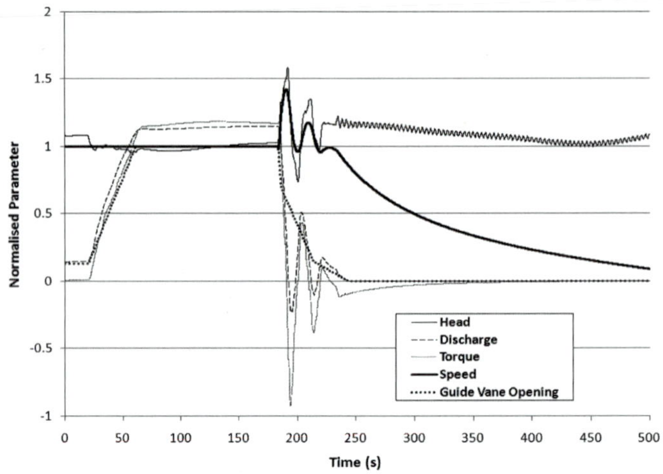

그림 **8.131** 프로젝트 B 발전기동 및 트립에 대한 운전 파라미터의 변화
자료: Pullinger, 2011

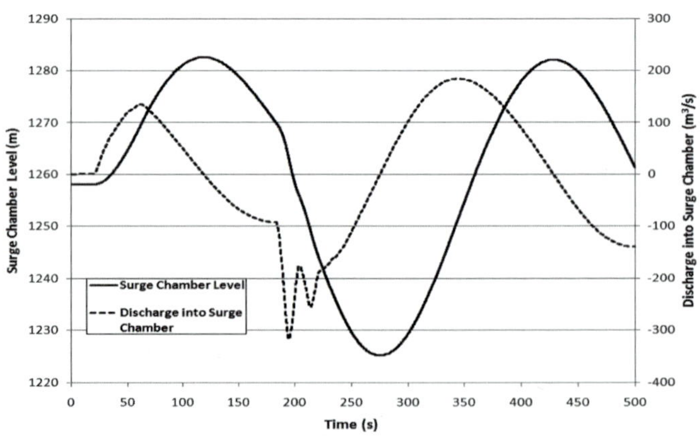

그림 **8.132** 프로젝트 B 발전기동 및 트립에 대한 방수로 서지챔버 과도상태
자료: Pullinger, 2011

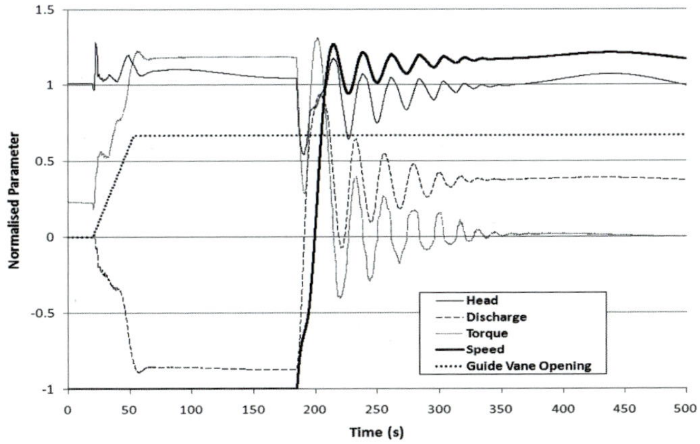

그림 **8.133** 프로젝트 B 펌프기동 및 트립에 대한 운전 파라미터의 변화

자료: Pullinger, 2011

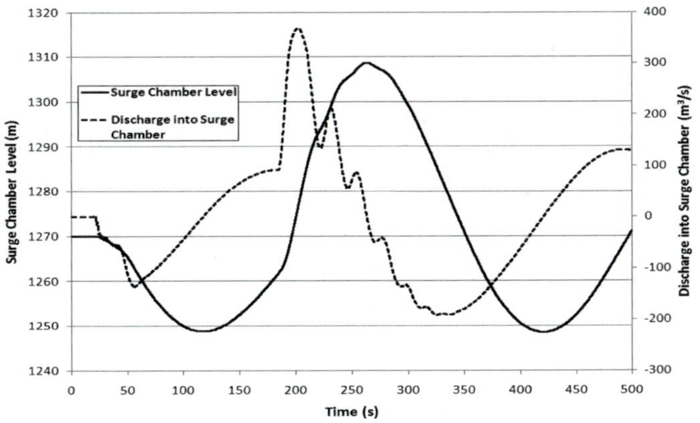

그림 **8.134** 프로젝트 B 펌프 기동 및 트립 후 방수로 서지챔버 과도상태

자료: Pullinger, 2011

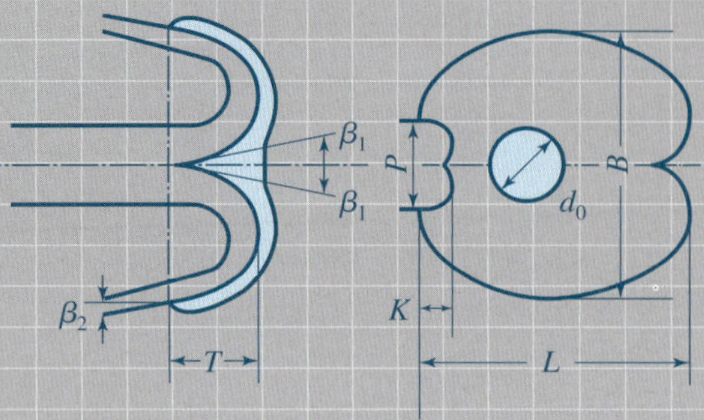

β_1
P
β_1
d_0
B
β_2
T
K
L

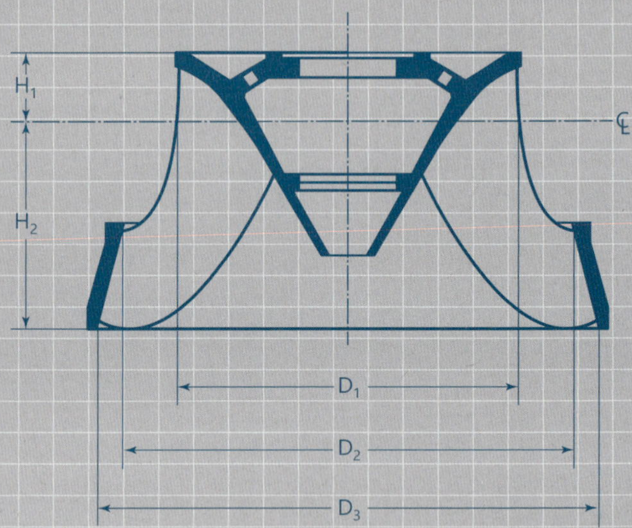

H_1
H_2
℄
D_1
D_2
D_3

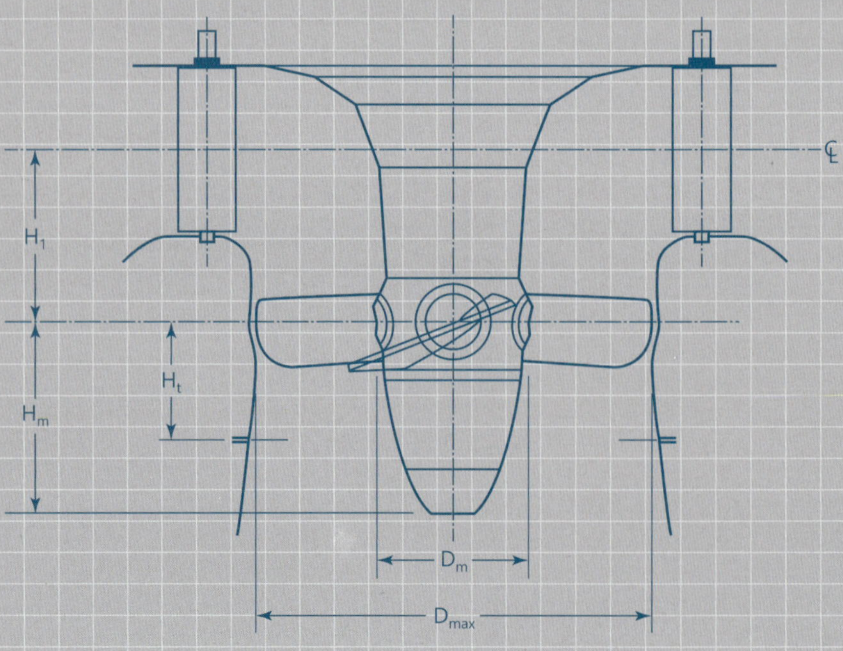

℄
H_1
H_t
H_m
D_m
D_{max}

9

양수발전과 가변속시스템

9장

양수발전과 가변속시스템

제1장에서 양수발전의 개요에 대해서 설명하였으며, 본 장에서는 양수발전시스템의 효율적인 운전을 위해 필수적인 주요 부품, 즉 가변속시스템, 부속설비 그리고 제어에 관련된 연구개발 사항과 그 특징에 대해서 설명한다.

9.1 가변속 양수발전시스템의 필요성

9.1.1 양수발전의 역할

(1) 전원별 특성을 고려한 수급 운용

일반적으로 전력수급 운용에서는 연료계획, 시설보수계획, 기상예보 등을 고려하여 전날까지 예상 수요에 따른 발전소별 운전계획을 결정한다. 전원 종별에 따라 연료 가격, 효율, 출력 조정 능력이 다르기 때문에 그것을 고려하여 경제성이 최적이 되는 계획을 세울 수 있다.

그림 9.1에 1일 수요변화에 대응한 각종 전원의 운용 예를 나타낸다.

당일은 실제 수요변화에 따라 발전기 출력을 조정함으로써 수요에 맞는 전력이 공급되고, 그 결과 전기의 주파수가 일정하게 유지된다. 각 전원의 출력 조정 능력을 그림 9.2 및 표 9.1에 나타내었다.

양수발전은 수력발전으로서 다른 전원에 비해 기동시간이 빠르고 출력변화도 고속으로 조정할 수 있는 능력을 가진다. 이러한 특징으로부터 양수발전설비는 첨두부하 시간에 전

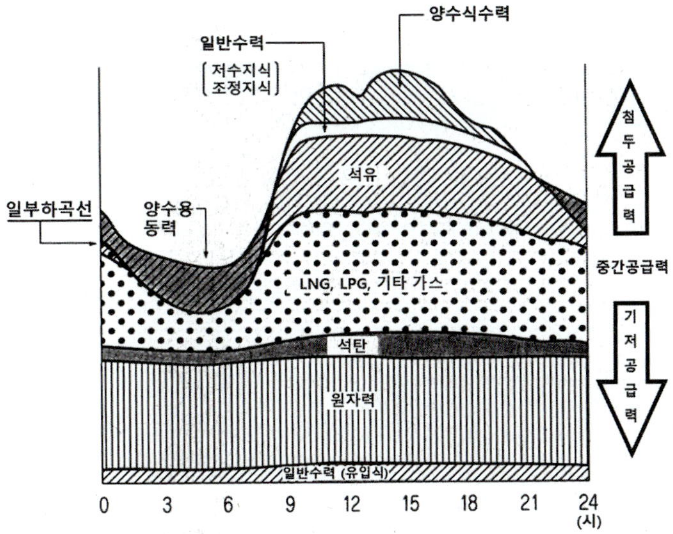

- **유입식 수력**: 하천의 자연 유량을 그대로 이용
- **원자력**: 전체 출력 운전
- **석탄 화력**: 기저 전원으로 전체 출력을 기본
- **LNG 화력**: 운용성이 뛰어나기 때문에 기저 및 중간 공급력으로 활용
- **석유 화력**: 경제성을 고려하여 첨두 공급력으로 활용
- **조정지식, 저수지식 수력**: 시간적인 출력 조정이 가능하기 때문에 첨두 공급력으로 활용
- **양수식 수력**: 부하 추종성이 뛰어나 급격한 수요 변동에 대응

그림 **9.1** 전원 종류별 특징을 고려한 수급 운용

자료: JICA, 2012

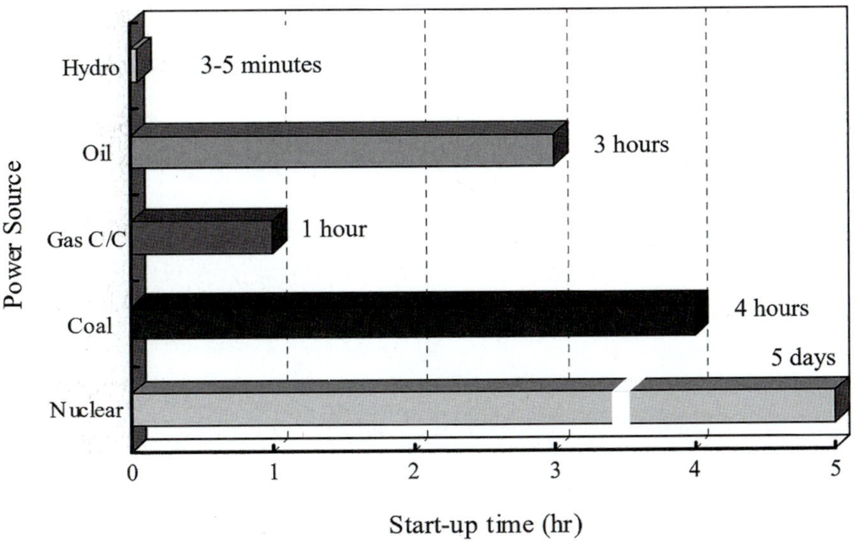

그림 **9.2** 정지 8시간 후의 기동시간

자료: JICA, 2012

표 9.1 출력변화 속도

전원 종류별	출력(부하) 변화율 [%/min]
(양수식) 수력	50~60
석유 화력	1~3
LNG 화력	1~5
석탄 화력	1~3
원자력	출력 일정

자료: JICA, 2012

력을 계획적으로 공급할 수 있고, 다음과 같이 활용할 수도 있기 때문에 계통 운영 측면에서의 장점도 크다.

- 전원 탈락 등의 계획되지 않은 정지에 대응하는 공급력
- 아침의 수요 급상승 시 등 수요 변동이 큰 시간대의 조정력
- 순동예비력(몇 초~1분 정도의 변동 조정) 및 운전예비력(1분~몇 분 정도의 변동 조정)으로서의 조정력
- 송전 계통에 이상이 생겼을 경우의 조류 조정 및 전압 조정
- 광범위한 정전이 발생했을 경우의 정전 복구의 기점
- 경부하 시에 연료비가 저렴하고 고효율의 기저 전력을 고부하율에서 활용하여 전체 연료비의 절감

그림 9.3은 일본 큐슈전력(주) 오마루가와(小丸川)발전소의 가변속 양수발전시스템의 주요 구성을 나타내고 있으며, 고속 대용량 가변속기로 2010년 운전을 시작하여 10년 이상 경과하였다. 여자장치에 의해 계통주파수 변동을 즉시 억제하도록 입출력을 조정하고, 계통 전압 유지 및 계통주파수 변동 억제 등 전력 계통의 안정화에 기여하고 있다. 발전용량 319 MVA, 모터용량 330 MW, 회전속도 $600 \pm 24\ min^{-1}$의 가변속기 용량을 가지고 있다.

그림 **9.3** 오마루가와(小丸川)발전소의 가변속 양수발전시스템
자료: 西都, 2013

(2) 수급 운용 및 계통 운용에 대한 양수발전의 역할

전력공급의 신뢰도를 유지하고 전력 계통을 안정적이고 효율적으로 운용하기 위해 (a) 수급제어 (b) 경제적인 운용 (c) 보조 서비스(Ancillary service)를 적절하게 할 필요가 있다. 양수발전소를 적절히 활용함으로써 이러한 전략을 보다 효과적으로 실현할 수 있다.

1) 수급제어

수급 조절의 목표는 부하 변동에 대응한 공급력을 준비하고 수요에 대응한 발전출력을 유지하기 위한 것이고, 양수발전소는 다음과 같이 활용된다.

① **첨두 수요에 대한 공급 능력** 1일 최대 수요 시간대에 맞추어 발전운전을 할 수 있도록 하는 것이다. 다음날 또는 경우에 따라서는 2~3일 후의 높은 수요에 대비하여 수요가 적은 시간에 양수운전, 첨두 시에 발전운전을 실시한다.

② **전원 탈락 등의 계획되지 않은 정지에 해당하는 공급력** 주간 대기 시에는 즉시 기동하여 발전운전을 함으로써, 또한 양수 시 양수운전을 차단함으로써, 다른 전원이 고장 난 경우에 그것에 대응하는 공급력을 단시간 내에 유지할 수 있다. 이에 따라 주파수가 유지되고, 일반 부하차단을 방지하는 효과가 있다.

③ **수요 변동이 큰 시간대의 조정력** 출력 조정 능력이 뛰어난 특징으로부터 아침 수요가 급상승하는 시간 등의 수요 변동이 큰 시간대에 발전운전을 하여 수급 조정을 효과적으로 수행하는 데 활용할 수 있다(그림 9.4 참조).

2) 경제적인 운용

양수발전소는 그림 9.5와 같이 심야 등의 전력이 별로 사용되지 않을 때 전기를 저장하여 첨두(피크) 시 등 전기를 필요로 할 때, 이 저장한 전력을 이용하여 수요와 공급의 균형을 조정하고 첨두와 비첨두 시의 전력 수요 격차를 줄일 수 있다.

따라서 양수발전소는 전력 소비가 시시각각 변화하는 변동을 평준화하는 역할을 하고 있다고 할 수 있다.

이 부하 평준화에 의해 지금까지는 자주 기동, 정지 및 출력 조정을 해야만 했던 다른 전원이 정격출력에서 장시간 운전하는 것이 가능하기 때문에 연료 효율이 향상된다. 또한 이에 따른 발전 단가가 저렴한 기저 전원의 발전비율 증대를 도모함으로써 계통 전체 발전비용이 감소하는 경제적 효과도 있다.

① **계통에 잉여 전력이 발생하는 경우** 원자력, 유입식 수력, 지열 등 일정한 출력으로 운전하는 것이 효율적이고 경제적인 발전소가 있고, 이들 발전소를 안정된 출력으로 운전하면 잉여 전력이 발생하기 때문에 이를 보상하고 안정적인 운전을 유지하기 위해 양수발전소의 양수운전을 할 수 있다. 이들 전원 비율이 증가하면 경부하 시의 수급 조정에 필수적이다.

② **고효율의 기저 전력을 활용해서 전체 연료비 절감** 야간 경부하 시에 고효율 화력 등의 단가가 저렴한 전력을 이용하여 양수운전을 하고 주간의 높은 수요 시에 열효율이 낮은 화

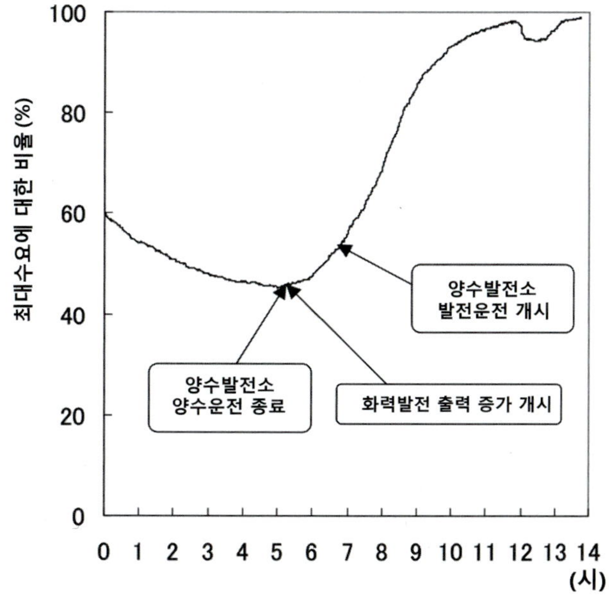

그림 9.4 수요 시작 시간대에서의 발전운전 예

자료: JICA, 2012

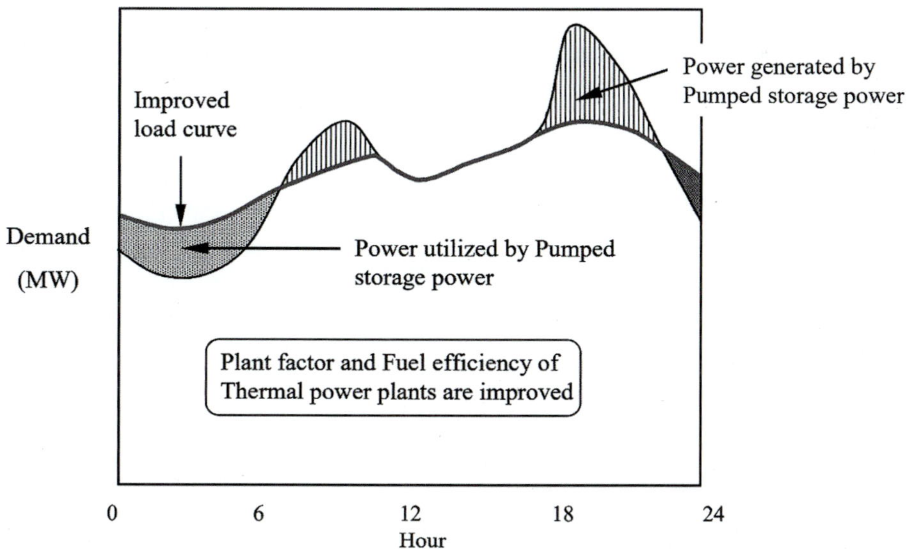

그림 9.5 양수발전소에 의한 일부하곡선의 평준화 개념

자료: JICA, 2012

력발전소의 출력을 억제하여 발전설비 전체의 효율을 향상시키고, 연료비를 줄일 수 있다.

③ **하부저수지의 수위를 낮추기 위한 양수** 하부저수지에 일반 하천으로부터 유입이 있고 하부저수지의 하류에 발전설비가 있지만, 일시적으로 발전할 수 없는 경우 등 물을 효율적으로 활용하기 위해 양수운전을 실시하여 상부저수지에 퍼 올릴 수 있다.

3) 보조 서비스

양수발전소는 일반 수력과 마찬가지로 출력 조정 능력이 뛰어나기 때문에 공급 신뢰도 확보를 위해 필수적인 다음 보조 서비스 제공에 적합하다.

① **주파수 제어** 실시간으로 발생하는 수급의 불균형을 조정해서 주파수를 적정한 범위로 유지하여 계통 전체에서 부하 변동의 주기에 따라 필요한 양의 순동예비력(몇 초~1분 정도) 및 운전예비력(1분~몇 분 정도) 등을 확보해 둘 필요가 있다. 양수발전소는 몇 초 이하의 변동에 대해서는 플라이휠 효과에 의해, 몇 초~1분 정도의 변동에 대해서는 조속기 제어에 의해, 1분~몇 분 정도의 변동에 대해서는 부하주파수 제어에 의해 각각 제어할 수 있다(그림 9.6 및 표 9.2 참조).

② **송전 계통의 조류 조정** 송전 계통 및 전원 설비에 사고가 발생하여 관련 계통 설비에 과부하가 발생했을 경우 또는 계통 전체의 안정성을 해칠 우려가 발생한 경우에 상황에 따라 양수운전과 발전운전을 차단 또는 출력을 신속하게 제어하여 과부하를 해소하거나 안정성을 유지할 수 있다.

③ **송전 계통의 전압제어** 송전 계통에서 전압을 적절한 값으로 유지하는 것은 안정적이고 효율적으로 송전하기 위해서 필수적이다. 양수발전소는 일반발전기와 같이 자동전압조정기를 제어하여 전압조정을 수행하는 것 외에 조상운전에 의해 무효전력을 공급함으로써 송전 계통의 전압을 유지하기 위해 활용할 수 있다.

④ **블랙 스타트(black start)의 능력** 광범위한 정전이 발생했을 경우, 양수발전소를 기점으로 발전을 시작하여 정전 복구를 할 수 있다.

⑤ **시험 부하로서의 양수발전** 실제 송전 계통을 사용하여 대용량 발전소의 차단시험을 실시하는 경우, 시험 부하로 양수발전소의 전력을 사용할 수 있다.

⑥ **환경규제가 있는 경우 화력발전의 대안으로서 발전** 대기 오염경보가 발령되어 환경규제로 인해 화력발전의 출력을 증가할 수 없으면, 그 대안으로서 수요 변동에 대응한다.

일반적인 수급 운용 및 계통 운용에서 양수발전은 주로 다음과 같은 목적으로 운용되고 있다.

- 전력을 저장하는 기능을 활용하여 야간의 낮은 부하 시에 양수동력을 사용하고, 주간의 첨두부하 시에 발전하여 첨두 공급력으로 함과 동시에 전원설비 전체를 경제적으로 운용한다.
- 출력변화 속도가 빠르다는 특징을 이용하여 1시간~몇 시간에 걸쳐 수요가 증가하는 아침 시간대 등에 발전을 시작하고, 수시로 출력 지령을 내려서 공급력을 고속으로 조정한다.
- 몇 분 이하의 수급 조정을 위한 부하주파수 제어와 1분 정도 이하의 수급 조절을 할 수 있는 조속기 제어를 위한 예비력을 확보하기 위하여 필요에 따라 양수발전을 기동하고 계통 전체 주파수를 규정된 값으로 유지한다.

수급 운용 및 계통 운용에서 가변속 양수설비는 양수 시에 출력 조정이 가능하기 때문에 경부하 시의 수급 조절에 활용된다.

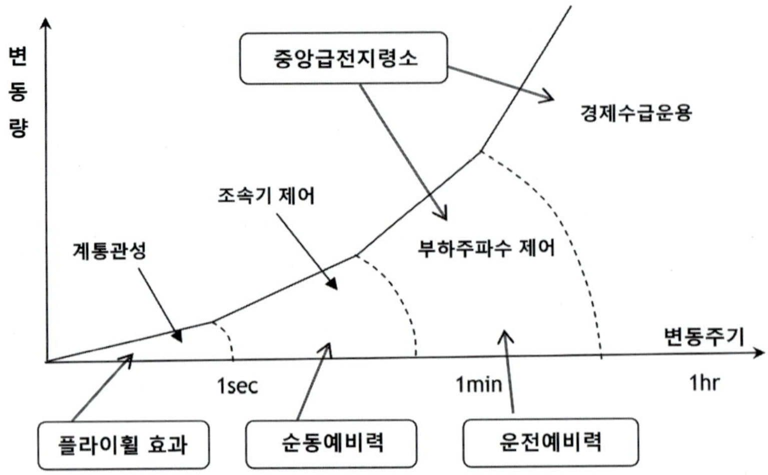

그림 9.6 수급제어의 개요

자료: JICA, 2012

표 9.2 전력시스템의 수급제어의 구분

방식	대응하는 주기	개요
플라이휠 효과	몇 초 이하	계통 내 부하의 고유 특성에 의한 주파수 변동 억제 특성, 즉 계통 관성에 의한 제어
GF (governor free, 주파수추종 운전 또는 조속기 응답)	몇 초~1분	조속기의 제어에 의해 주파수 변동을 제어하는 것이며, 발전기가 회전수의 변동을 감지하여 적정 주파수를 위한 회전수를 유지하도록 자동적이고 순간적인 회전수를 제어
LFC (load frequency control, 부하주파수 제어)	1분~몇 분	수급 불균형에 기인하는 주파수 변동을 감지하고 수급 불균형을 해소하기 위해 급전 시스템으로부터의 자동적인 발전기 출력을 제어
ELD (economic load dispatching control, 경제부하배분 제어)	십수분 이상	주기가 긴 변동에 대한 대응은 그 변동 폭도 크기 때문에 대응하는 발전기의 경제성을 고려해 부하 배분을 제어

9.1.2 가변속 양수발전 운영 기술

(1) 야간 조정 예비력 확보

주파수를 규정값으로 유지하기 위해 전력회사는 필요한 예비력(순동예비력, 운전예비력)을 확보해야 한다. 일반적인 고정속 양수발전에서는 양수 시의 출력 조정을 할 수 없기 때문에 야간에 출력의 5%의 조정 폭을 가진 화력기계에서만 조정예비력을 확보하면 200 MW (야간 출력)×5%(조정 폭)×20대=200 MW로 되고, 1대당 50 MW의 조정 폭을 가지는 가변속 양수기계 2대를 활용할 수있는 경우 가변속 양수기계 2대와 화력기계 10대에서 200 MW의 조정력을 확보할 수 있다.

따라서 가변속 양수를 운전함에 의해 조정용으로 운전하는 화력기계의 운전 대수를 줄이면, 일반 양수기계에서 양수운전한 경우에 비해서 화력기계분의 효율이 향상된다.

또한 부하주파수 제어에 의한 제어 속도도 화력기계보다 수력기계가 훨씬 빠르기 때문에 화력기계만에 의한 주파수 조정에 비해 가변속 양수기계를 운전 한 경우의 주파수 추종성이 훨씬 좋아질 수 있음이 확인되고 있다. 경부하 시에서는 수요 변화에 대한 주파수 변동이 커지기 때문에 주파수 제어의 정밀도를 향상시키기 위해서도 가변속 양수기계는 큰 역할을 하고 있다.

(2) 양수동력의 조정

양수운전을 할 경우, 고정속 기계는 일정한 입력만으로 운전할 수 밖에 없지만, 반면에 가변속 기계는 몇 단계의 입력 값(예: 250 MW, 300 MW, 350 MW)으로 운전이 가능하다. 따라서 양수의 원인이 되는 발전력과 전력수요에 대하여 보다 효율적인 운전이 되도록 양수동력을 조정할 수 있다. 표 9.3은 경부하 시의 출력 조정력을 전원 종별로 비교하고 있다.

표 **9.3** 경부하 시의 출력 조정력

전원 종별	출력 조정속도	조정가능 폭
가변속 양수기 (400 MW)	50~60%/분	±50 MW
화력 (병합사이클기)	5%/분	5%

자료: JICA, 2012

9.1.3 가변속 양수발전 도입 시 고려사항

가변속 양수발전의 특징으로부터 양수발전으로 첨두부하 수요에 대응하는 전원설비임과 동시에 부하조정용 전원의 역할이 기대되고 있다. 따라서 가변속 양수발전 도입 검토를 하는데 부하조정용 전원설비의 요구를 파악하는 것이 중요하다.

(1) 전원구성의 변화 경향

원자력발전소와 화력발전소와 같이 부하조정 기능이 부족한 발전소는 기저부하 공급용 전원으로 운전한다. 하지만 그 비율이 증가하면 전력 수요가 적은 야간에는 부하 변동에 충분히 추종할 수 없고, 계통주파수의 안정화가 어려워진다. 계통의 안정화를 도모하기 위해서 주파수 조정용의 화력발전소를 운전하면 상대적으로 낮은 효율로 운전이 되지만 경제적인 면에서는 단점이 생긴다.

또한 최근 급속히 증가하고 있는 신재생에너지 전원의 도입에 따라, 출력 조정이 어려운 풍력 및 태양광 등 신재생에너지가 대량으로 도입되면서 수급 조정 및 계통 안정성 확보가 큰 과제로 되고 있다.

(2) 전기의 질에 대한 요구

산업의 발달과 경제성장에 따라 전기의 질에 대한 요구가 높아지고 있다. 일반적으로 전력 수요를 충족시키는 전원이 어느 정도 정비되면 질 좋은 전기를 안정적으로 공급하는 것이 요구된다.

즉, 경제의 고도화에 따라 정밀기기 제조 등 고품질로 안정된 전력공급이 요구되고 있으며, 원자력발전 등의 기저 전원을 효율적으로 운용하기 위한 첨두부하 공급력으로 조정능력이 큰 전원의 필요성이 증가되고 있다.

따라서 전력 수요의 규모에 따라 적절하게 응답이 빠른 부하조정용 전원, 단시간에 기동할 수 있는 예비력, 전압조정설비 등을 설치해 나갈 필요가 있기 때문에 양수발전 건설의 요구가 증가되고 있다.

9.1.4 가변속 양수발전 기술도입

(1) 가변속 양수발전시스템의 특징

가변속 양수발전시스템은 첨두(피크) 수요에 대응하기 위해 기존의 양수발전소의 기능과 더불어 양수운전 시에 입력을 가변으로 조정할 수 있으며, 발전과 양수운전 모두 가능하지만, 기존의 양수발전소와 비교하여 고속으로 전력을 조정할 수 있는 기능이 있다. 가변속 양수발전시스템의 주요 특징은 다음과 같다.

1) 가변속과 고정속 양수발전시스템의 차이점

가변속 양수발전시스템과 기존의 고정속 양수발전시스템의 비교를 그림 9.7에 나타내었다. 두 시스템의 주요 차이점은 발전전동기의 회전자 구조와 발전전동기의 여자방식에 있다. 기존 시스템에서는 발전전동기의 회전자가 돌(출)극형 회전자 권선으로 구성되며, 거기에 여자장치에서 직류전류를 공급하여 여자를 실시하고 있다. 반면에 가변속 양수발전시스템의 발전전동기 회전자는 3상 권선으로 구성된 비돌출형(원통형)이며, 3상 권선에 공급하는 교류여자전류를 주파수변환장치로 조정하여 회전자의 회전속도를 제어하고 있다.

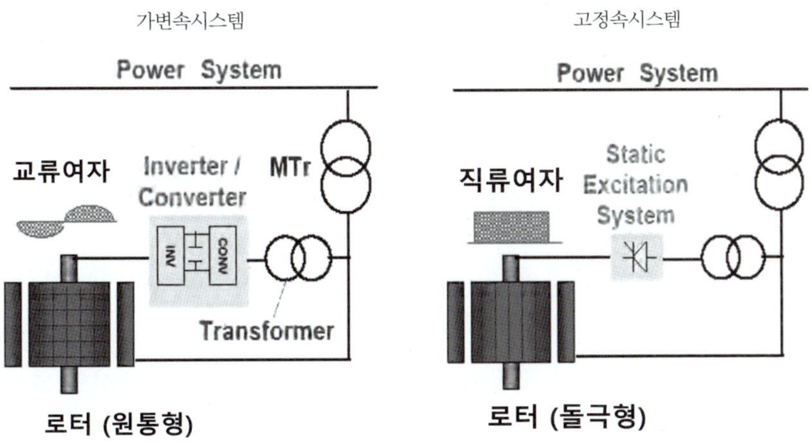

그림 9.7 양수발전시스템 비교도

자료: JICA, 2012

3상 권선을 가지고 있는 발전전동기의 회전자에 3상교류전류를 공급하면 회전자상에 회전자계가 발생한다. 이 회전자계의 회전속도를 n_2로 하고, 회전자의 기계적인 회전속도를 n_r로 하면, 발전전동기의 고정자 측에서 본 자계의 회전속도 n_1은 그림 9.8과 같이 n_2+n_r로 나타낼 수 있다. 즉, 동기속도를 n_1으로 하면, 동기속도 n_1과 회전자의 속도 n_r의 차인 n_2에 해당하는 낮은 주파수로 회전권선을 교류여자하면 발전전동기를 항상 계통

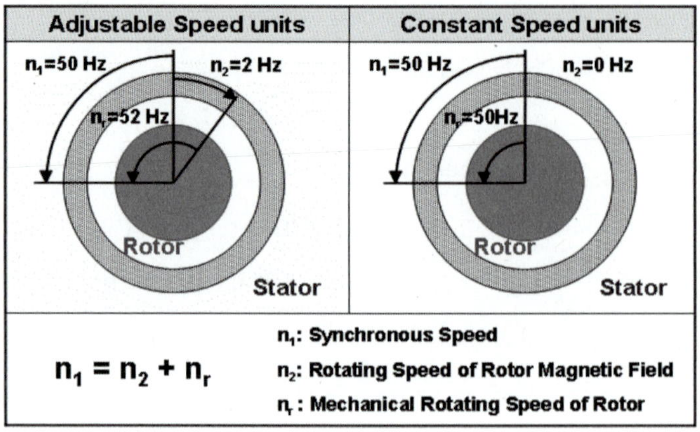

그림 9.8 동기속도와 회전자속도의 관계도

자료: JICA, 2012

과 동기하면서 회전자를 임의의 회전속도로 제어하여 운전할 수 있다.

회전자 권선에 3상교류여자전류를 공급하는 여자방식은 교류전원을 일단 직류로 정류한 후 저주파교류로 변환하는 인버터/컨버터 방식과 교류전원을 직접 저주파교류로 변환하는 사이클로컨버터 방식이 있다.

2) 가변속 양수발전시스템의 운영상의 주요 장점

가변속 양수발전시스템의 도입에 따라 기존의 야간 수급조정을 실시하고 있던 화력발전소를 이용할 필요가 없어지고 신재생에너지를 이용한 발전의 급격한 출력 변동을 흡수·조정하는 역할을 할 수 있어 운용성과 경제성 그리고 환경 면에서도 효용이 인정되고 있다.

그림 9.9와 같이 고정속 기계에서는 회전속도가 일정하기 때문에 댐 수위에 따라 정해지는 양정과 전동기 입력은 펌프 특성에 의해서 한 줄의 곡선이 된다. 한편, 가변속시스템에서는 회전자의 회전속도를 조정하여 회전속도의 3승에 비례하여 축 입력이 변화하기 때문에, 그 결과로서 전동기 입력을 임의로 조정할 수 있다. 따라서 양수운전 시의 입력 조정이 가능하며, 양수운전 시 계통 전체의 주파수 조정 능력이 향상된다.

그림 9.10은 회전속도와 수차효율의 관계를 나타내고 있으며, 낙차와 유량 조건에 따라 펌프수차의 회전속도를 최적의 상태로 조정함으로써 가장 효율이 좋은 운전점에서 발전운

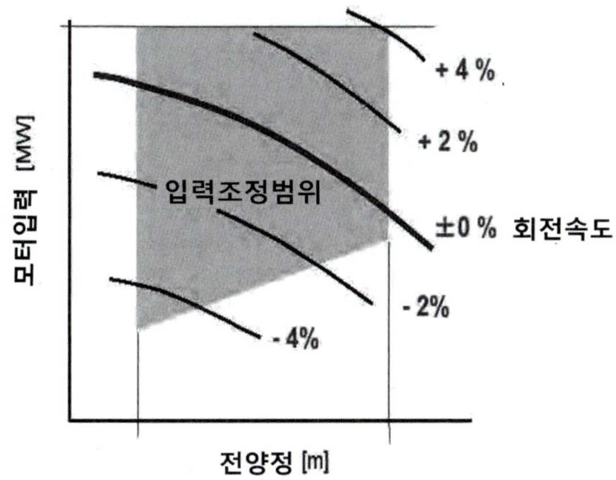

그림 **9.9** 양정과 전동기(모터)입력의 관계도
자료: JICA, 2012

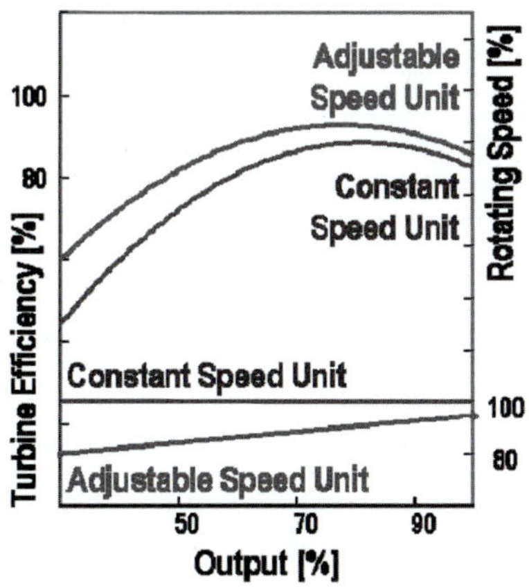

그림 **9.10** 회전속도와 수차효율의 관계도
자료: JICA, 2012

전이 가능해진다. 특히 저부하 시 및 저낙차운전 시의 수차 진동과 캐비테이션 발생이 크게 억제되기 때문에 수차의 하한 운전출력이 낮아지고 출력 조정범위가 확장되어, 발전운전 시의 주파수 조정 능력이 향상된다.

또한 회전자의 관성에너지를 이용하여 전력의 입출력을 고속제어할 수 있기 때문에 계통의 안정화에 기여할 수 있다.

① **양수운전 시의 입력조정에 의한 자동주파수 제어(AFC) 운전** 펌프운전 시의 양정에 대한 펌프입력의 특성을 그림 9.11에 나타내고 있으며, 고정속기는 직선(굵은 선 부분)상에서만 운전이 가능하기 때문에 양정에 의해 펌프입력이 결정되어 입력전력을 바꿀 수 없었다. 그러나 가변속기는 회전속도를 바꿀 수 있기 때문에 펌프입력을 조정할 수 있고, 운전범위를 훨씬 넓은 범위로 확대할 수 있기 때문에 양수운전 시에도 계통안정에 기여한다.

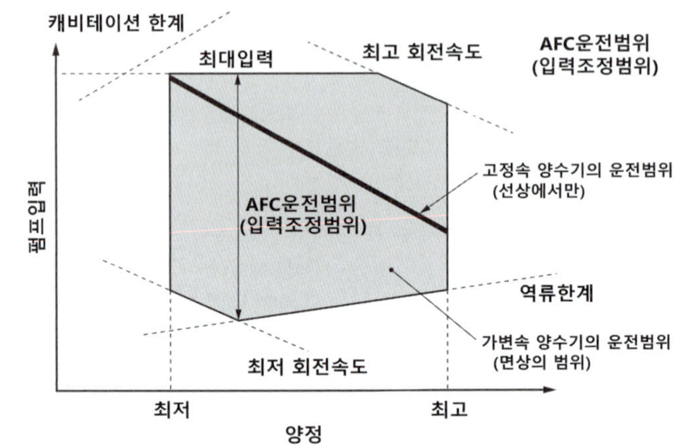

그림 **9.11** 펌프운전 시의 양정에 대한 펌프입력의 특성

자료: 楠, 2014

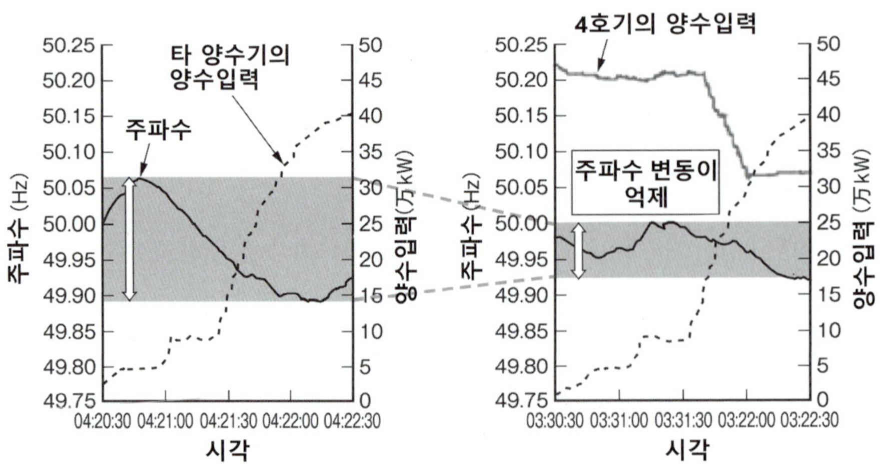

그림 **9.12** 가변속기 양수운전에 의한 주파수 변동의 억제

자료: 藤田, 2015

가변속기는 양수운전 시에도 입력전력을 조정할 수 있으므로, 그림 9.12에 나타낸 것처럼 양수운전 중에는 다른 양수기에 대한 시동·정지 시의 주파수 변동을 억제할 수 있음을 알 수 있다. 특히 양수운전을 주로 하는 야간에는 계통 부하가 가볍기 때문에 계통안정에 크게 기여할 수 있다.

② **수차효율 향상과 운전범위 확대** 교류기의 가변속시스템을 크게 구분하면 전원 측(발전전동기 고정자 측) 제어방식과 2차 측(발전전동기 회전자 측) 제어방식이 있다. 가변속 양수발전 시스템에서는 2차 측 제어방식을 일반적으로 채용하고 있기 때문에 종래형 구조의 발전전동기는 사용할 수 없지만, 주파수변환장치의 용량이 작아도 되며, 시스템으로서 무효전력을 연속적으로 제어할 수 있는 특징을 가진다.

교류여자방식 가변속기의 구성 예를 종래 동기기의 구성과 대비시켜서 그 효과를 그림 9.13에 보인다.

구분	양수운전 시의 입력조정이 가능	종합효율을 향상
종래 동기기 (고정속기)	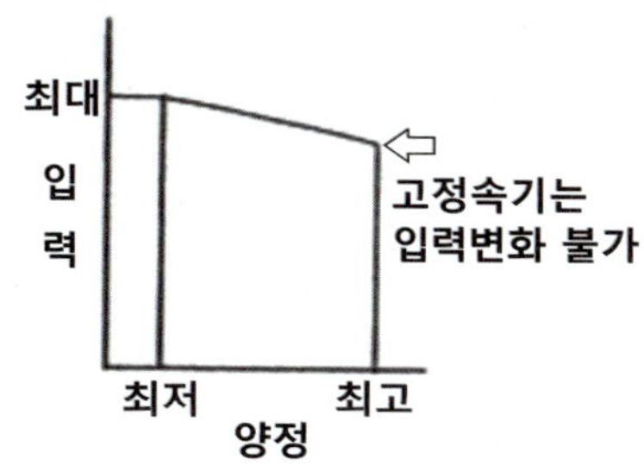	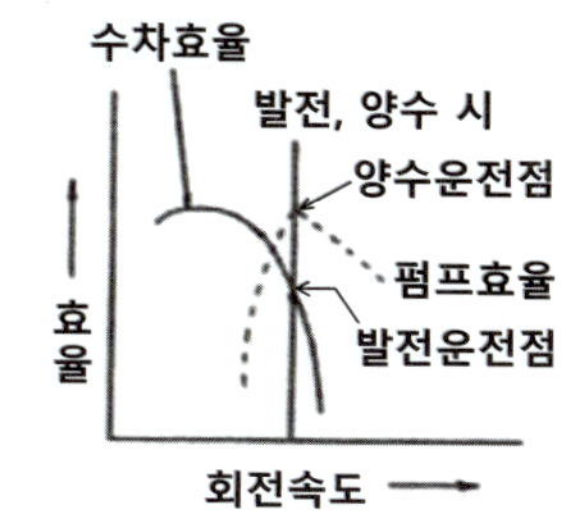
가변속기	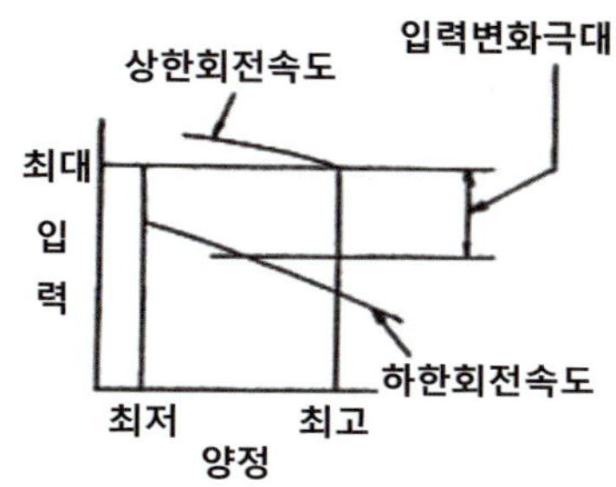	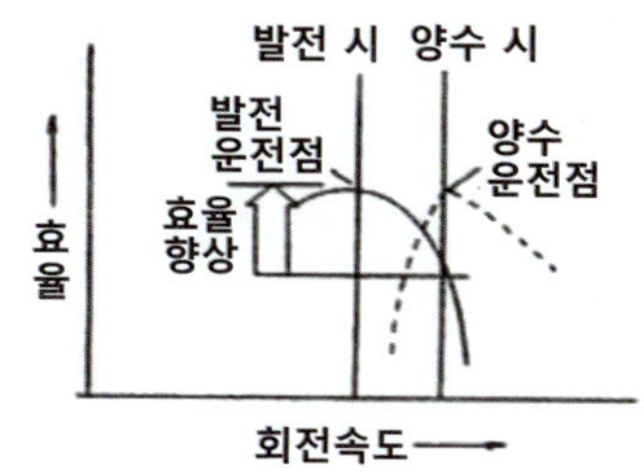

그림 9.13 가변속 운전에 의한 효과

자료: ターボ機械協会編, 2007

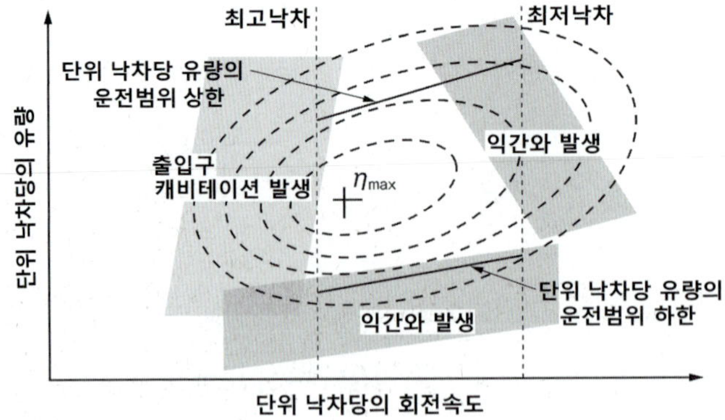

그림 9.14 수차특성곡선의 예

자료: 楠, 2014

가변속 양수발전시스템은 정상적으로 회전속도를 변화시켜서 운전상태의 최적화가 가능함과 동시에 과도적으로 플라이휠 에너지를 이용할 수 있기 때문에 여러 가지의 장점이 있고, 펌프수차 측과 전기 측의 제어시스템 특성의 각각을 살린 종합시스템이 가능하다.

따라서 가변속 양수발전시스템에서는 수차운전에 적절한 회전속도로 운전할 수 있으므로 수차효율이 향상된다. 또한 운전상태가 개선되므로, 캐비테이션이나 선회류 등 수차에 손상을 주는 현상을 저감할 수 있어 운전 가능한 낙차와 출력의 범위가 확대된다.

그림 9.14에서와 같이 고낙차·대유량의 운전에서는 캐비테이션 발생 영역에 들어가게 되어 러너가 괴식될 위험이 있다. 또한 저낙차·대유량 및 소유량의 운전에서 수차의 익간와 발생 영역에 들어가게 되어 큰 소음을 일으키며, 소유량 시에는 고낙차일수록 수차효율이 저하된다. 가변속화에 의해서 수차를 양호한 운전상태로 할 수 있으므로 발전효율이 향상되고 수차의 장수명화도 기대할 수 있다. 그림에서 $\eta_{\max}$는 수차 최대효율점, 파선은 등효율곡선을 나타낸다.

③ **고속 응답성** 정속 양수기는 발전 시에 유량을 조정해 유효전력을 조정하는 것 밖에 할 수 없다. 그러나 가변속 양수기는 양수 시와 발전 시 모두 교류여자장치를 제어함으로써 회전에너지를 전기에너지로 변환할 수 있기 때문에 유효전력을 고속으로 제어할 수

있다. 고속 응답성은 풍력 및 태양광발전과 같은 재생에너지의 출력변동·전압변동 대책에 기여한다.

④ **제어장치의 간소화** 수차전용기에서는 인버터가 수차의 회전속도에 관계없이 전력 계통과 동기한 상용주파수 교류(예: 60 Hz)를 출력할 수 있으므로, 고정속의 발전전용기에서 필요했던 조속기 제어장치, 자동전압조정장치 및 자동동기장치가 불필요하게 된다. 또한 유도발전기에서는 컨버터가 1차 전압의 주파수 제어를 하므로 2차여자방식에서 필요한 위상 제어가 불필요하게 되어 제어회로나 검출회로 등을 큰 폭으로 간소화할 수 있다.

3) 가변속 양수발전시스템의 도입 실적

CO_2 배출량 절감을 위해 풍력과 태양광 발전 등의 도입이 증가되는 가운데 새로운 조정용 전원의 필요성이 증가하고 있으며, 전력 조절능력이 뛰어난 가변속 양수발전시스템의 역할은 높아지고 있다 .

가변속 양수발전시스템의 최근까지 도입된 대표적인 실적을 표 9.4에, 도입계획을 표 9.5(2012년 기준)에 나타내었다. 표와 같이 대부분 일본 업체에 의해 일본에 설치되어 있다. 1990년대에 일본에서 도입이 시작되어 최근에는 유럽 및 북미에도 도입계획이 추진되고 있다.

한편, 현재 국내 운영 중인 양수발전소는 7개소 16기이며, 국내 발전설비 용량의 약 4%(총 4.7 GW) 차지하고 있으며, 2034년까지 1.8 GW에 해당하는 3개의 신규양수건설(2019년 신규 선정)이 제9차 전력수급 기본계획에 반영되어 있다. 향후 총 발전설비 용량은 6.5 GW로 확대될 예정이기 때문에 가변속 양수발전시스템의 도입이 확대될 것으로 예상된다. 그림 9.15는 국내 신규 건설예정 및 기존 양수발전소 각 위치를 나타내고 있으며, 그림 9.16은 신규 건설예정인 포천양수발전소(750 MW) 조감도를 보인다.

표 9.4 가변속 양수발전시스템의 주요 도입 실적 예

전력회사명(국명)	발전소명	출력×대수	제조사	운전시작연도
도쿄전력(일본)	야기사와	80 MW×1대	Toshiba	1990
홋카이도전력(일본)	타카미	100 MW×1대	Mitsubishi	1993
간사이전력(일본)	오카와치	320 MW×2대	Hitachi	1995
도쿄전력(일본)	시오바라	300 MW×1대	Toshiba	1995
전원개발(일본)	오쿠키요츠제2	300 MW×1대	Toshiba	1995
전원개발(일본)	얀바루해수양수	30 MW×1대	Toshiba	1999
독일	Goldisthal	300 MW×2대	ANDRITZ	2003
큐슈전력(일본)	오마루가와	300 MW×4대	Hitachi, Mitsubishi	2007
슬로베니아	Avce	200 MW×1대	MItsubishi	2010

자료: JICA, 2012

표 9.5 가변속 양수발전시스템의 주요 도입 계획

전력회사명(국명)	발전소명	출력×대수	제조사	운전시작예상연도
간사이전력(일본)	오쿠타타라기	320 MW×2대	Hitachi	2014
홋카이도전력(일본)	교고쿠	200 MW×1대	Toshiba	2015
스위스	Nant de Drance	250 MW×4대	ALSTOM	2015
스위스	Linth–Limmern	250 MW×2대	ALSTOM	2015
포르투갈	Vende Nova III	400 MW×2대	SIEMENS	2015
인도	Thri	250 MW×4대	ALSTOM	
도쿄전력(일본)	카즈노가와	400 MW×2대	Toshiba	2020

자료: JICA, 2012

그림 **9.15** 국내 신규(예정, 3개소) 및 기존(7개소)의 양수발전소

자료: 한국수력원자력주식회사

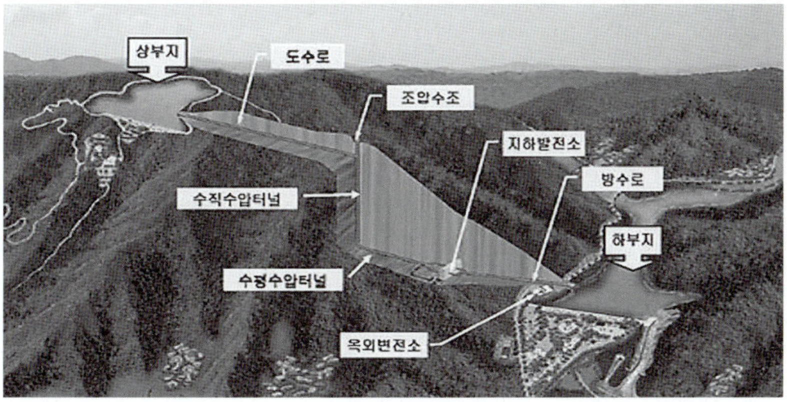

그림 **9.16** 건설 예정인 포천양수발전소(750 MW) 조감도

자료: 이데일리

4) 가변속 및 고정속 양수발전시스템 기술의 비교

가변속 양수발전시스템은 기존의 고정속 양수발전시스템에 비해 입력조정이 가능해지는 한편, 회전자 구조가 복잡하다는 점과 대용량의 여자용 변환장치를 가지고 있기 때문에 기존의 고정속 양수발전시스템에 비해 건설 비용이 고가로 된다. 이를 바탕으로 장점과 단점을 정량적으로 비교 및 검토하면 다음의 표 9.6과 같이 나타낼 수 있다.

표 9.6 고정속 및 가변속시스템의 비교

시스템	가변속시스템	고정속시스템	비고
댐 용량	거의 동일		가변속은 고정속에 비해서 보다 저수위에서 운전 가능
지하발전소의 공간 체적	105%	100%	가변속은 회전자와 변환기의 설치공간 때문에 추가 공간이 필요
전기장치분 비용	140%	100%	가변속은 로터와 여자장치의 증가분 비용이 필요
수차효율	최대출력 시 0.5% 증가, 중간부하 시 2.5% 증가	기준	가변속은 회전속도를 변화시킴에 따라서 고효율 운전이 가능
발전 시의 운전범위	30~100%	50~100%	가변속은 수차의 특성 향상에 의해 운전범위가 확장
양수 시의 운전범위	70~100%	일정	가변속은 운전범위를 조정 가능(입력은 속도의 3승에 비례)
출력변화속도 (일반운전)	0~100%/60 sec	0~100%/60 sec	고정속은 수차 특성에 의존. 가변속은 전기적으로 제어가 가능하기 때문에 지령에 대한 추종성이 양호
출력변화속도 (과도 시)	20 MW/0.1 sec	불능	가변속은 관성에너지를 전기에너지로 고속 변환 가능

자료: JICA, 2012

9.2 가변속 양수발전시스템의 원리

9.2.1 가변속 양수발전시스템의 개요

(1) 가변속 양수발전소의 운전

가변속 양수발전시스템은 야간 양수입력(양수에 사용하는 전력)을 계통주파수의 변화에 따라 변화시키는 것을 목표로 계획되었다. 양수발전소에서 양수입력을 조정하는 방법으로 다음을 생각할 수 있다.

- 펌프수차의 가이드 베인을 조정(개폐)한다.
- 펌프수차의 회전속도를 바꾼다.

표 **9.7** 가변속 양수발전소와 기존 고정속 양수발전소의 비교

	가변속 양수발전소	(기존) 고정속 양수발전소	양수전력의 조정방법
양수	회전속도를 변화시킴에 따라서 전력손실도 작고, 원활하게 조정가능하다. 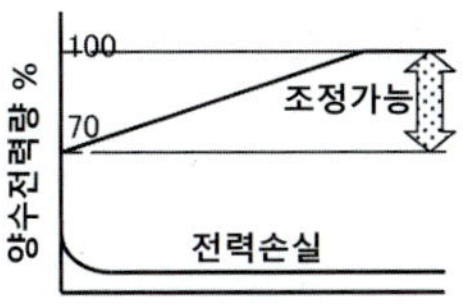 닫힘 ← 가이드베인 → 열림 소 ← 회전속도 → 대	가이드베인의 개폐에 의존하기 때문에 전력손실과 기계진동이 크고, 운전을 지속할 수 없다. 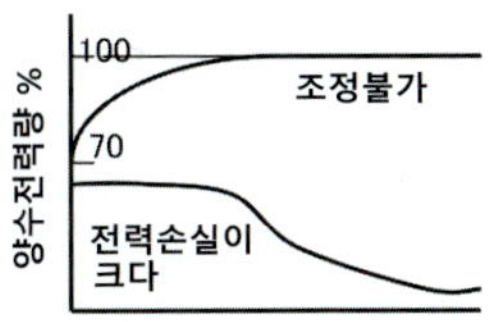 닫힘 ← 가이드베인 → 열림	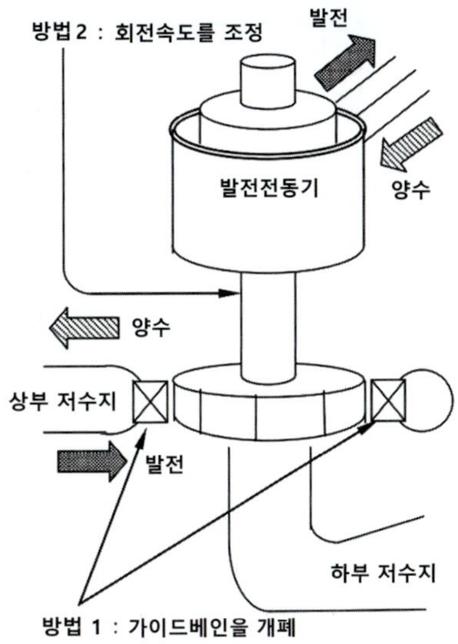
발전	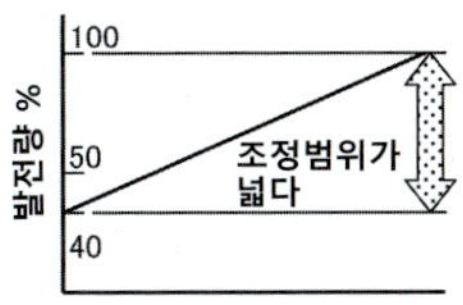 닫힘 ← 가이드베인 → 열림 소 ← 회전속도 → 대	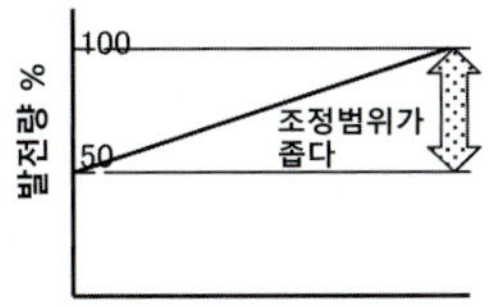 닫힘 ← 가이드베인 → 열림	

자료: JICA, 2011

그러나 표 9.7과 같이 기존의 고정속 펌프수차를 구동하는 직류여자방식의 동기 발전전동기는 회전속도가 주파수와 회전자의 극수로 결정되기 때문에 회전속도를 변화시킬 수 없다. 양수입력을 변화시키기 위해 가이드베인을 개폐하게 되지만, 실제로는 전력손실과 진동이 크기 때문에 운전을 계속할 수 없다.

양수발전에서 회전속도를 가변하여 구체적으로 다음과 같은 이점을 얻을 것으로 기대된다.

- 양수운전 시 입력조정이 가능해져 조속기 제어(governer free) 운전이 가능하다.
- 양수시동 시 입력변화를 완화할 수 있다.
- 양수정지 시 차단입력을 감소시킬 수 있다.
- 발전운전 시 고효율 운전이 가능하다.
- 부분부하 운전 영역을 확대할 수 있다.
- 고속제어로 발전전동기를 동기시키기 때문에 계통안정도 향상에 기여할 수 있다.

양수운전 시의 조속기 제어 운전 예를 그림 9.17에 나타내며, 양수시동 시 및 양수정지

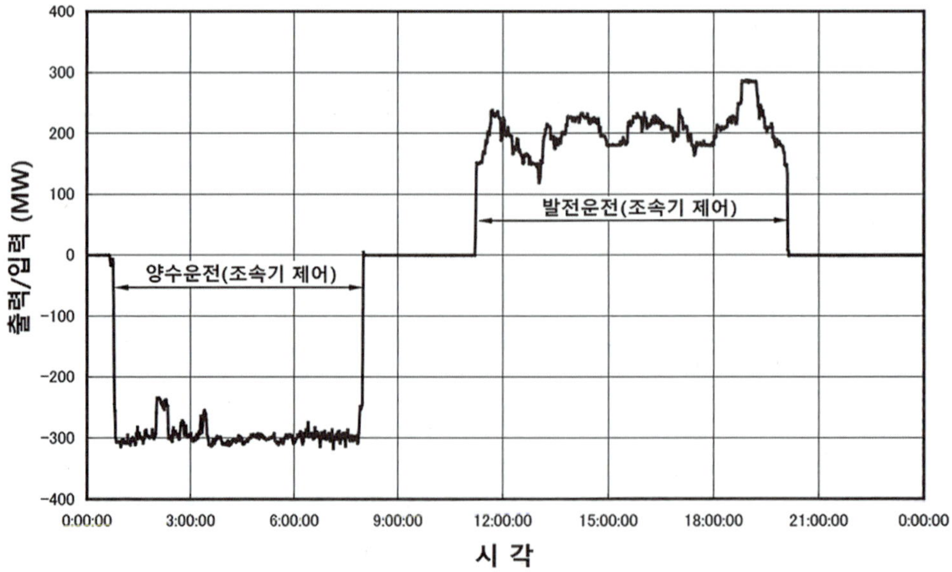

그림 **9.17** 가변속 양수발전플랜트의 조속기 제어 운전 예

자료: JICA, 2011

시의 입력변화 완화의 예를 그림 9.18과 그림 9.19에 보인다.

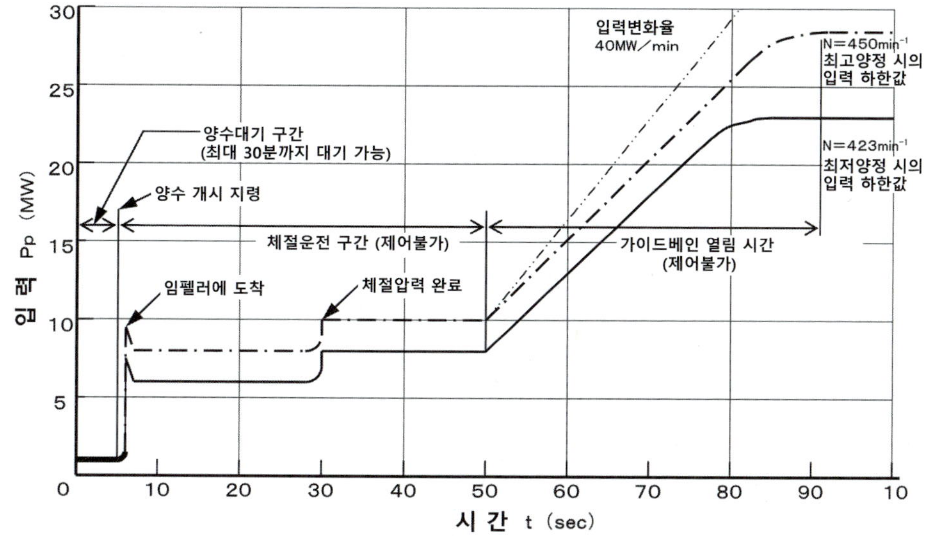

그림 9.18 가변속 양수발전플랜트 양수시동 시의 입력변화 예

자료: JICA, 2011

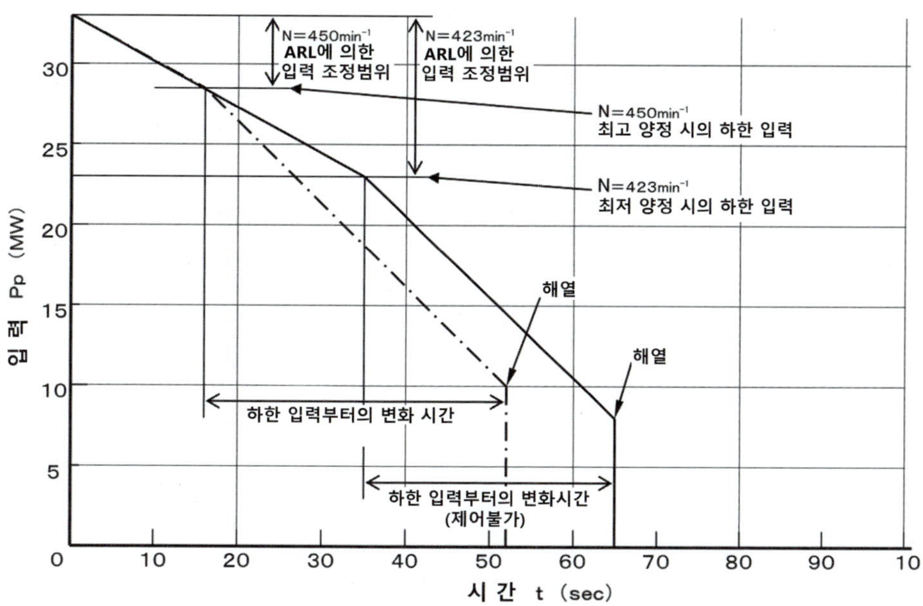

그림 9.19 가변속 양수발전플랜트 양수정지 시의 입력변화 예

자료: JICA, 2011

(2) 교류2차여자방식의 가변속시스템 원리

가변속시스템에서는 펌프수차의 회전속도가 변화하는 경우에도 발전전동기는 계통주파수에 동기화하도록 통전할 필요가 있다. 교류2차여자방식은 이러한 운전을 가능하게 하는 여자방식이며, CYC(사이클로컨버터) 방식 또는 INV-CON 방식(인버터-컨버터 방식)의 변환기자를 채용한 2차여자시스템이 채용되어 있다.

계통주파수 60 Hz에서 정격회전속도 450 min^{-1}의 예를 나타낸다. 펌프수차가 회전속도 n으로 회전하고 있다고 하면, 발전전동기의 극수(P)의 회전을 여자주파수 $\pm f_E$로 여자한 경우, 회전자에는

$$\pm n_E = \pm 2 f_E \times 60/P \qquad (9.1)$$

의 회전자계가 발생하고, 고정자에서 본 회전자계속도 $N_0 = n \pm n_E$로 된다. 종래까지의 동기 발전전동기에서는 회전자를 직류로 여자하고 있기 때문에 $n_E = 0$으로 되고, 수차의 회전속도는 계통주파수에 의해 결정되는 회전속도 N_0로 운전되고 있다. 이것에 대해서 가변속 운전에서는 펌프수차의 회전속도 n에 따라 $n_E = N_0 - n$에 상당하는 낮은 주파수에서 회전자를 교류여자하여 계통과의 동기를 유지하게 된다.

가변속기의 펌프수차가 동기속도에서 6%의 속도를 줄인 운전을 실시했다고 하면 주파수, 속도 및 여자주파수의 관계는 다음과 같이 된다.

$$\begin{aligned} &\text{계통과 동기하는 주파수}(N_0) = \text{회전속도}(n) + \text{여자주파수}(n_E) \qquad (9.2)\\ &60\ \mathrm{Hz} = 56.4\ \mathrm{Hz} + 3.6\ \mathrm{Hz}\\ &450\ \mathrm{min}^{-1} = 423\ \mathrm{min}^{-1} + 27\ \mathrm{min}^{-1} \end{aligned}$$

가변속 양수발전시스템과 기존의 고정속 양수발전시스템의 비교를 표 9.8과 그림 9.20에 나타내었다.

표 9.8 가변속 및 고정속 양수발전시스템의 비교

	가변속 양수발전시스템	고정속 양수발전시스템
구성	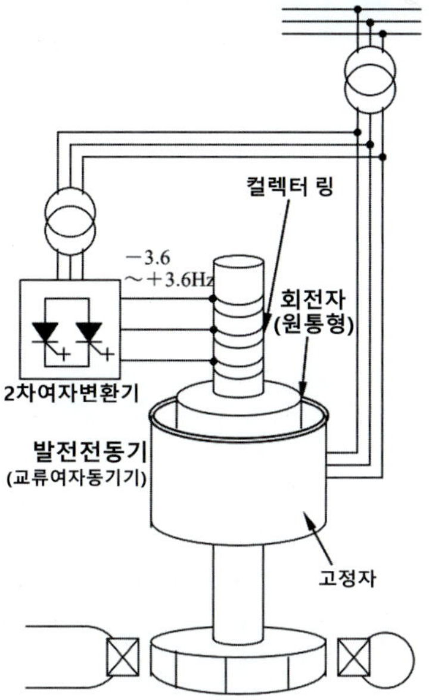 프란시스형 펌프수차	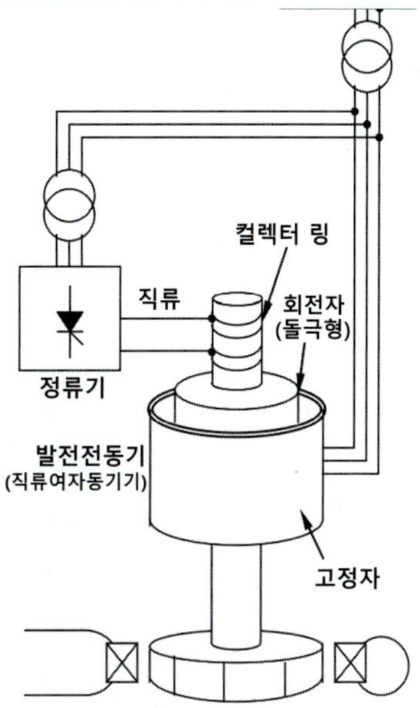 프란시스형 펌프수차
고정자전류	3상교류 60 Hz	3상교류 60 Hz
회전자전류	3상교류 −3.6~+3.6 Hz	직류 (0 Hz)
회전속도	60 Hz ± 3.6 Hz → 423 min^{-1}/477 min^{-1} : 가변범위	450 min^{-1}
여자장치	CYC 또는 INV-CON	정류기
조속기 제어	양수운전 시, 발전운전 시 가능	발전운전 시에만 가능
ALR운전	양수운전 시, 발전운전 시 가능	발전운전 시에만 가능
AFC운전	양수운전 시, 발전운전 시 가능	발전운전 시에만 가능
부분부하	고효율 운전장치에 의해 40% 정도까지 확대	50% 정도까지
양수시동	• 양수 최저운전입력까지 급변을 경감 가능(30%) • 여자장치를 시동장치로서 사용가능	• 적정 운전점까지 급변 • 사이리스트스타터, 포니모터 등의 시동장치가 필요
계통 고장	• 계통 고장 시에 안정도 개선에 기여 • 회전자가 원통형이기 때문에 2차여자장치에 유입하는 고장전류에 의해 과전압보호회로가 필요	• 계통 고장 시에 안정도 개선은 기대하기 어렵다. • 회전자가 돌극형이기 때문에 여자장치는 고장전류의 영향을 받지 않는다.
비용	고류여자장치 및 회전자가 고가	−

자료: JICA, 2011

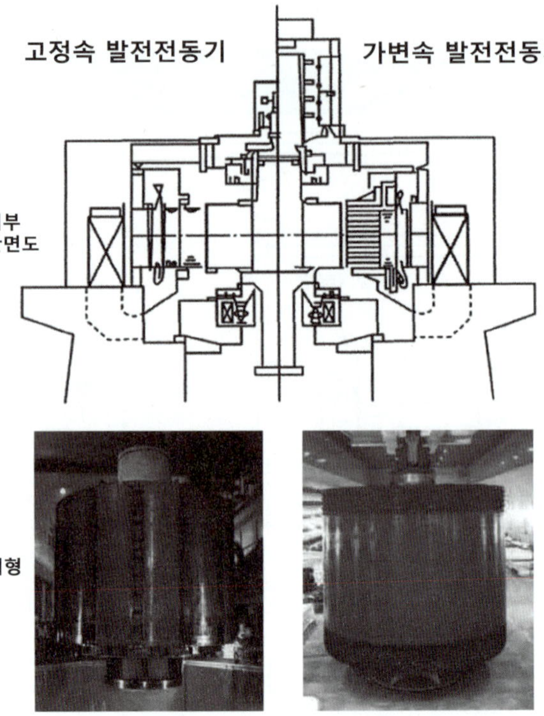

(a) 고정속기 회전자 (b) 가변속기 회전자

그림 9.20 고정속기와 가변속기의 발전전동기 구조 비교

자료: JICA, 2011

9.2.2 가변속 양수발전시스템의 원리

양수발전소의 주요 기기는 펌프수차와 발전전동기이다. 이를 가변속시스템으로 함으로써 기존의 고정속시스템에서 불가능했던 부가가치를 갖게 됨에 따라, 현재 계획 중인 양수발전소의 주요 기기에 가변속시스템 도입 여부가 검토되고 있다. 그 부가가치 중 하나는 양수운전 시, 입력을 조정할 수 있는 기능을 이용해 계통주파수 조정을 가능하게 한 것이다. 그리고 회전부의 관성에너지를 즉시 출납할 수 있어 계통 안정화를 도모하고 낙차나 출력에 따른 회전속도를 선택할 수 있어 고효율 운전이 가능해졌다.

또한 댐 수위의 변동이 큰 변낙차 상황에서도 양수 및 발전 양모드로 운전이 가능한 것 등 가변속 양수발전시스템에 기대되는 이점은 헤아릴 수 없다.

여기에서는 가변속 양수발전시스템의 원리와 효과에 대해서 소개하는 동시에 그 기술의 응용 예 등에 대해서도 기술한다.

(1) 양수발전소의 가변속 운용

그림 9.21에 양수발전소의 양수 시와 발전 시의 운전범위를 보인다. 운전범위는 펌프수차와 발전전동기에 더하여 여자시스템 등을 포함한 종합조건으로 결정되지만, 우선적으로 생각해야 할 것은 펌프수차의 운전 특성이다.

1) 가변속에 의한 양수운전범위

종래의 정속시스템에서는 발전전동기를 동기기로 하기 때문에 펌프수차의 운전속도는 항상 일정속도(동기속도)이다. 이 경우의 양정과 입력의 관계는 그림 9.21(a)의 일점쇄선 a로 보이는 것처럼 한 줄의 곡선으로 나타낼 수 있다. 따라서 어떤 양정 H_{p0}에서의 입력은 하나만의 값(P점)으로 한정된다.

한편, 펌프수차를 가변속 운전시키면 펌프의 특성곡선이 속도에 따라 그림 9.21(a)와 같이 평행이동하므로 L-M간의 입력 조정이 가능해진다. 따라서 전양정간($H_{p\min} \sim H_{p\max}$)에서

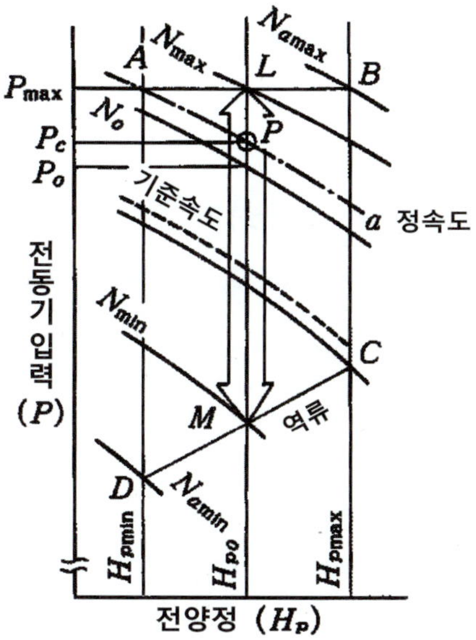

(a) 양수운전범위

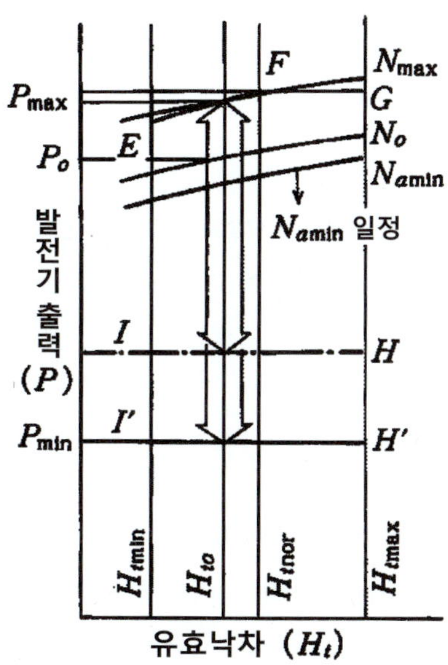

(b) 발전운전범위

그림 9.21 양수발전시스템의 양수 및 발전운전범위

자료: 高梨, 1995

의 운전은 A-B-C-D 범위로 확대된다. 덧붙여 A-B는 발전전동기의 정격출력으로부터, C-D는 펌프운전 시의 역류현상으로부터 오는 제한을 나타낸다.

2) 가변속에 의한 발전운전범위

펌프수차의 일정 속도에서의 발전운전은 그림 9.21(b)의 E-F-G-H-I에 한정된다. 또한 가변속 운전을 한 경우에는 E-F-G-H'-I'가 되어 범위가 확대된다. 상한 E-F는 펌프수차의 가이드베인 개도, F-G는 발전전동기의 정격 용량으로 제한된다. 그리고 가변속 운전 시의 최저낙차 $H_{t\min}$ 시, 최고낙차 $H_{t\max}$ 시의 운전범위 하한은 각각 I', H'로 넓어진다. 이는 고정속 운전 시에 비해 크게 효율이 향상되고 캐비테이션 등의 특성이 개선되므로, 그 결과 부분부하 운전 영역이 넓어진다.

(2) 가변속시스템의 예

발전전동기가 동기인 한, 그 자체로는 가변속 운전은 불가능하다. 주파수가 일정한 교류계통에 접속하는 가변속시스템으로서 발전전동기에 동기기를 채용할 경우에는 주파수변환기방식(LCI방식), 그리고 전혀 다른 방식으로 발전전동기의 회전자에 3상 권선을 실시하여 그것을 교류여자하여 실현하는 방식(교류여자방식)을 생각할 수 있다. 그림 9.22는 이러한 시스템도를 나타낸다.

1) LCI(Load Communtated Inverter) 방식(그림 9.22(a))

발전전동기에는 종래의 직류여자기방식의 동기기를 이용하므로 회전속도 $N\,[\mathrm{min}^{-1}]$의 기본식은

$$N = 120f/P \tag{9.3}$$

로 된다. 여기에 f는 발전전동기 단자의 주파수[Hz], P는 극수이다. 따라서 발전전동기 단자에 가변주파수 전원을 제공하면 그 주파수에 비례한 회전속도를 얻을 수 있다. 시스템적으로는 발전전동기와 같은 용량의 주파수변환기를 직접 접속할 필요가 있다.

본 방식으로는 발전전동기가 대용량이 될수록 변환기에 넓은 설치 공간이 필요할 뿐만 아니라 변환기를 포함한 시스템의 경제성이 악화되므로 산간부에 설치되는 양수발전소에

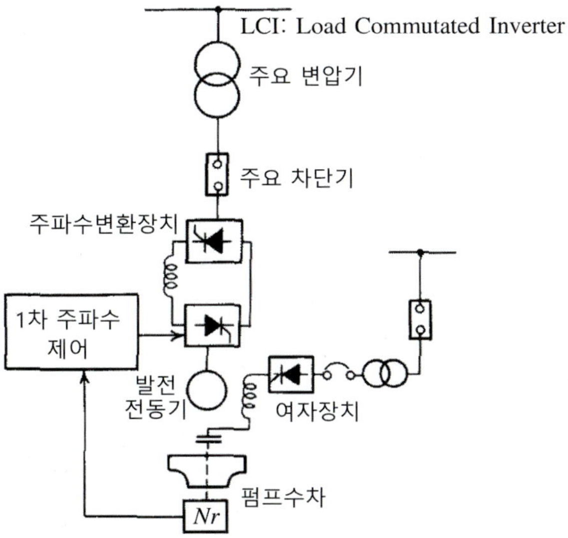

(a) LCI방식

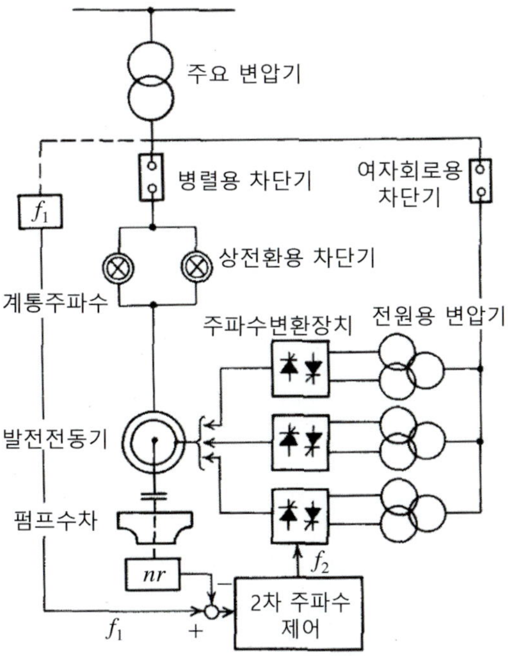

(b) 교류여자방식

그림 **9.22** 가변속시스템의 예

자료: 高梨, 1995

대한 적용은 보류되기 쉽다.

2) 교류여자방식(그림 9.22(b))

발전전동기에는 3상 권선을 실시한 회전자를 가진 교류여자발전전동기를 채용한다. 여자주파수는 주기(펌프수차와 발전전동기)의 회전속도가 변화해도 발전전동기 단자부의 주파수가 계통과 일치하는 주파수가 되도록 회전자 권선에 접속한 주파수변환장치에 의해 제어된다.

회전속도 $N\,[\mathrm{min}^{-1}]$의 기본식은

$$N = (1 - S)Ns \tag{9.4}$$

여기서, S는 식 (9.5)에 의해 정의되는 미끄럼, $Ns\,[\mathrm{min}^{-1}]$는 계통주파수 f [Hz]에 의해 결정되는 발전전동기 고정자의 회전자계 동기속도이다.

$$S = (Ns - N)/Ns \tag{9.5}$$

본 방식에서 변환기의 출력은 거의 발전전동기 용량에 미끄럼 S를 곱한 값이 되므로, 발전전동기 용량에 비해 변환기 용량이 비교적 작고 경제성, 설치 공간, 고조파 발생량 등의 면에서 유리하다.

3) 교류여자방식의 원리

전 항에서 두 방식으로 대표되는 가변속시스템에 대해 기술했다. 그러나 대용량의 양수발전소에 채용되는 시스템은 교류여자방식이 주류를 이루고 있으므로, 다음에 이 방식의 원리에 대해 설명한다.

3상 권선을 가지는 발전전동기의 회전자에 3상 교류전류를 통하면 회전자상에 회전자계가 발생한다. 이는 동기 고정자가 만드는 회전자계의 발생 원리와 완전히 같다. 다른 점은 회전자계의 회전속도는 기계적인 회전속도에 중첩한다는 것이다.

자계의 회전속도 $n_2\,[\mathrm{min}^{-1}]$는 교류여자에 의한 자속주파수 f_2 [Hz]와 극수 P에 의해

$$n_2 = 120f_2/P \tag{9.6}$$

로 나타낼 수 있다. 여기서, 회전자가 n_r [min^{-1}]로 회전하고 있으면 회전자상의 회전자계와 중첩되므로 고정자 측에 유기되는 주파수 f_1 [Hz]은 $n_r + n_2$에 비례하여 다음 식을 얻는다.

$$f_1 = (n_r + n_2) \times P/120 \tag{9.7}$$

간단한 2극기의 경우, $n_2 = 60f_2$, $f_1 = (n_r + 60f_2)/60$의 관계로 된다. 예를 들면 회전자계가 회전자와 동일한 회전 방향이 되도록 $f_2 = 5$ [Hz]로 여과하여 회전자를 45×60 [min^{-1}]으로 회전시키면 고정자 권선에는 $f_1 = 45 + 5 = 50$ [Hz]의 전압이 유도된다.

즉, 계통주파수와 회전자의 회전속도 차이에 상당하는 주파수로 교류여자함으로써 발전전동기를 항상 계통에 동기시키면서 임의의 속도로 제어하여 운전할 수 있게 된다. 운전상태의 일례로서 회전자의 속도 n_r을 미끄럼 S로 -8%에서 $+8\%$까지 직선적으로 변화시켰을 때의 1차 전압과 2차 전류의 파형을 그림 9.23에 나타낸다.

시각 t_1에서, n_r이 동기속도보다 8% 감소할 때의 n_2를 8% 증가로, 시각 t_2에서, n_r가 동기속도일 때의 n_2를 0%로, 시각 t_3에서, n_r이 동기속도보다 8% 증가할 때의 n_2를 8% 감소로 제어하면, 1차 전압의 주파수를 일정하게 제어할 수 있다. 2차 전류의 상(phase)회

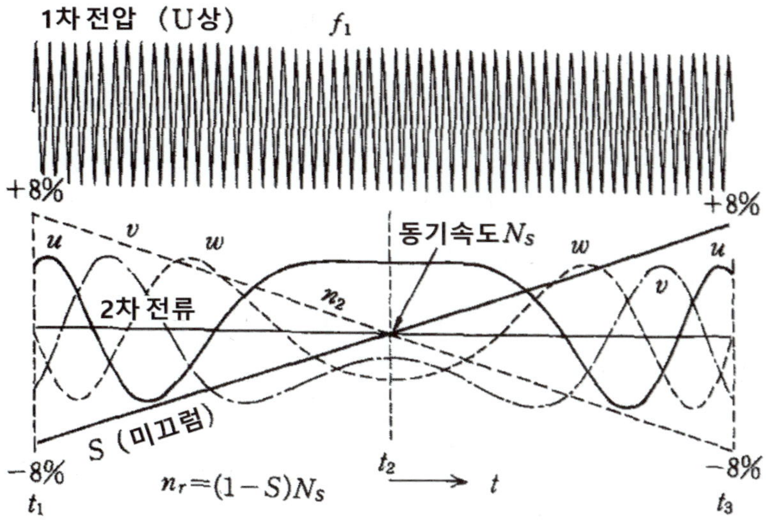

그림 9.23 1차 전압(고정자)와 2차 전류(회전자)의 파형

자료: 高梨, 1995

전은 동기속도 이하에서는 정회전이지만, 동기속도에서 상회전이 정지하고 동기속도 이상에서는 역회전이 된다. 따라서 동기속도 상태가 지속될 경우, 2차 전류는 직류가 된다. 상회전의 정, 역방향은 변환기의 제어로 쉽게 실현된다.

(3) 가변속시스템을 실현하는 기술

본래 수차나 펌프수차에서는 그 성능을 끌어내는 최적인 회전속도가 있지만, 고정속시스템에서는 설정된 일정한 회전속도로만 운전을 할 수밖에 없었으며, 펌프수차의 효율을 비롯한 성능을 감소시키는 주요한 요인이었기 때문에 대용량 양수발전시스템의 실용화를 위해서는 해결해야 할 과제로 남아 있었다.

대용량 양수발전시스템이 실용화된 것은 더욱더 고낙차, 고속, 대용량화하는 양수발전기기의 기술 발전과 더불어 최신의 전력 전자공학 기술이나 디지털 제어 기술을 융합시켜서 실현되었다고 할 수 있다. 기존의 고정속시스템 기기에 대해서 가변속시스템의 차이점에 대해서 다음에 간단하게 기술한다.

1) 펌프수차와 발전전동기

그림 9.24에서 펌프수차와 발전전동기의 구조를 나타내며, 그림 9.24(b)의 펌프수차 상부의 발전전동기 왼쪽이 고정속기, 오른쪽이 가변속기의 대략적인 형상을 나타낸다.

펌프수차는 고정속 및 가변속시스템의 구조상 거의 차이가 없으므로 기존 기술로 제작이 가능하다. 그러나 시스템의 경제성으로부터 성능면에서 특히 러너에 대해서 다음과 같은 사항이 요구되어 왔다.

- 기준 회전속도에 대해 상한, 하한의 속도 변동 폭을 같은 정도로 할 것
- 좁은 가변속 폭으로 가능한 한 양수 시의 입력조정 폭을 크게 할 것
- 한층 더 가변속 운전범위에서 진동이 적은 운전을 할 수 있는 것

한편, 발전전동기에서는 그 회전자에 3상 권선을 설치해야 하므로, 볼록(凸)극형(또는 돌극형) 회전자를 가진 기존 발전전동기에 대하여 가변속 원통형 회전자에서는 다음과 같은 기술적 배려가 요구된다.

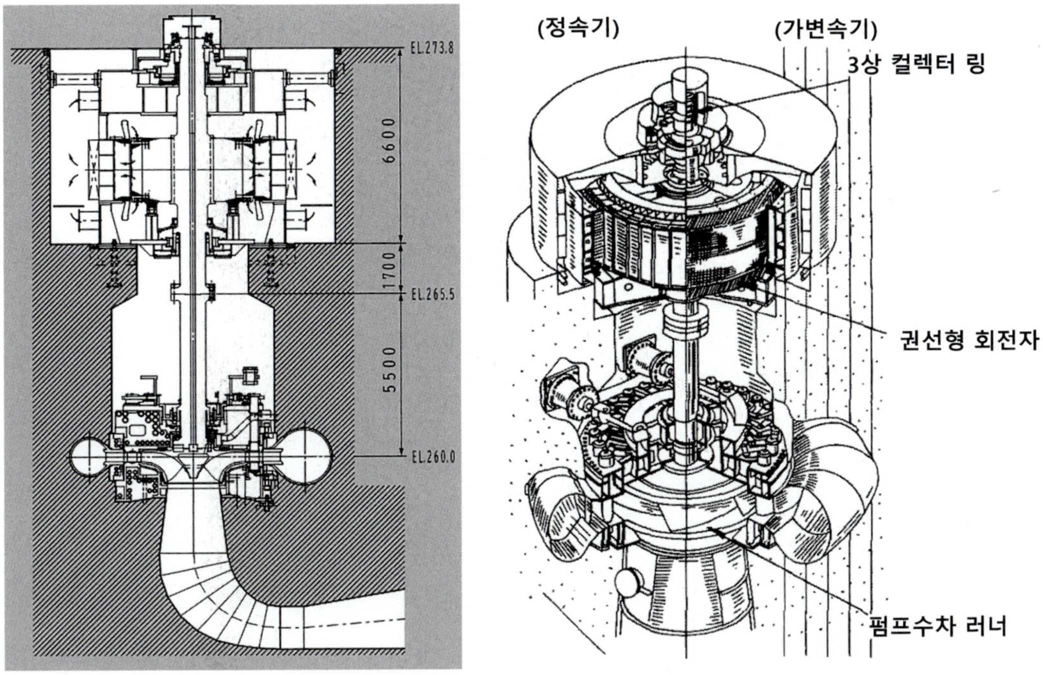

(a) 일반적인 고정속시스템 단면도 (b) 고정속 및 가변속시스템 구조 비교

그림 **9.24** 펌프수차와 발전전동기의 구조

자료: 吉井, 1999 & 高梨, 1995

- 권선형 회전자 철심은 얇은 강판을 적층하여 원통형으로 형성된다. 회전자 코일은 철심 외주 표면의 오픈 슬롯 내에 넣을 수 있지만, 코일의 접속은 고정자 권선과 마찬가지로 상하의 철심단측에서 이루어진다. 따라서 회전자 코일 엔드부는 과속도에 의한 원심력에 견디는 지지구조가 필요하다.
- 여자전류는 3상의 컬렉터링 및 브러시를 통하여 회전자 권선으로 보내지는데 동일 용량의 발전전동기로 비교할 경우 정속기보다 가변속기가 훨씬 고전압 대전류이다. 이 때문에 대용량 컬렉터링 및 브러시에는 온도상승, 통풍냉각, 습동 특성 등에 대해 양호한 성능이 요구된다.
- 또한 고속·대용량기가 될수록 고정자와 회전자 철심 길이가 길어지므로 손실에 의한 열원이 집중되는 에어갭 근방의 냉각은 볼록극기와 같은 자극 자체의 팬(fan) 효과를 기대할 수 없는 만큼 충분한 냉각풍량을 확보할 필요가 있다.

2) 교류2차여자장치

가변속 양수시스템의 2차여자장치에 채용되는 변환기에는 사이클로컨버터 방식과 GTO인버터 방식으로 대표되는 주파수변환기가 있다. 전자는 교류 - 교류변환기인 반면, 후자는 교류 - 직류 - 교류변환기이다. 콤팩트한 장치를 설계로 만들기 위해 사일리스터나 GTO사일리스터를 대구경화 소자로 하여 대용량화를 도모할 필요가 있다.

(4) 가변속시스템의 기능과 그 효과

1) 양수운전 시 입력조정 기능

가변속 양수발전시스템의 개발과 실용화 배경의 하나는 양수운전 시에 입력을 조정할 수 있는 기능을 이용하여 계통주파수 조정(AFC 기능)을 가능하게 하는 것이다. 그림 9.25에 실제 플랜트에서의 양수 AFC시험 결과의 일례를 나타낸다. 그림에서 AFC 지령값을 정해진 입력 비율로 변화시켰을 때 가변속 펌프수차 특성에 의해 유효전력과 회전속도가 안정되게 제어되는 동시에 무효전력이 비간섭인 것을 확인할 수 있다.

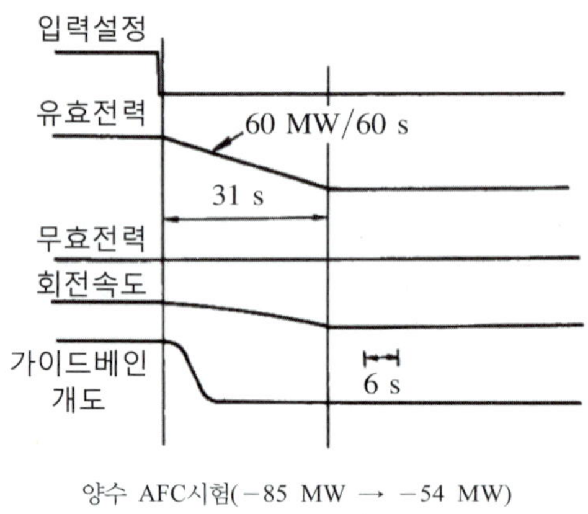

그림 9.25 양수 AFC시험 결과 예

자료: 高梨, 1995

2) 발전운전 시의 효율 향상

그림 9.26에 수차모드 운전 특성을 나타낸다. 정속기로는 최적의 효율점에서의 운전이 불가능하지만, 수차모드의 회전속도를 바꿈으로써 최적 운전곡선에 따른 운전이 가능해진다. 그 결과 그림 9.21(b)에 나타낸 것과 같이 부분부하 운전 영역이 확대되고, 그 때 펌

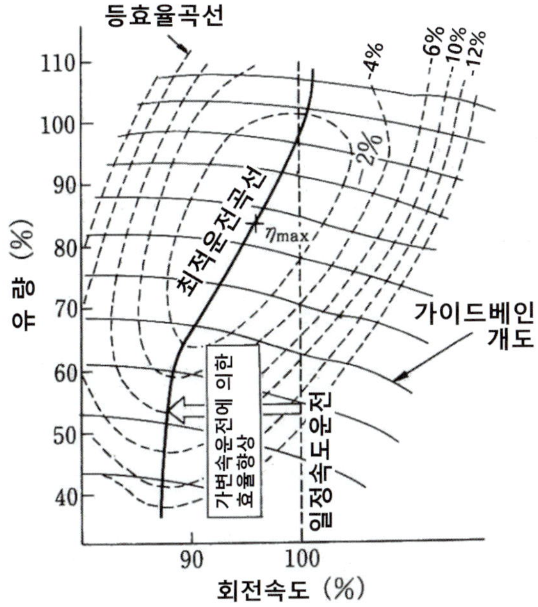

그림 9.26 펌프수차 수차모드 운전 특성

자료: 高梨, 1995

프수차의 수압맥동이나 진동이 감소한다.

3) 유효전력 제어 및 무효전력 제어 기능

가변속 양수발전시스템의 제어는 전술한 바와 같이 고속고정밀 제어를 가능하게 한 디지털제어장치 덕분에 유효전력과 무효전력 모두 1 ms 이하 단위의 샘플링 주기로 제어할 수 있다.

고속도의 유효전력 제어는 전기적 출력과 펌프수차의 순간 동력의 차이분을 가변속기 회전부의 관성에너지를 즉시 출납할 수 있는 기능을 써서 행해진다. 가변속 발전전동기의 2차여자제어는 항상 1차 전압에 동기하여 적극적인 제어를 하므로 탈조현상을 벗어난다. 이를 이용하여 계통의 가파르고 심한 전력 동요를 억제할 수 있다.

한편, 무효전력 제어에 의한 조상운전은 종래의 정속기로도 발전, 양수 양쪽모드에서 가능하지만, 가변속 발전전동기에서는 동일 기능을 가질 뿐만 아니라 부하급변 시 등의 과도적인 전압제어 특성이 뛰어나다.

9.3 가변속 양수발전시스템의 구성

9.3.1 펌프수차

프란시스형이라고 불리는 고정익 형상의 펌프수차 러너를 이용하는 고정속시스템에서는 회전속도가 일정하며, 댐 수위에 의해서 결정되는 총낙차(전양정)와 전동기 입력의 관계는 하나의 곡선이 된다. 즉, 총낙차가 주어지면 펌프입력은 그에 따라서 정해진다. 그러나 가변속시스템에서는 회전속도가 정격값을 중심으로 몇 퍼센트 범위에서 운전할 수 있기 때문에 임의의 총낙차 상태에서 전동기 입력을 변화시킬 수 있다.

그림 9.27은 고정속 펌프수차 러너의 특성을 보이고 있으며, 동기속도 n_0에서의 운전으로 되기 때문에 총낙차 H에 의해서 전동기 입력 P_p는 일의적으로 결정되며, 조정할 수 없다. 그림 9.28은 가변속 펌프수차 러너의 특성을 나타내며, 최저 회전속도 $n_{\min}$로부터 최고 회전속도 $n_{\max}$까지의 운전이 가능하기 때문에 운전조건이 넓어지게 된다. 가변속 양수발전시스템에서는 펌프수차의 운전조건이 넓어지는 동시에 양수운전 시의 입력조정 범위 확대와 발전운전 시의 고효율이 요구되기 때문에, 실제로 운전되는 가변속 범위 모두에 걸쳐서 안정된 운전이 가능한 러너 설계가 요구된다.

그림 9.29는 가변속 양수발전시스템에 의한 광범위한 운전에 대응할 수 있도록 설계된 중간 날개가 달린 펌프수차 러너(splitter runner)의 형상과 그 적용에 따른 성능향상 결과를 보이고 있다.

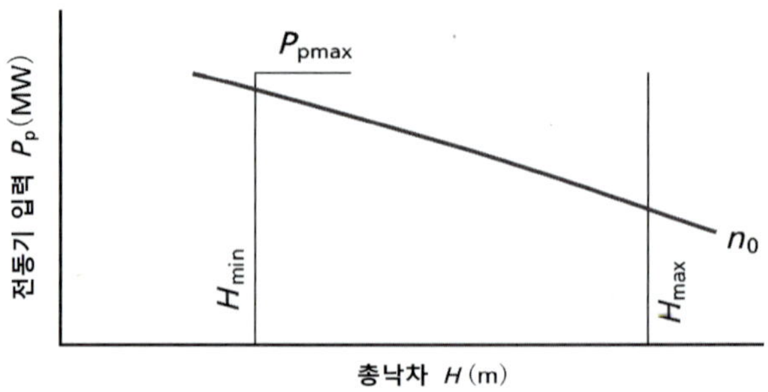

그림 9.27 고정속 펌프수차 러너의 특성

자료: 名倉, 2010

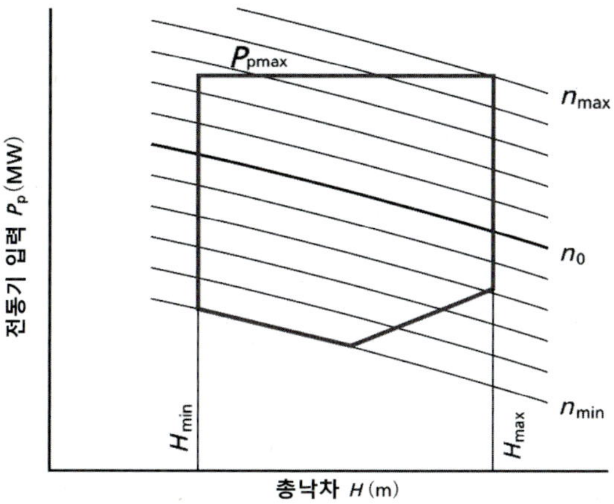

그림 9.28 가변속 펌프수차 러너의 특성
자료: 名倉, 2010

(a) 러너 실물 형상

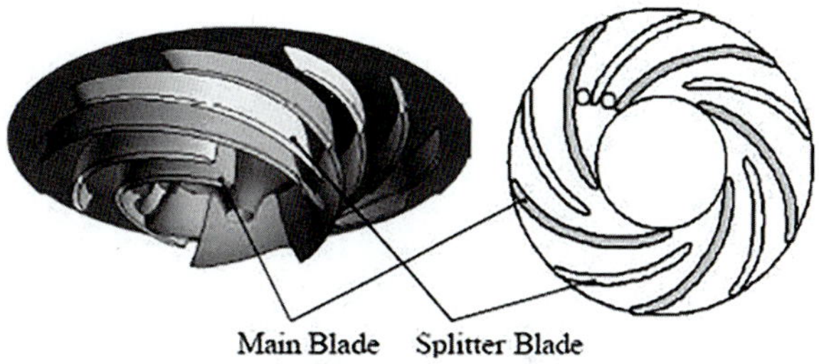

(b) 러너 내부 블레이드 배치 구조

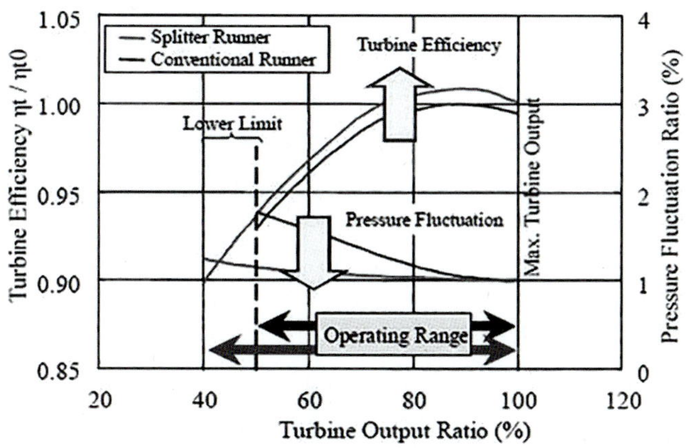

(c) 수력 성능향상

그림 9.29 중간 날개 부착 펌프수차 러너(splitter runner)와 성능향상
자료: DBNST

9.3.2 발전전동기

(1) 발전기 및 발전전동기의 대용량화

수력발전소와 양수발진소의 경제성을 높이기 위해서 발전기와 발전전동기의 대용량화, 고속화 기술개발이 진행되어 왔다. 그림 9.30은 발전전용기, 고정속 발전전동기, 가변속 발전전동기의 제조실적 추이를 나타내고 있다.

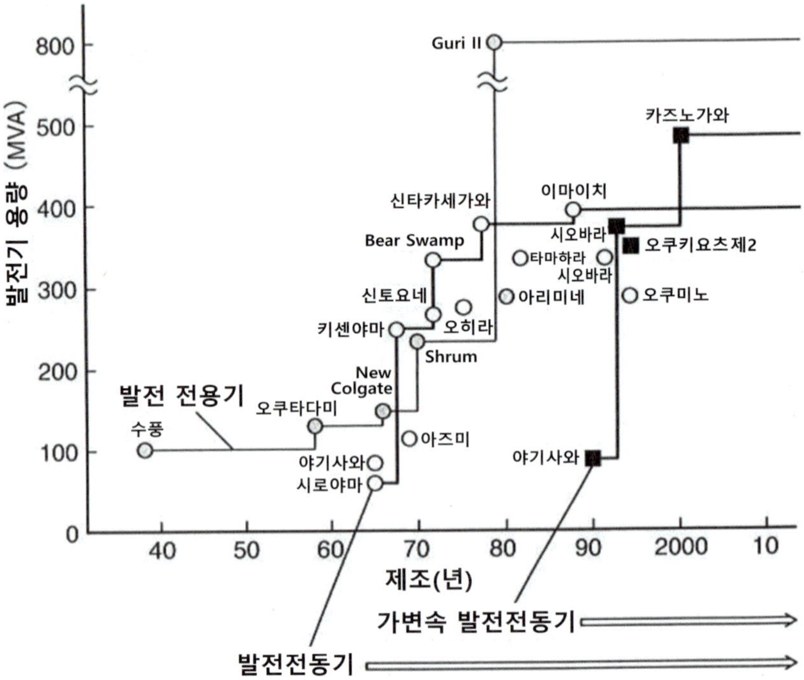

그림 9.30 수차용 발전기와 펌프수차용 발전전동기의 대용량화 제조실적 추이

자료: 山形, 1999

수차발전기의 용량 Q는 다음의 식 (9.8)로 나타낸다.

$$Q \propto \alpha \cdot B \cdot D \cdot L \tag{9.8}$$

여기서 α는 전압·전류에 관한 계수, B는 자속의 변화율, D는 고정자철심 내경, L은 고정자철심 적층 두께이다.

자속의 변화율 B는 회전자 주속에 비례하기 때문에 회전속도를 N으로 하면 B는 $(\pi \cdot D \cdot N)$에 비례하기 때문에 식 (9.8)은 다음과 같이 나타낼 수 있다.

$$Q \propto \alpha \cdot (D^2 \cdot L) \cdot N \tag{9.9}$$

따라서 대용량화를 위해서는 α를 크게 하기 위해 전압·전류를 크게 하고, $(D^2 \cdot L)$을 크게 하기 위해서 고정자 철심의 내경과 적층 두께를 크게 하며, 회전속도 N을 크게 하는 방법이 있다. 즉, 고전압·대전류화, 대형화, 고속화이다.

(2) 고정속 양수발전시스템에 사용 가능한 기계

1) 동기식 기계

그림 9.31은 3상 동기기 펌프수차 시스템 예를 보인다. 동기식 기계는 고정속 기계이며, 여기에 제공된 전기장 여자는 DC(직류)를 공급한다. 특수기동 특성과 부하 변동 시 일정한 회전속도를 가진다. 고정속 시스템에서 동기식 기계는 전동기로 사용하기 위한 유도기계로서 운전되도록 만들어지고, 발전기로 사용하기 위한 동기식 기계로 운전되도록 만들어진다. 동기식 발전기의 직류여자는 고정자의 안정적인 AC(교류) 전압을 보장할 뿐만 아니라 부하의 갑작스러운 변화도 고려해야 한다.

회전자를 여자시키기 위한 다음의 세 가지 방법이 있다.

- 슬립 링은 외부 DC 전원을 통해 로터를 연결한다.
- 기계의 로터 축에는 DC 전원이 있으며, 정류자를 통해 로터로 전송되는 전류를 정류한다.

그림 9.31 3상 동기기 펌프수차 시스템
자료: Mohanrajan, 2014

• 브러시 없는 여자기를 사용한다.

수차발전기는 수차에 의해 작동하는 기계이다. 이 수차발전기들은 기본적으로 수차에 연결된 로터를 가진 동기식 발전기이다. 일반적으로 역률범위는 0.9∼0.95이다. 대용량 저속 발전기는 크기가 매우 크다. 수차발전기를 설계하는 동안 회전 장치, 권선 냉각시스템 및 로터에 우선권이 주어진다. 100 min^{-1} 미만의 기계는 저속기계로 간주되며, 속도가 100 min^{-1} 이상이면 고속 기계이다.

펌프수차 용도로 사용할 경우 모터와 발전기로 모두 작동한다. 동기식 기계는 교류 송전에서 발전기로 널리 사용된다. 그러나 부하 각도의 변동범위는 제한적이며, 부하에 큰 변화가 있을 때 기계가 부하를 지탱할 수 없기 때문에 시스템이 동기화되지 않을 수 있다. 운전을 위해 연결된 장비의 정격은 발전전동기와 같아야 한다. 따라서 여자시스템을 위해 고전력 정격의 전력장치가 필요하며, 이로 인해 시스템이 비싸진다. 고려해야 할 또 다른 요인은 더 높은 전류 정격에 대한 DC 공급이 비싸다는 것이다. 따라서 높은 전류 정격의 경우, DC는 정류를 통해 얻고 수차 용도의 경우 동기식 발전기로 작동한다. 공급 전력은 원동기에 의해 공급되는 전력에 따라 달라지며, 낮은 전력 정격에서 기계는 낮은 효율로 운전된다. 따라서 더 높은 전력 정격을 위해 시스템은 영구자석이 있는 동기식 기계로 운전된다. DC 여자시스템과 전력전자장비는 로터 측에 있다. 극의 수와 시스템의 주파수가 기계의 속도를 결정한다.

동기식 기계와 이중급전유도기(doubly fed induction machine)는 같은 유형의 고정자를 가지고 있지만 로터의 구조는 다르다. DC 여자가 있는 고정속형 발전전동기의 로터는 솔레노이드형 전기장 코일이 있는 돌출극이다. AC 여자가 있는 가변속 유형 발전전동기의 경우, 회전자는 3상 권선을 가진 원통형이다. 고정속시스템과 비교하여 가변속시스템은 원동기에서 더 많은 전력을 추출하고, 가변속에서 원동기를 운전하여 최적 효율에서 얻는데 좋다. 가변속시스템은 양수발전시스템의 수명의 관점에서 더 많은 장점이 있으며, 유지보수를 위한 노력을 줄여주는 이점이 있다.

2) 유도기기

그림 9.32는 고정속 유도기 예를 보인다. 유도기기는 자체 기동기계이며 원활한 시작을

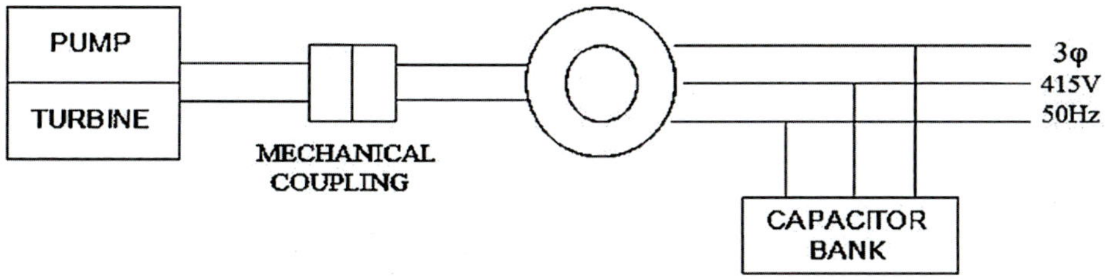

그림 **9.32** 고정속 유도기

자료: Mohanrajan, 2014

위해 소프트 스위치가 필요하다. 유도기기는 매우 튼튼하고 값이 저렴하여 대량생산이 쉽다. 로터는 양쪽 끝에서 단락된 막대로 만들 수 있다. 저전력 구동기기이며 기계에 무효전력을 공급하는 데 복잡함이 있다.

이 시스템은 변환기 없이 그리드에 직접 연결된 유도기로 구성된다. 기본적으로 변압기와 연결된 다음 그리드에 연결된다. 슬립(slip)이 일정하게 만들어짐에 따라 일정 속도로 작동된다. 약간의 속도 변화가 있을 수 있지만, 시스템이 오버슬립 및 과부화로부터 보호되기 때문에 속도 변화의 범위는 좁다. 지연된 전력을 보충하려면 대용량 콘덴서뱅크시스템이 필요하다. 그리드 전압은 콘덴서뱅크를 추가하여 제어한다. 시스템을 안정화하려면 콘덴서를 교체해야 하는데, 이로 인해 원치 않는 과도현상이 발생한다. 시스템이 저전력 조건에서 작동하려면 극수를 변경하여 고정자 권선 세트를 추가로 제공해야 한다. 이렇게 하면 기계의 동기속도가 저하되고 발전기로 작동할 때 동일한 토크에 대해서 낮은 전력 용량에서 작동 가능하다. 그리고 전동기로 작동할 때 동일한 속도에 대해서 더 낮은 전력 정격으로 작동한다. 따라서 이것은 기계의 구조에 상당한 영향을 미치고 시스템을 더 비싸게 만든다. 고정자 측에서 추가로 추가된 권선을 고려하여 절충해야 한다.

(3) 가변속 양수발전시스템에 사용 가능한 기계

1) 가변속 유도기계(variable speed induction machine)

그림 9.33은 가변속 유도기 예를 보인다. 최근 전력전자장치의 발전으로 인해 기계는 가변주파수구동(Variable frequency Drives, VFD 또는 v/f 드라이브)에 의해 제어되고 있다. 이 속도는 고정자 전압제어(Stator Voltage Contro, v/f 제어)와 고정자의 극수를 변경하여 제어할 수 있다.

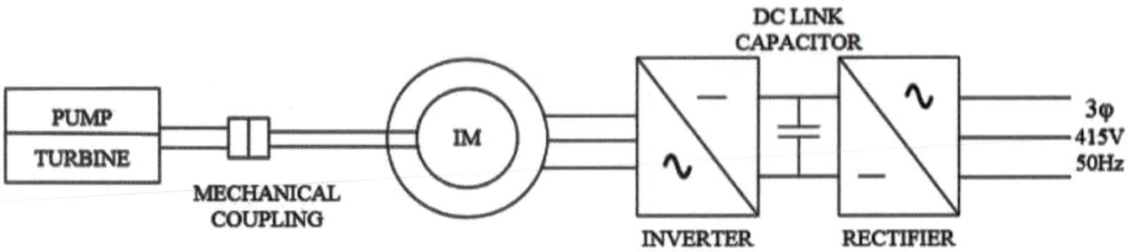

그림 **9.33** 가변속 유도기

자료: Mohanrajan, 2014

가변속시스템은 다른 고정속시스템에 비해 발전 및 소비량을 개선한다. 이 시스템은 기존의 고정속 기계에 비해 높은 효율로 작동된다. 가변속 제어의 경우, 연이은 펄스폭 변조(Pulse Widh Modulation, PWM) 제어 컨버터 구성을 고정자 측에 배치해야 한다. 이 시스템의 주요 장점은 어떤 등급에서도 효율적으로 작동될 수 있어, 양수발전소에서 발전 또는 양수하기 위한 시스템 선택을 요구사항에 따라 수행할 수 있다는 것이다. 시스템을 실행하는 데 필요한 전력 전자장비의 정격은 기계 정격보다 높아야 한다. 펌프와 수차 시스템으로 작동되도록 만들 때, 점호각은 발전기 또는 모터로 작동하도록 조정할 수 있다. 모터로 구동되도록 만든 경우 주어진 속도는 PWM 컨버터에 의해 제어될 수 있다. 속도는 펌프 부하의 토크 특성을 결정한다. 그래서 속도는 그리드에서 사용할 수 있는 전력에 따라 조정된다. 수요가 많을 때 기계는 발전기로 가동되고 속도 제어를 기반으로 필요한 전력이 다시 공급된다. 이 기계에서는 속도를 특정 한계까지만 제어할 수 있다. 필요한 무효전력은 연이은 인버터 구성 사이에 DC 링크콘덴서를 배치하여 공급된다. 이 시스템은 그리드 측에 직접 연결할 수 있으며 모든 전원 정격에 적용할 수 있다. 폴 페어(pole pair) 수를 변경하여 기계 속도를 제어하면 폴 수가 많아질수록 기계는 저낙차에서 저속으로 작동한다. 높은 낙차의 경우, 기계는 속도가 높을수록 극의 수가 적은 고정자를 사용하여 작동하도록 만들어진다.

2) 이중급전 유도기(doubly fed induction machine)

그림 9.34는 이중급전 유도기 예를 보인다. DFIM은 고정자와 로터 모두에 AC 전원이 공급되는 권선 회전자 유도기계이다. PWM 연속 인버터는 로터 측에 연결된다. 이 시스템의 주요 장점은 로터 회로가 서브동기식 모드와 초동기식 모드 모두에서 양방향 전력 흐

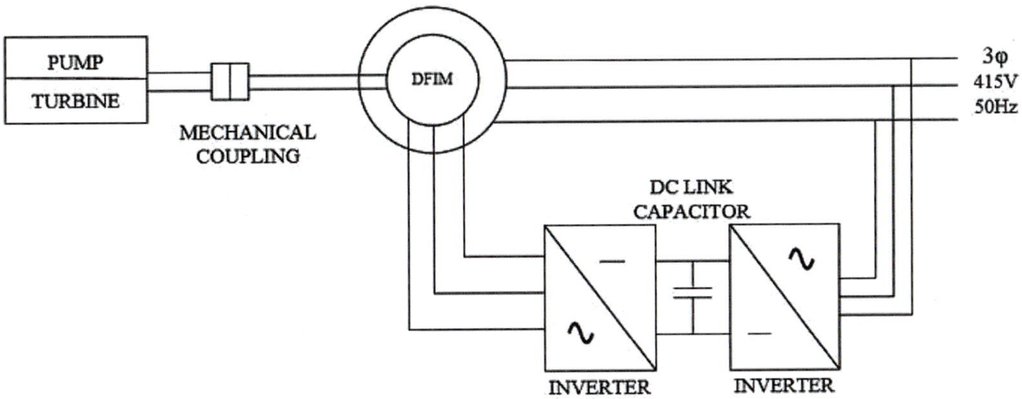

그림 9.34 이중급전 유도기(DFIM)
자료: Mohanrajan, 2014

름을 허용한다는 것이다. 변환기가 로터 측에 연결되면 전원 정격도 낮아진다. 로터 측 전압 감소로 더 낮은 DC 버스 전압에서 작동할 수 있다. 따라서 장치와 커패시터뱅크의 전압 정격을 최적화할 수 있다. 그래서 동일한 전력 정격의 경우, DFIM 시스템에서 발생하는 전력은 다른 시스템에 비해 높고, 그 속도범위는 매우 높다. 요건에 따라 서브동기 모드와 초동기 모드에서 모두 실행할 수 있다.

DFIM을 위해 개발된 많은 제어 전략이 있다. 벡터 속도 제어, 직접 토크 제어, 직접 동력 제어 방법은 DFIM을 제어하기 위한 제어 전략 중 일부이다. 센서리스 제어 기법과 함께 많은 예측 제어 방법이 있다. 가변속 작동은 대규모 수차의 경우 고정속보다 더 많은 이점을 가지고 있다. DFIM의 주요 장점은 전력 컨버터에 의해 처리되는 전력은 슬립 전력일 뿐이며, 총 전력의 극히 일부에 불과하다는 것이다. 동기속도 주위에서 가급적 속도범위 내에서 작동할 경우 파워 컨버터 정격을 크게 낮출 수 있다. 이는 펌프의 원심 부하에 더 유리하다. 속도제한은 시스템에 배치되는 변환기의 정격에 따라 설정되며, 이 속도를 초과하면 컨버터가 제어력을 상실한다. 따라서 시작하는데 약간의 문제가 있을 수 있으며, 이 문제를 해결하기 위해 기동저항기 또는 자동변환기를 사용할 수 있다. 시스템에 대용량 장치가 있으므로 양수발전에 적용할 수 있다. 그리드 제어 DFIM 시스템에서 전압과 주파수는 그리드에 의해 부과된다. 따라서 유효전력과 무효전력 제어가 관리되어야 한다. 독립형으로 만들어진 경우 전압과 주파수도 조절해야 한다. 유효 및 무효전력 흐름 제어는 제어 방법의 기본개념이다. 전압저하 상태에서 DFIM의 유효 및 무효전력 진동이 매우 적고 단 몇 초 동안만 발생한다. 기준 무효전력이 설정되면 무효전력이 갑자기 증가했다가 정격값으로 감소한다. DC 링크전압도 일정 시간 동안 진동하다가 빠르게 안정된다. 그리드 전압이 감소하면 로터 플럭스도 감소한다. 전압이 증가하는 경우 즉, 전압이 정격값 이상으로 증가하면 유효전력이 다시 진동하고 정격값으로 안착한다. 무효전력이 갑자기 감소하여 정격값에 도달한다.

동기식 기계와 유도기계 구동에 비하여 DFIM의 효율이 높다. 전력 정격의 절반으로 로터 측에 연결할 수 있기 때문에 높은 정격의 전력변환기가 필요하지 않다. 가변속 작동 시 다른 기계보다 동적 안정성이 우수하다. 모터에서 발전기로 전환하는 데 걸리는 시간이 다른 기계에 비해 짧다. DFIM을 위해 동일한 크기의 기계를 사용하여 발생하는 전력량은 다른 기계에 비해 더 많을 것이다. 서브동기 모드의 전동기 상태에서는 로터가 전력을 발생시키고 초동기 모드에서는 전력을 흡수한다. 발전기 상태에서 로터는 서브동기 모드에서 전력을 흡수하고 초동기 모드에서 전력을 생산한다.

동적 거동을 비교할 때 요소 전압강하 시험, 토크장애 시험, 영역 간 진동에 기초한 시스템의 거동이 고려된다. 비교해 보면, 동기식 기계의 전압강하가 적고 가변속 기계 DFIM의 전압강하가 높지만, 유효전력과 무효전력을 안정화시키는데 걸리는 시간은 가변속 기계 DFIM이 더 짧다.

토크장애의 경우, 동기식 기계에서 동력 흐름 제어에 의해 보상되어야 하는 속도의 변화에 의해 토크의 변화가 안정화되기 때문에 가변속은 고정속보다 더 유리하다. 가변속도 시스템에서는 토크장애가 문제가 되지 않는다. 동기식 기계는 특정 주파수까지만 유효전력 진동에 대해 좋은 댐핑을 제공하는 반면, 가변속 기계는 더 나은 주파수 범위에 대해 좋은 댐핑을 제공한다. 전력시스템 안정장치 유무와 관계없이 무효전력과 고정자전압의 거동은 유사하다. 무효전력을 고려할 경우, 동기식 및 가변속 기계의 거동은 다른 주파수 범위에 대해서 변동한다. 한 주파수 범위의 경우, 한 기계가 다른 기계보다 더 잘 작동한다. 주파수 범위가 낮을 경우 가변속 기계는 일정한 진폭을 가지므로 동작이 더 좋은 반면에, 높은 주파수 범위의 경우 동기식 시스템의 동작이 더 좋다. 동기식 기계는 동일한 속도와 출력을 가진 DFIG에 비해 치수와 관성이 작고 공극이 크다. 회전자 전류가 적을 경우 DFIG는 동기식 기계와 동일한 유효 및 무효전력을 생성할 수 있다. 따라서 동기식 기계는 DFIG만큼 비용이 효율적이지 않다.

(4) 발전전동기의 구조와 특징

그림 9.35는 고정속 및 가변속 발전전동기 회전자 형상의 비교를 보인다. 기존의 고정속기에서는 발전전동기의 회전자에 직류를 흘려보내고, 자극의 위치도 정해져 있기 때문에 그림 9.35(a)와 같이 회전자를 돌극기의 구조로 할 수 있지만, 가변속기에서는 회전자 권선에 교류를 흘려 회전자계를 발생시키기 때문에 그림 9.35(b)와 같이 회전자를 원통 형상으로 하고 있다.

두 가지 회전자 양쪽 모두에서 큰 원심력이 미치기 때문에 정속기에서는 코일을 자극 철심으로 지지하고 있다. 한편, 가변속기에서는 철심 부분의 코일은 쐐기를 통해 철심으로 지지하지만, 철심 외의 코일엔드부는 원심력에 견디는 지지 구조가 필요하다.

발전전동기의 회전자 코일엔드 지지방식에 따라서 그림 9.36 및 표 9.9와 같이 U볼트 방식과 바인딩 와이어 방식으로 구분할 수 있다. 가변속 양수발전시스템의 발전전동기 회전자는 3상 권선으로 구성된 원통형이다. 회전자 코일 말단부(코일엔드)는 운전 중에 원심력의 작용을 받기 때문에 특별한 지지 구조가 필요하게 된다.

그림 9.37은 제작 완료된 가변속 발전전동기의 발전소 조립 및 설치 과정을 보이고 있다.

(a) 고정속(돌극형) 회전자　　(b) 가변속(원통형) 회전자

그림 9.35 고정속 및 가변속 발전전동기 회전자 형상 비교

자료: 齊藤, 2016

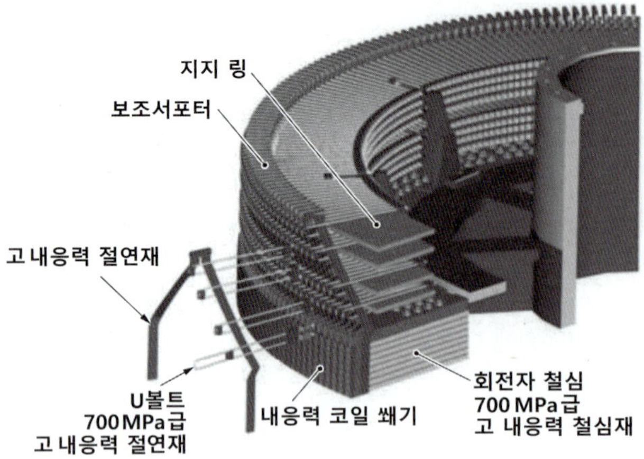

(a) U볼트 방식

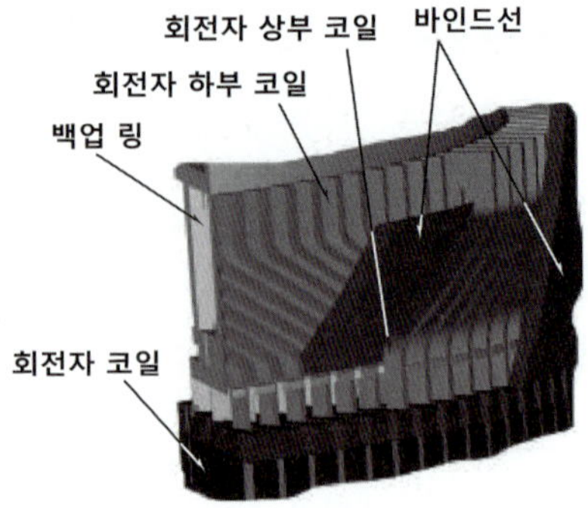

(b) 바인드 와이어 방식

그림 9.36 가변속 발전전동기 회전자 구조

자료: 藤田, 2015 & 西都, 2013

표 9.9 전자코일엔드 지지 방식의 비교

지지 방식	U볼트 방식	바인드 와이어 방식
개요	코일엔드의 내주 측 넓은 공간에 배치한 구조강도가 강한 지지링과 로터코일엔드를 연결하는 U볼트로 구성된다.	코일엔드부는 외주 측에 감긴 바인딩에 의해 지지된다. 바인딩은 스테인레스 스틸 와이어 또는 고강도 섬유 소재가 사용된다.
특징	• 조립공기가 짧고, 현장에서의 조립 공간이 작다. • 코일엔드부가 노출되어 있어 냉각성이 높다. • 코일의 점검, 보수 작업이 용이하다.	• 구조가 간단하다. • 종래로부터 유도전동기에 채용되고 있으며, 기술적으로 확립된 공법이다.

자료: JICA, 2012

그림 9.37 가변속 발전전동기 발전소 조립 및 설치

자료: 名倉, 2010

9.3.3 여자장치

(1) 가변속기와 고정속기의 여자방식 비교

가변속 양수발전시스템에서는 교류여자장치의 용량을 줄이기 위해 일반적으로 2차여자 방식을 채용한다. 가변속기에서는 고정속의 양수발전에서 이용하고 있는 돌극형 동기발전 전동기 대신에 이중급전 발전전동기(DFGM: Double Fed Generator Motor)를 이용하고, 여자장치도 직류여자 대신에 교류여자를 이용한다. 고정속 및 가변속 양수발전시스템의 비교를 그림 9.38에 나타낸다.

교류여자에서는 여자전류의 크기뿐만 아니라 위상도 직접 제어할 수 있으므로 내부 조작각을 고속으로 변화시킴으로써 유효전력 및 무효전력을 고속으로 제어할 수 있다.

펌프수차의 입출력과 발전전동기의 입출력의 차이는 펌프수차 및 발전전동기의 회전체가 가지는 회전에너지의 증감으로서 나타나며, 결과적으로 회전속도가 변화한다.

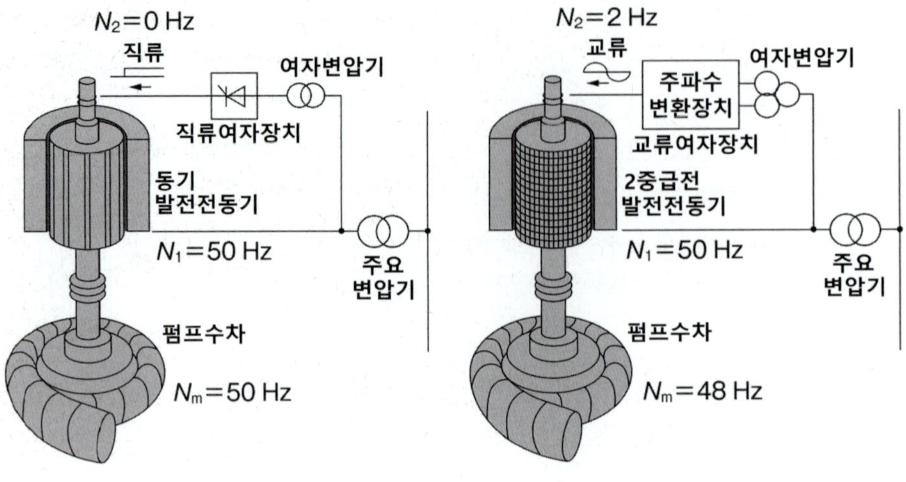

(a) 고정속 양수발전시스템 (b) 가변속 양수발전시스템

그림 **9.38** 고정속 및 가변속 양수발전시스템의 비교

자료: 楠, 2014

고정속 양수발전시스템에서 이용하는 동기발전전동기는 계통주파수(예: N1=50 Hz)와 회전자 자속의 주파수(예: Nm=50 Hz)가 같아지고, 회전자의 회전속도는 계통주파수로 결정되는 일정 속도로 된다. 그러나 가변속기에서는 식 (9.10)과 같이 상용주파수인 '고정자 자속의 주파수(예: N1=50 Hz)'와 '회전자 자속의 주파수(예: Nm=48 Hz)+교류여자주파수(예: N2=2 Hz)'가 일치하도록 제어하는 것으로 임의의 회전속도로 계속 운전할 수 있다.

$$\mathrm{N1} = \mathrm{Nm} + \mathrm{N2} \tag{9.10}$$

즉, N2를 바꾸면 Nm이 바뀌므로, 회전자를 가변속도로 운전할 수 있다.

(2) 교류여자장치의 변천

교류여자장치에는 사이클로컨버터와 전압형 변환장치가 있다.

1) 사이클로컨버터

사이리스터를 이용하여 상용주파수 교류(예: 50 Hz)를 저주파수 교류(예: 2 Hz)로 직접 변환하는 장치로, 고전압 대용량 전압형 변환장치가 개발되기 전에 고안된 방식이다.

2) 전압형 변환장치

IEGT(Injection Enhanced Gate Transistor) 등의 자려소자를 이용한 변환장치이다. 상용 주파수 교류(예: 50 Hz)를 직류로 변환하는 컨버터와 직류를 저주파수 교류(예: 2 Hz)로 변환하는 인버터로 구성된다. 중성점 클램프(NPC) 방식과 분압 리액터 방식의 특징은 다음과 같다.

① **NPC(neutral point clamped) 방식** 일반적인 3상 브리지 구성의 인버터에서는 직류입력전압을 V_d로 하면, 상전압은 정($+V_d/2$), 부($-V_d/2$)의 2레벨로, 선간전압은 정($+V_d$), 0, 부($-V_d$)의 3단계의 PWM(펄스폭 변조) 파형이 된다. NPC 방식에서는 직류의 중성점 전압을 꺼내어 상전압은 정($+V_d/2$), 0, 부($-V_d/2$)의 3레벨로, 선간 전압은 $+V_d$, $+V_d/2$, 0, $-V_d/2$, $-V_d$의 5단계 PWM 파형이 되므로 일반적인 3상 브리지 구성에 비해 고조파가 적게 된다. 그림 9.39는 3레벨 및 5레벨 NPC 변환기를 보이고 있다.

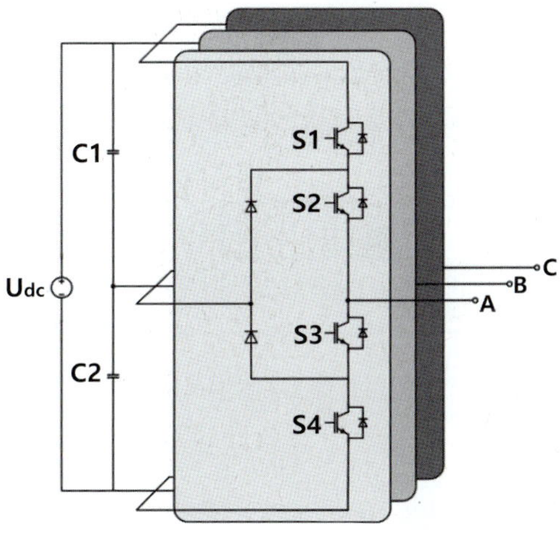

(a) 3레벨 NPC 변환기

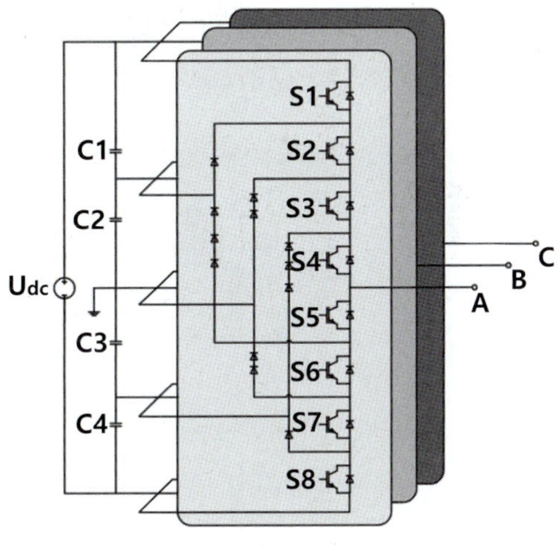

(b) 5레벨 NPC 변환기

그림 **9.39** NPC 방식 변환기 개략도 예

자료: Tang, 2021

② **분압 리액터(center-tap reactor) 방식** 그림 9.40과 같이 분압 리액터를 개입시켜 2조의 3상 브리지 구성의 인버터를 다중화하고, 3레벨(정, 0, 부)의 상전압을 얻는다. NPC 방식에 비해 사용하는 소자수를 저감할 수 있다. 그림 9.41은 분압 리액터 방식의 출력전

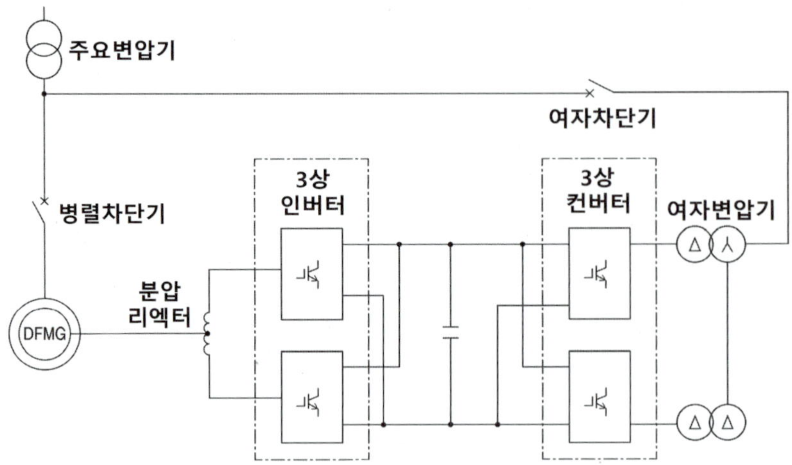

그림 9.40 분압 리엑터 방식 교류여자장치

자료: 楠, 2014

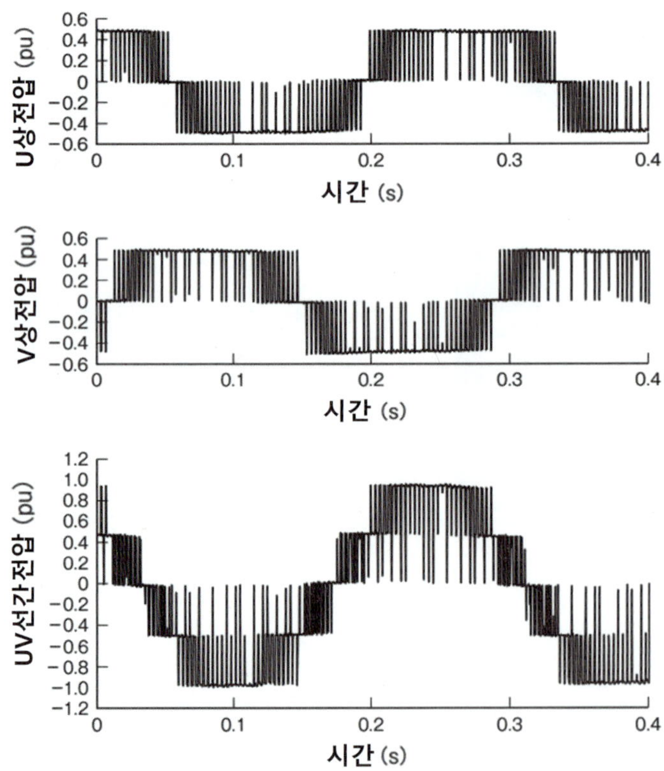

그림 9.41 분압 리엑터 방식의 출력전압 예(pu: per unit)

자료: 楠, 2014

압 예를 보이며, 인버터의 선간전압 파형은 NPC 방식과 마찬가지로 5단계의 PWM 파형이 되므로, 일반적인 3상 브리지 구성에 비해 고조파가 적게 된다.

(3) 여자장치 변환기

기존 고정속 양수발전시스템에서는 발전전동기의 회전자는 돌극형 회전자 권선으로 구성되어 거기에 여자장치에서 직류전류를 공급하고 여자를 실시하고 있다. 반면 가변속 양수발전시스템의 발전전동기 회전자는 3상 권선으로 구성된 비돌극형(원통형)이며, 3상 권선에 공급하는 교류여자전류의 주파수변환장치로 조정하여 회전속도가 변화해도 계통과 동기된 상태로 운전할 수 있다.

회전자 권선에 3상 교류여자전류를 공급하는 여자방식은 표 9.10과 같이 교류 전원을 일단 직류로 정류한 후, 저주파 교류로 변환하는 인버터/컨버터 방식과 교류 전원을 직접 저주파 교류로 변환하는 사이클로컨버터 방식이있다.

표 9.10 변환기의 비교

변환방식	인버터/컨버터 방식	사이클로컨버터 방식
회로도	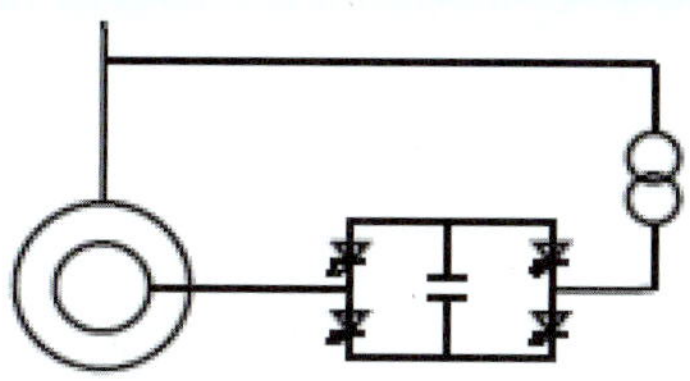	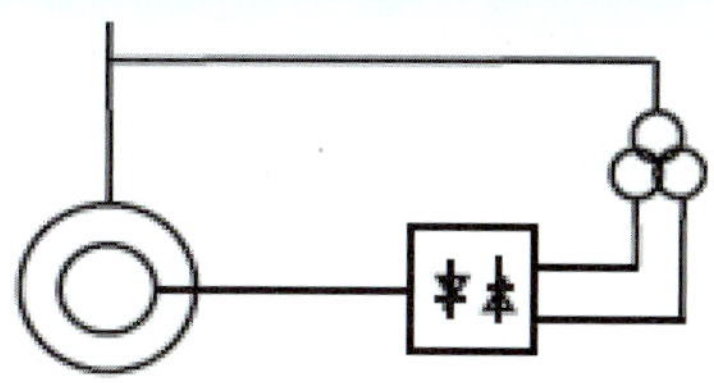
개요	상용주파수의 교류를 일단 직류로 변환하고, 그 후 수 Hz의 교류로 변환한다. 변환기에 사용되는 반도체는 GTO 등이 있다(자려식).	상용주파수의 교류를 직접 수 Hz의 교류로 변환한다. 변환기에 사용되는 반도체는 사이리스터이다(타려식).
특징	• 무효전력을 소비하지 않는다. • 발전전동기의 용량을 작게 할 수 있다.	• 고전압화가 용이하다. • 부품수가 적다.

자료: JICA, 2012

9.4 가변속 양수발전 제어시스템

9.4.1 양수운전 시 주파수 제어

(1) 발전량의 조정

전력수급에서는 부하와 발전이 동일량이 되어야 하지만, 전력 계통의 부하는 변동하고 있기 때문에 발전량을 맞출 필요가 있다. 부하와 발전의 불균형은 계통의 주파수 변동으로 나타나기 때문에 계통의 주파수를 확인해가면서 발전량을 조정하고, 계통주파수를 일정하게 가져가는 제어를 실시할 필요가 있다. 이들은 변동 주기에 따라 명칭이 달라진다.

부하 변화의 예를 그림 9.42에 나타내며, 계통의 부하 변동은 3종류로 나누어 진다. 이 중 장주기 성분에 대응하는 제어를 ELD(Economic Load Dispatching Control: 경제부하배분 제어), 단주기(몇 분 정도) 성분에 대응하는 제어를 AFC(Automatic Frequency Control: 자동 주파수 제어)라 부르고, 단주기의 미소변동 성분에 대응하는 제어를 GF(Governer Free: 주파수추종 운전 또는 조속기 제어)로 부르고 있다. ELD 및 AFC는 중앙에서 통괄된 지령으로 제어되는데 반해, GF는 조속기에 의해 각 발전기 단위로 이루어진다. AFC에 의한 발전량의 조정범위(이하 AFC 용량이라 한다.)는 계통 내 발전전력에 대해서 수 % 정도이지만, 계통주파수를

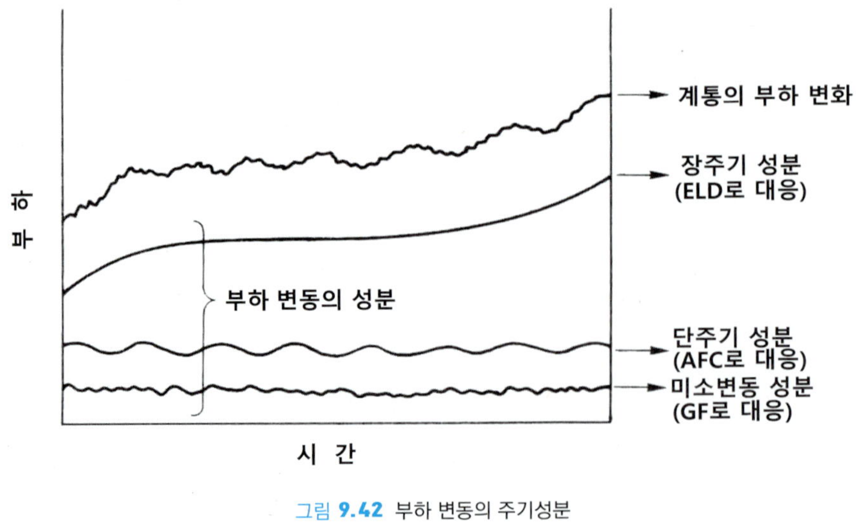

그림 9.42 부하 변동의 주기성분

자료: 杉本, 1986

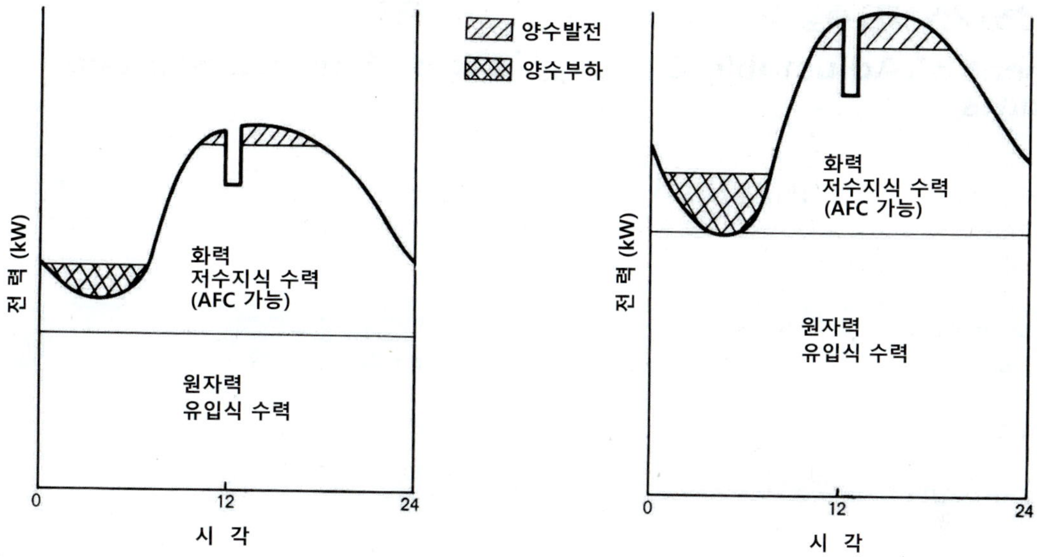

그림 **9.43** 발전전력의 시각 변화
자료: 杉本, 1986

유지하기 위해서 이 AFC 용량을 항상 확보해 둘 필요가 있다.

일반적으로 AFC 용량은 주간에는 화력 및 수력발전으로, DSS 화력(Daily Start and Stop: 심야 기동·정지 화력발전소)기기가 정지하는 야간에는 나머지의 화력으로 각각 확보하고 있다.

그러나 원자력 발전의 비율이 증대하여 거기에 수반하는 DSS 화력 증가에 의해 야간의 AFC 용량이 부족할 경우, 이러한 상황을 그림 9.43에 나타낸다. 즉, 야간에는 출력이 일정한 원자력과 출력을 조정할 수 없는 유입식 수력의 합계가 수요로부터 결정되는 소요전력보다 커져서 부(−)의 발전인 양수발전소의 양수운전으로 흡수해야 할 것이 예상된다.

또한 최근의 재생에너지(풍력 및 태양광 발전 등)의 개발이 급속하고 폭넓게 확대되고 있기 때문에 간헐성이 큰 재생에너지 발전원의 증가에 의한 계통 부하 변동의 대책으로서도 양수발전에 의한 신속한 전력공급 및 잉여 부하에 대한 소비를 위하여 양수발전이 유용하게 적용될 수 있다.

고정속 양수운전은 부하조정을 할 수 없지만, 이러한 상태로 AFC 용량을 확보하기 위해서는 표 9.11에 나타내는 대책을 생각할 수 있다. 종래기술에 의한 대응으로서는 양수발전플랜트의 증가, 원자력의 부분부하 운전 등을 필요로 한다. 그러나 기존 기술의 범위에서 대책을 실시한다면, 설비의 증가가 필요하기 때문에 막대한 비용 발생으로 인하여 경제적이지 않다. 따라서 양수 시에도 AFC운전이 가능한 가변속 기술이 개발되면 큰 이점이 될 것이다.

표 **9.11** AFC 용량의 확보 대책

대책방법		문제점
종래기술	화력의 병입 대수 증가	• 야간의 전력공급 증대에 의해 양수발전 설비의 증가가 필요 • 원자력 발전량의 억제가 필요
	수력의 야간운전으로 이행	• 상기 외에 주간 첨두부하 시의 발전능력이 부족
가변속 운전	양수 시의 AFC운전	• 가변속시스템 개발이 필요

자료: 杉本, 1986

(2) 양수운전에서의 AFC

고정속 양수발전소에서 펌프수차는 일정한 회전속도로 운전된다. 양수발전소용으로 널리 사용되고 있는 프란시스형 펌프수차와 같은 고정익 펌프수차의 특성을 고려한 경우, 외부조건(상부저수지와 하부저수지의 수위 차)으로 필요 양정이 정해지면 적정한 가이드베인 개도가 결정되고, 펌프수차의 필요 동력이 결정된다. 또한 발전운전과 달리 가이드베인 개도를 바꾸더라도 효율이 큰 폭으로 저하할 뿐이고 펌프수차의 필요동력, 즉 필요전력은 거의 변화하지 않는다. 데리아형 펌프수차와 같은 가동익의 펌프수차인 경우, 일정한 회전속도라도 양수운전 시의 필요동력을 변화시키는 것이 가능하다. 그러나 구조상의 제약으로부터 비교적 소용량 저양정의 지점에 밖에 적용할 수 없으며, 양수발전플랜트로서 거의 적용되지 않고 있다. 또한 익각도 조정의 속도가 느리고, AFC용으로서는 적합하지 않다.

한편, 양수발전시스템의 회전속도를 변화시킨 경우, 양수운전 시의 특성, 즉 $Q-H$곡선이 이동하고 효율의 변화를 거의 일으키지 않고 입력을 변화시킬 수 있다. 종래와 같이 일정 속도의 경우와 회전속도를 변화시킨 경우의 비교를 그림 9.44에 보인다. 유체가 닫힌 루프 안에서 순환하고 있는 경우, 회전속도를 n으로 하면 일반적으로 유량$\propto n$, 양정$\propto n^2$, 필요동력$\propto n^3$으로 된다. 양수발전소에서의 양수운전의 경우는 양정이 거의 일정하

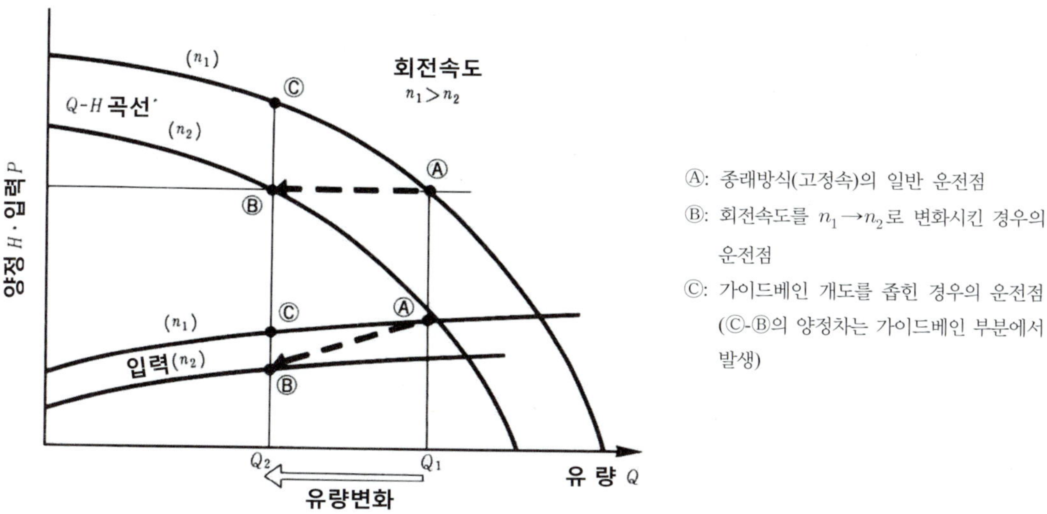

그림 9.44 펌프수차의 양수 시의 특성 및 필요 입력의 변화
자료: 杉本, 1986

기 때문에 유량$\propto n^3$, 필요동력$\propto n^3$으로 된다. 따라서 양수발전소에서는 양정이 거의 일정하기 때문에 회전속도를 변화시키면 유량이 큰 폭으로 변화한다. 그러나 가이드베인 개도만으로도 유량을 변화시킬 수 있지만, 입력은 거의 변화하지 않고 효율이 큰 폭으로 저하한다. 이상과 같이 종래의 일정한 회전속도의 시스템에서는 양수운전 시의 부하조정이 실용상 불가능하기 때문에 양수 AFC는 행해지지 않았다. 한편 회전속도를 변화, 즉 가변속으로 하면 작은 회전속도의 변화로 큰 부하조정이 가능해져, 큰 AFC 용량을 확보할 수 있기 때문에 양수운전 시의 AFC가 가능해진다.

한편, 발전운전 시에도 회전속도를 변화시킴으로써 수차 운용의 개선이 도모된다. 주요한 이점을 들면

- 상부저수지와 하부저수지 수면의 위치 변동(낙차 변동)이 클 경우, 변동에 따라 회전속도를 바꿈으로써 고효율 운전이 가능해진다.
- 저유량·저출력 시 회전속도를 낮춤으로써 캐비테이션, 진동 등의 발생 요인을 억제하는 효과가 있기 때문에 보다 저유량·저출력의 운전이 가능해진다.

따라서 가변속화에 의해 양수운전 시의 AFC가 가능함과 동시에 발전운전 시의 성능향상에도 도움이 된다.

(4) 가변속 양수발전시스템을 통한 전력 안정공급

고정속의 양수발전소는 양수운전 시의 전동기 출력은 부하인 펌프 특성으로부터 양정에 따른 일정 출력(속도가 일정하기 때문에 조정 불가)이 되었지만, 가변속기에서는 임의의 회전속도로 운전이 가능하기 때문에 양수입력 조정에 의한 전동기의 출력변화에 따라 회전속도도 안정적으로 변화하여 운전을 계속한다. 그림 9.45는 양수운전 실측 데이터를 나타내고 있으며, 양수입력의 변화에 추종하여 회전속도가 변화하고 있다.

또한 가변속기에서는 양수운전 시 입력조정이 가능해졌기 때문에 기존의 고정속 양수발전시스템에서는 불가능했던 양수 시의 조속기 제어(governor free) 기능을 여자제어에 의한 고속 조속기 제어 운전으로서 실현하고 있어 계통주파수 변동 억제에 크게 공헌하고 있다.

그림 9.46에 양수운전 시의 중급 지령값, 실양수 입력 및 계통주파수를 측정한 그래프를 나타낸다. 계통주파수 변동이 60 Hz ± 0.1 Hz 이내로 억제되고 있는 것을 알 수 있다.

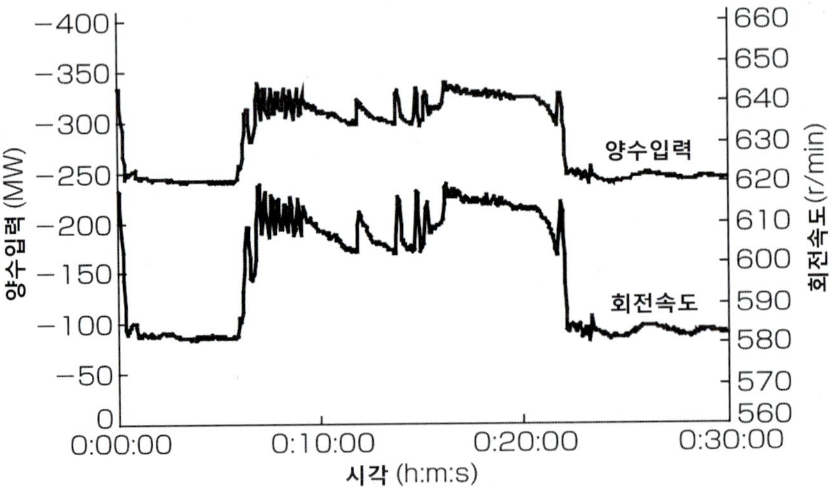

그림 9.45 양수입력 조정과 회전속도의 변화

자료: 西都, 2013

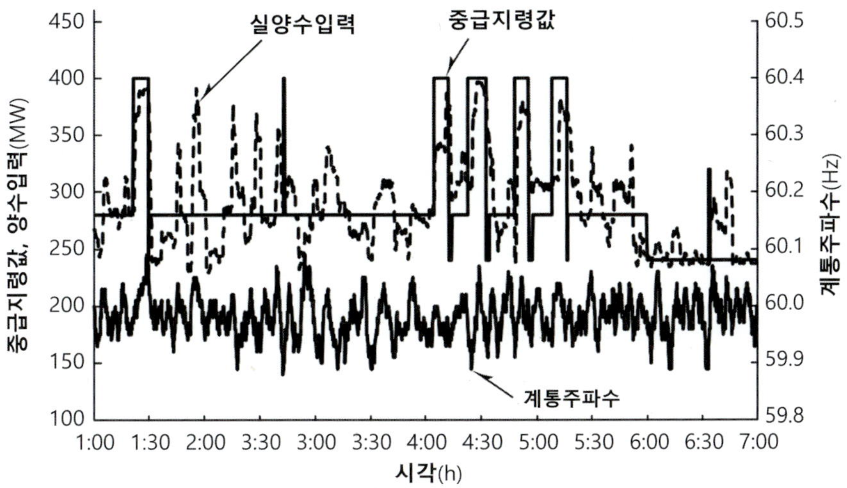

그림 **9.46** 양수입력 조정에 의한 계통주파수의 변동 억제

자료: 西都, 2013

9.4.2 교류여자방식 가변속기의 구성과 특징

교류기에서의 가변속시스템에는 종래로부터 여러 가지 방식이 있다. 전력 전자공학(power electronics)의 발달로 새로운 방식의 개발 및 대용량화가 급속도로 진행되고 있으며, 양수발전시스템에 적용할 때는 아래와 같은 점을 고려해야 한다.

- 수십만 킬로와트급의 대용량이므로 신뢰성이 높은 시스템이어야 한다.
- 계통의 안정성에 악영향을 주지 않고, 계통의 안정성에 기여해야 한다.
- 발전시스템으로서 각종 운용상의 대응이 가능한 시스템이어야 한다.
- 고효율·저비용 시스템이어야 한다.

가변속시스템의 종류를 크게 나누면 전원 측(발전기 고정자 측) 제어방식과 2차 측(발전기 회전자 측) 제어방식이 있다. 전자에서는 기존의 동기발전 전동기를 사용할 수 있는 반면, 발전전동기와 동등 이상의 용량을 가진주파수변환장치가 필요하다. 한편, 후자의 경우 회전자 측이 교류로 되기 때문에 기존 구조의 발전전동기는 사용할 수 없지만, 주파수변환장치의 용량을 작게 할 수 있다. 특히, 속도조절 가능한 운전범위가 작아도 괜찮기 때문에 고정자 측 제어방식에 비해 소용량화가 대폭 가능하다. 변환장치의 소용량화는 저비용화 외에 고주파량의 감소, 저손실화로도 이어진다. 또한 역률개선용 콘덴서 없이 시스템으로서 무효전력을 지연역률(발전상태에서) 방향으로 연속적으로 제어할 수도 있다. 이상과 같은 사항으로 고려하여 역율제어가 가능한 회전자 측 교류여자방식에 의한 가변속 양수발전시스템에 대해서 살펴보기로 한다.

(1) 교류여자방식의 구성 및 원리

교류여자방식 가변속기의 구성을 종래 고정속 동기기의 구성과 대비시켜 그림 9.47에 나타낸다. 종래의 고정속 동기기와 크게 다른 점은 다음과 같다.

- 회전자(回轉子)를 원통형으로 하고, 권선을 3상 분포 권선으로 한다.
- 여자장치로서 사이클로컨버터(cycloconverter)를 사용한 주파수변환장치(60 Hz → 수 Hz로 직접 변환)를 사용하여 교류여자방식으로 한다.

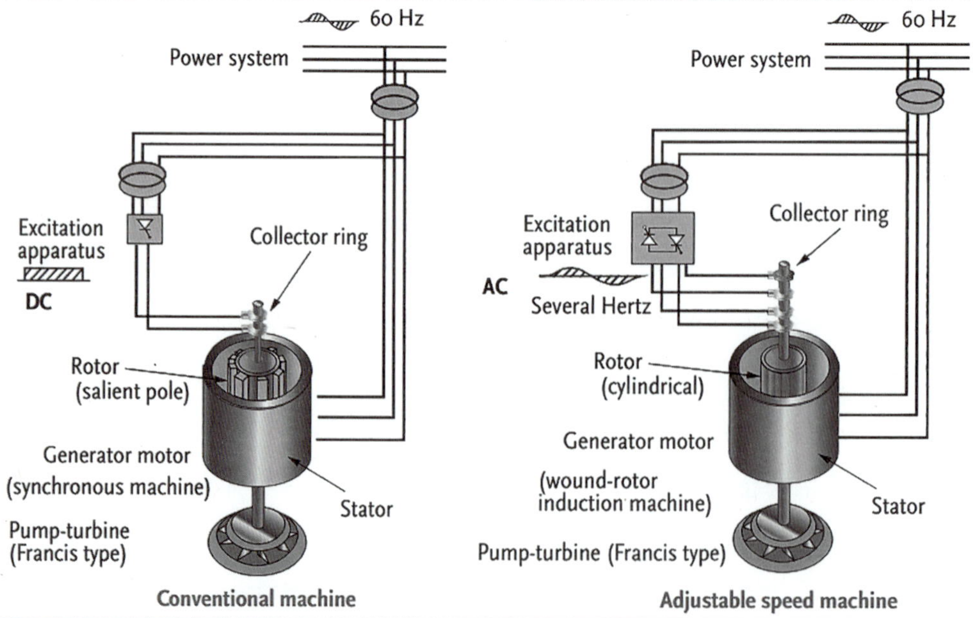

그림 9.47 고정속 및 가변속(DFIM) 발전전동기의 구성 비교
자료: Huynen, 2018

이 3상 권선에 사이클로컨버터로부터 f_E [Hz]의 여자전류를 통한 경우, 회전자 상에는

$$n_E = 2f_E \cdot 60/P\ [\mathrm{min}^{-1}] \quad (9.11)$$

로 표현되는 속도로 회전하는 자계가 발생한다. 여기서, P는 자극수이다.

n_E는 회전자상에서 본 자계의 움직임이며, 고정자로부터 자계의 움직임을 본 경우는 여기에 회전자 자체의 움직임이 가해진다. 회전자의 기계적 회전속도를 n_M이라고 하면, 고정자로부터 본 자계의 회전속도 n_S는

$$n_S = n_M + n_E$$

즉,

$$n_M = n_S - n_E \quad (9.12)$$

여기서, n_S는 계통의 주파수에 의해 정해지는 회전속도이다.

기존 동기기는 $n_E = 0$이기 때문에 $n_M = n_S$ 즉, 동기속도가 일정하지만, 교류여자방식으로는 n_E를 변화시킬 수 있기 때문에 그만큼 n_M 즉, 회전자의 기계적 회전속도를 변화

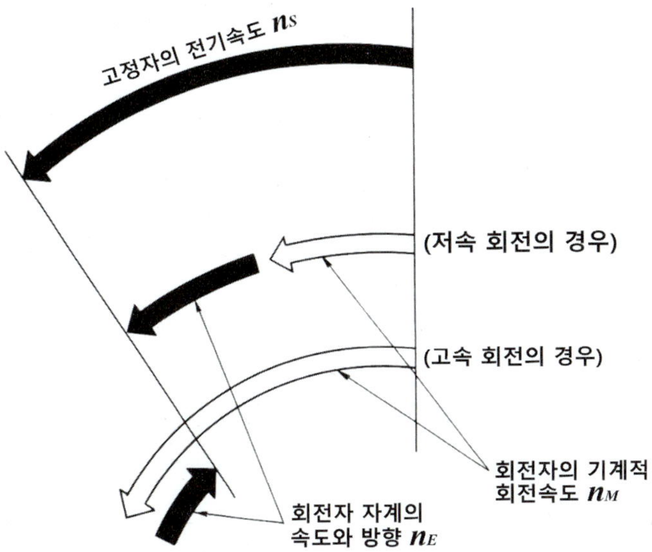

그림 **9.48** 회전자의 회전속도와 고정자의 전기속도 사이의 관계

자료: 杉本, 1986

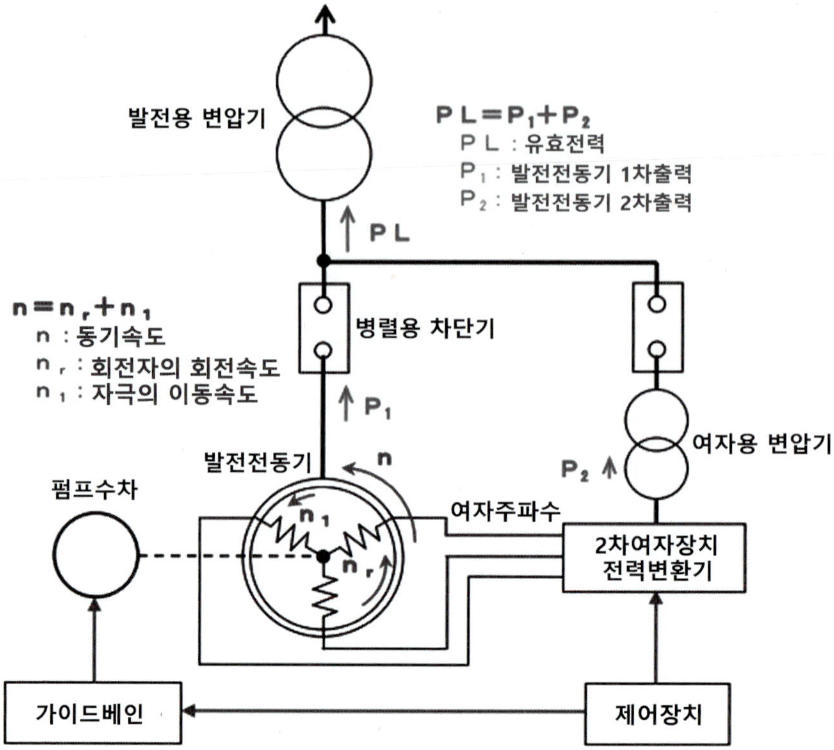

그림 9.49 발전운전 시의 전력(주파수) 조정

자료: 齊藤, 2016

시킬 수 있다. 이 상태를 나타낸 것이 그림 9.48이다. n_S, n_M, n_E의 크기를 화살표의 길이로 나타내고 있으며, n_E의 크기 및 방향에 의해 n_M(기계적 회전속도)이 변화하는 모습을 보인다. 이와 같이 여자를 교류로 행하여 그 주파수를 변화시킴에 의해 동기기의 가변속화가 가능해진다.

한편, 그림 9.49는 가변속 발전전동기의 발전운전 시 전력(주파수) 조정 방법에 대해서 보이고 있다. 발전운전 시에는 가이드베인의 개폐로 물의 사용량을 변화시켜서 전력(주파수) 조정을 실시한다. 또한 가변속기이기 때문에 여자주파수를 순간적으로 변화시키는 것이 가능하기 때문에 전력 계통의 순간적인 전력 조정도 가능하다.

(2) 교류여자방식의 특징

회전자는 원통형 3상 권선을 가지고 있기 때문에 발전기 본체로서는 권선형 유도기와 거의 동일한 구조로 되어 있다. 그러나 회전자 권선에 외부로부터 회전자 권선 변화에 대응한 주파수의 여자를 더하기 때문에 가변속기는 일정 주파수의 교류전력을 발생시킬 수 있어 현재의 전력 계통을 구성하고 있는 기존의 동기기와 같은 기능을 가지고 있다.

또한 본 시스템은 출력 특성 면에서도 여자전류를 기준으로 한 경우에 기존의 동기기와 같아진다. 즉, 기존의 동기기의 출력 특성은 내부상차각으로 표시되는데 반해, 본 시스템의 그것은 교류여자전류의 위상각으로 표시된다. 이 때문에 교류여자 가변속기는 동기기로서 취급하는 것이 타당하다. 물론 여자전류의 크기를 변화시킴에 의해서 무효전력(역률)을 조정할 수 있다.

이상과 같이 본 시스템은 동기기와 동일한 특성을 가지는 한편, 기존의 동기기의 내부상차각에 상당하는 여자전류의 위상각을 사이클로컨버터의 전류제어에 의해 바꿀 수 있다. 이것이 기존 동기기와 큰 차이인 동시에 큰 특징이기도 하다.

이 차이가 어떤 현상으로 나타나는지를 나타낸 것이 그림 9.50이다. 그림 내의 GM은 발전전동기를 의미하며, 부하 토크는 발전운전 시에 수차가 내는 기계적 토크를 의미한다. 양수운전 시를 고려한 경우, 기존 동기기에서는 펌프수차의 소요 동력과 발전전동기 입력이 일치하고, 그 변환에너지양과 여자의 강도로 일의적으로 결정되는 내부 상차각을 유지하면서 일정 속도로 회전한다.

한편, 본 시스템에서는 여자전류의 크기와 위상을 조정하는 것에 의해서 펌프수차 측 동력과 관계없이 전기 측의 입력 및 역률을 조정할 수 있다. 즉, 기존 동기기의 운전상태는 부하 토크로 정해지는 것에 대해서 교류여자기에서는 부하 토크와 관계 없이 운전상태를 제어할 수 있다. 그 때문에 펌프수차 측과 전기 측의 입출력의 차는 회전에너지로서 저장 또는 방출되면서 회전속도의 변화로서 나타난다. 물론 설정된 가변속도제어범위를 넘어설 수 없기 때문에 최종적으로는 펌프수차 측 동력과 전기 측 입력은 일치시킬 필요가 있다.

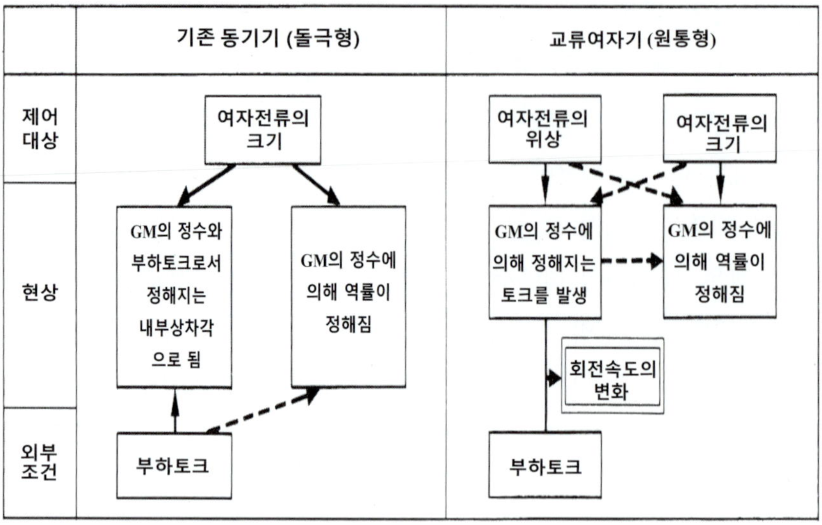

그림 9.50 기존 고정속 동기기와 가변속 교류여자기의 특성비교
자료: 杉本, 1986

9.4.3 가변속시스템 제어

가변속 양수발전시스템에서는 펌프수차 측의 제어와 전기 측의 제어가 필요하며 기계 측, 전기 측 양쪽의 운전상태가 중요하다. 이것이 일반 산업계에서 주로 팬과 펌프에 사용되고 있는 교류 가변속시스템의 제어와 다른 점이며, 이것을 정리한 것을 표 9.12에 나타낸다. 일반산업용에서는 주된 제어의 목적이 회전속도이고 전력이 종인 것에 반해, 양수발전

표 9.12 양수발전플랜트용과 일반산업용 가변속시스템의 제어목적 비교

용도 / 항목	일반산업용 (팬 · 펌프)	양수발전플랜트용
목적	• 유량 조정	• 전력 조정
제어대상	• 전기계 단독	• 전기계 및 펌프수차계
제어 방법	• 정해진 회전속도로 함	• 정해진 전력으로 함 • 전기 측 입출력과 펌프수차 측 동력을 일치시킴
관성에너지의 처리	• 시스템이 필요로 하는 전력을 계통으로부터 입출력해서 에너지를 처리함	• 계통이 필요로 하는 전력으로 될 수 있도록 협조를 받아가면서 에너지를 처리함

자료: 杉本, 1986

플랜트용에서는 전력이 주로 된다.

따라서 제어의 목적도 기존 시스템과 다르며, 새로운 제어 기술의 개발이 필요하다.

(1) 제어시스템의 구성

그림 9.51에 제어시스템 구성의 개요를 나타낸다. 교류여자가변속기를 양수발전플랜트에 적용한 경우의 제어계 구성을 보이고 있으며, 기존의 플랜트와 달리 전기계와 펌프수차계의 협조를 받아가면서 제어를 행한다. 제어시스템은 크게 분류하여 전압조정부, 출력조정부, 회전속도조정부의 3부분으로 구성되어 있다. 이 중 전압조정부와 출력조정부는 최종적으로 사이클로컨버터의 사이리스터 위상각제어에 의한 여자전류의 제어가 된다. 여자전류의 주파수 및 위상제어 기준이 되는 신호를 미끄럼검출기에 의해 계통주파수와 회전속도의 차로서 만들어 낸다. 이 기준 신호를 바탕으로 해서 여자전류의 크기 및 위상을 제

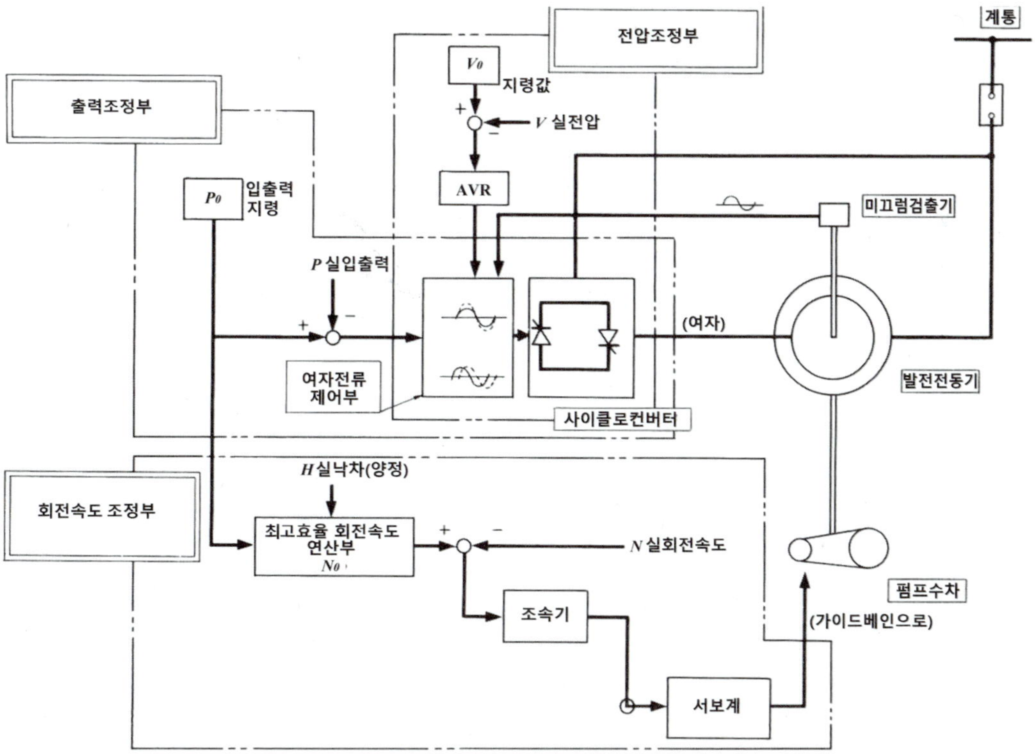

그림 9.51 제어계의 구성

자료: 杉本, 1986

어하여 고정자 측의 전압 및 계통 전류를 제어한다.

회전속도조정부는 조속기 및 회전속도 연산부로 구성되며, 소요전력 및 낙차(양정)로부터 최적속도 및 가이드베인 개도를 설정한다.

(2) 제어방식

가변속 양수발전시스템에서는 전기 측 입출력과 펌프수차 측 동력을 모두 제어할 수 있기 때문에 이들을 어떻게 제어할 것인지는 중요한 문제가 된다. 정상적으로는 전기 측(입출력)과 펌프수차 측의 동력을 일치시킬 필요가 있으며 회전속도도 최적효율이 되는 값(양수 시에는 필요한 입력이 되는 값)으로 설정할 필요가 있다.

그러나 회전속도를 변화시킬 경우, 관성에너지가 출입하기 때문에 과도현상이 생긴다. 이 점에서의 제어방식을 크게 나누어 그림 9.52에 나타낸 방식을 생각할 수 있다. 전기계 제어와 펌프수차계 제어의 협조에 의한 방식의 대표 예를 보이고 있으며, 방식 (Ⅰ)은 펌프수차의 동력 및 회전속도를 주체로한 제어방식인 것에 대해서 방식 (Ⅱ)는 계통으로의 전력을 주체로 한 제어방식이다.

그림 9.52에서도 알 수 있듯이, 방식 (Ⅰ)은 회전속도를 최종 설정값으로 변화시켜 가는 방식이다. 발전운전 시에는 출력을 증대시키기 위해 가속시키면 관성에너지 때문에 전기 출력이 일단 감소하는 경우도 있다. 양수운전 시에는 반대로 전기입력이 일단 증가한 후 최종값으로 된다. 이 방식은 일반산업계에서의 팬과 펌프 등에 적용되어 있는 제어방식에 가깝고, 계통이 필요로 하는 출력으로의 추종성이 좋지 않다.

또한 그림 9.52의 방식 (Ⅱ)는 출력(또는 입력)을 최종값으로 제어하려고 하는 것이며, 본 시스템의 특징을 충분히 발휘시킨 제어방식이라고 할 수 있다. 즉, 계통이 필요로 하는 출력(또는 입력)에 여자제어로 고속으로 대응한 후, 관성에너지를 이용해가면서 회전속도를 서서히 최적값으로 조정해간다.

양수발전소의 운용으로서는 계통 측에서 본 전력제어가 주를 이루며, 회전속도제어는 종이기 때문에 방식(Ⅱ)의 제어가 적합하다고 할 수 있다.

이와 같이 전기 측 여자제어와 펌프수차 측 조속기 제어의 연동 그리고 여자제어에서의 전류값·위상제어와 제어 대상이 많고, 또한 밀접하게 얽혀 있기 때문에 마이크로컴퓨터에 의한 디지털제어를 적용하고 있다.

구분	발전 시 제어	
비교항목	방식 (I)	방식 (II)
가이드베인 제어	출력 조정	속도(효율) 조정
여자제어	속도(효율) 조정	출력 조정
수차출력	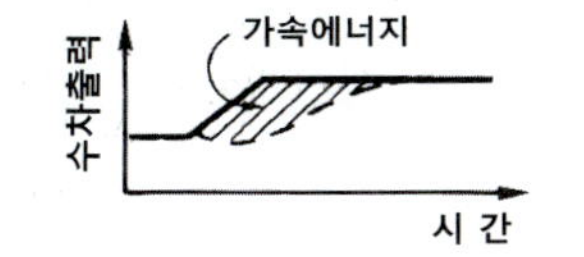	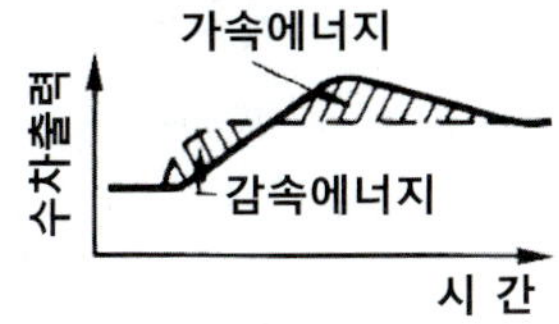
회전속도	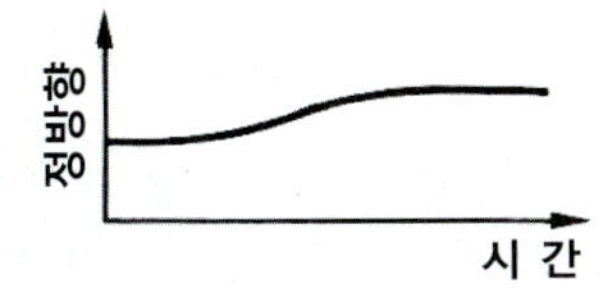	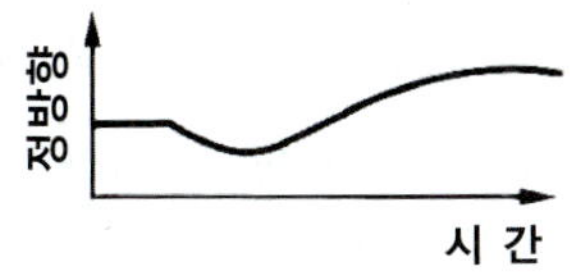
발전기출력		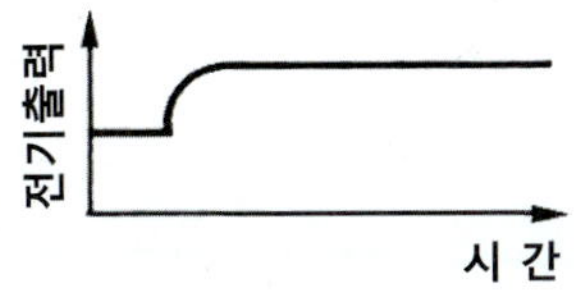

구분	양수 시 제어	
비교항목	방식 (I)	방식 (II)
가이드베인 제어	입력 조정	효율 조정
여자제어	속도 조정	입력 조정
펌프입력	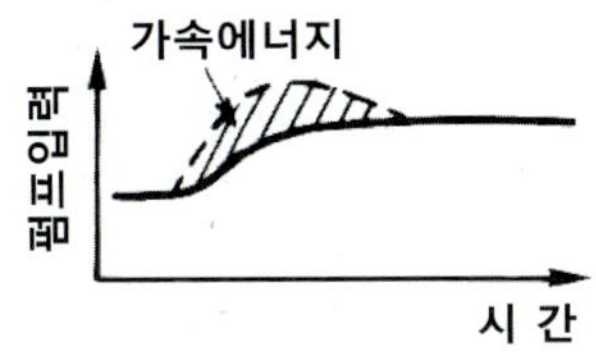	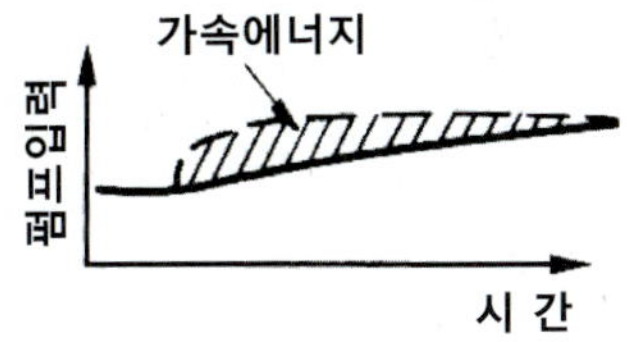
회전속도	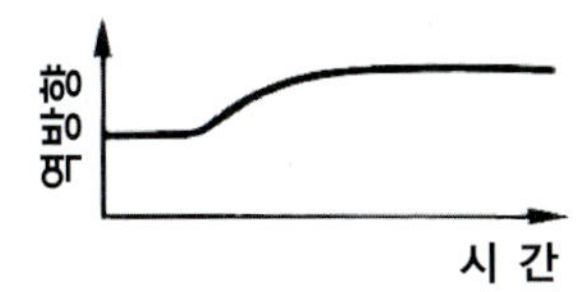	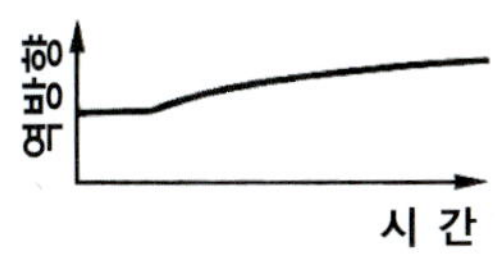
전동기입력		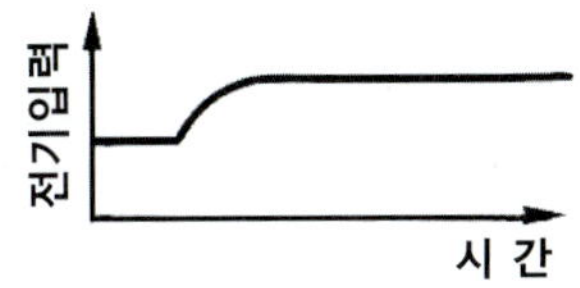

그림 **9.52** 가변속 제어방식의 비교

자료: 杉本, 1986

(3) 가변속 양수발전소의 일반적인 운전제어 특성

양수발전소 400 MW 가변속시스템 사양을 표 9.13에 나타낸다. 동일한 시스템에 대한 그림 9.53의 운전범위에 나타나듯이 양수운전 시에는 동기속도 360 min^{-1}을 중심으로 ± 30 min^{-1}의 가변속 운전 폭에서 ± 80 MW의 AFC 용량을 확보하고 있다.

운전범위의 하한에서 상한까지의 램프응답 특성을 그림 9.54에 나타낸다. 발전부하 램프응답 특성에서 유효전력은 0 MW로부터 320 MW(100%)까지 지령에 추종하고 있지만, 회전속도는 플라이휠 에너지의 흡수방출로 변동하고 있다. 양수운전 램프응답 특성에서는 양수 AFC 범위의 하한(246 MW)로부터 상한(400 MW)까지 지령에 추종하고 있다. 전력 우선제어이기 때문에 회전속도의 응답은 비교적 느리다.

표 9.13 오카와치발전소(일본) 가변속 양수발전시스템 사양

<table>
<tr><th colspan="2">항목</th><th>발전 시</th><th>양수 시</th></tr>
<tr><td rowspan="2">시스템</td><td>출력(입력)</td><td>320 MW</td><td>400 MW</td></tr>
<tr><td>역률</td><td>0.95</td><td>1.0</td></tr>
<tr><td rowspan="3">펌프수차</td><td>출력(입력)</td><td>331 MW</td><td>392 MW</td></tr>
<tr><td>최고유효낙차(양정)</td><td>415.6 m</td><td>432 m</td></tr>
<tr><td>러너</td><td colspan="2">프란시스형 2분할 러너</td></tr>
<tr><td rowspan="5">발전전동기</td><td>용량(출력)</td><td>395 MVA</td><td>388 MW</td></tr>
<tr><td>회전속도</td><td>330~354 [min⁻¹]</td><td>330~390 [min⁻¹]</td></tr>
<tr><td>전압</td><td colspan="2">18 kW</td></tr>
<tr><td>코일엔드 지지</td><td colspan="2">바인드 지지</td></tr>
<tr><td>컬렉터 링</td><td colspan="2">3상4선식</td></tr>
<tr><td rowspan="6">사이클로컨버터</td><td>용량</td><td colspan="2">72 MVA</td></tr>
<tr><td>전압</td><td colspan="2">5.2 kV</td></tr>
<tr><td>전류</td><td colspan="2">8,000 A</td></tr>
<tr><td>출력주파수</td><td>−5~−1 Hz</td><td>−5~+5 Hz</td></tr>
<tr><td>암 구성</td><td colspan="2">72 암</td></tr>
<tr><td>사이리스터소자 구성</td><td colspan="2">각 암 3직렬 3병렬</td></tr>
</table>

자료: 北, 1994

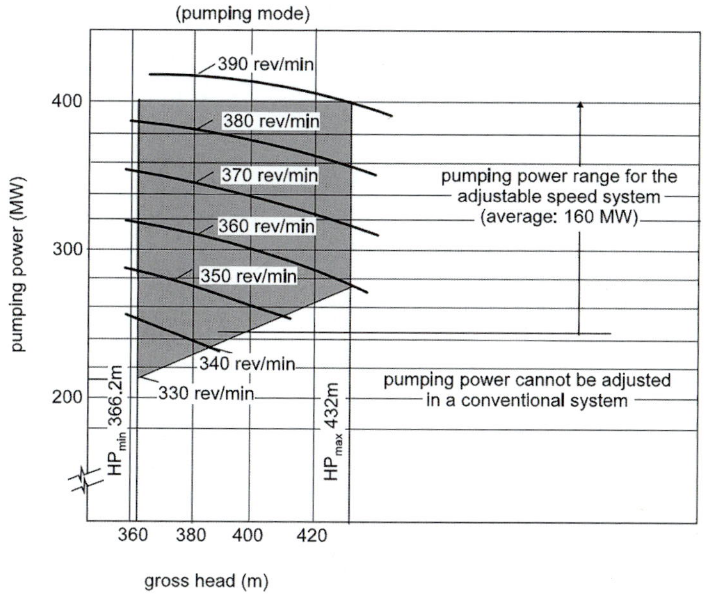

(a) 펌프모드

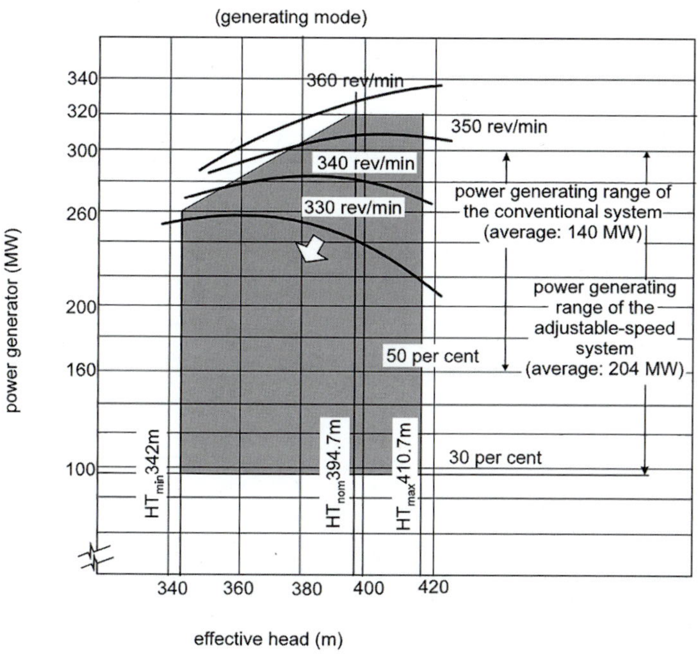

(b) 수차모드

그림 **9.53** 양수발전소 가변속기의 운전범위 예

자료: Koritarov, 2014

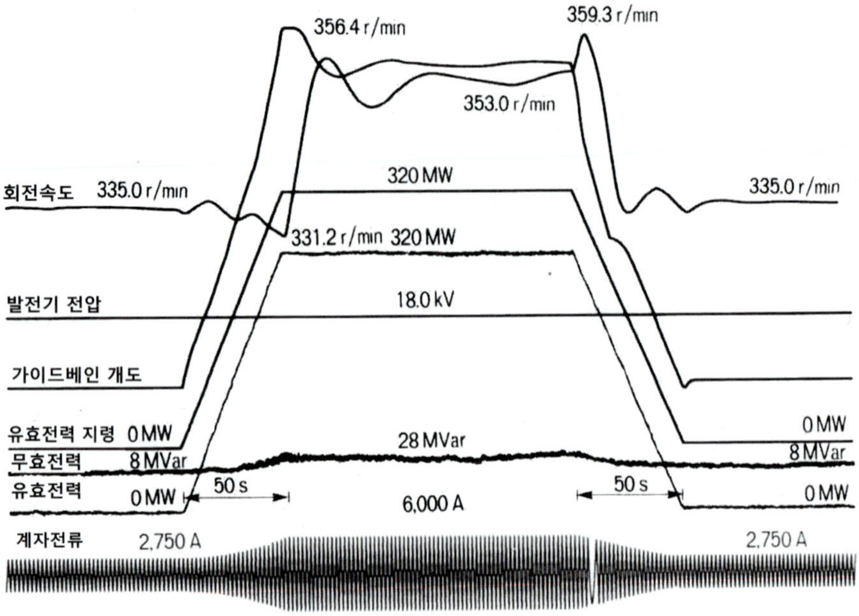

(a) 발전부하 시

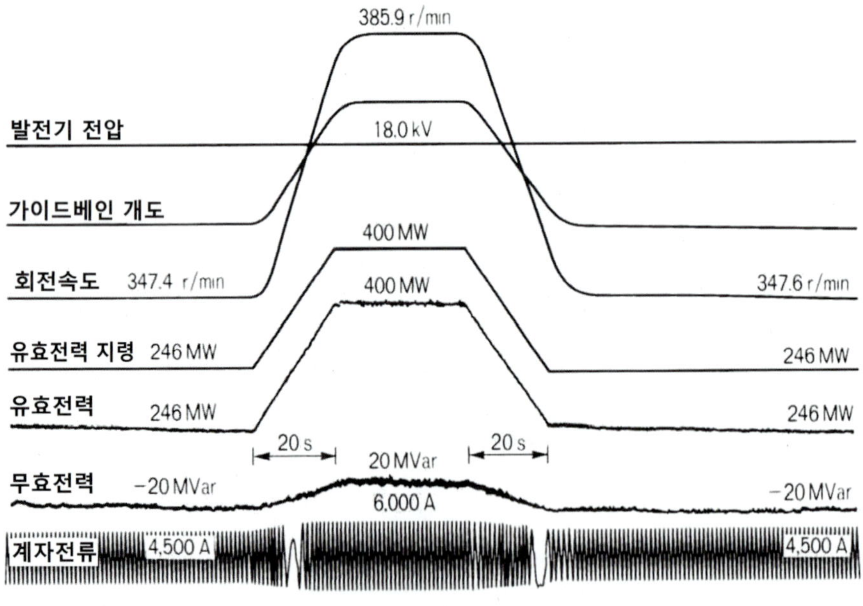

(b) 양수입력 시

그림 9.54 발전부하 및 양수입력 시 램프응답 특성

자료: 北, 1994

(4) 발전소 전체 감시제어시스템 구성

그림 9.55는 중앙급전지령소와의 통신, 거리가 떨어진 발전소와 변전소 쌍방에서의 감시제어, 댐 수위 일정 운전 등 고도의 플랜트 제어를 실현하기 위한 양수 및 수력발전소 전체 감시제어시스템 구성의 예를 보인다.

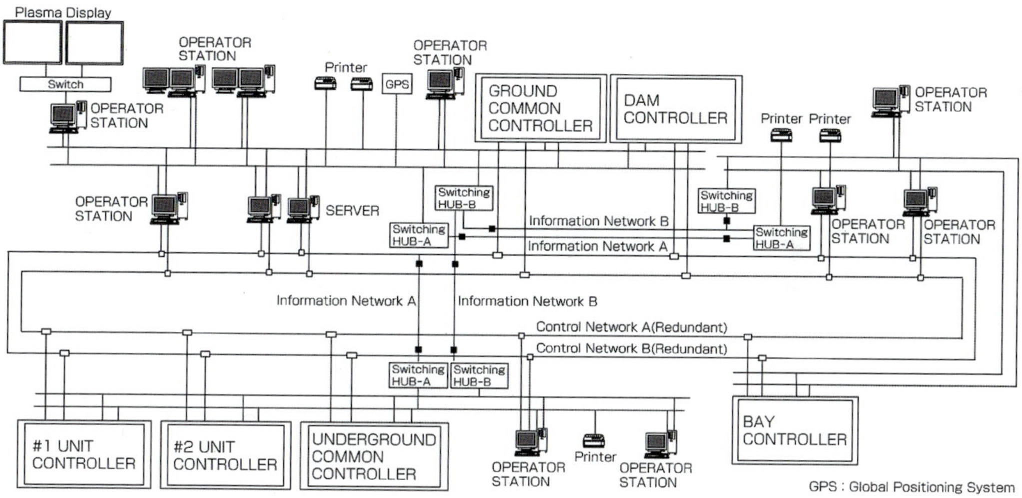

(a) 전체 감시제어시스템 구성

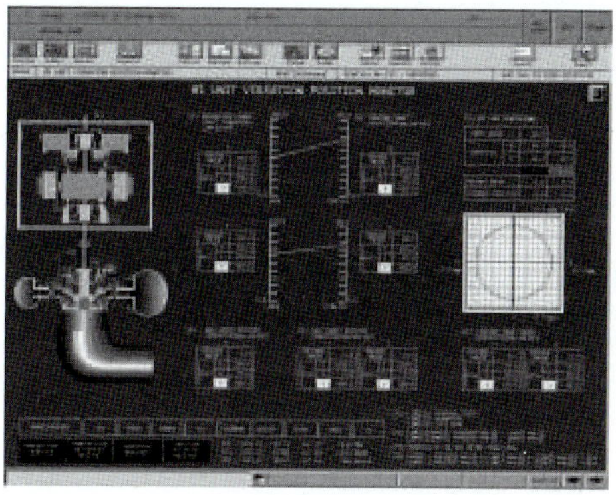

(b) 축진동 감시화면 예

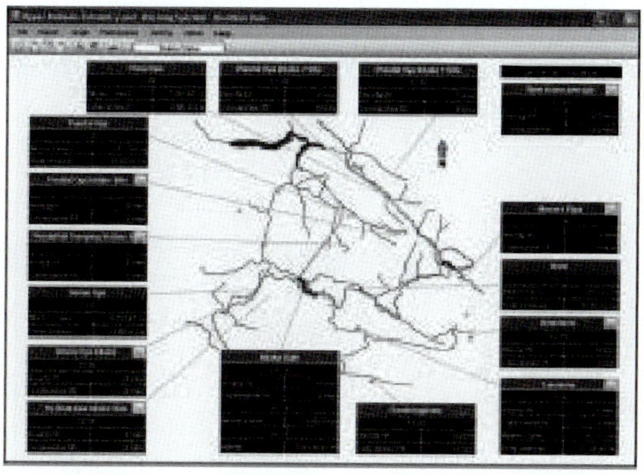

(c) 유입량 예측기능 화면 예

그림 **9.55** 양수 및 수력발전소 감시제어시스템 구성의 예

자료: 西都, 2013

9.5 가변속 양수발전 실증시스템 개발

9.5.1 가변속 양수발전 실증시스템 개발 개요

(1) 가변속 양수발전시스템의 개발 과정

가변속 양수발전시스템의 개발은 시스템의 원리 확인부터 시작하여 모형 펌프수차와 조합하여 이론검증시험을 실시하고, 개발 항목의 추출을 실시한다. 이들 결과를 바탕으로 디지털 시뮬레이션을 통해 시스템제어성능의 해석, 계통에 미치는 영향의 해석, 계통 조건을 포함한 상세한 순간값 해석을 실시한다.

한편 기기면에서는 대용량 발전전동기로서 고전압 대용량 콜렉터링, 고압회전자 코일 등의 개발, 사이클로컨버터로서 대용량 고신뢰성 컨버터 개발 등을 진행한다.

최종적으로 실계통에서 계통 안정성, 가변속제어의 안정성 및 신뢰성 확인을 위해 양수발전플랜트에서 실증시험을 위한 실물 펌프수차시스템을 제작한다. 표 9.14는 개발을 목표로 하는 실증시험기의 수차, 발전전동기 및 여자장치(사이클로컨버터)의 주요 제원을 보인다.

표 9.14 실증시험기 개발 목표 주요 제원

항목	사양	
수차	출력	18,100 kW
	회전속도	190~210 min^{-1}
발전전동기	용량	22,000 kVA
	전압	11,000 V
	전류	1,155 A
	주파수	60 Hz
	극수	36 극
	회전속도	190~210 min^{-1}
여자장치	용량	3,830 kVA
	방식	사이클로컨버터 방식

자료: 杉本, 1986

(2) 가변속 양수발전 실증시스템 특징 및 구성

가변속시스템은 회전속도를 변화시킬 수 있다는 점에서 여러 가지 특징을 가지고 있다. 주요 특징에 대해서 정리한 것을 표 9.15에 나타낸다. 정상적으로 회전속도를 변화시켜서 운정상태의 최적화가 가능함과 함께 과도적으로 관성에너지를 이용 가능하기 때문에 여러 가지 특징이 있다. 이들 특징은 원동기 측(수차 또는 펌프수차)의 특성에 의한 것과 전기 측의 제어시스템에 의한 것이 있으며 각각의 특성을 살린 종합시스템이 가능하다.

표 9.15 가변속시스템의 특징

<table>
<tr><th colspan="2">항목</th><th>내용</th><th>비고</th></tr>
<tr><td rowspan="2">정상운전 시의 특징</td><td>양수운전 시</td><td>• 부하조정(AFC)이 가능</td><td rowspan="4">운전상태의 최적화</td></tr>
<tr><td>발전운전 시</td><td>• 운전 영역의 확대 (낙차변동 · 경부하)
• 부분부하 시의 효율 향상
• 수압맥동의 감소</td></tr>
<tr><td rowspan="3">그 외 운전 시의 특징</td><td>양수시동</td><td>• 부하 급변량의 감소</td></tr>
<tr><td>조상운전</td><td>• 손실의 감소</td></tr>
<tr><td>계통병입</td><td>• 위상 맞춤 용이
• 저속으로 병입 가능</td><td>전기 측(발전기)의 특성에 의한 특징</td></tr>
<tr><td colspan="2">과도상태
(단시간의 특성)</td><td>• 운전예비로서의 이용
• 계통의 고도안정도 향상
• 탈조현상이 없는 시스템</td><td>위와 같음
(관성에너지의 효율적 이용)</td></tr>
</table>

자료: 原口, 1988

가변속화의 기본 구성은 원통 구조 회전자에 3상 분포 권선으로 한 계자코일을 배치하고, 그 계자코일을 가변주파수의 3상교류로 여자하도록 한 것이다. 즉, 그 원리는 회전속도가 변화했을 경우 계자코일의 여자주파수를 변화시킴으로써 고정자 측 주파수를 일정하게 유지할 수 있도록 한 것이다. 따라서 회전속도가 변화하더라도 고정자 측을 주파수가 일정한 계통에 접속하여 발전(또는 양수)운전이 가능하다. 회전차 측의 주파수는 비교적 저주파에서 좋기 때문에 가변주파수 변화기로서 사이리스터(thyristor)를 사용한 사이클로컨버터(cycloconverter)가 사용된다.

회전자가 발생하는 회전자계는 정상상태에서는 항상 일정한 크기일 필요가 있다. 이것을 실현하기 위한 가장 일반적인 방법이 전술한 3상 분포 권선에 3상교류를 흘리는 방법이다. 상수를 많이 하면 보다 이상적이지만, 3상에서 실용상 지장 없이 달성할 수 있다. 저주파의 가변3상교류를 만들어내는 변환장치로서 여러 가지 방식이 있다. 사이클로컨버터는 그 중 동작원리가 단순하고, 또한 대용량인 장치를 실계통에 직접 접속해서 운전하고 있는 직류송전용 변환장치와 유사하다. 따라서 양수발전시스템용으로 사용하는 경우에는 사이리스터식 사이크로컨버터가 최적의 변환장치라고 할 수 있다.

한편 제어시스템 측면에서 보면, 전력의 제어는 종래에는 원동기 측의 제어뿐이었던 것에 대하여 전기 측의 제어도 필요하다. 이는 반대로 원동기 측의 동력과 관계없이 전력제어가 가능하다는 것을 의미한다.

본 시스템의 제어구성을 그림 9.56에 나타낸다. 그림 내의 약어 AVR은 Automatic Voltage Regulator, APR은 Automatic Power Regulator, ASR은 Automatic Speed Regulator, CB은 Circuit Breaker를 각각 의미한다. 전기 측에도 직접전력제어가 가해져서 지령값에 따라 고속으로 제어된다. 전기 측의 전력을 직접 제어하고, 회전속도는 펌프수차가 최적 회전속도가 되도록 가이드베인으로 그 출력과 회전속도를 제어한다. 전기 측의 전력제어는 비교적 고속으로 할 수 있는 것에 대해서, 펌프수차 측의 출력제어는 느리다. 따라서 과도적으로는 양쪽에 불균형이 생기지만, 그 에너지 차이는 회전체 관성에너지의 출입(즉, 회전속도의 변화)에 의해서 조정되며, 이 상태를 표 9.16에 보인다.

표 9.16은 계통 내 전체 발전량 증가 시 가변속시스템의 출력을 ΔP 변화시킨 경우의 움직을 단순화하여 보이고 있으며, 계통 내의 부하가 급증하고, 계통 전체의 발전전력을 급증시켜야 할 경우를 나타낸다. 발전운전 시와 양수운전 시의 움직임의 차이는 최종 도달 회전속도의 차이 외에 회전속도와 수차(또는 펌프)동력의 관계에 관한 특성의 차이에 기인한다. 즉, 수차운전 시는 회전속도와 거의 관계없이 수차출력을 조정할 수 있는 특성이 있는 반면, 펌프운전 시는 전양정과 회전속도에 의해 펌프입력이 일의적으로 결정된다는 특성이 있기 때문이다. 이와 같이 전기 측의 전력을 직접 제어함으로써 회전에너지를 이용해가면서 고속전력제어를 할 수 있다.

양수운전 시에는 동력원이 전기 측이라는 점과 가이드베인의 개폐에 의해서 필요 동력이 거의 변화하지 않기 때문에 제어구성도 당연히 바뀐다. 그러나 기본적으로 전기 측의

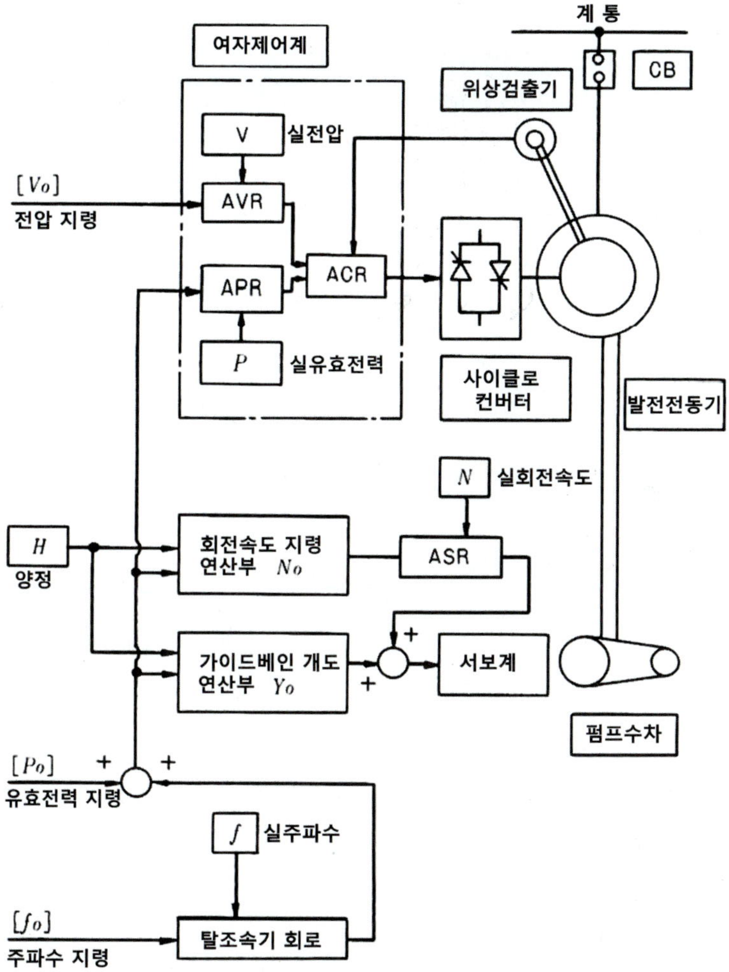

그림 9.56 가변속시스템의 제어구성

자료: 原口, 1988

전력을 직접 제어하는 것은 발전운전 시와 동일하다.

표 9.16 출력변화 시 가변속시스템의 움직임

항목	발전운전 시	양수운전 시
최종목표 회전속도	증가	감소
발전량 또는 전력흡수량		
수차출력 또는 펌프입력	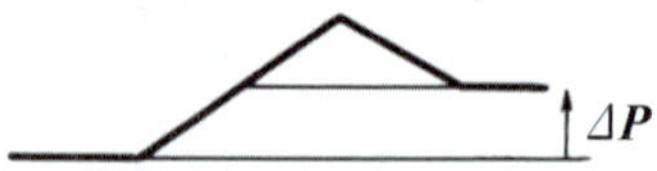	
회전속도 ((∝회전에너지)$^{1/2}$)		
회전에너지로부터의 방출파워	 방출량 < 흡수량 → 회전속도 증가	 방출량 > 흡수량(=0) → 회전속도 저하

자료: 原口, 1988

9.5.2 가변속 양수발전 실증시스템 개발

본 절에서 소개하는 가변속시스템 개발에서는 원리의 확인부터 시작하여 펌프수차와 조합한 시스템으로 이론을 검증하였다. 상세한 시뮬레이션 해석에 의한 양수기의 시스템 개발과 대용량화를 목표로 한 하드웨어 개발을 진행하여, 실증기를 실계통에 접속 후 시스템의 신뢰성 확인 검증을 실시하였다.

실제기기 적용에 대한 개발은 시스템 개발과 대용량화 개발로 크게 나뉘며, 이하에 실제 개발된 사례를 통하여 상세한 내용을 기술한다.

(1) 시스템 개발

가변속 양수발전용으로서의 시스템 개발은 크게 2종류로 나눌 수 있다. 즉,

① 보통 운전제어법의 확립, 특히 원동기 측과 전기 측의 협조를 취할 수 있는 제어법의 확립 및 양수발전소로서의 여러 기능을 가진 회로 구성과 제어법의 확립

② 시스템 내 및 계통의 이상 또는 교란 시에 대해서 시스템의 현상 해석과 그 때의 제어·보호 방법의 확립

이러한 개발은 물리적 현상 해석은 물론 시뮬레이션에 의한 해석이 필수적이며, 시뮬레이션 해석에 대해서는 해석 결과의 타당성을 검증할 필요가 있다.

시뮬레이션 해석에서는 그 목적에 따라 여러 가지 계산 코드를 개발할 수 있으며, 그 주된 내용으로서는

- 사이클로컨버터 각 암별 ON, OFF도 고려하고, 여자회로도 포함한 주회로 현상의 순간값 기반의 해석 (주로 상기 ②의 일부에 대응하는 것으로 비교적 단시간의 해석)
- 수로계, 펌프수차 특성 및 운전제어계를 포함한 전체의 동특성 해석 (주로 상기 ①에 대응하는 것으로 비교적 장시간의 해석)
- 전력 계통의 움직임을 주체로, 가변속시스템의 움직임 및 가변속기의 제어·보호가 계통에 미치는 영향의 해석 (상기 ②의 일부에 대응하는 것으로 비교적 장기간의 해석)

각각의 시뮬레이션 해석을 실시하는 동시에 실제기기와 동일 구성의 가변속시스템과 모의 송전선을 가진 아날로그 시뮬레이터를 사용하여 시뮬레이션 해석을 검증한다. 특히 양수기의 운전은 펌프수차의 특성 및 시동 시 부하 급변 등 발전전용기의 운전과 비교하여 여러 가지 수력과도현상을 가지고 있다.

이들 수력과도현상의 검증을 포함하여 펌프수차, 가이드베인 구동계, 수로계도 실제기기에 상당하는 값에 맞추어 종합 아날로그 시뮬레이터를 사용하여 양수운전을 포함한 통상 운전 확인 및 디지털 해석검증을 실시한다.

종합 아날로그 시뮬레이터의 구성과 주요 사양을 그림 9.57 및 표 9.17에 나타낸다. 수로 및 펌프수차 주위도 포함하여 실기와 동일한 구성으로 한 모형이다. 상부저수지와 하부저수지의 수위 차는 운전 중에 일정하게 할 수도 있고, 또한 원하는 값으로도 변화시킬 수 있는 기구로 되어 있다.

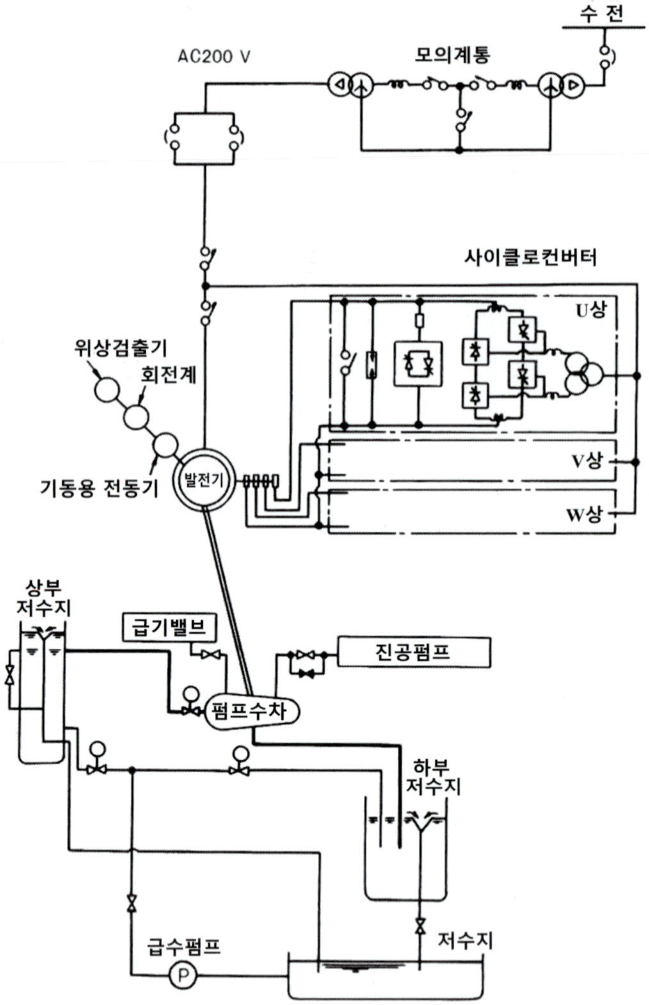

그림 **9.57** 종합 아날로그 시뮬레이터 구성 계통도

자료: 原口, 1988

디지털 시뮬레이션과 시뮬레이터 실측 데이터의 대표적인 예를 그림 9.58과 9.59에 나타낸다. 그림 9.58은 양수 AFC(AFC: Automatic Frequency Control) 시험을 나타내고, 램프형상의 전력 변화 지령이 간헐적으로 왔을 경우의 움직임이다. 유효전력의 변화와 함께 회전속도가 변화하고, 가이드베인 개도도 최적값으로 변화해가는 상태를 알 수 있다.

그림 9.59는 양수시동 시의 특성을 나타내며, 계통으로의 병렬로부터 접수(priming) 및

표 **9.17** 종합 아날로그 시뮬레이터 주요기기 사양

펌프수차 사양			발전전동기 사양	
수차	출력	20 kW	용량	20 kVA · 20 kW
	낙차	10.8~13.1 m	전압	220 V
펌프	입력	23 kW	회전속도	540~660 min^{-1}
	양정	11.3~13.5 m	극수	10 극
회전속도		540~660 min^{-1}	주파수	50 Hz

자료: 原口, 1988

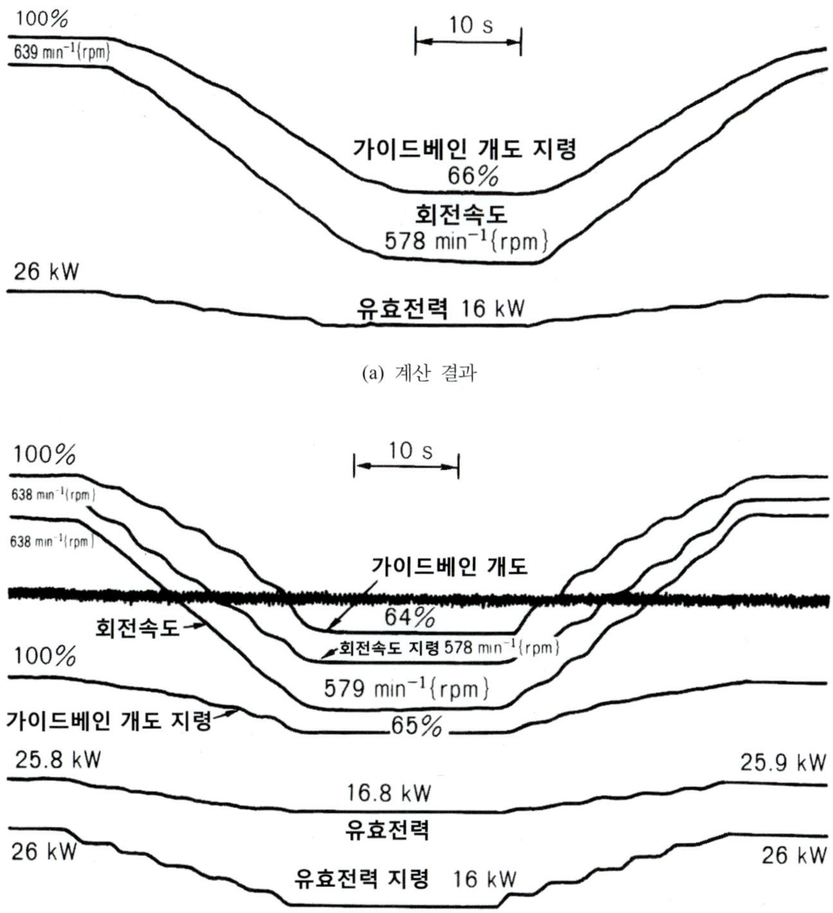

(a) 계산 결과

(b) 실측 결과

그림 **9.58** 양수 AFC(automatic frequency control) 특성

자료: 原口, 1988

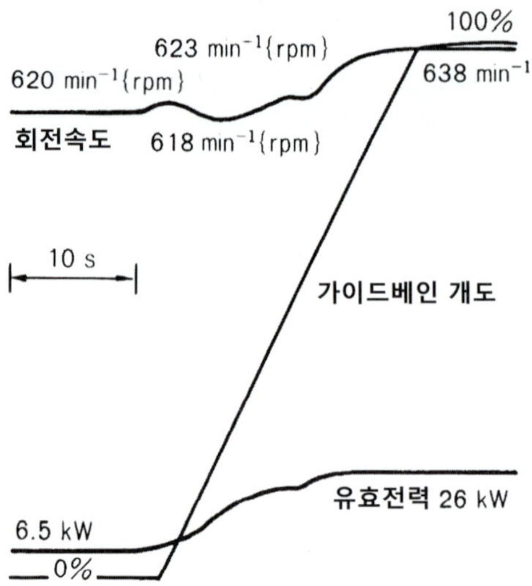

(a) 계산 결과

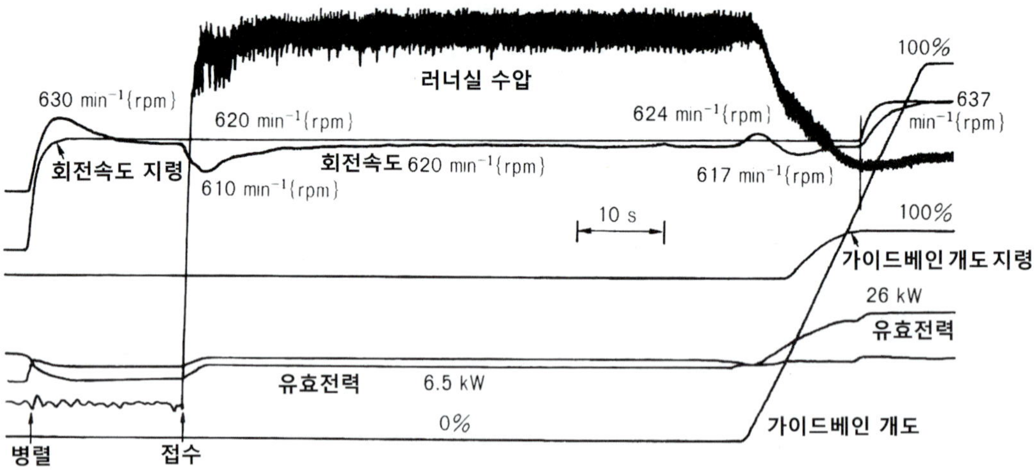

(b) 실측 결과

그림 **9.59** 양수시동 특성

자료: 原口, 1988

가이드베인을 열어서 양수운전에 들어갈 때까지의 계산 및 실측 결과이다. 접수 시와 양수 개시 시에 펌프 측의 부하가 급변하지만, 안정적으로 운전할 수 있는 것이 확인되었다. 계산 결과는 가이드베인을 체절한 상태에서 열어 가며, 양수운전에 들어가는 과정의 시뮬레이션이다. 양수운전 개시 시점에서 지령값인 26 kW를 즉시 입력하게 되는 한편, 회전속도는 관성에너지를 보충하면서 비교적 천천히 상승해 나가는 것을 알 수 있다. 물론, 계산 결과와 실측 결과는 알맞게 일치하였고, 시뮬레이션의 타당성 검증과 양수 AFC를 포함한 양수운전의 실증을 할 수 있었다.

(2) 대용량화 개발

30만 kVA급의 실용기에서는 원통형 구조의 회전자를 가지는 대용량 발전기나 수만 kVA급의 사이클로컨버터 등의 대용량화 기술이 필요하다. 사이클로컨버터의 경우, 직류송전용 변압기(개발 당시 수십만 킬로와트급의 실적이 있음)와 동일한 기술이기 때문에 사이클로컨버터의 대용량화에 대해서 특별히 새로운 기술적 개발사항이 없다. 하지만 발전기의 경우, 유사한 구조의 권선형 유도기가 있지만, 연속정격에서 1~2만 kW의 실적을 가지고 있었기 때문에 대용량기로서는 새로운 개발이 필요하였다. 여기에서는 이상의 관련 연구개발 기술적 환경에 더하여 발전기 부분에 대해서만 설명하기로 한다.

가변속용 발전기가 기존과 크게 다른 부분은 회전자이며 고정자 부분은 기존기와 거의 동일하다. 그림 9.60에 양자의 차이를 구조 단면도에 의해서 나타낸다. 회전자는 3상 분포권선을 가진 원통 형상으로 되어 큰 집전장치가 필요로 한다. 계자코어 및 코일은 기존기

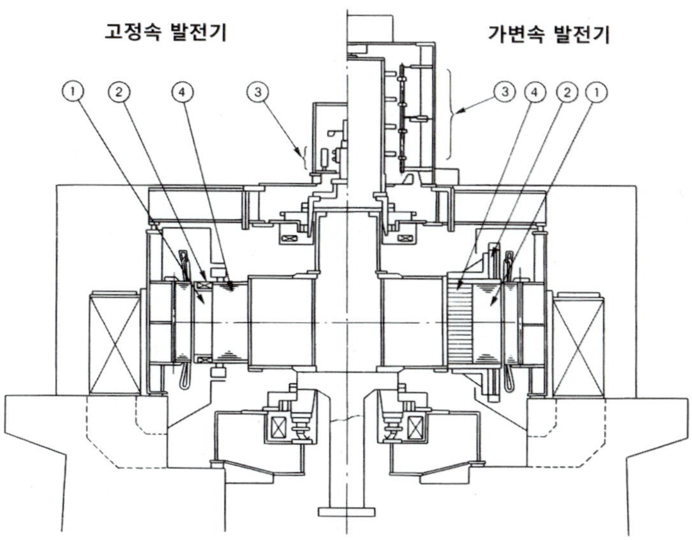

No.	명칭
①	자계코어 (돌극형 → 원통형)
②	자계코일 (집중권 → 분포권)
③	집전장치
④	로터 림

그림 **9.60** 고정속기(기존 동기기)와 가변속기의 발전기 구조 비교

자료: 原口, 1988

가 볼록(돌출)극구조 집중 권선인 것에 대해서 가변속기는 원통 구조 분포 권선으로 되어 있다. 그 외에 가변속기는 원리적으로 계자코일에 높은 유기전압이 발생하므로, 계자코일과 그것에 급전하는 집전장치가 고전압 대전류가 된다. 이상의 사항에 대해서 종래 고정속기와 구조상 큰 차이가 나는 부분과 그것에 대응하는 주요한 개발과제에 대해서 표 9.18에 정리하여 나타낸다. 그 중에서 집전장치와 회전자 코일에 대해서 아래에 간단히 설명한다.

표 **9.18** 주요한 구조상의 차이와 개발과제

항목	종래(고정속)기 구조	가변속기 구조	개발과제
회전자 코어	• 돌극	• 원통	• 전체 통풍방식
회전자 코일	• 저전압직류 • 집중 권선	• 고전압 3상교류 • 분포 권선	• 고전압 · 고면압절연시스템 • 코일엔드 지지 구조 • 코일엔드 통풍방식
집전장치	• 저전압 · 소전류(소형)	• 고전압 · 대전류(대형)	• 대전류의 안정집전 • 보수하기 간편한 구조

자료: 原口, 1988

1) 고압 대전류 집전장치

가변속기용 집전장치는 기본적으로는 종래의 고정속기와 같이 콜렉터링에 브러시를 미끄러지게 하여 통전한다. 그러나 가변속기로서의 집전장치는 종래에 없는 고전압 대전류로 되기 때문에 실물 크기의 모형에 의해서 그 운전상태를 확인해야 한다. 즉, 상기 모형을 장시간 통전 및 회전시켜 온도상승, 브러시 마모량, 마모분의 비산상황 등을 확인한다.

2) 회전자 코일

회전자 코일은 고전압이 되는 것 외에 원심력에 의해서 큰 힘이 더해진다. 코일엔드부(코어에서 축 방향으로 나와 있는 부분)의 원심력을 지지할 목적으로 외주 측에 바인드선이 배치되므로 코일엔드부의 냉각방법도 고려해야 한다. 이상으로부터 고강도·고전압에 견딜 수 있는 새로운 절연시스템의 개발과 코일엔드부의 통풍방식의 확립을 주로 진행한다.

새로운 회전자 코일의 주절연시스템 개발에 대해서는 고정자 코일에 사용되고 있는 종

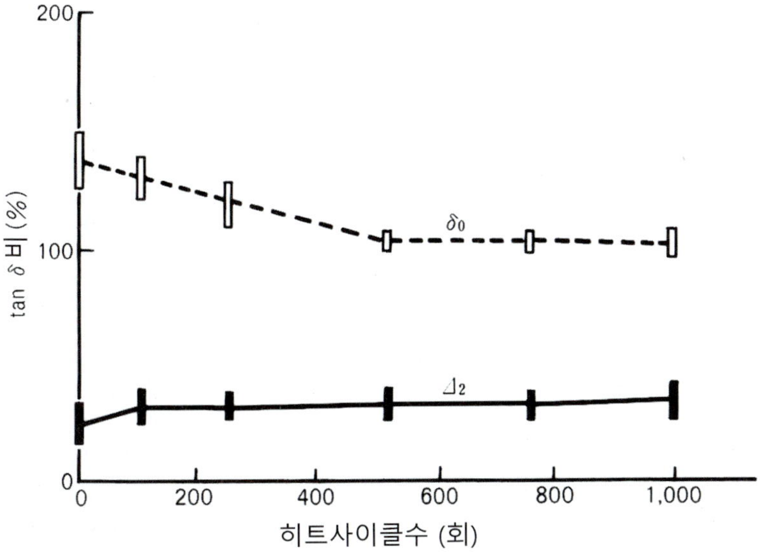

그림 **9.61** 자계코일 유전정접특성시험

자료: 原口, 1988

래의 고압 코일용 절연시스템을 바탕으로 큰 원심력에 견딜 수 있는 절연시스템을 개발한다. 이 새로운 절연시스템의 신뢰성을 확인하기 위해 실물 크기의 회전자 코일을 제작하여 원심력에 상당하는 힘을 가한 상태에서 히트사이클시험을 실시한다. 시험 도중에는 유전정접특성 등의 비파괴시험에 의한 측정을 하고, 실험 완료 후에는 잔존파괴전압을 측정한다.

전동기, 변압기, 발전기 절연물의 절연열화를 판정하는 비파괴시험의 일종인 유전정접시험(power factor test)을 적용하여 실시한 발전전동기 자계코일의 시험 결과를 그림 9.61에 나타내지만, tanδ 값의 증가도 거의 없음을 알 수 있다. 또한 잔존파괴전압에 대해서도 열화는 거의 나타나지 않아 회전자 코일 절연시스템의 신뢰성이 확인된다.

코일엔드부의 통풍냉각에 관해서도 각종 모형을 사용하여 그 효과를 확인한다. 지름 방향 통풍은 기대할 수 없기 때문에 코일 사이에 냉각풍을 통과시키는 축 방향 통풍으로 되어 있으며, 그 구조를 그림 9.62에 나타낸다.

코일의 온도상승은 발열량과 통풍냉각효과에 의해, 통풍냉각효과는 절연시스템과 통풍량에 의해 결정된다. 이를 아래와 같은 모델시험으로 확인한다. 즉,

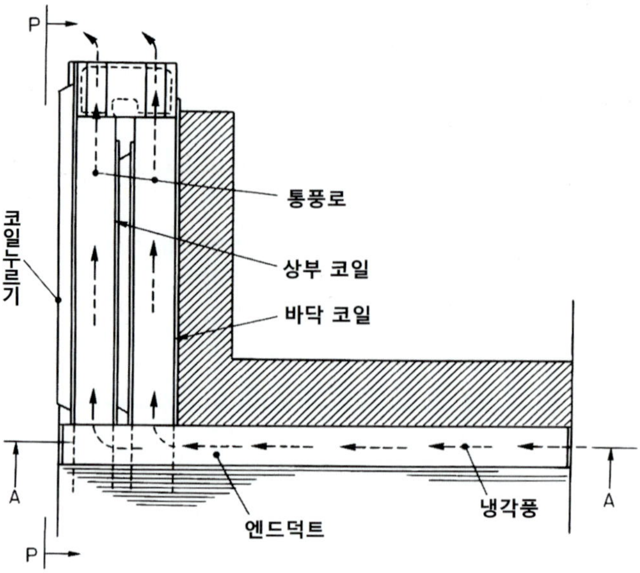

(a)

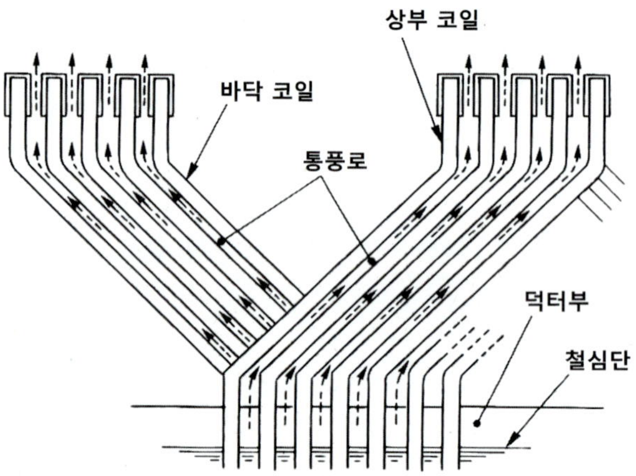

(b)

그림 **9.62** 회전자 코일엔드 구조

자료: 原口, 1988

① 실물 대 코일엔드 통풍모형(정지모형)

② 축척 1/2의 엔드덕트팬 모형(회전모형)

③ 모형 코일 통전 및 통풍냉각시험(정지모형)

① 및 ②의 모형시험에 의해 통풍경로의 손실과 엔드덕트팬의 $Q-H$ 특성을 확인할 수 있고 통풍량을 확인할 수 있다. ③에 의해 발열량과 통풍량에 대한 온도상승 평가가 가능해진다. 따라서 각종 모형시험에 의해 새로운 구조의 코일 설계법이 확립된다.

이상 기술한 바와 같이 여러 가지 부분 모형, 실물 크기 모형 등을 사용하여 설계목적을 확인하고 가혹시험에 의한 신뢰성 확인시험을 실시하여 회전자 개발을 실시한다. 최종적으로 전체적으로 회전자가 각종 모형시험과 동일한 결과를 얻을 수 있는지 확인이 필요하다.

따라서 30만 kW급 실제기기와 동일한 직경으로 코어부 길이만 줄인 실물 크기의 종합 회전자 모형을 제작하여 통전 회전자 실험을 실제로 실시하였으며, 이 종합모형의 회전자 부분을 그림 9.63에 나타낸다. 회전시험 결과 통풍량, 각부 온도상승, 응력 등이 설곗값과 일치하는 것으로 확인되었다.

그림 **9.63** 종합모델의 회전자
자료: 原口, 1988

9.5.3 실증플랜트 개발

가변속시스템의 실용화 개발을 추진하면서 실용기에 적용하는 전 단계로서 실계통에 접속한 실증시험이 필요하다. 본 절의 내용은 일본 세이데(成出)발전소(2대, 17.5 MW)에서 그 1호기를 가변속 양수발전시스템으로 개조하고, 실증기로 수행했던 실증플랜트 개요와 시험 결과에 대해 기술한다.

(1) 실증기의 개요

실증기의 주요 사양을 표 9.19에 나타낸다. 펌프수차는 기존 설치기를 사용하고 있다. 발전전동기는 회전자와 고정자를 모두 새롭게 제작하고, 동시에 사이클로컨버터 등의 시스템기기 및 제어장치 1 set를 새롭게 설치했다. 이들 기기는 30만 kW급 실용기로서의 기술을 이용하여 제작되었으며, 그 제작성 및 신뢰성을 실제기기 수준에서 확인하고 있다. 완성된 가변속기 시스템(공장조합시험 시)을 그림 9.64에 나타낸다.

표 9.19 실증기의 사양

항목	사양	
시스템	출력	17.5 MW
	역률	95% (지연)
펌프수차	출력	18.5 MW
	회전속도	190~210 min^{-1}
	유효낙차(최고)	53.6 m
	사용수량	38.7 m^3/s
발전전동기	용량	22 MVA
	전압	11 kV
	주파수	60 Hz
	극수	36
여자장치	용량	3.83 MVA
	방식	72 암 사이클로컨버터

자료: 原口, 1988

그림 9.64 완성된 22 MVA 가변속시스템
자료: 原口, 1988

(2) 실증시험 결과

완성된 각 기기는 각각 단독 성능확인 후 버스덕트를 제외한 모든 부품을 조합한 종합 성능확인시험을 실시했다. 종합시험은 전원설비 외의 사정 상 유효전력은 정격의 약 ±10%(−는 양수운전 방향), 무효전력은 정격의 약 ±160%(−는 약계자 방향)까지의 범위에서 행해졌다.

현지에서의 최종 성능확인시험으로서 통상적인 특성확인을 실시한 것 외에 제어성능의 상세 특성의 확인 및 계통에 인위적으로 요란(disturbance)을 주어 가변속기의 움직임 및 계통의 영향을 확인하는 시험도 실시하였다. 시험 결과는 시스템 개발에서 설명한 시뮬레이션과 같은 움직임을 나타내고 있다. 대표적인 측정 결과와 계산 결과의 비교를 그림 9.65와 9.66에 제시한다.

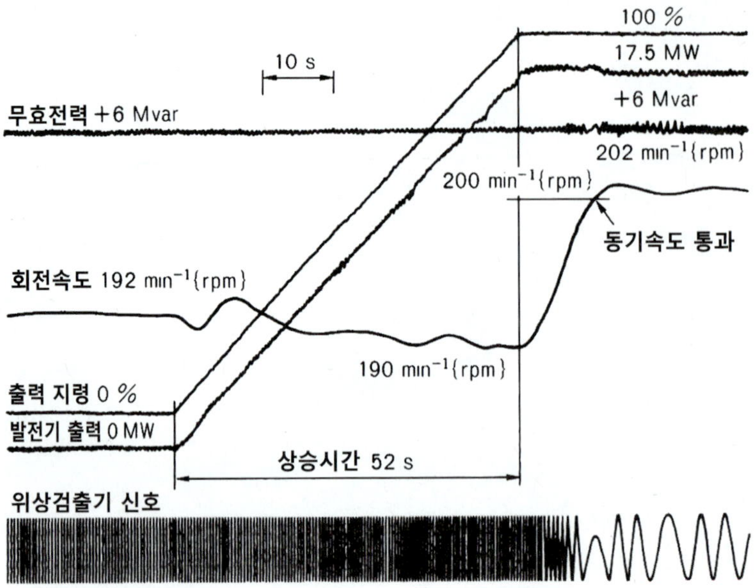

(a) 실측 결과

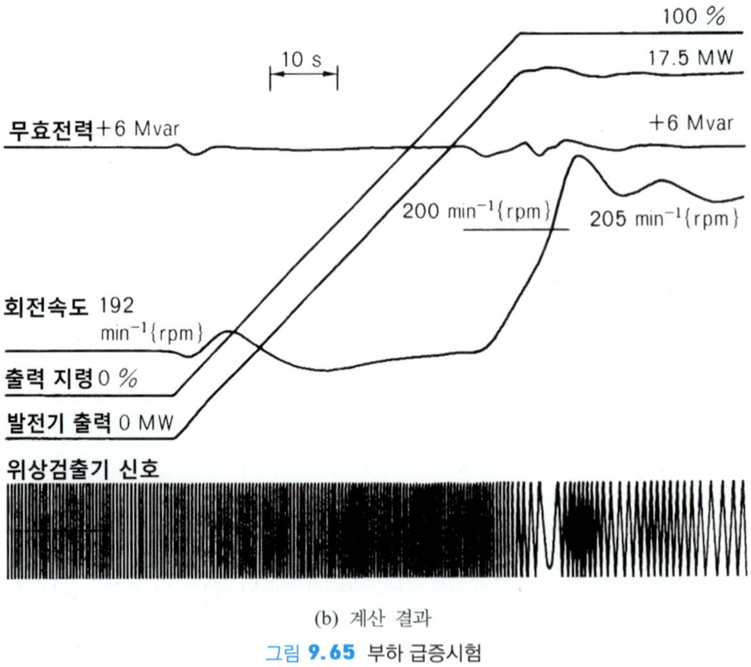

(b) 계산 결과

그림 **9.65** 부하 급증시험

자료: 原口, 1988

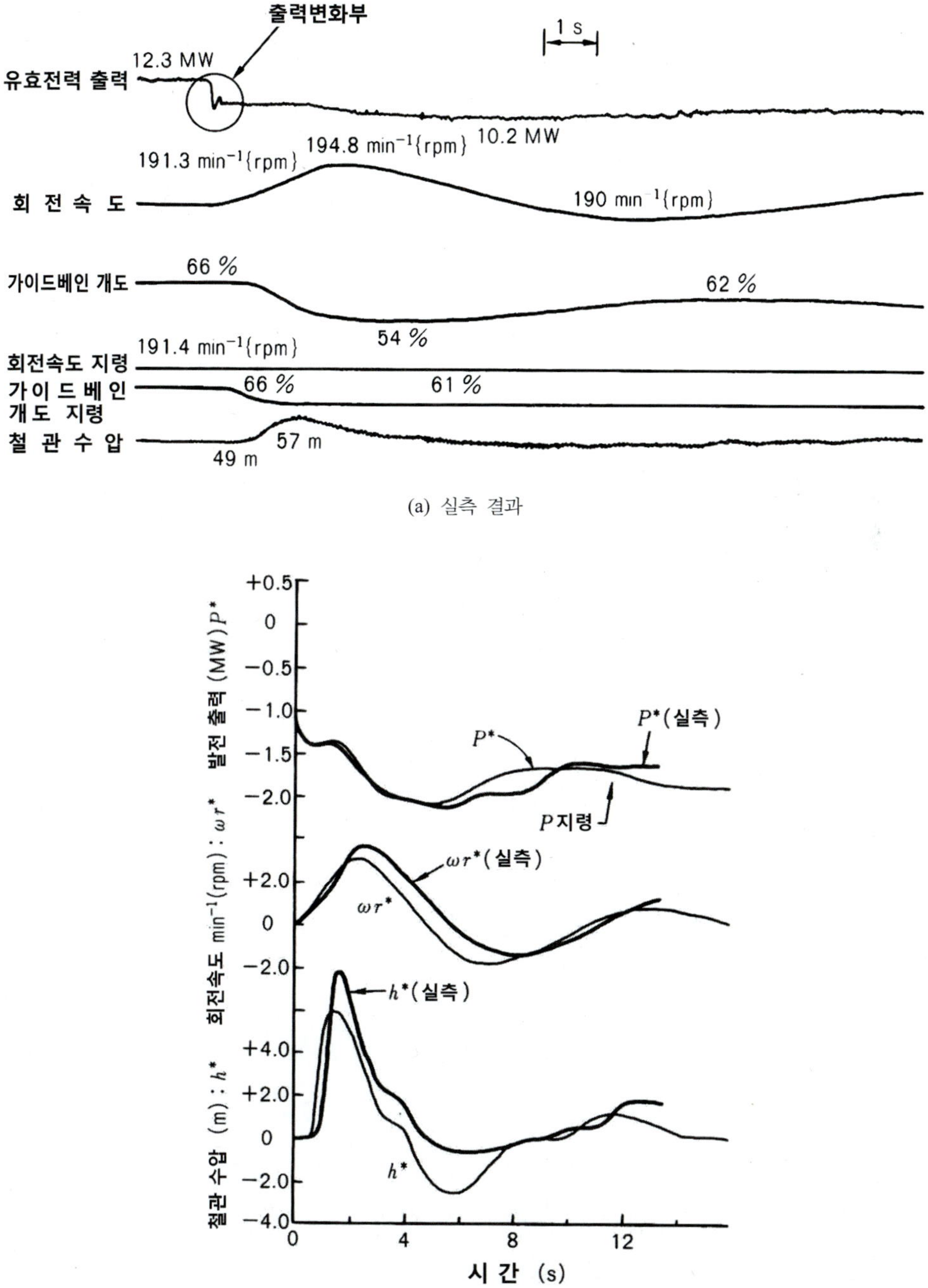

(a) 실측 결과

(b) 계산 및 실측 결과의 비교

그림 **9.66** 스텝변화 지령에 대한 각부 응답

자료: 原口, 1988

출력 지령을 0%에서 100%까지 정해진 시간으로 시동했을 때의 결과를 그림 9.65에 나타낸다. 시뮬레이션(계산)에서도 동일한 결과를 얻을 수 있듯이 실전력(실측)은 지령값에 따라 변화하고 있으며, 전력제어가 충분히 이루어지고 있음을 알 수 있다.

약 10%의 출력변화 지령을 스텝으로 변화시켰을 때의 움직임을 그림 9.66에 나타낸다. 장시간의 움직임을 보면 전력 및 회전속도의 변화는 시뮬레이션과 잘 일치하고 있다. 짧은 시간으로 보면 실전력의 시동은 수십 밀리초이며, 고속으로 변화하고 있는 것을 알 수 있다.

계통시험은 계통요란 시의 가변속기의 움직임과 가변속기 보호동작 시에 계통에 미치는 영향 등을 확인할 목적으로 실시했다.

계통요란 시 시험은 송전선의 루프인(loop in), 루프오프(loop off), 단상결상 - 고속재폐로 등을 실시하여 기존 기기에 비해 동요도 적고 정상적으로 운전할 수 있음을 확인했다. 과전압보호기구가 동작할 경우, 로터 권선을 단락하는 현상이 발생하고, 이때에는 전력이 발전상태에서 전동상태로 급변한다. 이 경우에 계통에 미치는 영향에 대한 확인시험도 실시하였으며, 어느 경우에도 가변속기는 안정적으로 운전지속이 가능하여 실운전에서의 신뢰성을 확인할 수 있었다.

9.6 가변속 양수발전용 펌프수차의 성능향상

9.6.1 가변속 양수발전용 펌프수차의 특징

재생가능에너지의 전량 매입제도의 도입이 계획되는 등 온실효과가스 삭감을 위한 전 세계적인 움직임은 활발해지고 있다. 그에 따라 향후 증가가 전망되는 풍력 및 태양광 발전 등은 날씨 등 환경변화에 대해 출력변동이 발생하고 또한 소규모 분산형 전원이다. 한편 지금까지 사회에서 정비되고 있는 송배전망은 대규모 집중형 전원이 전제되어 있으며, 향후 풍력, 태양광 등의 전원이 증가한 경우의 전력공급 안정성이 우려되고 있다. 그 대응책의 한가지로서 양수발전이 있고, 현재도 전력공급의 안정성에 중요한 역할을 하고 있다. 근래에 더욱 기능을 높인 가변속 양수발전이 실현되어 다가올 소규모 분산형 전원 증가 대응책 중의 한 가지로써 주목받기 시작했다.

분산형 소용량 전원이 증가하면 전력의 안정 공급이라는 관점에서 고응답성 전력 조정 기능을 가지는 전원의 필요성이 점점 높아진다. 기존의 양수발전도 대규모 전력 조정기능이 있는 전원으로서 전력 안정공급에 기여해 왔지만, 새로운 조정기능을 갖추게 한 가변속 양수발전이 주목받기 시작하고 있다.

가변속 양수발전에 사용되는 가변속 펌프수차는 회전속도를 변화시켜 운전이 가능하며, 고정속으로 회전하는 종래의 펌프수차와 비교하여 아래와 같은 특징을 가지고 있다.

(1) 전력수급에 대한 고속 응답성

향후 증가가 예상되는 풍력 및 태양광 발전 등은 환경(일조, 풍황 등)에 따라 발전량이 변화하여 전력의 안정 공급에 변동요인으로서 영향을 줄 가능성이 있다. 가변속 양수발전에서는 종래의 양수발전이 이루어 온 전력수급 조정기능에 더해 발전(수차) 및 양수(펌프) 운전 시의 고속 전력 조정기능에 의해 전력공급의 안정성에 기여할 수 있다. 그림 9.67은 전력 지령에 대한 가변속 펌프수차의 응답을 보이고 있으며, 회전속도가 변화함에 따라 유효전

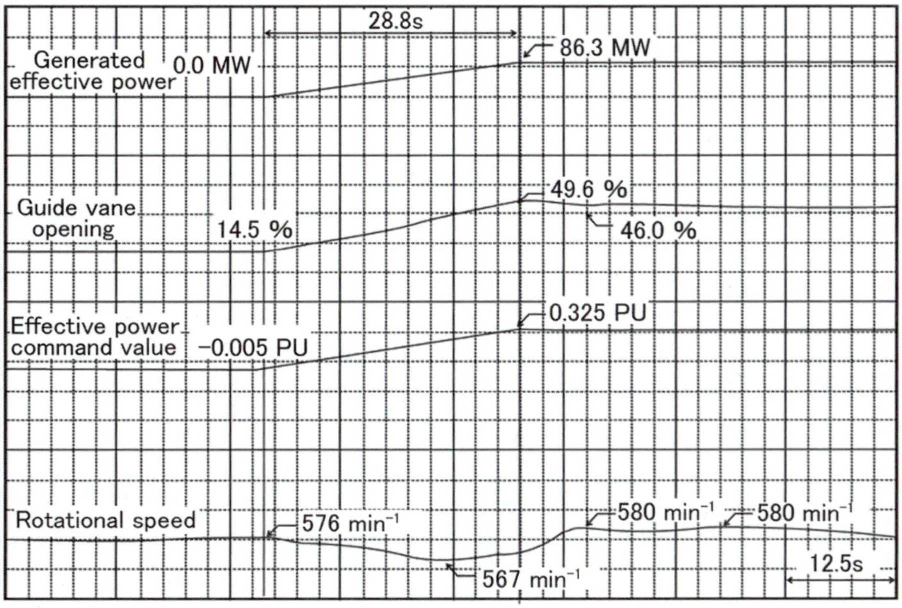

그림 9.67 전력 지령에 대한 가변속 펌프수차의 응답

자료: MHI, 2011

력 지령에 대해서 지연 없이 발전 유효전력이 응답하고 있다.

(2) 발전운전 시의 고효율 운전

종래의 펌프수차(고정속기)에서는 발전운전과 펌프운전 양자를 한 대의 펌프수차로 하기 때문에 특히 발전운전 시에 펌프수차가 가진 특성상 가장 효율적인 운전을 할 수 없었다. 가변속 펌프수차에서는 회전속도를 변화시킴으로써 그 펌프수차가 가진 특성상 가장 효율이 높은 운전점 부근에서의 운전을 선택할 수 있게 되었다. 그림 9.68은 발전운전 시 효율 특성을 나타내고 있으며, 정속기와 비교 시 회전수를 변화시킴에 따라서 고효율의 운전이 가능해졌다.

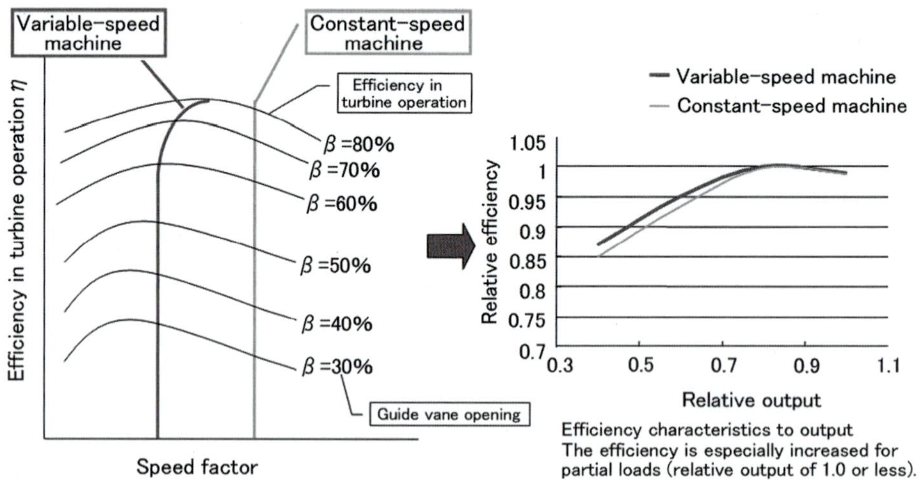

그림 9.68 발전운전 시 효율 특성

자료: MHI, 2011

(3) 펌프운전 시 입력조정 기능

종래의 펌프수차(고정속기)는 잉여전력을 이용해 펌프운전함으로써 축전을 하고 있으나 펌프운전 시에 입력을 임의로 조정할 수 없기 때문에 소비전력의 변화에 대해 미세하게 전력 조정을 하는 것이 어려웠다. 반면, 가변속 펌프수차에서는 회전속도를 변화시킴으로써 소비전력의 변동에 따른 전력 조정기능이 높아져 보다 전력공급의 안정성에 기여할 수 있게 되었다. 그림 9.69는 양수운전 시의 입력변화를 보이고 있으며, 고정속기에서는 불가능했던 양수운전 시의 입력조정이 가변속기에서는 가능해졌다.

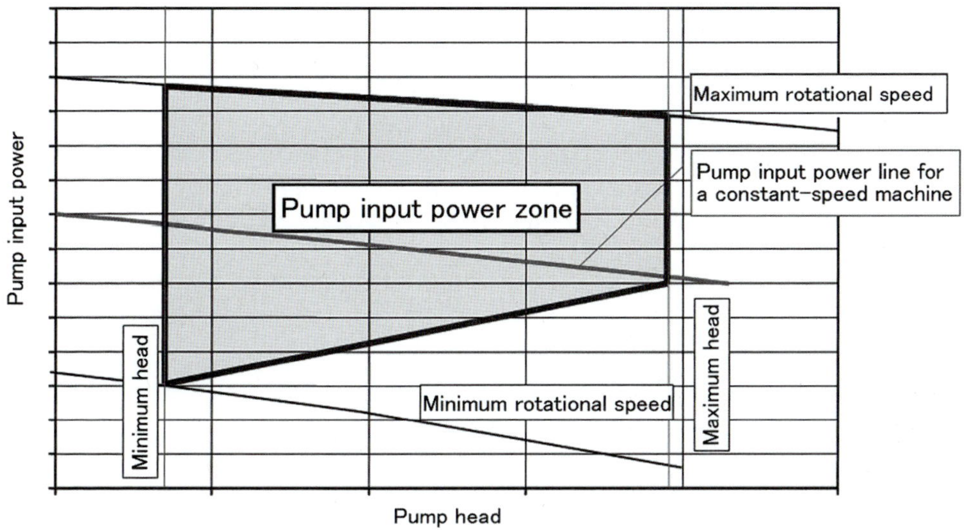

그림 **9.69** 양수운전 시 입력변화

자료: MHI, 2011

9.6.2 양수발전용 펌프수차 운전의 문제점

(1) 수차와 펌프의 특성

프란시스형 가역 펌프수차는 1개의 러너로 수차와 펌프의 양쪽 운전을 하기 때문에 수차와 펌프의 특성을 완전히 독립적으로 바꾸는 것은 어려우며, 그림 9.70에 보이는 바와 같이 수차효율 특성이 다르게 나타난다. 따라서 펌프수차의 계획 및 설계를 위해서는 그 특성을 이해하는 것이 중요하다.

그림 9.71은 일반적인 펌프수차 특성의 일례이다. 동일한 러너로 수차와 펌프의 양쪽 특성을 가지기 때문에 최고효율점이 동일한 단위 회전속도 n_{11}으로는 되지 않는다. 게다가 최고효율점은 사용범위 밖으로 되는 경우도 있으며,

$$n_{11\eta_{Pmax}} / n_{11\eta_{Tmax}} \simeq 1.1 \sim 1.2 \tag{9.13}$$

식 (9.13)의 속도비 부근이 많다. 따라서 펌프와 수차 양쪽 특성의 $n_{\eta\max}$점이 운전 영역

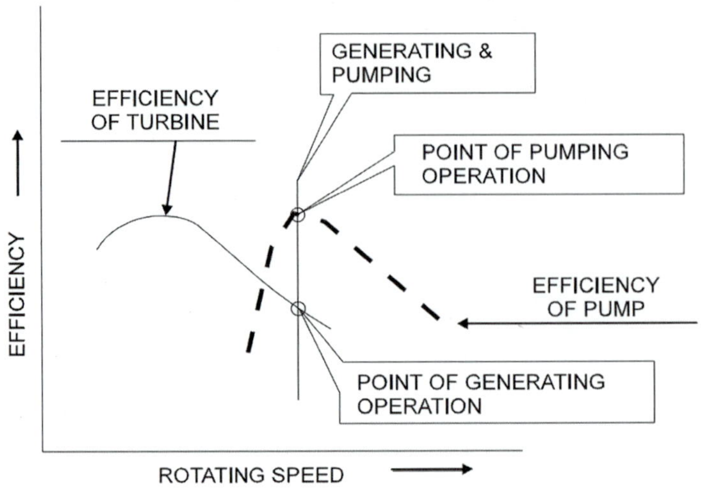

그림 9.70 고정속 펌프수차 효율 특성

자료: Koritarov, 2014

으로부터 어긋난다. 특히 고낙차, 즉 긴 수로를 가진 펌프수차의 경우 수로손실이 증가하여 낙차·양정의 균형이 무너져 운전범위인 n_{11}이 어긋나고, 다음의 (2)에서 기술하는 불안정영역으로 들어가기 때문에 주의가 필요하다.

(2) 펌프수차의 불안정영역 특성

고낙차, 대용량의 펌프수차에서는 전체적인 진동, 소음 에너지가 커지지만 정상운전 시에는 진동, 소음이 작은 것이 바람직하다.

펌프수차에는 특성상 피할 수 없는 현상이 있다. 그림 9.72는 펌프수차의 불안정영역의 일례를 보이는 것이다. 이하에서는 이들 현상에 대해서 설명한다.

1) 수차 과부하 서징(그림 9.72의 ①)

가이드베인을 설계 개도 이상으로 열어서 과부하 운전을 하는 경우 효율감소, 진동 및 소음 증가 등을 초래한다. 발생 여부의 기준으로서, 그 낙차에서 100% 출력 시의 효율이 최고효율보다 약 2% 이상 감소하는 경우와 100% 출력이 최고효율점의 출력보다 약 10% 이상 초과하는 경우에 과부하 측에서 서징이 발생하기 쉽다.

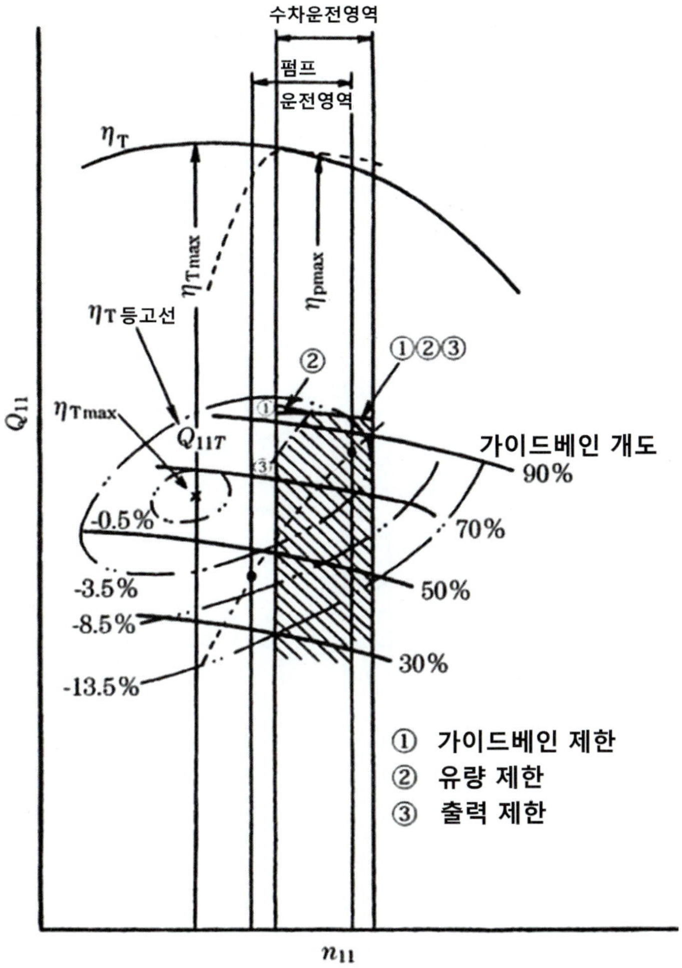

그림 **9.71** 일반적인 펌프수차의 특성

자료: ターボ機械協会編, 2007

2) 수차 부분부하 측 서징(그림 9.72의 ②)

수차 부분부하 운전의 경우 흡출관 내 선회류의 흐름에 의해 수압맥동이 증가한다. 이것은 소음, 진동뿐만 아니라 전력동요를 초래하는 경우가 있다. 수압맥동은 출력의 40~60% 부근에서 최곳값으로 되는 경우가 많다. 감소 대책의 한 가지는 러너콘부 등에서 공기를 공급하는 방법이다. 일반적으로 펌프수차는 흡출높이가 크기 때문에 자연흡기는 바람직하지 않고 압축공기를 급기 할 필요가 있다. 특히 고낙차, 고비속도화가 되면 흡출높

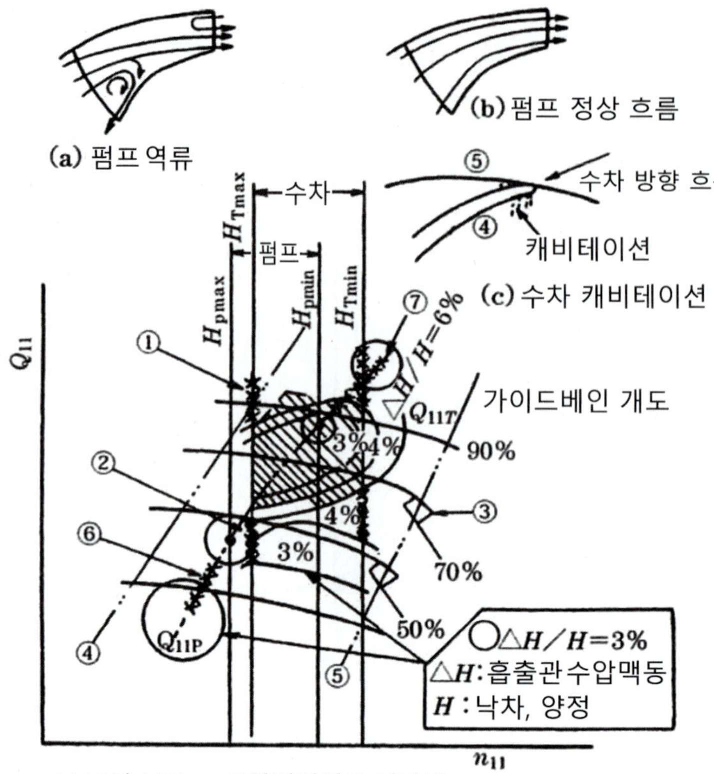

× 표시 부분 : 불안정영역을 나타냄.

그림 **9.72** 펌프수차의 불안정영역

자료: ターボ機械協会編, 2007

이 H_s가 증가하고 많은 급기량을 필요로 하기 때문에 실질적으로 급기는 불가능하게 되고 결과적으로 AFC운전, 부분부하 운전이 제한을 받게 된다.

3) 수차 2중 성능(그림 9.72의 ③)

수차 저낙차 측에서 2중 성능의 현상, 즉 히스테리시스 특성을 발생시킬 수 있다. 발생조건은 캐비테이션계수와 가이드베인 개도에 의해 규정되는 것이다. 러너의 개량에 의해 다소 개선되기도 하지만, 낙차 변동범위를 제한하는 것이 바람직하다.

4) 수차 캐비테이션(그림 9.72의 ④, ⑤)

가이드베인 개도가 설계범위 이상, 또는 이하의 경우 흐름과 러너베인 각도의 관계로부터 러너베인 입구부에서 박리와 캐비테이션이 발생한다. 그림 9.72의 ④는 고낙차 측에서 발생하기 시작하는 선을 나타내며, ⑤는 저낙차 측에서 발생하기 시작하는 선을 나타내고 있다. 그림 9.72(c)는 발생상황을 나타낸다.

5) 펌프 고양정 측 역류현상(그림 9.72의 ⑥)

펌프 고양정 측에서는 양수량이 감소하고 그림 9.72(a)에 보이는 바와 같이 역류현상이 발생하고, 러너베인 입구 부압면의 캐비테이션 발생 증가, 효율감소, 진동 및 소음의 증가를 초래한다.

6) 펌프 대양수량 시 불안정 특성(그림 9.72의 ⑦)

설계점보다 저양정 측의 운전을 하는 경우 양수량 증가에 동반하는 펌프 입력 증가, 러너베인 입구 압력면의 캐비테이션 발생 증가 및 효율감소 등을 초래한다.

이상 1)~6)에 펌프수차의 불안정영역 특성에 대해서 설명했다. 그림 9.72에 나타내는 바와 같이 펌프운전에서는 고양정 측에서의 수압맥동 증가, 수차운전에서는 과부하, 부분부하에서의 수압맥동, 즉 $\Delta H/H$의 크기도 고려해서 운전범위를 정할 필요가 있다.

(3) 낙차 변동범위

낙차 변동범위의 선정에 대해서는 수로손실 및 상부저수지, 하부저수지 변동에 대해 충분히 유의할 필요가 있다. 낙차 변동범위는 펌프수차의 불안정영역과 관계가 있고, 낙차 변동범위를 정량적으로 규정하는 것은 어렵다. 그림 9.73은 낙차 변동범위와 용량비(Q_T/Q_P)를 나타낸 것이다. 낙차 변동범위가 작을 때 용량비 Q_T/Q_P를 크게 할 수 있다. 또한 발전전동기의 입출력의 관계도 고려해서 결정해야 한다. 그림 9.74는 유효낙차와 낙차 변동폭(H_{Pmax}/H_{Tmin})을 나타내는 것이며, 일반적으로 낙차가 크고 비속도가 작게 되면 낙차 변동 폭을 작게 할 필요가 있다.

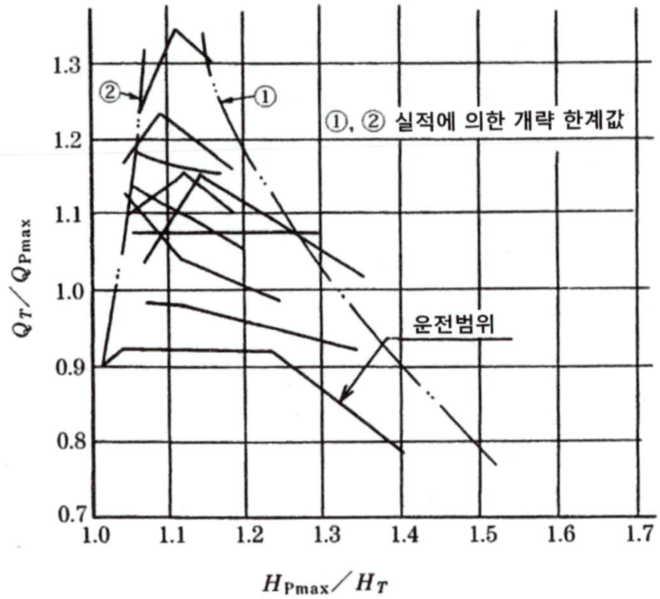

그림 9.73 낙차 변동범위와 용량비

자료: ターボ機械協会編, 2007

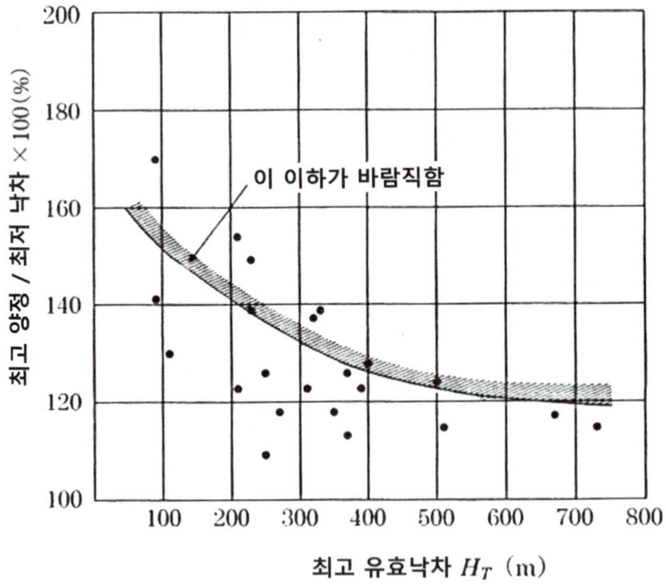

그림 9.74 낙차 변동범위

자료: ターボ機械協会編, 2007

9.6.3 가변속 펌프수차 운전에 의한 양수발전시스템 성능향상

전력의 품질을 높이기 위해서 수력발전이나 양수발전의 빠른 응답성을 높이는 것은 매우 중요하며, 1990년대 초에 가변속 양수발전 기술이 상용화되어 양수발전장치의 즉응성이 한층 향상되었다.

즉, 발전전동기의 회전속도를 가변으로 하면 회전속도를 바꿈으로써 회전부분의 관성에너지를 출·입력할 수 있고, 이에 따라 짧게나마 유효전력을 신속히 출·입력하는 것이 가능해진다.

종래의 수력발전장치에서는 수차의 가이드베인 개도를 바꾸어 유량을 조정하고, 그것에 따라서 출력을 바꾸고 있었다. 그 때문에 수압철관의 수격이나 철관 내의 물의 관성에 의한 지연 등으로 가이드베인 개도를 바꾸어도 출력이 변화하기까지는 수초에서 수십 초의 지연이 된다. 그러나 가변속기의 경우는 회전속도를 바꾸는 지령을 내리므로 지연을 해결하고, 단시간이지만 수분의 1초에 출력을 수십% 바꿀 수 있게 된다.

또한 펌프수차의 양수운전에서는 기존 고정속기의 경우 그 때의 낙차(양정) H와 $H-Q$ 특성(양정 - 양수량 특성)에 따라 양수량이 결정되고 이에 따라 펌프 입력이 결정되므로 임의로 입력을 조정할 수 없었다. 그러나 가변속기에서는 어떤 낙차에서도 펌프수차의 운전속도를 바꾸면 어느 정도 양수량을 바꾸는 것이 가능해져 펌프 입력을 바꿀 수 있게 되었다. 겨울철 심야 등에서는 대부분의 전력이 원자력이나 대용량 화력으로 조달되기 때문에 부하변동이 있어도 신속하게 추종할 수 없지만, 가변속기로 양수운전을 하고 있으면 그 입력을 조정함으로써 어느 정도 주파수를 조정할 수 있게 된다.

이러한 양수발전시스템의 성능향상이 요구되는 대상과 그 해결책은 다음과 같다.

(1) 고효율 수차모드 운전

가역식 펌프수차의 경우 효율 증가는 특히 중요하다. 수차모드 및 펌프모드는 최적의 속도가 다르기 때문에 고정속 운전 시 수력기계는 한 가지 모드에만 최적화될 수 있으며, 일반적으로 펌프모드에 최적화되어 수차모드에서 낮은 효율로 작동하게 된다. 그러나 가변속 펌프수차는 회전속도를 조정하여 수차모드 및 펌프모드 모두에서 최적의 효율 지점에 가까운 운전을 가능하게 한다. 그림 9.75는 고정속 및 가변속 펌프수차 운전 효율 특성의 비교를 보인다.

가변속시스템은 수차모드와 펌프모드에서 모두 운전 지점에서 최적의 효율을 가질 수 있도록 한다. 특히, 부분부하에서의 효율은 고정속시스템에 비해 더 높다. 그림 9.76은 수차모드 운전 시 가변속시스템에 의한 운전점 효율 최적화 과정을 보이고 있다.

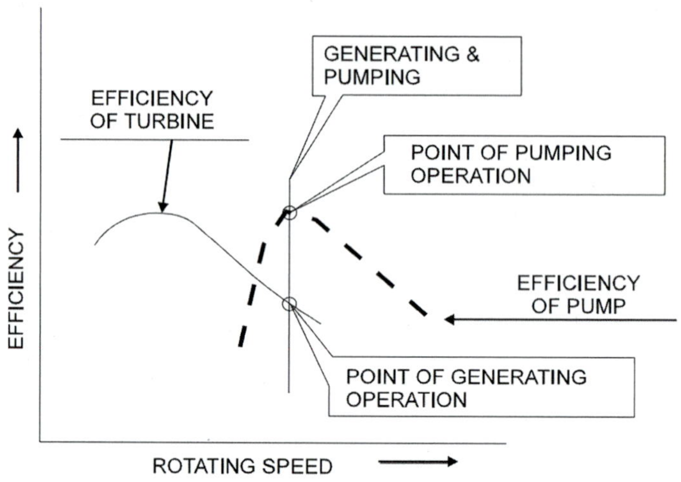

(a) 고정속기

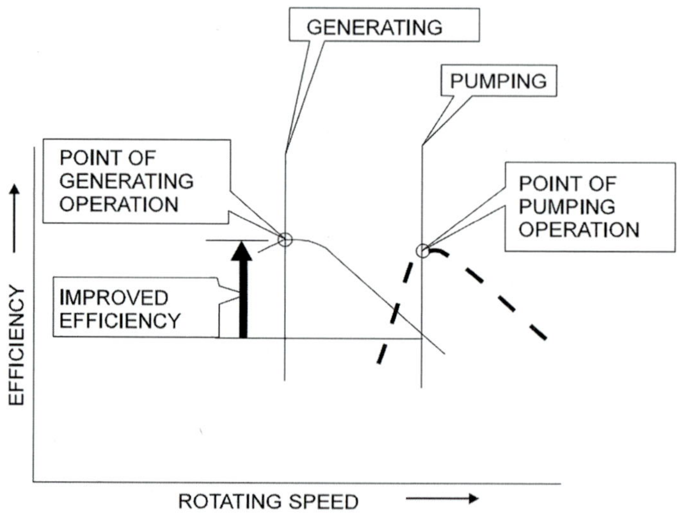

(b) 가변속기

그림 **9.75** 고정속 및 가변속 펌프수차 운전 효율 특성 비교

자료: Koritarov, 2014

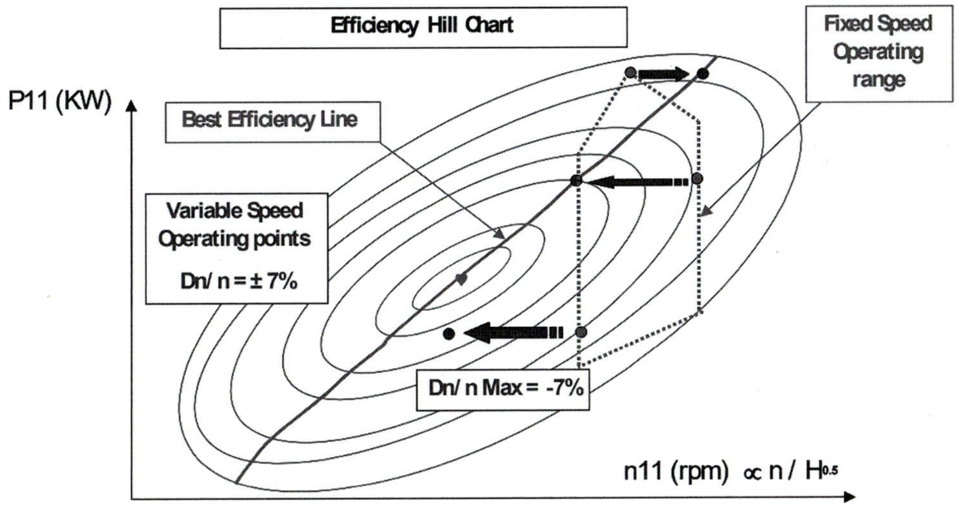

그림 **9.76** 수차모드 운전 시 가변속시스템에 의한 운전점 효율 최적화
자료: Ciocan, 2012

한편, 펌프수차의 수력 성능과 치수는 양수 불안정성과 캐비테이션이 방지되어야 하는 펌프모드에서 최대양정의 운전조건에 따라 결정된다. 따라서 펌프수차의 수력 성능과 형상은 펌프운전 특성에 의해 정해지며, 최대 펌프 전양정은 정압에 헤드손실을 더함으로써 결정된다. 수차운전 시 낙차 손실은 정압에서 차감된다. 즉, 펌프모드의 최대 전양정은 수차모드의 최대 유효낙차보다 크고, 펌프모드의 최대 전양정은 기계의 수력 성능과 형상에 결정적이며, 러너의 펌프 출구 직경 크기를 결정한다.

이와 같은 전양정과 유효낙차의 차이에 의하여 고정속시스템의 경우, 수차모드의 최고효율점이 펌프모드 최고효율점보다 낮은 회전속도 범위에 위치하므로 그림 9.77(a)에서와 같이 고정속시스템의 수차 등효율곡선 상단은 일반적으로 운전범위 내에 있지 않다. 이것은 수차모드에서 최고효율점을 발전소의 운전범위 밖으로 이동시켜 전반적인 발전효율을 감소시킨다.

그러나 가변속시스템의 경우, 그림 9.77(b)에서와 같이 수차모드의 회전속도를 낮추어 발전소의 운전범위 이내로 러너의 최고효율점을 이동시킬 수 있기 때문에 가용 수자원의 효율적인 활용에 크게 기여할 수 있다. 즉, 고정속 펌프수차의 운전에서는 그림 9.77(a)에서와 같이 수차모드 효율이 최고효율점 밖에 존재하였으나, 가변속 펌프수차의 운전에서

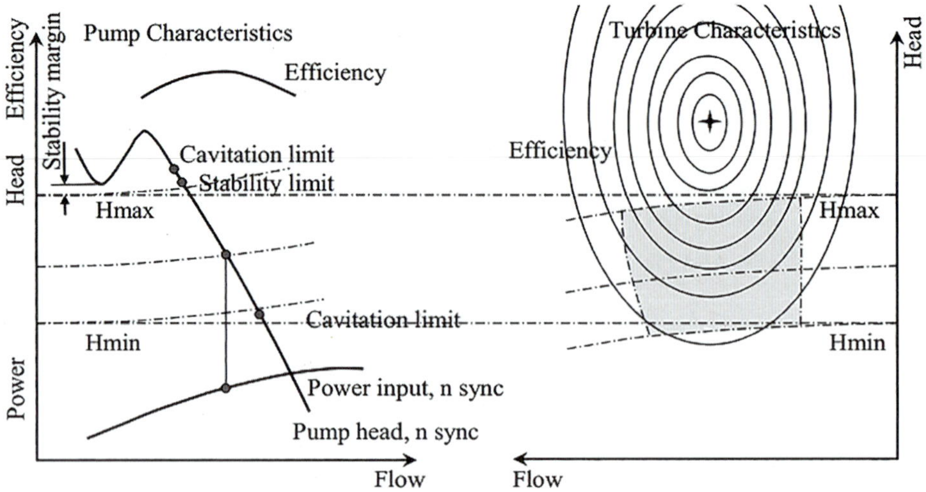

(a) 고정속 양수발전시스템

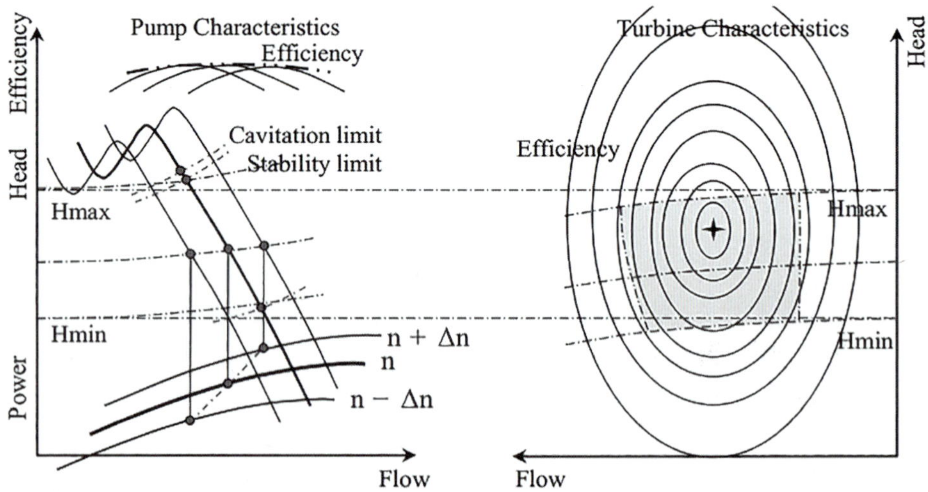

(b) 가변속 양수발전시스템

그림 **9.77** 가역식 펌프수차의 수차성능 개선을 위한 회전속도 범위 조정

자료: Krenn, 2013

는 회전속도의 변경에 의하여 그림 9.77(b)와 같이 수차모드 운전점이 이동하여 최고효율점에서의 운전이 가능하게 된다.

그림 9.78은 가변속 양수발전시스템 운전 시의 펌프모드 및 수차모드 최고효율점 운전

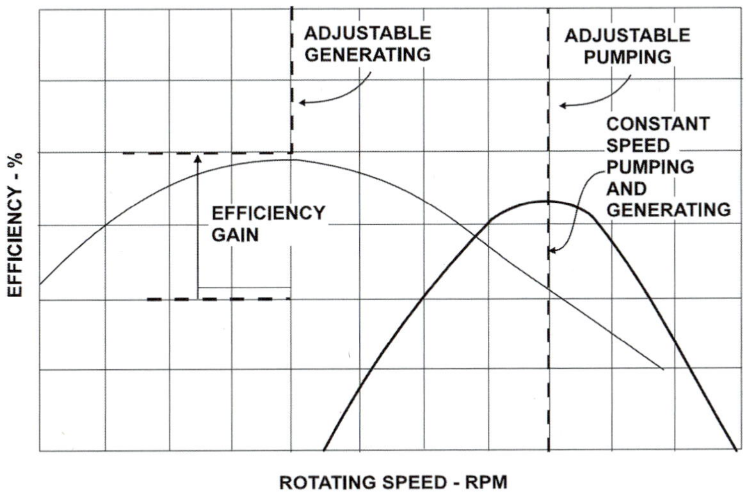

그림 9.78 가변속 양수발전시스템에 의한 수차모드 효율개선
자료: Koritarov, 2014

에 의하여 수차모드 운전 시 효율 개선에 의하여 증가한 효율로 운전이 가능함을 나타내고 있다.

(2) 수차 S자형 특성

고낙차 펌프수차에서는 발전운전 시에 그림 9.79(a)의 S자형 특성이 존재한다. S자형 특성에서는 동일 n_{11}에서 특성상의 교점이 복수 존재하기 때문에 이른바 험프(hump)현상에 의해 이상수격현상이 발생할 가능성이 높다. 따라서 과도상태에서 운전점이 S자형 특성에 들어가지 않도록 제어하는 것이 바람직하다.

예를 들면 과도 시 S자형 특성 근방에서 유효낙차가 변동할 때는 그림 9.79(a)에 보이는 바와 같이 해당 기계의 속도를 사전에 상하로 조정함으로써 정확하게 S자형 특성을 회피할 수 있다.

(3) 펌프 $Q-H$의 역류 특성

펌프수차는 양수운전 시에 그림 9.79(b)에 보이는 고양정 영역에 $Q-H$의 역류 특성이 있다. 그런데 이 역류 특성은 발전운전 시의 S자형 특성과 마찬가지로 동일한 양정 H에 대해서 험프(우상불안정)현상이 발생할 가능성이 높다. 속도를 올리면 올릴수록, 가이드베인

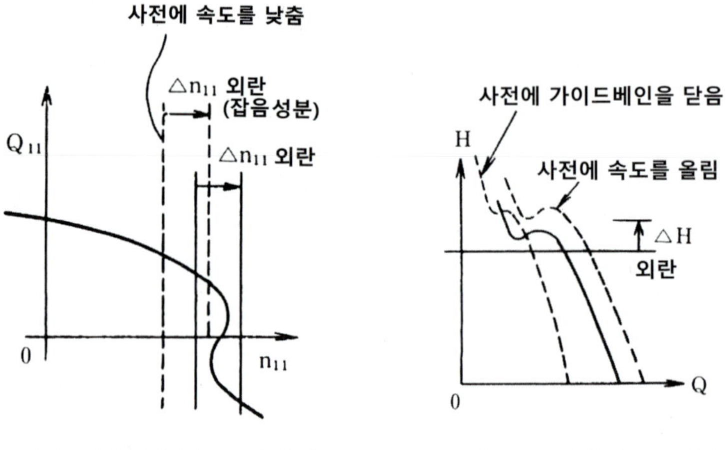

(a) 수차 S자형 특성(수차모드 운전 시) (b) 펌프 역류 특성(펌프모드 운전 시)

그림 **9.79** 가변속 펌프수차의 과도 시 이상수격현상 회피방법 예

자료: ターボ機械協会編, 2007

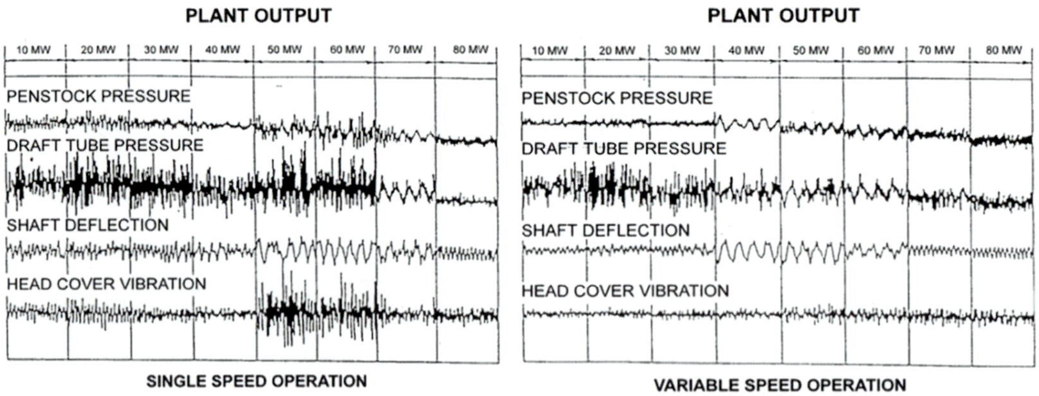

그림 **9.80** 고정속 및 가변속 운전에 의한 진동과 압력의 비교

자료: Koritarov, 2014

을 닫으면 닫을수록 고양정 측으로 이동한다. 따라서 과도상태에서 펌프의 운전점을 이것에 빠지지 않도록 정확하게 회피하기 위해서는 다음과 같은 방법을 이용할 수 있다.

즉, 종래의 고정속 기계에서는 가이드베인을 닫음에 따라서 회피하는 방법밖에 없었지만, 가변속 기계에 의한 펌프수차의 속도제어가 가능함에 따라서 양쪽의 제어를 적절하게 실시하여 험프현상에 의한 이상수격현상 발생의 회피를 더욱 용이하게 실시할 수 있다.

한편, 수차 *S*자형 특성과 펌프 역류 특성 시 발생하는 진동과 압력맥동 현상에 대해서도 그림 9.80과 같이 가변속 운전에 의해 진동과 압력맥동의 크기를 크게 줄일 수 있음을 알 수 있다.

(4) 펌프모드 운전 시 입력전력 조절과 그리드 주파수 조절

가변속 운전의 또 다른 중요한 장점은 펌프모드에서 전력을 제어할 수 있다는 점이며, 따라서 펌프모드와 발전모드 모두 주파수 제어에 기여한다. 가변속 양수발전시스템은 가변 재생에너지 발전에 따른 전력주파수 변동분을 보상하고 그리드와의 통합을 개선할 수 있다. 고정속 양수발전시스템에서는 펌핑 전력을 조절할 수 없으며 유연성을 높이는 유일한 방법은 여러 개의 펌프를 사용하는 것이다. 그러나 이 경우 부하 균형 기능이 낮아지고 시작/정지 시퀀스가 빈번하게 발생하므로 유지·보수 비용이 증가한다. 즉, 기존 고정속 시스템은 펌프모드 운전 중에 입력 전력을 임의로 변경할 수 없고 전력 변동을 보상하기 위한 미세 조정이 어렵지만, 가변속시스템은 회전속도를 변경하여 전력 조정기능을 증가시켜 전력공급장치의 안정성에 기여한다.

그림 9.81은 펌프모드 운전 시 가변속시스템의 적용에 의한 입력전력 및 주파수 조정 기능을 보이고 있다. 펌프모드에서는 고정헤드에서 흡수되는 전력을 연속적으로 변화시켜 펌프모드에서도 그리드 주파수 조절이 가능하다. 이 변동은 흡수된 전력의 최대 30%까지 가능하며, 정상 운전범위가 확장된다.

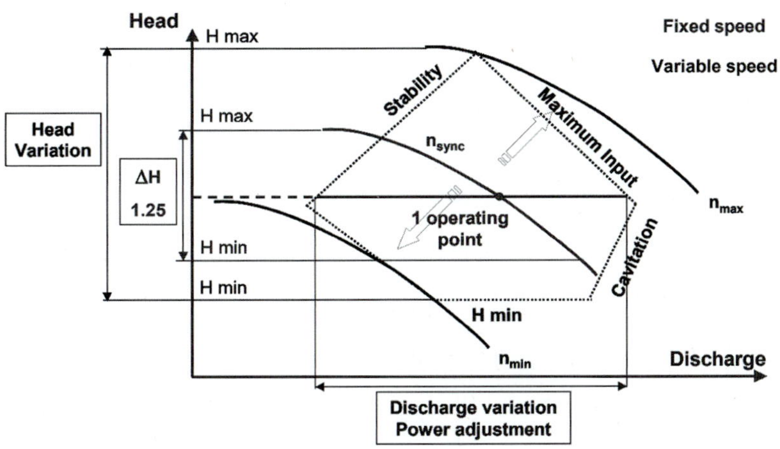

그림 9.81 펌프모드 운전 시 가변속시스템에 의한 그리드 주파수 조절 메커니즘

자료: Ciocan, 2012

(5) 발전소 에너지 균형의 개선

가변속시스템은 그리드의 요청으로 전력 조정에 대한 운영 체제의 미세 조정을 허용하며, 이러한 방식으로 발전소의 에너지 균형이 개선될 수 있다. 네트워크 균형을 개선하고 수력에너지의 초과 전력을 저장함으로써 기계의 시작과 중지 횟수를 줄일 수 있다. 또한 가변속 기술은 운영범위의 확장과 같은 기술적, 경제적 이점을 제공하여 그리드에 대한 운영 유연성을 높인다. 그림 9.82는 가변속 양수발전소 운영에 의한 일일 중 발전소 에너지 균형의 개선에 대해서 보이고 있다.

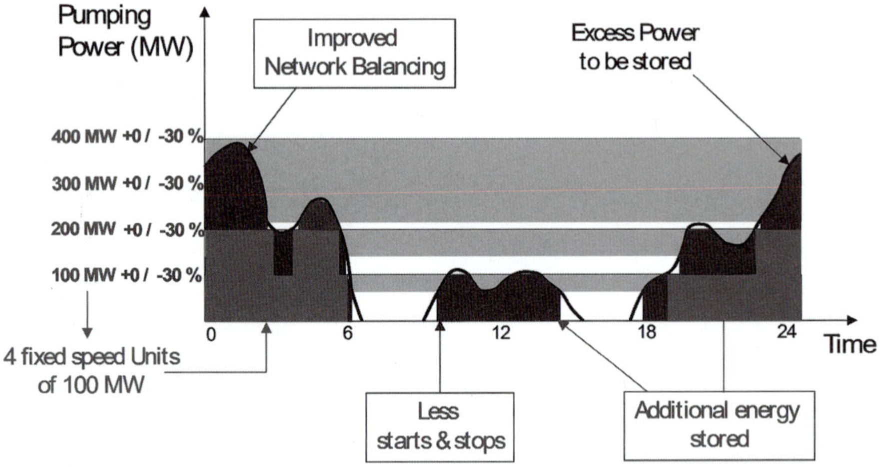

그림 **9.82** 가변속 양수발전소 운영에 의한 발전소 에너지 균형 개선

자료: Ciocan, 2012

(6) 전력공급의 조정 및 안정화

최근에 온실가스 감축을 위한 사회적인 움직임이 더욱 활발하게 전개되고 있으며, 앞으로 풍력 및 태양광 발전 등 재생에너지 사용이 늘어날 전망이다. 그러나 소규모 분산형 발전소인 이들 발전시스템은 날씨 등 환경변화에 따른 전력 편차가 심하고 전력공급이 불안정하다. 반면, 오늘날 사회에서 개발된 송배전망은 현재 대규모 집중발전 기반이다. 따라서 소규모 재생에너지원의 사용이 증가함에 따라 전력공급 안정성에 대한 우려가 제기되고 있다. 가변속 양수발전시스템은 이러한 문제에 대한 대응책을 제공하며, 현재 전력 공급 안정화에 중요한 역할을 하고 있다.

최근 더 나은 기능을 갖춘 가변속 양수발전소가 상업적으로 이용이 가능하게 되었고,

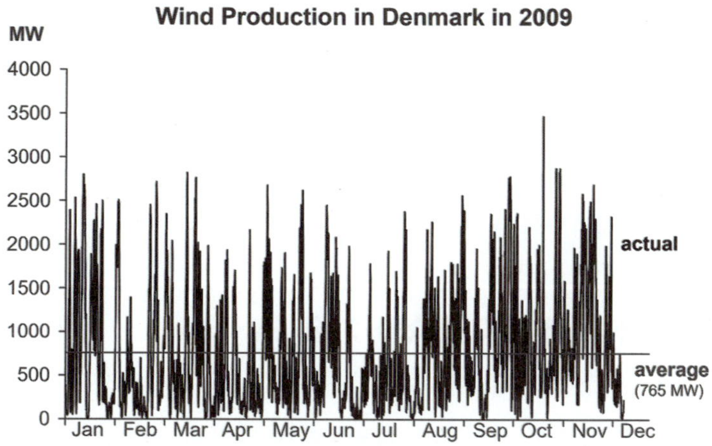

그림 9.83 풍력발전 평균 및 실제 출력의 비교 (Denmark, 2009)
자료: Ciocan, 2012

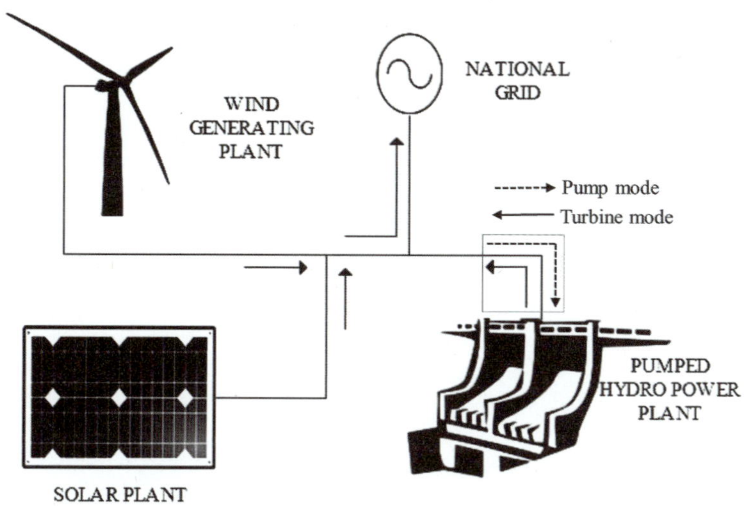

그림 9.84 재생에너지와 연계된 양수발전시스템의 펌프 및 수차모드
자료: Mohanrajan, 2014

앞으로 다가올 소규모 분산형 발전소의 확산에 대처할 수 있는 수단으로서 응답성이 높은 전력 조정기능을 갖춘 가변속 양수발전소의 필요성이 계속 늘어날 것으로 보인다.

그림 9.83은 연중 풍력발전 평균 및 실제 출력 예를 보이고 있으며, 태양광 발전, 풍력발전 등 재생에너지는 일조량과 풍력 등 환경조건에 따라 출력이 달라지기 때문에 안정적

인 전력공급에 대한 변동요인으로 꼽힌다. 이러한 공급 전력의 변동분에 대해서 가변속 펌프수차는 수차 및 펌프모드 운전 중에 고속 전력 조정기능과 더불어 공급 - 수요 격차를 해소하는 기존 펌프수차의 용량으로 전력공급의 안정화에 기여할 수 있다.

그림 9.84는 풍력 및 태양광 발전으로 대표되는 재생에너지와 연계된 양수발전시스템의 펌프 및 수차모드 개념도를 보이고 있다.

(7) 발전전동기의 대용량화와 가변속화 기술개발

그림 9.85는 양수발전시스템의 대용량화와 가변속화에 대한 발전전동기 개발의 기술적 과제와 그 해결책을 보인다. 발전전동기의 대용량화에 따라서 고전압, 대전류화·대형화, 고속화가 필요하고, 가변속화에 대해서 원통형 로터의 개발이 필요하며, 이러한 기술적 과제에 대해서 그 해결책을 그림에서 기술하고 있다.

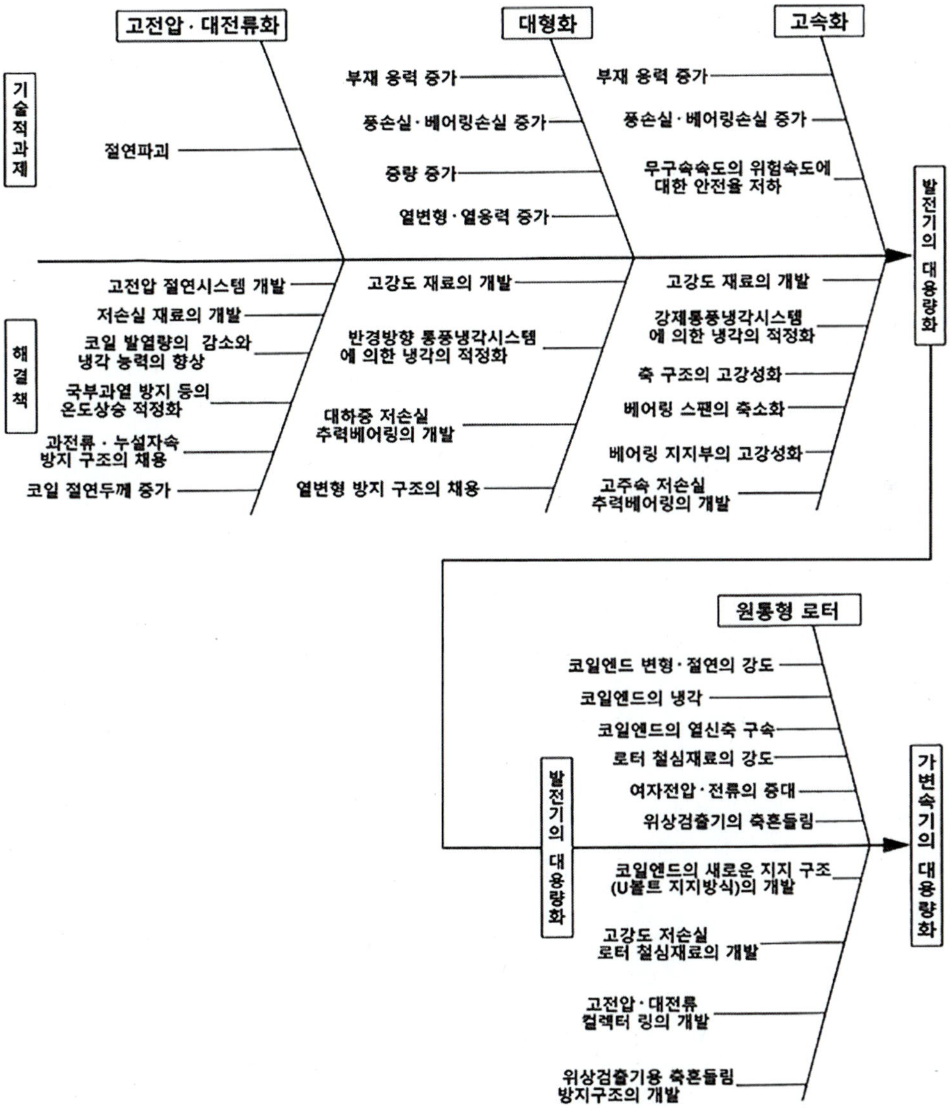

그림 9.85 발전전동기의 대용량화와 가변속화에 대한 기술적 과제와 해결책

자료: 山形, 1999

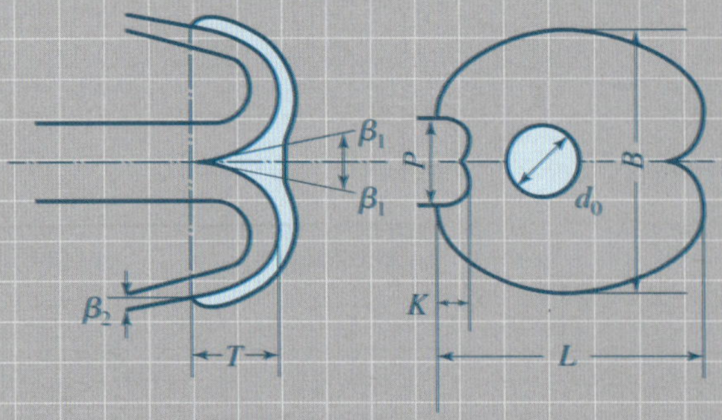

β_1
β_1
P
B
d_0
β_2
K
T
L

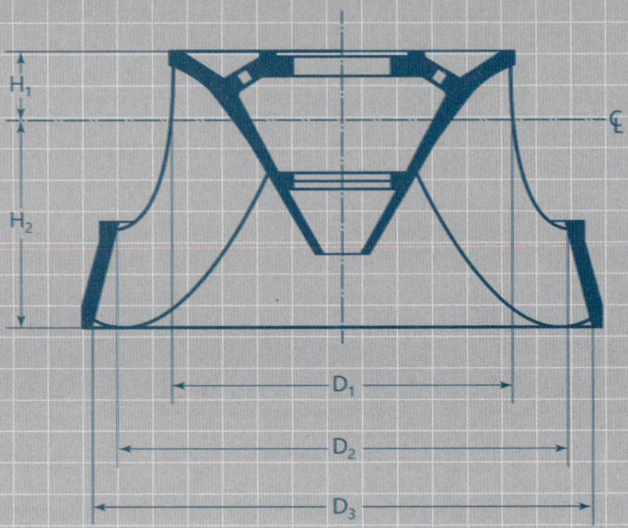

H_1
H_2
℄
D_1
D_2
D_3

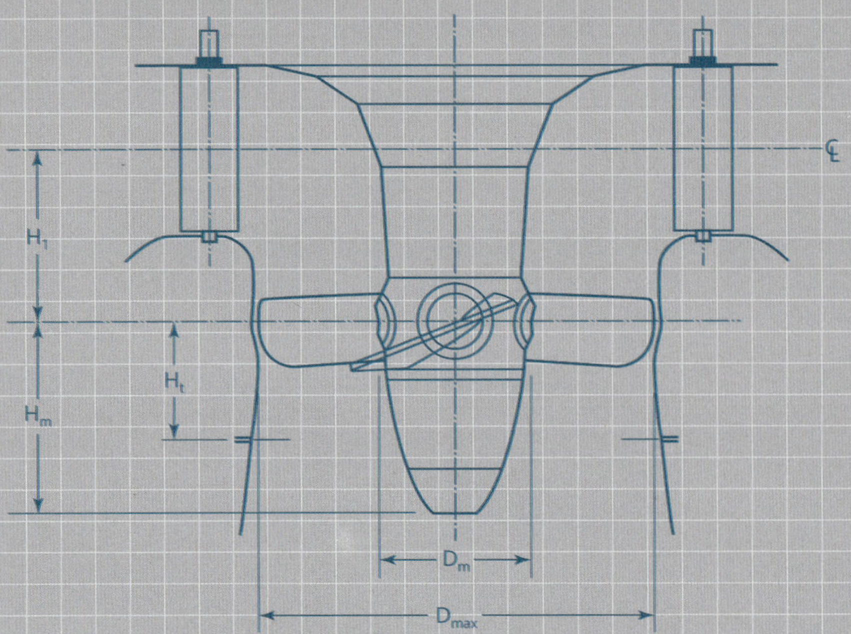

℄
H_1
H_t
H_m
D_m
D_{max}

10

수차 및 펌프수차의 설계

10장

수차 및 펌프수차의 설계

10.1 수차 및 펌프수차의 계획

수차 및 펌프수차의 계획에는 지점조사, 입지 및 환경, 발전방식 등 많은 검토 작업이 포함되지만, 본 장에서는 수차 및 펌프수차의 수력설계와 관련된 계획에 집중하여 개요를 설명한다.

수차의 계획은 신규의 경우와 현대화(수차발전기 수명주기에 따른 개·대체)의 경우로 대별된다. 본 절에서는 일반적인 수차 및 펌프수차의 신규 계획에 대해서 설명하지만, 신규/현대화의 양쪽 모두 적용 가능하다.

10.1.1 수차의 계획

(1) 수차의 계획 흐름도

그림 10.1은 수차 계획의 흐름도를 나타낸다. 수차형식은 유효낙차, 사용수량을 기본으로 하여 하천의 흐름 상황, 저수지와 조정지의 운용(낙차 변동, 유량 변동) 등도 고려해서 선정한다. 복수의 수차형식이 가능한 경우는 경제성, 보수성 등을 종합적으로 검토해서 결정한다.

수력발전소 전체의 유량 Q와 유효낙차 H가 주어졌을 때 이에 적합한 수차의 형식, 대수 Z, 회전수 N을 결정하는 기본계획의 블록선도와 기본설계 흐름도를 그림 10.2에 보이고 있다. 형식 선정에는 상당한 자유도가 있다. 예를 들어 유효낙차가 80 m인 경우 프란시스수차, 사류수차, 프로펠러수차 모두 채용 가능하다. 이 경우 효율, 무구속속도, 토목

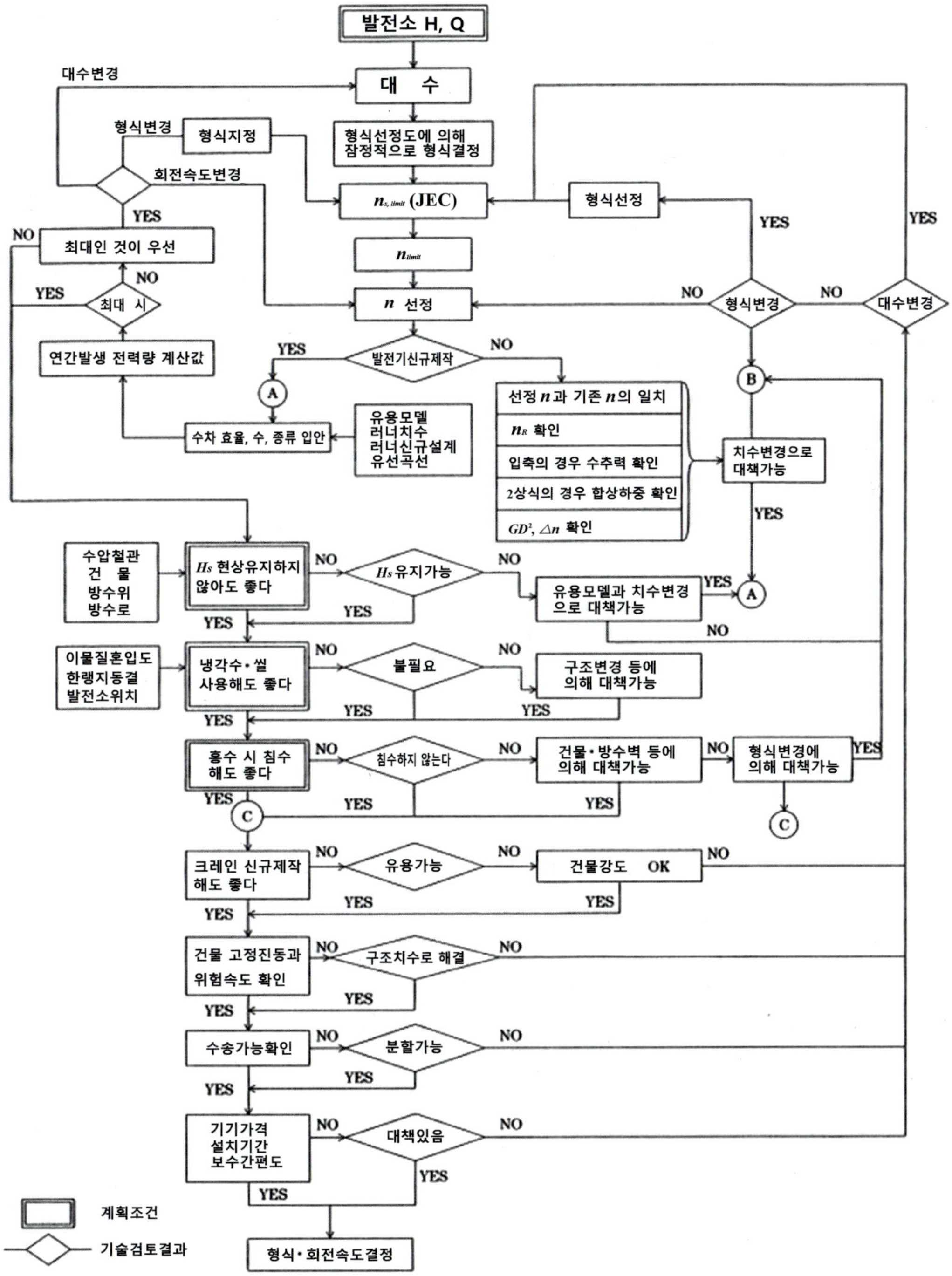

그림 10.1 수차 계획의 흐름도

자료: ターボ機械協会編, 2007

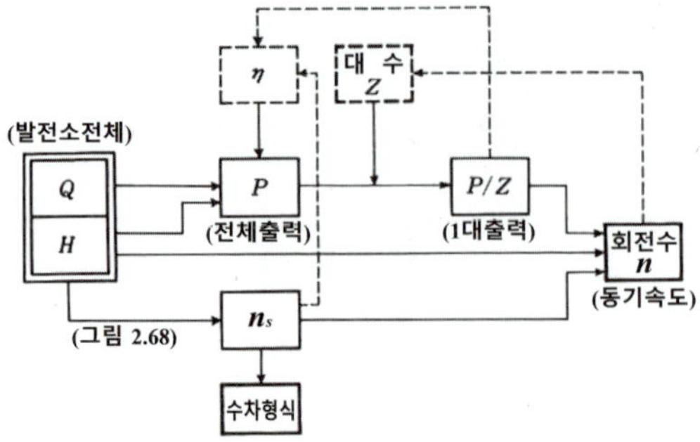

(a) 기본계획(자료: 大橋, 1987)

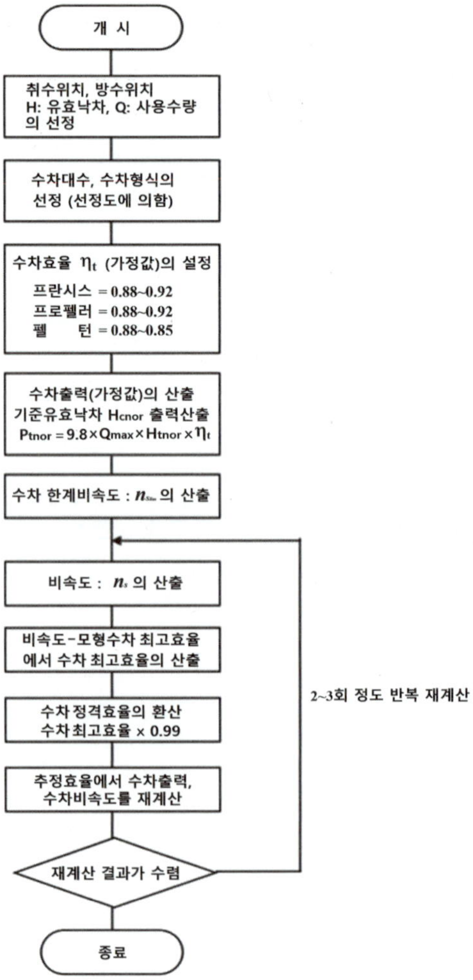

(b) 기본설계(자료: JICA, 2011)

그림 **10.2** 수차의 기본계획과 기본설계

및 건설 공사 등 생각할 수 있는 인자를 모두 고려한 구체적인 경제적인 비교를 통해 형식의 결정을 해야 한다.

수차 내부 유로(유수부)의 형상은 주로 수력학적 관점에서 정해지지만, 재료역학적으로도 제약을 받게 된다. 즉, 수차가 요구되는 수력성능을 발휘하기 위해서는 수력학적 관점에서 정해지는 이상적인 형상이 고려되지만, 재료역학적 관점에서 강도적인 수정이 추가되어 그 형상이 변하게 된다. 따라서 수차는 상기 두 가지 측면에서 최신 기술을 적용하여 가장 양호한 성능과 저렴한 가격을 목표로 하여 그 형상이 정해진다.

개발해야 할 수차 1대당 수력, 즉 낙차 H [m] 및 유량 Q [m^3/s]이 주어진 경우, 먼저 출력 P [kW], 회전속도 N [min^{-1}] 그리고 수차의 종류를 결정해야 하며, 다음과 같은 순서로 진행하는 것이 일반적이다.

① 우선 효율 η를 적당하게 가정하여, $P = 9.8\eta QH$에서 P의 대략치를 구한다.
② H와 P가 정해지면 그림 2.66에서 채용해야 할 수차의 종류를 정한다.
③ 수차의 종류와 H가 정해지면 그림 2.67～그림 2.69에서 채용해야 할 대략적인 비속도 n_s를 정한다.
④ 회전속도 N은 무구속속도를 고려하여 선정한다.
⑤ H, Q, P 및 N이 선택 된다면 표 5.3의 단위량 $Q_u = Q/\sqrt{H}$, $P_u = P/\sqrt{H^3}$, $N_u = N/\sqrt{H}$을 기본으로 수차의 대략적인 치수를 결정할 수 있다.

상기 순서 중에서 비속도 n_s의 선정은 그림 2.67～그림 2.69의 한계곡선 이내(좌측)의 적은 값을 채용한다. 허용된 범위 내에 어떤 n_s을 채용할 것인지는 발전소 지반의 굴착 난이도 등에 의해 변한다. 큰 n_s를 채용한다면 수차와 발전기는 소형이 되는 경향이 있지만, 캐비테이션이 발생하기 쉽기 때문에 지반의 굴삭 깊이에 따라서 캐비테이션 침식 피해의 수리 횟수에 대한 고려를 해야 한다. 따라서 n_s의 선택방법은 수차를 설치할 현장에 주어진 조건과 주변 환경에 따라서 달라진다.

각종 수차 및 펌프수차는 각각의 낙차(또는 전양정), 적용 비속도에 대해서 한계가 있지만, 이것은 낙차에 대한 강도, 유체역학적인 특성 및 캐비테이션 발생 등으로부터 비속도의 적용범위가 결정된다.

비속도와 낙차의 관계를 그림 2.67～그림 2.69에 보이고 있으며, 비속도에 의해서 수차의 종류, 러너의 형상이 정해진다.

기준(정격)유효낙차 H_{nor} [m], 유량, 최대출력 P [kW]가 주어지면 수차형식을 가정하고, 낙차와 비속도의 관계로부터 $n_{s,\lim}$를 결정하면 회전속도의 상한 $N_{\lim}$는 아래와 같이 된다.

$$N_{\lim} = \frac{n_{s,\lim} \times H_{nor}^{5/4}}{\sqrt{P}} \quad [\mathrm{min}^{-1}] \tag{10.1}$$

동기발전기와 직결하는 수차의 정격회전속도는 식 (2.39)에서 구해지지만, 일반적으로 사용되는 값을 표 2.5에 보인다. 이 표로부터 $N_{\lim}$에 가장 가까운 회전속도를 선정하여 $N(\mathrm{min}^{-1})$으로 하면 비속도 n_s는 식 (10.2)로 된다.

$$n_s = \frac{N \times \sqrt{P}}{H_{nor}^{5/4}} \tag{10.2}$$

결정된 비속도 n_s로 적용 가능한 후보 모형수차로부터 실물수차의 크기, 캐비테이션계수와 흡출높이 H_s, 무구속속도를 정한다.

(2) 실물수차 러너의 크기

러너 입구 직경 D_1은 다음의 식 (10.3)으로부터 구해진다.

$$D_1 = 84.6 \times C_u \frac{\sqrt{H_{nor}}}{N} \tag{10.3}$$

주속(원주속도)계수 C_u는 일반적으로 그림 10.3에서 구해지지만, 후보로 되는 모형수차를 검토한 후에 D_1을 결정할 필요가 있다.

모형의 러너 입구 직경을 D_1'으로 하면, 모형비 $MR = D_1 / D_1'$를 이용해서 상사법칙과 효율환산식으로부터 출력 P, 유량 Q, 효율 η를 구할 수 있다.

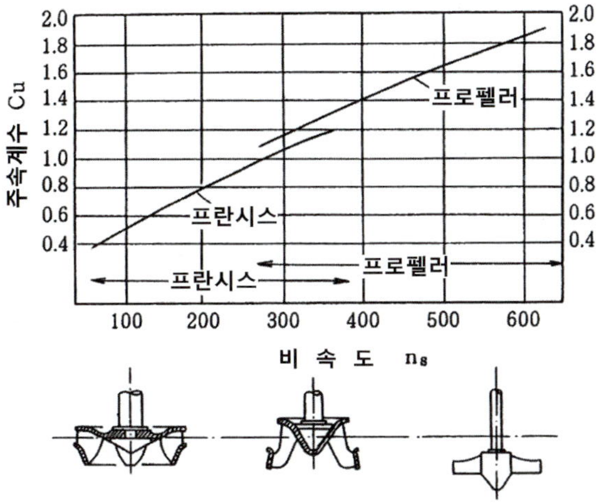

그림 **10.3** 러너 주속계수 C_u

자료: ターボ機械協会編, 2007

(3) 흡출높이의 결정

수차의 형식, 비속도 등이 결정되면 그 다음으로 캐비테이션 발생한계 흡출높이를 정해야 하는데, 러너 출구부에서 발생하는 압력감소는 운전하는 유효낙차에 비례한다. 압력이 물의 포화증기압보다 낮으면 캐비테이션이 발생하며, 다음의 식 (10.4)를 이용하여 캐비테이션 발생한계의 흡출높이를 구한다.

$$H_s = H_a - H_v - \sigma H \tag{10.4}$$

여기서, H_s는 흡출높이 [m], H_a는 대기압 [m], H_v는 포화증기압 [m], σ는 캐비테이션계수, H는 유효낙차 [m]이다.

흡출높이 H_s는 반동수차의 흡출관 출구 수위로부터 수차의 러너 기준면까지의 높이를 의미하며, 러너의 기준면이 흡출관 출구 수위보다도 높은 경우에는 양(+)의 부호로 되고, 낮은 경우에는 음(−)의 부호로 된다.

러너의 기준면은 그림 6.15 및 그림 6.16에 보이는 바와 같다. 대기압 H_a는 표고에 의해서 차이가 생기며, 그림 6.2(a)와 같다. 또한 포화증기압 H_v는 수온에 의해서 달라지며, 그림 6.2(b)에 그 값을 보인다.

캐비테이션이 발생하는 정도에 따라서 캐비테이션계수는 6.2절에서 설명한 바와 같이 임계 캐비테이션계수 σ_c, 허용 캐비테이션계수 σ_{adm}, 운전(플랜트) 캐비테이션계수 σ_p 등으로 나누어진다.

흡출높이의 결정에는 운전 캐비테이션계수 σ_p를 이용해서 계획하지만, 흡출관 출구의 수위는 수차의 유량 변화, 하류의 조건 그리고 복수의 대수를 가진 발전소에서는 운전 대수에 의해서 변화하기 때문에 최악의 조건에서도 캐비테이션에 의한 문제가 발생하지 않는 흡출높이를 선정할 필요가 있다.

(4) 무구속속도의 결정

임의의 낙차, 임의의 수차 가이드베인 개도 및 흡출높이에서 수차가 무부하로 회전하는 속도를 무구속속도라고 하며, 이들 조건 중에서 일어날 수 있는 최댓값을 최대무구속속도라고 한다. 일반적으로 무구속속도라고 하면 최댓값을 나타내는 경우가 많다.

무구속속도에서 회전하는 경우, 각부의 원심력에 의한 내구력을 충분히 고려할 필요가 있음과 동시에 수차 및 발전기의 축계 고유진동수(위험속도)가 무구속속도보다 높은 값으로 설계되어야 한다.

각 형식별 수차 및 펌프수차의 비속도에 따른 무구속속도 경향은 일반적으로 그림 10.4와 같다.

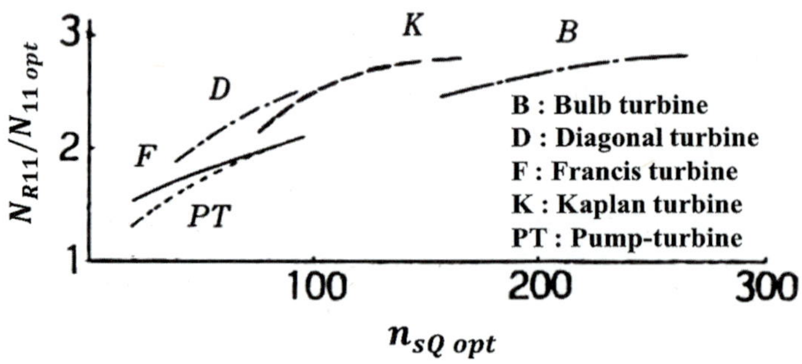

그림 10.4 비속도에 대한 무구속속도의 경향

자료: ターボ機械協会編, 2007

10.1.2 연간발생전력량과 설비이용률

발생전력량은 발전소출력과 발전계속시간의 곱으로 구해지고, 일반적으로 kWh(킬로와트시간)으로 표시한다.

발생전력량은 '연간가능발생전력량'과 '연간발생전력량'으로 나누어지고, 통상적으로는 전자의 연간가능발생전력량을 이용하지만, 해당 발전소가 발전량의 kWh당 원가를 산정하는 경우에는 후자의 연간발생전력량을 이용한다.

(1) 연간가능발생전력량

발전소가 연간 사고에 의한 정지와 보수 관리상의 정지가 없다고 가정한 경우에 발생할 수 있는 전력량을 의미한다.

(2) 연간발생전력량

발전소의 보수, 점검, 또는 사고 및 복구를 위한 운전정지 등을 고려한 순연간발생전력량을 의미한다. 발전소가 정지하지 않고 운전 중인 기간의 비율을 나타내는 가동율을 연간가능발생전력량에 곱하여 연간발생전력량이 구해진다.

일반적으로 사용되는 가동률은 다음과 같다.

$$\text{유입식의 경우 가동률} \simeq 0.95$$

$$\text{저수지식의 경우의 가동률} \simeq 0.97 \sim 0.98$$

(3) 설비이용률

설비이용률은 연간가능발생전력량과 발전설비가 연간을 통해서 최대출력으로 운전한 경우에 발생할 수 있는 전력량의 비율을 의미하며, 다음의 식 (10.5)로 나타낸다.

$$\text{설비이용률} = \frac{\text{연간가능발생전력량}}{\text{최대출력}(\text{kW}) \times 8{,}760(\text{h})} \tag{10.5}$$

[8,760h: 24h/일×365일]

10.1.3 기타 고려해야 할 항목

기기제작한계, 낙차변동범위, 진도, 수추력, 최대수압상승값 Δp, 관성모멘트 GD^2, 수송조건 등을 검토해야 한다. 또한 현대화 계획을 수립할 경우, 계획의 기본은 그림 10.1에 나타낸 흐름도에 근거하지만, 기존 건축물, 발전기, 수차부품의 재사용, 현대화(개·대체)가 관련된다. 발생전력량으로부터 경제성 평가를 수행하고, 현대화 부분을 결정한다.

10.1.4 수차 및 펌프수차의 설계 과정

수차 및 펌프수차에서 경제성 향상의 관점으로부터 신설 수력발전소 및 양수발전소에서는 종래 이상의 성능향상, 운용범위의 확대를, 기존 발전소에서는 러너 교체 등이 요구되고 있다. 이러한 요구를 만족시키기 위해서는 구성하는 각각의 익렬과 유로 내에서의 상세한 내부 유동을 파악하고, 손실과 불안정성을 감소시키기 위한 유체설계를 실시하는 것이 필요하다. 그림 10.5와 그림 10.6은 각각 펌프수차의 유수부(내부 유로) 설계 흐름도 예와 펌프수차 러너 수력설계의 흐름도 예를 나타낸다.

설계된 수차의 내부 유동과 성능 파악을 위해 종래에는 모형시험에 의한 흐름 계측이 사용되었다. 예를 들면 수차의 러너를 설계한 후에 모형시험에 의해 효율과 캐비테이션 등의 성능을 확인하고, 또한 피토관 등을 이용해서 러너 상류, 하류의 흐름을 계측하여 이 결과에 근거하여 러너의 개조를 실시하여 모형시험에서 확인하는 방법이 사용되어 왔다. 실물(prototype)수차 또는 펌프수차의 제작에 앞서서 실시되는 모형시험의 프로그램 예를 그림 7.14에 보인다.

모형시험은 실물과 상사인 조건에서 수력학적 특성을 파악할 수 있지만, 다른 한편으로는 막대한 시간과 비용이 들고, 또한 계측 가능한 조건과 장소도 제한되어 있다. 따라서 수차와 펌프수차의 개발에서도 유동장을 파악하기 위한 수치해석 기술의 구축이 수행되어 왔고, 하드웨어와 소프트웨어의 발달에 힘입어 이 해석 기술도 비약적으로 향상되었다. 이러한 해석 기술을 전산유체역학(CFD: computational fluid dynamics)이라고 하며, 현재 구조해석 소프트웨어와 마찬가지로 광범위하게 유체설계와 현상의 해명에도 사용되고 있다. 종래에는 대학과 연구기관에서의 자체 코드가 주류였고 사용법에도 노하우가 필요했지만,

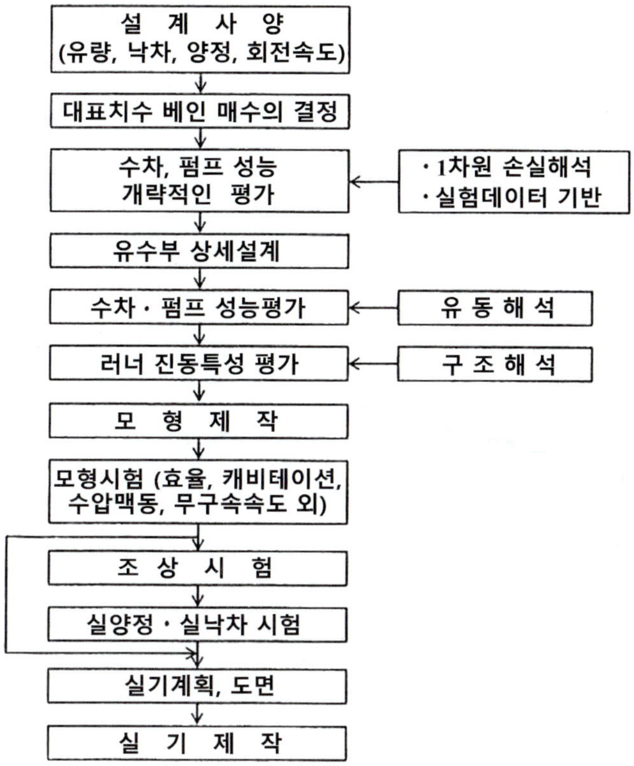

그림 **10.5** 펌프수차 유수부(내부 유로) 설계 흐름도 예

자료: ターボ機械協会編, 2007

최근에는 손쉽게 접근할 수 있는 상용 CFD 코드도 많이 나와 있고, 수차 및 펌프수차 등의 수력기계 분야에서는 이러한 상용 CFD 코드가 주류로 되어 있다.

수차와 펌프수차의 내부 흐름은 나선형 케이싱, 러너, 가이드베인과 같은 구성요소의 차이, 축류, 사류, 혼류와 같은 형식(비속도)의 차이, 설계점, 비설계점과 같은 흐름 상태의 차이 등에 의해서 크게 성질이 달라진다. 수차와 펌프수차의 모형설계를 위해서는 내부 흐름의 구조와 손실발생 메커니즘을 이해한 후, 목표로 하는 성능과 신뢰성을 얻을 수 있는 유체설계를 수행할 필요가 있다. 또한 수차와 펌프수차의 모형설계 설계점 설정에는 실물 목표성능으로부터 실물 성능환산법 등을 이용해서 도출할 필요가 있다. CFD의 고도화에 의해 익렬설계기준은 익면에서의 압력, 속도분포가 설계기준을 만족시키는지의 여부보다도 손실발생 메커니즘에 입각한 손실감소로 이행하고 있다.

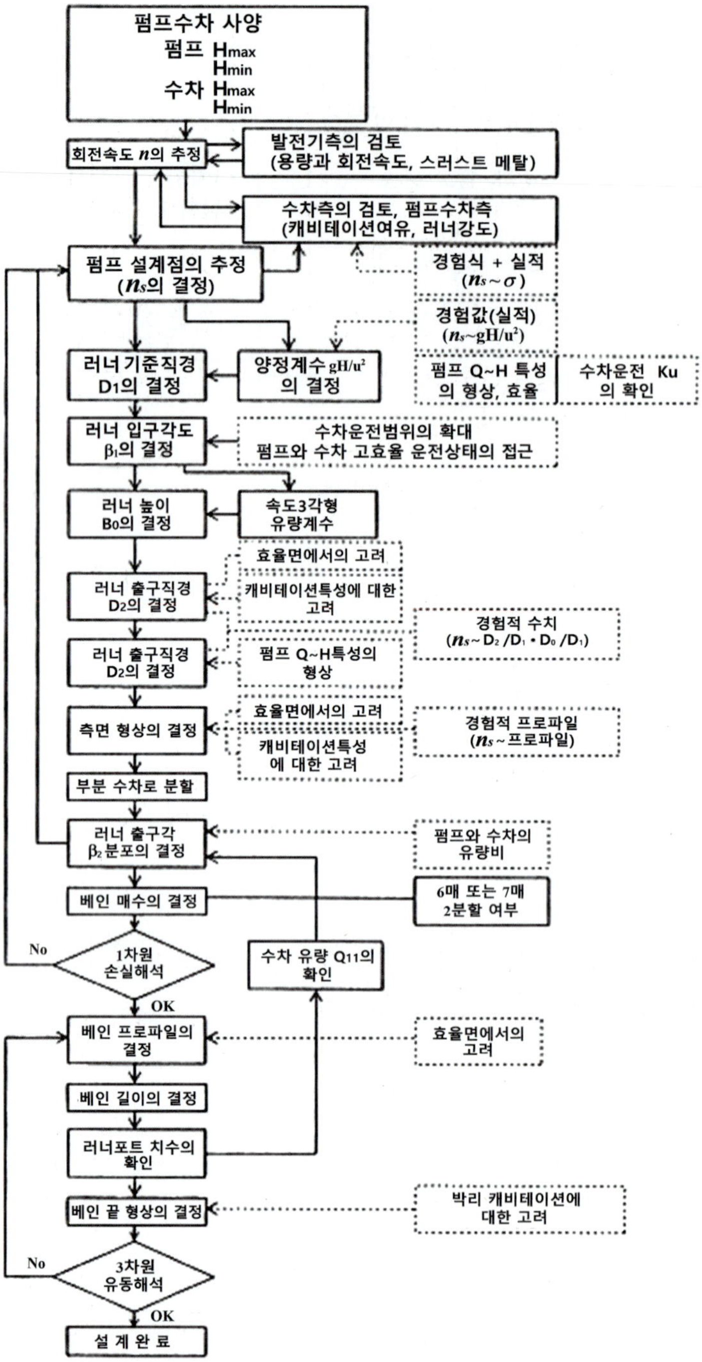

그림 10.6 펌프수차 러너 수력설계 흐름도 예

자료: ターボ機械協会編, 2007

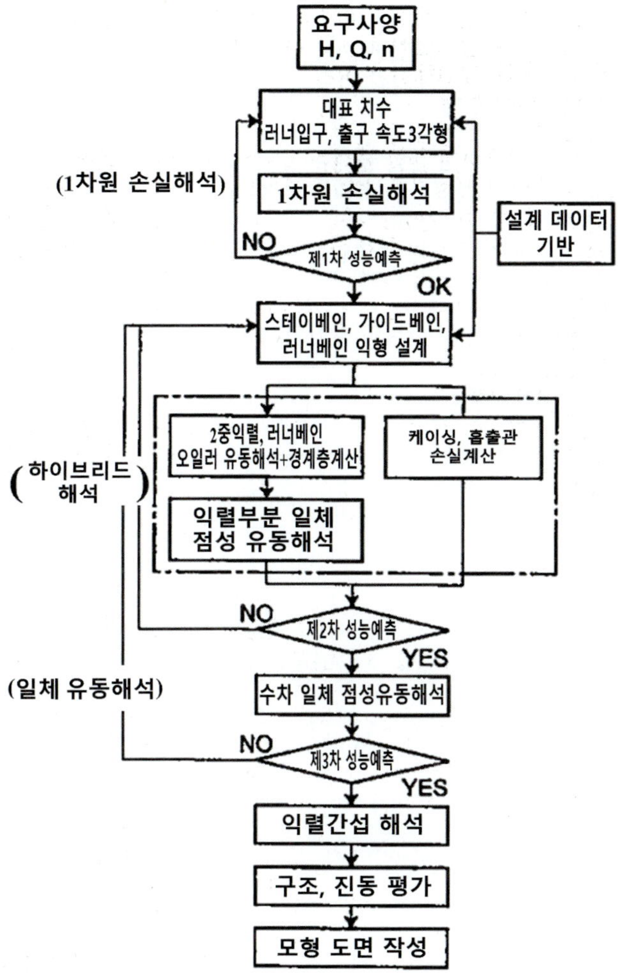

그림 **10.7** 수차 모형설계와 성능 예측 기법의 예

자료: 宮川, 1999

실물의 계획과 설계값으로부터 모형의 설계점을 도출하고, 실물과 상사한 모형설계를 CFD해석과 성능 예측에 의해 동시에 실시하여 이 결과에 의해 최적인 모형을 제작하며, 치수검사와 시험장치의 검정을 실시하여 규격에 따른 모형시험을 실시한다. 해당 결과가 타당하면 실물의 제작으로 이행한다. 이 절차 중의 수차 모형설계 및 성능 예측에 의한 검증방법의 일례를 그림 10.7에 보인다.

모형설계에서는 주로 유체설계가 행해지지만, 러너베인과 그 상류에 위치하는 가이드베인 사이의 익렬간섭이라는 상대운동에 기인하는 유체여진력뿐만 아니라 러너의 크라운 및

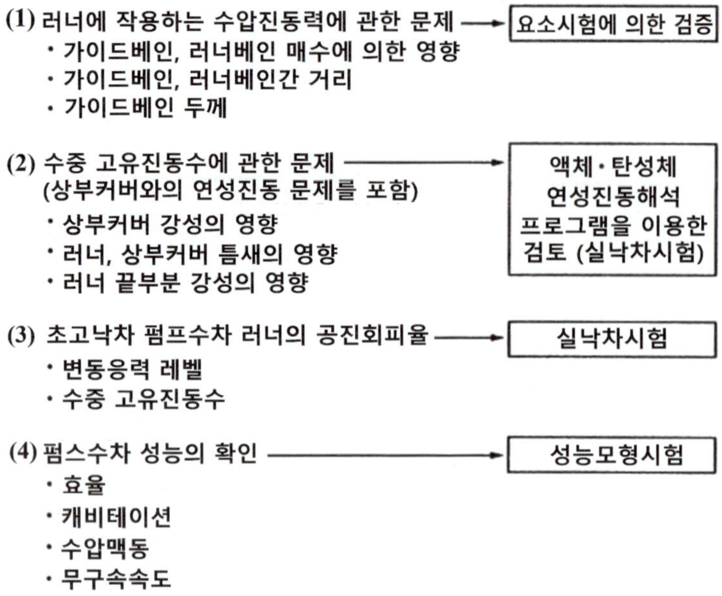

그림 10.8 러너 변동응력의 저감 및 확인 순서도 예
자료: ターボ機械協会編, 2007

밴드와 상하커버 사이의 틈새도 실물과 모형에서 상사로 설계하기 때문에 중요한 구조강도설계에 대해서는 구조해석 등으로 검사한다.

그림 10.8은 수차의 설계 과정에서 익렬간섭과 관련된 수치해석 및 성능 예측 방법의 일례를 보이며, 러너 변동응력의 감소 및 확인 절차가 포함되어 있다. 러너의 각부 치수는 각각이 성능과 신뢰성에 영향을 크게 미치기 때문에 설계의 각 단계마다 확인하는 것이 중요하다. 특히 고낙차 펌프수차의 경우에는 러너의 진동과 강도에 대한 설계가 매우 중요하다.

그림 10.9에는 펌프수차 러너 설계 흐름도의 일례를 보인다. 이 절차 중에는 구조해석을 이용하여 러너의 고유진동수 문제를 개선할 필요가 있고, 그 검증을 위하여 실양정·실낙차시험이 이용되기도 한다. 모형은 실물과 상사로 제작되기 때문에 모형설계시점에서의 성능과 신뢰성에 대한 확인이 중요하다.

한편, 표 10.1은 CFD해석을 적용할 수 있는 펌프수차 설계항목 예를 보이고 있으며, 그림 10.10은 CFD해석을 적용한 펌프수차 수력설계 절차 예에 대해서 나타내고 있다.

그림 10.11은 프란시스형 펌프수차 수력설계에 적용할 수 있는 CFD해석 및 설계시스템 예를 보이고 있다. 크게 나누어서 정상해석, 비정상해석, 최적설계로 구분할 수 있으며,

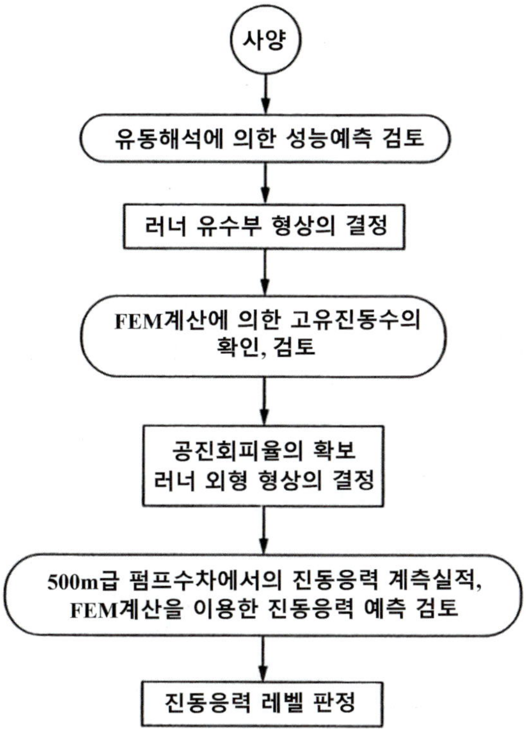

그림 **10.9** 펌프수차 러너 설계 흐름도 예

자료: ターボ機械協会編, 2007

표 **10.1** 프란시스형 펌프수차 설계항목 예

No.	Item
1	Hydraulic design of pump turbine
1.1 1.2 1.3	Hydraulic design drawing of pump turbine CFD analysis technology for pump turbine Pump turbine model test
2	Reliability analysis of runner for pump turbine
3	Reliability calculation & analysis of main passage parts
4	Designing & calculation of seal
5	PT conversion modes & transient calculation
6	Stress & deformation of spherical valve
7	Stability analysis of shaft system

자료: Miyagawa, 2013

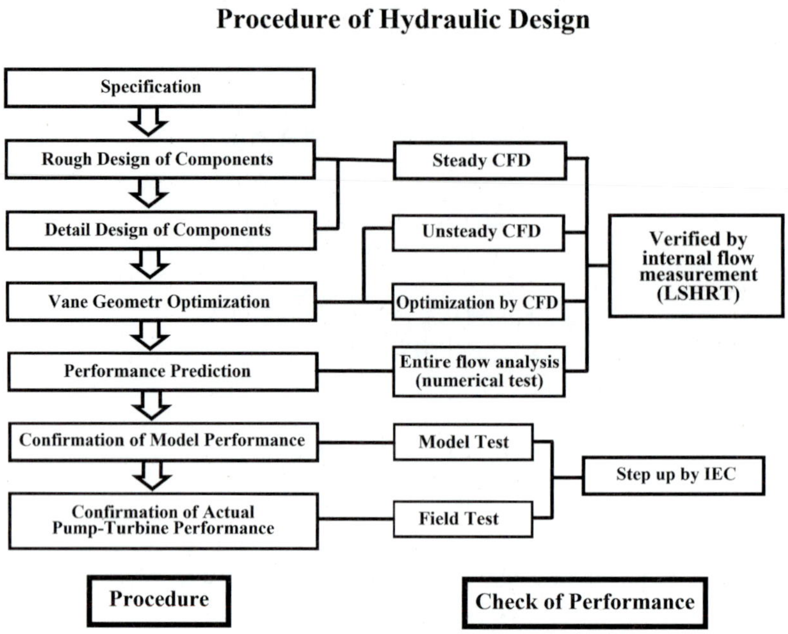

그림 10.10 펌프수차 수력설계 절차 예

자료: Miyagawa, 2013

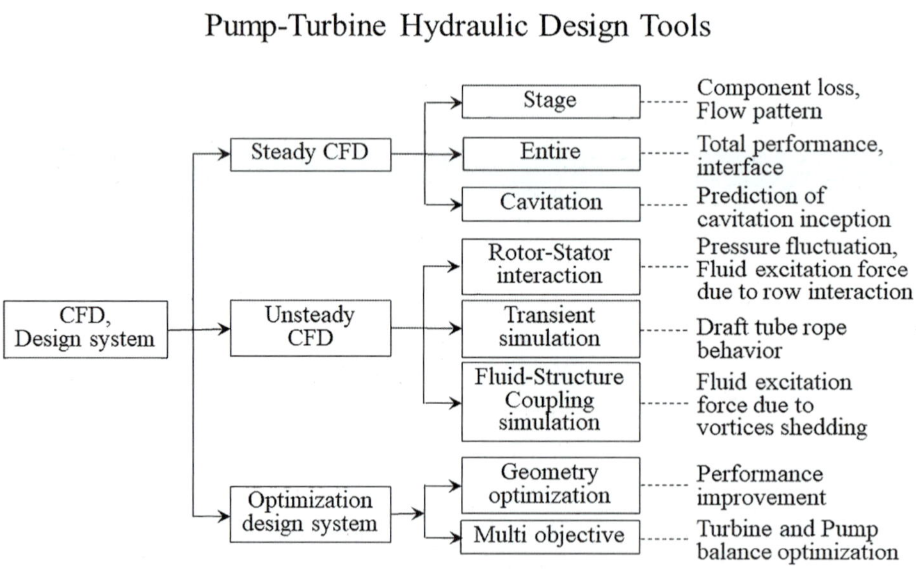

그림 10.11 CFD해석 및 최적설계를 적용한 프란시스형 펌프수차 수력설계 시스템 예

자료: Miyagawa, 2013

그림 10.12는 수차 기본설계와 CFD해석을 적용한 프란시스형 펌프수차 수력설계 흐름도 예를 나타낸다.

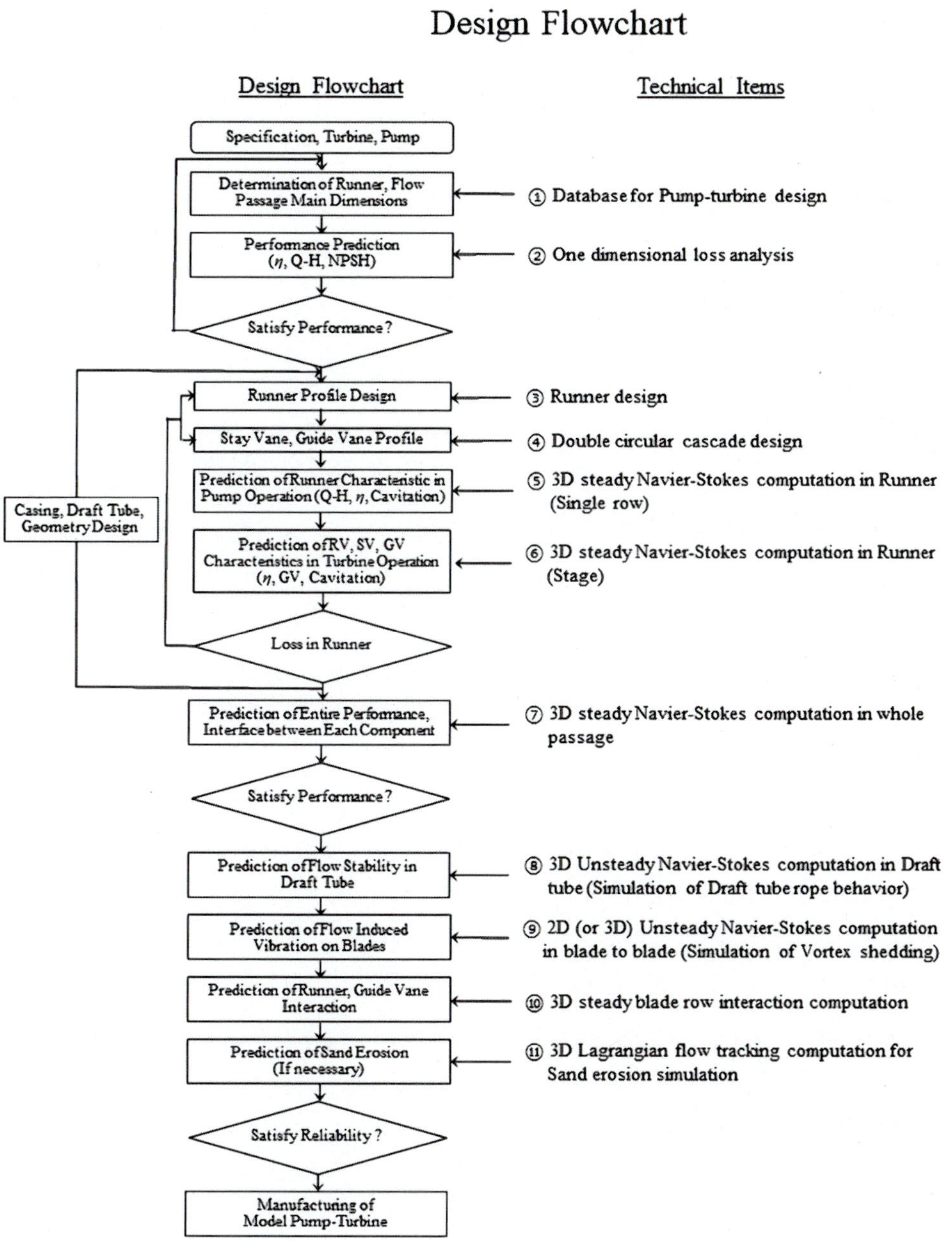

그림 **10.12** CFD해석을 적용한 프란시스형 펌프수차 수력설계 흐름도 예

자료: Miyagawa, 2013

10.2 수차 및 펌프수차 러너 설계

수차와 펌프수차의 설계는 설치 및 사용 목적에 따라서 많은 설계법이 존재한다. 각 수차 기업체마다 고유의 설계법에 따른 수차의 특징이 나타나고, 공통적인 수차설계법의 적용으로 범용성을 추구한다. 본 절에서는 각 형식별 여러 가지 설계법 중에서 문헌상으로 알려진 대표적인 수차설계법에 대해서 설명하며, 설명에서 누락된 부분에 대해서는 참고문헌 등을 통해서 좀 더 심도 있는 검토가 필요하다.

10.2.1 펠턴수차 러너 설계

(1) 니들밸브

노즐은 도수관의 끝단에 설치하고 최대한 손실이 적은 안정된 형상의 분출수(제트)를 만든다. 분출수의 최소 단면에서의 속도 v_0는

$$v_0 = C_v \sqrt{2gH} \tag{10.6}$$

에 의해 구한다. 유효낙차 H는 노즐 입구에서의 정수압뿐만 아니라 속도수두도 포함한다. C_v는 속도계수이고 설계에는

$$C_v = 0.95 \sim 0.98$$

의 범위에서 선정한다. 노즐의 효율 η_n은

$$\eta_n = 0.92 \sim 0.95$$

이다. v_0를 구하면 분출수의 최소 단면의 직경 d_0는 그 노즐이 내보내야 하는 유량 Q에 의해서 정해진다. 즉,

$$\frac{\pi}{4} d_0^2 v_0 = Q \tag{10.7}$$

Q는 노즐 1개당의 유량이기 때문에 2개 이상의 노즐로 나누어지는 경우에는 총 유량을

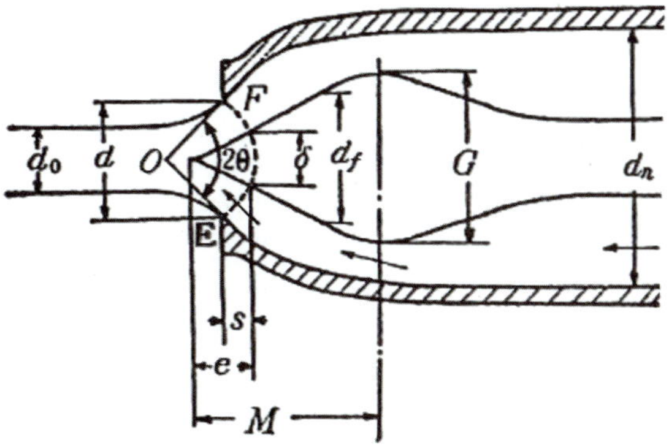

그림 10.13 펠턴수차 니들밸브 각부 치수
자료: 深栖, 1961

전체 노즐 수로 나눈 값을 사용한다.

분출수의 최소 단면 직경 d_0가 정해지면 노즐 주요 부분의 치수는 정해진 것을 기초로 해서 정할 수 있다. 그림 10.13에서 노즐 끝부분의 내측 원추형이 이루는 각 $\angle EOF = 2\theta$로 하면,

$$\theta = 30 \sim 45°$$

로 정한다. 이 각도는 니들(needle 또는 spear)의 형상과 관련된 것은 물론이며, 노즐 형상은 수차의 효율에 큰 영향을 미친다. 즉, 노즐로부터 뿜어져 나오는 분출수가 러너 외주로부터 물방울로 되어 비산되지 않도록 설계하는 것이 바람직하다.

노즐 출구 단면적 A는 O를 중심으로 하고 OE를 반경으로 하는 구면으로부터 니들의 부분을 잘라낸 구 모양의 띠라고 생각하여

$$A = 2\pi rs\psi$$

로 하고, $\psi = 0.85 \sim 0.95$ 정도로 한다. $2\pi rs$는 δ가 0이 되는 경우의 구면이다. 노즐의 축류계수 C_c는

$$C_c = \frac{1}{2\pi rs\psi} \cdot \frac{\pi}{4} d_0^2 = \frac{1}{8rs\psi} d_0^2 \tag{10.8}$$

여기서, $r=\dfrac{1}{2\sin\theta}d$, $s=r(1-\cos\theta)=\dfrac{d}{2\sin\theta}(1-\cos\theta)$, $1-\cos\theta=2\sin^2\dfrac{\theta}{2}$, $\sin\theta=2\sin\dfrac{\theta}{2}\cos\dfrac{\theta}{2}$의 관계로부터

$$C_c=\left(\frac{d_0}{d}\right)^2\frac{\cos^2\dfrac{\theta}{2}}{\psi}$$

$$\therefore\ \frac{d_0}{d}=\frac{\cos\dfrac{\theta}{2}}{\sqrt{C_c\psi}} \tag{10.9}$$

를 얻는다. 이 식으로부터 노즐 출구 직경 d를 정할 수 있다. 실험에 의하면 C_c는

$$C_c=0.71\sim0.82$$

정도이지만, $C_c=0.74$로 가정하면,

$$d\cong(1.12\sim1.20)d_0 \tag{10.10}$$

로 된다.

노즐이 완전 개방일 때 니들이 노즐 출구 근처에서 가지는 직경 δ는 구면을 대략 평면으로 생각하여

$$\frac{\pi}{4}\delta^2=(1-\psi)2\pi rs=(1-\psi)\frac{\pi}{4}d^2\sec^2\frac{\theta}{2}$$

로 되기 때문에

$$\frac{\delta}{d}=\frac{1}{\cos\dfrac{\theta}{2}}\sqrt{1-\psi}$$

$$\therefore\ \delta\cong(0.23\sim0.41)d \tag{10.11}$$

로 된다. 노즐이 완전 개방일 때 니들의 끝부분이 노즐 출구로부터 나와 있는 길이 l은

$$l=(0.5\sim1.0)d \tag{10.12}$$

이고, 니들의 최대 직경 G는

$$G = (1.15 \sim 1.24)d \tag{10.13}$$

이다. 니들 끝부분에서 최대 직경 부분까지의 거리 M은

$$M = (1.41 \sim 1.72)d \tag{10.14}$$

정도로 된다. 또한 노즐의 최대 직경 d_n의 경우 일반적으로 그 부분의 유속이

$$v_n = (0.06 \sim 0.10)\sqrt{2gH}$$

의 범위로 정해져 있지만, 최댓값으로서 10 m/s를 초과하지 않는 것이 좋다.

이상에서 니들의 대략적인 치수가 정해지지만, 이것을 설계할 경우에는 반곡점 부분의 직경 d_f는 일반적으로 $d_f > d$로 한다. 니들의 형상이 좋지 않으면 이 반곡점의 부분에 와가 발생하여 유선이 니들의 표면으로부터 박리된다. 또한 선회류 또는 캐비테이션이 발생하게 되어 이것에 의한 손실이 발생할 뿐만 아니라 니들이 침식되기 쉽다.

일반적으로는 니들을 지지하는 니들바를 따라서 가이드베인을 설치하며, 이것은 수압철관에 의해 입구밸브 및 니들에 도달할 때까지 발생하는 내부 흐름의 와동 또는 진동을 안정화시키고, 균일한 흐름으로 만들어서 노즐에서 분출시키는 역할을 한다. 분출수의 흐름에 만일 와동 또는 진동이 있으면 분출수의 주위로부터 물방울을 비산시키기 쉽고, 버킷에 정확한 각도로 흐름을 전달하는 것이 어렵기 때문에 수차의 효율을 감소시키고 버킷의 침식을 초래하기 쉽다.

(2) 버킷의 치수 및 형상

버킷은 최대한 마찰 및 와에 의한 손실을 적게 하고, 분출수를 180° 가까운 각도에서 유출시키도록 한다. 이 분출수가 버킷에 부딪힌 후 방향을 변화시키기 위해서는 반경 방향으로 바꾸기 보다 버킷의 물가름선을 기준으로 양쪽 측면으로 경사지게 유출시키는 것이 수차효율 측면에서 유리하기 때문에, 그림 10.14와 같이 출구각 β_2를 가지는 버킷 형상으로 설계하는 것이 일반적이다. 또한 버킷의 반경 방향 팁 가장자리 부분에서 물을 받을 경우 반경 방향으로 물이 흘러 들어와서 혼란을 초래하기 때문에 팁 가장자리를 잘라내는

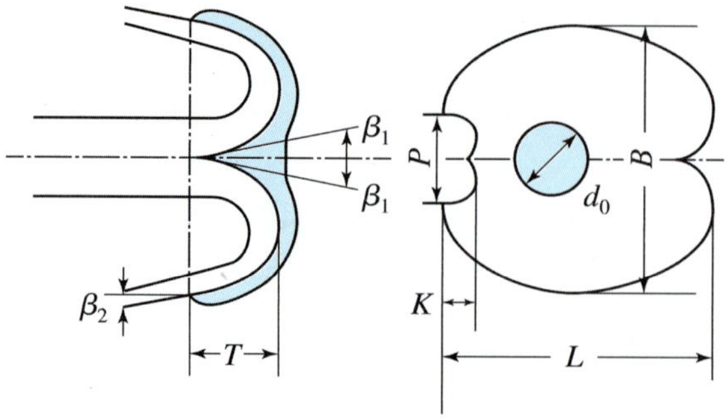

그림 10.14 펠턴수차 버킷 각부 치수
자료: 深栖, 1961

것이 일반적이다.

먼저 대략적인 버킷의 치수를 정하기 위해서 그림 10.14에서 d_0를 최대출력 시의 분출수 직경으로 하면

$$B = (3.0 \sim 4.2)d_0 \tag{10.15}$$

$$L = (2.1 \sim 3.0)d_0$$

$$T = (0.9 \sim 1.6)d_0$$

정도로 하지만, 이들 치수는 각 설계자의 경험에 기초하기 때문에 어느 정도 차이가 있을 수 있다.

입구 및 출구각은 버킷의 단면 위치에 따라서 조금씩 달라지지만, 중앙 단면에서

$$\beta_1 = 7 \sim 20^\circ \tag{10.16}$$

$$\beta_2 = 4 \sim 15^\circ$$

로 한다. β_2를 너무 작게 잡으면 유출수가 인접한 버킷의 배면에 닿아서 오히려 비킷의 운동을 방해하게 되어 손실의 원인이 된다.

또한 버킷 팁 가장자리의 절단부 치수는

$$K \cong \frac{1}{2} d_0 \tag{10.17}$$

$$P = (1.1 \sim 1.4) d_0$$

정도로 된다.

분출수의 중심선에 접하고 러너의 회전축을 중심으로 하여 직경이 D_1인 원을 중심원 또는 피치원(pitch circle)이라 하고, 버킷의 팁 절단부 끝단을 연결하는 직경 D_0인 원을 스플리터 팁원(Splitter tip circle)이라고 한다.

버킷의 팁 절단부는 최초로 분출수를 받아들이는 경우에 물을 가장 적당한 각도로 도입시킬 수 있도록 제작해야 하고, 또한 버킷 배면의 팁 부분은 인접한 버킷의 유출수와 강하게 부딪히지 않도록 설계해야 한다.

(3) 버킷의 중심원

버킷의 중심원 D_1은

$$D_1 = m d_0 \tag{10.18}$$

의 관계로 나타내어지고, m의 값은 비속도 n_s에 의해 정해지는 계수이지만, 일반적으로 $m = 8 \sim 24$로 되어 있다. 설계에서 정확하게 D_1을 정하기 위해서는 다음과 같은 과정을 따른다.

$$u_1 = D_1 \text{에서의 원주속도 [m/s]}$$
$$K_u = D_1 \text{에서의 속도계수}$$

로 두면

$$u_1 = K_u \sqrt{2gH} \quad \text{및} \quad u_1 = \frac{1}{60} \pi D_1 N$$

로 되는 관계로부터

$$D_1 = \frac{1}{\pi N} K_u \sqrt{2gH} \times 60 = 84.6 \frac{K_u}{N_1} \tag{10.19}$$

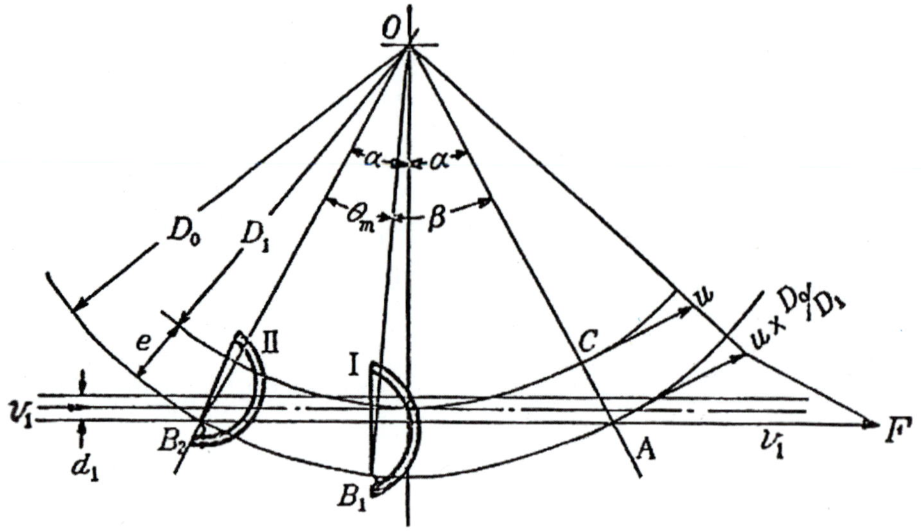

그림 10.15 펠턴수차 버킷 설치 위치
자료: 深栖, 1961)

를 얻는다. 여기서, N_1은 단위 낙차로 환산된 단위 회전속도 [min^{-1}]이며, $N_1 = N/\sqrt{H}$이다. K_u는 비속도에 의해서 달라지는 계수이고, 경험 및 실험에 의해서 구해지는데, 각 설계자에 의해 달라지지만 대체로 $K_u = 0.42 \sim 0.47$의 범위가 적용된다.

(4) 버킷의 간격각, 수 및 설치경사각

러너에 설치하는 버킷의 수를 구하기 위해서는 버킷의 간격각을 먼저 구해야 한다. 버킷의 간격각에는 허용 최대한도가 있으며, 간격각이 너무 커지게 되면 분출수의 일부는 버킷에 부딪히지 않고 폐기되는 무효유출수로 된다.

그림 10.15에서 D_1을 버킷 중심원(피치원)의 직경으로 하고, 버킷 중앙 팁(끝단)의 직경을 D_0로 하면

$$D_0 = D_1 + 2e$$

여기서 $e \cong (1 \sim 1.2)d_1$이다.

D_0의 원주가 분출수의 최하부를 자르는 점을 B_2라고 하면, 버킷 중앙 팁이 B_2에 올

때 이 버킷Ⅱ는 전부 분출수를 받아들인다. 버킷Ⅱ보다도 전방에 나아가 있는 물, 즉 버킷Ⅱ보다도 그림 10.15 중의 오른쪽에 있는 물의 일부는 버킷Ⅱ의 전방에 나아가는 버킷 Ⅰ에 아직 부딪히지 않은 상태이다. 만일 이 물이 끝까지 버킷Ⅰ에 부딪히지 않고 폐기된다면 그 만큼의 손실이 발생하게 되는 것이기 때문에 분출수 최하부의 물방울이 A에 오기 전에 버킷Ⅰ의 팁 B_1이 A를 통과하지 않도록 해야 한다. 물방울이 조금이라도 A에 도달함과 동시에 B_1에 있는 버킷이 A로 오게 되어야 한다.

즉, B_2에서 A까지 물방울이 오는 시간은 $\overline{B_2A}/v_1$이고 그와 같은 시간에 버킷은 $u\dfrac{D_0}{D_1}$의 속도로 원호 $\widehat{B_1A}$를 나아가야 한다.

$$\therefore \ \frac{\overline{B_2A}}{v_1} = \widehat{B_1A}\frac{D_1}{uD_0} \tag{10.20}$$

이 성립한다. D_1/D_0은 그림 10.15의 e치수를 정하면 저절로 결정되지만, 일반적으로는

$$D_1/D_0 = 0.83 \sim 0.89$$

의 비율로 된다. 이 값이 작으면 식 (10.20)으로부터 버킷의 개수(필요 수)를 작게 만들 수 있고, 따라서 버킷 출구각 β_2도 작게 할 수 있지만, 이것을 너무 작게 하면 분출수의 버킷에 부딪히는 상태가 버킷의 위치에 따라 심한 영향을 받으므로 효율을 떨어뜨리게 된다.

버킷의 간격각은 식 (10.20)과 같은 관계로 나타나는 경우, 그림 10.15와 같이 α, β 그리고 θ_m을 정하면 θ_m은 허용할 수 있는 최대 간격각이며

$$\overline{B_2A} = D_0 \sin\alpha, \qquad \widehat{B_1A} = \beta\frac{D_0}{2}$$

의 관계를 이용하면 식 (10.20)으로부터

$$\frac{D_0 \sin\alpha}{v_1} = \frac{\beta D_1}{2u}$$

따라서 버킷의 간격각 θ_m은

$$\beta = \frac{2uD_0}{v_1 D_1}\sin\alpha, \qquad \alpha = \cos^{-1}\frac{D_1 + d_1}{D_0} \tag{10.21}$$

$$\theta_m = 2\alpha - \beta$$

의 관계로부터 버킷의 허용할 수 있는 최대 간격각 θ_m을 정할 수 있지만, 실제로 버킷이 A에서 버킷 I 에 부딪히는 경우는 너무 늦은 상황이라 설계에서는 θ_m보다 약간 작은 값으로 하며,

$$\theta_m / \theta = 1.2 \sim 1.8 \tag{10.22}$$

의 정도로 θ를 정한다. θ를 결정하면 버킷의 수 Z는

$$Z = \frac{2\pi}{\theta} \tag{10.23}$$

이기 때문에, Z가 정수로 될 수 있도록 θ를 보정할 필요가 있지만, $m = D_1/d_0$의 값으로부터 대체로 표 10.2의 범위에 있다.

표 10.2 펠턴수차 버킷 수 Z

버킷의 수 Z					
m	8	12	16	20	24
Z	18~22	20~24	22~26	24~28	26~30

한편, 버킷이 어떤 임의의 크기를 가진 원호에서 작동하는 동안 전체 분출수를 어떤 경사각으로 받을 것인가를 검토하기 위해서 먼저 버킷의 중앙 팁(끝단)이 반경 방향으로 되어 있다고 가정하면, 그림 10.16에서 버킷 B_1이 전체 분출수에 부딪히기 시작한 곳은 2의 위치에서 ϕ_2의 각도에 있을 때이며, 버킷 B_1이 F의 위치에 오면 버킷 B_2가 1의 위치에 온다. 1에서 버킷에 의해 잘려진 분출수의 마지막 물방울은 버킷 B_1이 ϕ_3에 왔을 때 버킷에 부딪힌다. 그 이후의 물방울은 B_1에는 부딪히지 않는다.

따라서 ϕ_2의 위치는 전체 분출수가 부딪히는 첫 위치이고 ϕ_3의 위치는 마지막 위치이

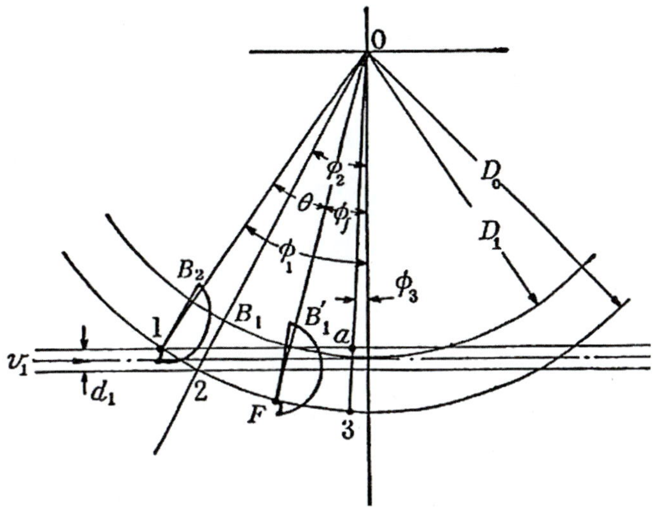

그림 **10.16** 펠턴수차 버킷 설치각
자료: 深栖, 1961

다. 이들 사이에는 다음 관계가 성립한다.

$$\phi_1 = \cos^{-1}\frac{D_1 - d_1}{D_0}, \quad \phi_2 = \cos^{-1}\frac{D_1 + d_1}{D_0} \qquad (10.24)$$

$$\phi_f = \phi_1 - \theta$$

또한 그림 10.16으로부터

$$\overline{1a} = \frac{1}{2}(D_1 - d_1)(\tan\phi_1 - \tan\phi_3)$$

$$\widehat{F3} = \frac{D_0}{2}(\phi_f - \phi_3)$$

의 관계가 성립하지만, $\overline{1a}$의 사이를 분출수가 v_1의 속도로 날아가는 시간과 $\widehat{F3}$를 버킷이 $u\dfrac{D_0}{D_1}$로 회전하는 시간은 같아야 한다. 따라서

$$\frac{D_1 - d_1}{v_1}(\tan\phi_1 - \tan\phi_3) = (\phi_1 - \theta - \phi_3)\frac{D_1}{u} \qquad (10.25)$$

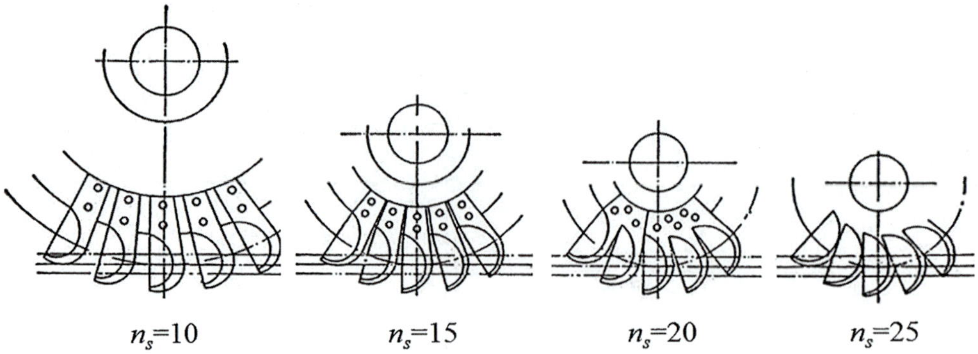

그림 **10.17** 비속도에 따른 펠턴수차 러너 형상
자료: 深栖, 1961

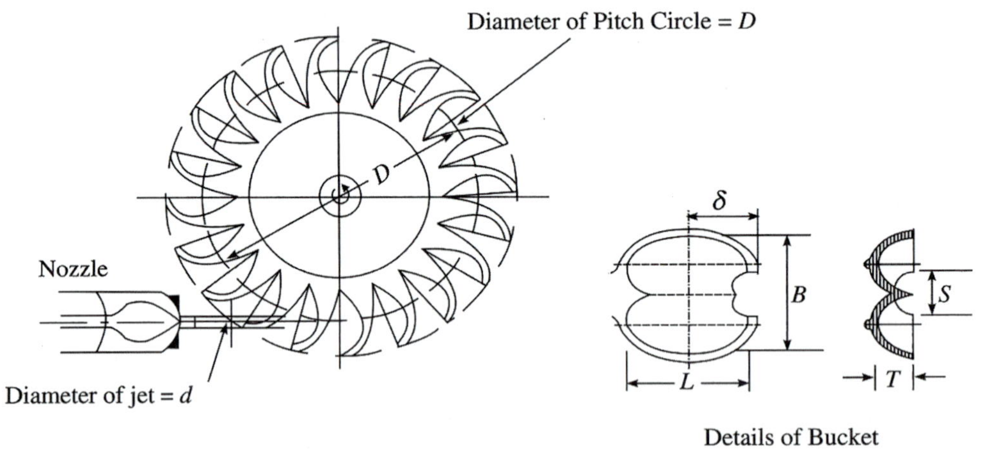

그림 **10.18** 펠턴수차의 치수
자료: Subramanya, 2013

로부터 ϕ_3를 구할 수 있다.

즉, 버킷이 전체 분출수를 받아들이는 통로는 이상에 의해 구할 수 있지만, 이 사이에 버킷이 가장 높은 효율로 분출수를 배출하기 위해서는 버킷 중앙 팁(끝단)을 반경 방향보다 다소 전방으로 경사지게 하는 것이 좋다는 것이 명확하기 때문에 이 설치각은 각 설계자마다 다르지만, 대체로 $5 \sim 18°$ 로 된다.

그림 10.17은 이상의 펠턴수차 각부 요소에 대한 설계의 결과, 설계비속도에 따른 펠턴수차 러너 형상을 보이고 있다.

표 **10.3** 펠턴수차 버킷의 치수

Radial length $= L$	Axial width $= B$	Depth of bucket $= T$	Axial width of cutaway $= S$	Radial length of cutaway $= \delta$	Inlet bucket angle $= \beta_1$	Outlet bucket angle $= \beta_2$
L/d	B/d	T/d	S/d	δ/d	β_1	β_2
2.0~3.0	3.0~5.0	0.8~1.2	1.1~1.2	0.18~0.20	5°~8°	10°~15°

자료: Subramanya, 2013

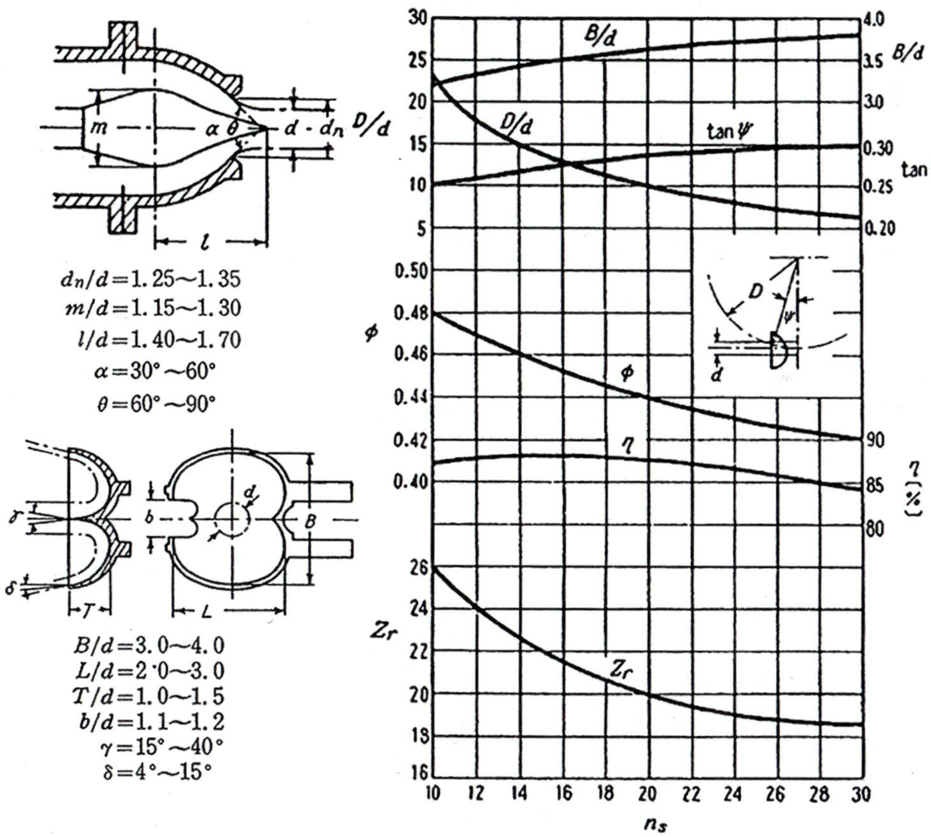

그림 **10.19** 펠턴수차 각 구성요소 설계 치수

자료: 石井, 1962

한편, 그림 10.18은 펠턴수차의 각부 주요 치수를 나타내고, 표 10.3과 그림 10.19에 펠턴수차의 각부 치수에 대해서 일반적으로 적용하는 범위를 보이고 있다. 설계자의 경험 및 실험 결과에 따라서 치수의 차이가 상당히 크게 나타날 수도 있기 때문에 설계자는 목표로 하는 수차의 설계사양을 고려하여 각부 치수를 신중히 결정해야 한다.

10.2.2 프란시스수차 러너 설계

(1) 개요

수력기계는 필요한 에너지변환을 수행하는 다양한 요소의 조립체이다. 수차는 유동으로부터 기계적 동력을 전달하는 반면, 펌프는 기계적 동력을 유동에 공급한다. 프란시스수차의 일반적인 유로 형상은 제2장에서 설명하였으며, 수차의 성능은 비속도 n_s에 의해 정의되는 설계사양(H, Q, P, N)의 함수로서 결정된다.

프란시스수차의 단면도는 그림 10.20에 나타낸 바와 같이 나선형 케이싱, 가이드베인 시스템, 러너 그리고 흡출관과 같은 다양한 요소의 유로를 포함한다. 이러한 모든 요소는 에너지변환에 참여하지만, 기계적 동력을 전달하는 주요 요소는 그림 10.21에 보이는 러너이다.

프란시스수차 러너는 그림 10.22에 보이는 바와 같이 여러 개의 3차원 블레이드가 허브 i와 쉬라우드 e에 부착되어 있으며, 허브 i는 유로 상부 측면의 러너 크라운을 형성하고, 쉬라우드 e은 유로 하부 측면의 러너 밴드를 형성한다.

이 절의 목적은 프란시스수차 러너의 블레이드를 설계하는 데 쉽게 사용할 수 있는 적절하고 체계적인 방법을 제안하는 것이다. 접근 방식을 단순화하기 위해 이 연구는 두 개의 다른 부분으로 세분화된다. 첫 번째는 이론적인 내용이며, 수력학적인 고려사항만을 다룰 것이다. 두 번째는 실용적인 내용이며, 블레이드의 형상을 2차원적으로 표현하는 것이다.

그림 10.23은 프란시스수차 러너의 투시도를 보이고 있으며, 단일 블레이드를 나타내기 위해 사용되는 원통형 3차원 좌표계(R, θ, Z)를 나타낸다. 수차축을 통과하며 R과 Z로 나타내는 수직 평면에 블레이드를 원형 투영한 것을 자오선 평면도라고 하며, 수차축에 수직이고 R과 θ로 나타내는 수평면에 블레이드를 투영한 것을 평면도라고 한다. 다른 중간 평면은 한 평면에서 다른 평면으로 정보를 이전하기 위해 적절한 시기에 도입될 것이다.

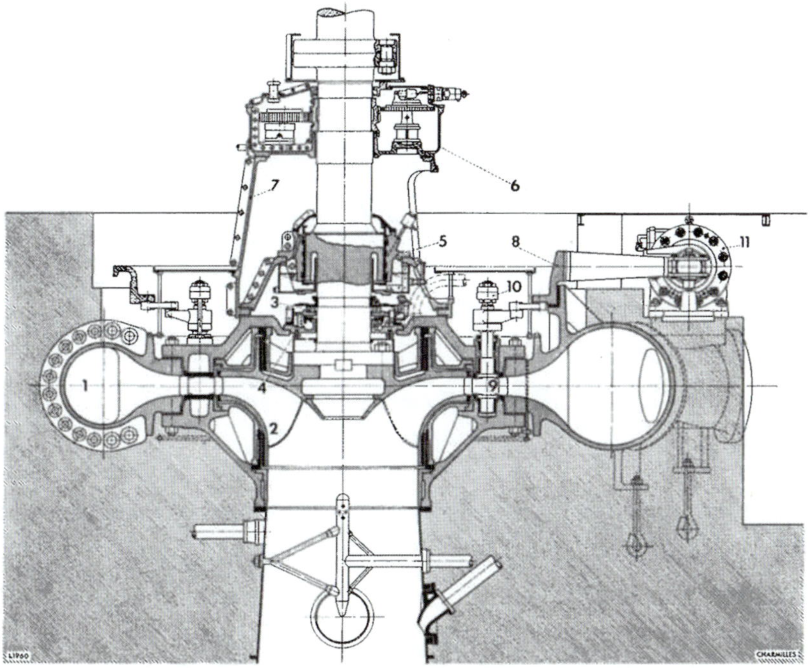

그림 **10.20** Paradela 수력발전소 프란시스수차 단면도
(유효출력 P=56 MW, 비에너지 E=3948.5 J/kg, 낙차 H=402.5 m,
유량 Q= 15.87 m^3/s, 회전수 N= 600 min^{-1}, 무차원 비속도 n_{sn} = 0.169)
자료: Bovet, 1964

그림 **10.21** Paradela 수력발전소 프란시스수차 러너
자료: Bovet, 1964

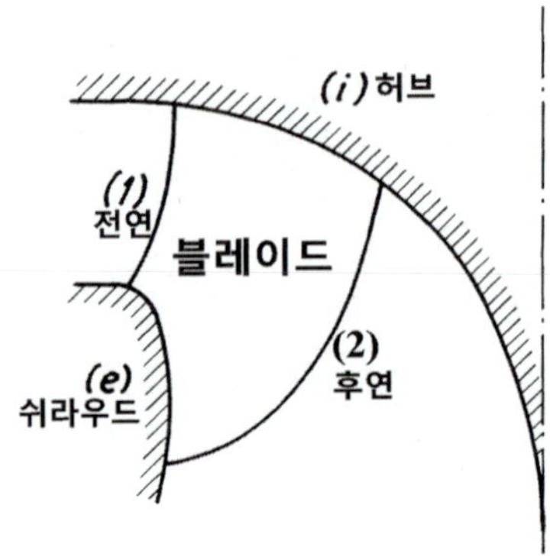

그림 **10.22** 러너 블레이드 자오면 경계

자료: Bovet, 1964

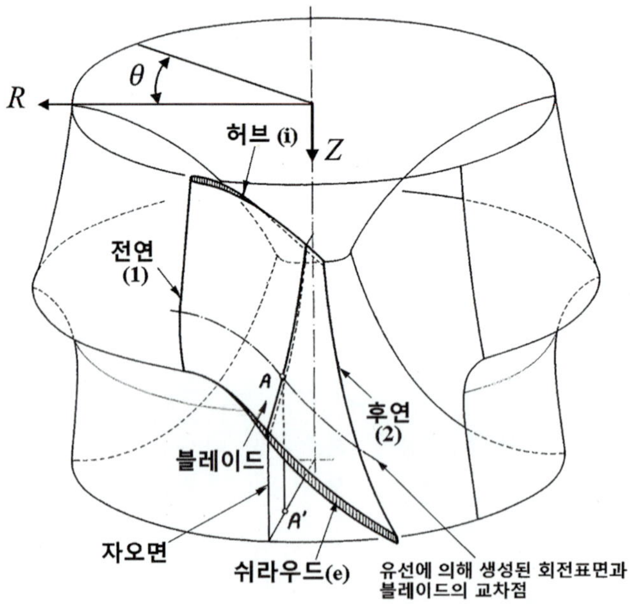

그림 **10.23** 3차원 좌표계에 의한 러너 블레이드 투시도

자료: Bovet, 1964

자오선 평면도에서 블레이드는 그림 10.22에 보이는 바와 같이 허브 i, 쉬라우드 e, 고압 측 입구 1 및 저압 측 출구 2로 경계가 이루어진다.

유로의 무차원 형식은 수차의 크기를 정의하는 데 사용되는 주요 매개변수인 기준 반지름 R_{2e}로 모든 주요 치수를 나누어 무차원 값으로 구한다.

(2) 블레이드 설계 기본 데이터

수차 블레이드 설계는 힐차트(등효율곡선)의 최고효율점의 특성을 기반으로 하며, 특히 허브의 형상을 선정하는 동안 효율곡선의 형태도 고려된다.

다음은 최고효율점에서의 기본 데이터를 나타내며,

Q_{bep}	[m³/s]	수차 내부를 흐르는 체적유량
E_{bep}	[J/kg]	수차에 공급되는 비(수력)에너지
ω	[rad/s]	러너의 각속도

이러한 기본 데이터를 이용하여 무차원 비속도 n_{sn}을 다음의 식 (10.26)으로 정의한다.

$$n_{sn} = \frac{\omega(Q_{bep}/\pi)^{1/2}}{(2 \cdot E_{bep})^{3/4}} \tag{10.26}$$

무차원 비속도 $0.01 \le n_{sn} \le 2.20$의 전체범위는 펠턴수차, 프란시스수차, 카플란수차, 벌브수차 그리고 프로펠러수차를 포함한다. 프란시스수차에 대한 비속도 범위는 일반적으로 $0.05 \le n_{sn} \le 0.70$이다.

분자의 체적유량 Q_{bep}이 적절한 무차원 유량계수 φ_{2e}로 대체되고, 비에너지가 적절한 무차원 에너지계수 ψ_{2e}로 대체되어, R_{2e}와 ω의 함수인 경우 위의 공식의 새로운 형태는 다음과 같다.

$$n_{sn} = \frac{\varphi_{2e}^{1/2}}{\psi_{2e}^{3/4}} \tag{10.27}$$

여기서 유량계수 φ_{2e}는

$$\varphi_{2e} = \frac{Q_{bep}/(\pi \cdot R_{2e}^2)}{\omega \cdot R_{2e}} \tag{10.28}$$

와 같이 되고, 에너지계수 ψ_{2e}는

$$\psi_{2e} = \frac{2 \cdot E_{bep}}{(\omega \cdot R_{2e})^2} \tag{10.29}$$

로 된다.

식 (10.28)과 식 (10.29)로부터 무차원 계수 φ_{2e}와 ψ_{2e}가 모두 유로의 크기를 결정하는 기준 반지름 R_{2e}의 함수라는 것을 알 수 있다. 또한 이 반지름은 블레이드의 저압 측 출구 가장자리 2에 대한 첫 번째 중요 지점 $2e$를 결정한다는 것에 유의해야 한다.

마찬가지로 중요한 반지름 R_{1i}는 고압 측 입구 가장자리 1의 첫 번째 중요 지점 $1i$를 다음과 같이 정의하는 무차원 형식의 반지름

$$r_{1i} = \frac{R_{1i}}{R_{2e}} \tag{10.30}$$

로 나타내며, 유로의 무차원 특성 반지름 r_{1i}라고 한다. 따라서 무차원 기준 반지름 r_{2e}는 다음의 식 (10.31)과 같이 나타낸다.

$$r_{2e} = \frac{R_{2e}}{R_{2e}} \tag{10.31}$$

이러한 관계를 이용하여 무차원 에너지계수 ψ_{2e}와 유사한 무차원 에너지계수 ψ_{1i}를 정의할 수 있다. 지점 $1i$에서 이 에너지계수의 무차원 값은 다음과 같이 정의된다.

$$\psi_{1i} = \frac{2 \cdot E_{bep}}{(\omega \cdot R_{1i})^2} \tag{10.32}$$

두 에너지계수 사이의 관계는 다음과 같다.

$$\psi_{2e} = \psi_{1i} \cdot r_{1i}^2 \tag{10.33}$$

식 (10.27)에서 비에너지 ψ_{2e}를 식 (10.33)으로 대체하면, 새로운 형식의 무차원 비속도 n_{sn}는 식 (10.34)와 같은 비유량계수 φ_{2e}, 지점 $1i$의 비에너지계수 ψ_{1i} 그리고 무차원 특성 반지름 r_{1i}의 함수로 표현된다.

$$n_{sn} = \frac{\varphi_{2e}^{1/2}}{\psi_{1i}^{3/4} \cdot r_{1i}^{3/2}} \tag{10.34}$$

주어진 n_{sn} 값에 대한 φ_{2e}와 ψ_{2e}의 값을 주의 깊게 선정하면 설계자는 유로의 크기뿐만 아니라 형상을 정의할 수 있다. 통계 데이터 연구에 기초한 이러한 값의 결정은 다음 절 10.3에서 상세히 설명된다.

(3) 자오면 평면상의 블레이드 형상

러너 블레이드 자오면 형상(그림 10.22 참조)은 세 부분으로 구분되며, 먼저 유로의 무차원 형상, 그 다음은 크기 그리고 마지막으로 러너 고압 측 및 저압 측 블레이드 가장자리로 나누어진다.

1) 유로 형상

이 항에서는 유로의 크기가 아닌 형상에 대해서 논의될 것이며, 허브 i와 쉬라우드 e의 모든 실제 치수는 기준 반지름 R_{2e}로 나누어 무차원으로 만들 수 있다. 유로의 모든 요소는 n_{sn}의 함수로 표시되며, 무차원 요소는 소문자로 나타낸다.

유로의 형상은 수력적인 고려뿐만 아니라 경제적인 고려 그리고 제조 방법(주조 러너 또는 기계적 용접 러너)도 함께 고려하게 된다.

① **T. Bovet의 유로 형상 설계법** T. Bovet(Bovet, 1964)에 의해 개발된 유로 형상 설계 방법으로써 동일한 곡선 계열을 사용하여 두 극단의 경계, 즉 유로의 허브 i와 쉬라우드 e를 정의하는 것으로 구성된다. 이러한 곡선 계열은 무차원 형식의 다음 식 (10.35)로 나타내며, 이 곡선들 중 한 가지 예를 그림 10.24에 보이고 있다.

$$\frac{y}{y_m} = \frac{16}{3\sqrt{3}}\left\{\frac{x}{l}\left[1-\frac{x}{l}\right]^3\right\}^{1/2} \tag{10.35}$$

한편, 식 (10.35)를 식 (10.36)과 같이 대문자로 나타낼 경우 실제 크기의 두 극단 경계 곡선을 나타낸다.

$$\frac{Y}{Y_m} = \frac{16}{3\sqrt{3}}\left\{\frac{X}{L}\left[1-\frac{X}{L}\right]^3\right\}^{1/2} \tag{10.36}$$

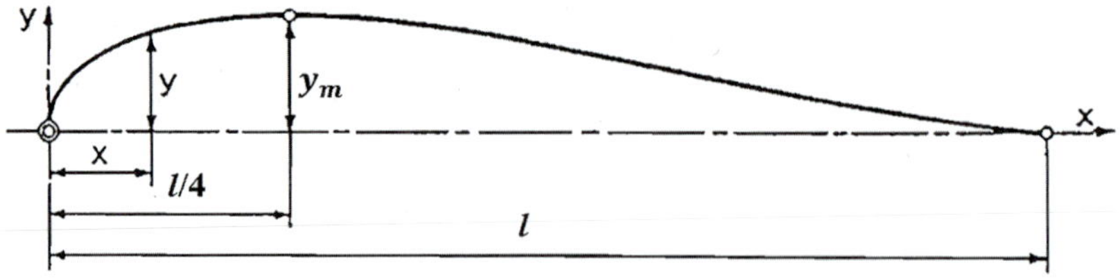

그림 **10.24** 러너 유로의 허브(i)와 쉬라우드(e)를 정의하기 위한 특성 곡선 형상

자료: Bovet, 1964

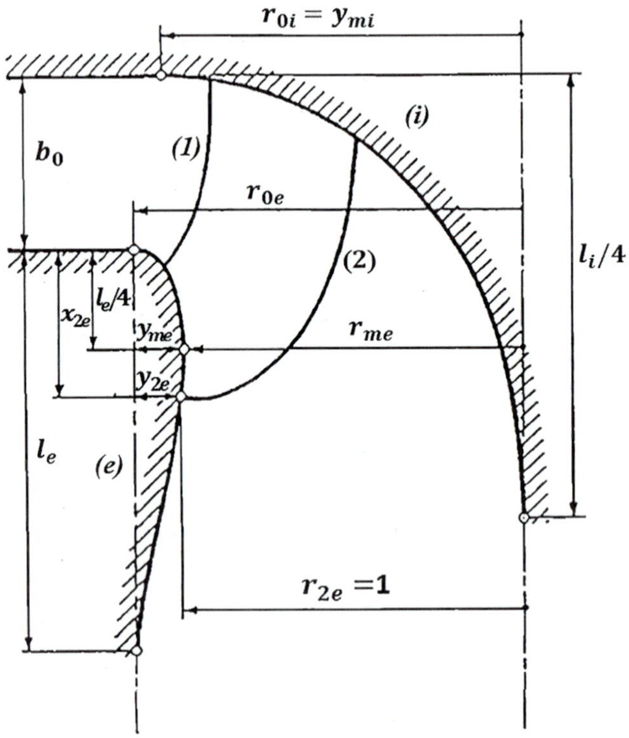

그림 **10.25** 러너 유로의 특성 치수

자료: Bovet, 1964

1960년 이전에 가동되고 있던 다수의 프란시스수차에 대한 통계 데이터를 이용하여 그림 10.25에 나타낸 유로의 특성 치수를 다음과 같이 정의하였다.

$$b_0 = 0.8(2 - n_{sn})n_{sn} \tag{10.37}$$

$$r_{0i} = y_{mi} = 0.7 + \frac{0.16}{n_{sn} + 0.08} \tag{10.38}$$

$$r_{0e} = r_{1i} = \frac{0.493}{n_{sn}^{2/3}} \quad (n_{sn} < 0.275) \tag{10.39}$$

$$r_{0e} = 1.255 - 0.3n_{sn} \quad (n_{sn} > 0.275) \tag{10.40}$$

$$l_i = 3.2 + 3.2(2 - n_{sn})n_{sn} \tag{10.41}$$

$$l_e = 2.4 - 1.9(2 - n_{sn})n_{sn} \tag{10.42}$$

단, 식 (10.39)에서 r_{1i}는 식 (10.34)로부터 구할 수 있으며, 비유량계수와 비에너지계수의 값은 경험값으로 각각 $\varphi_{2e} \cong 0.270$, $\psi_{1i} \cong 1.72$의 일정한 값을 적용하여 구해진 것이다. b_0, r_{0i} 그리고 r_{0e}에서 하첨자 0은 가이드베인 반경 방향 수평 유로를 의미한다.

y_{me}의 값을 결정하려면 지점 $2e$에서의 식 (10.35)를 이용하여 다음의 식 (10.43)을 얻는다.

$$\frac{y_{2e}}{y_{me}} = \frac{16}{3\sqrt{3}} \left\{ \frac{x_{2e}}{l_e} \left[1 - \frac{x_{2e}}{l_e} \right]^3 \right\}^{1/2} \tag{10.43}$$

통계 데이터로부터 x_{2e}는 다음의 식 (10.44)의 관계에서 주어지는 무차원 비속도 n_{sn}의 함수이다.

$$x_{2e} = 0.52 - 0.2 \cdot n_{sn} \tag{10.44}$$

x_{2e}와 l_e를 알게 되면 y_{2e}/y_{me}의 비율이 완전히 결정된다.

그림 10.25에서 다음의 관계를 알 수 있다.

$$y_{2e} = r_e - r_{2e} = r_e - 1 \tag{10.45}$$

y_{me}의 값은 식 (10.45)와 (10.43)을 이용하여 결정되며 다음과 같다.

$$y_{me} = \frac{y_{2e}}{y_{2e}/y_{me}} \tag{10.46}$$

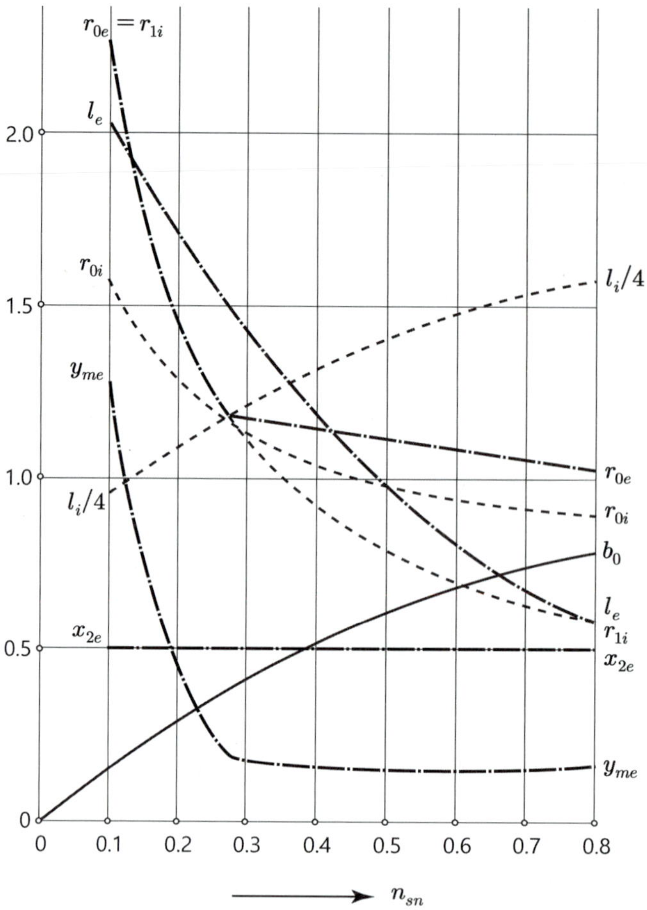

그림 **10.26** 비속도에 따른 러너 유로의 특성 치수 변화
자료: Bovet, 1964

그리고 마지막으로 그림 10.25에 표시된 것처럼 반지름 r_{me}의 관계는 다음과 같다.

$$r_{me} = r_e - y_{me} \tag{10.47}$$

따라서 유로의 무차원 형상은 수차의 무차원 비속도 n_{sn}의 함수로서 결정된다.

그림 10.26은 유로의 형상을 n_{sn}의 함수로 정의하는 데 사용되는 모든 요소를 보이고 있으며, 무차원 비속도 범위는 $n_{sn} = 0.1 \sim 0.8$이다. 반지름 r_e를 나타내는 곡선을 제외하고 다른 모든 곡선은 규칙적이며 일정한 연속성을 따른다는 것을 알 수 있다. 반지름 r_e를 나타내는 곡선의 불연속성은 식 (10.39) 및 (10.40)으로 표현되는 두 가지

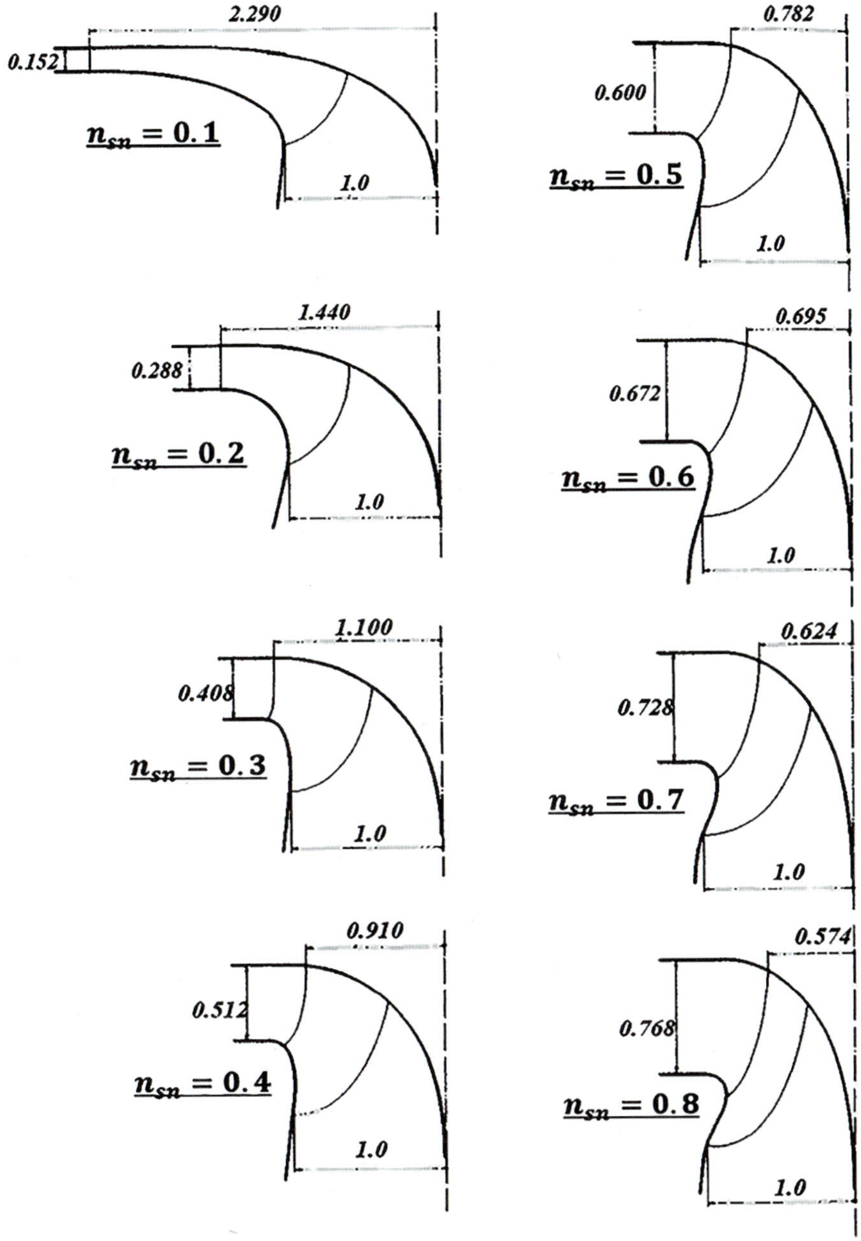

그림 **10.27** 비속도에 따른 러너 유로의 자오면 특성 치수 변화

자료: Bovet, 1964

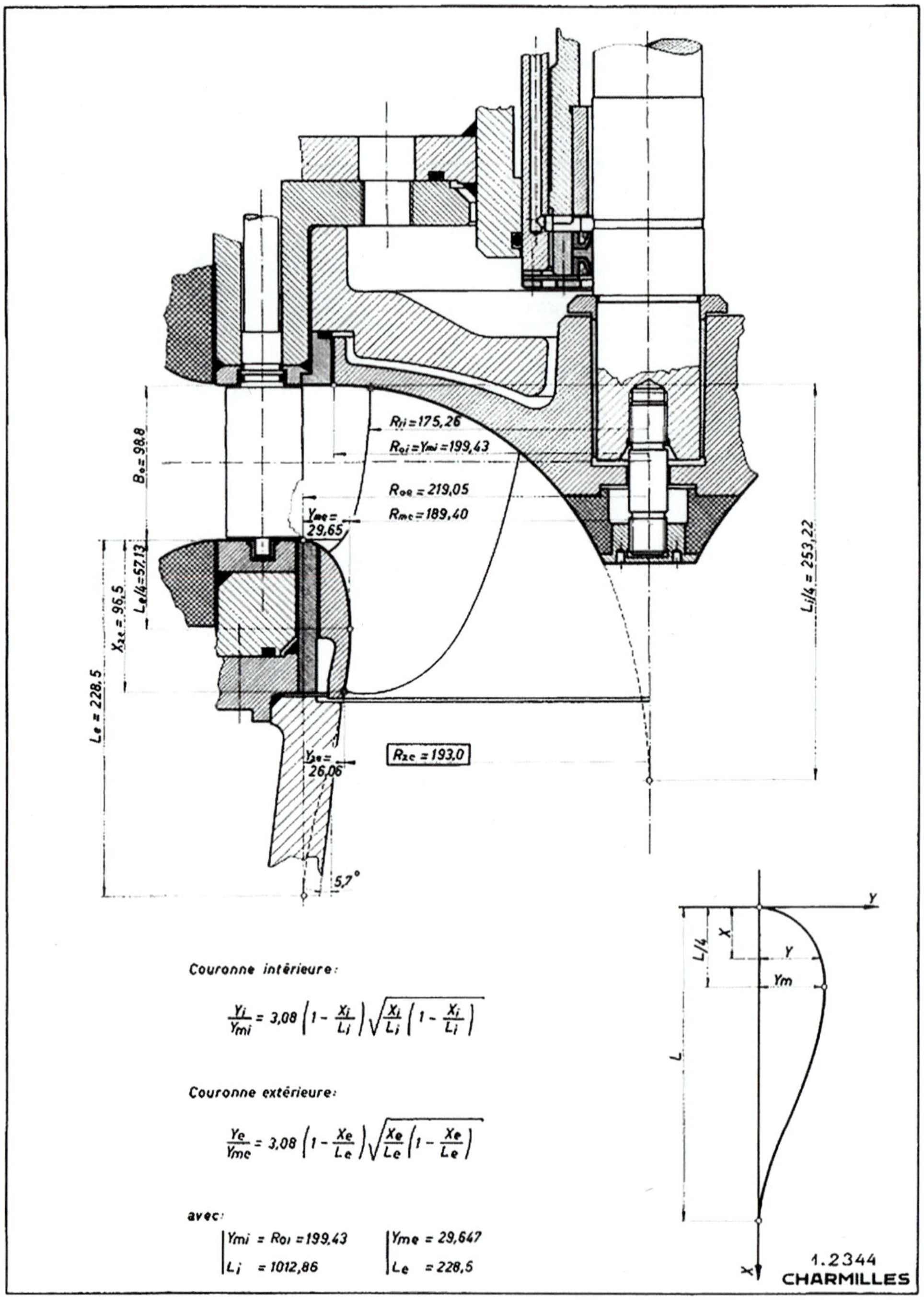

그림 **10.28** 무차원 비속도 $n_{sn} = 0.4$의 러너 설계 주요 치수

자료: Bovet, 1964

다른 공식의 사용으로 인해 발생한다.

그림 10.27은 그림 10.26의 무차원 비속도 n_{sn}에 따른 러너 유로 특성 치수를 적용하여 작성한 러너 유로 자오면 형상이며, 비속도의 변화에 따라서 자오면 형상과 치수가 점진적으로 변화함을 알 수 있다. 유의할 점은 식 (10.37)~식 (10.42)로부터 얻어진 값과 식 (10.44)의 값은 절대적이거나 엄격하지 않다. 이는 서로 다른 제조업체에서 만들어진 여러 러너에 대한 통계연구의 결과이며 평균적인 경향을 나타낸다. 통계적인 특성으로 인하여, 특별한 경우 또는 어떤 정해진 기하학적인 구조에 러너를 맞추려고 할 때 이러한 공식이 사용되지 못할 수도 있기 때문에 설계자는 상황에 맞는 다른 적절한 값을 자유롭게 도입할 수 있다.

그림 10.28은 무차원 비속도 $n_{sn}=0.4$의 러너 설계 주요 치수를 보이고 있다.

② **기타 유로 형상 설계법** 대형 수차의 경우 원호와 직선으로 구성된 단순한 형상의 유로를 선호한다. 모든 수차 제조사들은 각기 다른 형상의 수차 유로와 제작법을 개발하여 사용하며, 실제로 대형 러너는 종종 압연 또는 압착 시트를 함께 용접하여 제작된다.

그림 10.29는 무차원 비속도 $n_{sn}=0.3$을 위해 설계된 일반적인 프란시스수차의 예를 보이고 있다. 이 특별한 예에서 유로는 허브를 나타내는 원호와 러너의 쉬라우드를 형성하는 호에 접하는 직선으로 구성된다. 설계의 주요 기준은 상류에서 하류까지 지속적으로 변화하는 섹션의 유로를 얻는 것이다.

F. De Siervo와 F. De Leva(De Siervo, 1976)가 1960년에서 1975년 사이에 수집한 약 100대 이상의 수차 치수 데이터에 대해서 수행한 통계연구는 다음과 같은 유로의 특성 치수를 제시하였다.

$$r_{1i}=0.40+\frac{0.18}{n_{sn}} \tag{10.48}$$

$$r_{1e}=\frac{1}{0.96+0.2\cdot n_{sn}} \tag{10.49}$$

$$b_0=0.20+0.67\cdot n_{sn} \tag{10.50}$$

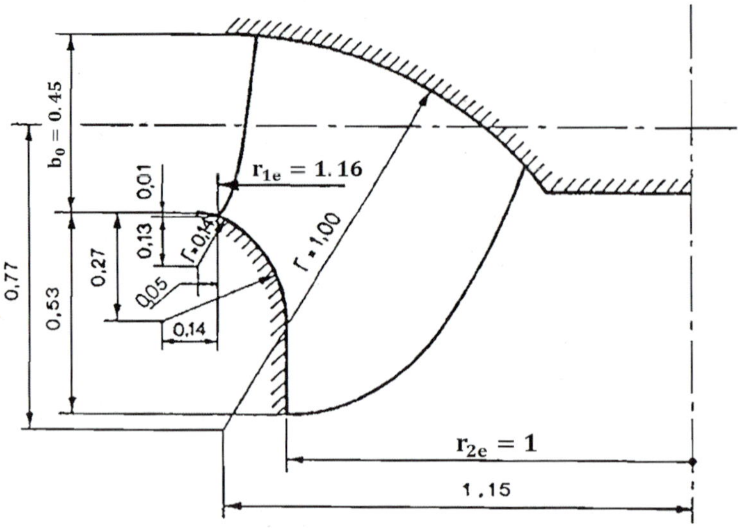

그림 **10.29** 원호와 직선을 이용한 러너 유로의 설계
자료: Krishna, 1997

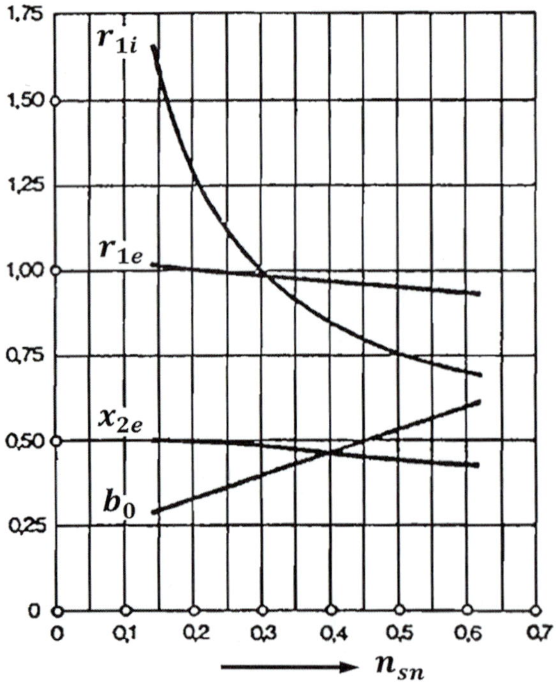

그림 **10.30** F. De Siervo와 F. De Leva(자료: De Siervo, 1976)가 제시한 비속도에 따른 러너 유로 특성 치수의 변화(자료: Krishna, 1997)

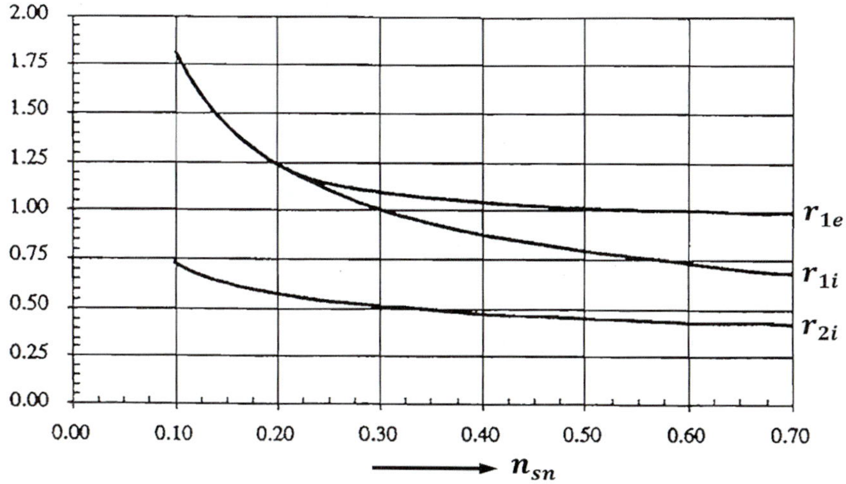

그림 **10.31** 비속도의 함수로서 r_{2i}, r_{1i}그리고 r_{1e}의 변화

자료: Krishna, 1997

$$x_{2e} = \frac{0.22 \cdot n_{sn}^2 - 0.97 \cdot n_{sn} + 1.68}{3.16 - 0.67 \cdot n_{sn}} \tag{10.51}$$

이러한 관계는 그림 10.30에 그래프로 표시되어 있다.

반지름 r_{2i}는 비교적 큰 범위에서 선택할 수 있다. 이 반경은 러너 블레이드에 작용하는 총 유체력을 지지하기 위해 허브의 최소 만족 길이를 얻도록 해야 한다. 그러나 실제로는 러너 저압 측 블레이드 가장자리의 유동 각도가 상대적으로 커지면 표면이 왜곡된 블레이드가 되기 때문에 이 반지름을 크게 줄일 수 없다.

그림 10.31은 무차원 비속도 n_{sn}의 함수로 r_{2i}, r_{1i} 그리고 r_{1e}의 값을 제공한다. 그림 10.32는 가이드베인 유로 높이 b_0 사이의 중간에 위치한 반지름 r_{b0i}에 의해 정의된 허브 경계면 i로 향하는 유로의 형상에 대한 아이디어를 제공한다.

(4) 유로의 치수

유로의 치수는 기준 반지름 R_{2e} 값을 구하여 정한다. 이것은 식 (10.28)에서 얻을 수 있으며 R_{2e}에 대해서 나타내면 다음과 같다.

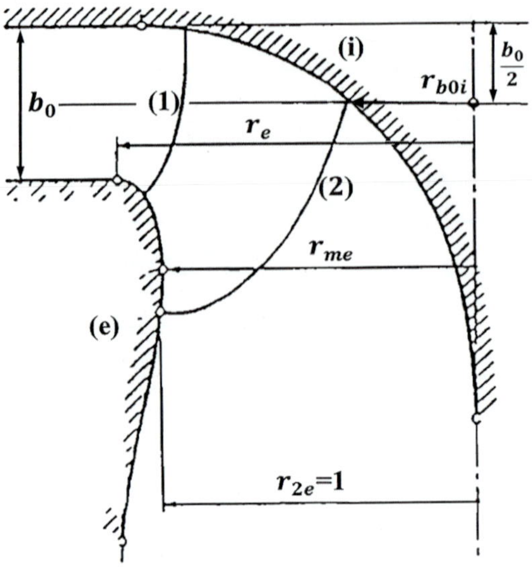

그림 **10.32** $r_{2i} = r_{b0i}$를 이용한 러너 블레이드 형상

자료: Krishna, 1997

$$R_{2e} = \left[\frac{Q_{bep}/\pi}{\varphi_{2e} \cdot \omega} \right]^{1/3} \tag{10.52}$$

여기서 Q_{bep}와 ω는 수차의 최고효율점 값이며, φ_{2e}는 여전히 결정되어야 할 값이다.

1) φ_{2e}와 ψ_{1i}의 결정

φ_{2e}와 ψ_{1i}의 값은 식 (10.52)와 (10.53)에서 반지름 R_{2e}과 R_{1i}의 값을 각각 결정하는 데 필수적이며, 러너 블레이드 저압 측 가장자리 2와 고압 측 가장자리 1의 위치를 결정한다.

$$R_{1i} = \left[\frac{2 \cdot E_{bep}}{\psi_{1i} \cdot \omega^2} \right]^{1/2} \tag{10.53}$$

유량계수 φ_{2e}의 값은 기본적으로 경제적인 고려사항에 따라 달라진다. 실제로, φ_{2e}의 값이 높을수록 작은 치수의 수차에서는 상대적으로 큰 출력을 낼 수 있다. 그러나 일정한 크기의 수차에서 유량이 높아지기 위해서는 수차 내부 유로를 흐르는 유속이 높아져야 하지만, 유속이 높아질 경우 캐비테이션계수 σ의 값이 낮아지므로 수차의 설치 높이가 낮아

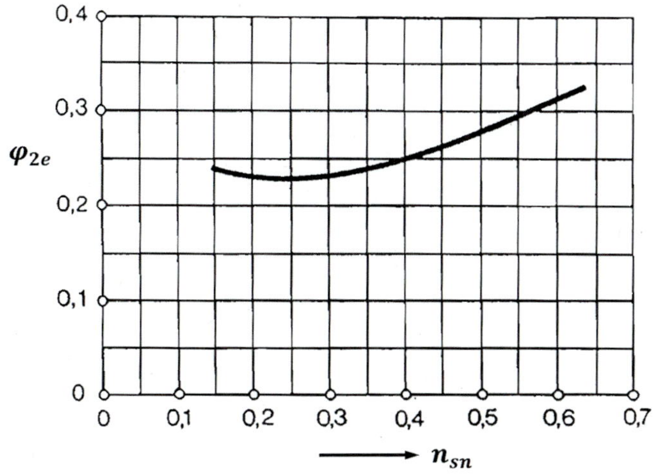

그림 **10.33** 비속도 n_{sn}의 함수로서 유량계수 φ_{2e}의 변화

자료: Krishna, 1997

지게 되며, 결국 수력발전소 건설비 중 굴삭비용이 증가하게 된다.

일반적으로 무차원 비속도 n_{sn}의 함수로서 φ_{2e}의 값은 0.20에서 0.30까지 다양하며, 프란시스수차의 경우 0.32까지 상승할 수 있다. 일반적인 경향은 비속도가 높아질수록 φ_{2e}의 값이 증가한다. 그림 10.33에 나타난 통계 데이터에 의한 곡선은 φ_{2e}를 n_{sn}의 함수로 표시한 것이다.

ψ_{1i}의 경우, 경험에 따르면 ψ_{1i}의 값은 모든 n_{sn}값에 대해 일정하다는 것을 알 수 있다. 이 값은 1.6에서 2.0까지 다양하며, 평균값은 대략 $\psi_{1i} = 1.85$이다. 한편, ψ_{1i}와 ψ_{2e}의 관계는 식 (10.33)과 같다.

주어진 비속도에 대해서 설계자는 유량계수 φ_{2e} 또는 에너지계수 ψ_{2e} 중 하나를 선택해야 한다는 것에 유의해야 한다. 이 둘 중 하나를 선택하면 다른 하나는 식 (10.27)를 사용하여 계산된다. 비속도의 함수로서 유량계수 φ_{2e}의 변화는 그림 10.33에 나타내고 있으며, 비속도의 함수로서 ψ_{2e}의 변화에 대해서 얻어진 통계적 데이터에 의한 결과는 그림 10.34와 같다.

저비속도 범위 $n_{sn} = 0.1 \sim 0.25$에 해당하는 고낙차 수차의 반지름 R_{1i}는 러너의 전체 치수를 결정한다. 이러한 수차의 경우 비에너지계수 ψ_{1i} 값이 높을수록 직경이 작아지기

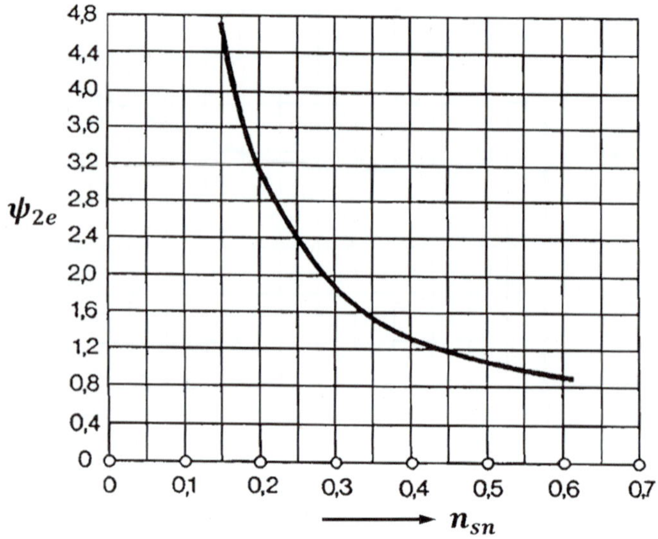

그림 **10.34** 비속도 n_{sn}의 함수로서 비에너지계수 ψ_{2e}의 변화

자료: Krishna, 1997

때문에 경제적이라는 결론을 내릴 수 있다.

2) r_{0e}의 결정

식 (10.39)와 식 (10.40)은 모두 반지름 r_{0e}에 대한 식이며, 설계자는 특정한 경우에 두 개의 식 중 어느 것을 사용할지 알아야 한다. 무차원 반지름 r_{0e}는 그림 10.25에서와 같이 유로의 가이드베인 시스템 하단 링의 평평한 부분과 쉬라우드 경계선 e의 곡선 시작 부분 사이의 교차점을 결정한다. 반지름 r_{0e}에 대한 두 식은 러너 블레이드의 고압 측 가장자리 1의 형상에 따라 달라진다.

일반적으로 그림 10.25에서와 같이 러너 내부 유로 자오면에 투영된 블레이드 고압 측 가장자리 경계선 1은 무차원 비속도 범위 $n_{sn} = 0.22 \sim 0.70$의 저낙차 수차에 해당하는 곡선이다. 그러나 러너 고압측 블레이드 가장자리 경계선 1의 형상은 무차원 비속도 n_{sn}의 값이 감소함에 따라 수차 축과 평행한 직선에 점점 더 가까워지며, 모든 고낙차 프란시스수차에서 그 형상이 직선으로 된다. 이 경우 고낙차와 저낙차 수차 사이의 한계를 결정하는 n_{sn}의 임곗값이 존재한다고 말할 수 있다.

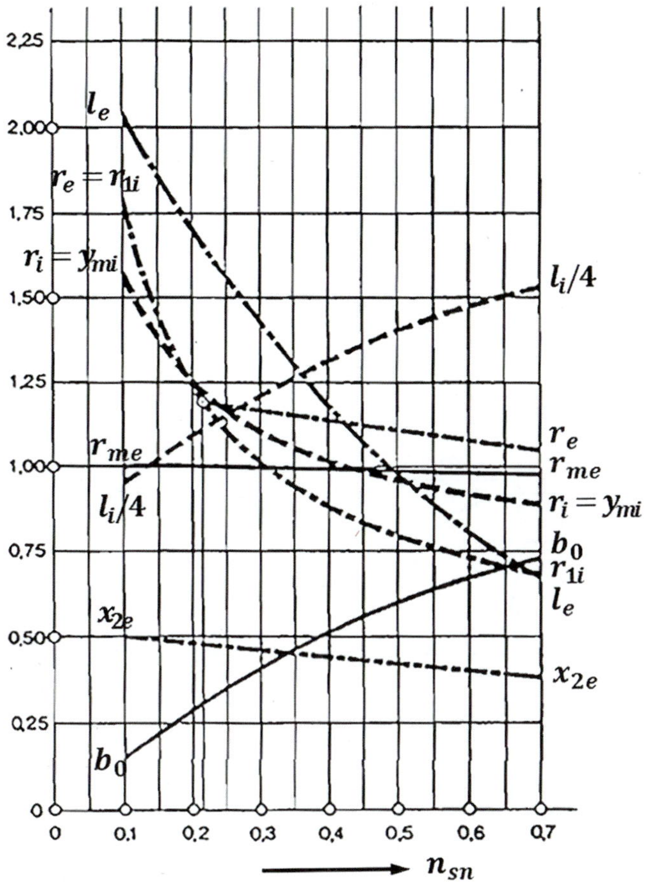

그림 **10.35** 비속도에 따른 러너 유로의 특성 치수 변화
자료: Krishna, 1997

체계적으로 설계된 수차의 경우 설계자는 전체 비속도 범위에 대해서 $\varphi_{2e} = f(n_{sn})$와 ψ_{1i} =일정 조건을 선택할 수 있으며, 여기서 n_{sn}의 임곗값은 러너 허브 측 블레이드 유입구 가장자리 반지름 r_{1i}와 쉬라우드 측 블레이드 유입구 가장자리 반지름 r_{0e}가 동일하다는 조건으로부터 식 (10.34)를 r_{1i}에 대한 식으로 정리하여 식 (10.40)과 등식으로 두고 그 관계를 계산하여 얻을 수 있다. 즉,

$$\frac{\varphi_{2e}^{1/3}}{\psi_{1i}^{1/2} \cdot n_{sn}^{2/3}} = 1.255 - 0.3 \cdot n_{sn} \tag{10.54}$$

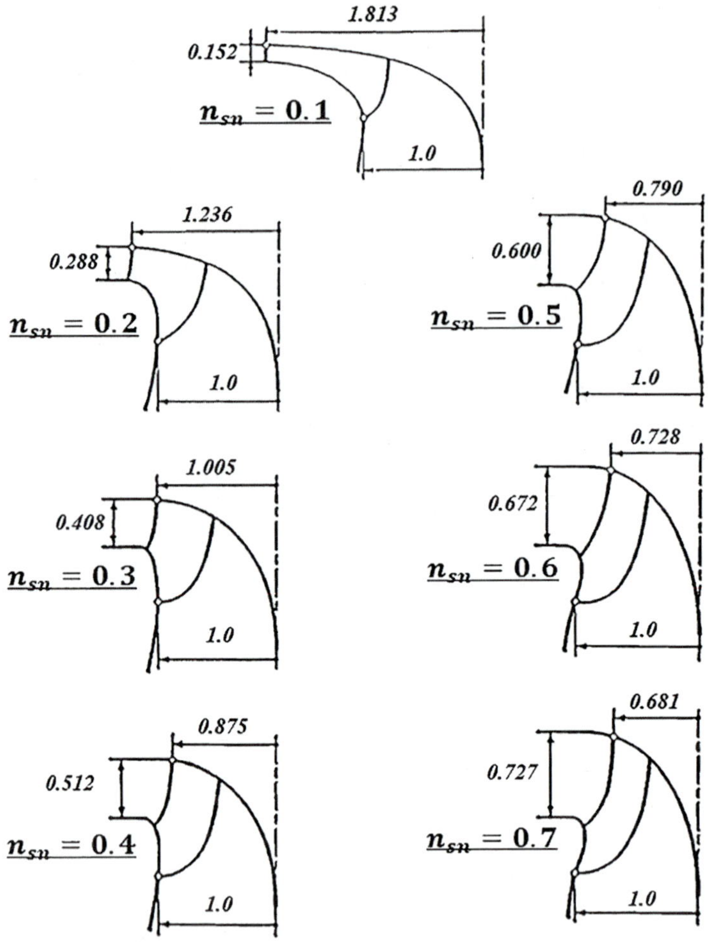

그림 **10.36** 비속도에 따른 러너 유로의 자오면 특성 치수 변화

자료: Krishna, 199

이 특별한 상황에서 임계 비속도보다 작거나 같은 비속도에 대해서는 반지름 r_{0e}를 구하는데 식 (10.55)가 사용되고, 임계 비속도보다 높은 비속도의 경우에는 식 (10.56)가 사용된다. 그림 10.35와 같이 $n_{sn} = 0.215$의 임계 비속도는 $\psi_{1i} = 1.85$와 $\varphi_{2e} = 0.11 + 0.4 \cdot n_{sn}$에 대해 설정되었다.

일반적으로 식 (10.55)에 의해 계산된 r_{0e} 값이 식 (10.56)를 사용하여 계산한 값보다 크거나 같으면 수차는 고낙차 수차이고 고압 측 가장자리 경계선 1은 직선이 되며 식 (10.55)에 의해 계산되는 r_{0e} 값을 사용해야 한다.

그림 10.36은 그림 10.35의 무차원 비속도 n_{sn}에 따른 러너 유로 특성 치수를 적용하여 작성한 러너 유로 자오면 형상이며, 비속도의 변화에 따라서 자오면 형상과 치수가 점진적으로 변화함을 알 수 있다. 그림 10.26과 그림 10.35, 그림 10.27과 그림 10.36의 차이는 적용된 러너 주요 치수 통계 데이터의 차이(1960년 이전과 이후로 나누어짐)로 인하여 발생한 것이다.

$$r_{0e} = r_{1i} = \frac{\varphi_{2e}^{1/3}}{\psi_{1i}^{1/2} \cdot n_{sn}^{2/3}} \quad (n_{sn} < 0.215) \tag{10.55}$$

$$r_{0e} = 1.255 - 0.3n_{sn} \quad (n_{sn} > 0.215) \tag{10.56}$$

(5) 프란시스수차 러너 블레이드 설계이론

10.2.2(3)항에 따라 정의되는 자오면에서 블레이드 표면의 경계에 대하여 블레이드를 설계하기 위한 적절한 연구가 수행될 수 있다. 이는 블레이드 표면을 정의하기 위한 블레이드 각도의 계산과 같은 이론적 부분과 도면으로 표현하는 실제적인 부분으로 구성된다.

원주 방향과 비교하여 블레이드의 전연 1과 후연 2의 기울기를 결정하기 위해 β_1와 β_2의 각도를 알아야 한다. 이것은 자오면 유동격자를 정의하기 위하여 유선을 사용하는 고전이론에 의한 것이다. 사실, 1차원 이론이라고도 알려진 이 고전이론은 두 개의 날개 사이의 하나의 유선범위만 고려되는 특별한 경우에만 유효하다. 이는 무한히 많은 매우 얇은(두께=0) 블레이드를 가정한다. 날개의 수가 상당히 많은(Z=11 ~ 19) 프란시스수차 러너의 경우, 전연 및 후연 각도에 대한 보정(correction)이 이루어진다면 해당 이론은 여전히 사용될 수 있으며, 모형시험을 수행하거나 적절한 유동해석 프로그램을 사용하여 추가로 검증될 수 있다. 보정은 블레이드 익형 주위에 설정된 순환 Γ로 인해 발생한다. 연속된 두 블레이드 사이의 거리가 증가하면 순환이 증가하며, 각도에서 중요한 보정을 수행해야 한다. 두 블레이드 사이의 거리가 상당히 멀어진 경우, 일반적으로 블레이드 수가 적은 프로펠러 또는 카플란수차와 같은 축류형 수차를 설계하는 데 사용되는 2차원 이론을 사용해야 한다.

유동 연구의 경우 3차원 유동을 포함하는 훨씬 더 복잡한 이론에 기초하는 것이 바람직하지만, 본 항의 범위에는 속하지 않는다. 반대로 중요한 보정을 사용하면, 1차원 이론으

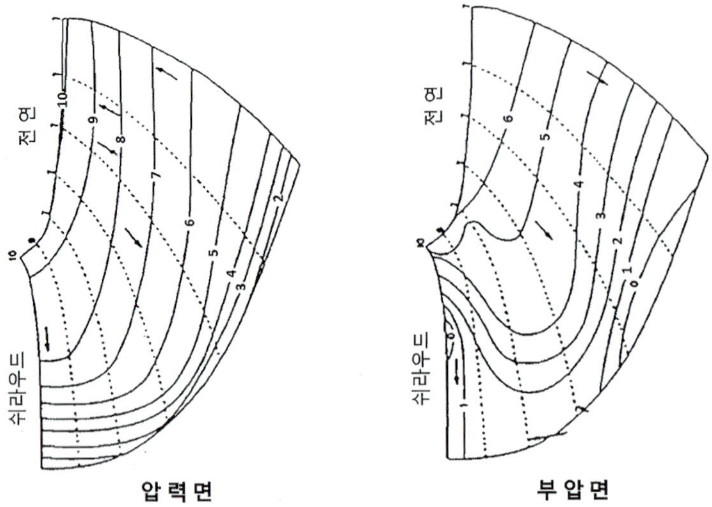

그림 **10.37** 준 3차원법으로 계산된 블레이드 표면 압력분포
자료: Krishna, 1997

로 블레이드의 예비 형상을 정의하기에 충분하다.

예비 형상이 정의되면, 현대의 수차 연구개발 과정에서는 완전 3차원 프로그램을 사용하여 유동해석을 더 진행하는 것으로 구성된다. 이러한 프로그램을 통해 블레이드 표면을 따라 속도와 압력분포를 확인하고, 필요한 경우 블레이드 각도와 그 형상을 보정하여 원하는 최고효율점 및 캐비테이션과 관련한 블레이드의 허용 가능한 수력성능을 얻을 수 있다.

그림 10.37은 프란시스수차 힐차트(등효율선도)의 최고효율점에서 준 3차원 방법을 사용하여 계산된 러너 블레이드 표면 압력분포를 보여준다.

더 나은 예비 블레이드 표면 형상을 얻기 위해서는 전체 유로를 동일한 유량이 흘러가는 많은 부분 유로로 분할해야 한다. 각 부분 유로에 대한 블레이드 각도 수를 결정해야 하며, 이것은 자오면에 수많은 유선들을 나타내는 것으로 얻어진다. 이 유선들은 자오면에서 회전 유동 표면의 이미지일 뿐이다.

부분 유로 수의 선택은 러너 유로의 크기와 원하는 정확도에 따라 달라진다. 선택된 부분 유로의 수가 무엇이든 상관없이 설계자가 평균 유동을 대표하는 중간 유선을 가질 수 있도록 하는 홀수 개수의 유선형을 얻기 위해서는 짝수 개수의 부분 유로가 되어야 한다.

1) 자오면 유동격자

수식 작성을 단순화하기 위해서 러너가 설계되는 최고효율점 조건을 나타내는 하첨자 bep는 여기서부터 생략된다.

유선을 추적하기 위해서는 러너 유로의 블레이드 수력익형(hydrofoil)뿐만 아니라 러너 상류의 가이드베인 시스템과 하류의 흡출관도 알아야 한다.

유로에 러너와 가이드베인의 블레이드가 없는 것으로 간주하고 액체가 통과하여 완전 액체(비점성 및 무마찰)가 되는 경우, 자오면의 유로를 통과하는 흐름은 완전한 포텐셜 흐름(이상유체)으로 간주할 수 있다.

그리고 유동 격자는 유동 방향에서 유선 ψ로 표현되는 형상과 유사하며, 등포텐셜선 ϕ는 유선과 직각으로 교차한다. 특히 등포텐셜선은 허브 i와 쉬라우드 e에서의 유선에 직각이 된다.

시간 변화에 독립적인 정상류에 대해서 등포텐셜 유동격자를 추적할 수 있는 이론이 현재 고려되고 있다. 이 경우 흐름은 비회전이며, 선회벡터 $\overrightarrow{N}$은 고려되는 모든 공간에서 0이다. 다시 말해서, 고려되는 공간의 모든 점에서 속도 C는 선회벡터 $\overrightarrow{N}$이 0이 되도록 해야 한다.

$$\overrightarrow{N} = \frac{1}{2} rot\,\overrightarrow{C} = 0 \tag{10.57}$$

이것은 오직 고려된 공간의 모든 점에서 적용되는 속도 C의 함수 ϕ가 존재하는 경우에만 가능하며, 그 관계는

$$\overrightarrow{C} = gr\overrightarrow{a}d\,\phi = 0 \tag{10.58}$$

이며, 연속방정식도 만족해야 한다. 따라서 그 밀도가 $\rho=$일정인 완전 액체의 경우 다음과 같이 쓸 수 있다.

$$\mathrm{div} \cdot \overrightarrow{C} = 0 \tag{10.59}$$

등포텐셜유동 ϕ의 경우 연속방정식은 다음과 같다.

$$\mathrm{div} \cdot gr\overrightarrow{a}d\,\phi = \overrightarrow{\nabla}\,\phi = 0 \tag{10.60}$$

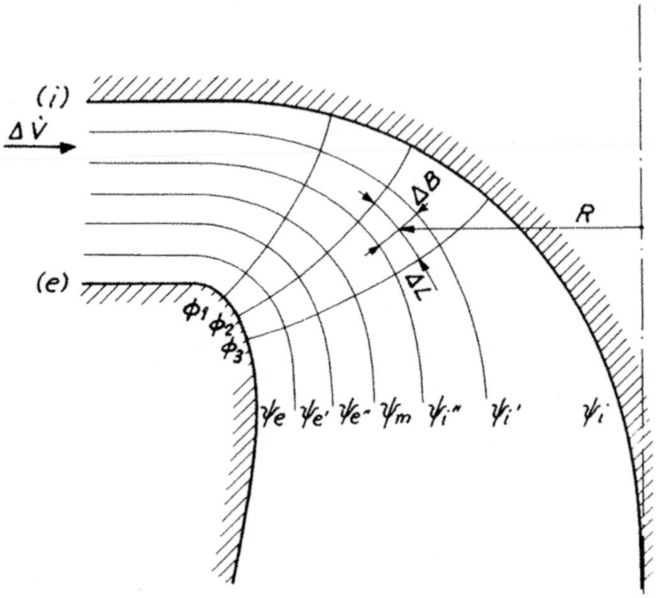

그림 10.38 6분할 유로를 나타내는 유동격자
자료: Bovet, 1964

따라서 속도 ϕ의 함수는 라플라스 방정식을 만족시킨다.

자오면의 유동 표면이 그림 10.38과 같이 6개의 부분 유로를 나타내는 경우, $(X+1)$개의 유선 ψ와 폭이 ΔB이고 길이가 ΔL인 X개의 사각형을 형성하는 두 개의 등포텐셜선인 ϕ_2와 ϕ_3를 고려한다. 동일한 흐름이 X개의 사각형을 자오면 속도 C_m으로 통과한다고 가정하면 다음과 같이 쓸 수 있다.

$$\Delta Q = \frac{Q}{X} = 2 \cdot \pi \cdot R_1 \cdot \Delta B_1 \cdot C_{m1} = \cdots \tag{10.61}$$
$$= 2 \cdot \pi \cdot R_X \cdot \Delta B_X \cdot C_{mX}$$

$$R_1 \cdot \Delta B_1 \cdot C_{m1} = \cdots = R_X \cdot \Delta B_X \cdot C_{mX} \tag{10.62}$$
$$= \text{일정}$$

사각형이 충분히 작아서 식 (10.58)을 다음과 같이 쓸 수 있는 경우:

$$C_{mI} = \frac{\Delta\phi}{\Delta L_1} \quad \text{그리고} \quad C_{mX} = \frac{\Delta\phi}{\Delta L_X} \tag{10.63}$$

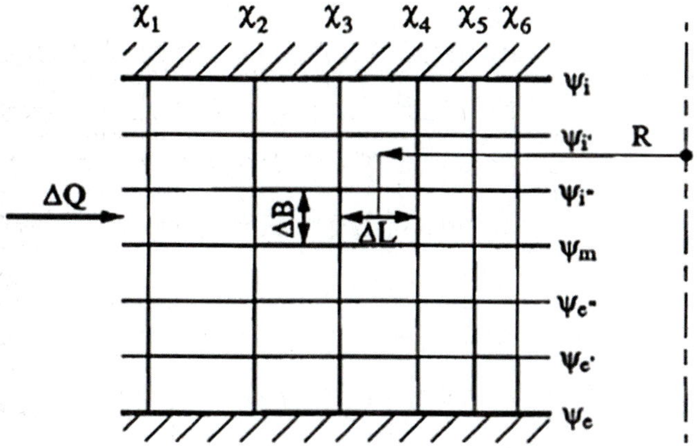

그림 **10.39** 반경 방향 가이드베인 유로의 유동격자와 유선 ψ(등속선 χ= 등포텐셜선 ϕ)
자료: Bovet, 1964

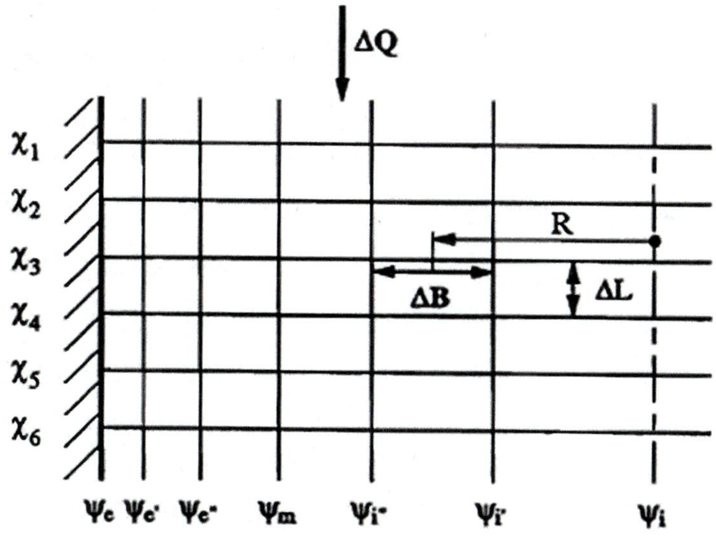

그림 **10.40** 원통형 축류 유로의 유동격자와 유선 ψ(등속선 χ= 등포텐셜선 ϕ)
자료: Bovet, 1964

이것을 식 (10.62)에 대입하고, $\Delta\phi$ = 일정인 경우, 다음과 같이 된다.

$$R_I\left\{\frac{\Delta B}{\Delta L}\right\}_1 = \cdots = R_X\left\{\frac{\Delta B}{\Delta L}\right\}_X = \text{일정} \tag{10.64}$$

따라서 연속된 두 등포텐셜선 사이의 각 부분 유로에 대해서 조건

$$R\left\{\frac{\Delta B}{\Delta L}\right\}=\text{일정} \tag{10.65}$$

은 참이 될 것이다.

가이드베인시스템의 경우처럼 평행한 경계가 있는 반경 방향 유로를 통과하는 흐름의 경우, 등포텐셜선 ϕ는 등속도(euqal velocity)의 선 χ가 되고 폭 ΔB는 모든 부분 유로에 대해 일정하며 식 (10.65)는 다음과 같이 된다. 그림 10.39는 그러한 유동격자를 나타낸다.

$$\left\{\frac{R}{\Delta L}\right\}=\text{일정} \tag{10.66}$$

흡출관 입구와 같은 원통형 축류 유로의 경우, 등포텐셜선 ϕ는 등속도선 χ가 되고, ΔL은 일정하게 되며, 식 (10.65)는 다음과 같이 되며, 그림 10.40은 그러한 유동격자를 보여준다.

$$R \cdot \Delta B=\text{일정} \tag{10.67}$$

실제 수차 내부 유동장의 경우에는 위에서 설명한 이상적인 유동격자를 수정해야 한다. 유로에 러너 블레이드 또는 가이드베인 블레이드가 없는 한, 위의 이론은 여전히 적용이 가능하다. 반대로, 동일한 공간에 블레이드가 존재하면 흐름이 회전하게 되고 포텐셜 이론은 적용되지 않는다. 따라서 실제의 회전 흐름을 고려하면서 유동격자를 수정해야 한다.

유동격자는 등포텐셜 흐름과 등속 흐름 사이의 중간 형태를 취한다. 등속도 유동격자는 식 (10.67)에 의해 얻어진다.

따라서 러너 블레이드가 있는 경우, 자오면 유로의 최종 유선은 러너 블레이드의 고압 측 전연에서 거의 등포텐셜 흐름 조건 및 러너 블레이드의 저압 측 후연에서 등속 흐름 조건을 만족시킨다. 그림 10.41과 그림 10.42는 무차원 비속도 $n_{sn}=0.5$의 러너에 대해 보정된 유선과 속도삼각형을 보이고 있다.

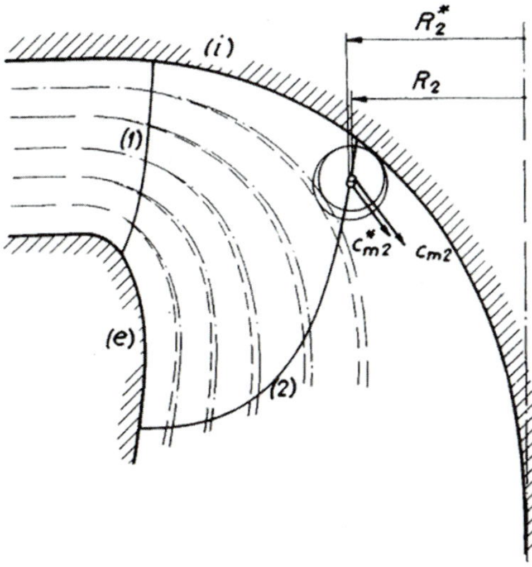

그림 10.41 보정된 유동상태를 나타내는 유선
자료: Bovet, 1964

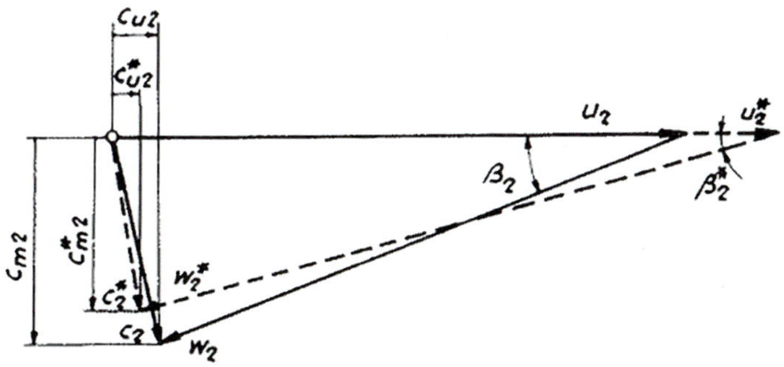

그림 10.42 보정된 유동상태를 나타내는 속도삼각형
자료: Bovet, 1964

2) 러너 블레이드 저압 측 후연 유동 조건 결정

에너지의 교환을 고려한다면 러너 블레이드 저압 측 후연의 형상이 더욱 중요하다. 실제로, 러너 블레이드 저압 측 가장자리에는 사용되지 않은 수력에너지가 빠져나가고, 이 에너지의 작은 일부분만 흡출관에 의해 회수된다면 나머지는 순 손실로 간주된다. 흡출관에 의한 이러한 에너지의 회수는 블레이드 저압 측 가장자리에서 압력의 하락에 의해 설명된다. 따라서 블레이드의 이 부분을 설계하는 데 더 많은 주의를 기울여야 한다.

블레이드의 저압 측 가장자리에서 수력에너지는 기본적으로 운동에너지이며 절대 속도

C_2에 의존한다. 이 속도의 두 구성성분인 자오면 속도성분 C_{m2}와 원주 방향 속도성분 C_{u2}는 이후에 검토될 것이다.

한편, 본 절에서 사용되는 기호에 대해서 간략히 설명하면 다음과 같다.

C	: 절대 유속
$c(= C/\sqrt{2gH})$	: 절대 유속비
U	: 러너 원주속도
$u(= U/\sqrt{2gH})$	: 원주속도비
W	: 상대 유속
$w(= W/\sqrt{2gH})$	: 상대 유속비
α	: 원주속도 U와 절대속도 C의 방향이 이루는 각도
β	: 원주속도 U와 상대속도 W의 방향이 이루는 각도
γ	: 가이드베인 수평 유로 수평선과 자오면 유선이 이루는 각도

① **블레이드 저압 측 후연에서 절대속도 자오면 방향 성분 C_{m2}의 결정** 유동격자가 블레이드의 저압 측 가장자리의 모든 지점에서 등속도로 설정되었다고 간주하면, 유선을 설정할 수 있다. 그림 10.41에서 모든 부분유로 (x)에 대해 다음과 같이 나타낼 수 있다.

$$C_{m2(x)} = \frac{\Delta Q}{2 \cdot \pi \cdot R_{2(x)} \cdot \Delta B_{2(x)}} \tag{10.68}$$

여기서, $\Delta Q = \dfrac{Q_{bep}}{(n-1)}$는 모든 부분 유로를 통과하는 흐름이다. 그리고 n은 허브와 쉬라우드를 포함하는 총 유선 수이며, 저압 측 가장자리 전체에서 다음의 관계를 가진다.

$$R_{2(x)} \cdot \Delta B_{2(x)} = \text{일정} \tag{10.69}$$

② **블레이드의 저압 측 후연에서 절대속도 원주 방향 성분 C_{u2}의 결정** 블레이드의 저압 측 가장자리에서 절대속도의 원주 방향 성분 C_{u2} 값에 대한 선택은 여전히 자유롭다. 이 구성요소의 운동에너지 $\{C_{u2}\}^2$는 흡출관에 의해 회수되지 않으며 순수한 손실로 간주되므로, 블레이드의 저압 측 가장자리에서 가능한 한 작은 C_{u2} 값을 선택하는 것이 바람직하다.

프란시스수차의 경우, 가이드베인의 후연 가장자리는 항상 러너축과 평행하며, 따라서 하나의 유선에 대한 C_{u2}의 단일 값을 합리적으로 선택하면 나머지는 자동으로 결정된다.

3) 러너 블레이드 저압 측 후연 가장자리 각도 β_2의 결정

전 항 2)에서 기술된 바와 같이, 하나의 유선에 대해서만 부과되는 C_{u2}의 값은 나머지를 정의할 것이다. 사실, 합리적으로 선택된 작은 값의 원주 방향 유속성분 C_{u2}는 각각 β_1과 β_2의 전연 및 후연 가장자리 각도를 결정하는 완전히 첫 번째 요소를 정의할 것이다. 각도의 이러한 상호의존성은 무차원 형식의 기본적인 오일러 방정식에 의해 결정된다.

$$u_1 \cdot c_{u1} - u_2 \cdot c_{u2} = \frac{\eta_h}{2} \tag{10.70}$$

여기서 η_h는 식 (10.73)에 정의된 수력효율이며, 유효낙차 H에서 기계에너지 H_t로 변환된 비율 H_t/H이다.

가이드베인의 후연 가장자리와 러너 블레이드의 전연 가장자리 사이에는 에너지 교환이 없으므로 식 (10.70)은 또한 다음과 같이 쓸 수 있다.

$$2 \cdot u_0 \cdot c_{u0} - 2 \cdot u_2 \cdot c_{u2} = \eta_h \tag{10.71}$$

여기서, u_0는 반지름 R_0에서 가이드베인의 후연에 위치한 모든 점에서 가상의 원주 방향 속도이며 $\omega(rad/\text{sec})$의 가상속도로 회전한다.

$$u_2 = \frac{U_2}{(2 \cdot E)^{1/2}} = \frac{\omega R_0}{(2 \cdot E)^{1/2}} \tag{10.72}$$

식 (10.71)은 블레이드 설계의 기본방정식이다. 러너의 전연을 나타내는 첨자 1이 식에 포함되지 않은 것은 흥미롭다. 수차의 수력효율 η_h는 모든 작동 지점에 대해 다음 관계에 의해 표현된다.

$$\eta_h = 1 - h_{l(1 \sim 2)} - h_{li} - h_2 + h_d \tag{10.73}$$

여기서, $h_{l(1\sim2)}$는 수차 러너의 유입 측 전연 1과 러너의 후연 2사이의 헤드손실(마찰, 방향 및 구간 변경)을 나타낸다. 또한 h_{li}는 블레이드의 전연에서 유입 각도로 인한 충돌손실을 나타내며 다음과 같다.

$$h_{li} = c_i^2 \tag{10.74}$$

h_2는 흡출관에 전달된 운동에너지를 나타내며 다음과 같은 관계가 있다.

$$h_2 = c_2^2 - c_1^2 \tag{10.75}$$

그리고 h_d는 흡출관에 의해 회수된 운동에너지를 나타낸다. 수력효율을 계산하는 다른 방법이 있으며, 다음의 전효율 η_t에 대한 공식에서 얻을 수 있다.

$$\eta_t = \eta_h \cdot \eta_v \cdot \eta_m \tag{10.76}$$

단, 이 조건은 $h_{li} = 0$인 경우에만 성립하며, 체적효율 η_v 및 기계효율 η_m은 경험값을 적용할 수 있다.

그림 10.43은 러너베인(블레이드) 후연 가장자리에서의 속도삼각형이며, 다음의 식으로 나타낸다.

$$\tan\beta_{2(x)} = \frac{c_{m2(x)}}{u_{2(x)} - c_{u2(x)}} \tag{10.77}$$

또한 $c_{m2(x)}$의 값은 다음과 같은 관계가 있다.

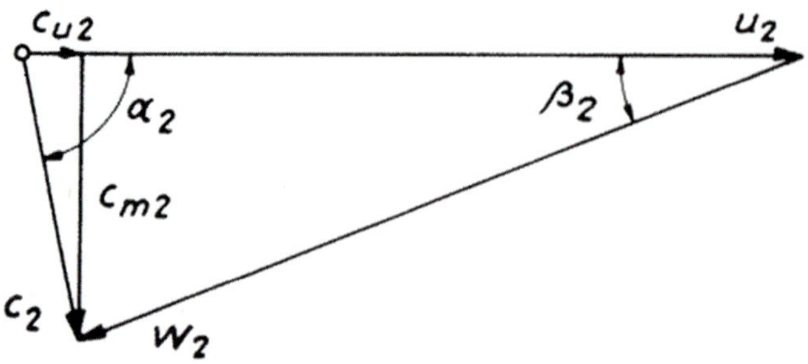

그림 **10.43** 러너베인(블레이드) 후연 가장자리에서의 속도삼각형

자료: Bovet, 1964

$$c_{m2(x)} = \frac{C_{m2(x)}}{(2 \cdot E)^{1/2}} \tag{10.78}$$

유동격자로부터 다음과 같은 관계를 구할 수 있다.

$$Q_t = \pi \cdot R_{2e}^2 \cdot c_{a2} \cdot (2 \cdot E)^{1/2} \cdot \eta_v \tag{10.79}$$

여기서, c_{a2}는 블레이드 후연 가장자리 전체의 원주 방향 속도성분이며, u_{2e}와 관련된 블레이드 후연 가장자리에서의 유량계수 φ_{2e}와 비에너지계수 ψ_{2e}의 다음의 식 (10.80)을 식 (10.79)에 대입하면

$$\varphi_{2e} = \frac{c_{a2}}{u_{2e}} \text{ 그리고 } \psi_{2e} = \frac{1}{u_{2e}^2} \tag{10.80}$$

다음과 같이 쓸 수 있다.

$$Q_t = \pi \cdot R_{2e}^2 \cdot \frac{\varphi_{2e}}{\psi_{2e}^{1/2}} \cdot (2 \cdot E)^{1/2} \cdot \eta_v \tag{10.81}$$

n개의 유선을 가지는 자오면 유로에서 모든 부분 유로를 흐르는 유량은 다음과 같이 주어진다.

$$\Delta Q_t = \frac{Q_t}{(n-1)} \tag{10.82}$$

그림 10.44에서 모든 부분 유로 (x)를 통과하는 흐름은

$$\Delta Q_t = 2 \cdot \pi \cdot R_{2(x)} \cdot \Delta B_{2(x)} \cdot c_{m2(x)} \cdot (2 \cdot E)^{1/2} \tag{10.83}$$

식 (10.81)을 식 (10.82)에 대입하여 식 (10.83)과 등식으로 두면 다음과 같다.

$$c_{m2(x)} = \frac{R_{2(x)}^2 \cdot \varphi_{2e} \cdot Q_t}{2 \cdot R_{2(x)} \cdot \Delta B_{2(x)} \cdot (n-1) \cdot \psi_{2e}^{1/2}} \tag{10.84}$$

$u_{2(x)}$의 값은 다음과 같이 블레이드 후연 가장자리 2의 형상과 비에너지계수 $\psi_{1i} =$

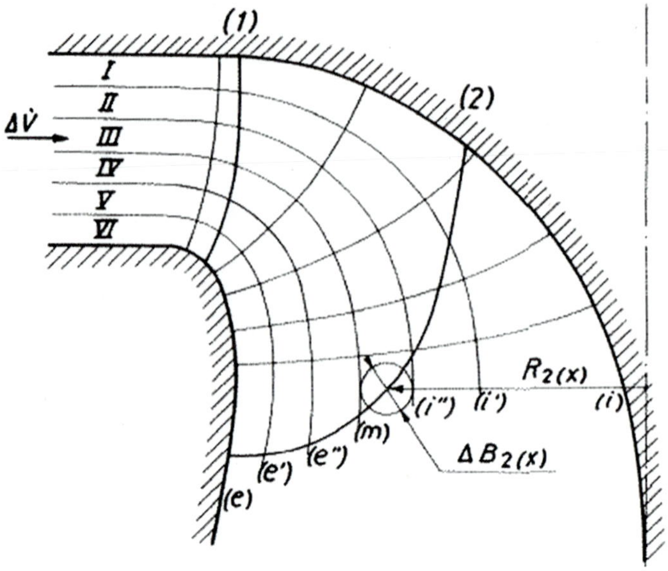

그림 **10.44** $\Delta B_{2(x)}$의 정의

자료: Bovet, 1964

$1/u_{1i}^2$의 값을 알게 되면 다음의 식에서 정해진다.

$$\frac{\omega}{(2 \cdot E)^{1/2}} = \frac{u_{2(x)}}{R_{2(x)}} = \frac{u_{1i}}{R_{1i}} \tag{10.85}$$

따라서

$$u_{2(x)} = \frac{R_{2(x)}}{R_{1i} \cdot \sqrt{\psi_{1i}}} \tag{10.86}$$

$c_{u2(x)}$는 오일러 방정식 (10.70)과 (10.71)을 사용하여 계산된다. 그림 10.45에 나타낸 것처럼, 수차축에 평행한 가이드베인의 직선 후연 형상에 의해 다음 식이 도입된다.

$$\tan\alpha_0 = \frac{c_{m0e} \cdot \cos(\gamma)_{0e}}{c_{u0e}} = \frac{c_{m0(x)} \cdot \cos(\gamma)_{0(x)}}{c_{u0(x)}} \tag{10.87}$$

따라서

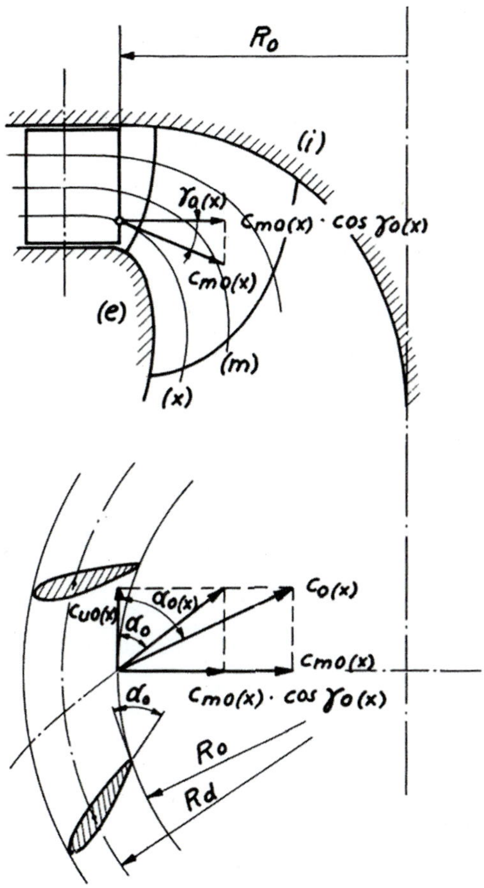

그림 **10.45** 가이드베인의 기하학적 형상과 가이드베인 출구 가장자리에서의 $\tan\alpha_0$ 정의

자료: Bovet, 1964

$$\frac{c_{u0e}}{c_{u0(x)}} = \frac{c_{m0e} \cdot \cos(\gamma)_{0e}}{c_{m0(x)} \cdot \cos(\gamma)_{0(x)}} \tag{10.88}$$

식 (10.88)의 좌변을 u_0로 곱하고 나누면 다음과 같이 된다.

$$\frac{u_0 \cdot c_{u0e}}{u_0 \cdot c_{u0(x)}} = \frac{c_{m0e} \cdot \cos(\gamma)_{0e}}{c_{m0(x)} \cdot \cos(\gamma)_{0(x)}} \tag{10.89}$$

가이드베인의 후연 0과 러너의 전연 1 사이에 에너지 교환이 없으므로 다음과 같이 쓸 수 있다.

$$u_0 \cdot c_{u0e} = u_{1e} \cdot c_{u1e} \text{ 그리고 } u_0 \cdot c_{u0(x)} = u_{1(x)} \cdot c_{u1(x)} \tag{10.90}$$

상식의 관계를 식 (10.89)에서 대입하면 다음과 같다.

$$\frac{u_{1e} \cdot c_{u1e}}{u_{1(x)} \cdot c_{u1(x)}} = \frac{c_{m0e} \cdot \cos(\gamma)_{0e}}{c_{m0(x)} \cdot \cos(\gamma)_{0(x)}} \tag{10.91}$$

러너 블레이드의 전연 1과 후연 2 사이의 오일러 방정식을 적용하면 다음과 같이 쓸 수 있다.

$$u_{1(x)} \cdot c_{u1(x)} - u_{2(x)} \cdot c_{u2(x)} = \frac{\eta_h}{2} \tag{10.92}$$

식 (10.91)에서 구한 $u_{1(x)} \cdot c_{u1(x)}$ 값을 식 (10.92)에 대입하고 다시 쓰면 다음과 같다.

$$c_{u2(x)} = \frac{u_{1e} \cdot c_{u1e} \cdot \dfrac{c_{m0(x)} \cdot \cos(\gamma)_{0(x)}}{c_{m0e} \cdot \cos(\gamma)_{0e}} - \dfrac{\eta_h}{2}}{u_{2(x)}} \tag{10.93}$$

다시, 오일러 방정식을 사용하여 c_{u1e}의 값을 구하면

$$c_{u1e} = \frac{u_{2e} \cdot c_{u2e} + \dfrac{\eta_h}{2}}{u_{1e}} \tag{10.94}$$

로 되고, 이것을 식 (10.93)에 대입하면 모든 유선에 대한 $c_{u2(x)}$의 값을 평가하기 위한 최종적인 식이 다음과 같이 된다.

$$c_{u2(x)} = \frac{\left\{u_{2e} \cdot c_{u2e} + \dfrac{\eta_h}{2}\right\} \cdot \dfrac{c_{m0(x)} \cdot \cos(\gamma)_{0(x)}}{c_{m0e} \cdot \cos(\gamma)_{0e}} - \dfrac{\eta_h}{2}}{u_{2(x)}} \tag{10.95}$$

4) 러너베인(블레이드) 고압 측 전연 가장자리 각도 β_1의 결정

모든 유선 x에 대해서 블레이드의 전연 1에서의 유동 방향은 그림 10.46에 나타낸 전연 속도삼각형으로부터 각도 β_1에 의해 주어진다. $u_{1(x)}$의 값은 식 (10.86)을 이용하여 $u_{2(x)}$

그림 10.46 러너베인 고압 측 전연 가장자리 속도삼각형

자료: Bovet, 1964

를 정하는 것과 동일한 방식으로 정해지고, $c_{m1(x)}$는 식 (10.84)를 이용하여 $c_{m2(x)}$를 정하는 것과 같은 방식으로 결정된다.

$c_{u1(x)}$의 값은 다음과 같은 방법으로 구한다.

$$c_{u1(x)} = \frac{u_0 \cdot c_{u0(x)}}{u_{1(x)}} \tag{10.96}$$

식 (10.89)와 식 (10.90)을 사용하여 식 (10.96)에서 $u_0 \cdot c_{u0(x)}$의 값을 대체하고, 식 (10.94)로 c_{u1e}를 대체하면, $c_{u1(x)}$에 대한 최종 표현식은 다음과 같다.

$$c_{u1(x)} = \frac{\left\{u_{2e} \cdot c_{u2e} + \dfrac{\eta_h}{2}\right\} \cdot \dfrac{c_{m0(x)} \cdot \cos(\gamma)_{0(x)}}{c_{m0e} \cdot \cos(\gamma)_{0e}}}{u_{1(x)}} \tag{10.97}$$

5) 고낙차 수차에 대한 전연 가장자리 각도 β_1 및 후연 가장자리 각도 β_2의 결정

고낙차 수차의 경우 가이드베인 후연 가장자리 0에서 각 유선 ψ는 서로 평행하기 때문에 모든 부분 유로에 대해 $\gamma_0 = 0$로 된다. 따라서 자오면 속도성분 c_{m0}는 다음과 같이 계산된다.

$$c_{m0} = \frac{Q}{2 \cdot \pi \cdot R_0 \cdot B_0 \cdot (2 \cdot E)^{1/2}} \tag{10.98}$$

c_{m0} = 일정과 $\gamma_0 = 0$을 식 (10.95)에 대입시키면, 러너베인(블레이드) 후연 가장자리의 경우, $c_{u2(x)}$에 대한 식은 다음과 같이 된다.

$$c_{u2(x)} = \frac{u_{2e} \cdot c_{u2e}}{u_{2(x)}} \tag{10.99}$$

그리고

$$\tan\beta_{2(x)} = \frac{u_{2(x)} \cdot c_{m2(x)}}{u_{2(x)}^2 - u_{2e} \cdot c_{u2e}} \tag{10.100}$$

러너베인(블레이드) 전연 가장자리의 경우, $c_{u1(x)}$에 대한 식은 다음과 같다.

$$c_{u1(x)} = \frac{u_{2e} \cdot c_{u2e} + \dfrac{\eta_h}{2}}{u_{1(x)}} \tag{10.101}$$

그리고

$$\tan\beta_{1(x)} = \frac{u_{1(x)} \cdot c_{m2(x)}}{u_{1(x)}^2 - \left\{u_{2e} \cdot c_{u2e} + \dfrac{\eta_h}{2}\right\}} \tag{10.102}$$

6) 러너베인(블레이드) 전연 각도 $\beta_{1(x)}$의 보정

앞에서 살펴보았듯이, 해당 연구에서 사용된 1차원 이론은 블레이드 익형 주위의 순환 효과를 고려하지 않는다. 이 순환 효과는 블레이드의 전연 가장자리 1에서 흐름을 수정하고 $\beta_{1(x)}$에 중요한 보정을 가한다. 그림 10.47은 계산된 각도 β_{1e}, β_{1i} 및 해당 보정 각도를 무차원 비속도의 함수로 나타낸 것이다.

블레이드 전연의 압력면과 부압면 사이에 속도 차이가 발생하는 것은 블레이드 익형 주위에 존재하는 순환 때문이다.

그림 10.48은 상대속도의 변화를 초래하는 블레이드 익간 유로에서의 순환을 보여준다. 순환은 2매의 연속된 블레이드 사이에서 액체에 일종의 회전을 발생시킨다. 따라서 원주방향 유속성분 c_{u1}은 $(c_{u1} + \Delta c_{u1})$까지 증가하며, 동일한 u_1과 c_{m1}의 값에 대하여 속도삼각형이 변형되어 더 큰 값의 $\beta'_{1(x)}$으로 된다. 따라서 블레이드 표면을 정의하는 데 사용되는 각도 $\beta'_{1(x)}$은 오일러 방정식을 사용하여 계산한 각도 $\beta_{1(x)}$보다 커진다. 그림 10.49는 이러한 현상을 보여준다. Δc_{u1}의 값을 추정하는 것은 어려우며, 공개된 어떠한 문헌에

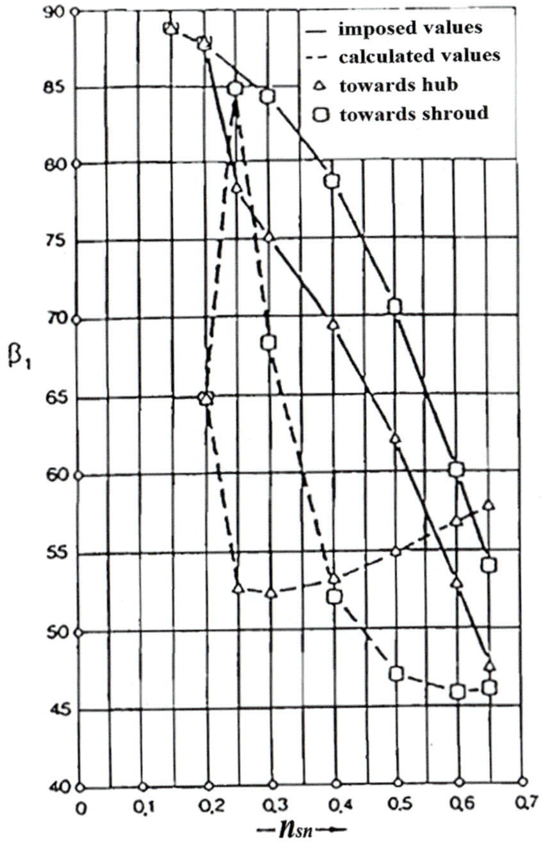

그림 **10.47** 순환 효과를 고려하기 위한 전연 각도의 보정
자료: Krishna, 1997

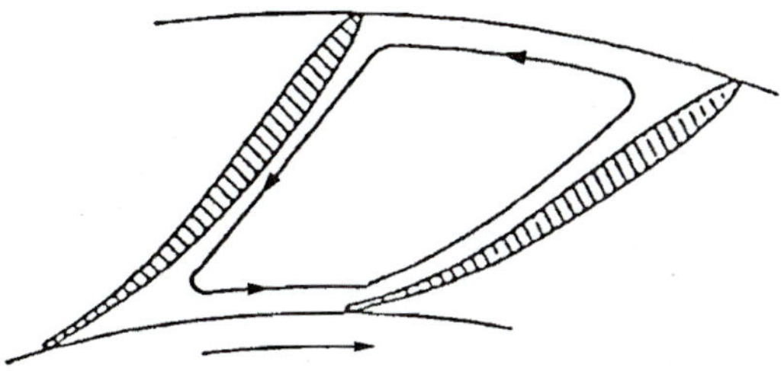

그림 **10.48** 익간 유로에서의 순환
자료: Krishna, 1997

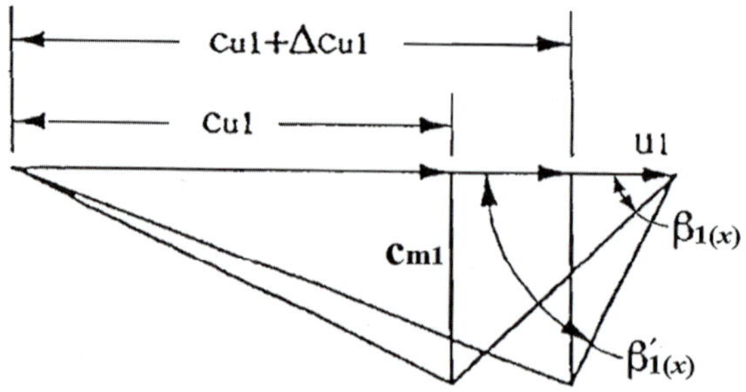

그림 10.49 러너베인 전연 각도 보정에 의한 속도삼각형 변화
자료: Bovet, 1964

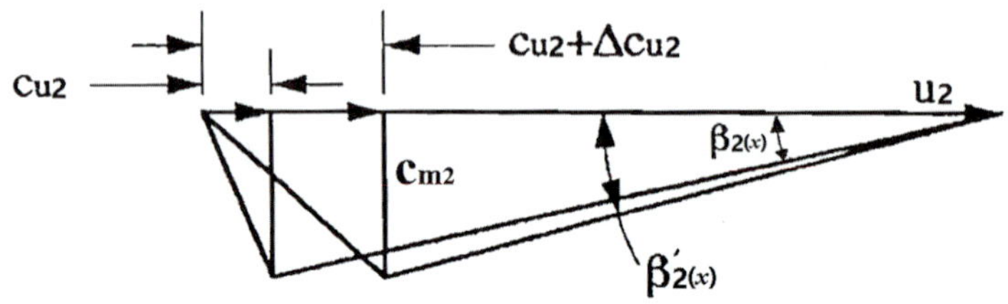

그림 10.50 러너베인 후연 각도 보정에 의한 속도삼각형 변화
자료: Bovet, 1964

서도 Δc_{u1}의 값을 직접 계산한 결과는 찾아볼 수 없다. 반면에 펌프의 경우 동일한 효과를 처리하는 중요한 문헌이 존재하지만, 불행히도 수차에는 적용할 수 없다.

7) 러너 블레이드 후연 각도 $\beta_{2(x)}$의 보정

러너 블레이드 후연 가장자리 각도 β_2도 같은 이유로 보정해야 한다. 실제로 유동각 $\beta'_{2(x)}$로 표현되는 유출 흐름의 실제 방향은 오일러 방정식을 사용하여 계산한 $\beta_{2(x)}$보다 크다. 그림 10.50은 오일러 방정식을 사용하여 계산된 러너베인 후연 각도에 대한 보정으로 인한 속도삼각형의 변화를 보이고 있다. 러너베인 후연의 경우 가장자리 각도 $\beta_{2(x)}$와 유출 액체의 실제 유동 각도인 $\beta'_{2(x)}$를 보인다. Δc_{u2}의 증가가 매우 중요하다는 점에 유의해야 한다. c_{u2e}(흡출관의 효율을 고려)와 c_{u2i}(선회류를 피하기 위해)의 합리적인 값을 얻기 위해서는 각도 $\beta_{2(x)}$를 줄여야 한다.

실제로 이 보정은 허브에 음수 값인 c_{u2i}을 도입함으로써 효과를 가진다. 경험에 따르면, 후연 가장자리를 따라 순환의 효과가 쉬라우드보다는 허브쪽에서 더욱 두드러진다.

(6) 실무적 연구: 블레이드 표면의 2차원 표현

1) 개요

러너베인(블레이드) 설계의 이론적 부분은 이전의 (3)~(5)항에서 다루었다. 실무적인 부분은 블레이드 표면(압력면과 부압면)을 표현하고 실제 모양과 크기를 다른 도면의 형태로 나타내어, 올바르게 사용할 경우에 제조자가 러너를 제작하는 데 도움이 될 것이다.

2) 러너 블레이드 매수 Z_r

러너의 블레이드 매수 Z_r을 선택하기 위해서는 다음의 사항을 고려해야 한다. 앞에서 설명한 1차원 이론은 실제로는 상상할 수 없는 무한한 수의 블레이드를 가정한다. 한정된 수의 블레이드의 경우, 이 숫자가 클수록 고전이론에 더 가깝고 덜할 경우에는 캐비테이션의 위험이 있다. 반면에, 러너 블레이드 매수가 증가할수록 마찰 표면이 더 넓어지므로 마찰손실이 더 커지고 효율이 더 낮아지게 된다. 또한 러너의 제조비용도 더 많이 들게 된다. 따라서 최적의 블레이드 수 Z_r을 선정해야 한다.

일반적으로, 러너의 블레이드 매수 Z_r의 값은 11~21매 사이에 있다. 러너와 가이드베인(위켓게이트) 사이에 나타날 수 있는 공진현상을 피하기 위해 Z_r은 가능한 한 홀수여야 한다. 가이드베인 시스템은 짝수의 블레이드 매수인 경우가 매우 많으며 이는 시공상의 문제 때문이다.

$$Z_r = 11 \sim 21 \quad (\text{오직 홀수}) \tag{10.103}$$

러너의 블레이드 매수가 결정되면 지정된 반지름 $R_{(x)}$에 대해 연속된 두 블레이드 사이의 피치를 다음의 식을 이용하여 계산할 수 있다.

$$T_{(x)} = \frac{2 \cdot \pi \cdot R_{(x)}}{Z_r} \tag{10.104}$$

3) 블레이드 익형

블레이드 형상은 서로 다른 익형으로 구성된다. 사실, 모든 유선은 고유한 익형을 가지므로 다른 유선과 익형이 다를 수 있다. 모든 익형은 러너의 허브에서 쉬라우드에 이르기까지 매끄럽고 규칙적인 표면을 얻을 수 있는 방식으로 선택된다.

본 항의 목적은 러너베인(블레이드)의 모든 유선에 대한 익형의 형상을 결정하는 것이다. 첫 번째로 중앙 캠버선의 길이와 곡률, 둘째, 가변 두께 분포에 따라 달라진다. 우선, 직선 캠버선이 선택되고 필요에 따라 나중에 적절한 곡률이 주어진다. 이 캠버선에 주어진 익형은 전연 가장자리 1에서 $t_1 = 0$의 부드러운 원형 익형을 가지며, 캠버선 중간 어느 지점에서 최댓값 $t_{\max}$에 도달하고 캠버선의 후연 가장자리 2까지는 두께 t_2에 도달하기 위해 부드럽게 감소한다.

익형의 형상은 Göttingen 연구소, 미국항공자문위원회(N.A.C.A) 또는 기타 연구소에서 개발되고 시험된 익형 중에서 선택할 수 있다. 또한 Lemniscate 또는 Onion 곡선과 같이 분석적으로 정의된 형상 중 하나를 선택할 수 있다.

① **블레이드 익형 기준 두께 t의 결정** 익형의 두께는 두 가지 조건을 충족해야 한다.

우선, 익형은 블레이드 표면, 특히 허브 영역에서 작용하는 유체력을 견뎌야 한다. 최대 두께 $t_{\max}$, 즉 결과적으로 이론적 기준 두께 t의 선정은 다음 5가지 요인에 따라 결정된다.

- 물의 정압 ρE
- 러너 치수 R_{2e}
- 재료의 품질(강도) σ_{ad}
- 러너베인(블레이드) 매수 Z_r
- 쉬라우드의 유무 (e)

블레이드의 모든 응력을 고려할 수 있는 상세한 계산만이 최대 두께를 결정하는 데 도움이 될 것이다. 이것은 쉬라우드 e를 가진 러너의 경우 모든 유선에 대해 일정한 두께로 선택되거나, 쉬라우드가 없는 러너의 경우 허브 i에서 쉬라우드 e로 갈수록 감

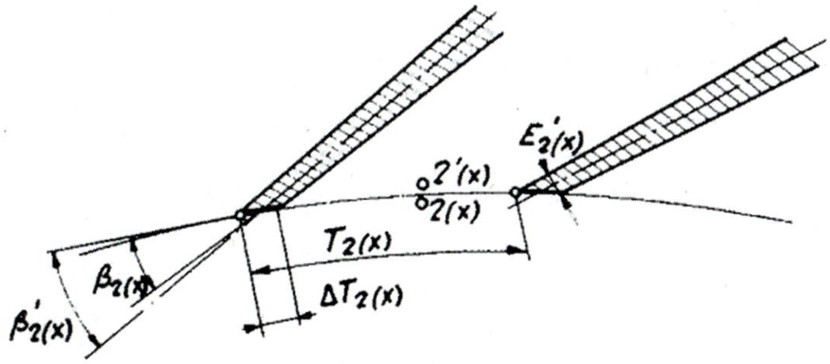

(a) 러너베인 후연 두께로 인하여 변화된 유출 각도 $\beta'_{2(x)}$

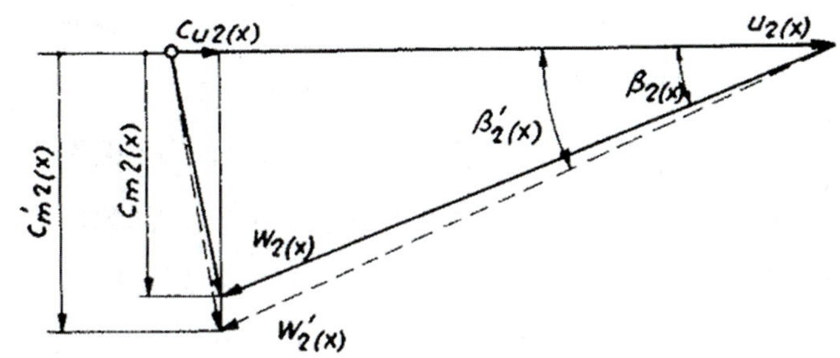

(b) 속도삼각형의 변화

그림 **10.51** 러너베인 후연 가장자리 두께에 따른 속도삼각형의 변화
자료: Bovet, 1964

소되는 두께로 된다. 두 번째 선택은 아마도 초저낙차 프란시스수차의 경우일 수도 있고, 또는 2상 유동(많은 모래나 다른 무거운 물질이 섞인 물)으로 운전되는 프란시스수차의 경우일 수도 있다.

두 번째 조건은 러너베인 후연 가장자리 2의 익형 끝단 두께 t_2에 대한 것이다. 그림 10.51은 러너베인 후연 가장자리 두께에 따른 속도삼각형의 변화를 보이고 있으며, 러너베인 후연 각도 $\beta_{2(x)}$는 러너베인 후연 가장자리 두께의 영향으로 유동의 실제 유출 각도가 $\beta'_{2(x)}$로 변화되었으며, 러너베인 출구의 속도삼각형에서도 파선이 변화된 실제 유동 각도 $\beta'_{2(x)}$를 나타낸다. 효율에 영향을 미치는 카르만와의 발생을 방지하기 위해 그 끝단 지점의 두께는 가능한 한 작아야 한다. 반대로 시공 한계(진동, 기계적 저항 등을 방지하기 위해)를 고려하여 최소 두께의 한계가 주어진다. 이 두께가 정해지면 블레이드의 후연 가장자리 전체에 걸쳐 일정하게 유지된다.

4) 블레이드 설계

① **개요** 본 항에서는 수직축 프란시스수차 러너가 검토된다. 주요 목적은 수평면에 3차원 형상의 두꺼운 블레이드의 압력면과 부압면을 개별적으로 나타내는 것이다. 이것은 수차축에 수직인 많은 수의 신중하게 선택된 수평 단면을 정의하고 자오면의 블레이드 표면을 다른 높이로 절단하는 지형적 방법을 사용하여 수행된다. 이러한 수평 단면과 자오면의 유선이 교차하면 점 집합이 주어지며, 점 집합은 수평 평면에 투영될 때 개별 반경과 각도에 대해 블레이드 표면을 정의할 수 있다.

도면의 정확도는 선택한 수평 단면 수뿐만 아니라 유선 수에 따라 달라진다. 두 개의 수평 단면 사이의 수직 거리를 선택하는 동안 해당 영역에서 블레이드의 곡률 반경을 고려해야 한다. 블레이드가 매우 가파르고 수직인 영역에서는 선택한 거리가 더 클 수 있지만 블레이드 표면이 지속적으로 변화하는 영역에서는 두 수평 단면 사이의 거리가 상당히 가까워야 한다.

또한 블레이드 표면이 매끄러워지도록 제어해야 한다. 이 작업은 수평면의 투영된 블레이드 표면을 수차축에 평행한 여러 수직 단면으로 절단함으로써 수행된다.

마지막으로, 부드러운 익형에 의해 얻어진 매끄러운 블레이드가 가속된 흐름을 제공하기 위해서는 연속된 두 블레이드 사이에 수렴하는 유로를 형성해야 한다는 것이 중요하다.

도면에 이러한 블레이드를 나타내는 것은 어렵지만, 공개된 문헌에서 참고할 수 있는 방법이 있다. 그 중에서 더 정확하다고 간주되는 한가지를 여기에서 설명한다.

② **등각사상법에 의한 블레이드 설계** 이 방법은 프란시스수차의 모든 유형의 블레이드를 나타내는 데 사용할 수 있다. 이 방법은 실질적이며 본 학습에 적용할 수 있을 만큼 정확하다. 이 방법은 블레이드의 모든 지점에서 블레이드 익형에 주어진 실제 각도를 보존할 수 있다는 장점이 있으며, 이것은 매우 중요하다.

유로는 다수의 회전하는 유동 표면으로 구성된다. 수차축을 통과하는 수직면에서 이러한 유동 표면의 원형 투영은 그림 10.52와 같이 자오면에서 유선을 제공하며, 각 유선은 허브 i, i', $-m-$, e' 및 쉬라우드 e로 구분된다. 추가 설명을 위해 위에서 인용한 임의의 유선이 x라고 불릴 것이다. 그림 10.53은 임의의 유선 x에 의해 생성된 회

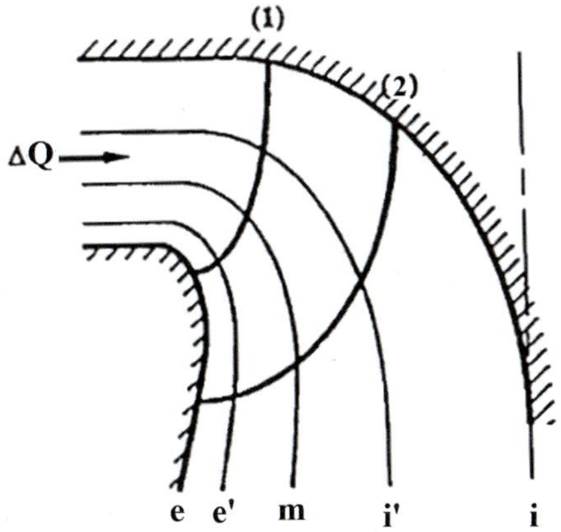

그림 10.52 5개의 유선을 가진 유로 자오면 단면도
자료: Krishna, 1997

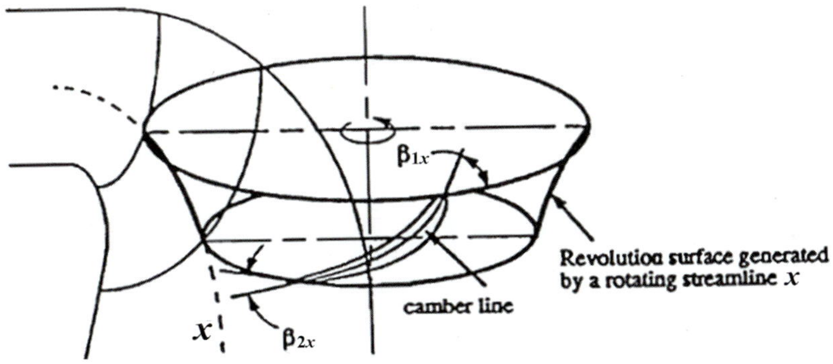

그림 10.53 임의의 유선 x에 의해 생성된 회전 유동 표면
자료: Krishna, 1997

전 유동 표면을 보여준다.

위에서 언급한 축대칭 유동 표면은 블레이드 표면을 절단하며, 즉 캠버선의 원형 투영도인 블레이드의 압력면과 부압면은 모두 자오면에서 동일한 유선으로 표현된다. 본 설명에서는 캠버선 투영만 고려하고 이후에 두께 문제를 자세히 다룰 것이다.

한 면은 수직이고 또 다른 한 면은 수평인 두 수직면에서 블레이드의 투영을 얻기 위해 원통형 좌표계(R, θ, Z)를 사용하여 공간에서 3차원 블레이드를 완전히 정의할 수 있다. 좌표계(R, Z)에 표현된 수직면(자오면)의 블레이드 형상은 그림 10.23에서 정의되었다. 좌표계(R, θ)에 표현된 수평면에서 블레이드 표면을 얻기 위해서는 보조 평면을 구성해야 한다. 이 평면은 등각사상면이라고도 하며, 다음과 같이 표현되는 수평면에서 동일한 유선의 투영 길이와, 자오면의 저압 측 가장자리와 고압 측 가장자리 사이에서 측정한 유선의 자오면 길이 L_m과 관련된다.

$$\sum_{2}^{1} \Delta\theta_x \cdot \frac{(R_{(x-1)} + R_x)}{2} \tag{9.105}$$

여기서, x는 유선상의 모든 지점을 나타낸다.

위에서 설명한 대로, 모든 유선 x의 등각사상을 설정하기 위해서는 자오면상에서 곡선 길이 L_m을 아는 것이 중요하다. 등각사상은 점 대 점 방법이기 때문에, 그림 10.54에 나와 있는 바와 같이 자오면상의 이 길이 L_m이 ΔL_1, ΔL_2, $\cdots$, ΔL_n이라는 동일한 요소로 세분화되면 정확도가 높아지고, ΔL_1은 자오면상의 저압 측 가장자리 2를 향하고, ΔL_n은 고압 측 가장자리를 향한다.

등각사상평면에서 세부 구간 ΔL_1, ΔL_2, $\cdots$, ΔL_n으로 구성된 총 길이 L_m은 그림 10.55에서와 같이 O에 원점 (0.0)를 가지는 좌표계의 세로 좌표 L_{mx}에 표시된다. 원점 O를 통과하여 L_m 높이의 수평선 위의 두 점 A와 B를 각각 지나가는 β_1의 각도를 가지는 OA와 β_2의 각도를 가지는 OB의 두 선에 의해 L_m 높이의 수평선을 절단

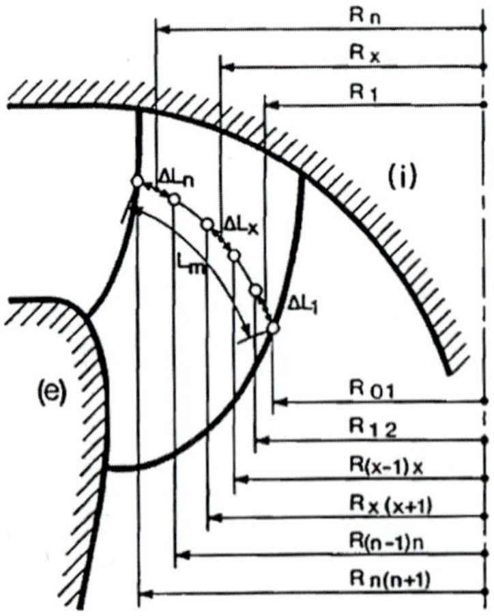

그림 **10.54** 자오면상의 세분화된 유선

자료: Krishna, 1997

하는 두 개의 선이 그려진다. 그리고 수평선 AB는 고압 측 가장자리 1의 극한 한계를 나타낸다. 저압 측 가장자리 2는 (0.0)에 있거나 수평 평면상에서 유선의 발달된 길이를 나타내는 L_{Dx}로 대표되는 좌표계의 가로 좌표상에 놓일 것이다. 그림 10.55(a)는 이 예비 구조를 나타낸다. 모든 유선에 대한 현재의 경우에서 각도 β_2는 원점에 있을 것이다. 이는 간단한 가설로 인한 것인데, 수평 평면상에서 블레이드의 저압 측 가장자리 2는 수차축을 통과하는 반경 방향 평면에 있다고 가정하면 이 평면의 기준 각도는 $0°$ 이다.

다음 단계는 위에서 설명한 대로 고압 측 가장자리 1의 지점을 직선 AB에 배치하는 것이다. 이것은 러너베인(블레이드) 익형에 대해 선택된 캠버선의 길이와 형상에 따라 달라진다. 익형의 코드 길이 L은 비율 L_2/L_1에 정비례한다. 여기서 L_2는 O에서 가로 좌표와 β_2의 각도를 이루는 선 OP의 길이이고, 선 PQ의 길이 L_1은 Q 점에서 AB와 β_1의 각도를 만든다. 두 선이 P에서 OP와 PQ가 교차하도록 한다. 그림 10.55(b)는 이 구조를 나타낸다. L_m, β_1, β_2의 값을 알고 비율 L_2/L_1에 대해 특정한 값을 부과하면, 고압 측 가장자리의 위치를 나타내는 Q 지점을 AB에 배치할 수 있다. AQ의 거리는 다음과 같다.

$$AQ = \frac{L_m \cdot \left\{ \frac{L_2}{L_1} \cdot \cos\beta_2 + \cos\beta_1 \right\}}{\left\{ \frac{L_2}{L_1} \cdot \sin\beta_2 + \sin\beta_1 \right\}} \tag{10.106}$$

$$L = \sqrt{L_m^2 + AQ^2} \tag{10.107}$$

그림 10.55(c)는 주어진 L_2/L_1 비율에 대해 가능한 캠버선을 보여준다. 캠버선의 접선으로 PO 및 PQ가 있어야 두 각도 β_2 및 β_1을 만족시킬 수 있다.

유선에 대한 보조 평면(등각사상)이 매우 잘 정의되고 있으며, 이제 블레이드의 수평 평면을 설정하는 작업을 진행할 수 있다. 자오면의 유선 x에 있는 모든 점은 자오면 길이 ΔL_{mx}와 수평 평면상의 발달된 길이 ΔL_{Dx}를 연관시키는 등각사상에 해당 지점을 가지고 있다.

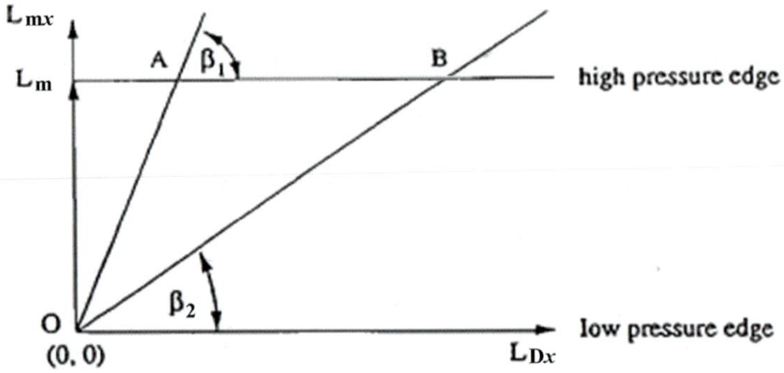

(a) 예비 구조를 나타내는 유선 x의 등각사상

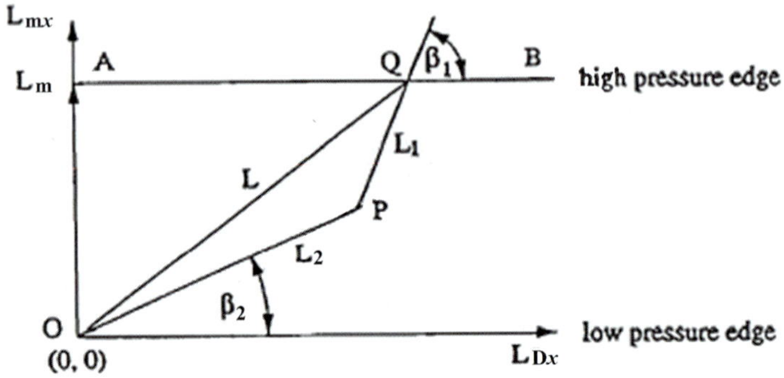

(b) L_2/L_1 비와 러너베인 각도 β_1 및 β_2의 관계를 나타내는 유선 x의 등각사상

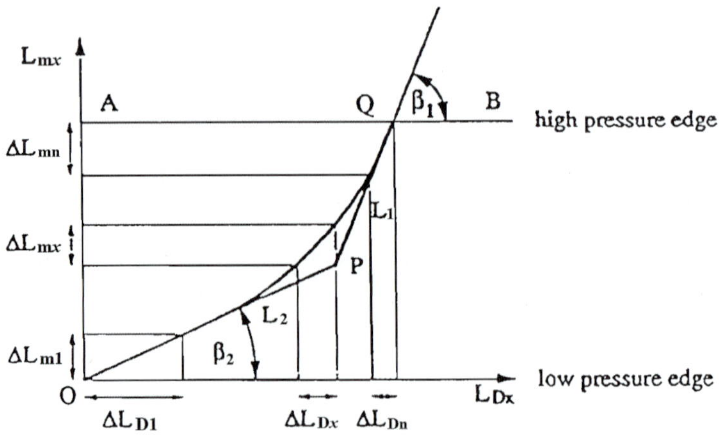

(c) 주어진 L_2/L_1 비에 대해 가능한 캠버선을 나타내는 유선 x의 등각사상

그림 **10.55** 유선 x의 등각사상

자료: Krishna, 1997

수평 평면상의 개발된 길이 ΔL_{Dx}는 다음과 같이 정의된다.

$$\sum_{2}^{1}\Delta\theta_x \cdot \frac{(R_{(x-1)}+R_x)}{2} \qquad (10.108)$$

그림 10.54에서 반경 R_{01}에서 블레이드의 저압 측 가장자리 2에 위치하는 지점 1을 고려한다. 수평 평면상에서 이 지점은 반경 R_{01}에서 수차축을 통과하는 반경 방향 평면에 배치된다. 이것은 설계자가 수차축을 통과하는 반경 방향 평면에서 러너의 저압 측 가장자리를 가지기로 결정한 초기의 가정 때문이다. 이 조건은 엄격한 것이 아니지만 설계자는 수차축을 통과하지 못할 수 있는 다른 면 또는 단순히 원통형 표면을 부과할 수 있다는 점에 유의해야 한다. 이 학습의 경우, 러너의 저압 측 가장자리는 러너 축을 통과하는 반경 방향 평면에 있어야 하며, 수평 평면상에서 이 평면의 기준 각도 $\theta=0°$ 이어야 한다. 이 평면에서 두 번째 지점을 추적하는 절차는 나머지 구조에 대해 설명하는 것이다.

그림 10.54의 지점 2는 반경 R_{12}에 위치한다. 수평면에서 두 번째 점을 추적하기 위해, 반지름 R_{12}의 원의 호가 수차축을 중심으로 그려지고 반경 방향 평면을 절단한다. 보조 평면의 두 번째 점(등각사상)은 ΔL_{m1}의 수직 거리 및 ΔL_{D1}의 수평 거리에 위치한다. 나침반의 도움으로, 보조 평면으로부터의 수평 거리 ΔL_{D1}은, 그 중심이 수차축으로부터 $(R_{01}+R_{12})/2$의 거리에 위치하고, 반지름이 ΔL_{D1}이 될 원의 호 형상으로 수평 평면상에 변환될 것이다. 수차축 O를 통과하고 반지름이 ΔL_{D1}인 호에 접하는(반경 방향 평면을 나타내는) 직선이 그려진다. 반지름 R_{02}인 호와 이 선의 교차점은 수평 평면상에서 두 번째 점을 위치시킨다. 나머지 포인트에서 이 절차를 반복하면서 설계자는 정의된 캠버선에 대한 수평 평면상에서 해당 유선 이미지를 가져온다.

그림 10.56은 수평 평면상에 있는 유선 x의 이미지를 보여준다. 그림 10.57과 같이 저압 측 가장자리에 있는 유선의 첫 번째 점과 고압 측 가장자리에 있는 마지막 점 사이의 총 각도 μ를 유선의 팬(fan) 각도라고 한다.

캠버선이 정의된 유선의 표현은 지금까지 다른 평면으로 설명되었다. 전체 블레이드 표면은 여러 개의 유선으로 나누어지며, 이것은 모든 유선을 나타내는 절차이고, 따라서 블레이드 표면은 비슷하다.

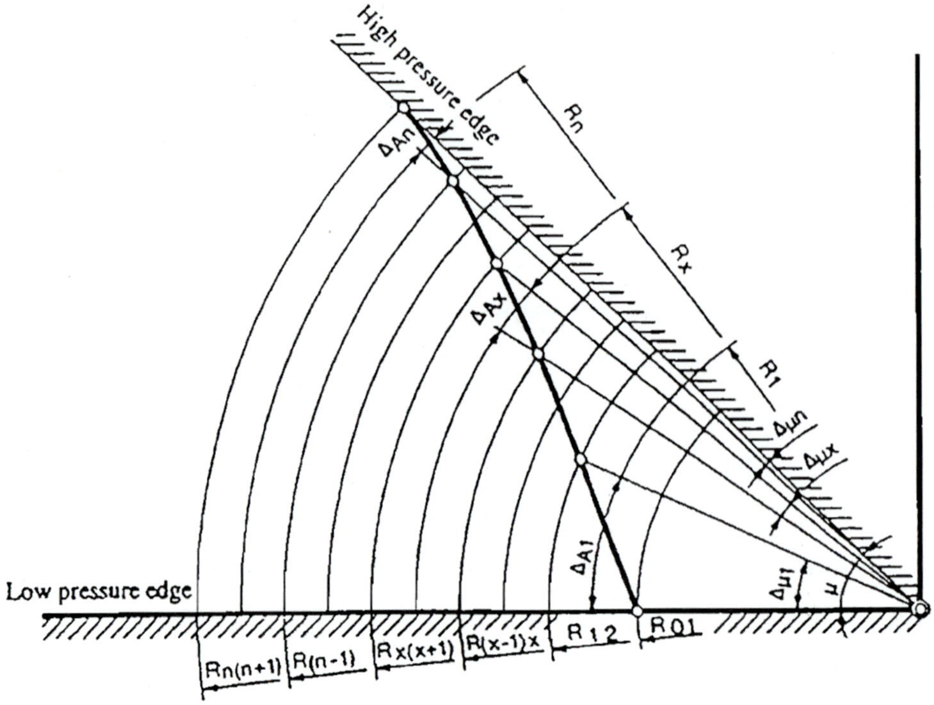

그림 **10.56** 수평면에서 유선 x의 캠버선
자료: Krishna, 1997

전체 블레이드 표면을 나타내기 위해서 일정한 수의 가정이 만들어져야 한다는 점에 유의해야 한다. 저압 측 가장자리에 대한 가정은 위에서 이미 논의되었다. 고압 측 가장자리에 대한 가정은 다음과 같다.

- 고압 측 가장자리가 수차축을 통과하는 반경 방향 평면에 놓여 있다.
- 또는 고압 측 가장자리는 저압 측 가장자리가 위치한 평면에 평행하거나 또는 평행하지 않은 평면에 놓여 있다.
- 또는 러너와 비동심원인 반지름 R_x의 원통형 표면에 놓여지고, 러너와 동심원인 반지름 R_{1e} 및 R_{1i}의 원호 2개를 절단할 수 있다.

그림 10.57은 위에서 설명한 모든 가능성을 보여준다. 모든 경우에서 유선 길이가 다

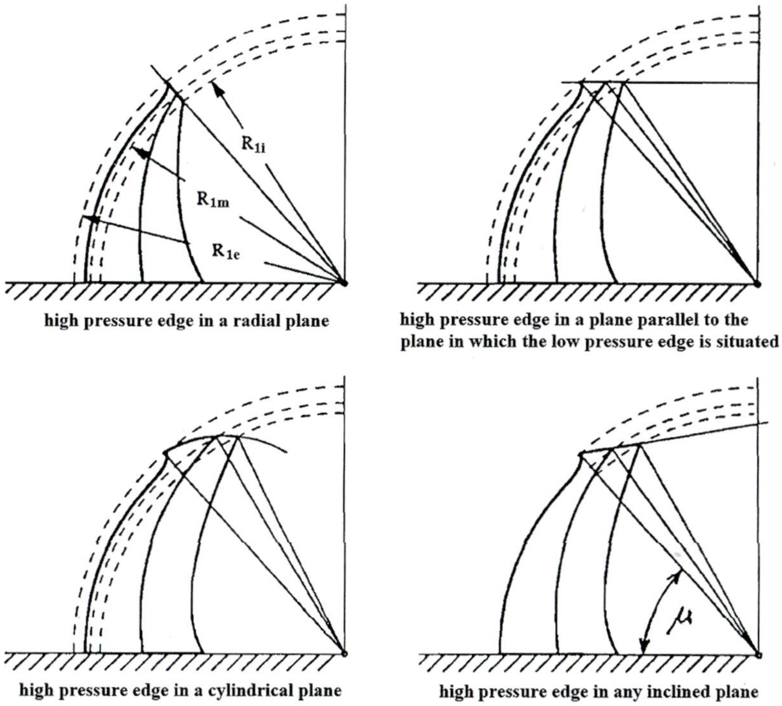

그림 **10.57** 수평면에서 고압 측 가장자리를 나타내는 가능한 방법
자료: Krishna, 1997)

르다는 점을 유의해야 한다. 설계자는 이러한 가정 중 하나를 선택하거나 또는 부드러운 블레이드 표면을 얻기 위해 다른 적절한 조건을 부과해야 한다.

블레이드의 압력면 및 부압면을 얻기 위해 모든 유선에 대한 등각사상에서 얻은 캠버선은 특정 두께의 적절한 공력 익형이 장착되어 있다. 그림 10.58는 Onion 곡선이 익형으로 장착된 유선 x의 캠버선을 보여준다.

등각사상의 모든 압력면 익형을 수평 평면으로 옮기면 블레이드의 압력면 형상이 되고 모든 부압면 익형을 옮기면 블레이드의 부압면 형상이 된다. 이 작업은 다음과 같은 방법으로 수행할 수 있다.

이미 이미지가 수평 평면상으로 옮겨지고 자오면 평면상에서 해당 유선 x의 캠버선을 고려할 때, 즉 보조 평면상의 모든 캠버선 지점은 수평 평면상에도 해당 지점이 있다. 자오면 평면도 보조 평면의 캠버선에서 해당 지점 P가 수평 평면상에서 각도 θ_P,

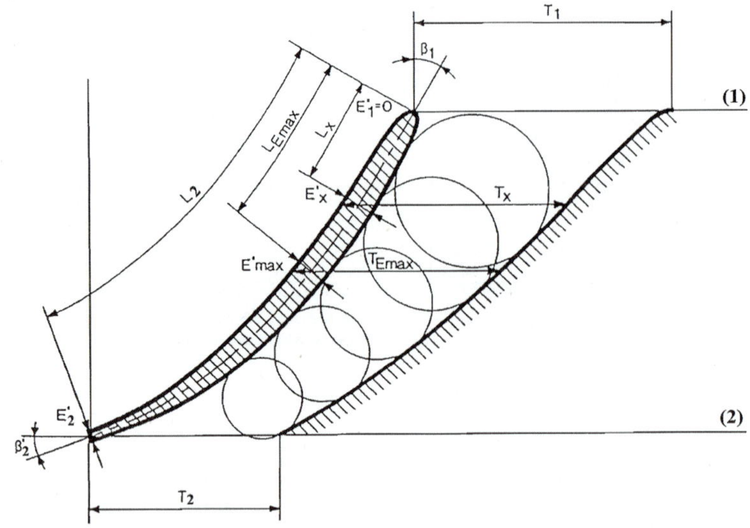

그림 10.58 두께와 수렴 제어를 가진 유선 x의 캠버선
자료: Krishna, 1997

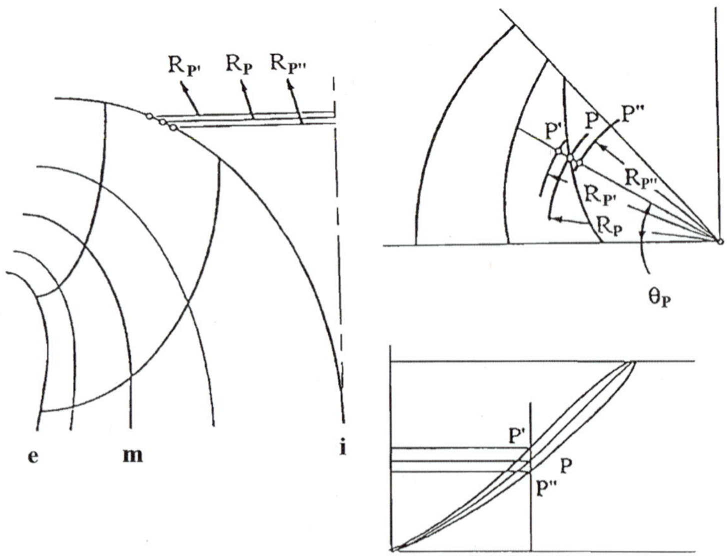

그림 10.59 등각사상으로부터 수평면으로 블레이드 두께의 전달
자료: Krishna, 1997

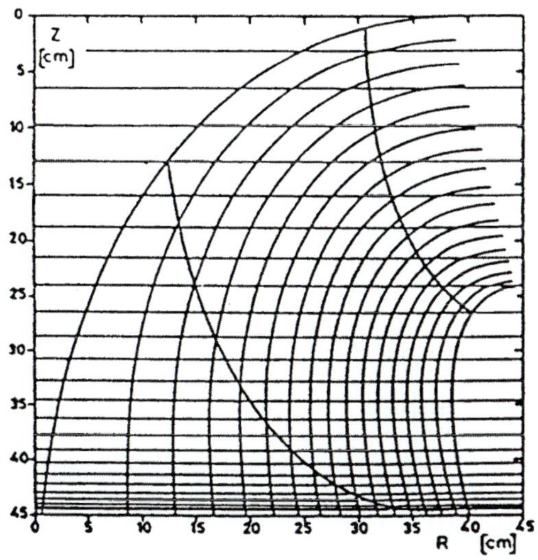

(a) 자오면 수평 평면도 높이선과 이론적인 유선

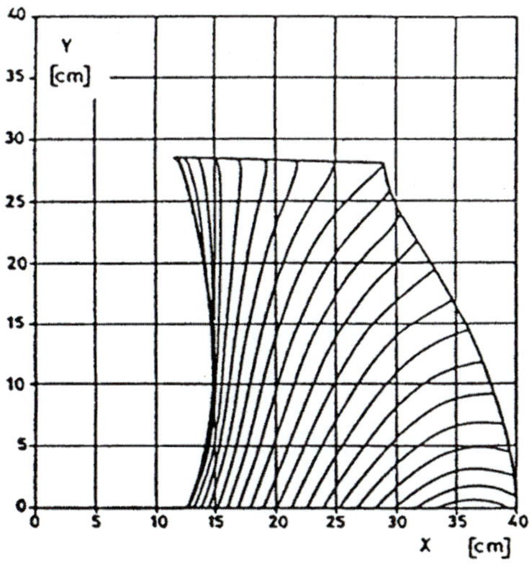

(b) 러너베인 압력면 수평 평면도

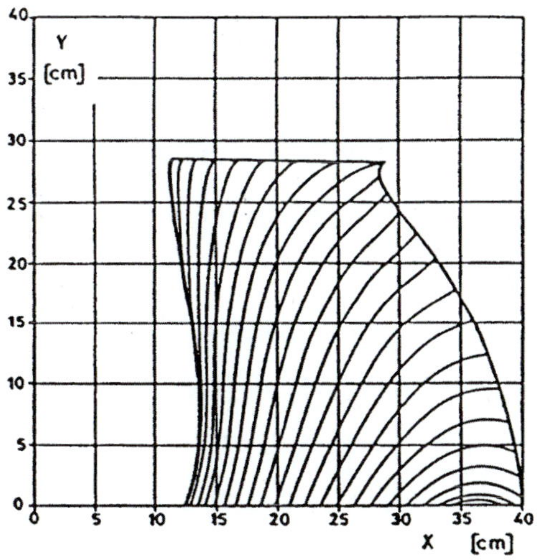

(c) 러너베인 부압면 수평 평면도

그림 **10.60** 러너베인 설계 형상에 대한 대표적인 평면도

자료: Sottas, 1993

자오면 평면상에서 반지름 R_P인 지점 P를 고려한다.

이제 보조 평면에서 P를 통과하는 수직선이 그려져 보조 평면의 구조에 의해 P'에서 압력면을 절단하고 P''에서 부압면을 절단하면, P' 지점과 P'' 지점은 수평 평면상에서 동일한 팬 각도인 θ_P를 가지지만 서로 다른 반지름에 위치하게 된다. 이러한 점 P'와 P''의 반지름은 보조 평면과 자오면 평면 사이의 관계에서 구할 수 있다. 나침반의 도움으로 보조 평면의 작은 높이 PP'가 적절한 방향으로 자오면 평면상으로 전송되어 이 평면에서 해당 지점 P'를 얻고, 해당 반경 $R_{P'}$는 수평 평면상에서 동일한 팬 각도 θ_P로 수평 평면상으로 전송되어 수평 평면에서 점 P'를 얻는다. P'' 지점과 유사한 구조로 설계자는 수평 평면상에서 두께를 얻을 수 있다. 이렇게 하면 모든 유선에서 모든 압력면이 한 평면도에서 전달되고 다른 평면에서는 모든 부압면이 전달된다. 그림 10.59는 이 구조를 나타낸다.

위의 구조에서 볼 때, 블레이드의 부압면 및 압력면이 정의되지만 블레이드를 제조할 수 있을 만큼 정밀하지는 않다. 매우 잘 정의된 블레이드 표면을 얻기 위해 설계자는 이전 항에서 설명한 대로 수평 절단면에 의해 자오면 평면상에서 블레이드를 절단해야 한다. 그림 10.60(a), (b) 그리고 (c)는 위에서 설명한 방법을 사용하여 설계된 러너의 세 가지 중요한 평면을 보여준다. 그림의 좌표축 X, Y, Z은 그림 2.20(a)와 같다.

10.2.3 프로펠러수차 러너 설계

(1) 개요

축류 러너는 반동수차 러너의 일종으로, 보통 15 m에서 50 m의 낙차범위에서 설치되지만 일부는 80 m 또는 그 이상의 낙차조건에서도 사용된다. 러너 블레이드 각도가 조정되는 카플란수차 러너는 유량범위가 넓기 때문에 높은 효율성을 유지하려면 가이드베인과 러너 블레이드 위치 사이에 적절한 상관관계가 필요하며, 낙차와 부하의 변화가 큰 발전소에 적합하다. 축류 러너의 수력설계는 다음의 과업을 수행해야 한다.

- 러너 유로의 계산 및 기하학적 매개변수를 결정한다.
- 유로를 통과하는 유동패턴의 설계모형을 선정한다.
- 러너 블레이드의 수력설계 방법을 선택한다.
- 유로 및 러너 블레이드의 기하학적 형상을 그린다.
- 러너의 강도를 확인하기 위해 적절한 계산을 한다.

본 항에서는 러너 블레이드의 수력설계와 러너 블레이드 도면 및 그 형상이 함께 제시된다. 러너의 우수한 성능이 설계의 목표이며, 설계에서는 다음과 같은 필요 사항을 다룬다.

- 높은 효율성: 대형 축류수차의 경우 93% 이상의 효율을 달성해왔다. 효율을 높이려면 러너 입구에서의 충돌손실, 마찰손실 및 출구에서의 순환손실을 최소화해야 한다.
- 우수한 캐비테이션 성능: 러너의 캐비테이션 특성은 수차의 설치 높이에 영향을 미친다. 캐비테이션 특성이 우수하면 토목공사 비용이 절감되고 러너 운전의 안전성과 지속기간이 보장된다.
- 운전 안정성: 운전 안정성이 충분하지 않으면 수력간섭에 의한 진동과 부하 변동이 발생한다. 따라서 운전 안정성은 러너를 설계하는 데 중요하다.

축류 러너의 수력설계 방법은 주로 2가지 접근방식에 따라 개발되어 왔다. 하나는 측정을 통해 얻은 익형의 성능을 직접 사용하는 양력법이다. 또 다른 방법은 블레이드 표면을 따라 특이점 분포를 사용하여 블레이드 형상을 형성하는 특이점법이다.

컴퓨터의 급속한 발달과 선진적인 계산 기술의 발전으로 수차의 러너와 다른 요소들에 대하여 다양한 알고리즘을 사용한 유동해석이 적용되어 왔다. 예를 들면 포텐셜 해법, 오일러 해법 및 Navier-Stokes 방정식은 수력설계를 최적화하기 위해 설계 절차에서 사용된다. 그러나 여기서는 축류 러너의 수력설계를 위한 역해법만 제시한다.

(2) 축류 러너의 수력설계법

1) 축류 러너의 유동 패턴에 대한 가정

축류 러너를 통과하는 유동은 복잡하고 3차원적이며 불안정한 특성이 있다. 산업계 실무에서 수력설계 접근방식을 설정하려면 다음과 같은 일련의 가정을 사용하여 몇 가지 단순화된 유동 패턴을 설정해야 한다.

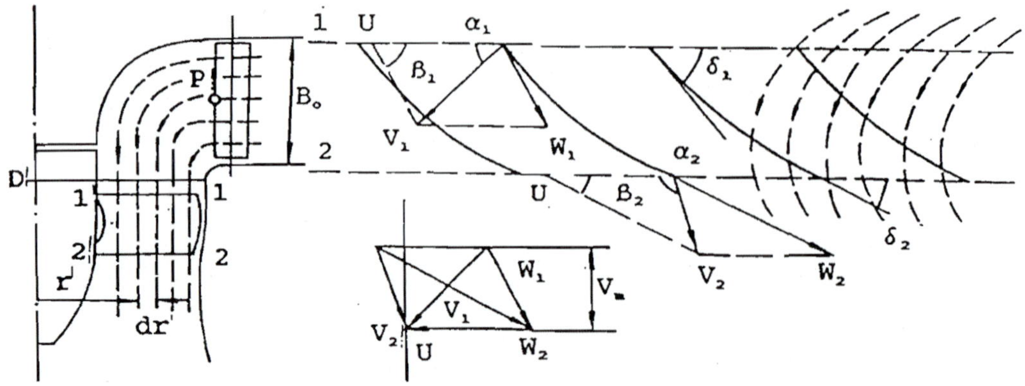

그림 10.61 평면에 작성된 익렬과 축류 러너의 단순화된 유동 패턴
자료: Krishna, 1997

- 러너를 통과하는 물은 비압축성, 비점성 및 단상류이다.
- 러너와 함께 회전하는 좌표에서 흐름은 비교적 정상상태이고 안정적이다.
- 러너에서 유속의 반경 방향 성분은 매우 작고 생략된 것으로 가정한다(예: $C_r = 0.0$). 또한 유동층은 그림 10.61과 같이 러너 블레이드 내부에서 팁까지 허브 주위의 일련의 실린더로 가정한다. 따라서 원통형 유동층 사이에서는 어떤 연결이나 관계도 없다.

상기 가정에 근거하여, 특히 러너에서 서로 관련이 없는 유동층의 경우에는 그림 10.61에 나타낸 것과 같이, 유동층 두께가 dr이고 반지름 r에서 러너의 원통형 유동층을 작성함으로써 평면의 익렬을 얻을 수 있다. 평면 익렬 주위의 유동조건이 실제 원통형 유동층에서와 동일함을 보장하기 위해서는 익렬 블레이드의 전연과 후연으로부터 각각 연장된 상류와 하류의 유동 영역이 설계 계산에 필요하다. 결과적으로, 축류 러너 블레이드의 설계는 유체역학의 역해법에서 일련의 평면 익렬을 중심으로 한 포텐셜 유동 계산의 해법으로 변환된다.

평면 익렬의 입구 및 출구에서의 상대속도가 각각 W_1과 W_2로 표현된다고 가정하면, 이들의 기하학적 평균속도 W_∞는 익렬 주변의 특성속도를 나타낸다.

$$W_\infty = (W_1 + W_2)/2 \tag{10.109}$$

익렬 이론에서, 한 무리의 문제는 알려진 입구 유동조건을 이용하여 특정한 정해진 익렬 주변의 유동장을 푸는 것이다. 이 문제는 유체역학에서 긍정적인 해법에 속한다. 또 다른 문제는 계산 전에 주어진 유동조건을 기반으로 익렬을 설계하는 것이며, 역(또는 두 번째)해법에 속한다.

2) 익렬 유동에 대한 설계법

평면 익렬 주위의 포텐셜 유동에 대한 해법은 다음의 방법을 포함한다.

① **양력법** 양력법은 익렬 주위의 흐름을 계산하는 선구적 방법 중 하나이다. 유체역학의 원리에 기초하여, 유체 유동이 익렬을 통과할 때 익렬과 유체 유동 사이에 상호작용이 발생하며, 이것은 두 개의 성분으로 나누어지고, 그 하나는 유입 유동 방향에 수직인 양력 성분이고, 다른 하나는 그 유동 방향에 평행한 항력 성분이다. 풍동이나 수조에서 공력익형(airfoil)이나 수력익형(hydrofoil)의 실험을 통해 양력과 항력 그리고 유입 유동 조건과의 관계를 얻을 수 있다. 이것은 익형의 기하학적 형상에 따라 달라지는 동적 특성이다.

익형의 동적 특성을 이용하여 익렬을 설계하는 기본이론은 양력법칙이다. 설계, 즉 역해법에서는 익렬의 동적 특성과 입구 및 출구의 유동 조건이 모두 주어진 다음, 설치 지점 각도와 기하학적 매개변수가 계산된다. 실제로는 익렬 특성 대신 단일 익형 특성이 사용된다. 단일 익형 데이터에 대한 수정은 설계 과정에서 필요하다. 따라서 양력 설계법은 실험 데이터를 기반으로 한 반경험적 및 반이론적 방법이다.

② **특이점법** 특이점법은 2차원 포텐셜 유동 해법 중 한 가지이며, 특이점, 즉 연속 형태 또는 이산 형태의 와 소스와 싱크가 러너 블레이드 표면에 분포한다. 특이점에 의해 생성된 유도 유동장과 유입 흐름에 의해 형성된 방해받지 않는 유동장이 결합되어 주어진 경계조건을 만족하는 복합 유동장을 형성한다. 블레이드 두께가 매우 얇으면 연속 형태의 특이점이 블레이드 중앙선에 분포한다. 블레이드 두께를 고려할 때 블레이드 표면에 이산 특이점을 채택해야 하며, 닫힌 블레이드 윤곽선의 경계를 만족해야 한다.

3) 축류수차 러너를 통과하는 유동장

축류 러너 블레이드를 설계하기 전에 러너 익렬 입구와 출구의 유동조건을 제공해야 한다. 실제로 러너 내의 반경 방향 속도성분의 분포, 축 방향 속도성분의 분포 및 러너 앞과 뒤의 속도 모멘텀 분포가 선택되어야 한다.

① **러너 내 반경 방향 속도분포** 축류 러너의 입구에서는 가이드베인으로부터 흘러나온 유체 유동이 곡관을 통해 러너로 유입되며, 이것은 완전히 3차원적이다. 공학적 계산을 하기 위해서는 러너를 통과하는 실제 유동에 대한 단순화가 필요하다. 가장 중요한 가정은 유동이 일련의 원통형 유동층을 따라 분포한다고 가정할 수 있으며, 즉 반경 방향 속도 성분은 0으로 가정된다. 즉, 서로 다른 원통형 유동층의 유동에는 연결이 없다. 원통형 유동층 가정에 따르면, 반지름 r과 유동층 두께 dr을 가진 원통형 유동층의 익렬은 평면 익렬로 작성된다. 복잡한 3차원 유동은 평면 익렬 주위의 유동으로 단순화될 것이다.

② **반경 방향 위치에 따른 축 방향 속도분포** 반경 방향 위치에 따른 축 방향 속도분포에는 여러 가지 가정이 있으며, 이것은 다양한 러너 블레이드 설계 상황에 사용된다. 연구 결과에 따르면 운전조건은 유입구의 유동 상황에 거의 영향을 미치지 않는다. 반경 방향 위치에 따른 축 방향 속도분포는 입구 유로의 형상과 가이드베인의 개도에 의해서만 결정된다.

러너 입구의 반지름 r에서 축 방향 속도가 V_{1z}이고 평균 축 방향 속도가 V_{1zm}이라고 가정하면 축 방향 속도계수 k_1은 다음과 같이 정의된다.

$$k_1 = \frac{V_{1z}}{V_{1zm}} \tag{10.110}$$

$$V_{1zm} = \frac{4Q_I}{\pi(D^2 - d_h^2)} \tag{10.111}$$

여기서, Q_I는 수차의 유량, D는 러너의 직경 그리고 d_h는 허브의 직경이다.

허브-러너 직경비 $d_h/D = 0.4$ 및 가이드베인 높이 $B_0 = 0.4D$를 갖는 축류수차의

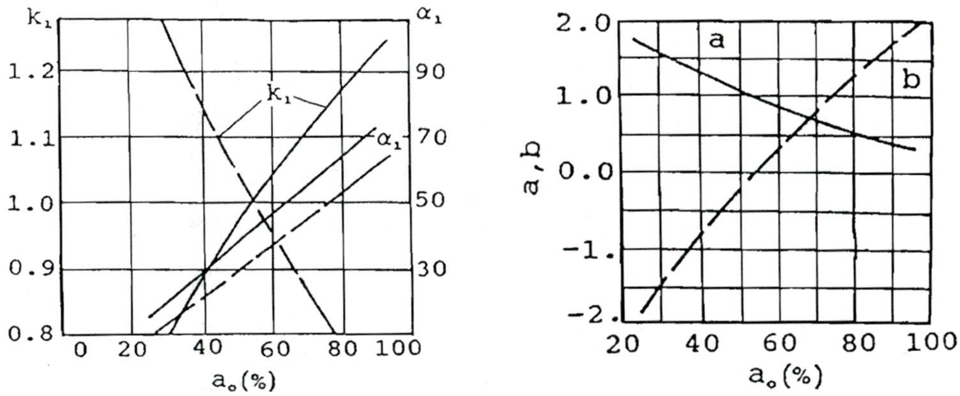

(a) k_1과 α_1의 분포　　(b) k_1의 계산을 위한 a와 b

그림 **10.62** 가이드베인 개도 α_0에 따른 k_1, α_1 및 a, b 분포(실선: $r = 0.5D$ 유동층, 파선: $r = 0.2D$ 유동층)

자료: Krishna, 1997

실험 결과로부터 가이드베인의 개도 α_0와 관련하여, 각각의 반지름 $r = 0.2D$와 $r = 0.5D$에서의 원통형 유동층 입구에서 속도계수 k_1 및 유동각 α_1의 변화를 그림 10.62에 나타낸다. 러너 입구의 축 방향 속도분포가 반경 방향 위치에 따라 선형함수로 간주된다고 가정하는 것이 타당하다. 즉,

$$k_1 = a + \frac{br}{D} \tag{10.112}$$

③ **속도운동량 분포**　러너를 설계할 때 축류 러너의 입구 및 출구에서의 속도운동량(velocity momentum) Γ_1 및 Γ_2가 각각 주어져야 한다. 연구 결과에 따르면, 속도운동량은 러너 출구에서 허브로부터 팁으로 증가한다고 한다. 속도운동량은 그림 10.63과 같이 수차의 오일러 방정식에 따라서 러너의 입구에서와 동일한 변화 추세를 출구에서 가진다.

$B_0/D = 0.4$인 축류 러너의 경우, 최적 운전조건에서 출구의 속도운동량은 다음 값을 취한다.

허브: $(V_{2u})_h = 0.0$ 및 $(V_{2u}r)_h = 0.0$

$$\text{팁: } (V_{2u})_t = m\Delta V_u \text{ 및 } (V_{2u}r)_t = m(\Delta V_u r) = (V_{1u}r)_t - (\Delta V_u r) \tag{10.113}$$

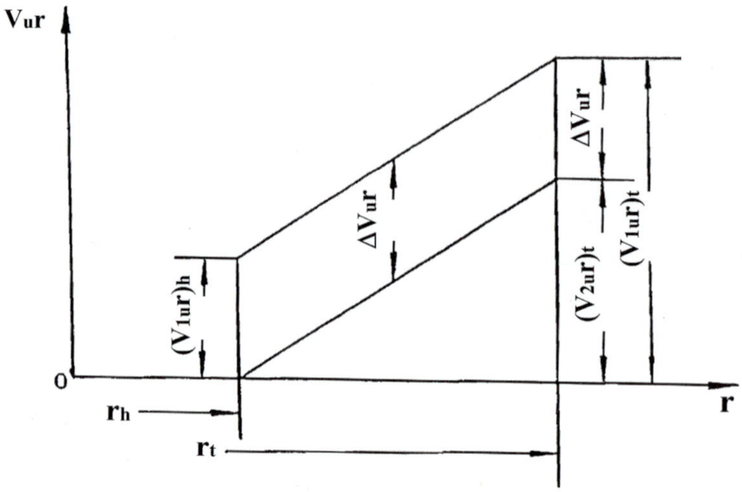

그림 10.63 속도운동량 분포
자료: Krishna, 1997

여기서, t는 팁의 위치를 나타내며, h는 허브의 위치이다. 그림 10.63에서와 같이 러너 출구에서 반경 방향 위치에 따른 속도운동량의 분포를 선형적으로 두고, 러너 입구와 출구 사이의 운동량 차이 $\Delta\Gamma = \Delta V_u r$를 다른 반지름에서도 완전히 동일하게 하며, 다음 식을 고려하면,

$$m = \frac{(V_{1u} r)_r}{(V_{1u} r)_h} - 1 \tag{10.114}$$

$$V_{1u} = V_{1z} \cot \alpha_1$$

$$V_{1z} = k_1 V_{1zm}$$

m에 대한 다음의 식을 구할 수 있으며,

$$m = \frac{r_t k_{1t} \cot \alpha_{1t}}{r_h k_{1h} \cot \alpha_{1h}} - 1.0 \tag{10.115}$$

그림 10.64에 러너 직경 D=460 mm 및 허브 - 러너 직경비 d_h/D=0.4의 모형 축류수차에 대한 결과를 나타내고 있다.

비속도가 높은 축류 러너의 경우 허브와 러너 출구에서의 속도운동량은 0이 아니며, 때로는 최적의 운전조건에서 음의 값을 취하기도 한다. 팁에서는 양의 값이다. 따라서 운동량 분포가 위와 약간 다르다. 즉,

$$\text{허브: } (V_{2u}r)_h = -0.2\{(V_{1u}r)_m - (V_{2u}r)_m\}$$

$$\text{팁: } (V_{2u}r)_t = 0.2\{(V_{1u}r)_m - (V_{2u}r)_m\} \tag{10.116}$$

여기서, m은 주어진 반지름에서 $V_u r$의 평균값을 나타낸다. 중간 가이드베인 개도 부분의 운동량 분포는 여전히 선형적인 변화를 나타낸다.

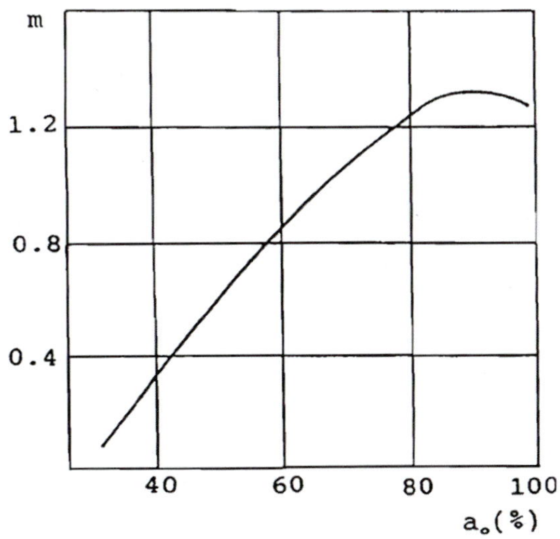

그림 10.64 가이드베인 개도 α_0에 대한 m의 변화

자료: Krishna, 1997

④ **러너 입구 및 출구에서의 속도삼각형** 여러 가지 다른 구간에서 반지름 r, 원주속도 U 및 평균 축 방향속도 V_{zm}은 다음과 같이 계산할 수 있다.

$$U = \frac{2\pi rn}{60}, \quad V_{zm} = \frac{4Q}{\pi(D^2 - d_h^2)} \tag{10.117}$$

그런 다음, 위의 원칙에 따라 속도운동량의 분포를 선택하고 반지름이 다른 러너 입구와 출구 부분의 속도성분과 속도삼각형을 구한다. 한편, 러너 입구 및 출구에서의 상대속도로부터 평균한 기하학적 평균 상대속도 W_∞와 유동 각도 β_∞는 각각 식 (10.109)와 식 (10.118)과 같은 형태로 표현될 수 있다.

$$\tan\beta_\infty = \frac{W_{\infty z}}{W_{\infty u}} \tag{10.118}$$

4) 양력법

① **양력 및 항력계수** 익렬의 작용을 이해하기 위해서 일반적으로 2가지의 접근방법이 취해진다. 하나는 익렬을 유로 단면적 변화의 관점에서 취할 수 있는 방법이고, 유로가 굽어지는 것에 의한 단면적 변화를 이용하여 디퓨저 작용을 일으키도록 하는 고찰 방법이다(유로이론). 또 다른 방법은 흐름의 방향을 바꾸어 증속 및 감속을 행하는 힘을 날개 작용에 의한 힘과 관련시켜 고찰하는 방법이다(날개이론). 전자는 익렬의 작용을 전체적으로 이해하는 데 적합하고, 후자는 여러 종류의 날개형에 대하여 데이터의 축적이 풍부하고 더구나 법칙성이 얻어지기 쉽다는 이점이 있기 때문에 축류 러너(또는 임펠러) 이론의 주류가 되고 있다. 여기서는 날개이론을 적용한 축류 러너의 설계에 대해서만 설명한다.

그리고 익(날개)형은 그림 10.65(a)에 나타낸 것과 같이 골격선(camber line)과 날개 두께에 의해 결정되고, 전연(leading edge)과 후연(trailing edge)을 연결하는 선분을 익현(chord length)라 한다. 익형의 대표적인 것으로써 NASA의 전신인 NACA가 송풍기용으로 개발한 NACA65 시리즈 익형이 잘 알려져 있고, 그 형태를 그림 10.65(c)에 나타낸다. 익형의 기호는 (최대골격)+(최대익폭)으로 나타낸다. 예를 들면 65-1210은 최대골격이 익현 길이의 12%이고, 최대익폭이 익현 길이의 10%이다. 또한 유입 흐름의 익현 방향에 대한 각도를 앙각(angle of attack)이라 하고, 설계앙각에서 양력은 최대골격에 비례한다. 이러한 익형을 그림 10.65(b)와 같이 정렬하면 익렬이 되고, t를 피치, ξ를 스태그각(stagger angle), 그리고 유입각 α_1과 유출각 α_2의 차 $\theta \equiv \alpha_1 - \alpha_2$를 전향각(deflection angle)이라 한다. 익렬의 성능은 날개 형태 외에 주로 현절비 $\sigma = l/t$(solidity) (l: 익현 길이), 앙각 $\alpha \equiv \alpha_1 - \xi$ 및 스태그각에 의해 지배된다.

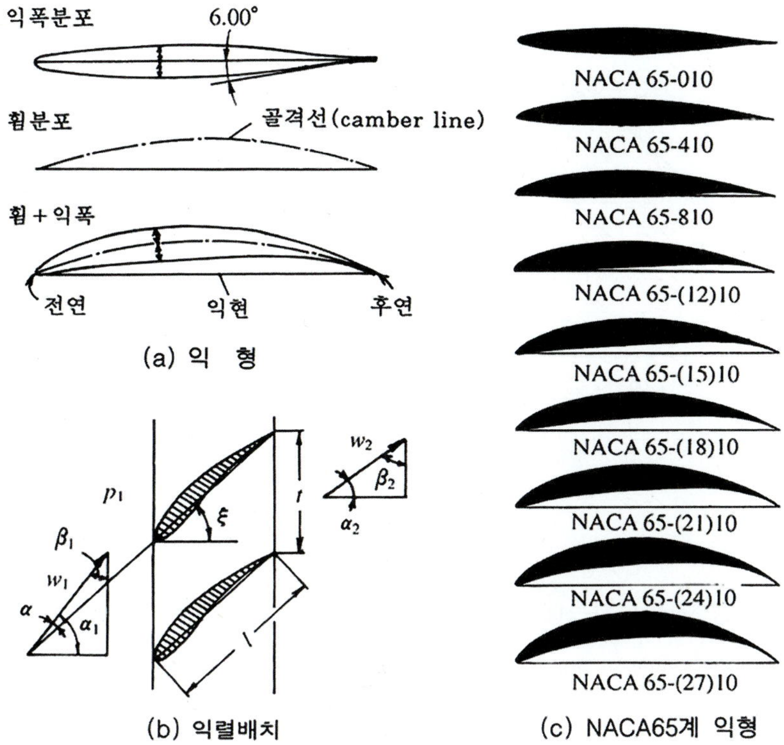

그림 **10.65** 익형의 각부 명칭

자료: ターボ機械協会編, 2005

축류 러너베인(블레이드)를 설계하는 양력법은 평면 익렬 주위의 유체 유동에 대한 동역학적 원리를 기반으로 하며, 익렬에 작용하는 양력 R_y와 항력 R_x는 다음의 형태로 표현된다.

$$R_y = C_{yp}\frac{W_\infty^2}{2}F \tag{10.119}$$

$$R_x = C_{xp}\frac{W_\infty^2}{2}F \tag{10.120}$$

여기서, C_{yp}와 C_{xp}는 각각 익렬의 양력계수와 항력계수이며, F는 익렬의 익현 방향 투영면적, 즉 $F = ldr$, l은 익형의 익현(chord length)이다. C_{yp}와 C_{xp}는 그림 10.66과

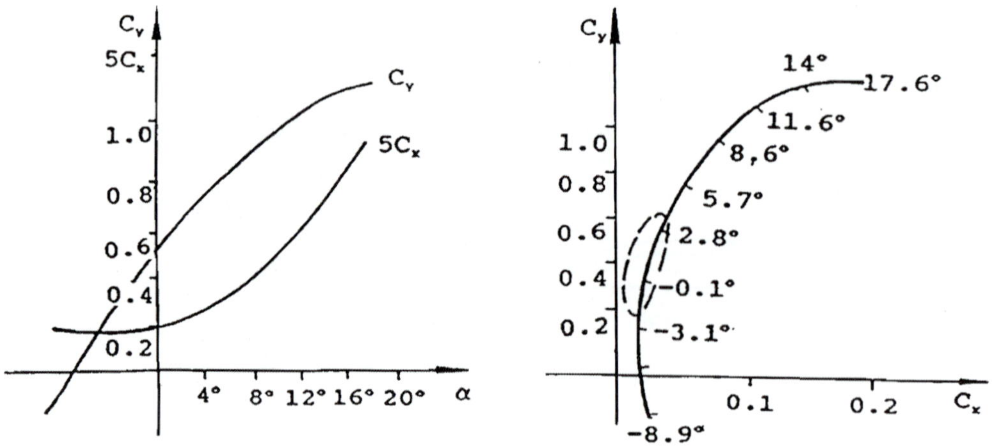

그림 **10.66** 익형의 동역학적 특성

자료: Krishna, 1997

같이 실험을 통해 결정되는데, 여기서 단일 익형의 계수인 C_y와 C_x는 익형의 동적 특성곡선으로 앙각(angle of attack) α의 함수이다.

평면 익렬의 계수는 일반적으로 직접 측정되지 않고, 단일 익형에 대한 C_y와 C_x의 수정을 통해 얻을 수 있다. 예를 들면

$$C_{yp} = C_y L \tag{10.121}$$

여기서, L은 익형의 형상, 설치각 β_e 및 익렬의 밀도 l/t에 상대적인 계수이다.

그림 10.67과 같이 평판 익렬에 대한 계수 L_n을 실험에 의해 구한다고 가정하면 다음과 같이 계수 L을 계수 m에 곱하여 계산할 수 있다.

$$L = mL_n \tag{10.122}$$

여기서, m은 다음과 같이 익렬의 밀도에 의존하며,

$$\begin{aligned} l/t = 0.86 \sim 0.95: &\quad m = 0.042(c/l) + 0.71, \\ l/t > 0.1: &\quad m = 1 + 0.75(l/t)^2, \\ l/t < 0.1: &\quad m = 2 \end{aligned} \tag{10.123}$$

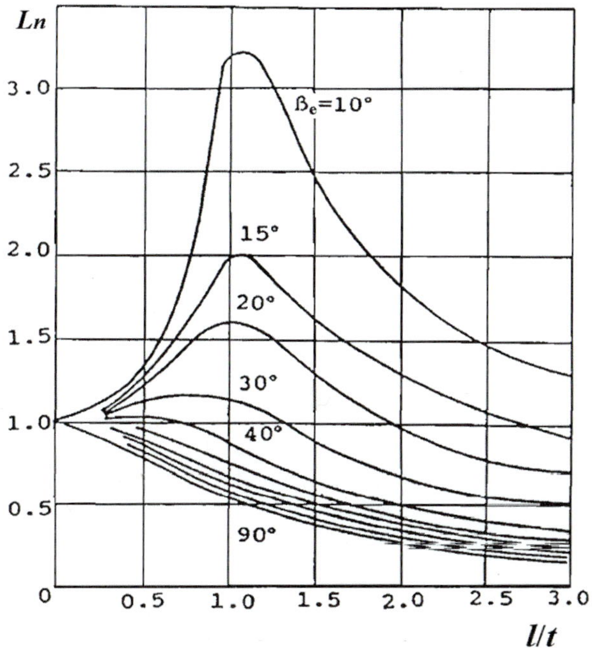

그림 10.67 평판 익렬에 대한 계수의 수정

자료: Krishna, 1997

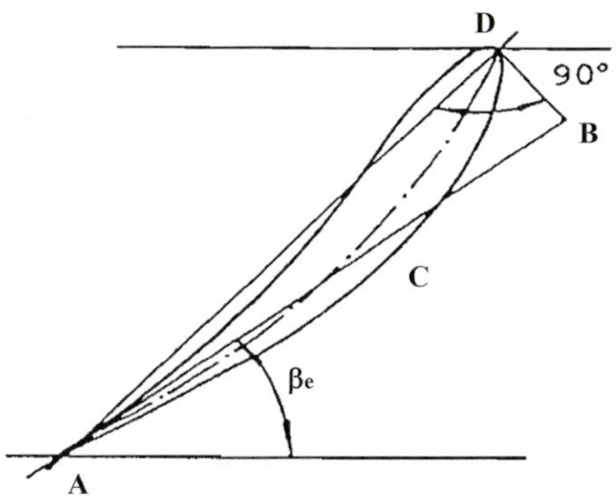

그림 10.68 실제 평판 익렬

자료: Krishna, 199

여기서, t는 익렬의 익형간 피치 간격, c는 익형의 최대 두께이다. 그림 10.68과 같이 실제에 해당하는 평판 익형을 그릴 수 있다.

항력계수 C_{xp}를 수정하는 것은 일반적이지 않다. 즉,

$$C_{xp} = C_x \tag{10.124}$$

그러나 익렬에 대한 앙각 α_p는 단일 익형에 대한 앙각 α로부터 다음과 같은 형식으로 수정되어야 한다.

$$\alpha_p = \alpha + \Delta\alpha \tag{10.125}$$

여기서, α의 수정은 익렬의 밀도에 의존한다.

$$l/t = 0.86 \sim 0.95; \qquad \Delta\alpha = -0.208(c/l) + 1.3^\circ \tag{10.126}$$

② **양력법의 기본방정식** 그림 10.69와 같이 유체 유동이 익렬을 통과할 때 익렬 위의 작용력 R은 다음과 같이 계산된다.

$$R = \frac{R_{yp}}{\cos\lambda} = C_{yp}\frac{\rho W^2}{2}\frac{ldr}{\cos\lambda} \tag{10.127}$$

여기서, λ는 R과 R_{yp} 사이의 각도이며, 방향은 그림 10.69에 나타나 있다.

$$\tan\lambda = \frac{R_{xp}}{R_{yp}} = \frac{C_{xp}}{C_{yp}} \tag{10.128}$$

작용력 R의 원주 방향 성분 R_u는 다음과 같은 형식으로 구해진다.

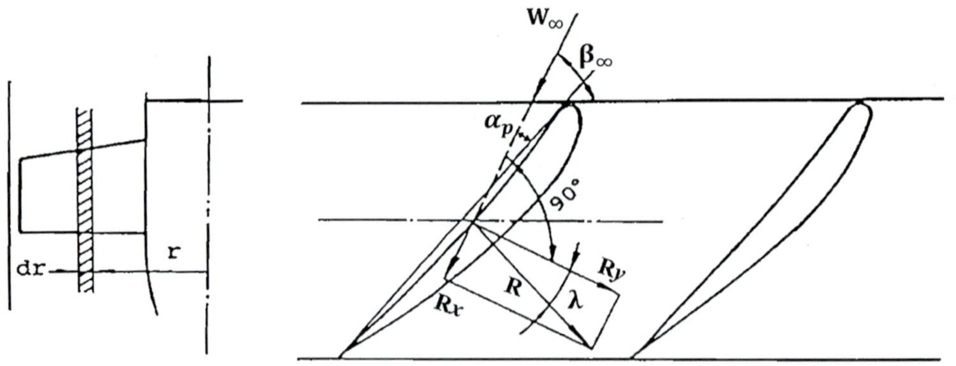

그림 **10.69** 회전 익렬
자료: Krishna, 1997

$$R_u = C_{yp}\frac{W_\infty^2}{2}\frac{ldr}{\cos\lambda\sin(\beta_\infty - \lambda)} \tag{10.129}$$

이 익렬의 출력은 다음 공식으로 표현할 수 있다.

$$dP_e = R_u UZ = \rho g dQ_I H \tag{10.130}$$

여기서, 유효낙차 H 및 익렬의 유량 dQ_I는 다음과 같다.

$$H = U\frac{\Delta V_u}{g} \tag{10.131}$$

$$dQ_I = V_z Zt\,dr \tag{10.132}$$

위의 방정식에서 양력법에 대한 기본방정식은 다음 형식으로 구한다.

$$C_{yp}\frac{L}{t} = 2\frac{\Delta V_u}{W_\infty}\frac{\cos\lambda\sin\beta_\infty}{(\sin\beta_\infty\cos\lambda - \cos\beta_\infty\sin\lambda)} \tag{10.133}$$

그리고

$$C_{yp}\frac{l}{t} = 2\frac{\Delta V_u}{W_\infty}\frac{1}{\left\{1 - \dfrac{\tan\lambda}{\tan\beta_\infty}\right\}} \tag{10.134}$$

식 (10.134)는 익렬의 유속과 기하학적 매개변수 사이의 관계를 나타낸다. 설계조건으로부터 속도와 유동 각도가 계산되면, 오직 두 변수 l/t와 C_{yp}만 알 수 없다. 이 변수들 중 하나를 알게 되면, 실험 결과에 기초하여 보통 양호한 성능을 가진 엄선된 형식의 익형에 따른 양력계수 및 익렬의 밀도 l/t를 식 (10.134)를 사용하여 계산할 수 있다. 그러나 익형의 양력계수는 그림 10.66과 같이 앙각의 함수이다. 계산에 큰 값의 계수를 사용할 경우 그림 10.66과 같이 앙각이 커져야 하므로 l/t 비율이 작고 항력계수도 작지 않아 러너의 효율이 떨어진다. 러너가 높은 효율을 얻기 위해서는 큰 비율의 C_{yp}/C_{xp}를 선택해야 한다. 즉, C_{yp}는 C_{xp}에 관하여 큰 도함수의 C_{yp} 영역에 위치해야 한다. 단일 익형의 실험 결과를 사용할 경우, 그림 10.67에서와 같이 C_{yp} 및 C_{xp}의 계산 시 C_y 및 C_x에 대한 수정이 필요하다.

③ **수력효율 산정** 반지름 r의 원통형 유동층에서 익렬의 수력효율 η_e는 다음 식을 사용하여 계산할 수 있다.

$$\eta_e = \frac{1.0}{\left(1 + \frac{W_\infty \sin\lambda}{U\sin(\beta_\infty - \lambda)}\right)} \tag{10.135}$$

여기서, 각도 λ가 작을수록 익렬의 효율이 높아진다. 러너 허브에서 러너 팁까지 익렬 효율을 통합함으로써 러너의 총 수력효율은 다음과 같이 표현된다.

$$\eta_h = 2\pi \int_{rb}^{R} \eta_e \frac{r V_z}{Q} dr \tag{10.136}$$

식 (10.136)에서 양력계수는 C_{yp}/C_{xp}의 비율이 높은 영역과 러너 팁 부근에서 선정되어야 한다는 것이 명확하다. 그리고 C_{yp}가 높은 러너 허브에서만 큰 앙각을 선택해야 하며, 그 각도는 $8 \sim 10°$ 이하이다.

④ **캐비테이션 성능 산정** 설계된 러너가 우수한 성능을 얻으려면 높은 효율 외에도 캐비테이션 특성을 만족시켜야 한다. 양력법을 사용하여 러너 설계 시 캐비테이션 성능을 산정할 필요가 있다.

익형 주위의 유체 유동조건에서 익형 부압면에 불균일한 압력장이 생성된다는 것은 잘 알려져 있다. 가장 낮은 압력인 $p_{\min}$은 부압면의 출구에서 발생하며, 압력 $p_{\min}$이 포화증기압보다 낮을 경우, 이 지점 m에서 캐비테이션이 발생한다. 출구의 이 지점을 2로 표시하면 베르누이 방정식은 다음의 식 (10.137)과 같다.

$$gZ_m + \frac{p_{\min}}{\rho} + \frac{W_{\max}^2}{2} - \frac{U_m^2}{2} = gZ_2 + \frac{p_2}{\rho} + \frac{W_2^2}{2} - \frac{U_2^2}{2} + g\Delta h_{m-2} \tag{10.137}$$

수력손실 Δh_{m-2}를 제거하고, $U_m = U_2$와 $Z_m = Z_2$로 가정하면

$$\frac{p_{\min}}{\rho} = \frac{p_2}{\rho} - \frac{W_{\max}^2 - W_2^2}{2} \tag{10.138}$$

출구 지점 2와 방수로의 수면인 a에서 동일한 베르누이 방정식은 다음과 같이 표현된다.

$$gZ_2 + \frac{p_2}{\rho} + \frac{V_2^2}{2} = gZ_a + \frac{p_a}{\rho} + \frac{V_a^2}{2} + g\Delta h_{2-a} \tag{10.139}$$

여기서, p_a는 대기압이고 Δh_{2-a}는 지점 2와 a 사이의 손실이며, 이것은 수차 흡출관 내의 손실이다. 흡출관의 회복계수가 η_w이면 다음과 같이 나타낼 수 있다.

$$\Delta h_{2-a} = (1 - \eta_w)\frac{V_2^2}{2g} \tag{10.140}$$

마지막으로, 최소압력인 $p_{\min}$은 다음과 같은 형태로 표현될 수 있다.

$$\frac{p_{\min}}{\rho} = \frac{p_a}{\rho} - gH_s - \eta_w\frac{V_2^2}{2} - |p^*|\frac{W_2^2}{2} \tag{10.141}$$

여기서, H_s는 흡출높이이다. 또한, p^*는 가장 낮은 압력계수이며, 0보다 작고, 다음과 같이 정의된다.

$$p^* = 1 - \left(\frac{W_{\max}}{W_2}\right)^2 \tag{10.142}$$

또한 다음 식으로 표현할 수 있다.

$$|p^*| = 0.25\,C_{yp}\frac{t}{l} + 0.01\left(\frac{c}{l} - 3\right)\frac{l}{t} \tag{10.143}$$

여기서, l, t, c는 각각 익형의 익현(cord length), 익렬의 익형간 피치 간격, 익형의 최대 두께이다.

그리고 최소압력은

$$\frac{p_{\min}}{\rho} = \frac{p_a}{\rho} - gH_s - \eta_w \frac{V_2^2}{2} - \left| 0.25\, C_{yp} \frac{t}{l} + 0.01\left(\frac{c}{l} - 3\right)\frac{l}{t} \right| \frac{W_2^2}{2} \tag{10.144}$$

러너 블레이드를 설계하는 양력법에서는 압력분포를 계산할 수 없지만 캐비테이션계수는 다음과 같이 추정할 수 있다.

$$\sigma = \eta_w \frac{V_2^2}{2gH} + |p^*| \frac{W_2^2}{2gH} \tag{10.145}$$

식 (10.145)는 반지름 r인 익렬의 캐비테이션계수를 계산하는 데 사용된다. 반지름이 다른 여러 익렬에 대한 캐비테이션계수의 값은 거의 같아야 한다. 이 값들의 결과가 서로 크게 다를 경우, 서로 다른 익렬에 대해 거의 동일한 캐비테이션 특성을 얻도록 l/t 비율을 조정해야 한다. 그럼에도 불구하고, 허브 - 직경비 d_h/D 가 작은 값을 가질 경우 캐비테이션 성능과 효율이 향상될 것이다.

5) 양력법에 의한 설계 절차

양력법을 사용하여 축류 러너 블레이드를 설계하는 방법은 다음과 같다.

① **설계조건하에서 설계 러너의 기본 매개변수, 즉 단위 회전속도, N_{11} 및 단위 유량 Q_{11}을 결정한다.**

② **수차 유로의 기하학적 매개변수를 선정하고 자오면에 투영된 형상을 그린다.**

③ **러너에서 계산할 원통형 구간을 선정하고, 각 구간에서 러너 입구 및 러너 출구에서 각각 속도삼각형을 계산한다.** 일반적으로 5~6개의 원통형 구간이 설계에 필요하다. 연속된 두 구간 사이의 거리는 거의 같아야 한다. 속도 W_1, W_2, W_∞ 및 유동 각도 β_∞를 포함하여 속도삼각형을 결정할 수 있도록 속도 및 속도운동량의 분포를 선택해야 한다.

④ **익형의 종류를 선택한다.** 수차의 낙차가 높으면 입구 유속 W_1과 출구 유속 W_2 사이의 변화가 커지게 되고, 러너가 높은 효율을 달성하기 위해서는 큰 곡률을 가진 익형을 선정해야 한다.

익형의 전연에서 최대 두께 지점까지 길이 $l1$이 짧고, 후연 근처 익형의 두께가 얇으면 러너의 효율이 높고 캐비테이션 특성도 개선된다. 일반적으로 $l1/l$ 비율은 1/3~2/5이지만, 두께는 강도 요건을 충족하기에 충분해야 한다.

러너베인(블레이드)의 매끄러운 표면을 얻기 위해서는 서로 다른 원통형 구간의 익렬에 대해서 동일한 형식의 익형으로 선택해야 한다.

⑤ **익렬의 밀도 l/t와 상대 두께 c/l를 고려한다.** 팁 부분의 익렬 밀도는 효율 및 캐비테이션 특성에 따라 선정되어야 한다. 허브 구간에서는 반지름이 작으며, 이로 인해 양력계수와 앙각이 크다. 한편 허브 구간의 익렬 밀도도 커야 한다. 예를 들면

$$\left(\frac{l}{t}\right)_h = (1.2 \sim 1.5)\left(\frac{l}{t}\right)_t \quad (10.146)$$

허브 구간에서 팁 구간까지 익렬의 밀도 $(l/t)_t$는 선형함수로 변화한다.

양호한 성능을 유지하려면 익형의 두께를 다소 작게 선택해야 하며, 강도 요구 사항도 충족해야 한다. 예를 들면 팁 구간에서는

$$\frac{c}{l} = 2 \sim 3\% \quad (10.147)$$

이고, 허브 구간의 두께는 강도에 따라 결정된다. 즉,

$$c = (0.012 \sim 0.015)DH^{0.5}\ [\text{m}] \quad (10.148)$$

가운데 구간에서는 익형의 최대 두께 c가 선형함수로 간주된다.

⑥ **각 구간에서 식 (10.141) 또는 식 (10.145)에 따라 캐비테이션 성능이 보장되는 최대 양력계수 $(C_{yp})_{\max}$를 계산한다.**

⑦ **기본방정식인 식 (10.134)와 반복 근사를 이용하여 각 구간의 양력계수 및 앙각을 결정한다.** 양력계수 C_{yp}는 단계 ⑥의 최댓값 $(C_{yp})_{\max}$보다 작아야 한다. C_{yp}를 결정할 때 앙각의 대략적인 값은 처음에 팁 구간에서 $3 \sim 4°$, 허브 구간에서 $8 \sim 10°$로 가정해야 한다. 그

런 다음 앙각 α에 따라 $\tan\alpha$를 다음과 같이 계산할 수 있다.

$$\tan\alpha = \frac{C_x}{C_y} \tag{10.149}$$

그 후 각도 α의 값은 양력법의 기본방정식인 식 (10.134)에 대입하여 익렬의 양력계수 C_{yp}를 계산한다. 또한 C_{yp}는 단일 익형에 대한 C_y 값으로 변환되며, C_y에서 NACA 익형, Göttingen 익형, RAF 익형과 같이 공개된 실험 결과를 사용하여 이 익형의 특성곡선에 따라 앙각을 선정할 수 있다. 이 앙각의 값은 이전의 계산값과 같아야 하며, 그 후에 설계가 끝났다고 가정한다. 조건이 충족될 수 없는 경우 앙각 보정을 통해 다음 반복계산이 필요하다. 여러 번의 상호작용 후에도 조건을 충족할 수 없는 경우 l/t의 보정을 수행하여 계속 진행해야 한다.

⑧ 익렬의 설치 각도 β_e를 다음과 같이 계산한다.

$$\beta_e = \beta_\infty - \alpha_p \tag{10.150}$$

⑨ 러너의 효율과 캐비테이션계수를 산정한다.

⑩ 엔지니어링 및 제조에 사용되는 러너 블레이드의 형상을 그린다.

(3) 축류 러너 블레이드 형상

축류 러너 블레이드는 선정하거나 설계한 익형을 여러 구간에 결합하여 형성된다. 형상 도면은 그림 10.70과 같이 이와 같은 조합 후에 완료된다. 이러한 형상 도면에는 블레이드의 모양과 형상, 블레이드 회전 스템(stem)의 위치, 블레이드의 수평 및 수직 투영이 포함된다. 카플란수차 러너에서는 블레이드의 설계기준 위치를 0° 라고 하며, 블레이드가 개방 방향을 가리키면 위치 각도가 양(+)의 값이다. 그래서 형상 도면에서 블레이드 표면의 좌푯값은 0° 위치에서 나타낸다.

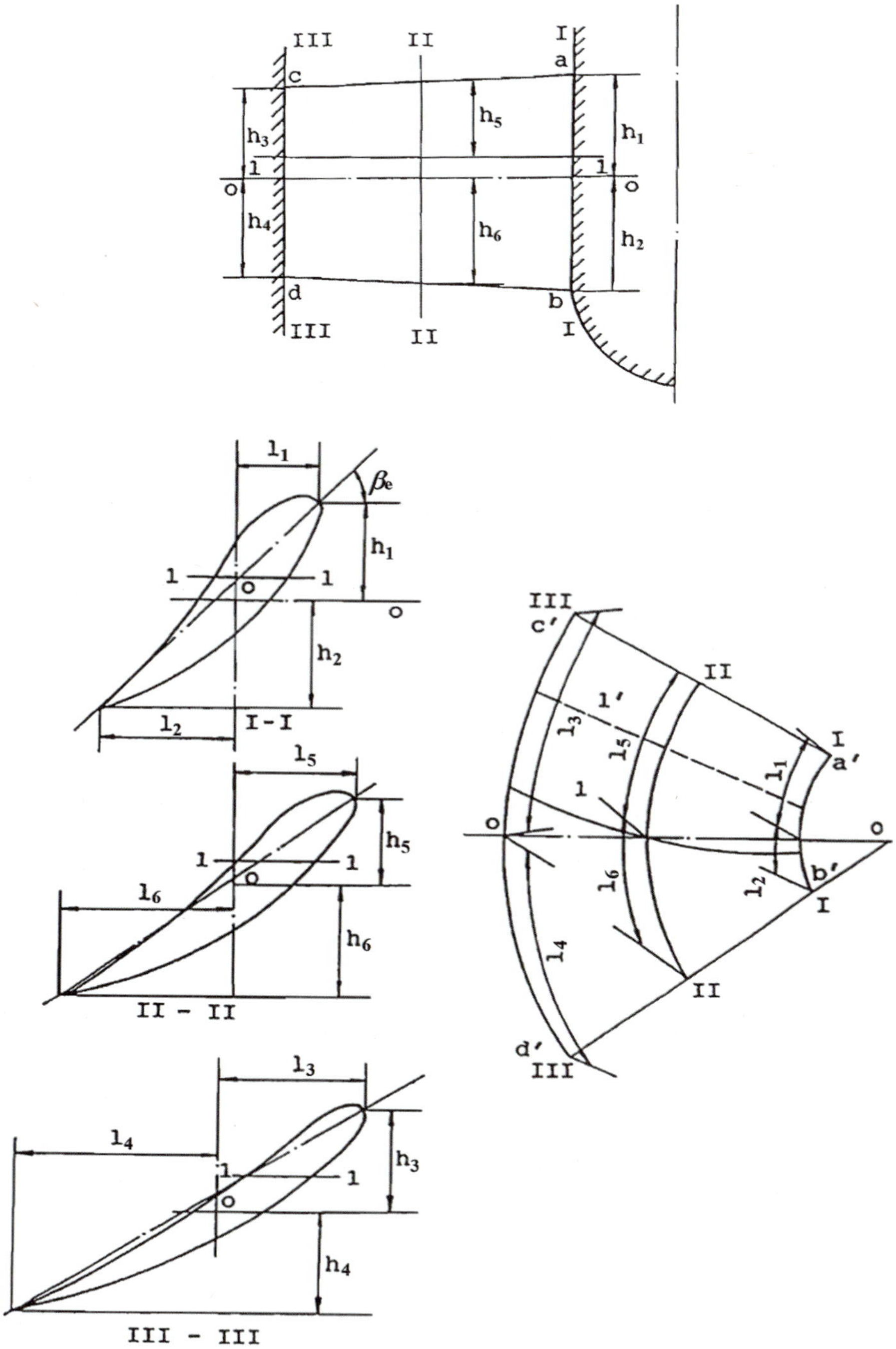

그림 **10.70** 축류 러너 블레이드 형상

자료: Krishna, 1997

1) 블레이드 회전 스템의 결정

고유한 블레이드 형상을 얻기 위하여 여러 구간에 있는 익형을 결합하기 위해서는 블레이드 스템을 결정해야 하며, 위치는 다음 요소에 따라서 설정해야 한다.

- 블레이드 스템의 위치는 블레이드와 오일 서보모터의 회전 메커니즘을 최적 설계하기 위해 블레이드 닫힘 방향과 열림 방향에 대해서 거의 동일한 수력 운동량이 되도록 하는 방식으로 결정된다. 블레이드 스템의 위치는 양력에 의해 작용하는 지점 근처에서 선택된다. 떨어져 있는 베인이 있는 익렬(예: $l/t=0.5$)의 경우, 전연에서 양력 작용 지점 사이의 거리 S는 0.35 l, 조밀한 익렬인 경우, 즉 $l/t=1.3$, S는 0.45 l이다. 이 값은 블레이드 스템의 위치를 선정할 때 변경될 수 있다. 동시에 이 위치는 중심선 또는 블레이드선 근처에 설정되어야 한다.
- 러너 블레이드를 쉽게 제조하고 점검하기 위해서는 블레이드 스템의 위치를 블레이드의 출구 가장자리가 하나의 자오면에 있도록 설정하고 가능한 수평면에 위치하도록 하는 방식으로 설정해야 한다. 실제로, 러너 팁에서 스템의 위치가 먼저 설정된 다음, 블레이드 출구 가장자리가 자오면에 위치한다는 사실에 따라 허브 구간의 위치가 설정된다. 마지막으로, 다른 나머지 구간에서 블레이드 스템의 위치를 결정할 수 있다.

2) 블레이드 표면 매끄러움(거칠기) 점검

러너베인(블레이드)는 서로 다른 원통형 유동층 구간에 여러 개의 에어포일로 구성되어 있어 두께 및 블레이드 스템을 부적절하게 선정할 경우, 블레이드 표면이 충분히 매끄럽지 않게 되어 러너의 성능이 떨어질 수 있다. 따라서 러너베인(블레이드)을 형성한 후에는 블레이드 표면의 매끄러움(거칠기)을 점검해야 한다. 이를 위해 여러 평면 (예: 수평면 또는 자오면)을 사용하여 블레이드 표면을 교차시킨다. 교차선이 충분히 매끄럽지 않은 경우, 익형의 두께를 변경하거나 또는 블레이드 스템 위치를 다른 원통형 유동층 구간으로 변경해야 한다.

(4) 벌브수차 러너 설계를 위한 양력법의 적용

1) 벌브수차 러너의 축 방향 유속 및 순환분포

축류 수차 러너 중의 한 가지 특수한 유형인 벌브수차 러너에 대해서 양력법은 카플란수차와 동일한 방식으로 설계에 적용할 수 있다. 그러나 축 방향 유속과 순환분포는 카플란수차 러너의 분포와 약간 다르므로 이러한 분포에 대해 자세히 설명할 필요가 있다.

① **축 방향 유속분포** 벌브수차의 유로는 매끄럽게 나아가며, 약간의 곡면으로 돌아가는 부분도 있지만, 거의 직선적인 형식이다. 카플란수차의 러너 상류에서는 90° 곡관부가 있으나, 벌브수차 러너 상류에서는 곡관부가 없고 축 방향 유속 V_z의 분포가 거의 균일하다. 설계에서 축 방향 유속은 상수이며 평균 축 방향 유속과 같다.

② **순환분포** 흡출관의 고체 벽면으로부터 유동박리를 피하기 위해서 러너 출구의 순환은 작은 양(+)의 값을 가져야 한다. 즉, 이 순환은 러너 회전 방향과 같은 방향을 가져야 한다. 따라서 다음 두 가지 방법이 일반적으로 이 순환분포를 결정하는 데 적용된다.

- 벌브수차 러너의 서로 다른 원통형 유동층 구간에 대한 동일한 하중에 따라서, 러너 입구 및 출구 사이의 순환 차이는 다른 구간에 대해 일정하다. 왜냐하면 가이드베인 후방 유동 영역에 포텐셜 유동의 가정이 적용될 수 있고, 러너 입구에서의 순환은 가이드베인 출구에서와 거의 같기 때문이다. 결과적으로 가이드베인의 출구 각도는 각기 다른 반지름에서 동일하지 않다. 이로 인해 가이드베인이 꼬이고 가이드베인 사이에 유동 누설이 발생한다. 각기 다른 유동층 구간의 균일한 하중분포는 벌브수차 러너 블레이드의 설계에 적합하지 않다.
- 벌브수차 원뿔형 가이드베인의 씰 필수조건과 러너 입구에서의 적절한 순환분포를 고려하여 가이드베인 후방의 출구 유동 각도분포를 선택할 수 있다. 가이드베인과 러너 사이의 유로를 통과하는 포텐셜 유동에 기초하여, 러너의 각기 다른 원통형 유동층 구간의 하중은 서로 같지 않다.

10.2.4 가역식 프란시스형 펌프수차 러너 설계

(1) 개요

대용량 화력발전소와 원자력발전소의 운영을 안정시키기 위해 수많은 양수발전소가 건설되었으며, 최근에는 재생에너지원에서 발생된 전력으로부터 계통의 안정화를 위해 양수발전소의 건설이 꾸준히 계획 중이다.

그러나 가역식 펌프수차의 수력설계의 경우 사용 가능한 공공 데이터베이스가 여전히 불충분하다. 이 장에서는 수차 및 펌프모드에서의 최적의 운전을 위한 가역식 프란시스형 펌프수차의 수력설계에 대해 설명한다.

설명은 수차 및 펌프 모드에서 동일한 속도로 작동하는 가변 가이드베인이 있는 가역식 프란시스형 펌프수차의 기본 구성에 초점이 맞춰져 있다.

설명에 사용된 모든 모형시험 데이터의는 펌프모드 최적 효율에서의 무차원 비속도 범위는 n_{sn}=0.2～0.4이다(n_{sq}=30～60 [min^{-1}, m^3/s, m], 유효낙차 H=50～500 m에 해당).

(2) 정의

본 항에서는 다음의 정의가 사용된다.

① **오일러이론 헤드** H_{th}

$$H_{th} = \frac{U_1 C_{u1} - U_2 C_{u2}}{g} \ \text{[m]} \tag{10.151}$$

여기서, U [m/s]는 러너의 원주 방향 속도이고, C_u [m/s]는 절대유속의 원주 방향 성분이다. 하첨자 1과 2는 각각 수차모드 러너베인 전연(펌프모드 임펠러 블레이드 후연, 또는 회전차 고압 측)과 수차모드 러너베인 후연(펌프모드 임펠러 블레이드 전연, 또는 회전차 저압 측)을 나타낸다.

② **단위 유량 Q_{11}**

$$Q_{11} = \frac{Q}{\sqrt{H} D_1^2} \tag{10.152}$$

여기서, Q [m^3/s]는 유량이며, H [m]는 유효낙차, D [m]는 러너 직경이다.

③ **낙차 변화에 대한 유량 변화의 기울기 $g_{Q/H}$**

$$g_{Q/H} = \frac{dQ_P}{dH_P} \cdot \frac{H_{Pbep}}{Q_{Pbep}} = \frac{d\phi}{d\psi} \cdot \frac{\psi_{bep}}{\phi_{bep}} \tag{10.153}$$

여기서, 첨자 bep는 최고효율점을 나타낸다.

④ **단위 회전속도 n_{11}**

$$n_{11} = \frac{60 n D_1}{\sqrt{H}} \tag{10.154}$$

여기서, n [min^{-1}]은 러너의 회전속도이다.

⑤ **펌프모드의 비속도 n_q**

$$n_q = \frac{60 n_P Q_P^{1/2}}{H_P^{3/4}} \tag{10.155}$$

⑥ **설치(운전) 캐비테이션계수 σ**

$$\sigma = \frac{H_a - H_v - H_s}{H_P} \tag{10.156}$$

여기서, H_a [m]는 대기압 헤드, H_v [m]는 물의 포화증기압 헤드, H_s [m]는 흡입헤드이다.

⑦ **유량계수 ϕ**

$$\phi = \frac{V_{m1}}{U_1} \tag{10.157}$$

여기서, V_m [m/s]은 유속의 자오면 성분이다.

⑧ **양정계수 ψ**

$$\psi = \frac{gH_P}{U_1^2} \tag{10.158}$$

(3) 펌프수차의 수력 특성

펌프수차의 최적 수력설계를 실행하기 위해서는 수차 및 펌프 운전 시 수력 특성을 이해하는 것이 중요하다. 다음 설명에서 수차 특성과 펌프 특성 간의 균형을 강조한다.

1) 수차모드 수력 특성

그림 10.71은 프란시스 펌프수차의 수차모드 운전 시 수력 특성에 대한 일반적인 예를 보여준다. 이 그림은 다양한 가이드베인 개도 a_0에 대한 단위 속도 n_{11T}와 단위 유량 Q_{11T}에 대한 효율 η_T의 관계를 보여준다. 그림 10.71에서는 식 (10.152) 및 식 (10.154)을 이용하여 등효율곡선에서 각각의 일정한 가이드베인 개도에 대한 $H_T \sim Q_T$ 특성을 나타낸다.

수차 및 펌프모드 운전에서 회전속도가 동일($n_T = n_P$)하므로, 수차 운전범위는 그림 10.71에서 파선상의 $A' - D' - B'$ 지점과 같이 bep(최고효율점)에서 보다 큰 n_{11T} 영역으로 상당히 이동한다(자세한 내용은 다음의 제 3)항 참조).

일반적으로 펌프수차를 어떤 범위에서든 높은 수차효율을 갖도록 설계하는 것이 바람직하지만, 실질적으로는 그림 10.71의 오른쪽 상단 영역(운전범위에 해당)에서 수차효율을 높이는 것이 적절하다. 이것은 펌프수차의 수차효율 성능을 평가하기 위한 점검 사항 중 하나이다. 그림 10.71의 일점쇄선 L은 bep를 통과하는 $Q_T =$일정의 선을 보여준다. 즉, 다음의 관계를 만족하며,

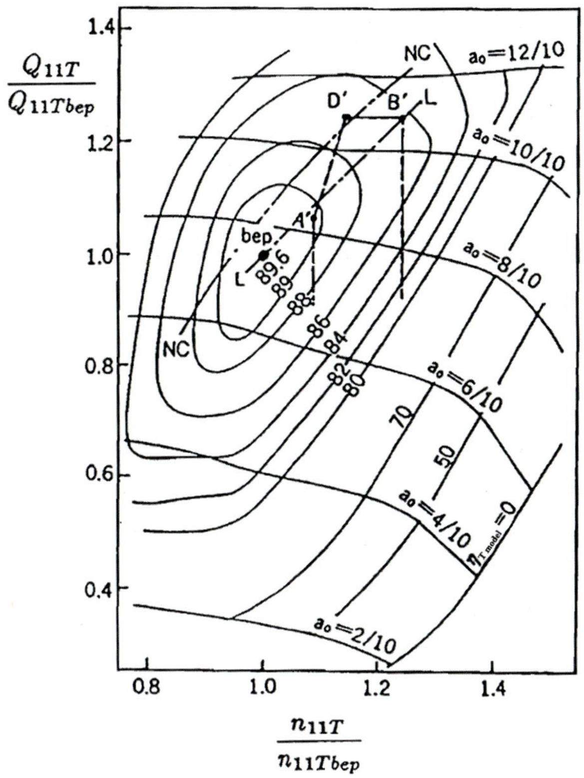

그림 **10.71** 프란시스형 펌프수차 수차모드 운전 시 수력 특성
자료: Krishna, 1997

$$\frac{n_{11T}}{n_{11Tbep}} = \frac{Q_{11T}}{Q_{11Tbep}} \qquad (10.159)$$

이 선 L의 모든 지점은 수차 운전범위 근처의 해당 n_{11T}에서 $\eta_{T\max}$ 지점에 가깝다.

그림 10.72는 많은 모형 펌프수차의 선 L에 따른 효율감소 $\Delta\eta_T$의 변화를 나타내는 통계적 곡선을 보여준다. 그림 10.71의 일점쇄선 NC는 러너 출구에서 선회류가 발생하지 않는 운전조건을 나타낸다. 만일 선 NC가 bep를 통과하도록 러너가 설계된다면, $\eta_{T\max}$의 값이 증가할 수 있지만, 더 높은 n_{11T} 영역에서 η_T를 증가시키기 위해서는 그림 10.71과 같이 선 NC를 bep보다 약간 높게 만드는 것이 좋다.

펌프수차의 펌프모드 운전은 캐비테이션 초생에 더 취약하다. 따라서 H_s의 제한값은

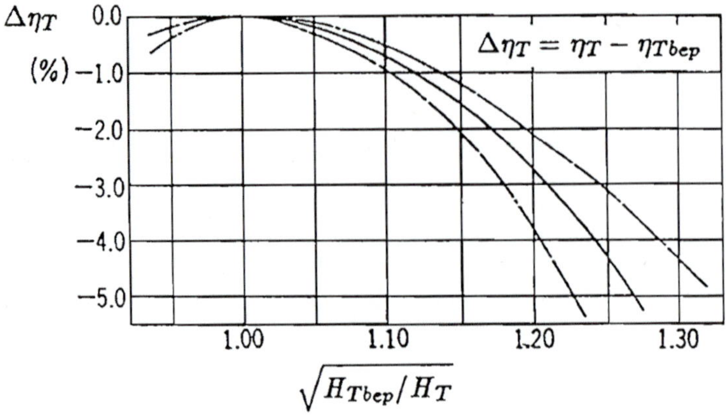

그림 **10.72** 선 L(그림 10.71)에 따른 수차모드 효율감소
자료: Krishna, 1997

펌프모드 운전상태에 따라 결정된다. 따라서 수차모드 운전 시 캐비테이션 문제와 관련하여 특별한 주의를 기울일 필요는 없다.

2) 펌프모드 수력 특성

그림 10.73은 펌프수차의 펌프모드 특성에 대한 일반적인 예를 보여준다. 수차모드 특성과는 달리, 펌프모드 특성에서 H_P와 Q_P의 관계는 그림 10.73과 같이 단일 곡선으로 표현된다. $H_P \sim Q_P$ 곡선에서 도달할 수 있는 최고 펌프모드 효율 η_P는 각 가이드베인 개도 a_0에서 η_P 곡선의 포락선에 해당한다.

그림 10.73에서 볼 수 있듯이, 가변 가이드베인을 통해 넓은 유량범위에서 높은 효율을 얻을 수 있으므로, 펌프모드 운전은 주로 임펠러 입구의 캐비테이션 초생에 의해 제한된다. 일정한 H_s에서 유량이 변화할 경우(그림 10.73), 무충돌유량 sfp(shock-free entry point, $Q_P/Q_{Psfp}=1.0$)에서는 임펠러베인 입구 측 양표면에서 명백하게 캐비테이션 발생이 없다. sfp 값에서 유량이 서서히 증가하면 유동 유입 각도는 임펠러베인 전연 각도에 대해서 음의 값이 된다. 또한 캐비테이션은 임펠러베인 입구 측 압력면에서 발생하고, 그림 10.73의 d 지점에 해당한다. 유량이 더욱 증가함에 따라 e 지점에서는 캐비테이션 기포가 임펠러베인 압력면에서 유동 방향으로 성장하며, 마침내 f 지점에서 H_P와 η_P가 급격히 하락한다.

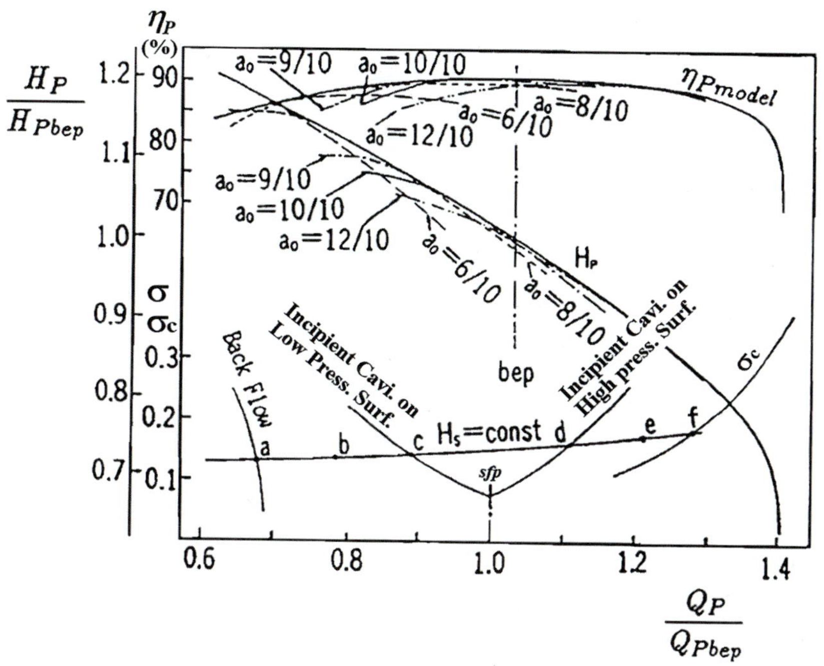

그림 **10.73** 프란시스 펌프수차 펌프모드 운전상태 수력 특성

자료: Krishna, 1997

한편, 유량이 sfp의 값에서 감소하면, 유동 유입 각도는 임펠러베인 전연 각도에 대해서 양의 값이 되며, 캐비테이션은 그림 10.73의 c 지점에 해당하는 임펠러베인 입구 측 부압면에서 발생한다. 유량이 더욱 감소하여 b 지점에 이르게 되면 캐비테이션은 부압면에서 유동 방향으로 성장한다. 그러나 유량이 훨씬 더 감소하여 운전점 a에 도달하면 임펠러 크라운 표면을 따라 임펠러로 유입되는 흐름이 밴드 표면을 따라 다시 유입관쪽으로 역류하게 된다. 따라서 임펠러베인 부압면에서의 캐비테이션은 성장이 방해되어 오히려 역류로 인해 감소하거나 사라진다. 단, 역류점보다 낮은 유량으로 기기를 작동시키는 것은 바람직하지 않으며, 진동과 소음이 갑자기 증가하기 때문이다. 그림 10.74는 그림 10.73에서 유량이 $a \sim f$로 변화할 때 임펠러 입구에서 발생하는 캐비테이션의 예를 보여준다.

임펠러 입구의 캐비테이션은 유량이 일정할 경우 가이드베인 개도 a_0의 변화에 의해 큰 영향을 받지 않지만, H_s의 영향을 받는 것은 확실하다. 방수위가 낮아지면(σ가 감소됨) 부압면과 압력면에서 캐비테이션이 시작되는 유량(그림 10.73의 c 및 d 지점)은 점차 서로 가까

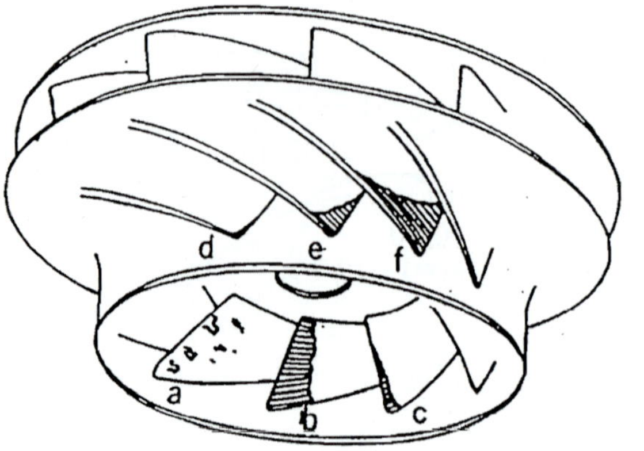

그림 **10.74** 다양한 유량(그림 10.73의 운전점 $a \sim f$에 해당)에 대한 임펠러 입구에서의 일반적인 캐비테이션 발생 개략도
자료: Krishna, 1997

워지고 마침내 sfp에서 하나로 서로 일치한다. 심지어 더 낮은 σ에서는 sfp에서의 캐비테이션이 임펠러베인 입구 측의 압력면과 부압면에서 동시에 발생한다. H_P 또는 η_P가 하락하는 f 지점에 해당하는 유량도 σ에 따라 변화하며, σ가 감소하면 f 지점에 해당하는 임계유량(choking discharge)도 감소한다(그림 10.73). 일반적으로 f 지점에 해당하는 유량은 Q_{Psfp}의 약 1.25배이다. 반대로 역류 시작점의 유량 Q_{PBF}(a 지점)는 가이드베인 개도 a_0 또는 흡입헤드 H_s에 의해 크게 변하지 않는다. Q_{PBF}는 Q_{Psfp}의 $60 \sim 70\%$이며, 그 값은 그림 10.75와 같이 비속도 n_q에 따라 달라진다. 결과적으로, $n_q = 30 \sim 60$의 비속도 범위에서 적용 가능한 유량범위는 대략 최대 $(1.25 - 0.70)Q_{Psfp} = 0.55Q_{Psfp}$이다. 그러나 이 값은 임펠러 입구에서의 캐비테이션 초생 및 성장을 고려하여 $(1.15 - 0.80)Q_{Psfp} = 0.35Q_{Psfp}$의 범위에서 제한하는 것이 바람직하다.

Q_{Pbep}와 Q_{Psfp}가 서로 가깝게 임펠러를 설계하는 것이 바람직하지만, 펌프모드와 수차모드 운전 사이의 균형을 위해서 가능한 한 높은 양정 영역의 펌프모드 성능을 사용하기 위해서는 $Q_{Psfp} = 0.95Q_{Pbep}$로 설계하는 것이 좋다. 일반적으로 임펠러베인 입구 측 형상을 적절히 변경하여 $Q_{Psfp} = (0.9 \sim 1.2)Q_{Pbep}$로 설계할 수 있다.

펌프수차의 펌프모드 운전범위를 설정하기 위해서는 먼저 주어진 양정 변화 값 $\Delta H_P/H_P$(여기서, $\Delta H_P = H_{P\max} - H_{P\min}$)를 사용하여 허용 가능한 유량 변화 값 $\Delta Q_P/Q_P$(여기서, $\Delta Q_P = Q_{P\max} - Q_{P\min}$)를 산정해야 한다. 이를 위해 기존의 모형 펌프수차로부터 계측한 양정 변화

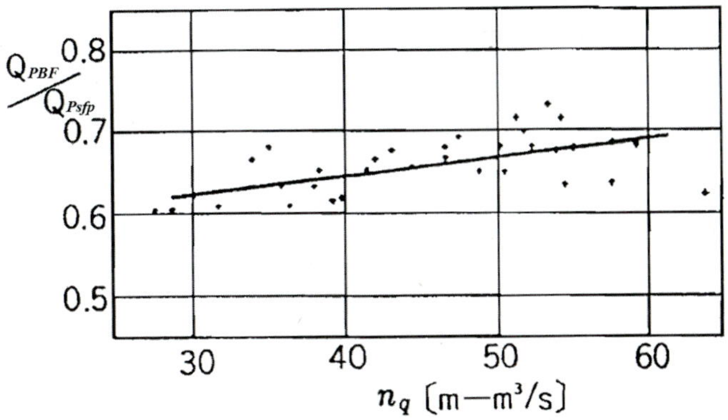

그림 **10.75** 무충돌유량에 대한 역류 시작 유량의 비
자료: Krishna, 1997

값에 대한 유량 변화 값의 비율에 관한 데이터베이스를 구축하는 것이 편리하다. 유량 변화 값과 양정 변화 값의 비율은 다음과 같이 $g_{Q/H}$로 표현할 수 있다.

$$g_{Q/H} = \frac{\Delta Q_P}{Q_{Pbep}} / \frac{\Delta H_P}{H_{Pbep}} = \frac{dQ_P}{dH_P} \cdot \frac{H_{Pbep}}{Q_{Pbep}} \tag{10.160}$$

$g_{Q/H}$ 값이 더 작을수록 더 작은 유량 변화를 큰 양정 변화로부터 얻을 수 있으며, 이것은 바람직한 양정 변화 특성을 나타낸다.

그림 10.73의 $H \sim Q$ 곡선은 식 (10.157)과 식 (10.158)을 이용하여 그림 10.76과 같이 $\psi \sim \phi$ 곡선으로 무차원화되었다. $\psi \sim \phi$ 곡선에 대한 접선이 bep에서 그려지면 $\phi = 0$에서 이론적인 체절양정계수 ψ_0는 많은 펌프수차의 모든 펌프모드 특성에 대해서 0.7과 0.8 사이의 값에 도달한다. 따라서 $\psi_0 = 0.75$(Stepanoff, 1957 참조)는 $n_q = 30 \sim 60$ 이내에서 평균값으로 간주할 수 있다.

접선의 기울기로부터 $g_{Q/H}$를 구하면 다음과 같은 식 (10.161)를 도출할 수 있다.

$$g_{Q/H} = \frac{\Delta\phi}{\Delta\psi} \cdot \frac{\psi_{bep}}{\phi_{bep}} = \frac{\phi_{bep} - 0}{\psi_0 - \psi_{bep}} \cdot \frac{\psi_{bep}}{\phi_{bep}} \tag{10.161}$$

$$= \frac{\psi_{bep}}{\psi_0 - \psi_{bep}} = \frac{1}{(\psi_0/\psi_{bep}) - 1}$$

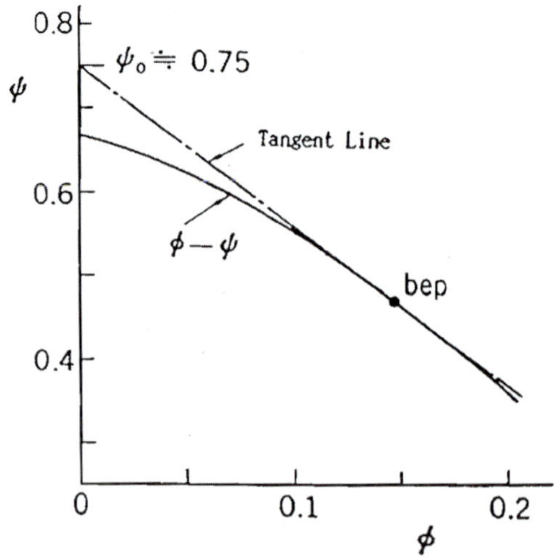

그림 **10.76** 펌프모드 운전 시 무차원 양정-유량 곡선
자료: Krishna, 1997

한편, 식 (10.158)을 수정함으로써 다음의 식을 도출하여 단위 양정당 임펠러 출구에서의 원주속도($U_1/H_P^{1/2}$)를 ψ 값과 상관시킬 수 있다.

$$\psi = \frac{g}{(U_1/H_P^{1/2})^2}$$

이 식을 식 (10.161)에 대입하고 $\psi_0 = 0.75$로 두면 다음과 같은 식을 구할 수 있다.

$$g_{Q/H} = \frac{1}{(\psi_0/g)(U_1^2/H_P)_{bep} - 1} = \frac{1}{0.0765(U_1^2/H_P)_{bep} - 1} \tag{10.162}$$

결국 양정 변화에 대한 유량 변화의 비율은 오직 임펠러 원주속도만의 함수로 되므로, 원주속도가 더 높아질수록 $g_{Q/H}$ 값은 더 작아진다. 즉, 단위 양정당 임펠러의 원주속도를 높임으로써 양정 변화 특성을 개선할 수 있다. 일반적으로 단위 양정당 임펠러의 원주속도는 n_q가 증가함에 따라 증가하는 경향이 있으므로, 그림 10.77과 같이 $g_{Q/H}$는 n_q가 증가함에 따라 감소하는 경향이 있다.

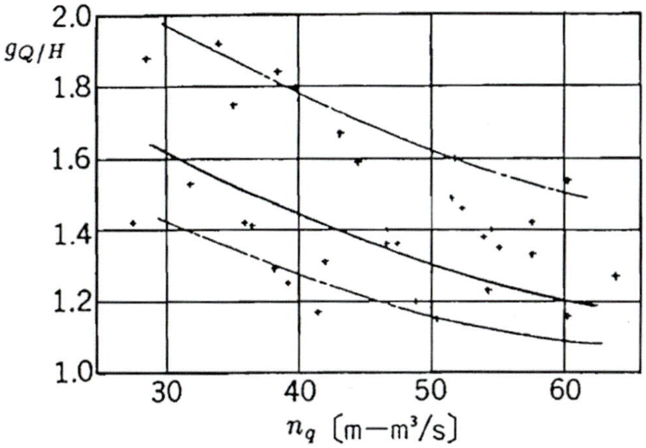

그림 **10.77** 펌프모드 성능의 양정 변화에 대한 유량 변화의 기울기와 비속도의 관계
자료: Krishna, 1997

3) 펌프수차 복합 특성

펌프모드 운전에서 $H_P \sim Q_P$ 특성이 $N_{11P} \sim Q_{11P}$로 변환되어 수차모드 특성곡선에 중첩되면 그림 10.78에서 실선 $A-C-B$가 구해진다. 그림 10.78은 수차모드 및 펌프모드 운전의 결합된 특성을 나타낸다. 그림 10.78의 가로 좌표 및 세로 좌표는 수차모드 운전 시 최고효율점 bep에서의 n_{11Tbep} 및 Q_{11Tbep}에 대하여 무차원화된 것이다. 그림으로부터 수차모드의 최적 단위속도 n_{11Tbep}는 펌프모드의 n_{11Pbep}보다 낮음을 확인할 수 있다. 즉, 단일속도형($n_T = n_P$) 펌프수차는 수차모드 최적낙차가 펌프모드 최적양정보다 높다는 고유한 특성을 가지고 있다.

반면에 양수발전소 현장에서는 수차모드 운전낙차 H_T가 수압철관/방수로 관로의 손실 헤드 H_{Tl}의 양에 의해 총 헤드 H_g보다 작아진다($H_T = H_g - H_{Tl}$). 한편, 펌프모드 운전양정은 $H_P = H_g + H_{Pl}$로서 총 헤드보다 크다. 그림 10.78에서 펌프모드 운전범위를 선 $A-B$로 선택할 때, 수차모드에서 해당 운전범위 $A'-B'$는 조건 $n_{11TA'} > n_{11PA}$ 그리고 $n_{11TB'} > n_{11PB}$에 의해 주어지고, 수차모드의 최고효율점 bep로부터 더욱 떨어져 있다. 따라서 수차모드 운전범위를 수차모드 최고효율점 bep에 가깝게 하려면 가급적 펌프모드 특성곡선이 수차모드 bep에 가까워야 한다. 그러나 n_{11Pbep} 대 n_{11Tbep}의 비율을 1.0에 가깝게 하는 것은 매우 어려우며, 실제로는 그림 10.79와 같은 값이 된다.

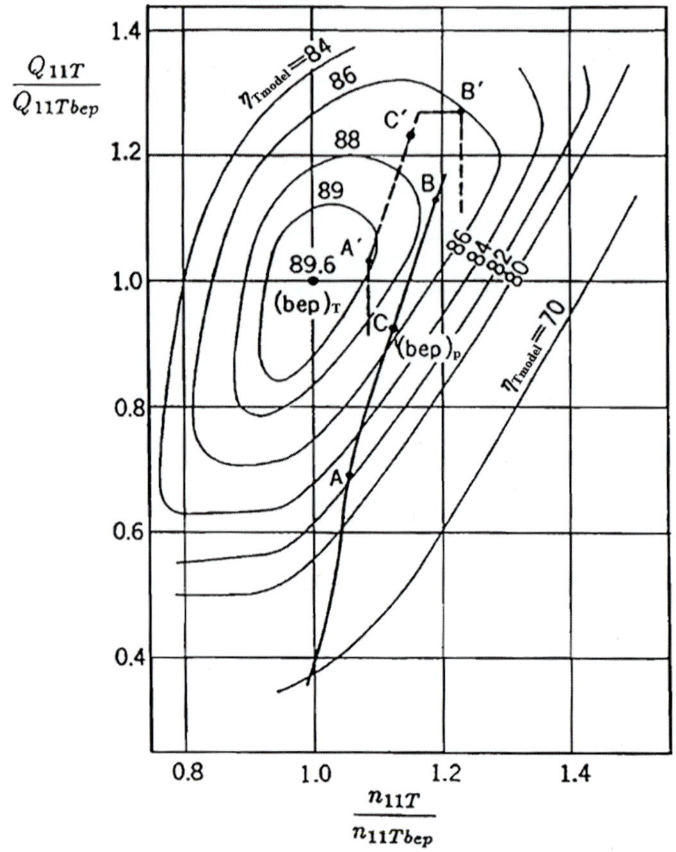

그림 **10.78** 펌프수차 복합 특성

자료: Krishna, 1997

n_{11Pbep}/n_{11Tbep}의 값은 펌프모드 비속도 n_q에 따라 약간 증가하는 경향이 있지만, 일반적으로 $n_q = 30 \sim 60$ 범위에서 약 1.13의 상수로 간주할 수 있다.

n_{11Pbep}가 n_{11Tbep}보다 큰 이유를 오일러의 이론헤드에 대한 방정식을 사용하여 설명하면 다음과 같다. 수차모드에서 최적의 낙차는 식 (10.151)의 오일러 방정식에서 다음과 같이 도출할 수 있다.

$$H_T = \frac{H_{th}}{\eta_{hT}} = \frac{1}{\eta_{hT} \cdot g}(U_{1T}V_{u1T} - U_{2T}V_{u2T}) \tag{10.163}$$

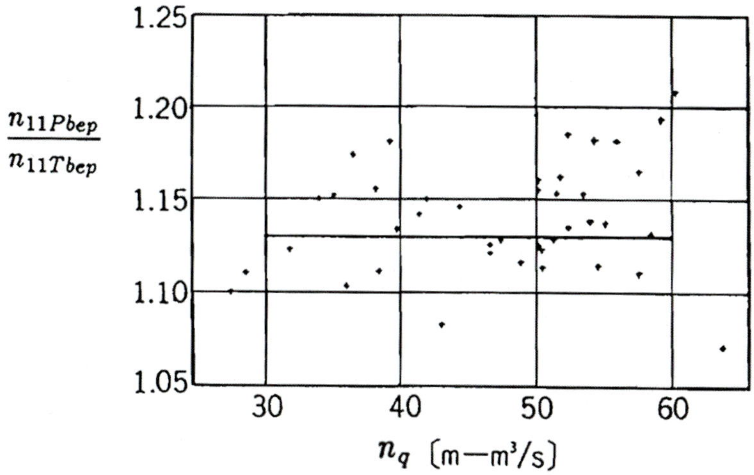

그림 **10.79** 최고효율점에서의 수차모드에 대한 펌프모드의 n_{11} 비율

자료: Krishna, 1997

여기서, 회전차(수차모드에서 러너, 펌프모드에서 임펠러)의 입구 측과 출구 측에 대해서 고압 측을 1, 저압 측을 2로 표기한다.

그림 10.71에서 언급한 바와 같이, 일반적으로 펌프수차의 최고효율점 bep에서 러너 출구 유속의 원주 방향 성분이 $V_{u2T} > 0$이므로, 위의 방정식의 오른쪽에 있는 두 번째 항을 제거할 수 없다. 한편, 임펠러 입구에서는 sfp 주변의 상당히 넓은 범위에 대해 $V_{u2P} = 0$을 사용하므로 펌프모드 양정은 다음과 같이 쓸 수 있다.

$$H_P = \eta_{hP} \cdot H_{th} = \frac{\eta_{hP}}{g}(U_{1P} V_{u1P}) \tag{10.164}$$

$H_T = H_P$ 조건에서 펌프모드 운전 시 최적 원주속도 대 수차모드 운전 시의 최적 원주속도 비율은 위의 두 식으로부터 다음과 같이 된다.

$$\frac{U_{1P}}{U_{1T}} = \frac{n_{11Pbep}}{n_{11Tbep}} = \frac{1}{\eta_{hT}\eta_{hP}}\left(\frac{V_{u1T}}{V_{u1P}} - \frac{U_{2T}}{U_{1T}}\frac{V_{u2T}}{V_{u1P}}\right) \tag{10.165}$$

$$= \frac{1}{\eta_{hT}\eta_{hP}}\left(\frac{V_{u1T}}{V_{u1P}} - \frac{D_2}{D_1}\frac{V_{u2T}}{V_{u1P}}\right)$$

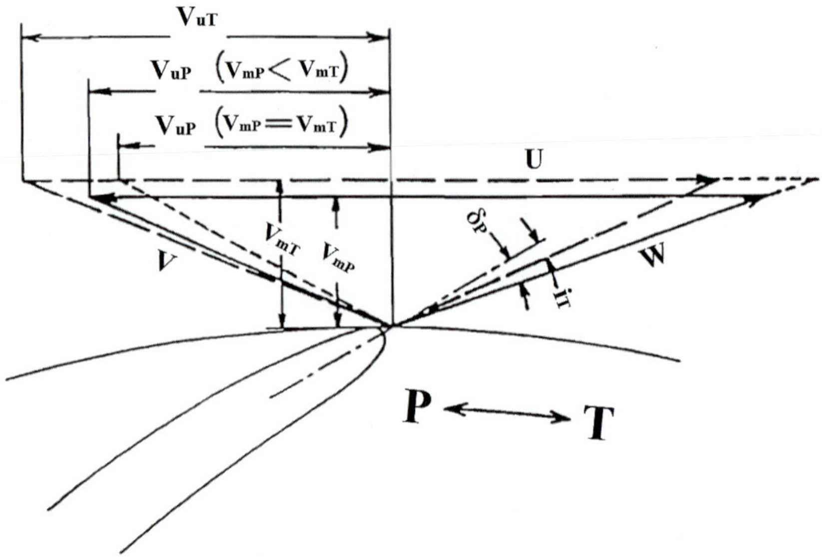

그림 10.80 러너 입구와 임펠러 출구에서 속도삼각형의 상관관계
자료: Krishna, 1997)

회전차(러너 또는 임펠러) 고압 측 원주 방향 유속성분의 경우, 임펠러 출구에서의 유동 편차각인 δ_P가 러너 입구에서의 유입각 i_T보다 크기 때문에 $V_{u1T} > V_{u1P}$(그림 10.80의 속도삼각형 참조)가 일반적이며, V_{u1T}/V_{u1P} 항은 1.0보다 크다. 또한 다음의 항은

$$\left(\frac{D_2}{D1}\right)\left(\frac{V_{u2T}}{V_{u1P}}\right)$$

양의 값이지만, $D_2 < D_1$ 및 $V_{u2T} < V_{u1P}$이므로, 일반적으로 매우 작다. 따라서 식 (10.165)의 오른쪽에 있는 괄호 값은 일반적으로 1.0보다 약간 크다. 예를 들어 이 값이 1.0이 되더라도, 수력효율이 $\eta_{hT} = \eta_{hP} = 0.96$으로 설정된 경우 다음과 같이 된다.

$$\frac{n_{11Pbep}}{n_{11Tbep}} = \frac{1}{0.96 \times 0.96} \approx 1.09$$

따라서 식 (10.165)의 이 비율은 $\eta_{hT} = \eta_{hP} = 1.0$이 아니면 1.0이 될 수 없다.

n_{11}의 비율이 1.0에 더 가까워지려면 η_{hT}와 η_{hP}가 더 클 뿐만 아니라, 더 작은 값의

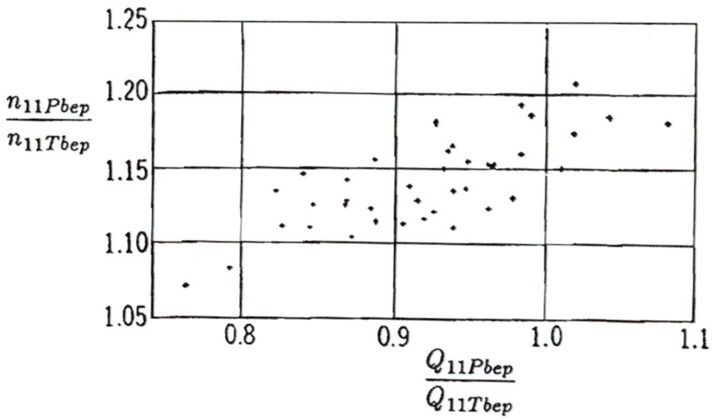

그림 **10.81** 최고효율점에서의 n_{11}과 Q_{11} 비율의 상관관계

자료: Krishna, 1997

V_{u1T}/V_{u1P} (1.0에 더 가까움)와 더 큰 값의 다음의 항이 바람직하다.

$$\left(\frac{D_2}{D1}\right)\left(\frac{V_{u2T}}{V_{u1P}}\right)$$

그림 10.80에서 볼 수 있듯이, 절대유속의 원주 방향성분인 V_{u1P}는 다음 식으로부터 결정할 수 있다.

$$V_{u1P} = U_{1P} - V_{m1P}\tan\delta_{1P} \tag{10.166}$$

따라서 V_{m1P}의 값이 작을수록 V_{u1P}의 값이 커진다. Q_{11Pbep}를 Q_{11Tbep}보다 작게 만들 수 있다면 V_{m1P}는 V_{m1T}보다 작고, V_{u1T}/V_{u1P}는 1.0에 가까울 수 있다. Q_{11}과 n_{11}의 비율에 대한 실제 상관관계를 분석하여 그림 10.81이 데이터베이스로 구해진다. Q_{11} 비율이 더 작을 때 n_{11} 비율도 더 작아지는 것은 분명하다. Q_{11Pbep}/Q_{11Tbep}의 값은 $n_q = 30 \sim 60$ 범위의 경우 약 $0.85 \sim 0.95$로 취할 수 있다. 뿐만 아니라, 블레이드 출구의 직경인 D_2가 가능한 한 커지도록 임펠러/러너를 설계하는 것이 좋다. 또한 식 (10.165)의 n_{11} 비율을 1.0에 가깝게 하기 위해서는 $V_{u2T} > 0$으로 설계하는 것이 바람직하다.

n_{11Tbep}가 n_{11Pbep}와 일치하지 않는다는 전제하에 펌프수차의 복합 특성을 최적화하기 위해서는 수차모드 운전 시 효율을 증가시키기 위해서 펌프모드 운전에서 낮은 유량 영역

을 사용하는 것이 다소 유리하다. 그림 10.78에서 분명하게 알 수 있듯이, 펌프모드 운전에서 bep(C 지점)를 선택했을 때, 수차모드 운전 시의 그 지점에 상응하는 C' 지점에서는 η_T가 낮다. 저유량 영역인 A 지점을 펌프모드 운전점으로 적용하면 수차모드 운전점에 상응하는 A' 지점의 η_T가 C' 지점의 η_T보다 훨씬 좋아지지만 A 지점의 η_P는 약간 낮아진다. 일반적으로, 높은 η_T에 대한 요구가 상대적으로 η_P에서보다 높기 때문에, 펌프모드 운전범위는 펌프모드 특성에서 낮은 유량, 높은 양정 영역이 되도록 계획되어야 한다.

그러나 극수가 변경되거나 가변속형 발전전동기를 사용하고, 수차모드 회전속도 n_T가 펌프모드 회전속도 n_P보다 낮게 되면 수차모드 및 펌프모드 각각의 bep에서 운전될 수 있다.

(4) 설계사양

프란시스 펌프수차 설계의 일례로서 $n_q = 30 \sim 60$ 범위에서 사용할 수 있는 n_{11} 비율 1.13 및 Q_{11} 비율 0.90의 일반적인 수력 특성을 고려한다. 수차모드 및 펌프모드 운전에서 수력 특성을 가장 효과적으로 적용하는 방법은 표본계산을 사용하여 설명할 수 있다.

1) 펌프모드 비속도

다양한 설계 매개변수는 펌프모드 비속도 n_q를 기준으로 선택된다. 따라서 n_q를 먼저 결정해야 한다. 흡입헤드 H_s로부터 n_q를 선택하는 것이 일반적이다. 펌프모드 bep에서 설치(운전) 캐비테이션계수는 다음과 같다.

$$\sigma_{ibep} = \frac{H_a - H_v - H_{s\max}}{H_{Pbep}} \tag{10.167}$$

여기서 $H_{s\max}$는 가장 낮은 방수위에 해당하는 최대 흡입헤드이다. H_{Pbep}의 값은 아직 알려져 있지 않으므로, 먼저 $H_{P\max}$와 $H_{P\min}$의 평균값을 사용하여 계산한 다음, 식 (10.170)에 나오는 것처럼 H_{Pbep}를 결정한 후 다시 계산할 수 있다. 비속도 n_q는 $H_{s\max}$와 $H_{P\max}$ 사이의 적절한 상관관계를 전제로 다음 식에 의해 σ_{ibep}에서 계산할 수 있다.

$$n_q = \frac{100}{3.65}(10\,\sigma_{ibep})^{3/4} \tag{10.168}$$

회전속도 n은 n_q가 식 (10.168)에 의해 구해진 값을 초과하지 않도록 선택하는 한편 H_P와 n_q의 관계를 검토한다. 따라서 n_q와 n의 값이 선택된다.

2) 펌프모드 운전 시 양정 변화

양정 변화의 양 $\Delta H_P / H_{Pbep}$을 계산한 다음, $g_{Q/H}$의 값은 선택된 n_q 값에 대하여 그림 10.77에서 결정한다. 유량 변화는 다음 식을 사용하여 계산할 수 있다.

$$\frac{\Delta Q_P}{Q_{Pbep}} = \frac{\Delta H_P}{H_{Pbep}} \cdot g_{Q/H} \tag{10.169}$$

그림 10.75와 관련하여 전술된 바와 같이, 유량 변화의 양은 0.35 또는 많아야 0.55 내에서 정상적으로 더 잘 제어될 수 있을 것이다.

양정 변화가 클 경우, 유량 변동이 커지지 않도록 $g_{Q/H}$를 약간 더 작게 선택해야 한다. 더 작은 $g_{Q/H}$를 선택했음에도 불구하고 $\Delta Q_p / Q_{Pbep}$가 여전히 제한값을 초과하는 경우, 유량 변화 값의 증가를 방지할 수 있는 다른 방법(즉, 저양정 운전 시 가이드베인 개도를 줄임)을 제공해야 한다.

그러나 지나치게 작은 $g_{Q/H}$를 선택하면 러너 직경이 커져 양수발전소 공간이 넓어지게 되고 전체적인 수력효율이 떨어지는 경향이 있다. 따라서 특히 양정 변화가 작을 때에는 다소 큰 $g_{Q/H}$가 선택된다. 따라서 $H_{P\max}$와 $H_{P\min}$의 값이 결정된다. 가이드베인 개도를 줄이지 않고 도달할 수 있는 최소 양정을 이하에서는 $H_{P\min}$이라고 한다.

3) 수차모드 및 펌프모드 운전에 대한 최적헤드

이상에서 설명한 바와 같이, 수차모드 bep와 펌프모드 bep 사이에는 특정한 상관관계가 있으며, 펌프수차에 내재된 고유의 상관관계의 제한에 따라 운전범위를 결정해야 한다. 즉, 수차모드 및 펌프모드 운전을 위한 복합사양점(combined specification points)은 양쪽 bep 사이의 상관관계를 고려하여 결정해야 한다.

H_{Pbep}를 먼저 결정해야 한다. H_{Pbep}는 펌프모드 특성의 고양정 영역을 사용하기 위해 $H_{P\max}$와 $H_{P\min}$의 중간 지점에서 저양정 영역으로 이동해야 한다. 그러나 저양정 영역으로 너무 멀리 이동할 경우 $H_{P\max}$의 지점이 역류 영역으로 들어갈 수 있다. 따라서 H_{Pbep}는 다음의 관계를 제어(govern)해야 한다.

$$H_{Pbep} \geq \frac{H_{P\max}}{1+[1-(Q_{PBF}/Q_{Psfp})]/g_{Q/H}} \tag{10.170}$$

여기서, Q_{PBF}/Q_{Psfp} 값은 주어진 n_q에 대해 그림 10.75에서 구한 값보다 0.05만큼 더 큰 값으로 하는 것이 좋다. H_{Tbep}는 $n_{11Pbep}/n_{11Tbep}=1.13$을 적용하여 다음 식에서 구할 수 있다.

$$H_{Tbep} = \left(\frac{n_{11Pbep}}{n_{11Tbep}}\right)^2 \cdot H_{Pbep} = 1.28 \cdot H_{Pbep} \tag{10.171}$$

일단 $(H_{Tbep}/H_T)^{1/2}$을 각각의 사양점에서 모든 H_T에 대해서 계산하고, η_{Tbep}를 가정하면, 각 H_T에서의 $\eta_{T\max}$ 값은 그림 10.72에서 결정할 수 있다.

4) 수차모드 및 펌프모드 유량

발전(수차)모드 및 양수(펌프)모드 운전에서 발전전동기에 대한 동일한 운전 비율를 가질 수 있도록 수차모드 유량 및 펌프모드 유량을 선택할 수 있다면 경제적일 것이다. 발전기 출력 $(kVA)_G$ 및 모터 입력 $(kVA)_M$은 다음과 같이 표현할 수 있다.

$$(kVA)_G = \frac{9.8 H_T Q_T \cdot \eta_T \cdot \eta_G}{\cos\phi_G} \tag{10.172}$$

$$(kVA)_M = \frac{9.8 H_P Q_P}{\eta_P \cdot \eta_M \cdot \cos\phi_M}$$

모터(펌프)모드 운전 중 단자 전압이 발전기(수차)모드 운전 중보다 5% 낮아지고, 발전기모드 운전 시 전류가 모터모드 운전 시와 동일하다고 가정하면, $(kVA)_G = (kVA)_M/0.95$

이고, 발전기모드 및 모터모드 운전 시에 동일한 정격(최대출력상태)에 대해서 다음과 같은 식이 구해지며,

$$\frac{Q_P}{Q_T} = 0.95\,\eta_G\,\eta_T\,\eta_M\,\eta_P\frac{\cos\phi_M}{\cos\phi_G}\frac{H_T}{H_P} \tag{10.173}$$

이 식 (10.173)은 최대 수차출력을 제공하는 H_T 및 Q_T와 최대 펌프입력을 필요로 하는 H_P 및 Q_P에 관한 식이다. 이 식은 H_T^*에서 Q_T^*을 알고 있다는 것과 $H_{1T} = H_{1P} = 0.03H_g^*$를 가정할 때, 펌프모드에 대한 최적양정($H_{Pbep} = H_g^* + H_{1P}$)과 수차모드에 대한 해당 낙차($H_T^* = H_g^* - H_{1T}$)를 확인하는 데 사용할 수 있다.

$$\frac{H_T^*}{H_{Pbep}} = \frac{(1-0.03)H_g^*}{(1+0.03)H_g^*} = 0.94 \tag{10.174}$$

또한 $\eta_G = \eta_M = 0.97$, $\eta_T = \eta_P = 0.90$, $\cos\phi_G = 0.90$ 그리고 $\cos\phi_M = 1.0$이라고 가정할 경우, 이 값들을 식 (10.173)에 대입하면 다음과 같은 식을 구할 수 있다.

$$Q_{Pbep} = 0.76\,Q_T^* \tag{10.175}$$

이것은 양쪽 모드의 운전에서 발전전동기의 동일한 전원 정격을 위해 필요한 Q_T^*와 Q_{Pbep} 사이의 관계식이다. 펌프수차 특성은 Q_{11Tbep}와 Q_{11Pbep} 사이에 특정한 상관관계가 있기 때문에 식 (10.175)가 반드시 충분조건을 보장하지는 않는다.

이제 펌프수차의 특성을 고려하여 H_T^*에서 95%의 유량 Q_T^*가 그림 10.71의 선 L 위에 있다고 가정하면 다음과 같이 나타낼 수 있다.

$$\frac{n_{11T}^*}{n_{11Tbep}} = \frac{0.95\,Q_{11T}^*}{Q_{11Tbep}^*} \tag{10.176}$$

따라서 다음과 같은 관계가 구해진다.

$$\frac{Q_{Pbep}}{Q_T^*} = 0.95\left(\frac{n_{11Tbep}}{n_{11Pbep}}\right)\cdot\left(\frac{Q_{11Pbep}}{Q_{11Tbep}}\right) \tag{10.177}$$

n_{11}비율이 1.13 및 Q_{11}비율이 0.90인 경우 다음과 같이 되며,

$$\frac{Q_{Pbep}}{Q_T^*} = 0.76 \tag{10.178}$$

이것은 식 (10.175)와 같다. 따라서 식 (10.175)로부터 Q_P를 결정하는 것도 펌프수차 특성의 관점에서 적절하다는 것은 분명하다.

대부분의 경우 펌프입력은 $H_{P\min}$에서 최대가 되며, H_{Pbep}에서 입력의 증가율은 $g_{Q/H}$에 따라서 변화하고, $g_{Q/H}=1.3$에서 증가하지 않으며, $g_{Q/H}=1.5$에서 4% 증가하고, $g_{Q/H}=1.7$에서 약 7% 증가한다. 발전전동기의 경제적인 사용을 위하여 $H_{T\max}$에서의 수차모드 출력이 H_T^*와 Q_T^*에서의 출력을 초과하지 않는 것이 좋다.

마지막으로, $H_{P\max}$에서의 $Q_{P\min}$과 $H_{P\min}$에서의 $Q_{P\max}$에 대한 대략적인 산정값은 다음 식을 통하여 검토될 수 있다.

$$Q_{P\min} = Q_{Pbep} - g_{Q/H}\frac{Q_{Pbep}}{H_{Pbep}}(H_{P\max} - H_{Pbep}) \tag{10.179}$$

$$Q_{P\max} = Q_{Pbep} + g_{Q/H}\frac{Q_{Pbep}}{H_{Pbep}}(H_{Pbep} - H_{P\min}) \tag{10.180}$$

이 절차의 흐름도는 그림 10.82에 보이는 바와 같다.

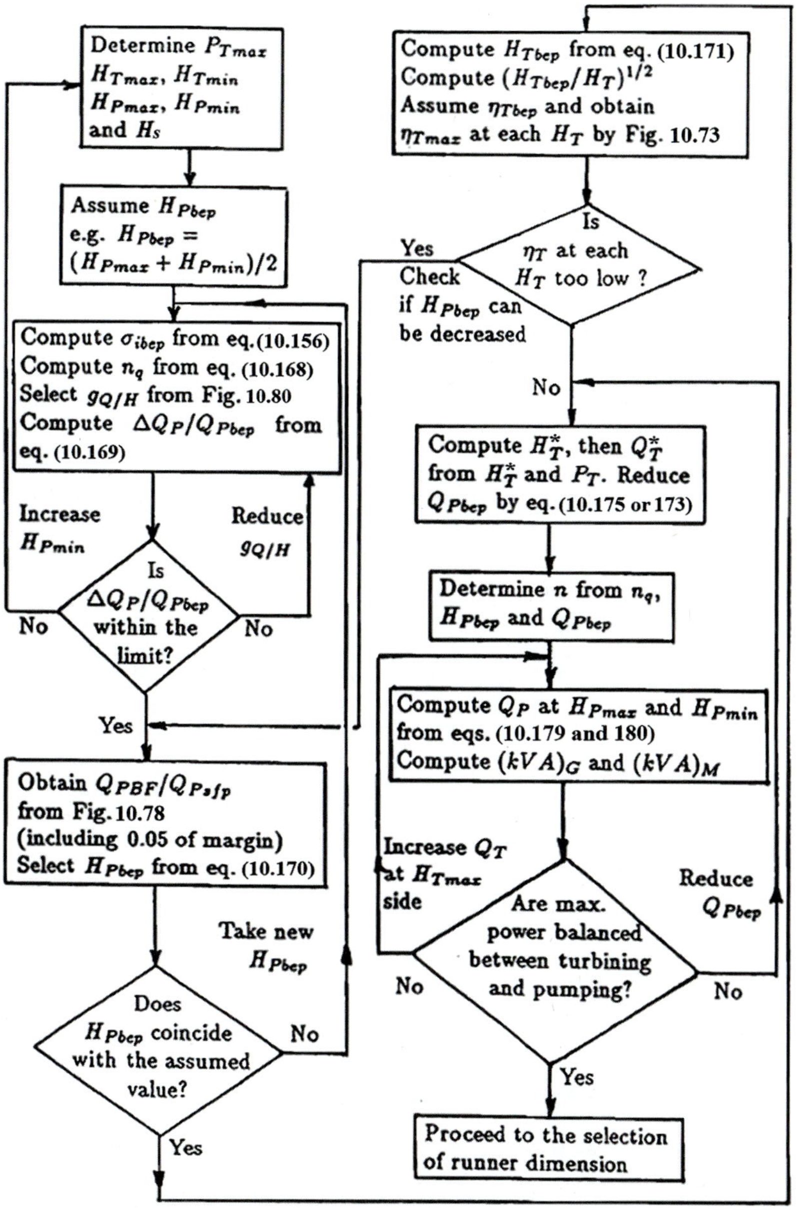

그림 **10.82** 프란시스 펌프수차의 수력설계를 위한 계산 절차 흐름도

자료: Krishna, 1997

(5) 임펠러/러너 배치

1) 러너 입구/임펠러 출구 직경

bep에서 임펠러 출구의 원주속도는 식 (10.162)에 정의된 $g_{Q/H}$를 사용할 때 다음 방정식으로 표현할 수 있다.

$$\frac{U_{1P}}{H_P^{1/2}} = \left(\frac{1.0 + 1/g_{Q/H}}{0.0765}\right)^{1/2} \tag{10.181}$$

러너 입구/임펠러 출구에서의 직경 D_1은 다음 식에 의해 구할 수 있다.

$$D_1 = \frac{60}{\pi} \cdot \frac{(H_{Pbep})^{1/2}}{n_P} \cdot \left(\frac{U_{1P}}{H_{Pbep}}\right) \tag{10.182}$$

2) 러너 입구/임펠러 출구 폭

러너 입구/임펠러 출구에서의 폭 B는 블레이드 구조의 선택에서 중요한 매개변수이며, 블레이드 각도 β_1은 B에 따라 달라진다. 전 항의 설계사양에 따라서 결정된 설계점을 만족시키기 위해서 폭 B는 수차모드 유동 유입각 i_T 및 펌프모드 유출 편차각 δ_P에 적절한 값을 제공하도록 선택해야 한다. 대략적인 산정을 위한 $V_{m1P}/H_P^{1/2}$ 대 펌프모드 비속도 n_q의 관계는 그림 10.83에 나와 있다. 이로부터 폭 B는 다음 식으로 구할 수 있다.

$$B = \frac{Q_{Pbep}}{\pi D_1 V_{m1P}} \tag{10.183}$$

3) 러너 출구/임펠러 입구 직경

블레이드 각도 β_2는 러너 출구(또는 임펠러 입구)에서의 직경 D_2에 따라 달라지기 때문에, D_2는 펌프모드 유동 유입각 i_P와 수차모드 유동 편차각 δ_T가 적합하도록 결정해야 하는 한편, 펌프모드 운전 시 캐비테이션 및 역류 특성 등을 고려해야 한다. 이로부터 직경 D_2의 대략적인 산정은 다음 식과 같이 정해질 수 있다.

$$D_2 = \left(\frac{4Q_{Pbep}}{\pi V_{m2P}}\right) \tag{10.184}$$

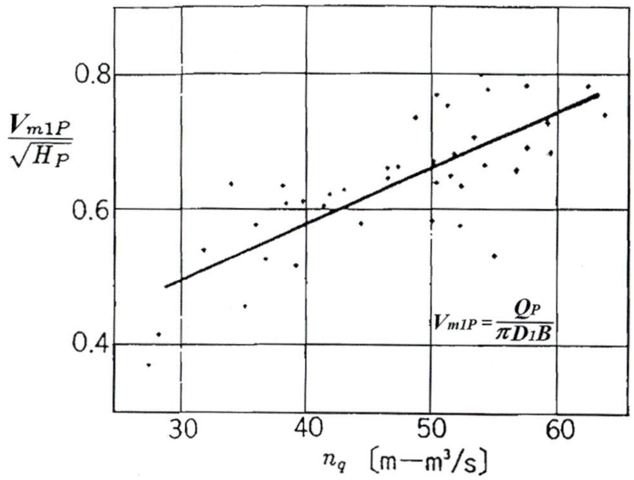

그림 **10.83** 프란시스 펌프수차의 임펠러 출구 자오면속도

자료: Krishna, 1997

이상에서 가역식 프란시스형 펌프수차의 수차 및 펌프 모드 양쪽 운전 시 모두에게 가장 효과적인 복합성능 특성을 낼 수 있는 주요 치수의 수력설계 기본 절차에 대해서 설명하였다. 그러나 각각의 양수발전소 프로젝트에서는 지점별 특정 운전조건을 고려하여 상세한 분석을 수행해야 한다. 펌프수차의 수력설계에서 중요한 것은 임펠러/러너의 원주속도를 다소 높게 선택하고 펌프모드 $H \sim Q$ 곡선의 기울기를 높이며, 가능한 한 고낙차 영역을 사용함으로써 수차모드 효율을 개선하는 것이다.

주요 치수를 결정한 후, 프란시스 펌프수차의 입구/출구에 있는 질량 평균 유동 속도삼각형을 수차모드 및 펌프모드의 두 가지 모두에 대해서 설계할 수 있다. 임펠러 - 러너 블레이드 익형은 이러한 유동 속도삼각형을 구현하도록 설계되어야 한다.

10.2.5 가역식 축류형 펌프수차 러너 설계

(1) 조력발전소의 분류

자연의 균형을 방해하지 않고 자연에서 에너지를 추출하는 것이 오늘날 에너지를 절약하고 오염의 위기에서 벗어날 수 있는 가장 바람직한 방법이다. 그러한 에너지원 중 하나가 영원하고 지속가능한 조석에너지이다.

조력발전소는 크게 두 가지로 분류할 수 있는데, 즉, 단일저수지를 가지는 것과 두 개의 저수지를 가지는 조력발전소로 분류할 수 있다. 한 개의 저수지를 가진 조력발전소는 단일 주기시스템과 이중 주기시스템으로 다시 분류될 수 있다. 단일 주기시스템은 또한 썰물 주기 또는 조석 주기시스템으로 더 분류될 수 있다.

1) 단일 썰물 주기시스템

썰물과 썰물의 변동이 심한 만이 지형적으로 적합한 곳이며, 이러한 유형의 시스템에 유용하다. 댐은 만을 폐쇄하기 위해 건설된다. 그림 10.84는 단일 주기의 발전소에서 비우는 단계를 보여준다. 시간에 대해서 표시된 형식의 사인파 곡선은 조석의 진폭 변동을 나타낸다. 매일 2개의 간조와 2개의 만조가 있다. 시간 t_0에서, 바다와 저수지의 수위는 같다. 수문이 모두 열리면 밀물이 저수지 수위를 상승시킨다. 시간 t_1의 썰물 주기가 시작될 때, 두 수위는 동일할 것이다. 이 단계에서는 수문이 닫히고 해수면 하락으로 인해 점차 수위 차이가 증가한다. 시간 t_2에서 낙차 차이는 수차를 운전하기에 충분해질 것이다. 시간 t_3에서 최소 낙차에 도달하고, 수차가 정지해야 한다. t_4에서 수위가 같아진다. 소요시간은 약 12.5시간이며 주기가 반복된다.

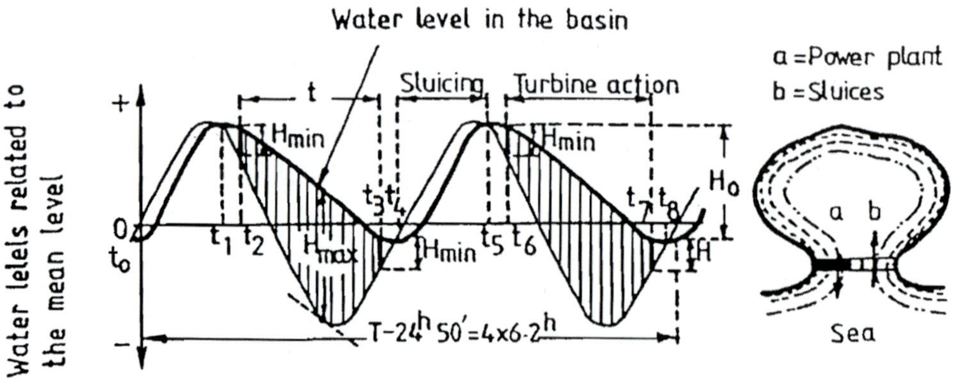

그림 **10.84** 단일 방향 발전소 시스템의 썰물 주기 예

자료: Krishna, 1997

2) 단일 조석 주기시스템

그림 10.85와 관련하여 시간 t_1에서 바다와 저수지의 수위는 동일하다. 시간 t_2에 두 수위

가 같아질 때까지 저수지가 조석 주기를 따를 수 있도록 수문이 열린다. 이 단계에서는 수문이 닫히고 시간 t_3에 발전소가 가동되며, 이 시간이 수위 차이가 최적일 때이다. 수위가 동일해지는 시간 t_4까지 하강 주기 중에도 수차모드 운전을 계속할 수 있다. 주기 패턴은 계속된다. 그림에서 음영 영역의 경우 시간은 다르지만, 운전 조건이 동일하다.

이 두 가지 유형의 시스템에서 주된 단점은 발전 기간이 간헐적이라는 것이다.

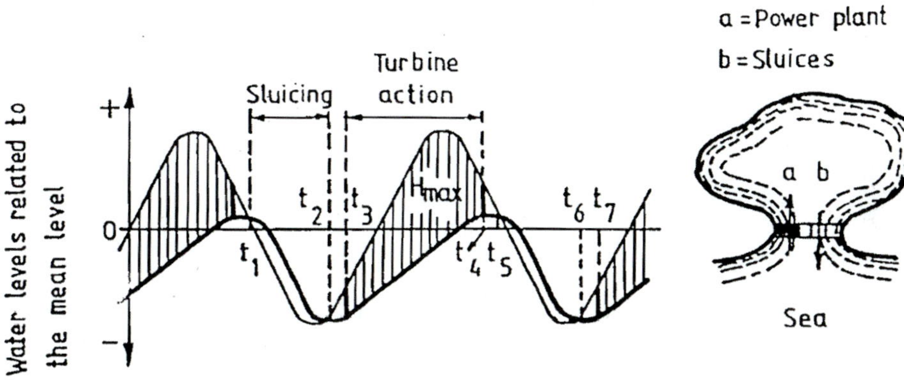

그림 10.85 단일 방향 발전소시스템의 조석 주기 예
자료: Krishna, 1997

3) 이중 주기시스템

이러한 유형의 조력발전소에서 조력에너지는 썰물과 썰물 주기 모두에서 이용된다. 수문 조작 시간이 줄어든다는 것을 알 수 있다. 그림 10.86에서 시간 t_1에서 저수지와 바다의 수위가 동일하고 수문은 닫힌다. 시간 t_2까지 지속되는 기간 동안 해수면이 낮아져 H_{min}이 달성되고 수차가 시동될 수 있다. 저수지가 비워지기 시작하고, 시간 t_3일 때까지 발전이 진행되는데, 수위 하강에 도움을 주기 위해서 수문은 열려 있다. 시간 t_4에 수위가 동일해지고 수문이 닫힌다. 밀물이 시작되고 발전에 이용된다. t_6에서는 수차를 정지하고 수문을 열어 다음 주기에서 에너지 이용을 다시 시작하기 전까지 가능한 한 높은 수위를 제공한다.

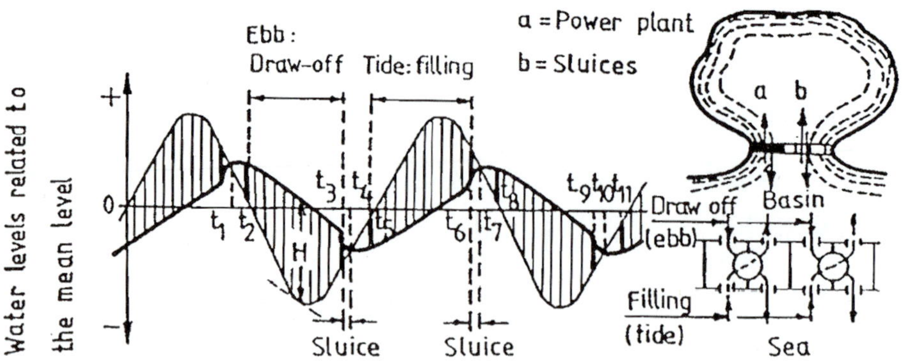

그림 **10.86** 양방향 주기 발전소시스템 예
자료: Krishna, 1997

4) 두 개의 저수지시스템

두 개의 저수지를 번갈아 가동할 경우, 지속적인 에너지 생산을 보장할 수 있으므로 수익성이 있다는 것을 알 수 있다. 한 개의 저수지는 채우는 공정에서, 다른 저수지는 비우는 공정에서 운전할 수 있다. 그림 10.84에 그림 10.85를 중첩한 그림 10.87은 인접한 두 저수지의 수차운전 단계가 연속적이라는 것을 보여준다.

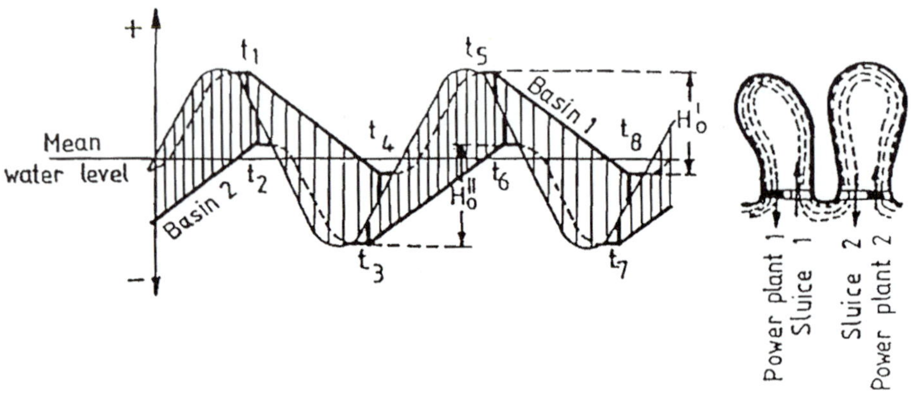

그림 **10.87** 2개의 저수지시스템 예
자료: Krishna, 1997

5) 펌프모드 운전 기능이 있는 조력발전소

수차 정지 기간 동안 저수지 내부 또는 외부로 물을 양수하여 이후의 수차운전을 위해 낙

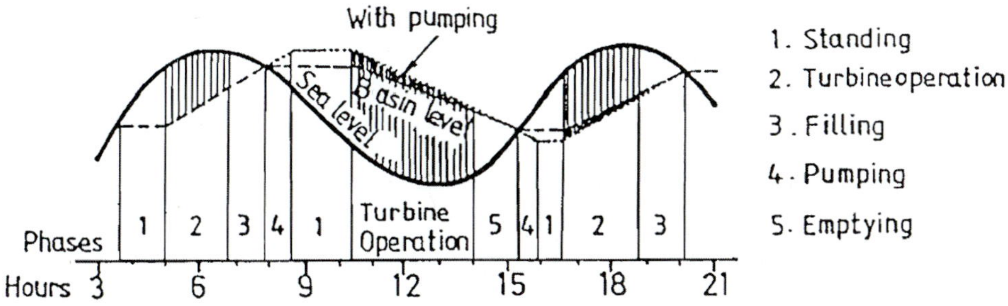

그림 **10.88** 펌프모드 운전 기능이 있는 조력발전소 주기 예
자료: Krishna, 1997

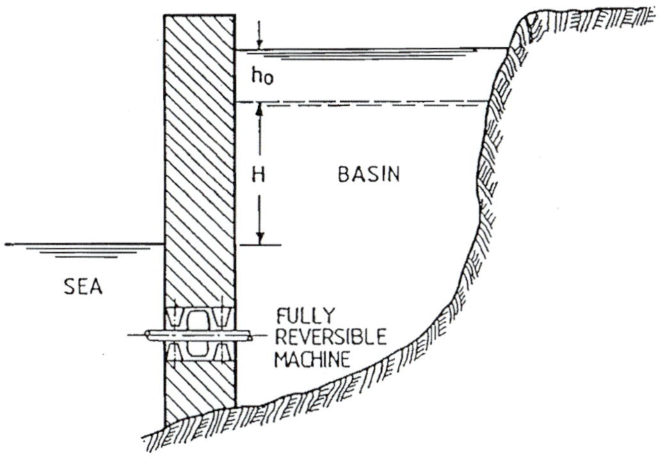

그림 **10.89** 펌프모드 운전 기능이 있는 조력발전소 저수지 단면도 예
자료: Krishna, 1997

차와 수량이 모두 증가될 경우, 보다 효과적인 운전을 달성할 수 있다. 이러한 시스템의 예는 그림 10.88과 그림 10.89에 설명되어 있다.

H가 만조와 간조로 인해 이용 가능한 수차모드 운전 시 평균 낙차라고 하고, V가 펌프수차를 통과하는 물의 총량이라면, 조력발전소의 채움 주기 동안 발전되는 에너지는 VgH와 같을 것이다. 비움 주기 동안 전력을 발생시키기 위해 설치된 다른 수차로 인하여 에너지 생산량이 $2VgH$로 두 배가 된다. 단일기계가 양방향의 흐름에서 작동하도록 만들어진 경우, 이러한 두 배의 에너지 생산량은 설치비용의 증가 없이 이루어질 수 있다. 이후 수차모드 운전에 필요한 유효낙차를 증가시키기 위하여 각 수차모드 운전이 끝날 때

마다 펌프모드 운전도 포함된 경우, $2g(V'+V)H+Vh_0$의 발전소 순에너지 생산량이 발생하게 된다. 여기서 V'는 각 펌프모드 운전 주기 동안 양수되는 물의 양이고, h_0는 양수로 인해 증가한 평균 수차모드 평균 낙차이다. 이 값은 양수에 필요한 전력 입력을 고려한 후 계산된다. 따라서 단일기계로 설계할 경우, 양방향 유동 모두에 대하여 수차모드 운전과 펌프모드 운전을 할 수 있고, 이것은 설치비용을 증가시키지 않고 발전소의 에너지 출력을 증가시키는 장점이 있음을 알 수 있다(그림 9.89). 따라서 조력발전소는 네 가지 운전모드를 가질 수 있는데, 그 중 두 가지는 수차모드이고, 나머지 두 가지는 펌프모드이다.

(2) 수력성능 필요조건

경제적인 조력 추출을 위해서는 가능한 4가지 작동모드에 대해서 단일 수력기계를 사용하는 것이 바람직하다. 또한 이 기계는 4가지 운전모드에 대해서 거의 동일한 고효율이어야 하고, 양방향의 유동에 대해서 수차와 펌프의 기능을 모두 수행해야 하기 때문에, 완전 가역식 터보기계로 분류될 수 있다.

강이나 계곡의 발전소와 달리 기계의 헤드 또는 단위 질량당 수력에너지 E는 조력발전 시스템에서 2개의 수차모드 또는 2개의 펌프모드 운전에서 일정하게 유지되지 않으며, 2개의 펌프모드 운전은 2개의 수차모드 운전에 비하여 더 높은 지속시간을 제공한다.

이러한 축류기계의 운전에서는 수차모드 및 펌프모드 운전에 대한 비수력에너지(specific hydraulic energy)가 동일하지 않다. 조력발전소의 실제 상황에서 비수력에너지는 강이나 계곡의 양수발전소에서 사용되는 펌프수차의 경우와 대조적으로 펌프모드 운전에서 더 적다.

각 운전에 대해 주어진 러너에 대한 수력효율을 고려하면, 유효한 관계는

$$E_T \eta_{tT} = E_{ideal} = \frac{E_P}{\eta_{tP}} \tag{10.185}$$

여기서, E_T와 E_P는 각각 수차와 펌프로서의 평균 비수력에너지이다.

식 (10.185)는 E_P가 E_T보다 작음을 나타내며

$$\frac{E_P}{E_T} = \eta_{tT} \cdot \eta_{tP} \tag{10.186}$$

따라서 수력손실의 자연적 과정을 통해 요구사항을 부분적으로 충족시킬 수 있다. E_P/E_T에 대한 필요한 비율과 가능한 비율은 E_T 자체의 값과 저수지 조건에 따라 달라진다. 펌프모드 운전 중에 소비되는 에너지는 자연적인 조위가 제공하는 값 이상으로 평균 E_T의 값을 증가시킬 것이다. 또한 수차모드 운전 지속시간도 증가한다. 따라서 조력발전소의 전체 용량은 증가한다. 그러나 러너가 완전히 가역기계로 작동하는 요건은 몇 가지 조건이 더 부과된다.

(3) 가역 블레이드를 통한 흐름

그림 10.90은 네 가지 다른 모드의 흐름을 연구하기 위해 고정된 익렬에 대해 검토한 것이며, 이 연구는 가역식 펌프수차의 개발에서 익렬의 배치에 대한 개념설계에서 상당히 중요하다.

그림 10.90(a)와 (b)는 정방향 익작용(즉, 유입 흐름 방향으로 향하는 둥근 전연이 위치)을 하는

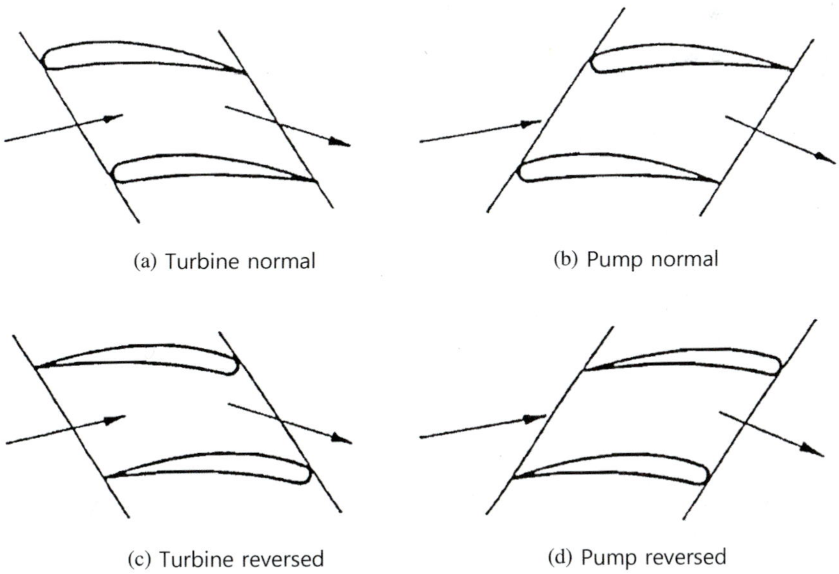

그림 **10.90** 펌프수차 블레이드 구성

자료: Krishna, 1997

수차모드와 펌프모드의 익렬이다. 그림 10.90(c)와 (d)는 역방향 익작용을 하는 수차모드와 펌프모드의 익렬이며, 후연이 유입 흐름 방향으로 향한다.

수차의 익렬 배치에서 정방향 익작용은 역방향 익작용보다 더 나은 흐름을 제공하였다. 정방향 흐름에서는 효율곡선이 역방향 익작용에서보다 평평하고 일관되게 높았다. 역방향 배열에서 블레이드의 둥근 후연은 더 두꺼운 후류를 유발하여 더 큰 항력이 발생하게 됨에 따라 효율이 저하되었으며, 익렬 간격이 늘어남에 따라 성능이 저하되었다. 펌프모드의 익렬 배열과 관련하여, 높은 효율의 유입각 범위는 역방향 익렬 배열 시보다 정방향 익렬 배열에서 더 큰 것으로 나타났다. 이는 역방향 익렬에서 날카로운 전연이 큰 유입각 변동을 수용하지 않을 것이기 때문으로 예상되었다. 그러나 최대효율은 정방향 익렬 배치와 역방향 익렬 배치가 동일한 정도였다. 한 가지 분명한 것은 역방향 익렬 배치에서는 최대 두께의 위치가 전연에 대해 훨씬 하류에 위치하여 블레이드 표면을 따라 천천히 압력이 상승하여 후연의 경계층이 얇아진다는 것이었다. 이는 압력분포 측정에서 확인되었다.

수차모드 운전을 기본으로 설계된 러너는 역방향으로 펌프모드 운전 시에도 여전히 높은 효율을 가질 수 있는 반면, 펌프모드 운전을 기본으로 설계된 러너는 역방향으로 수차모드 운전 시 성능이 저하될 수 있다.

(4) 러너와 가이드베인의 운동학적 요건

축류형 수력기계는 더 나은 조절을 위한 실현 가능성 때문에 일반적으로 카플란식이 주로 사용된다. 그러나 가역식 축류형 펌프수차의 4가지 모드에서 운전 요건을 충족하기 위해 러너베인 및 가이드베인을 회전시키는 것은 설계를 제한한다. 따라서 일반적인 카플란수차 형식은 여기에서 사용할 수 없다.

블레이드 익형은 양방향 유동에 대해 대칭적인 입구 및 출구 조건을 제공해야 한다. 실험 결과에 의하면 두껍고 둥근 후연은 펌프모드 운전의 경우 유리하지만, 수차모드 운전의 경우 항력이 증가한다는 것을 보여주었다. 날카로운 전연은 최소 손실에 대한 유입 각도의 범위를 감소시키는 것으로 알려져 있다. 따라서 블레이드의 양쪽 끝 가장자리를 적당한 둥근 모서리로 하는 것이 더 나은 선택일 수 있다.

러너 블레이드의 비틀림은 가역식 축류형 펌프수차의 다양한 운전모드에서 효율적인 작동에 필수적인 역할을 한다. 다른 모드에서의 회전 방향의 영향은 블레이드의 비틀림과 함께 그림 10.91에 나타낸 다른 조건에서 허브와 팁의 속도삼각형을 고려하여 분석되어야 한다. 즉, 그림 10.91(a)와 (b)는 동일한 방향 흐름에 대한 모든 운전모드에서 동일한 비틀림의 비적합성을 시사한다.

또한 그림 10.92는 유동 방향 역전 시 운전 방향 역전에 따른 속도삼각형과 블레이드 비틀림에 대해서 나타낸다.

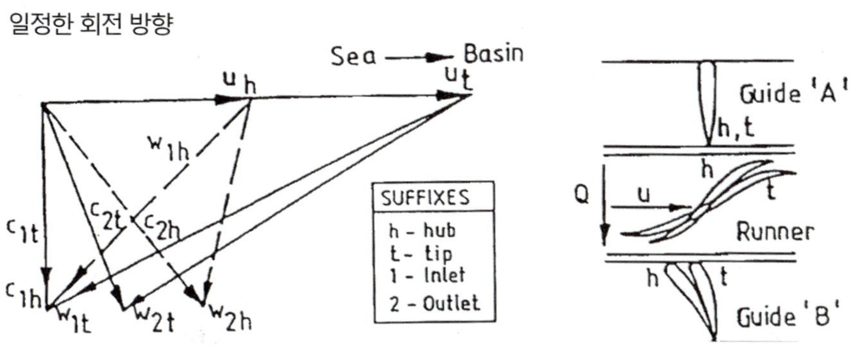

(a) 펌프모드 운전

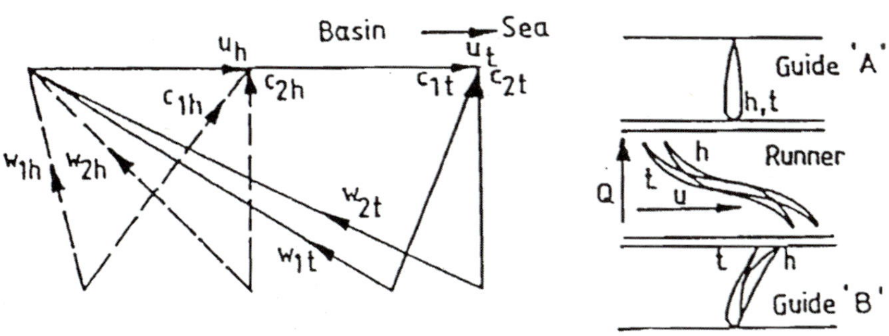

(b) 수차모드 운전

그림 **10.91** 속도삼각형과 블레이드 비틀림

자료: Krishna, 1997

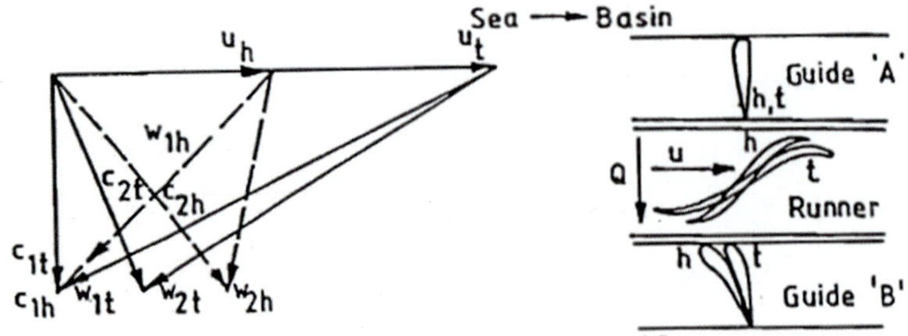

(a) 펌프모드 운전

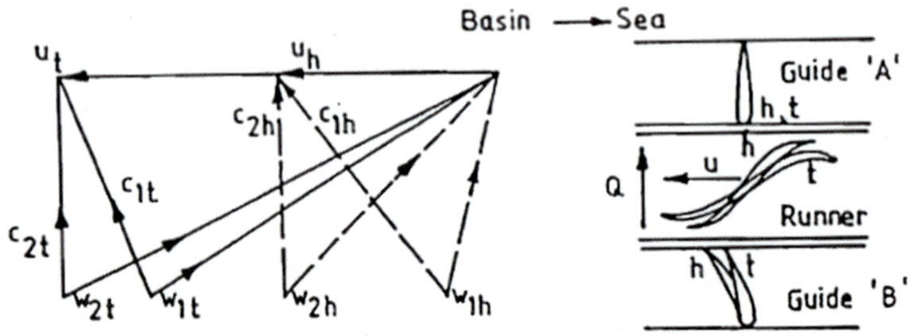

(b) 수차모드 운전

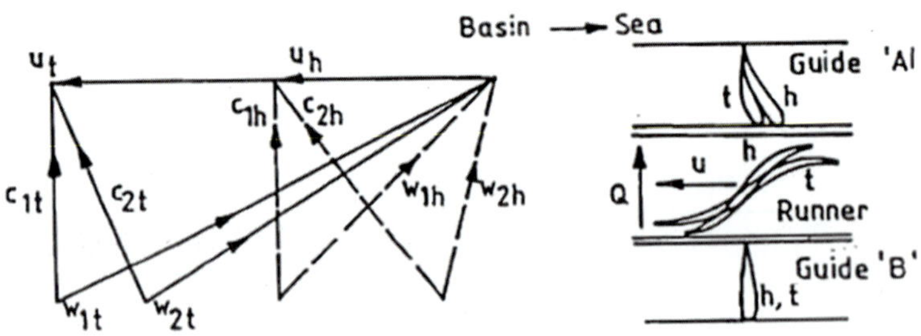

(c) 펌프모드 운전

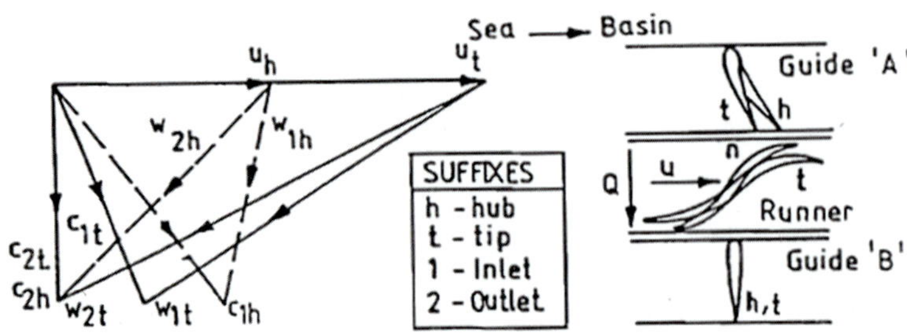

(d) 수차모드 운전

그림 **10.92** 유동 방향 역전 시 운전 방향 역전에 따른 속도삼각형과 블레이드 비틀림

자료: Krishna, 1997

(5) 설계사양 및 계산

낙차가 변화하는 고유한 특성을 가진 조력발전소는 펌프수차 설계를 위한 평균헤드의 선택에 제한이 있다. 펌프모드와 수차모드에 대한 이 평균헤드는 서로 다르며 밀물과 썰물의 수위에 따라 달라진다. 또한 수위의 변화율에 따라 다르다. 따라서 설계를 위한 헤드, 즉 비수력에너지의 값에 대해서 고려해야 한다. E_T와 E_P의 값 사이의 균형에 대해서 식 (10.186)은 지침을 제공한다.

일반적으로 조력발전소의 펌프수차는 물에 잠겨 있다. 따라서 캐비테이션은 설계 매개변수를 선택하는 초기 단계에서 고려할 필요가 없다. 수차모드의 지속시간이 펌프모드 이상이기 때문에 주요 파라미터인 비속도를 E_T 값으로 선택할 수 있다. 비속도를 선택하면 그 다음으로 수차/발전기의 최적 크기에 적합한 속도를 선택하여 적절한 유량값을 얻을 수 있다.

① **러너베인 및 가이드베인 형상 설계** 설계에서 수력학적 고려사항의 주요 요소는 러너베인 및 가이드베인이다. 모든 설계적 문제와 복잡한 흐름을 가진 시스템은 간접적인 문제라는 관점에서 단순화가 필요하다. 첫 번째 단순화는 흐름이 비압축성이고, 마찰이 없으며, 포텐셜 흐름이고, 정상류이며, 2차원적이라고 가정하는 것이다. 이 흐름은 회전하는 표면인 유동 표면에서 이동하는 것으로 간주된다.

축류 유체기계는 일반적으로 상기 가정을 적용하여 잘 개발된 익렬이론을 사용하여 설계된다. 모든 반지름에서 단위 질량당 일정한 에너지에 대해 러너의 설계가 더 잘 수행된다. 유동 공간은 동일한 질량 유량의 적절한 수의 환형 고리로 나눌 수 있다. 블레이드/베인 구간은 수차모드 운전을 위해 해당 원통형 구간에 맞게 설계되어야 한다.

(3)항에서 설명했듯이, 러너 블레이드 각 구간에는 낮은 값의 캠버를 가지고 S자와 유사한 캠버 형상이 사용될 수 있다. 두께분포는 적절히 선택된 일반 익형에서 얻어지며 중간 코드(mid-chord)에 대해서 대칭적으로 분포한다. 이것은 중간 코드부에 대한 대칭 익형으로 이어질 것이다. 가이드베인은 원호가 없고, 둥근 전연 및 후연 형상의 얇은 대칭 익형이 된다.

피치 - 코드 비율(t/l)과 블레이드 엇갈림 각(stagger angle)에 대해서는 잘 알려진 축류 수력기계에 대한 표준적인 방법으로 선정된 설계 매개변수에 의해 적용 가능할 것이다.

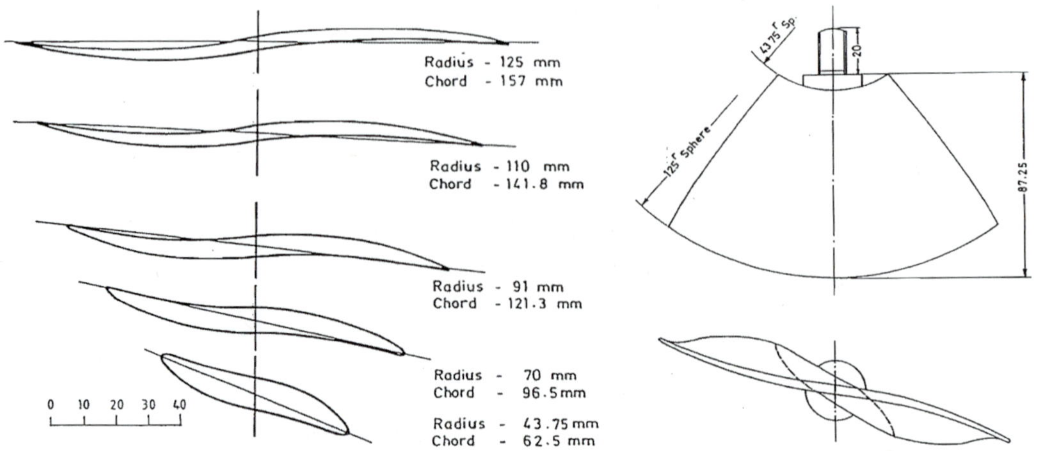

(a) 러너베인 스팬 방향 위치별 익형 (b) 러너베인 형상

그림 **10.93** 러너베인 익형 및 치수 설계 예

자료: Krishna, 1997

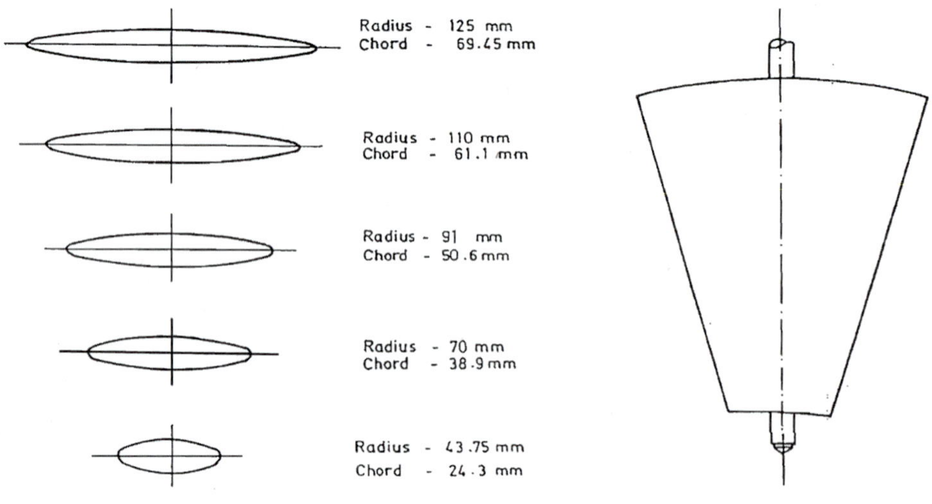

(a) 가이드베인 스팬 방향 위치별 익형 (b) 가이드베인 베인 형상

그림 **10.94** 가이드베인 익형 및 치수

자료: Krishna, 1997

그림 10.93과 그림 10.94는 각각 러너베인 및 가이드베인의 익형과 치수 설계 예를 보여준다. 수력학적 고려사항에 기초한 다른 모든 요소는 일반 튜블러수차 및 벌브수차와 유사한 절차를 따른다.

가역식 축류형 펌프수차의 운전에 대한 실험 정보 및 설계 지침에 대한 정보는 아직 여전히 연구 중이며, 명확하게 정해진 것이 없다. 따라서 수력기계 및 일반적인 유형의 기계에서 적용되는 관련 데이터를 선정하여 사용할 수 있을 것이다.

② **정방향 및 역방향 흐름 운전 시의 러너베인 양항비 특성 비교** 그림 10.95와 그림 10.96은 S자형 러너베인의 두께분포가 양항비 특성에 미치는 영향을 실험적으로 검토한 결과이다. 정방향 및 역방향 흐름에 대한 양항비 특성에 대해서 최고의 성능을 나타내는 S자형 러너베인 형상이 존재하며, 전연과 후연으로부터 최대 두께가 존재하는 위치에 따라서 양력과 항력의 크기가 달라지는 것을 알 수 있다.

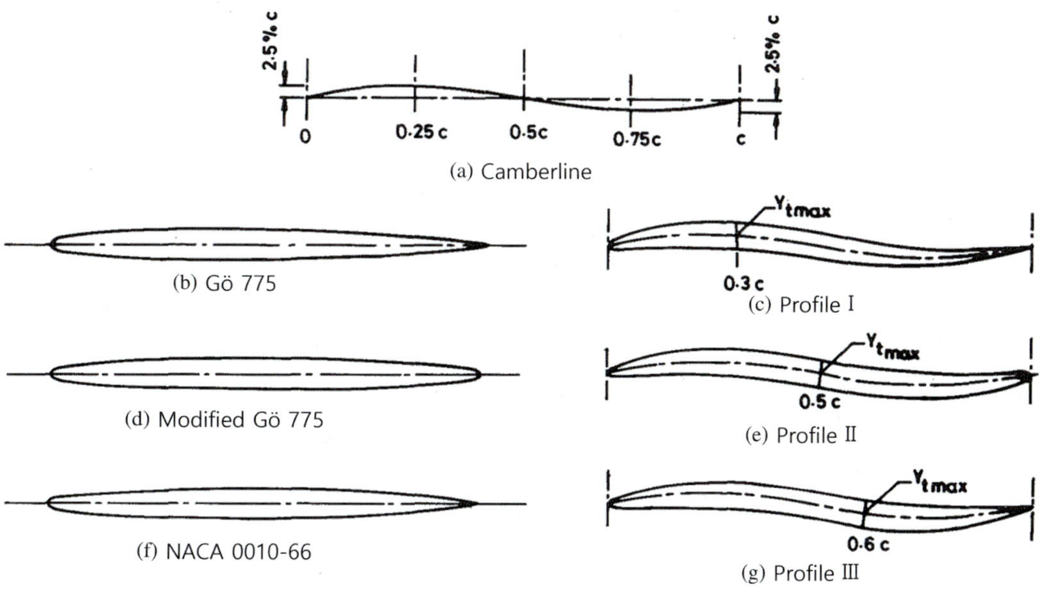

그림 **10.95** 러너베인 캠버선과 익형 예

자료: Chacko, 1992

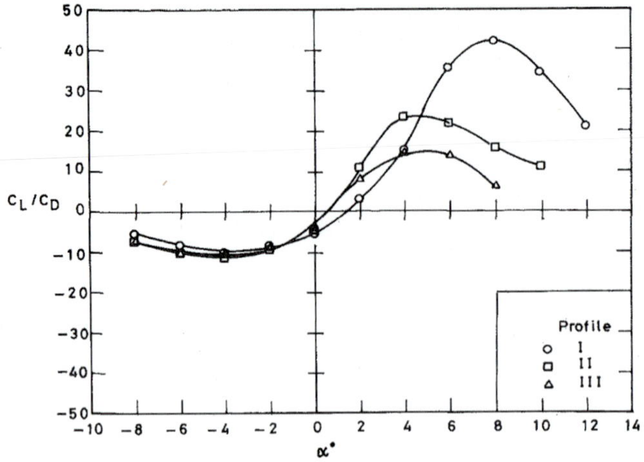

(a) 정방향 흐름 운전 시

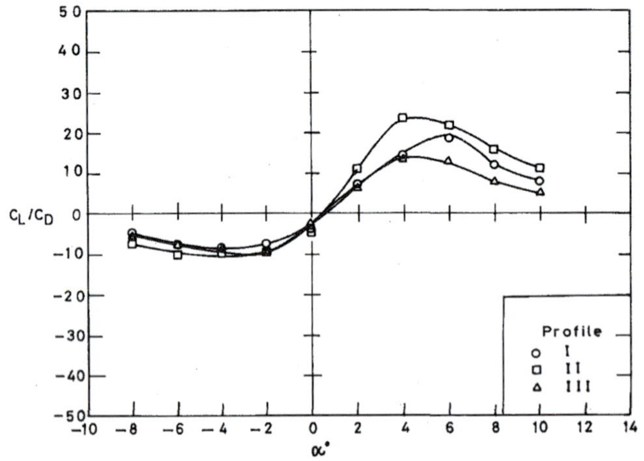

(b) 역방향 흐름 운전 시

그림 **10.96** **축류 프로펠러형 펌프 수차 러너베인 형상에 따른 양항비 특성 비교 예**

자료: Chacko, 1992

10.3 통계 데이터에 의한 수차 및 펌프수차의 설계

수차와 펌프수차의 수력설계 과정은 일반적으로 개념설계, 기본설계, 상세설계의 단계를 거친다.

개념설계에서는 주어진 수력자원을 적용한 수력기계의 치수와 비속도 범위 등에 대해서 검토하며, 수차의 계획단계에 해당한다.

기본설계는 수차의 계획단계에서 정해진 설계 데이터를 기반으로 축소모형시험을 위한 수차의 설계 및 수차의 운전과 관련된 부대설비에 대한 검토와 설계가 이루어진다. 기존에 설치된 수차 및 펌프수차에 대한 경험값을 토대로 한 데이터를 적용하여 수차 및 펌프수차의 형식과 치수에 대한 기본설계를 수행한다. 축소모형의 설계에서는 설계점 및 비설계점 수차성능에 관련된 기본적인 형상 및 성능 데이터를 고려한 설계를 수행한다.

상세설계에서는 실물수차에 대한 각 구성요소별 형상과 성능을 고려한 세부설계가 이루어진다.

본 절에서는 일반적인 수차의 기존 설치 데이터를 기본으로 하여 설계에 적용하는 각 과정을 설명하며, 신규 설치 또는 현대화를 위한 개·대체를 위한 개념설계 및 기본설계의 양쪽 모두에 적용 가능한 것이다.

특히 본 절에서 인용된 관계식 및 데이터는 주로 De Siervo(1976, 1977, 1978, 1980) 등이 연구한 4종류의 수차 및 펌프수차에 대한 통계 데이터를 참고하여 작성하였다.

다음은 설계에 적용되는 주요 파라미터에 대한 식을 나타낸다.

비속도(출력 기준) n_{sP}

$$n_{sP} = \frac{N \times \sqrt{P}}{H^{5/4}} \tag{10.187}$$

비속도(유량 기준) n_{sQ}

$$n_{sQ} = \frac{N \times \sqrt{Q}}{H^{3/4}} \tag{10.188}$$

최적 비속도(최고효율점 유량 기준) $n_{sQ_{opt}}$

$$n_{sQ_{opt}} = \frac{N \times \sqrt{Q_{opt}}}{H^{3/4}} \tag{10.189}$$

단위 속도 N_{11}

$$N_{11} = \frac{ND_3}{\sqrt{H}} \tag{10.190}$$

단위 유량 Q_{11}

$$Q_{11} = \frac{Q}{D_3^2 \sqrt{H}} \tag{10.191}$$

캐비테이션계수 σ

$$\sigma = \frac{H_a - H_v - H_s}{H} \tag{10.192}$$

여기서, N은 수차 회전속도 [min^{-1}], P은 수차출력 [kW], H는 유효낙차 [m], Q_{opt}는 최고효율점 유량 [m^3/s], D_3은 러너 출구 직경 [m], H_a는 대기압 수두 [m], H_v는 물의 포화증기압 수두 [m], H_s는 러너 기준점과 방수로 수위의 표고차 [m]이다.

10.3.1 펠턴수차의 설계

그림 10.97은 펠턴수차에 대한 최신 설계기술을 적용한 경우 비속도($n_s = N\sqrt{P/i}\,H_n^{-5/4}$)별 최고효율 일례를 보이고 있다. 전체적으로 비속도가 낮을수록 상대적으로 최고효율이 높게 나오고, 2노즐 보다는 6노즐 펠턴수차의 최고효율이 1% 정도 더 높게 나오는 것을 알 수 있다. 이와 같은 높은 효율을 달성하기 위해서는 수차 유로 각지점에서의 손실해석을 통한 손실감소를 위해 최적설계를 수행해야 한다. 표 10.4는 펠턴수차 비속도 범위에 따른 구성 요소별 전형적인 손실 분석표이며, 각 비속도 영역의 최고효율점에서 전체 100%의 손실에 대한 각 구성 요소별 손실 비율을 나타낸다.

펠턴수차에 대한 기존에 설치된 수차 치수 및 성능 데이터를 활용하여 설계를 수행할 경우, 동일한 회전속도와 유사한 설계 매개변수를 가진 최신 수차설계법과 비교하여 수차의 치수가 제공되어야 한다. 이것은 다양한 출판 문헌에서 추정될 수 있다.

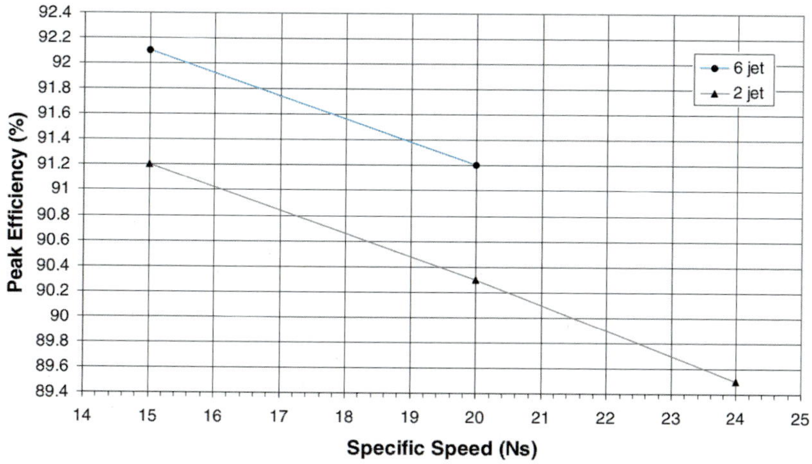

그림 10.97 펠턴수차 비속도와 노즐 수에 따른 최고효율의 관계

자료: EPRI, 2000

표 10.4 펠턴수차 구성 요소별 손실분석표

Component	Low Head Horizontal	High Head Multi - Jet
Intake piping and injectors	10%	8%
Runner	80%	84%
Housing	10%	8%

자료: EPRI, 2000

주어진 수차성능과 관련한 파라미터의 단위는 다음과 같다.

- 유효낙차: H [m]
- 출력: P [kW]
- 회전속도: N [$\min^{-1}$]
- 노즐 수: i

펠턴수차 분기관 및 배수실 치수를 계산하면 다음과 같다.

노즐당 비속도

$$n_s = \frac{N\sqrt{P/i}}{H^{5/4}} \tag{10.193}$$

속도비

$$\phi = 0.5445 - 0.0039\,n_s \tag{10.194}$$

러너 피치(중심원) 직경

$$D_2 = \frac{84.5\phi\sqrt{H}}{N} \tag{10.195}$$

러너 팁 외경 (설치 실적에 따른 경험값 기준)

$$D_3 = D_2(1.028 + 0.0137\,n_s) \tag{10.196}$$

노즐 직경

$$d = \frac{\sqrt{P/i}}{5.4H^{3/4}} \tag{10.197}$$

러너 버킷 주요 치수

- 표 10.3 및 그림 10.19 참조

분기관 입구 (또는 입구관) 직경

$$A = \sqrt{\frac{P}{5.56H + 2.43H^{1.5}}} \tag{10.198}$$

입축 펠턴수차

- 배수실(pit 또는 housing) 직경

$$H_G = 0.78 + 2.06\,D_3 \tag{10.199}$$

- 배수실 높이(러너의 중심선에서 피트의 정점까지)

$$D_G = 0.196 + 0.376\,D_3 \tag{10.200}$$

수평축 펠턴수차

• 배수실 폭

$$W = 13d \qquad (10.201)$$

• 배수실 길이(축 중심선에서 하류 끝단까지)

$$F = 1.7D_2 \qquad (10.202)$$

그림 10.98은 수직축 펠턴수차 배수실 단면 치수를 보이고 있다. 펠턴수차 배수실은 러너로부터 발생된 동력을 수차축을 통하여 발전기로 전달하는 역할을 하며, 노즐로부터 분사된 물이 러너와 충돌 후 다시 비산할 때 노즐로부터 뿜어져 나오는 주류와 러너 버킷의 비산 흐름이 간섭하지 않도록 흐름이 잘 분리되는 설계를 해야 한다.

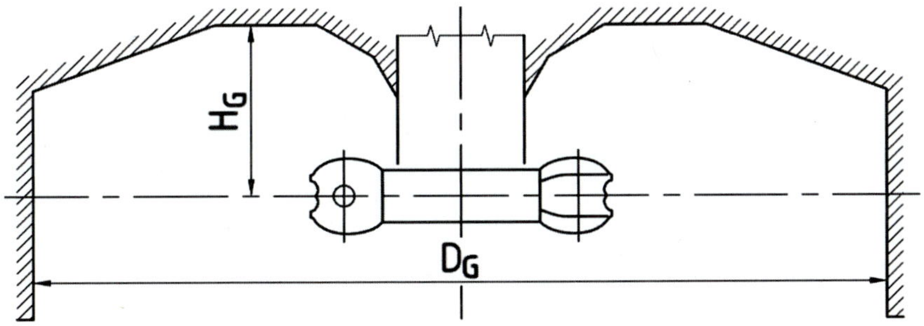

그림 10.98 수직축 펠턴수차 배수실 단면 치수
자료: Pretis, 2014

10.3.2 프란시스수차의 설계

그림 10.99는 프란시스수차에 대한 최신 설계기술을 적용한 경우 비속도별 최고효율 일례를 보이고 있다. 최고효율이 약 95%에 도달했음을 알 수 있다. 이와 같은 높은 효율을 달성하기 위해서는 수차 유로 각지점에서의 손실해석을 통한 손실감소를 위한 최적설계를 수행해야 한다. 표 10.5는 상대적으로 저낙차 범위에서의 프란시스수차 비속도 범위에 따른 구성 요소별 일반적인 손실 분석표이며, 각 비속도 영역의 최고효율점에서 전체 100%의 손실에 대한 러너, 나선형 케이싱, 스테이베인, 위켓게이트(가이드베인), 흡출관 등 각 구

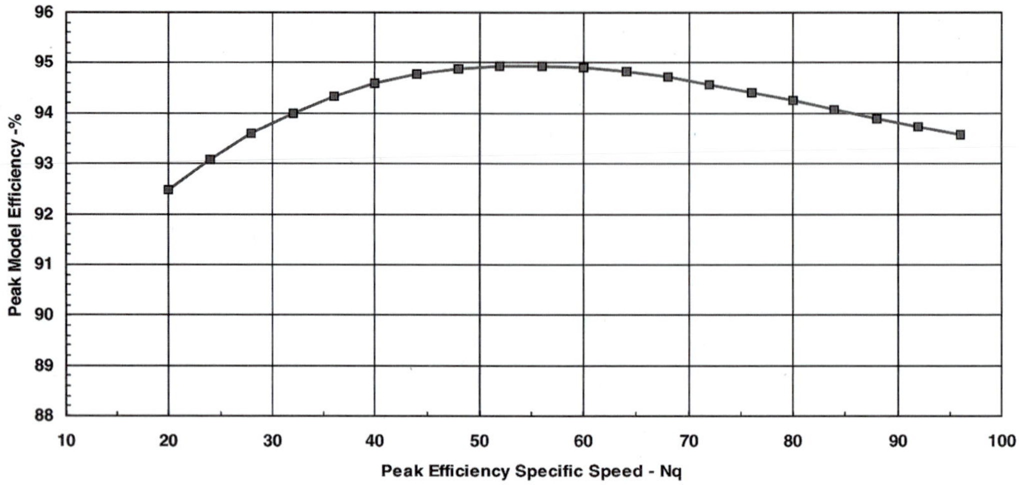

그림 **10.99** 프란시스수차 비속도와 최고효율의 관계

자료: EPRI, 2000

표 **10.5** 프란시스수차 구성요소별 손실 분석표

Specific Speed (N_{Qopt})	Lower Head		
	30	60	90
– runner hydraulic losses	35%	35%	32%
– disc friction loss	15%	7%	2%
– runner seal losses	10%	8%	3%
– spiral case losses	10%	15%	15%
– stay vane losses	10%	10%	10%
– wicket gate losses	15%	15%	15%
– draft tube losses	5%	10%	20%

자료: EPRI, 2000

성요소별 손실비율을 나타낸다.

프란시스수차의 기본설계에서 그림 10.99와 같이 각 비속도 영역에서 최고효율을 달성하기 위해서는 설치 예정 지점의 수력자원(유효낙차 H, 유량 Q)과 예상출력 P를 고려하여 현재의 최신 설계기술에 의해 설치된 수차의 설계 매개변수를 참고할 필요가 있다. 이러

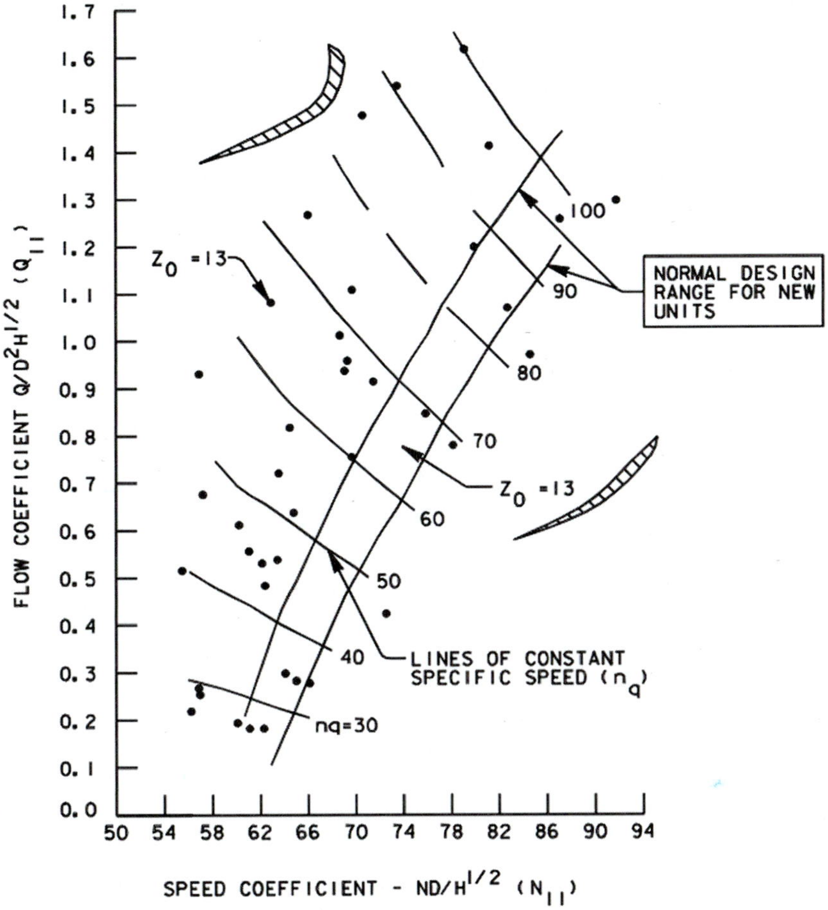

그림 **10.100** 프란시스수차 러너 설계점 분석표
자료: EPRI, 2000

한 설계정보, 특히 수차 형상 정보는 다양한 출판 문헌에서 참고 가능하며, 그림 10.100은 수차 제작업체의 데이터를 기반으로 작성된 프란시스수차 러너 설계점에 대한 분석표이다.

본 항에서는 기존에 설치된 수차 형상 데이터를 기반으로 하여 수차의 각부 치수를 결정하는 과정을 설명하며, 그림 10.101은 수차 설치 기간에 따른 비속도 $n_s(=n\sqrt{P}H_n^{-5/4})$와 설계낙차(유효낙차) H_n의 관계를 각각 나타낸다. 비속도 - 설계낙차 선도가 최근으로 갈수록 주어진 낙차에 대해서 더 높은 비속도 범위로 설계점이 이동하는 경향을 확인할 수 있다. 식 (10.203)~식 (10.205)는 그림 10.101의 데이터를 적용한 비속도 n_s와 설계낙차 H_n의 관계에 대한 경험식을 보이고 있다.

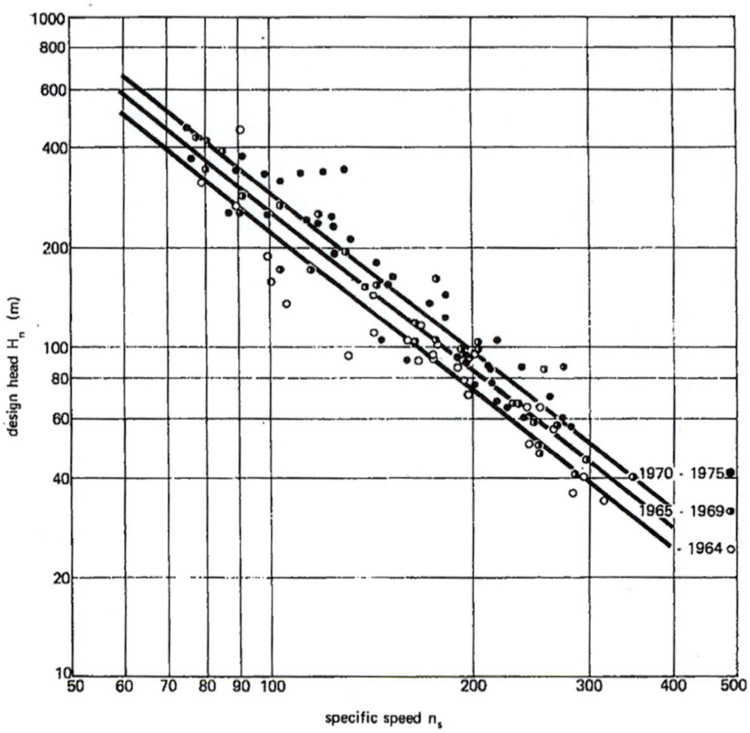

그림 10.101 수차 설치기간에 따른 프란시스수차 비속도와 설계낙차의 관계
자료: De Siervo, 1976

$$n_s = 2959 H_n^{-0.625} \quad (1960년\text{~}1964년) \tag{10.203}$$

$$n_s = 3250 H_n^{-0.625} \quad (1965년\text{~}1969년) \tag{10.204}$$

$$n_s = 3470 H_n^{-0.625} \quad (1970년\text{~}1975년) \tag{10.205}$$

그림 10.102는 토마 캐비테이션계수와 비속도 및 흡출높이의 관계를 실제 설치된 수차 데이터를 적용하여 나타내고 있으며, 식 (10.206)은 그림 10.102의 토마 캐비테이션계수와 비속도의 관계에 대한 경험식을 나타낸다.

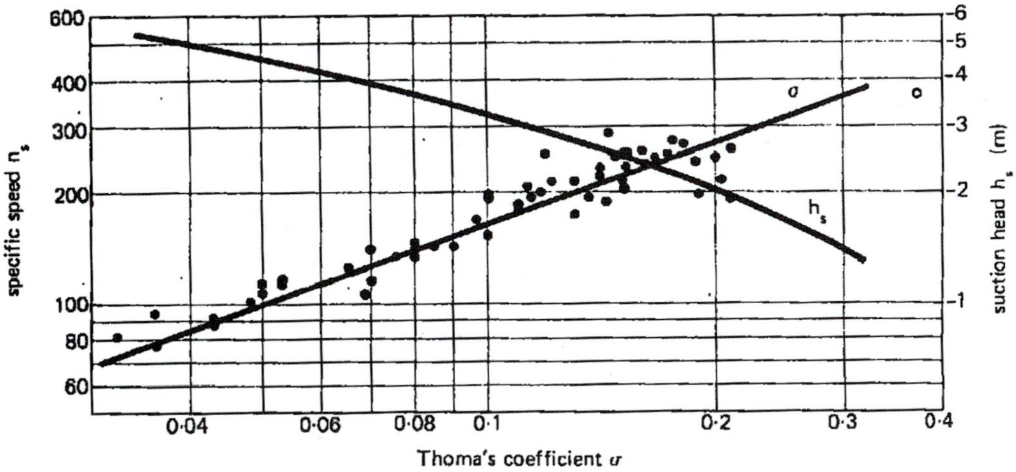

그림 **10.102** 프란시스수차 토마 캐비테이션계수와 비속도 및 흡출높이의 관계

자료: De Siervo, 1976

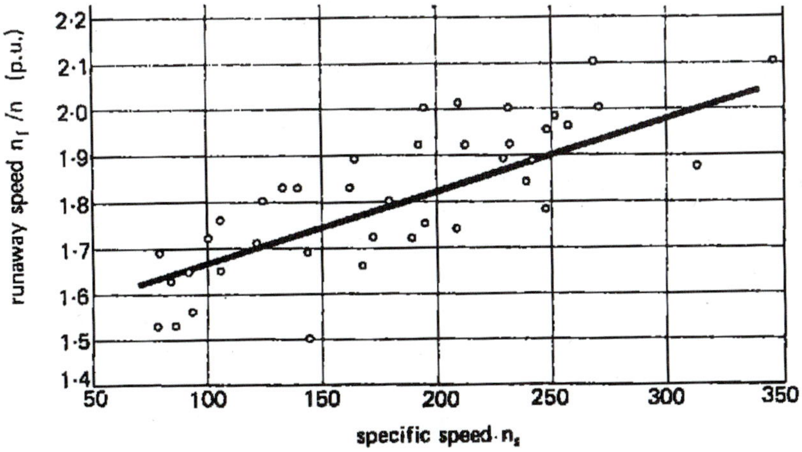

그림 **10.103** 프란시스수차 비속도와 무구속속도비의 관계

자료: De Siervo, 1976

$$\sigma = 7.54 \times 10^{-5} n_s^{1.41} \tag{10.206}$$

그림 10.103은 비속도와 무구속속도비의 관계를 실제 설치된 수차 데이터를 적용하여 나타낸 것이며, 식 (10.207)은 그 경험식을 나타내고 있다.

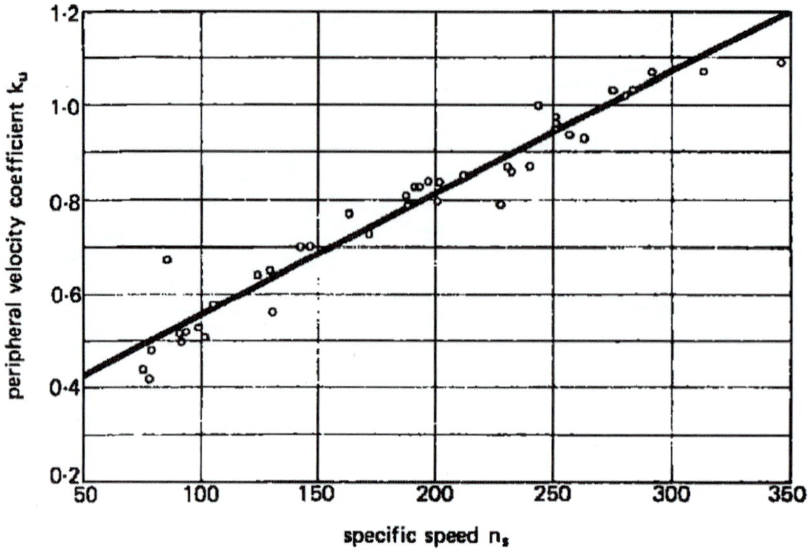

그림 **10.104** 프란시스수차 비속도와 주속계수의 관계
자료: De Siervo, 1976

$$n_f/n = 1.524 + 1.52 \times 10^{-3} n_s \tag{10.207}$$

낙차의 변화가 상당한 발전소의 경우 최대/정격 낙차비의 제곱근에 비례하여 식 (10.207)이 제공하는 값을 증가시킴으로써 n_f에 대한 첫 번째 근삿값을 얻을 수 있다.

그림 10.104는 비속도와 러너 주속계수의 관계를 실제 설치된 수차 데이터를 적용하여 나타내고 있으며, 식 (10.208)은 그 데이터를 이용한 경험식을 나타낸다. 또한 러너 주속계수와 러너 출구 직경의 관계는 식 (10.209)와 식 (10.210)으로 나타낼 수 있으며, 식 (10.208)의 경험식에서 구해진 설계 비속도에서의 러너 주속계수를 이용하여 러너 출구 직경을 구할 수 있다.

$$k_u = 0.31 + 2.5 \times 10^{-3} n_s \tag{10.208}$$

$$k_u = \frac{\pi D_3 N}{60\sqrt{2gH_n}} \tag{10.209}$$

$$D_3 = 84.5\, k_u \sqrt{H_n}/N \tag{10.210}$$

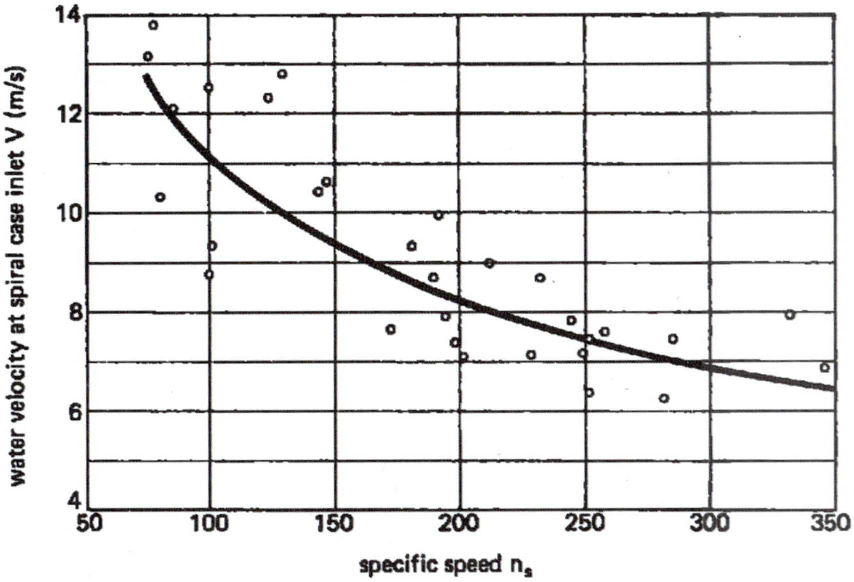

그림 **10.105** 프란시스수차 비속도와 나선형 케이싱 입구 유속의 관계
자료: De Siervo, 1976

그림 10.105는 비속도와 나선형 케이싱 입구 유속의 관계를 실제 설치된 수차 데이터를 적용하여 나타낸 것이며, 식 (10.211)은 그 경험식을 나타낸다.

$$v = 844\, n_s^{-0.44} \tag{10.211}$$

그림 10.106은 비속도와 러너 출구 유속의 관계를 실제 설치된 수차 데이터를 적용하여 나타낸 것이며, 식 (10.212)은 그 경험식을 나타낸다.

$$v_1 = 8.74 + 248/n_s \tag{10.212}$$

그림 10.107은 프란시스수차 비속도 n_s와 (1) 나선형 케이싱 입구 및 (2) 흡출관 입구에서의 실제 유속(v)와 이론적인 분출($\sqrt{2gh}$) 유속의 비율($K_v = v/\sqrt{2gh}$) 관계를 각각 보이고 있다. 그림 10.105와 그림 10.106에서 비속도 n_s가 증가함에 따라 유속 v가 현저하게 감소하지만, 그림 10.107에서 K_v는 n_s의 증가에 따라 증가한다는 것을 관찰할 수 있다. 이러한 결과는 다음의 두 가지 상반되는 추세 사이의 기술적-경제적 절충 때문이다.

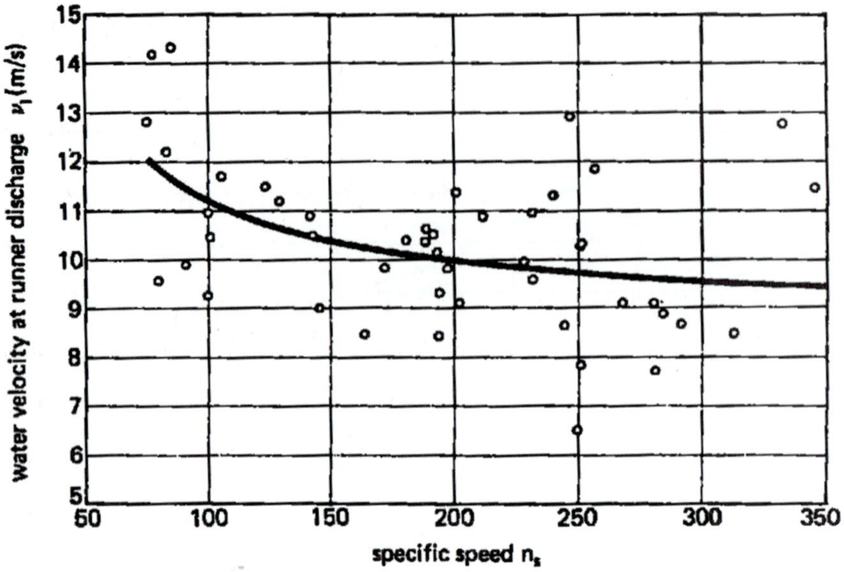

그림 **10.106** 프란시스수차 비속도와 러너 출구 유속의 관계
자료: De Siervo, 1976

- K_v를 일정하게 유지하는 것: 비속도가 증가함에 따라 총 낙차의 감소에 비례하는 수두손실을 발생시킨다. 이것은 v의 대폭적인 감소를 필요로 하기 때문에 더 큰 치수의 나선형 케이싱과 그에 따른 비용을 의미한다.
- v를 일정하게 유지하는 것: 나선형 케이싱의 치수를 제한하기 위한 목적으로 속도 v를 일정하게 유지하는 것이며, 비속도 n_s가 증가함에 따라 상당한 K_v의 증가를 수반하므로 수차효율이 현저하게 감소한다.

따라서 두 가지 요건을 부분적으로 충족시켜 효율의 작은 감소를 수용하면서도 나선형 케이싱의 경제적인 크기를 보장하는 절충안을 설계 시에 적용한다.

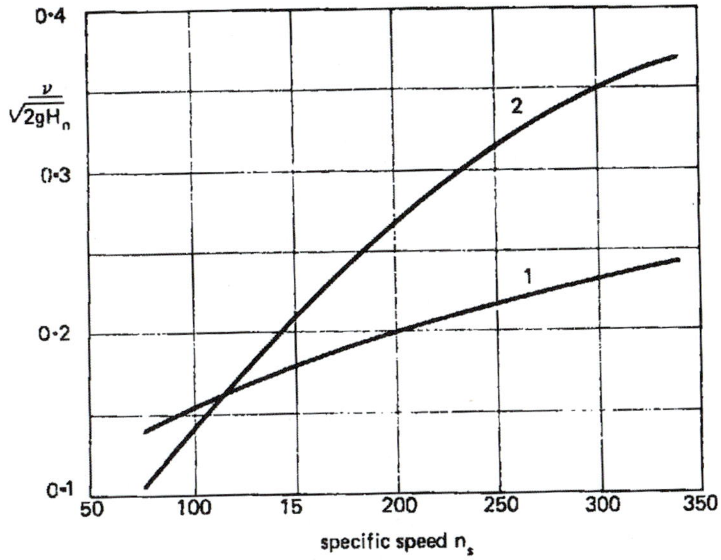

그림 **10.107** 프란시스수차 비속도와 (1) 나선형 케이싱 입구 및 (2) 흡출관 입구에서의 유속비 관계

자료: De Siervo, 1976

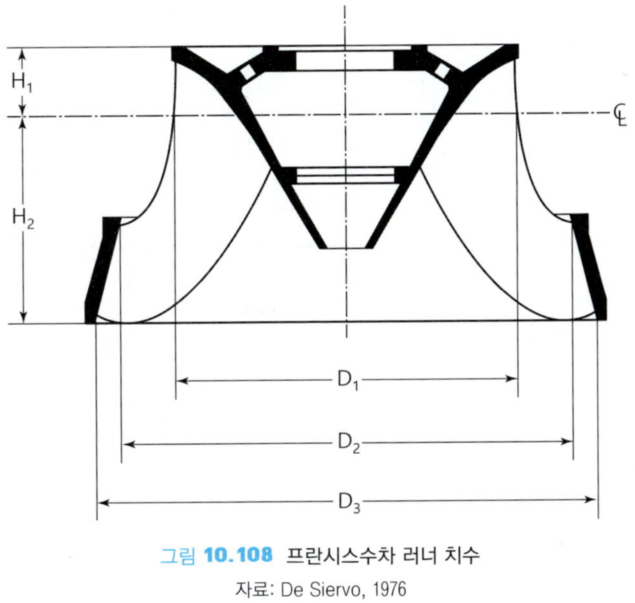

그림 **10.108** 프란시스수차 러너 치수

자료: De Siervo, 1976

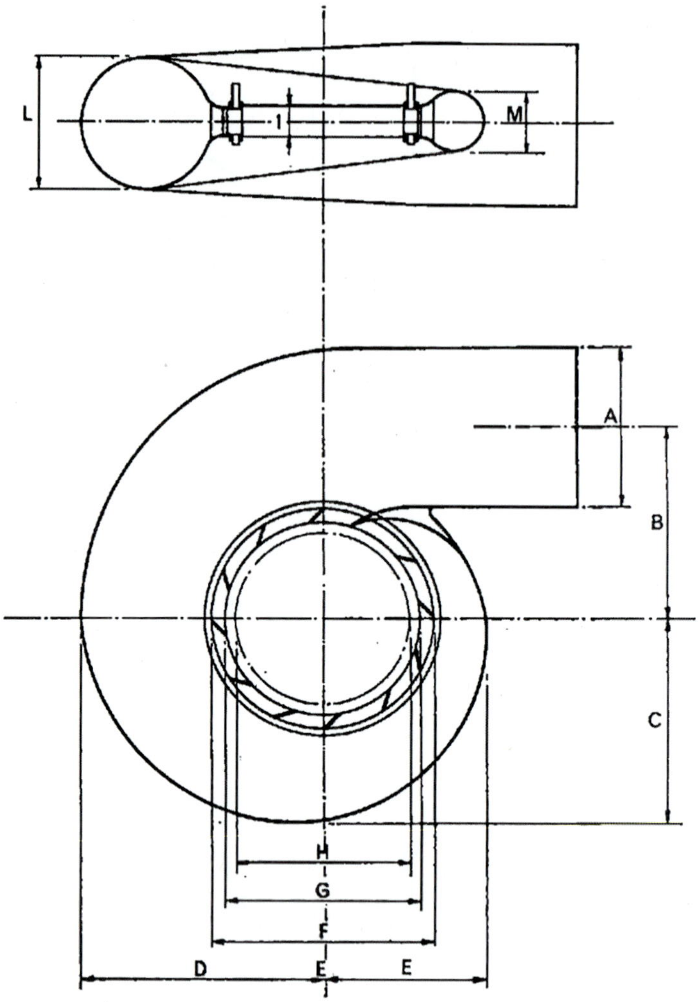

그림 **10.109** 프란시스수차 나선형 케이싱 주요 치수
자료: De Siervo, 1976

그림 10.108～그림 10.110은 프란시스수차 러너와 각부의 주요 치수를 각각 나타내고 있으며, 식 (10.213)～식 (10.238)은 실제 설치된 수차 데이터로부터 구해진 수차 각부의 치수에 대한 경험식이고, 수차 러너의 출구 직경 D_3를 기준으로 비속도에 대한 함수로 나타낸 것이다.

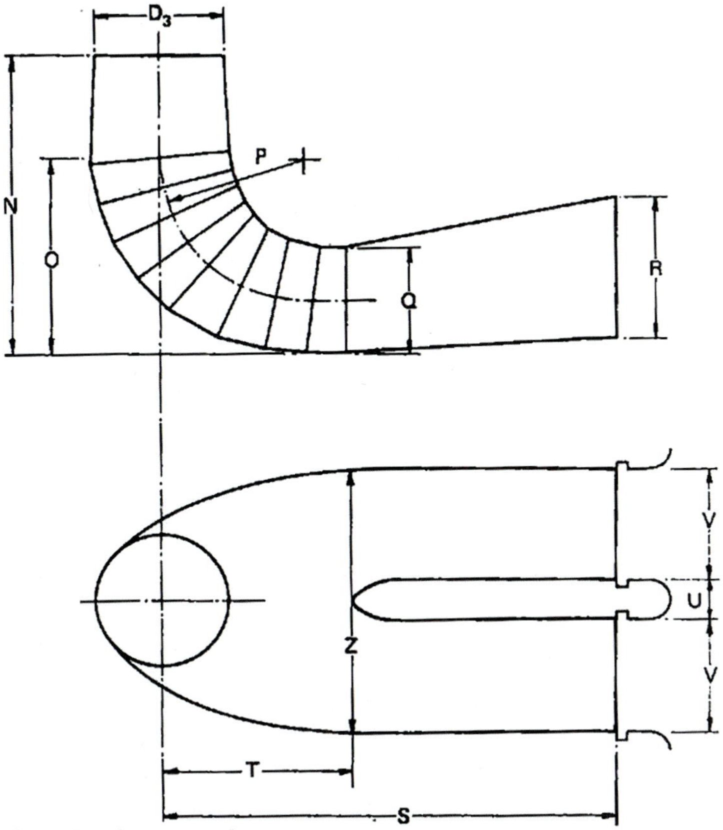

그림 10.110 프란시스수차 흡출관 주요 치수
자료: De Siervo, 1976

$$D_1 = D_3(0.4 + 94.5/n_s) \quad (10.213)$$

$$D_2 = D_3/(0.96 + 0.00038\,n_s) \quad (10.214)$$

$$H_1 = D_3(0.094 + 0.00025\,n_s) \quad (10.215)$$

$$H_2 = D_3(-0.05 + 42/n_s) \quad (50 < n_s < 110) \quad (10.216)$$

$$H_2 = D_3/(3.16 - 0.0013\,n_s) \quad 110 < n_s < 350 \quad (10.217)$$

$$A = D_3(1.2 - 19.56/n_s) \quad (10.218)$$

$$B = D_3(1.1 + 54.8/n_s) \quad (10.219)$$

$$C = D_3(1.32 + 49.25/n_s) \quad (10.220)$$

$$N = D_3(1.54 + 203.5/n_s) \quad (10.229)$$

$$O = D_3(0.83 + 140.7/n_s) \quad (10.230)$$

$$P = D_3(1.37 - 0.00056n_s) \quad (10.231)$$

$$D = D_3(1.50 + 48.8/n_s) \quad (10.221)$$

$$E = D_3(0.98 + 63.60/n_s) \quad (10.222)$$

$$F = D_3(1 + 131.4/n_s) \quad (10.223)$$

$$G = D_3(0.89 + 96.5/n_s) \quad (10.224)$$

$$H = D_3(0.79 + 81.75/n_s) \quad (10.225)$$

$$I = D_3(0.1 + 0.00065n_s) \quad (10.226)$$

$$L = D_3(0.88 + 0.00049n_s) \quad (10.227)$$

$$M = D_3(0.60 + 0.000015n_s) \quad (10.228)$$

$$Q = D_3(0.58 + 22.6/n_s) \quad (10.232)$$

$$R = D_3(1.6 - 0.0013/n_s) \quad (10.233)$$

$$S = D_3 n_s/(-9.28 + 0.25n_s) \quad (10.234)$$

$$T = D_3(1.50 + 0.00019n_s) \quad (10.235)$$

$$U = D_3(0.51 - 0.0007n_s) \quad (10.236)$$

$$V = D_3(1.10 + 53.7/n_s) \quad (10.237)$$

$$Z = D_3(2.63 + 33.8/n_s) \quad (10.238)$$

10.3.3 카플란수차의 설계

그림 10.111은 카플란수차에 대한 최신 설계기술을 적용한 경우 비속도별 최고효율 일례를 보이고 있다. 최고효율이 93%에 가까운 수준까지 도달했음을 알 수 있다. 이와 같은

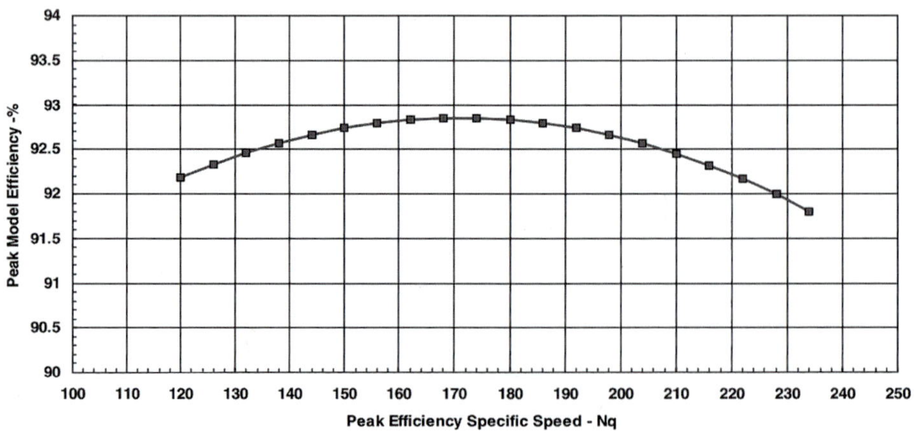

그림 **10.111** 카플란수차 비속도와 최고효율의 관계

자료: EPRI, 2000

표 **10.6** 카플란수차 구성 요소별 손실분석표

Component	% of Total Losses
Runner hydraulic losses	35%
Leakage losses	5%
Spiral or semi–spiral casing losses	10%
Stay vane losses	10%
Wicket gate losses	10%
Draft tube losses	25%
Mechanical losses	5%

자료: EPRI, 2000

높은 효율을 달성하기 위해서는 수차 유로 각지점에서의 손실해석을 통한 손실감소를 위한 최적설계를 수행해야 한다. 표 10.6은 카플란수차 비속도 범위에 따른 구성 요소별 전형적인 손실분석표이며, 각 비속도 영역의 최고효율점에서 전체 100%의 손실에 대한 각 구성요소별 손실 비율을 나타낸다.

기존에 설치된 카플란수차 형상 데이터를 기반으로 하여 수차의 각부 치수를 결정하는 과정을 설명하며, 그림 10.112는 수차 설치 기간에 따른 비속도 $n_s(=N\sqrt{P}H_n^{-5/4})$와 설계낙차(유효낙차) H_n의 관계를 각각 나타낸다. 비속도-설계낙차 선도가 최근으로 갈수록 주어진 낙차에 대해서 더 높은 비속도 범위로 설계점이 이동하는 경향을 확인할 수 있다. 식 (10.239)~식 (10.241)은 그림 10.112의 데이터를 적용한 비속도 n_s와 설계낙차 H_n의 관계에 대한 경험식을 보이고 있다.

$$n_s = 2096H_n^{-0.489} \quad (1960\text{년}\sim1964\text{년}) \tag{10.239}$$

$$n_s = 2195H_n^{489} \quad (1965\text{년}\sim1969\text{년}) \tag{10.240}$$

$$n_s = 2419H_n^{-0.489} \quad (1970\text{년}\sim1976\text{년}) \tag{10.241}$$

그림 10.113은 카플란수차의 단위 유량과 단위 회전수에 따른 최소 운전(플랜트) 캐비테이션계수의 관계를 실제 설치된 수차 데이터를 이용하여 작성한 결과이다.

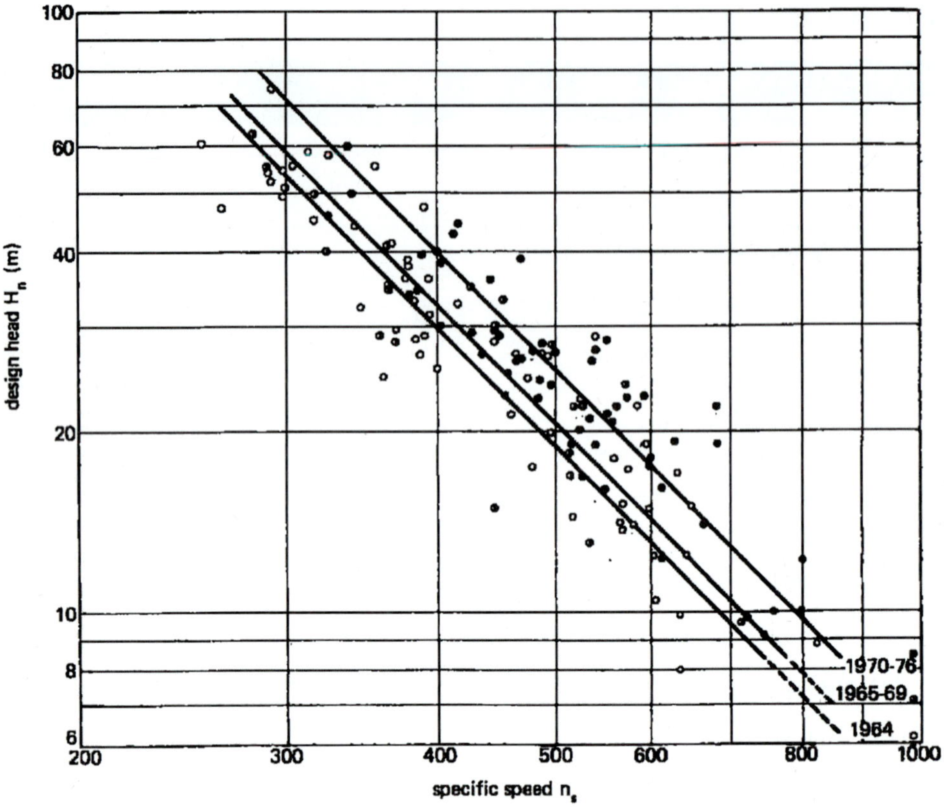

그림 **10.112** 수차 설치기간에 따른 카플란수차 비속도와 설계낙차의 관계

자료: De Siervo, 1977

그림 10.114와 그림 10.115는 카플란수차의 비속도와 토마 캐비테이션계수와의 관계 및 흡출높이의 관계를 각각 나타내고 있으며, 식 (10.242)는 그림 10.114의 비속도와 토마 캐비테이션계수의 관계에 대한 경험식을 나타낸다.

$$\sigma = 6.40 \times 10^{-5} n_s^{1.46} \tag{10.242}$$

그림 10.116은 비속도와 무구속속도비의 관계를 실제 설치된 수차 데이터를 적용하여 나타낸 것이며, 식 (10.243)은 그 경험식을 나타내고 있다.

$$n_f/n = 2.44 + 2.04 \times 10^{-4} n_s \tag{10.243}$$

그림 10.117은 카플란수차의 비속도와 러너 주속계수의 관계를 실제 설치된 수차 데이

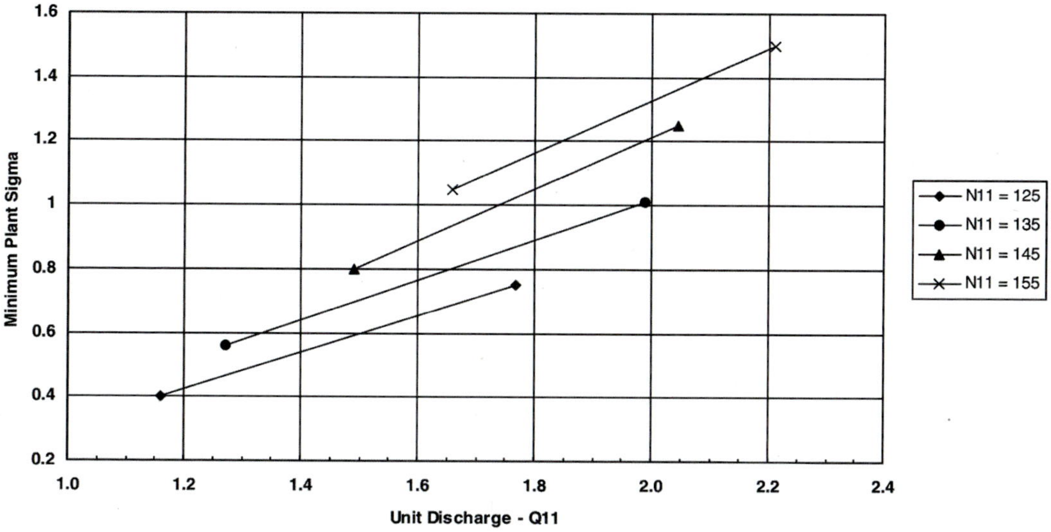

그림 10.113 카플란수차 단위 유량과 단위 회전수에 따른 최소 운전(플랜트) 캐비테이션계수의 관계
자료: EPRI, 2000

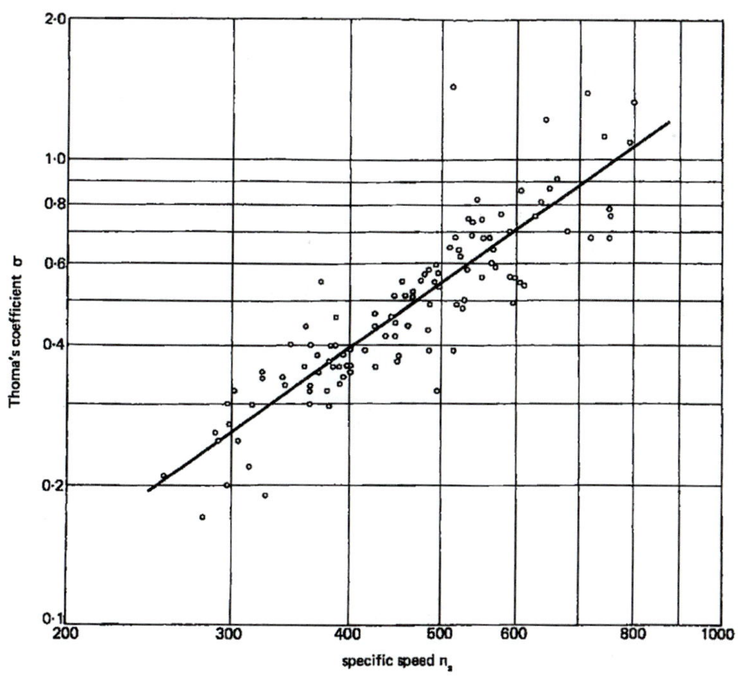

그림 10.114 카플란수차 비속도와 토마 캐비테이션계수의 관계
자료: De Siervo, 1977

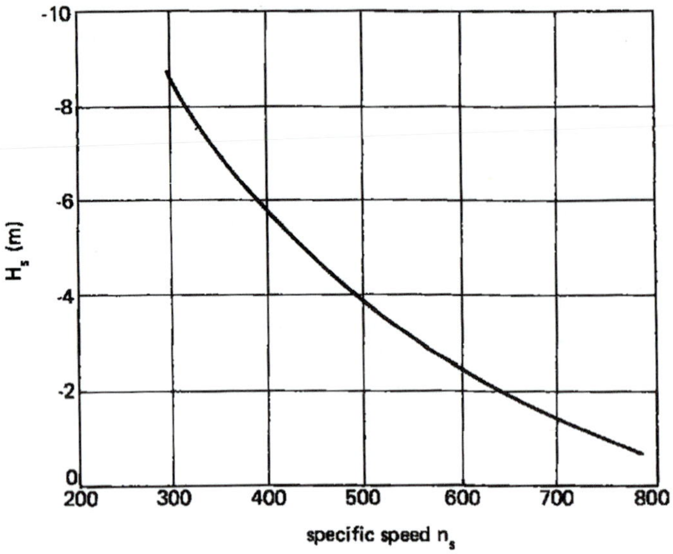

그림 10.115 카플란수차 비속도와 흡출높이의 관계
자료: De Siervo, 1977

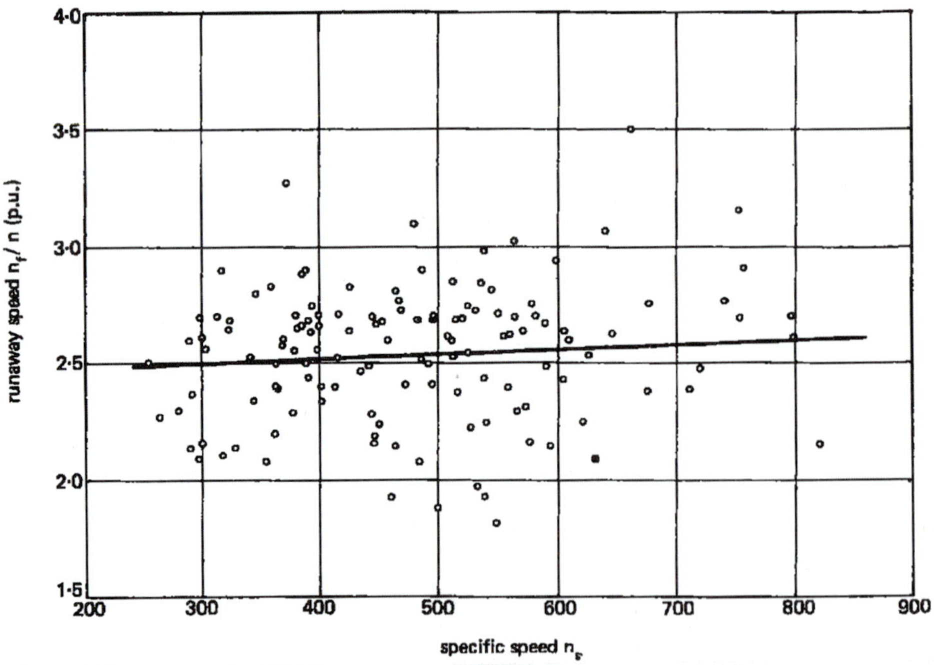

그림 10.116 카플란수차 비속도와 무구속속도비의 관계
자료: De Siervo, 1977

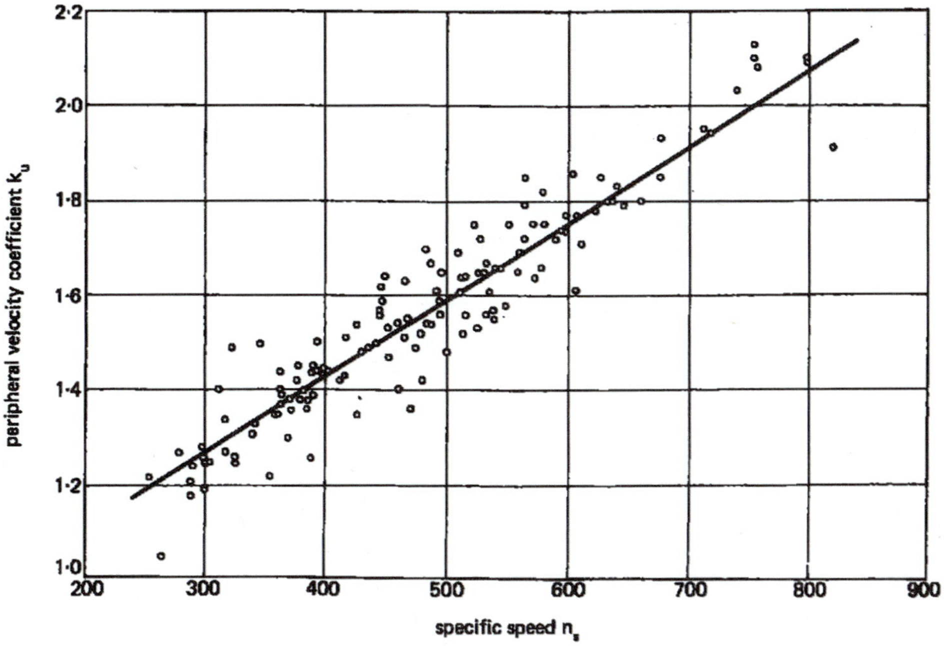

그림 **10.117** 카플란수차 비속도와 주속계수의 관계
자료: De Siervo, 1977

터를 적용하여 나타내고 있으며, 식 (10.244)은 그 데이터를 이용한 경험식을 나타낸다. 또한 러너 주속계수와 러너 출구 직경의 관계는 식 (10.245)와 식 (10.246)으로 나타낼 수 있으며, 식 10.244의 경험식에서 구해진 설계 비속도에서의 러너 주속계수를 이용하여 러너 출구 직경 $D_M(=D_{\max})$을 구할 수 있다.

$$k_u = 0.79 + 1.61 \times 10^{-3} n_s \tag{10.244}$$

$$k_u = \frac{\pi D_M N}{60\sqrt{2gH_n}} \tag{10.245}$$

$$D_M = 84.5\, k_u \sqrt{H_n} / N \tag{10.246}$$

그림 10.118은 비속도와 강판 나선형 케이싱 입구 유속(v_1) 및 콘트리트 준나선형 케이싱 입구 유속(v_2)의 관계를 실제 설치된 수차 데이터를 적용하여 나타낸 것이며, 식 (10.247)과 식 (10.248)은 그 경험식 각각 나타낸다.

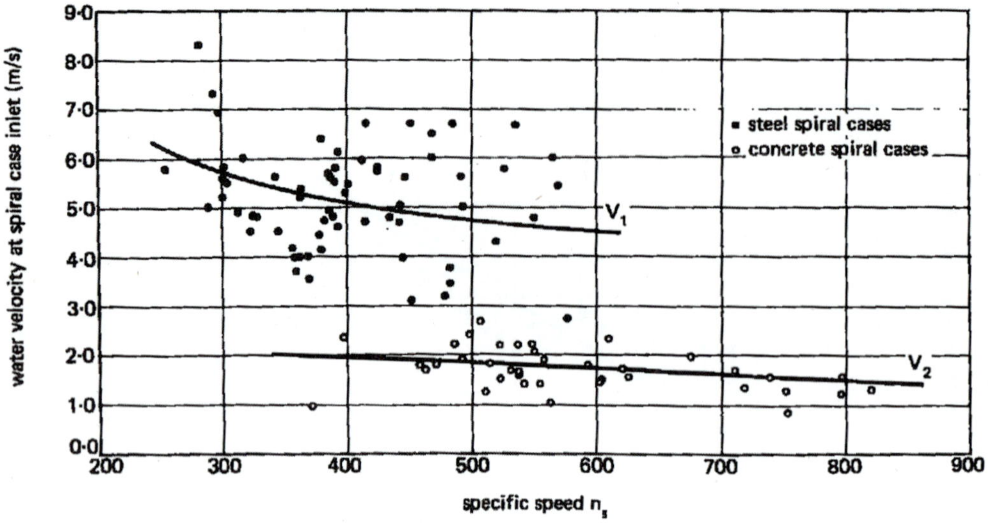

그림 **10.118** 카플란수차 비속도와 강판 나선형 케이싱 입구 유속(v_1) 및 콘트리트 준나선형 케이싱 입구 유속(v_2)의 관계

자료: De Siervo, 1978

$$v_1 = 3.17 + 759.21/n_s \tag{10.247}$$

$$v_2 = 2.44 - 1.19 \times 10^{-3} n_s \tag{10.248}$$

그림 10.119는 카플란수차 비속도와 러너 출구 유속의 관계를 실제 설치된 수차 데이터를 적용하여 나타낸 것이며, 식 (10.249)는 그 경험식을 나타낸다.

$$v_3 = 8.42 + 250.25/n_s \tag{10.249}$$

그림 10.120～그림 10.122는 카플란수차 러너, 케이싱, 흡출관 각부의 주요 치수를 각각 나타내고 있으며, 식 (10.250)～식 (10.282)은 실제 설치된 수차 데이터로부터 구해진 수차 각부의 치수에 대한 경험식이고, 수차 러너의 출구 직경 $D_M(=D_{\max})$을 기준으로 비속도에 대한 함수로 나타낸 것이다.

$$D_m = D_M(0.25 + 94.64/n_s) \tag{10.250}$$

$$H_m = D_M(6.94\, n_s^{-0.403}) \tag{10.251}$$

$$H_1 = D_M(0.38 + 5.17 \times 10^{-5} n_s) \tag{10.252}$$

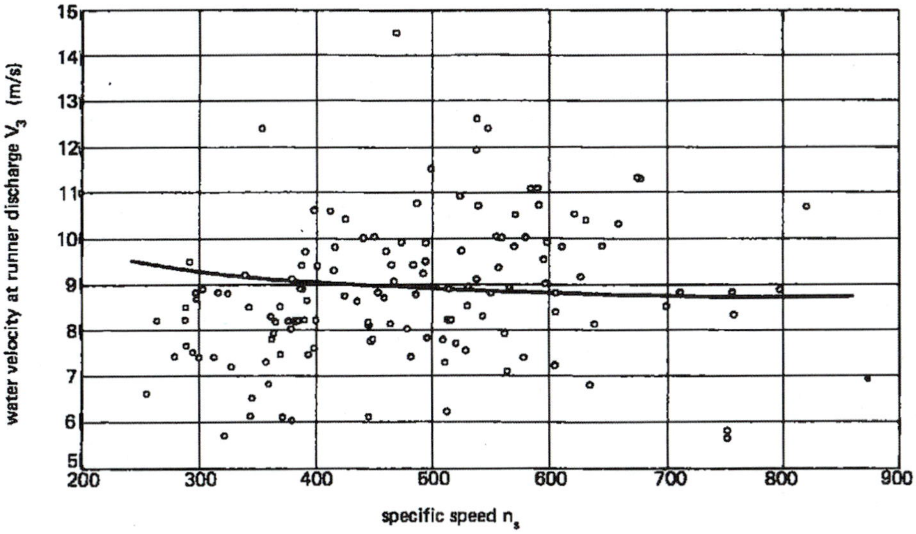

그림 **10.119** 카플란수차 비속도와 러너 출구 유속의 관계

자료: De Siervo, 1978

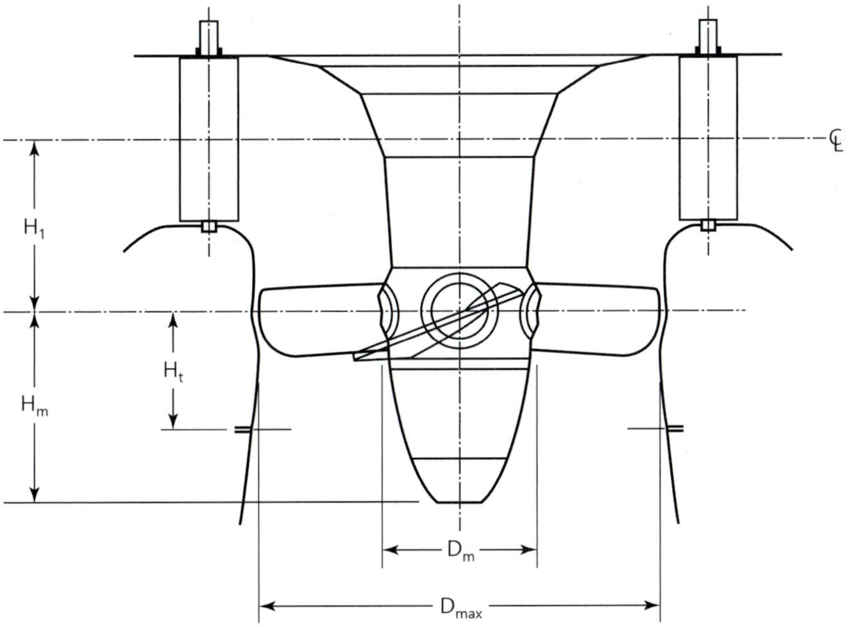

그림 **10.120** 카플란수차 러너 치수

자료: De Siervo, 1977

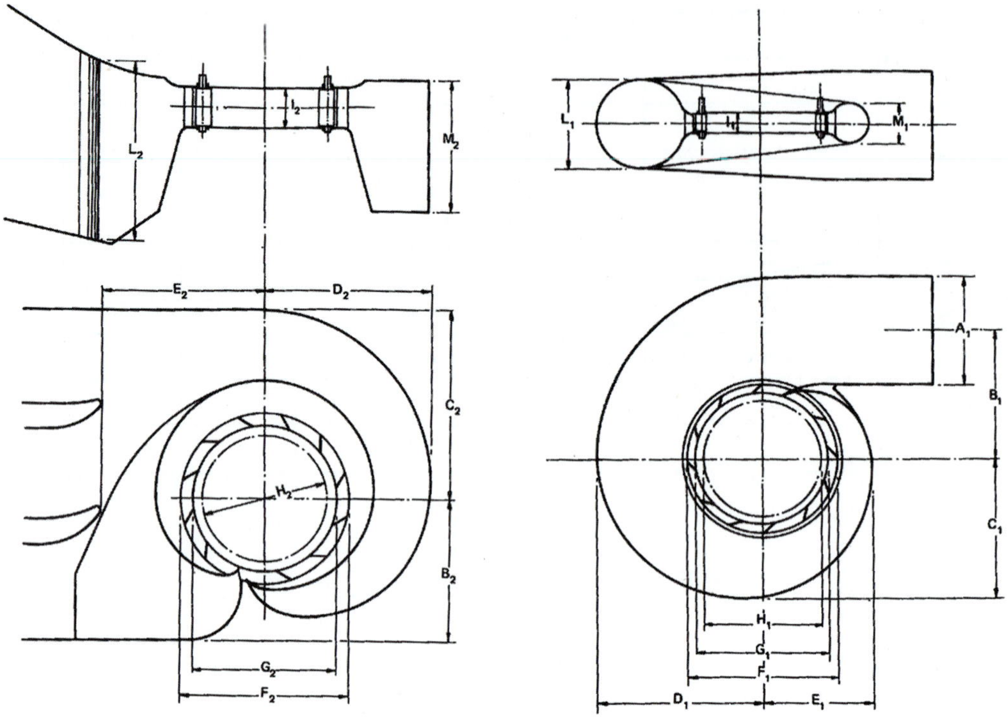

(a) 콘크리트 준나선형 케이싱 (b) 강판 나선형 케이싱

그림 **10.121** 카플란수차 케이싱 치수

자료: De Siervo, 1978

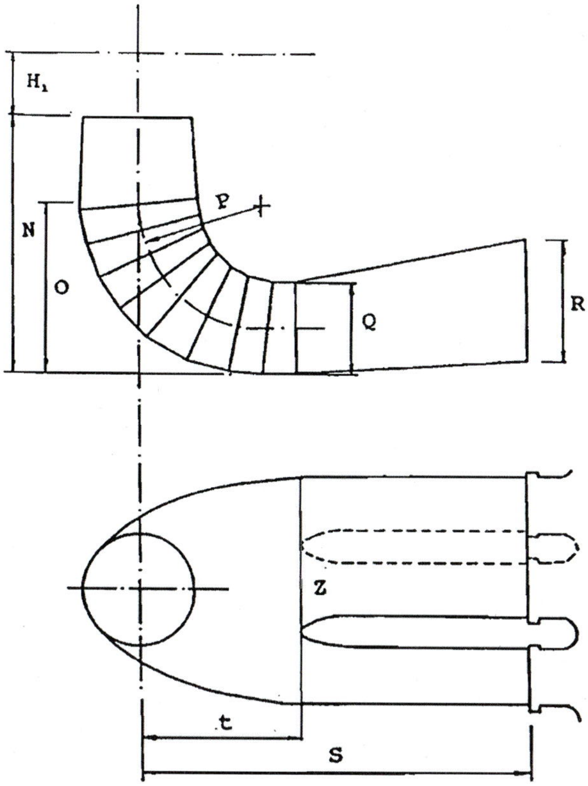

그림 10.122 카플란수차 흡출관 치수
자료: De Siervo, 1978

$$A = D_M(0.4\,n_s^{0.2}) \quad (10.253)$$

$$B_1 = D_M(1.26 + 3.79 \times 10^{-4} n_s) \quad (10.254) \qquad B_2 = D_M/(0.76 + 8.92 \times 10^{-5} n_s) \quad (10.255)$$

$$C_1 = D_M(1.46 + 3.24 \times 10^{-4} n_s) \quad (10.256) \qquad C_2 = D_M/(0.55 + 1.48 \times 10^{-5} n_s) \quad (10.257)$$

$$D_1 = D_M(1.59 + 5.74 \times 10^{-4} n_s) \quad (10.258) \qquad D_2 = D_M(1.58 - 9.05 \times 10^{-5} n_s) \quad (10.259)$$

$$E_1 = D_M(1.21 + 2.71 \times 10^{-4} n_s) \quad (10.260) \qquad E_2 = D_M(1.48 - 2.11 \times 10^{-5} n_s) \quad (10.261)$$

$$F_1 = D_M(1.45 + 72.17/n_s) \quad (10.262) \qquad F_2 = D_M(1.62 - 3.18 \times 10^{-5} n_s) \quad (10.263)$$

$$G_1 = D_M(1.29 + 41.63/n_s) \quad (10.264)$$

$$G_2 = D_M(1.36 + 7.79/n_s) \quad (10.265)$$

$$H_1 = D_M(1.13 + 31.86/n_s) \quad (10.266)$$

$$H_2 = D_M(1.19 + 4.69/n_s) \quad (10.267)$$

$$I_1 = D_M(0.45 - 31.80/n_s) \quad (10.268)$$

$$I_2 = D_M(0.44 - 21.47/n_s) \quad (10.269)$$

$$L_1 = D_M(0.74 + 8.7 \times 10^{-4} n_s) \quad (10.270)$$

$$L_2 = D_M(1.44 + 105.29/n_s) \quad (10.271)$$

$$M_1 = D_M/(2.06 - 1.20 \times 10^{-5} n_s) \quad (10.272)$$

$$M_2 = D_M(1.03 + 136.28/n_s) \quad (10.273)$$

$$H_t = D_M(0.24 + 7.82 \times 10^{-6} n_s) \quad (10.274)$$

$$N = D_M(2.00 - 2.14 \times 10^{-5} n_s) \quad (10.275)$$

$$O = D_M(1.40 - 1.67 \times 10^{-5} n_s) \quad (10.276)$$

$$P = D_M(1.26 - 16.35/n_s) \quad (10.277)$$

$$Q = D_M(0.66 - 18.40/n_s) \quad (10.278)$$

$$R = D_M(1.25 - 7.98 \times 10^{-5} n_s) \quad (10.279)$$

$$S = D_M(4.26 + 201.51/n_s) \quad (10.280)$$

$$T = D_M(1.20 + 5.12 \times 10^{-4} n_s) \quad (10.281)$$

$$Z = D_M(2.58 + 102.66/n_s) \quad (10.282)$$

10.3.4 가역식 프란시스형 펌프수차의 설계

가역식 펌프수차의 경우 펌프와 수차 특성이 밀접하게 관련되어 있으며 설계는 일반적으로 두 작동 모드 간의 절충을 통해서 이루어진다. 주된 이유는 주어진 러너의 수차 최고효율점 낙차가 펌프의 최고효율점 양정보다 높기 때문이다. 러너 설계를 통해 한쪽 모드에서 성능을 향상시키기 위해 수정하면 다른 모드의 성능에 영향을 미친다. 즉, 한쪽 모드에서 최적의 설계를 선택하면 다른 쪽 모드의 성능 특성이 상쇄될 수 있다.

양수발전소의 설계에서는 선택된 현장의 특성, 전력망의 요구사항 및 양수발전시스템의 특성에 기초한 많은 복잡한 고려사항이 포함된다. 그 결과, 양수 및 발전을 위한 예비설계(개념 및 기본설계) 과정에서는 낙차(양정)의 지속시간 및 적정한 수차 및 펌프 용량이 함께 검토되어야 한다. 그 다음 과정으로 시스템의 최대 평균 효율을 얻기 위해서는 상호 모순

되는 펌프와 수차성능을 조화시키기 위해서 펌프수차 각부의 수력학적, 재료역학적 상세 설계 과정을 통하여 예비설계의 내용을 구체화해야 한다. 그리고 이러한 예비설계의 결과는 제5장에서 설명한 바와 같이 설계 대상 펌프수차의 완전 특성도에 근거하여만 달성될 수 있다.

본 항에서 제시하는 통계 데이터는 위에서 언급한 예비설계를 위한 가역식 프란시스형 펌프수차의 주요 특성과 치수에 대한 신뢰할 수 있는 정보를 제공한다.

일반적으로 가역식 펌프수차의 형식을 선정할 때 사용할 수 있는 주요 데이터는 수차 및 펌프 작동 모드에 대한 최대, 정격(설계점) 및 최소 유효낙차(양정), 정격 수차 용량 및 펌프와 수차 용량 사이의 원하는 비율이다.

본 항에서 소개되는 펌프수차 통계 데이터는 단단 가역식 프란시스형 펌프수차이며, 1961년부터 1977년까지 전 세계적으로 80기의 설계 제작된 펌프수차에 대한 데이터이고, 낙차는 20～600 m, 출력은 400 MW까지의 범위를 가진다.

그림 10.123은 최신 설계법을 적용한 가역식 프란시스형 펌프수차의 펌프모드 비속도와 최고효율의 관계 일례를 보이고 있다. 이러한 고효율의 펌프수차 설계를 위해서는 펌프수차 내부 각 요소에서 발생하는 손실을 잘 파악하여 감소하기 위한 설계가 필요하다.

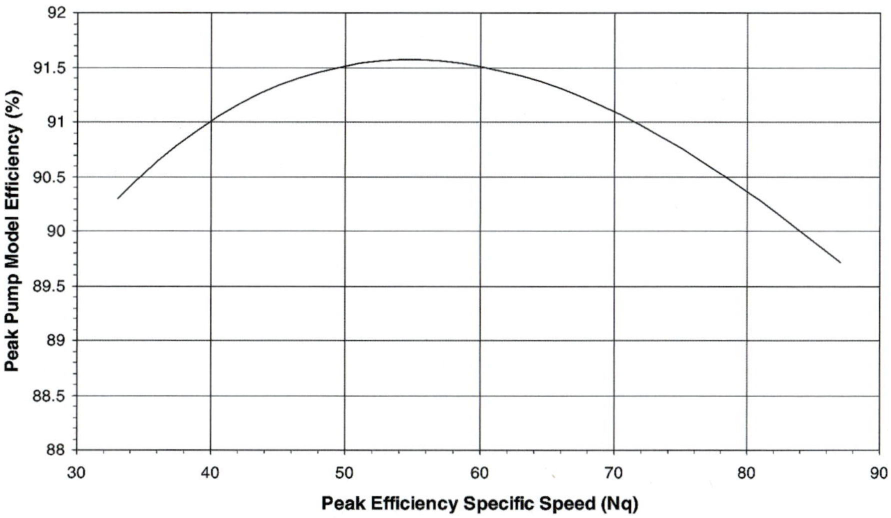

그림 **10.123** 가역식 프란시스형 펌프수차의 펌프모드 비속도와 최고효율의 관계

자료: EPRI, 2000

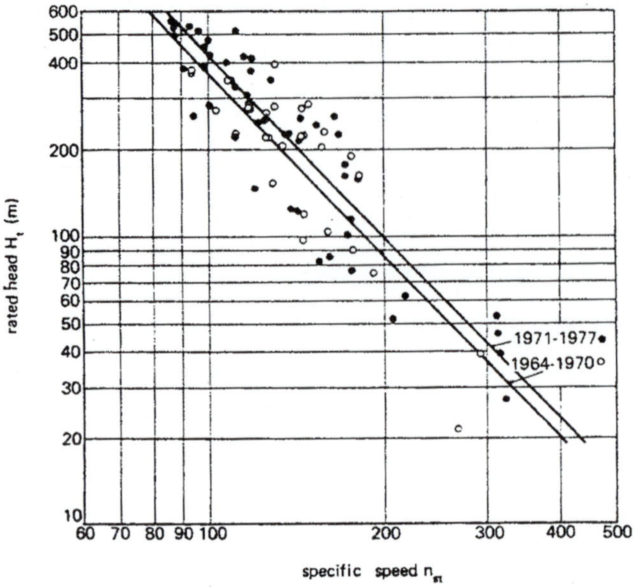

그림 **10.124** 가역식 프란시스형 펌프수차 수차모드 비속도와 정격 낙차의 관계

자료: De Siervo, 1980

펌프수차 내부의 손실 구성요소는 중-고낙차(중-저비속도) 프란시스수차에서와 비슷하며, 러너에서 발생하는 손실이 전체 펌프 또는 수차 손실의 약 40%를 차지한다.

기존에 설치된 펌프수차 형상 데이터를 기반으로 하여 설계점의 비속도와 관련된 주요 성능 및 수차의 각부 치수를 결정하는 과정을 설명한다.

그림 10.124와 그림 10.125는 펌프수차 설치기간에 따른 수차 비속도 n_{st} 및 펌프 비속도 n_{sp}에 대한 설계낙차(유효낙차) H_t 및 설계양정 H_p의 관계를 각각 나타낸다. 여기서, 비속도는 펌프모드(n_{sp})와 수차모드(n_{st})에서 동일하게 출력 P를 기준으로 한 식 (10.283)을 적용하였다.

$$n_s = N\sqrt{P}/H^{5/4} \tag{10.283}$$

사용 가능한 데이터는 펌프수차의 설계 연도에 따라 두 그룹으로 나누어졌다. 이는 수차 및 펌프 작동에 대해 각각 그림 10.124와 그림 10.125에 표시된 회귀곡선을 나타낸다. 보간함수는 다음과 같다.

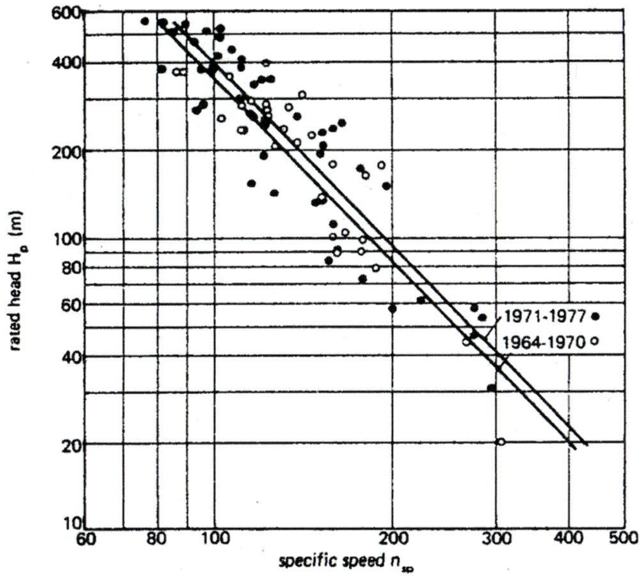

그림 **10.125** 가역식 프란시스형 펌프수차 펌프모드 비속도와 정격 양정의 관계
자료: De Siervo, 1980

$$\begin{array}{ll} \text{1961~1970(1차)} & n_{st} = 1700\, H_t^{-0.481} \\ & n_{sp} = 1672\, H_p^{-0.480} \\ \text{1970~1977(2차)} & n_{st} = 1825\, H_t^{-0.481} \\ & n_{sp} = 1768\, H_p^{-0.480} \end{array} \qquad (10.284)$$

선택된 1차 기간부터 2차 기간 사이에 주어진 낙차와 양정에 대해서 비속도 n_s 값이 증가하는 경향은 명확하지만, 기존의 프란시스수차에 비해서는 그 증가량이 크지 않다. 그러나 이러한 상대적으로 작은 증가량은 가역식 펌프수차에서 펌프와 수차성능을 조화시키는데 어려움이 있기 때문일 것이다.

펌프와 수차모드 특성 간의 엄격한 상관관계는 그림 10.126에 나타나 있으며, 여기서 펌프모드 비속도 n_{sp}와 수차모드 비속도 n_{st}의 관계를 3가지 다른 펌프 정격양정과 수차 정격낙차의 비로 표시되어 있고, 보간함수는 다음과 같다.

$$H_p/H_t = 0.9 \qquad n_{sp} = 1.272\, n_{st}^{0.978} \qquad (10.285)$$

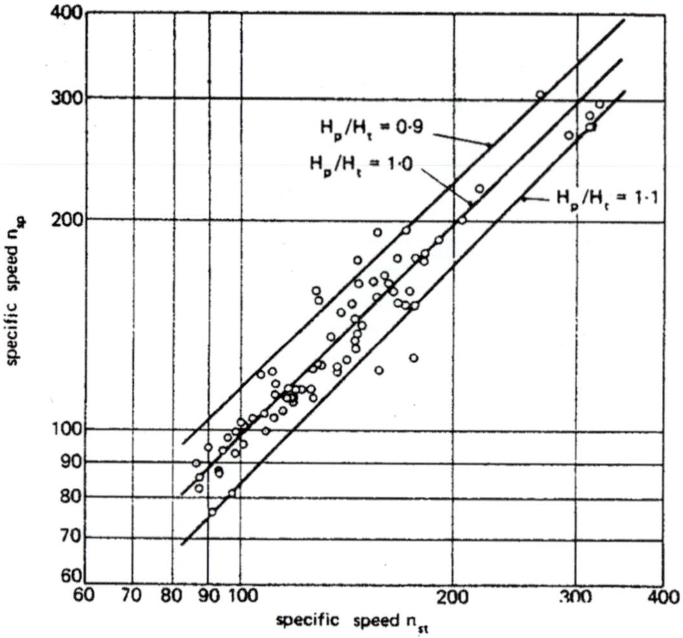

그림 10.126 가역식 프란시스형 펌프수차 펌프모드 비속도 및 수차모드 비속도의 관계
자료: De Siervo, 1980

$$H_p/H_t = 1.0 \qquad n_{sp} = 0.842\, n_{st}^{1.033}$$

$$H_p/H_t = 1.1 \qquad n_{sp} = 0.619\, n_{st}^{1.065}$$

정격 발전용량은 일반적으로 가장 중요한 전력망 요건을 나타내므로, 펌프수차의 회전속도 N은 수차 정격점에서 결정된다. 그림 10.124의 도표를 참조하여 정격낙차 H_t로 수차모드 비속도 n_{st}를 구하며, 식 (10.283)을 이용하여 최적의 회전속도를 계산한다. 펌프수차의 정격주파수는 기존 프란시스수차와 유사한 고려사항에 따라 결정하며, 이상적인 주파수에 가장 근접한 동기주파수와 일치시킨다. 그런 다음, 식 (10.283)을 다시 적용하여 n_{st}의 최종값을 계산한다.

펌프모드 비속도 n_{sp}는 그림 10.126의 도표에서 실제 비율 H_p/H_t에 관련된 곡선에 n_{st}를 입력한다. 식 (10.283)을 다시 적용하여 정격 펌프용량 P_p를 결정하고 펌프와 수차의 용량비 P_p/P_t를 계산한다. 이 비율이 원하는 비율과 크게 다를 경우, 그림 10.126의

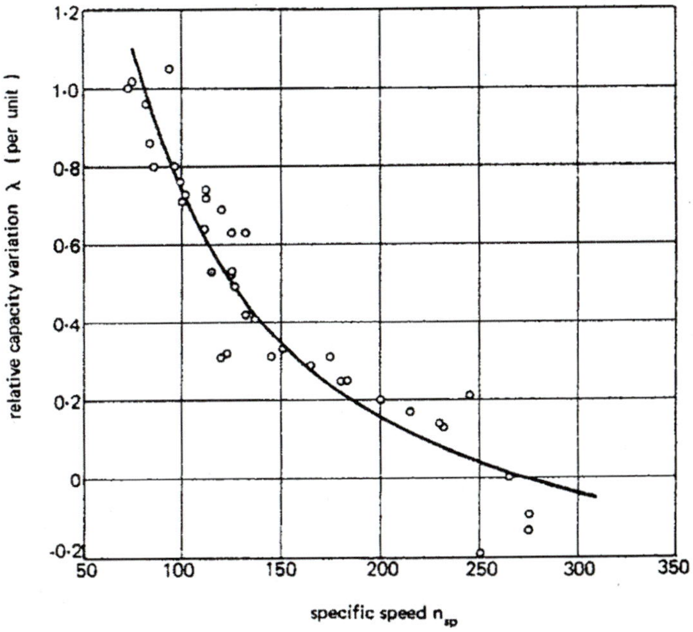

그림 **10.127** 가역식 프란시스형 펌프수차 펌프모드 비속도와 상대용량변동의 관계
자료: De Siervo, 1980

도표에서 n_{sp}를 새로 선택하여 펌프 정격양정 H_p의 다른 값을 채택한다. 한편, 동기식 발전전동기의 용량을 평가하려면 펌프모드에서 최대용량을 결정해야 하며, 펌프모드 비속도에 따른 최대용량은 최소 또는 최대 순 펌프양정에서 달성된다.

그림 10.127은 펌프모드 비속도 n_{sp}에 대한 펌프용량 변동 $\Delta P_p/P_p$(양정 변동 $\Delta H_p/H_p$ 참조)를 나타낸다. 도표는 $n_{sp} \leq 275$의 경우 최대용량이 최소양정($\Delta H_p = H_p - H_{pm}$)에서 달성되는 반면 $n_{sp} > 275$의 경우 최대용량이 최대양정($\Delta H_p = H_p - H_{pM}$)에서 달성되는 것을 보여준다. 여기서, H_{pm}과 H_{pM}은 각각 펌프모드 최소양정과 최대양정을 각각 나타낸다. 펌프모드 최대용량은 다음의 식 (10.286)에 의해 주어진다.

$$P_{pM} = P_p(1 + \lambda \Delta H_p / H_p) \tag{10.286}$$

여기서

$$\lambda = -0.417 + 114.70/n_{sp} \tag{10.287}$$

은 그림 10.127에 표시된 점들의 보간함수이다. 이 점들은 기존에 설치된 가역식 프란시스형 펌프터빈에서 얻어진 것으로 정격 양정 운전점 주변의 용량 - 양정곡선을 선형화한다.

가역식 프란시스형 펌프수차에 대한 캐비테이션계수 σ는 기존의 프란시스수차에서 채택한 동일한 식 (10.288)로 표현된다.

$$\sigma = (H_a - H_v - H_s)/H_p \qquad (10.288)$$

이 계수는 주로 펌프모드 비속도 n_{sp} 정격 양정 H_p, 최대 및 최소 펌프모드 양정 사이의 비율 H_{pM}/H_{pm}에 따라 달라진다.

사용 가능한 데이터로부터 다음과 같은 회귀곡선이 구해진다.

$$H_{pM}/H_{pm} < 1.05 \qquad \overline{\sigma} = 0.00122\,\overline{n}_{sp}^{\,0.982} \qquad (10.289)$$

$$H_{pM}/H_{pm} \geq 1.30 \qquad \overline{\sigma} = 0.000712\,\overline{n}_{sp}^{\,1.15}$$

여기서, $\overline{\sigma}$와 $\overline{n}_{sp}$는 이론적인 캐비테이션계수와 펌프모드에서 통계적 데이터에 의한 비속도를 각각 나타낸다.

식 (10.289)에서 $\overline{n}_{sp}$는 식 (10.284)에 따르면, 정격 양정 H_p에 해당하는 통계적 비속도를 나타내며, 앞서 언급한 H_p의 영향을 고려한다. 실제 비속도 n_{sp}가 캐비테이션계수 σ에 미치는 영향은 식 (10.290)로 나타낼 수 있다.

$$\sigma = \overline{\sigma}(n_{sp}/\overline{n}_{sp})^{1.25} \qquad (10.290)$$

각각의 경우에 대해, $\overline{n}_{sp}$의 값은 먼저 식 (10.284)를 사용하여 결정하며, 그림 10.128에서 H_{pM}/H_{pm}의 실제 값에 해당하는 곡선에 $\overline{n}_{sp}$를 입력하여 $\overline{\sigma}$의 값을 구한다.

σ의 값은 식 (10.290)에 실제와 통계적 비속도 값 사이의 비율에 대한 값을 삽입하여 계산하고, 마지막으로 식 (10.289)에서 흡출높이 H_s를 구한다.

가역식 프란시스형 펌프수차의 σ 값과 기존 프란시스수차의 값을 비교해보면 가역식 프란시스형 펌프수차의 흡출높이가 훨씬 더 크며, 고낙차 양수발전소의 경우 60 m보다 더 큰 값에 도달한 것도 있다.

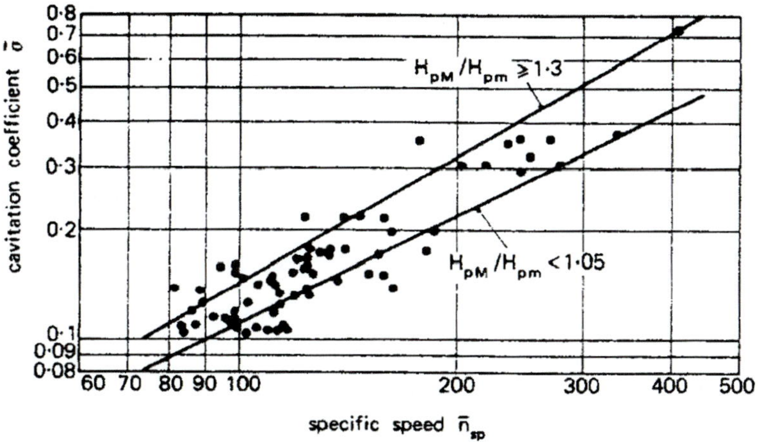

그림 **10.128** 가역식 프란시스형 펌프수차 펌프모드 이론 캐비테이션계수와 통계적 비속도의 관계
자료: De Siervo, 1980

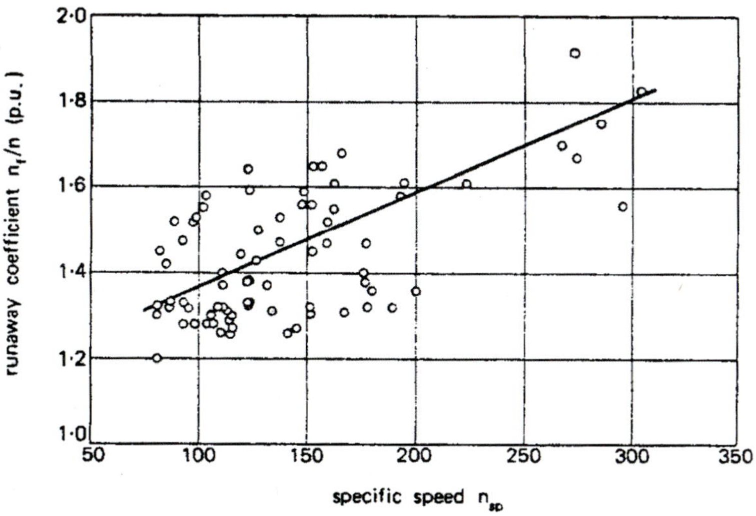

그림 **10.129** 가역식 프란시스형 펌프수차 1기당(per unit) 펌프모드 비속도와 무구속속도비의 관계
자료: De Siervo, 1980

발전전동기의 설계를 정의하는 데 필요한 기준(normal)상태 수차의 정격 회전속도에 대한 무구속속도의 비는 그림 10.129에서 n_{sp}의 함수로 표현된다. 사용 가능한 모든 데이터는 정격 수차모드 낙차 H_t 및 최대 가이드베인 개도에서 참조하였다. 그림 10.129의 무구속속도계수 n_f/n에 대한 보간함수는 다음의 식 (10.291)과 같다.

$$n_f/n = 1.153 + 0.00215\, n_{sp} \tag{10.291}$$

낙차의 변화가 상당한 발전소의 경우 H_{tM}/H_t 비의 제곱근에 비례하여 식 (10.291)이 제공한 값을 증가시킴으로써 n_f에 대한 첫 번째 근삿값을 얻을 수 있다. 여기서 H_{tM}은 수차모드 최대 낙차를 의미한다. 또한 가역식 프란시스형 펌프수차는 양수 또는 발전 중에 트립아웃(정전 또는 단전) 시 식 (10.291)이 제공하는 값보다 높은 과도(transient) 무구속속도에 도달할 수도 있다는 것을 숙지할 필요가 있다.

이 절에 제시된 모든 설계의 구성요소는 사용 가능한 데이터에 대한 절충 해법을 나타내며 펌프수차의 특성곡선을 대체할 수 없다는 점을 염두에 두고 어느 정도 신중하게 사용해야 한다. 특히 그림 10.127의 도표는 실제 용량 - 양정곡선이 직선인 경우(그림 10.125 참조)에만 주어진 표준편차 범위 내에서 완전히 신뢰할 수 있는 것으로 간주할 수 있다. 또한 고낙차의 펌프수차에서는 펌프모드에서 발생할 수 있는 양정곡선의 성능불안정현상을 고려하여 실제 운전범위를 선정할 필요가 있다.

러너의 주요 치수는 식 (10.292)의 주속계수 K_u에 의해 결정된다.

$$K_u = \frac{\pi D_1 N}{60\sqrt{2gH_p}} \tag{10.292}$$

여기서 D_1은 러너의 직경, H_p는 정격(설계) 양정이다.

K_u는 펌프모드 비속도와 최대 펌프모드 양정 및 정격 펌프모드 양정 사이의 비율 H_{pM}/H_p에 따라 달라진다. 사용 가능한 데이터에서 명백한 H_{pM}/H_p에 대한 의존성은 펌프가 요청된 흐름(유량)을 최대양정으로 전달할 수 있는지 보증해야 하는 필요성에서 비롯되었다.

그림 10.130은 실제 사용 가능한 데이터에 의한 러너 주속계수와 펌프모드 비속도의 관계를 보여주고 있으며, 식 (10.293)은 그에 따른 보간함수를 나타낸다.

$$\begin{aligned} &1 < H_{pM}/H_p \le 1.03 && K_u = 0.875 + 1.07\times 10^{-3} n_{sp} \\ &1.05 < H_{pM}/H_p \le 1.15 && K_u = 0.895 + 1.07\times 10^{-3} n_{sp} \\ &1.15 < H_{pM/H_p} && K_u = 0.915 + 1.07\times 10^{-3} n_{sp} \end{aligned} \tag{10.293}$$

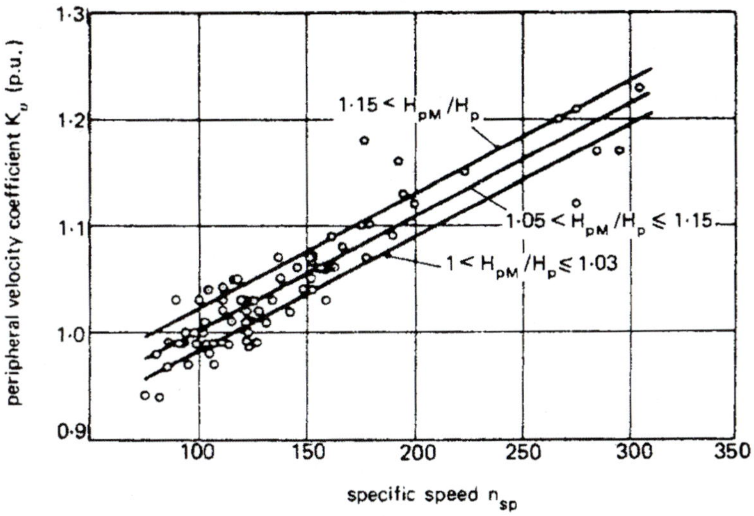

그림 **10.130** 가역식 프란시스형 펌프수차 비속도와 러너 주속계수의 관계

자료: De Siervo, 1980

K_u가 식 (10.293)에서 결정되면, 직경 D_1은 식 (10.292)에서 계산된다.

펌프모드에서 나선형 케이싱의 치수는 기본적으로 케이싱 출에서의 가정된 유속값에 따라 달라진다. 그림 10.131은 프란시스형 펌프수차 펌프모드에서 나선형 케이싱 출구 유속을 비속도 n_{sp}의 함수로서 나타낸 것이며, 나선형 케이싱의 출구에서 절대유속의 평균 통곗값을 제공한다. 통계 데이터에 대한 보간함수는 식 (10.294)와 같다.

$$v_{op} = 1/(0.00943 + 0.000641\, n_{sp}) \tag{10.294}$$

그림 10.131을 그림 10.132의 프란시스수차 나선형 케이싱 입구에서의 유속과 비교해 보면, 고양정(낙차)에서는 펌프수차 펌프모드에서 케이싱 출구 유속이 더 높은 것으로 나타난다. 이러한 차이는 펌프수차의 수차모드에서 더욱 뚜렷해지며, 이러한 결과는 다음과 같은 2가지 상반된 요구사항 사이의 기술적 절충의 결과이다.

- 펌프모드에서 고유속을 채택하여 유동의 안정성을 개선하며, 효율 증가와 고양정에서 보다 분명한 펌프 불안정 성능 특성을 최소화하는 것을 목적으로 한다.
- 수차모드에서 저유속를 채택하여 나선형 케이싱의 수두손실을 최소화한다.

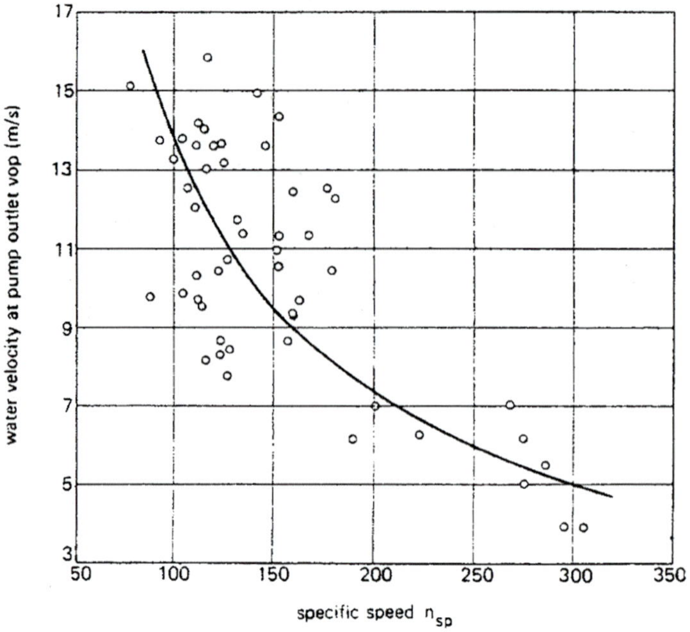

그림 10.131 가역식 프란시스형 펌프수차 펌프모드 비속도와 나선형 케이싱 펌프 출구 유속의 관계
자료: De Siervo, 1980

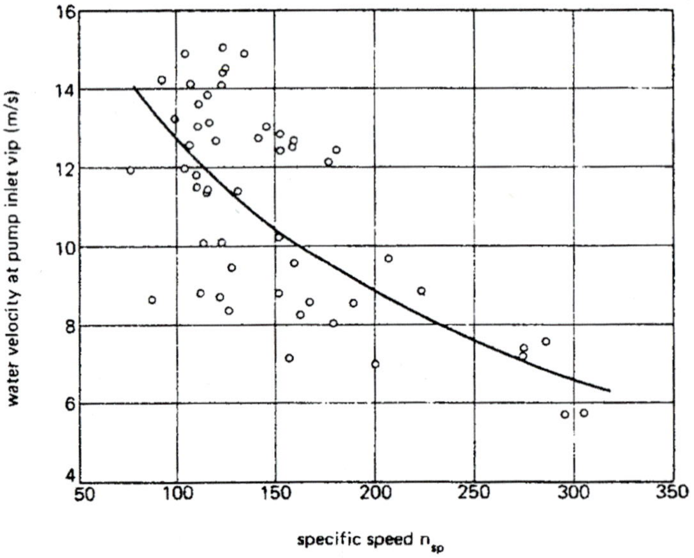

그림 10.132 가역식 프란시스형 펌프수차 펌프모드 비속도와 러너 입구 유속의 관계
자료: De Siervo, 1980

그림 10.132는 프란시스형 펌프수차 펌프모드에서 나선형 케이싱 러너 입구 유속을 비속도 n_{sp}의 함수로서 나타낸 것이며, 나선형 케이싱의 러너 입구에서 절대 유속의 평균 통곗값을 제공한다. 실제 데이터에 대한 보간함수는 식 (10.295)와 같다.

$$v_{ip} = 1/(0.043 + 0.000355\, n_{sp}) \tag{10.295}$$

그림 10.133은 프란시스형 펌프수차 펌프모드 비속도 n_{sp}에 대해서 나선형 케이싱 펌프 출구(op)와 러너 입구(ip)에서 실제의 유속(v)와 이론적인 분출 유속($\sqrt{2gh}$)의 비율($K_v = v/\sqrt{2gh}$) 관계를 각각 보이고 있다. 그림 10.107의 프란시스수차에서 구해진 결과와 비교해보면 펌프수차의 경우 K_v 값의 범위가 더 작다는 것을 알 수 있다. 이러한 결과는 펌프수차에서 총 양정에 비해 양정 손실 발생률이 n_s가 증가함에 따라 상대적으로 일정하게 유지되는 경향을 나타낸다는 것을 알 수 있다.

그림 10.134~그림 10.136은 프란시스수차 러너와 각부의 주요 치수를 각각 나타내고 있으며, 식 (10.296)~식 (10.323)은 실제 설치된 수차 데이터로부터 구해진 수차 각부의 치수에 대한 경험식이고, 수차 러너의 가이드베인 중앙선에서의 직경 D_1을 기준으로 비속도에 대한 함수로 나타낸 것이다.

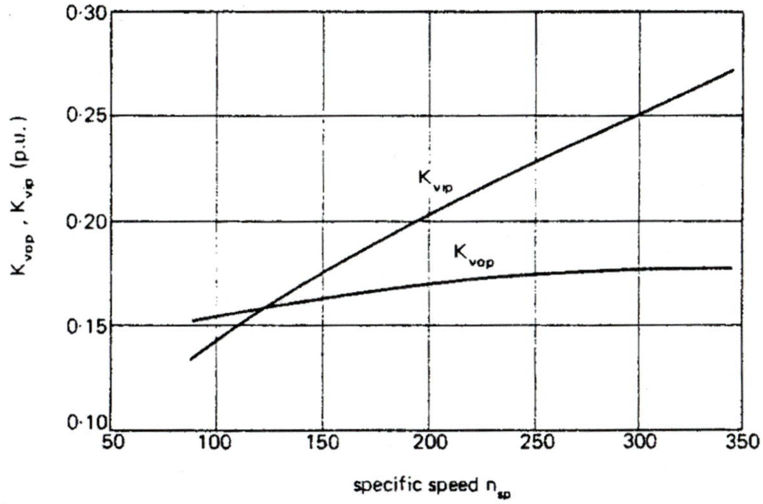

그림 **10.133** 가역식 프란시스형 펌프수차 펌프모드 비속도와 나선형 케이싱 펌프 출구 및 러너 입구에서의 유속비의 관계
자료: De Siervo, 1980

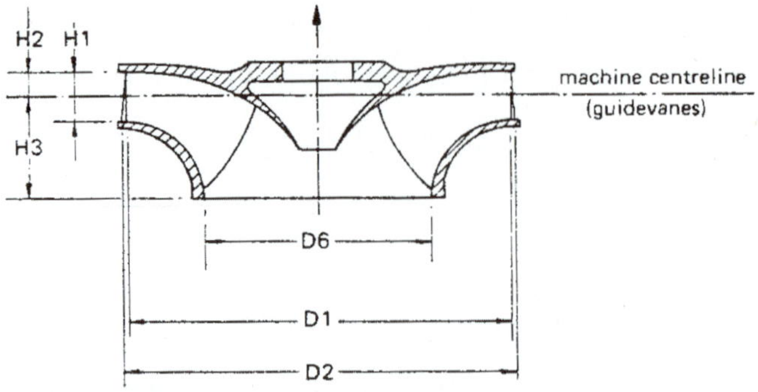

그림 **10.134** 프란시스형 펌프수차 러너 주요 치수
자료: De Siervo, 1980

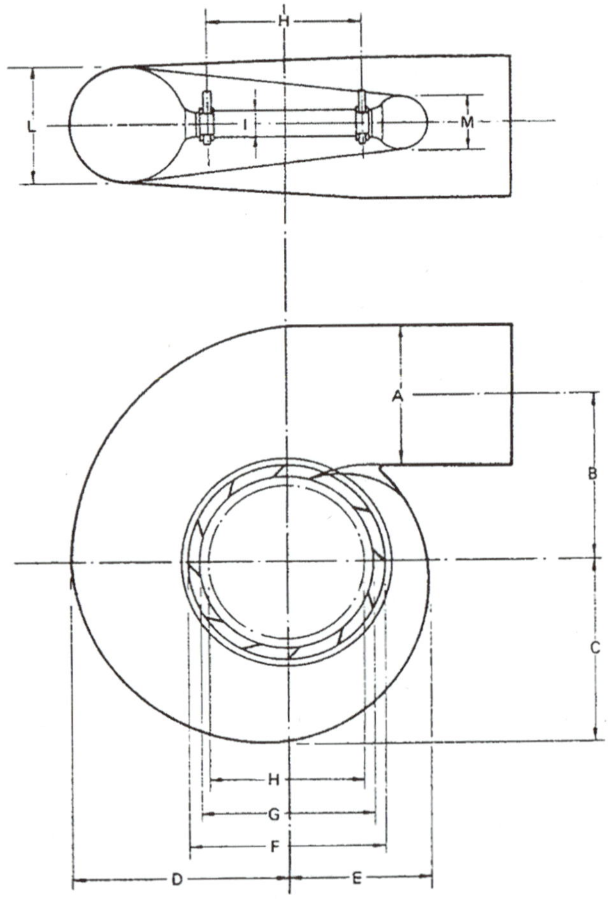

그림 **10.135** 프란시스형 펌프수차 나선형 케이싱 주요 치수
자료: De Siervo, 1980

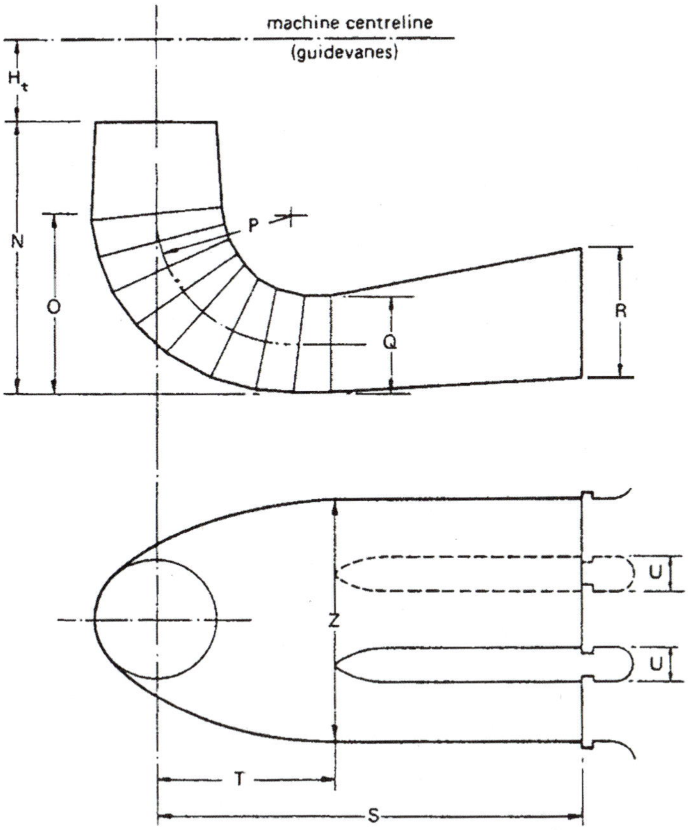

그림 **10.136** 프란시스형 펌프수차 흡출관 주요 치수

자료: De Siervo, 1980

$$D_6 = D_1(0.284 + 0.00235\,n_s) \quad (10.296)$$

$$D_2 = D_1 \qquad (n_{sp} \le 190) \quad (10.297)$$

$$D_2 = D_1/(1.198 - 0.00104\,n_s) \quad (n_{sp} > 190) \quad (10.298)$$

$$H_1 = D_1(-0.0438 + 0.00121\,n_{sp}) \quad (10.299)$$

$$H_2 + H_3 = D_1(0.155 + 0.00119\,n_{sp}) \quad (10.300)$$

$$A = D_1(0.19 + 0.0031\,n_{sp}) \quad (10.301)$$

$$B = D_1(0.84 + 0.0016\,n_{sp}) \quad (10.302)$$

$$C = D_1(0.88 + 0.0020\,n_{sp}) \quad (10.303)$$

$$D = D_1(0.91 + 0.0026\,n_{sp}) \quad (10.304)$$

$$E = D_1(0.86 + 0.0012\,n_{sp}) \quad (10.305)$$

$$F = D_1(1.58 + 0.000072\,n_{sp}) \quad (10.306)$$

$$G = D_1(1.23 + 0.0006\,n_{sp}) \quad (10.307)$$

$$H = D_1(1.084 + 0.00061\,n_{sp}) \quad (10.308)$$

$$I = D_1(-0.041 + 0.0012\,n_{sp}) \quad (10.309)$$

$$L = D_1(0.21 + 0.0022\,n_{sp}) \quad (10.310)$$

$$M = D_1(0.12 + 0.0013\,n_{sp}) \quad (10.311)$$

$$N + H_t = D_1(1.42 + 0.0035\,n_{sp}) \quad (10.312)$$

(종래의 흡출관)

$$N + H_t = D_1(1.84 + 0.0039\,n_{sp}) \quad (10.313)$$

(튜블러 흡출관)

$$O = D_1(0.57 + 0.00033\,n_{sp}) \quad (10.314)$$

$$P = D_1(0.42 + 0.0026\,n_s) \quad (10.315)$$

$$Q = D_1(0.37 + 0.00049\,n_{sp}) \quad (10.316)$$

(종래의 흡출관)

$$Q = D_1(0.57 + 0.0026\,n_{sp}) \quad (10.317)$$

(튜블러 흡출관)

$$R = D_1(0.54 + 0.0019\,n_{sp}) \quad (10.318)$$

(종래의 흡출관)

$$R = D_1(0.64 + 0.0036\,n_{sp}) \quad (10.319)$$

(튜블러 흡출관)

$$S = D_1(2.32 + 0.0059\,n_{sp}) \quad (10.320)$$

$$T = D_1(0.55 + 0.0028\,n_{sp}) \quad (10.321)$$

$$U = D_1(0.15 + 0.0012\,n_{sp}) \quad (10.322)$$

$$Z = D_1(-0.083 + 0.012\,n_{sp}) \quad (10.323)$$

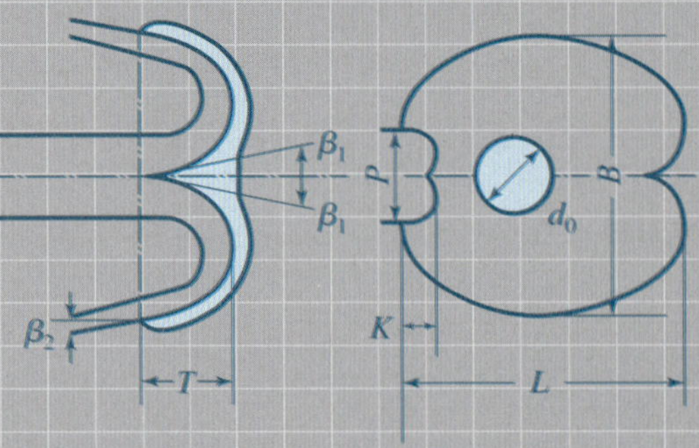
β1
β1
β2
T
P
d0
B
K
L

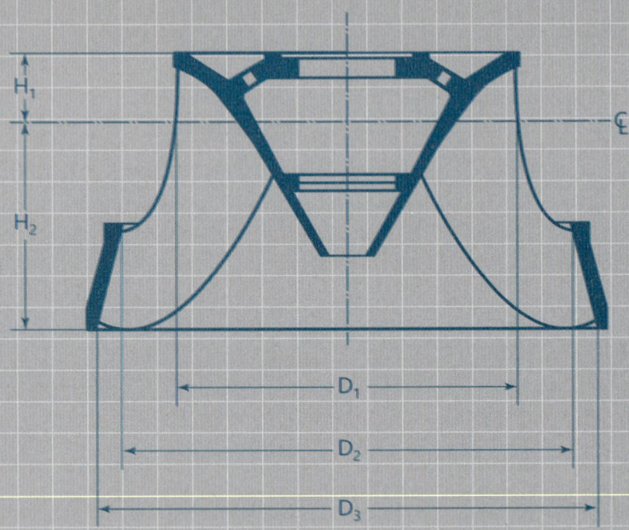
H1
H2
D1
D2
D3

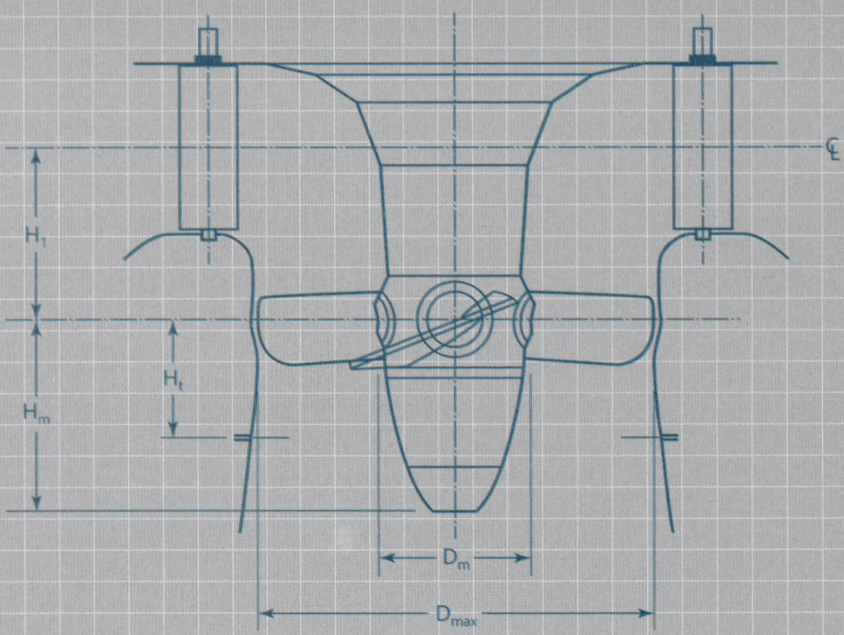
H1
Ht
Hm
Dm
Dmax

11

수차 및 펌프수차의 수치해석과 최적설계

11장

수차 및 펌프수차의 수치해석과 최적설계

11.1 수차 및 펌프수차의 수치해석법과 최적설계법

수차 및 펌프수차의 성능향상은 종래로부터 모형시험에 의해 실험적으로 연구되어 왔지만, 최근에는 컴퓨터를 이용한 유동해석 기술인 전산유체역학(CFD: Computational Fluid Dynamics)의 발달에 의해 해석적으로 연구되는 사례가 많아졌다. 이 해석 기술의 적용에 의해 국부적인 유동현상과 에너지손실 발생분포 등 실험에서는 얻을 수 없는 막대한 정보가 얻어지게 됨에 따라서 유동해석 기술의 발전은 성능향상에 없어서는 안될 요소가 되었다. 또한 최근에는 이 유동해석과 최적화 기술을 결합시켜서 체계적이며 광범위한 최적 형상의 검토가 가능하게 되었고, 이러한 기술들을 사용하여 효율적으로 성능향상을 실현할 수 있게 되었다. 그림 11.1은 유체기계 분야의 실험, 수치해석, 설계 기술의 발전 과정을 나타내고 있다.

11.1.1 수치해석법

(1) 유동해석 기술의 변천

그림 11.2와 그림 11.3은 각각 유동해석 기술의 변천 과정과 유동해석 모델의 발전 단계를 나타낸다. 1970년대에는 수차 유로 내의 흐름을 원관과 평판 흐름에 모의하여 마찰손실을 산출함과 동시에 속도삼각형으로부터 얻어진 상대 유동 각도와 대표 날개 각도의 어긋남으로부터 충돌손실 등을 구하고, 수차 전체의 수력손실을 산출하여 수차성능을 예측하는 1차원 손실해석기법의 연구가 실시되었다.

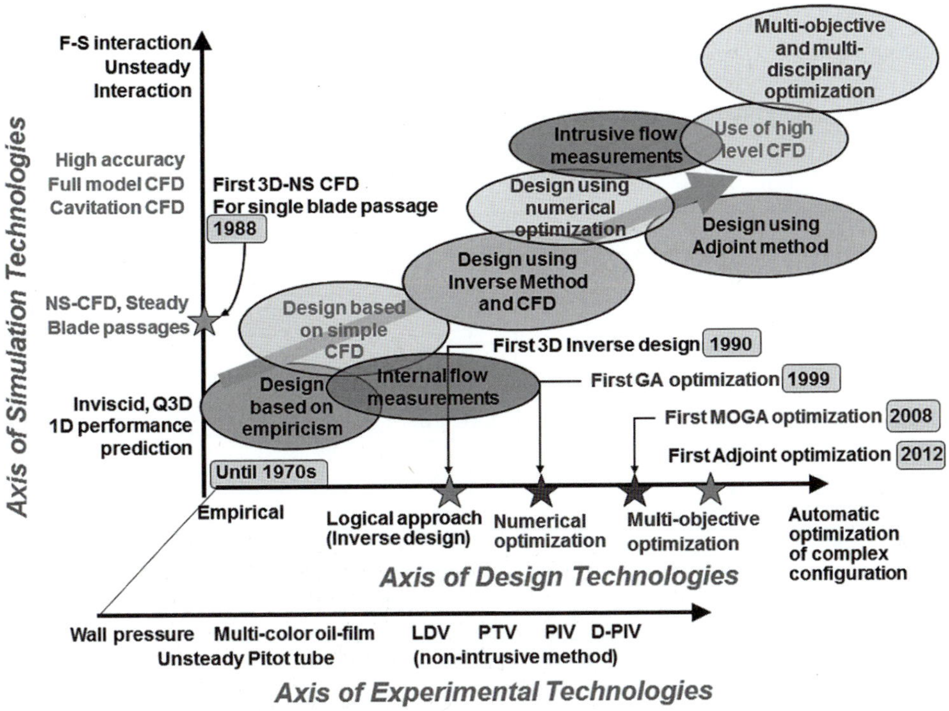

그림 **11.1** 실험, 수치해석, 설계 기술의 발전
자료: Goto, 2016

1980년대에 접어들어서는 대형 계산기의 보급에 따라 유동해석이 적용되기 시작했다. 그러나 계산기 성능이 아직 낮았기 때문에 3차원 공간을 자오면과 유수면으로 분할해서 각각 2차원적으로 유동을 구하는 준3차원 해석과 3차원 비점성, 비와유동인 포텐셜해석이 주류였다. 또한 1980년대 후반에는 비점성, 와유동인 오일러 해석으로 발전하였다. 한편, 1990년대에는 계산기 성능이 대폭 향상되어 유동해석 기술도 함께 발전하여 점성을 고려한 난류해석이 적용되게 되었다.

난류해석은 현재 Navier - Stokes 방정식(N - S 방정식)을 실질적인 수준에서 직접 푸는 단계까지는 도달하지 않았고, 난류모델이 필요하다. 그림 11.4에 보이는 바와 같이 와점성 모델($k-\epsilon$모델 및 $k-\omega$모델)이 주류이지만, 등방성모델이기 때문에 선회류 등과 같은 비등방성이 강한 흐름으로의 적용은 오차가 발생하기 쉬운 문제가 있다. 최근에는 비등방성 모델에서 시간적인 변화도 고려할 수 있는 응력방정식모델(RSM: Reynolds Stress Model)과

LES모델(Large Eddy Simulation)의 적용연구도 활발해졌으며, 계산기 성능의 비약적인 발전과 함께 N-S 방정식을 실용적인 수준에서 직접 푸는 DNS법(Direct Numerical Simulation)도 크게 발전하고 있다.

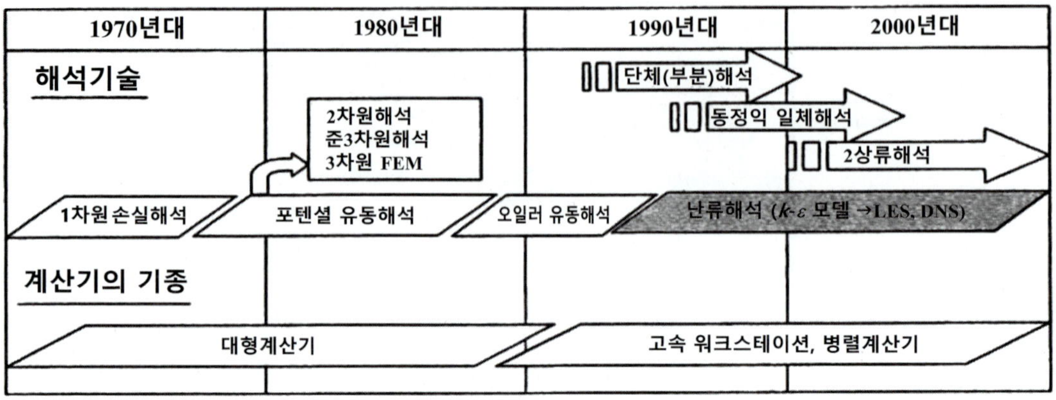

그림 11.2 유동해석 기술의 변천과정
자료: ターボ機械協会編, 2007

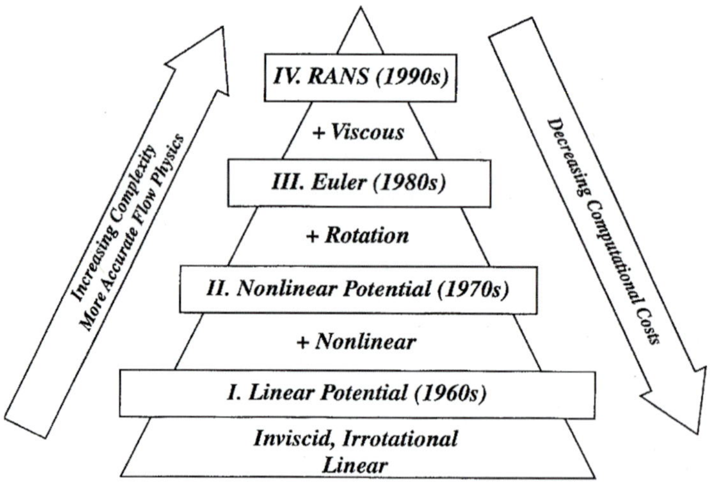

그림 11.3 유동해석모델의 발전 단계
자료: Witherden, 2017

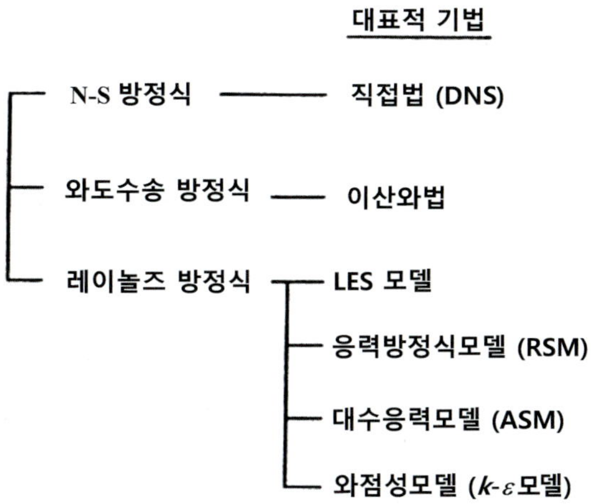

그림 **11.4** 난류계산모델

자료: ターボ機械協会編, 2007

(2) 수차성능 예측

그림 11.5는 수차성능 예측 계산과정을 보인다. 유동해석을 실시하고, 그 결과로부터 모형 성능시험과 마찬가지로 수차 특성인 수차효율 η, 단위 낙차당의 회전속도 N_{11} 및 유량

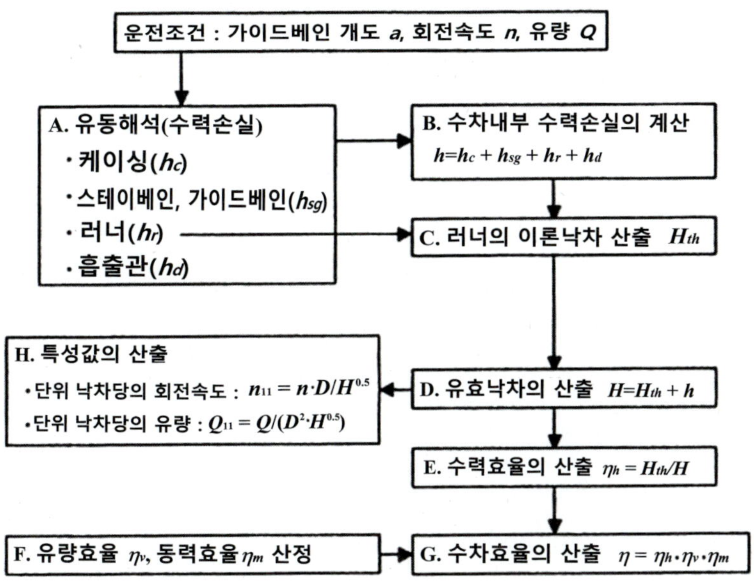

그림 **11.5** 수차성능 예측 계산의 흐름도

자료: ターボ機械協会編, 2007

Q_{11}을 얻는 것이 가능하다.

처음에 운전조건을 입력조건으로 하여 수차 각부의 유동해석을 실시하고, 각각의 수력손실을 산출한다(A). 그것들의 손실을 합계하여 수차 전체의 수력손실을 산출한다(B). 한편, 러너 내부의 유동해석으로부터 이론낙차를 구한다(C). 이 이론낙차를 구하기 위해서는 러너 유동해석에서 얻어진 입구, 출구의 속도분포로부터 오일러헤드를 계산하는 방법 등이 있다. 이상으로부터 유효낙차가 계산되고(D), 수력효율이 구해진다(E). 또한 러너 씰 등으로부터의 누수를 제외하고 효과적으로 수차에 작용하는 유량효율 및 러너 배면의 원판마찰을 제외하고 러너 에너지를 효과적으로 주축에 전달하는 동력효율을 별도로 구하여(F), 최종적으로 수차효율을 산정할 수가 있다(G). 한편, 입력조건인 회전속도 및 유량과 계산된 유효낙차로부터 단위 낙차당의 회전속도 및 유량을 얻는 것이 가능하다(H).

최신 컴퓨터 기술을 적용한 수치해석적 방법을 사용하여 수차 러너 및 고정유로 구성요소의 설계를 개선할 수 있다. CFD는 유체 흐름의 특성과 러너 설계의 최적화에 대한 상세한 검토를 용이하게 한다. CFD는 지난 몇십 년간 비약적으로 그 성능과 기능이 개선되었으며 일부 수력발전 프로젝트에서는 물리적 축소모형시험 대신 사용되고 있다. 예를 들면 축소모형시험에 필요한 투자는 복수대의 수차 설치가 예정되지 않는 한 50 MW 미만의 장치에 대해서는 경제성이 보장되지 않는 경우가 많다. CFD가 축소모형시험과 함께 사용될 경우, CFD는 축소모형시험 전에 수차모형을 최적화할 수 있도록 하여 축소모형시험 과정을 더욱 체계적이고 효율적으로 구성되도록 한다.

CFD는 다음과 같은 축소모형 및 시작품 설계에 대한 데이터를 지원할 수 있다.

- 흡출관 선회류의 감소
- 표면마찰 감소를 위한 유수부 길이 축소
- 블레이드 매수 최적화에 의한 마찰손실 감소
- 수차 유로 최적화에 의한 완만한 압력변화 제공
- 캐비테이션 발생 최소화를 위한 설계 최적화
- 어류 생존력 강화를 위한 친환경 수차설계
- 유체구조 연성해석에 의한 응력해석과 최적 형상 제공

그림 11.6 Francis-99 워크숍 참가자 기념사진
자료: Francis-99

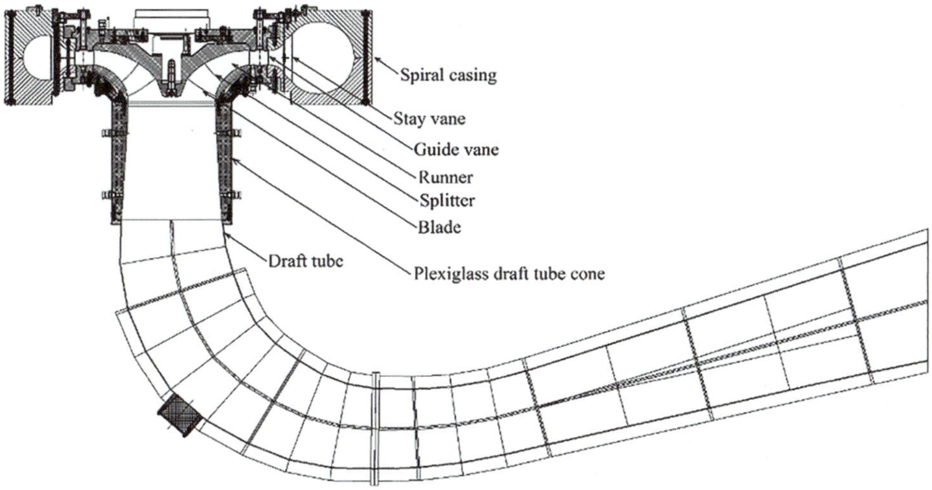

그림 11.7 성능시험용 프란시스수차 축소모형 2차원 단면도
자료: Trivedi, 2016a

다음의 그림 11.7～그림 11.14 및 표 11.1～표 11.2는 모형수차(Francis수차 Tokke모델)에 대한 CFD해석 결과의 신뢰성 검토를 위한 Francis-99 워크숍에서 발표된 연구결과의 일부를 정리한 것이며, 수차성능 예측의 각 과정을 나타낸다.

Francis-99 워크숍(https://www.ntnu.edu/nvks/francis-99)은 프란시스수차 및 수력익형을 포함한 다양한 성능시험 사례와 관련된 데이터에 대한 개방형 접근을 제공할 목적으로 개최되었으며, 관련 분야 연구자가 이러한 데이터를 사용하고 현대적인 도구와 기술을 적용하

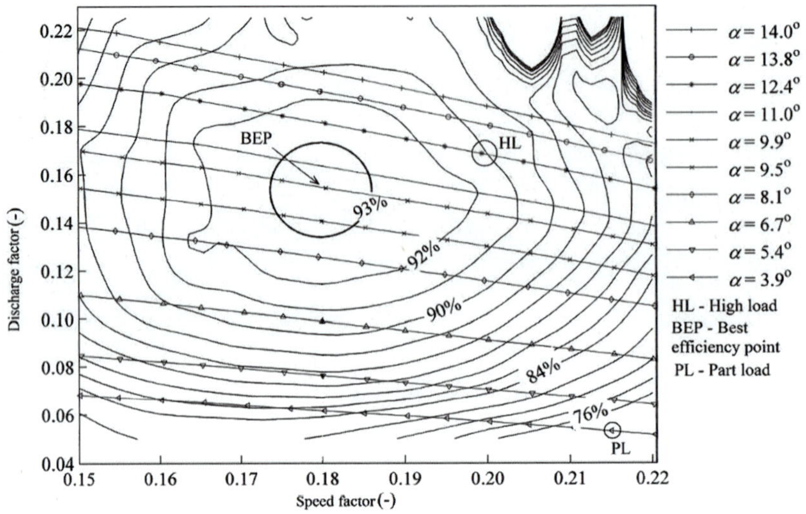

그림 **11.8** 프란시스수차 축소모형 등효율곡선

자료: Trivedi, 2016b

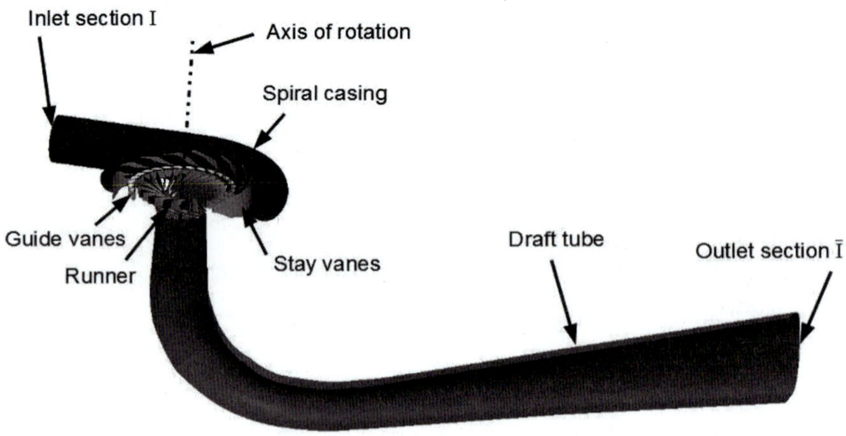

그림 **11.9** 프란시스수차 축소모형 전체 계산 영역

자료: Stoessel, 2015

여 수치해석 연구를 수행할 수 있도록 하는 것을 목적으로 하였다.

워크숍의 진행은 수차 축소모형 성능시험 데이터 및 모형수차 형상 데이터를 참가자들에게 사전에 공개하고, 참가자들은 수차모형 형상 데이터과 운전조건을 적용한 CFD해석을 수행하여, 그 결과를 워크숍에서 발표하는 순서로 진행되었다. 총 3차에 걸쳐서 워크

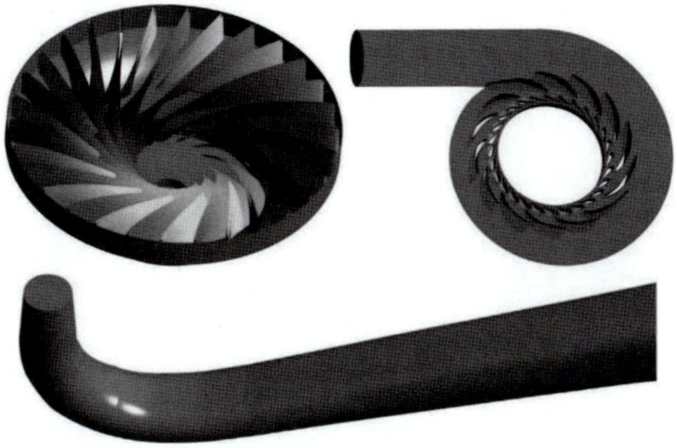

그림 **11.10** 프란시스수차 축소모형 3차원 전체 계산모델

자료: Trivedi, 2016a

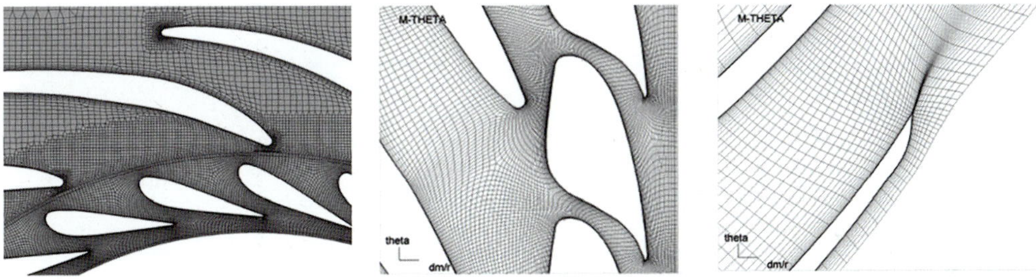

(a) 가이드베인 - 스테이베인 유로 (b) 가이드베인 유로 (c) 러너베인 유로

그림 **11.11** 프란시스수차 축소모형 3차원 계산격자 예

자료: Trivedi, 2016a

숍이 진행되었으며, 1차는 정상상태 실험결과와 수치해석 결과의 비교(2014년), 2차는 비정상상태 수치해석 결과의 비교(2016년), 3차는 유체 - 구조 연성해석 결과의 비교(2019년)에 대해서 발표 및 토론이 이어졌다.

그림 11.7과 그림 11.8은 Francis-99 워크숍에서 사용한 프란시스수차 축소모형(Tokke 모델, 러너 직경 $D = 0.319$ m, 유효낙차 $H = 12$ m)의 단면도와 성능시험으로부터 구해진 무차원 등효율특성곡선(α: 가이드베인 개도)을 각각 나타낸다. CFD해석 결과의 비교 및 검토는 그림 11.8의 등효율특성곡선에서 최고효율점(BEP, $n_{ED} = 0.18$ & $Q_{ED} = 0.15$), 과부하(HL), 부분부하(PL)의 3점에 대해서 수행하였다.

그림 11.9와 그림 11.10은 Tokke모델의 기하학적 형상을 이용하여 수차 내부 유로를 모델링한 것이며, 전체 계산 유동장을 보이고 있다. 유동해석의 경우 그림 11.10의 각부 유동장에 대해서 개별로 실시하는 방법과 그림 11.9의 전체 유동장에 대해서 일괄적으로 해석하는 방법이 있다. 개별 유로해석에서는 각 계산 경계에서 데이터를 주고받는 과정에서 오차가 발생하기 쉽지만, 일괄적인 해석에서는 그림 11.9에 보이는 바와 같이 케이싱 입구와 흡출관 출구만을 경계조건으로 부여하며, 내부는 소프트하게 커플링하기 때문에

표 11.1 프란시스수차 축소모형 3차원 계산격자 제원 비교

Reference	Modeling Approaches	Mesh (Million)	Mesh Scaling Test	y^+	Angle (°)	Aspect Ration	Volume Change
[6]	Complete turbine Guide vane and blade passage	9.6 3.6	Yes	~200 <1	29.1	1383	5
[20]	Complete turbine	12.5	No	~300	41	350	9
[21]	Complete turbine blade passage	13 0.5	No	~300 ~300	41	350	9
[9]	Runner and draft tube	6	Yes	~300	–	–	–
[10]	Completer turbine	20.2	Yes	~53	15.2	254	101
[11]	Complete turbine	14.6	Yes	~6	–	–	–
[8]	Complete turbine and labyrinth seals	48.4	No	–	–	–	–
[12]	Complete turbine	4.2	Yes	>100	11	–	–
[13]	Spiral casing, distributor, blade passage, and draft tube	11	Yes	~22	28	1421	97
[14]	Complete turbine	16.5	Yes	~22	28	1421	97
[15]	Guide vane and blade passage, and draft tube	12.35	Yes	–	41	350	9
[22]	Complete turbine	13	No	–	41	350	97
[16]	Guide vane and blade passage	13.4	Yes	<88	33.7	66.7	1.77

자료: Trivedi, 2016a

상기의 오차가 감소하게 된다.

그림 11.11과 표 11.1은 Tokke모델의 기하 형상 3차원 CAD 데이터로부터 작성된 3차원 계산격자의 일부 예를 보이고 있다. 그림 11.11(a)는 나선형 케이싱의 중간 단면에서의 가이드베인과 스테이베인 유로 계산격자를 나타내고, 그림 11.11(b)는 가이드베인 유로 계산격자, 그림 11.11(c)는 러너베인 유로 계산격자를 나타내고 있다. 계산격자의 작성은 표 11.1에서와 같이 각 연구자마다 계산격자의 제원을 달리하고 있으며, 계산기의 성능 및 연구의 목적에 따른 주요 해석 관심 영역에 따라서 계산격자의 질과 형상이 달라질 수 있음을 의미한다.

그림 11.12와 표 11.2는 수차효율에 대한 실험 결과와 난류모델별 수치해석 결과의 비교 및 축소모형 계산조건을 비교 결과를 정리한 것이다.

그림 11.12로부터 알 수 있듯이 비정상상태 수치해석에 의한 결과가 정상상태 해석 결과에 비해서 최고효율점 유량조건에서 상대적으로 실험 결과와 잘 일치하고, 과부하 및 부분부하 영역에서는 실험과 수치해석 결과간에 차이가 발생함을 확인 할 수 있다. 이러한 결과는 적용된 난류모델이 와점성모델인 경우 비설계점에서의 와유동을 포함하는 복잡한 유동장에 대해서는 아직 물리적으로 실제 경우의 유동상태를 재현하는데 한계가 있

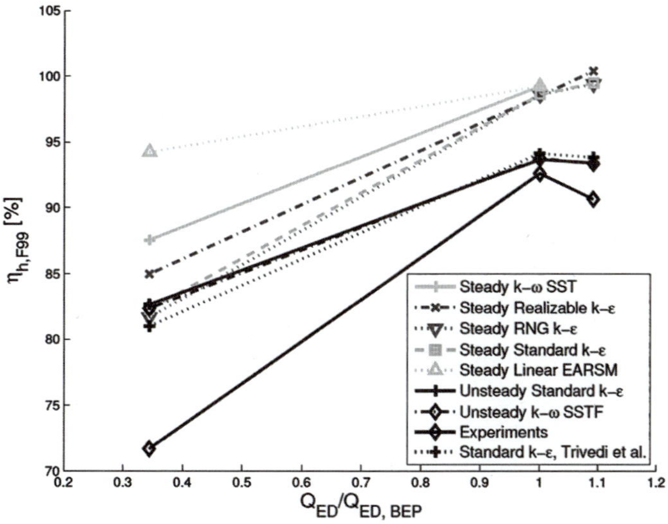

그림 **11.12** 수차효율에 대한 실험 결과와 난류모델별 수치해석 결과의 비교

자료: Trivedi, 2016a

표 11.2 프란시스수차 축소모형 계산조건 비교

Reference	Turbulence Model	Inlet BC	Simulation	BEP	HL	PL
[6]	Standard k–ε	Mass flow	Unsteady	2.1	–	–
[20]	Realizable k–ε	Velocity, TE= 5%	Unsteady	–0.6	1.6	9.7
[21]	SST	Mass flow	Unsteady	1.1	3.6	11
[9]	RSM	Velocity, TE= 5%	Unsteady	2.73	–0.1	8.9
[10]	SST Standard k–ε RSM	Mass flow	Steady	–0.4 –0.7 –0.7	–0.5 –1.1 –1.3	–8.9 –7.1 –7.6
[11]	SST Standard k–ε ZLES	Mass flow	Unsteady	1 1 1	1 1 1	1.1 1.1 0.9
[8]	SST	Pressure/Head	Steady	0.1	0.1	2
[12]	SST	Mass flow	Steady	–3.9	–3.4	8.7
[13]	SST	Velocity, TE= 5%	Steady	4.2	5.7	17.1
[14]	SST	Velocity, TE= 5%	Unsteady	1.8	3.8	10.3
[15]	Standard k–ε	Velocity, TE= 10%	Unsteady	1.2	2.7	10.7
[22]	SST Standard k–ε	Mass flow	Steady	1.3 0.2	3.7 2.7	12.4 11.1

자료: Trivedi, 2016a

음을 보여주는 결과라고 할 수 있다.

표 11.2는 각 연구자가 설정한 난류모델, 입구 경계조건, 정상/비정상 해석조건, 실험 결과와 수차효율 차이 등에 대해서 보이고 있으며, 각 계산조건의 설정에 따라서 해석 결과인 수차효율에서 큰 차이를 보이는 것을 알 수 있으며, 해석 대상 유동장의 상태를 가장 잘 구현할 수 있는 난류모델과 경계조건, 그리고 시간변화에 따른 유동장의 상태를 순시적으로 해석하는 비정상상태의 해석조건을 설정하는 것이 중요함을 알 수 있다.

그림 11.13은 부분부하 운전조건에서의 흡출관 보텍스로프 해석 결과를 나타내고 있으며, 흡출관 입구 근처에서 발생하는 보텍스로프에서 나선형 선회류를 동반하는 흐름을 잘 구현하고 있으며, 흡출관을 통해서 흘러 내려갈수록 선회강도가 감소하면서 유동이 균일화되어 감을 알 수 있다.

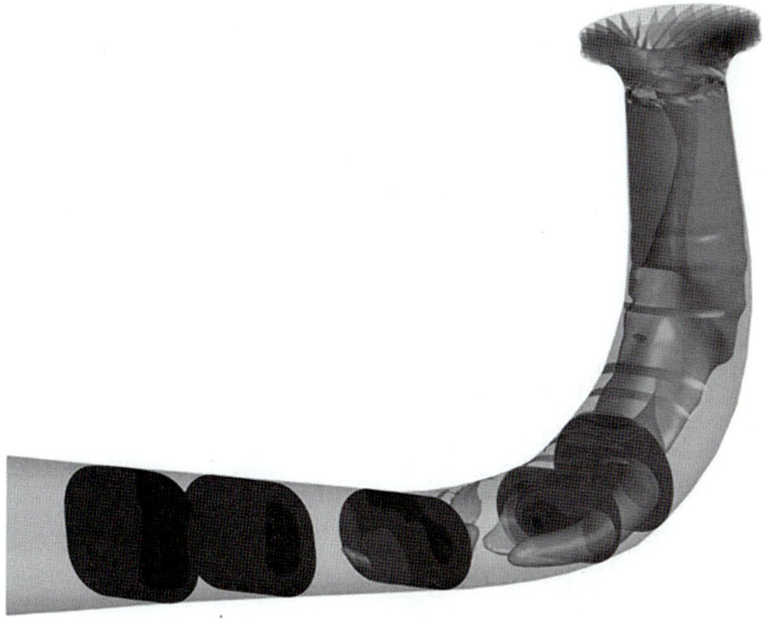

그림 **11.13** 부분부하 운전조건에서의 흡출관 보텍스로프 해석 결과

자료: Aakti, 2015

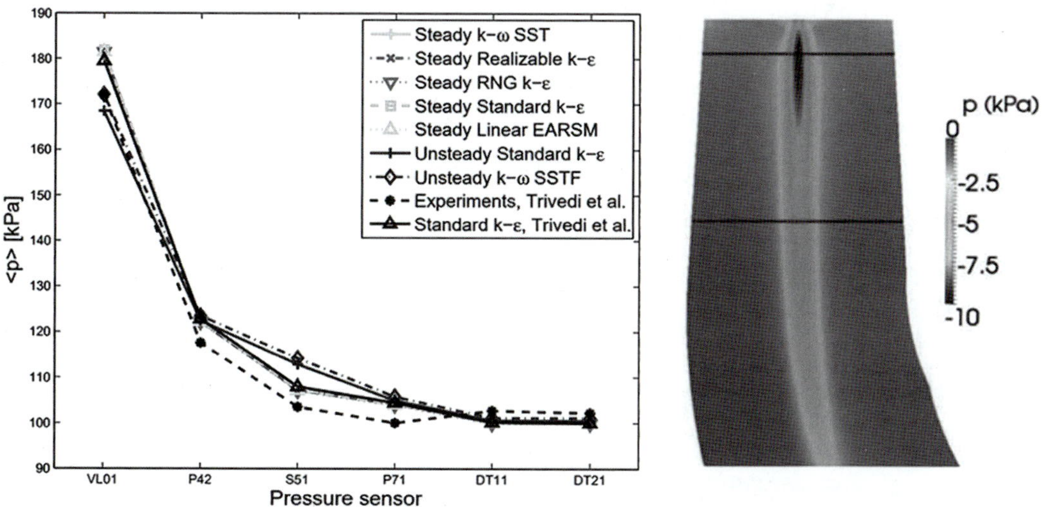

(a) 정압분포 비교　　　(b) 정압 등압선도

그림 **11.14** 수차 최고효율점 흡출관 정압분포에 대한 실험 결과와 각 난류모델별 해석 결과 비교

자료: Stoessel, 2015

그림 11.14는 수차 최고효율점 유량에서 흡출관 정압분포에 대한 실험 결과와 수치해석 결과의 비교를 나타내고 있으며, 수치해석 결과가 각 계측 영역에서 난류모델에 따라서 약간의 오차를 포함하고 있지만, 실험 결과와 잘 일치하는 결과를 보이고 있다.

이상에서 설명한 CFD해석 내용은 현재 일반적으로 사용되고 있는 상용 CFD해석 소프트웨어 및 In-house 코드에서 공통으로 적용하는 수치해석 과정의 일부이며, 현재까지 개발된 수치해석 코드로는 아직까지 모든 유동현상을 정확하고 명확하게 해석할 수가 없으며, 각 대상 유동장의 특성을 잘 표현할 수 있는 계산격자, 난류모델, 경계조건의 선정과 적용이 중요하다.

(3) 비정상현상 해석

본래 수차 내부의 흐름은 3차원적이고 시간적으로 변동하는 흐름이기 때문에 수치해석을 위해서는 방대한 시간을 필요로 한다. 일반적으로 N - S 방정식을 레이놀즈 평균한 레이놀즈 방정식의 시간항을 생략한 정상해석이 적용된다. 이 해석은 앞에서 설명한 수차 효율 등 시간평균적인 특성을 예측하는데 효과적이지만, 부분부하 운전 시의 수차 흡출관내의 압력변동(수압맥동)과 가이드베인과 러너의 압력간섭 등의 비정상현상을 포착할 수 없다. 최근에는 이들의 현상을 시간항을 생략하지 않고 해석하는 연구가 활발해졌다. 이하에 가장 특징적인 비정상현상인 흡출관 내의 흐름해석 예를 보인다.

그림 11.15는 Francis-99 프란시스수차 Tokke모델 내부 단면도를 보이고 있으며, 실험장치를 이용해서 흡출관 벽면압력계측, LDV 유속계측, 캐비테이션 가시화 등이 가능하다.

그림 11.16은 저유량 및 과대유량에서 흡출관 내부 유로에서 발생하는 보텍스코어를 가시화한 것이다.

그림 11.17과 그림 11.18은 프란시스수차 Tokke모델 흡출관 내의 비정상해석 결과 예를 보인다. 그림 중의 나선상의 영역은 수증기압의 등가면을 나타내고, 실제로 목시관측(visual observation)되는 그림 11.16의 보텍스로프에 상당한다. 그림 11.17에서 난류모델에 따라 보텍스코어의 형상에서 차이를 나타내지만 그 추세는 거의 유사하며, 그림 11.18에서 부하에 따른 보텍스코어의 형상이 그림 11.16의 실험 결과와 매우 유사함을 알 수 있다. 따라서 이러한 비정상으로 선회가 강한 유동장을 해석할 경우에는 RSM 및 LES와 같

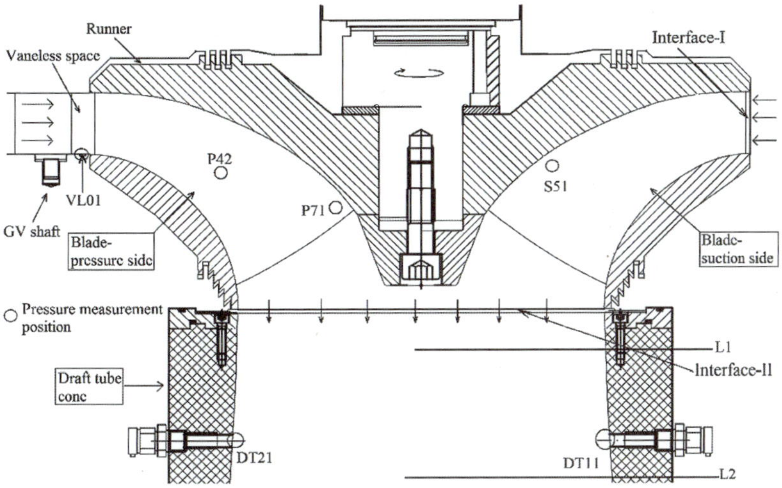

그림 11.15 가시화용 프란시스수차 축소모형 내부 단면도

자료: Trivedi, 2016a

(a) $Q/Q_{BEP} = 0.612$ (부분부하)

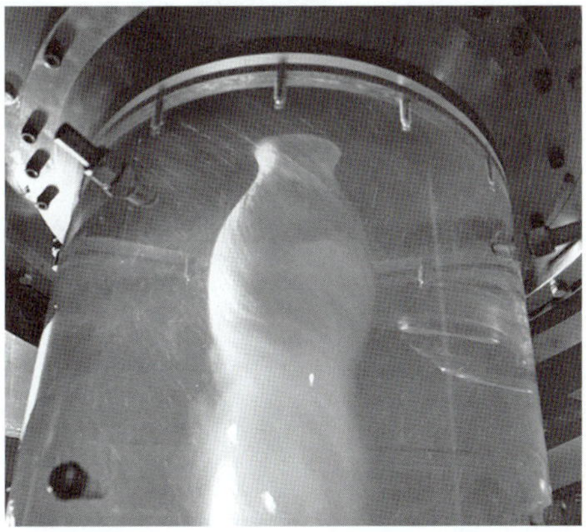

(b) $Q/Q_{BEP} = 1.153$ (과부하)

그림 11.16 수차 흡출관 내의 비설계점 보텍스코어 가시화

자료: Breivik, 2011

은 고도의 난류 수리모델이 필요하지만, 계산기의 용량과 계산시간의 경제성을 고려하여 적절한 난류모델을 선정할 수 있다.

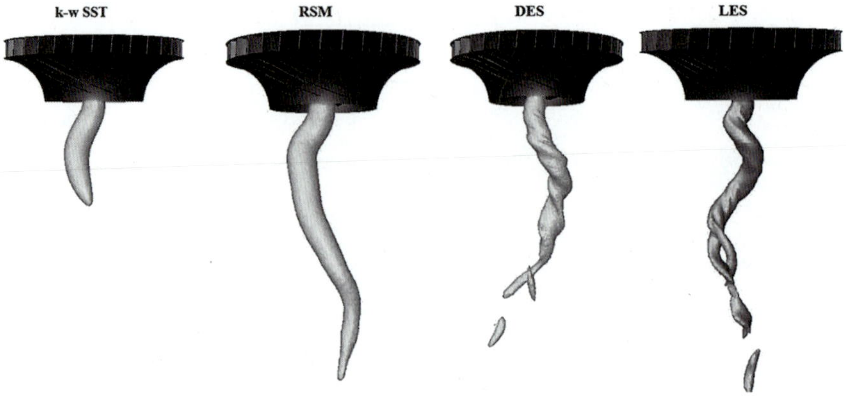

그림 11.17 난류모델에 따른 흡출관 보텍스코어 계산 결과(부분부하, $Q/Q_{BEP} = 0.612$)

자료: Minakov, 2017

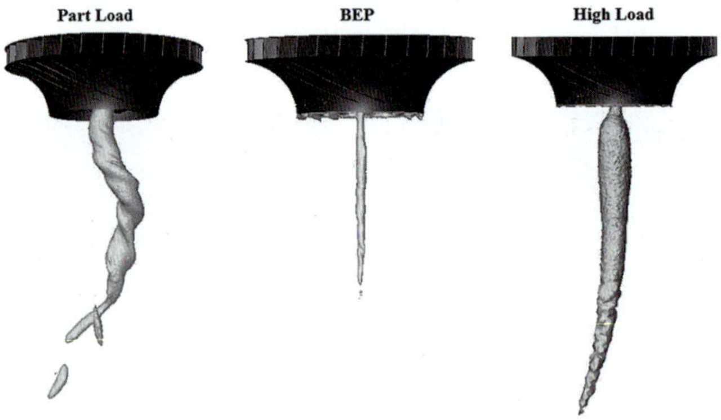

그림 11.18 유량에 따른 보텍스코어 구조의 변화(DES 난류모델 사용)

자료: Minakov, 2017

(4) 기액 2상류해석

러너 익 표면상의 캐비테이션과 앞에서 설명한 흡출관 보텍스로프 내부는 압력이 포화수증기압 이하로 되어 기체화되고, 기액 2상류로 된다. 캐비테이션 현상은 액체가 저압 및/또는 고속에 도달하는 모든 지점에서 발생할 수 있다. 캐비테이션 발생의 영향은 재료가 충분히 내성이 없을 경우 처음에는 소음과 진동을 거쳐 하류 파이프가 부식되고 최종적으로 구성요소의 성능이 상실된다.

캐비테이션 현상의 수치적 모델링에는 증기수송모델(vapor transport model)과 이산버블모델(discrete bubble model)의 두 가지 큰 범주로 나눌 수 있다. 증기수송모델은 선박의 러더

(rudder)와 프로펠러에서 자주 발생하는 시트 캐비테이션과 같은 대규모 캐비테이션에 가장 적합하며, 이 모델에는 상(phase) 간의 양방향 상호작용이 포함된다. 이산버블모델은 기포에 대한 주변 유체의 영향을 포함한다. Rayleigh-Plesset모델 및 Gilmore모델과 같은 이산버블모델은 외부압력, 기포반경, 기포벽의 속도 및 가속도 사이의 관계를 설명한다.

또한 이상모델(two phase model)은 자유표면(free surface)과 같은 두 개의 상을 모델링하는 것이며, 일반적으로 균질혼합물모델(homogeneous mixture model)과 날카로운 인터페이스 모델(sharp interface model)과 같은 2가지 유형으로 나누어진다. 두 모델의 차이점은 두 가지 상을 모두 포함하는 셀의 내용을 처리하는 데 있다.

상변화모델(phase change model)은 상 사이의 물질 전달을 나타내며, 캐비테이션에서 압력은 액체와 증기 사이의 물질 전달을 담당한다. 이것은 온도가 상 변화를 일으키는 비등과 대조된다. 캐비테이션에 사용되는 상변화 모델에는 두 가지 일반적인 범주가 있으며, 바로트로픽모델(barotropic model)에서는 압력이 증기압보다 크면 유체는 액체이고 그렇지 않으면 증기이다. 즉, 압력이 증기압보다 크면 액체의 밀도를 유체의 밀도로 간주하고, 주위 온도에서 압력이 물의 증기압보다 작을 때 수증기의 밀도를 고려한다. 한편, 평형모델(equilibrium model)에서는 에너지 방정식의 해가 필요하며, 물 상태에 대한 방정식이 사용되고 상 변화에 의해 흡수되거나 방출되는 에너지는 상 변화 속도를 제어하는 국부적 온도 구배를 생성한다.

일반적으로 기액 2상류해석에서는 캐비테이션 유동장을 VOF(Volume of Fluid)법에 의해 표현되는 레이놀즈 방정식을 기초방정식으로 하고 있다. 이것은 어떤 미소공간에서 액체의 밀도 및 점성을 보이드율을 이용해서 표현하여 주류의 유동장을 계산하고, 이것으로부터 얻어진 압력장을 사용해서 모델화된 캐비테이션 유동장을 계산해서 보이드율을 다시 구하며, 그 결과를 주류의 유동장 계산에 피드백 해가는 방법이다.

그림 11.19는 프란시스수차 축소모형에 대한 과부하 영역 흡입성능특성을 실험과 CFD해석에 의해 검토한 결과이다. 실험 결과에 따르면 캐비테이션계수 σ의 감소에 따라서 캐비테이션 초생(σ_i=0.158)과 심각한 발생지점(σ=0.08)의 확인이 가능하였으나, CFD해석 결과에서는 효율이 실험 결과에 비하여 상대적으로 낮게 나타났지만, 캐비테이션이 급격하게 발생하는 지점(σ=0.09)이 실험 결과와 거의 유사하게 나타났기 때문에 캐비테이션 현상 검토에는 문제가 없는 것으로 확인된다.

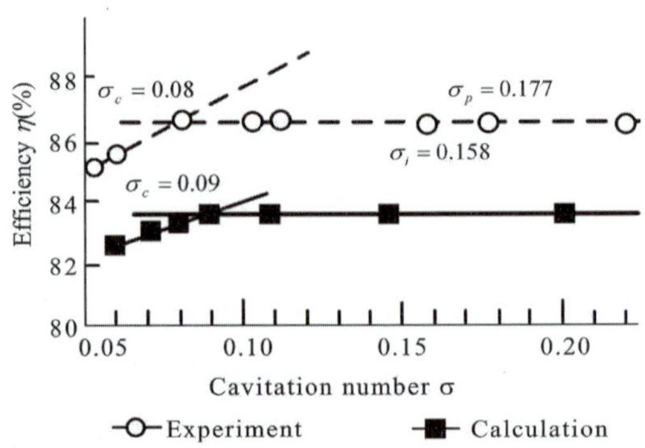

그림 **11.19** 프란시스수차 효율의 과부하 조건 캐비테이션 특성 비교

자료: Liu, 2009

(a) σ_i=0.158(초생) (b) σ=0.08(확대)

그림 **11.20** 캐비테이션계수에 따른 캐비테이션 초생 및 확대(과부하 조건)

자료: Liu, 2009

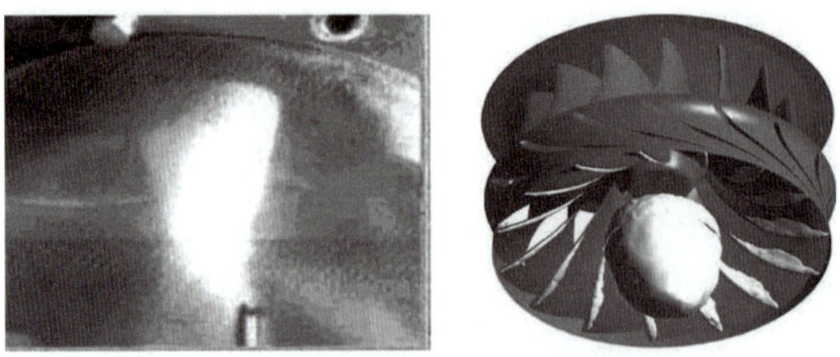

(a) 가시화 실험사진 (b) 수치해석

그림 **11.21** 캐비테이션 보텍스로프 발생 비교(과부하 조건, σ=0.054)

자료: Liu, 2009

그림 11.20과 그림 11.21은 과부하 영역에서의 캐비테이션계수 변화에 따른 캐비테이션 현상을 검토한 결과이며, 캐비테이션계수가 감소함에 따라서 캐비테이션 발생이 더욱 격렬해지며, 임계 캐비테이션계수 이하(σ=0.054)에서는 보텍스코어 캐비테이션이 발생함을 실험 및 CFD해석 결과에서 모두 확인 가능하다.

(5) 자유분류해석

기액 2상류해석 기법 중에서 대기 중의 자유분류해석의 대표적인 사례로서 충동수차인 펠턴수차의 유동해석을 들 수 있다. 노즐로부터 유출한 분류(water jet)의 유동장은 물과 공기의 기액 2상류로 되지만, 반동수차 내부 유동장에 대한 기액 2상류해석과 다른 점은 분류가 대기 중에서 자유표면(free surface)을 형성하고, 흐름의 경계가 고정되어 있지 않다는 점에 있다. 따라서 격자를 분류의 흐름에 맞추어서 생성하는 노력이 필요하다.

그림 11.22는 유한체적입자법(FVPM: Finite Volume Particle Method)을 사용하여 회전하는 펠턴수차 버킷에 고속 분류가 충돌하는 과정을 수치해석 한 결과이며, 입자 분해능은 수렴 연구를 통해 먼저 검증되고, 유한체적입자법 해석 결과는 사용 가능한 실험 계측 데이터와 유체체적법(VOF: Volume of Fluid) 수치해석을 통해 검증되었다. 그림 11.22의 결과는 우측의 후행 버킷이 분류에 간섭하기 시작하고, 또한 좌측의 선행 버킷에서는 완전히 끊어진 분류가 여전히 버킷에 작용하면서 버킷 측면으로 상대 흐름이 유출하는 것을 잘 표현하고 있다.

그림 11.23은 펠턴수차 분류 상대 흐름 변화 추세에 대해서 유한체적입자법 및 유체체

그림 11.22 펠턴수차 분류(제트)와 회전하는 러너 버킷의 작용에 대한 자유표면 유동해석 결과
자료: Vessaz, 2015

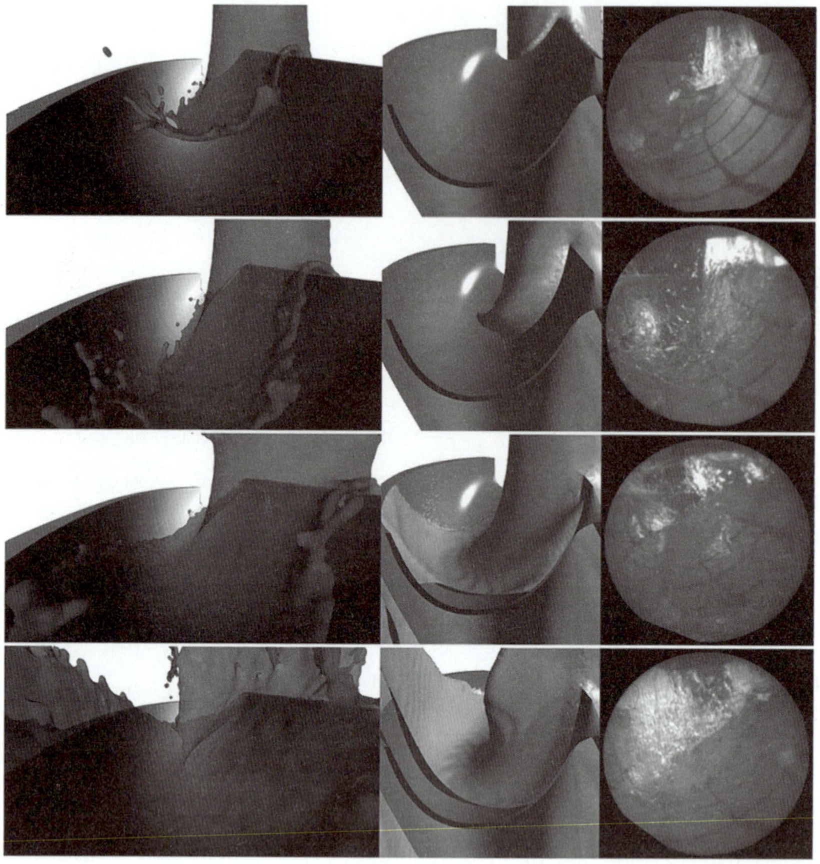

(a) FVPM (b) VOF (c) 고속도카메라

그림 11.23 펠턴수차 분류 상대흐름 변화 추세의 비교

자료: Vessaz, 2015

적법에 의한 수치해석 결과와 고속도카메라로 촬영한 실험 결과를 비교하고 있다. 버킷 상대 회전위치 각도의 변화에 따라서 분류가 버킷과 충돌한 후 옆으로 빠져나가는 흐름 패턴의 진화가 해석 결과와 가시화 실험 결과에서 잘 일치하는 것으로 나타난다.

11.1.2 최적설계법

유동해석 기술의 발달과 함께 1990년대 후반부터 최적화설계기술도 급속하게 발전해왔다. 여기서 말하는 최적화는 설계에서 요구되는 목적함수(예를 들면 최고효율과 최저 캐비테이

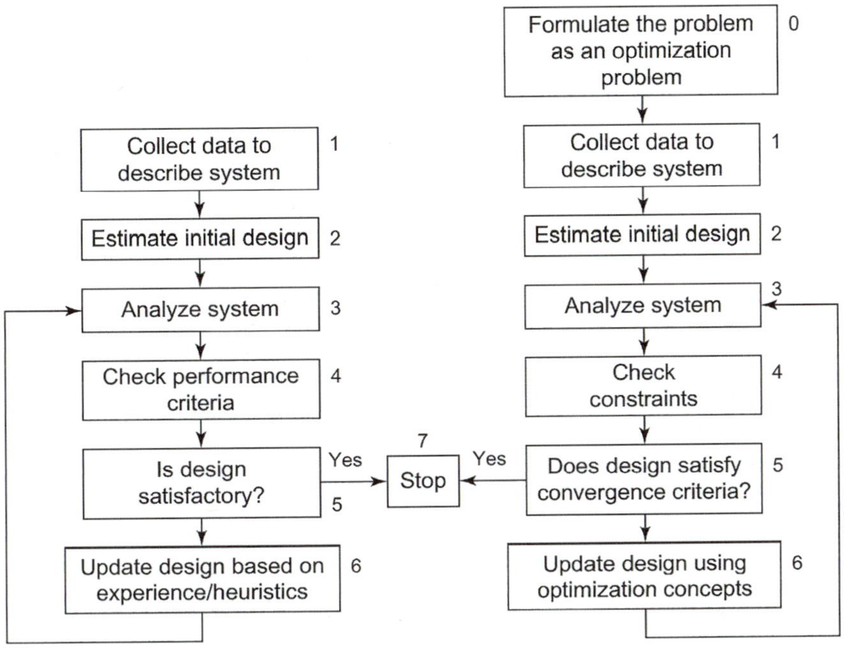

(a) 종래설계법 (b) 최적설계법

그림 **11.24** 종래설계법과 최적설계법의 비교

자료: Arora, 2012

션계수)를 수식화하여 이것들을 최대 또는 최소가 되도록 설계 파라미터 값을 찾아내는 것이다. 일반적으로 유체기계의 수력성능을 결정하는 설계 파라미터는 다수가 있기 때문에, 종래의 시행착오적인 방법에서는 최적해에 도달하기가 거의 불가능했다.

그림 11.24는 종래설계법과 최적설계법에서 설계 과정상의 차이를 비교한다. 그림 11.24(a)는 종래설계법에 의한 흐름도를 나타내며, 그림 11.24(b)는 최적설계법에 의한 흐름도를 나타낸다. 블록 6과 3 사이의 루프로 표시된 바와 같이 두 방법 모두 반복적이라는 점에 유의해야 한다. 두 방법 모두 비슷한 계산이 필요한 블록이 있고 다른 계산이 필요한 블록도 있다. 두 가지 프로세스의 주요 특징은 다음과 같다.

- 최적설계법에는 문제가 최적화 중 하나로 공식화되는 블록 0이 있다. 다양한 설계의 장점을 측정하는 객관적 함수를 정의한다.
- 두 방법 모두 블록 1의 시스템을 설명하는 데이터가 필요하다.

• 두 방법 모두 블록 2의 초기설계 추정치가 필요하다.
• 두 방법 모두 블록 3의 시스템 분석이 필요하다.
• 블록 4에서 종래설계법은 성능 기준을 충족하는지 확인하는 반면, 최적설계법은 블록 0에 공식화된 문제에 대한 모든 제한조건을 충족하는지 확인한다.
• 블록 5에서 두 방법에 대한 중지 기준을 확인하고 지정된 중지 기준을 충족하면 반복이 중지된다.
• 블록 6에서 종래설계법은 설계자의 경험과 직관 및 하나 이상의 시험설계에서 수집된 기타 정보를 기반으로 설계를 업데이트하지만, 최적설계법은 최적화 개념과 절차를 사용하여 현재의 설계를 업데이트한다.

앞서 언급한 두 설계 접근방식의 차이는 종래설계 프로세스가 덜 형식적이라는 것을 나타낸다. 종래설계법에서는 설계의 장점을 측정하는 객관적 함수가 확인되지 않고, 추세(trend) 정보는 일반적으로 계산되지 않는다. 그리고 블록 6에서 시스템 개선을 위한 설계에 관한 결정을 내리는 데 사용되지 않는다. 반면, 최적설계 프로세스는 설계를 변경할 때 추세 정보를 사용하기 때문에 더욱 형식적인 프로세스이다.

한편, 그림 11.25는 최적화설계기법의 분류를 나타내며, 최적화설계기법을 유동해석과 결합하여 최적해를 탐색하는 방법을 적용함에 의해 비교적 용이하게 최적값을 얻을 수 있다.

최적화설계기법은 크게 직접법(direct method)과 역법(inverse method) 으로 나누어진다. 직접법은 설계 파라미터를 어떤 약속에 따라서 변화시켜서 그것으로부터 얻어진 목적함수의

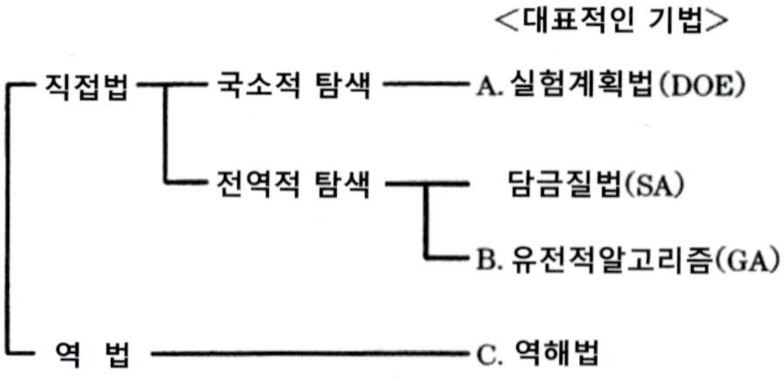

그림 11.25 최적화설계기법의 분류
자료: ターボ機械協会編, 2007

최적값을 탐색하는 것이다. 또한 이 방법에서는 국소적 탐색과 전역적 탐색으로 나누어진다. 국소적 탐색은 결정론적인 방법으로 탐색하는 것이기 때문에 대표적인 방법으로서 실험계획법(DOE: Design of Alogorithm)이 있다. 한편, 전역적 탐색은 확률론적인 탐색이며, 담금질법(SA: Simulated Annealing)과 유전적알고리즘(GA: Genetic Algorithm)을 들 수 있다.

역법은 직접법과는 반대로 목적함수의 값을 미리 주어 이것을 만족하는 설계 형상을 구하는 기법이다. 러너 익(날개) 설계에서는 요구하는 익면의 익부하분포를 미리 정의하고 포텐셜해석법의 일종인 특이점법을 사용해서 익 형상을 나타내는 것에 의해 이 익부하분포를 만족하는 형상을 명확하게 결정할 수 있는 것이다. 이 기법은 미리 목적함수를 주기 때문에 순수한 최적화기법은 아니지만, 요구하는 목적함수를 만족하는 형상을 단기간에 얻을 수 있는 특징을 가진다.

이하에서는 직접법의 대표 예로서 실험계획법과 유전적알고리즘을 적용한 사례를 기술한다.

(1) 실험계획법

실험계획법에서는 일반적으로 직교표가 사용된다. 설계 파라미터(x_1, x_2, $\cdots$)와 목적함수($y=f(x)$) 사이에는 독립변수만으로 나타내는 주효과(예를 들면 $y=x_1+x_2$)와 x_1x_2와 같이 서로 영향을 주는 상호작용이 존재하지만, 일반적으로 주효과(main effect)에 비해서 상호작용은 작기 때문에 주효과만으로 표현할 수 있다고 가정한 것이 직교표이다. 대표적인 것으로서 L18 직교표와 L36 직교표가 있다. L18 직교표에서는 8개의 설계 파라미터에 대해서 18종류의 실험(유동해석)만으로 4374가지의 완전시행실험을 실시한 결과와 동등한 정보가 얻어진다. L36 직교표에서는 23개의 설계 파라미터에 대해서 36종류만의 실험으로 약 11억 가지의 완전시행실험과 동등한 정보가 얻어지는 특징을 가진다.

이들의 결과로부터 감도해석을 실시하여 $y=f(x)$라는 전달함수를 구하고, 이것으로부터 최적해가 구해진다. 이 방법의 적용에 의해 단시간에 최적해를 얻을 수가 있다. 또한 그 외에 L9와 L27 직교표 등이 있지만, 이들은 상호작용분이 분산되지 않고, 특정의 설계 파라미터의 결과에 더해지기 때문에 잘못된 결과로 될 우려가 있기 때문에 주의가 필요하다.

(2) 유전자알고리즘

유전자알고리즘은 생물이 환경에 적응하도록 진화해 가는 진화론에 기초하는 기법이며, 전역적으로 탐색할 수 있다. 그림 11.26에 그 프로세스의 개념을 보이며, 다수의 설계 파라미터가 있을 경우 호작용이 반드시 존재하고, 전항 (1)의 실험계획법에서는 그림 중에 보인 국소적인 하나의 산 정상밖에 도달할 수 없다. 이것에 대해서 유전자알고리즘에서는 선택(selection), 교배(crossover), 돌연변이(mutation)라는 세 가지 가장 기본이 되는 연산자(operator)가 있으며, 이러한 연산 과정을 수행함으로써 세대를 만들어 가고, 우량한 설계 파라미터의 수준을 탐색해 나가는 것이다. 이것에 의해 최종적으로 우량한 산을 찾아내어 최고봉의 최적해를 얻을 수 있다.

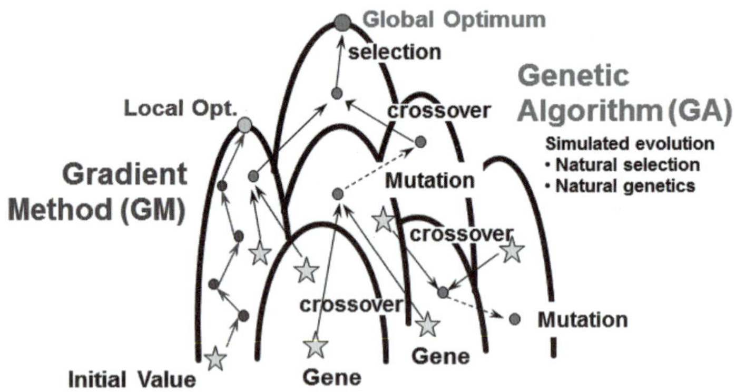

그림 11.26 유전적알고리즘에 의한 최적화 프로세스
자료: Goto, 2016

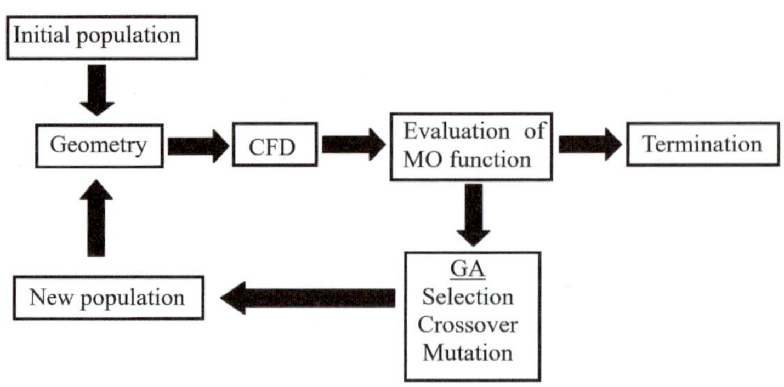

그림 11.27 최적설계 순서도
자료: Nakamura, 2009

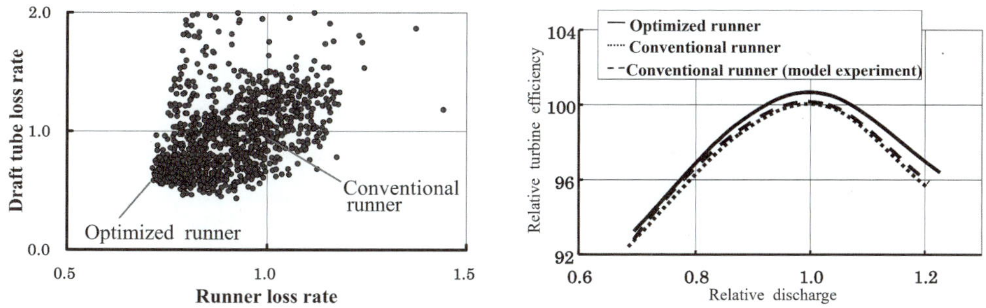

(a) 파래토 해　　　　　　　　　　(b) 수차효율곡선

그림 **11.28** 러너 손실과 흡출관 손실에 대한 함수평면 파레토 해와 수차효율곡선의 비교

자료: Nakamura, 2009

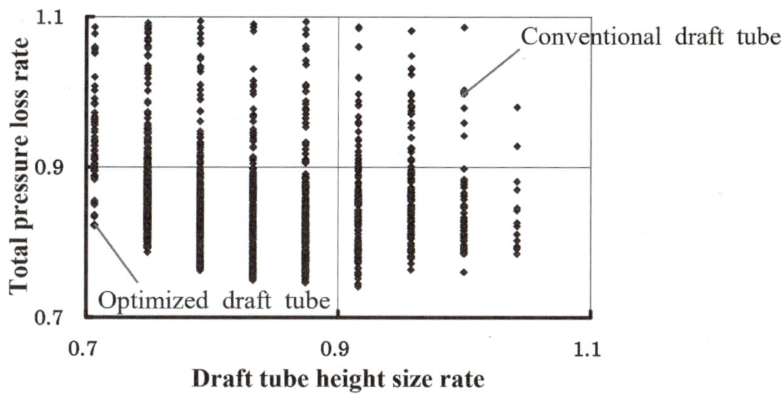

그림 **11.29** 흡출관 높이 치수비와 전압 손실에 대한 파레토 해

자료: Nakamura, 2009

그림 11.27～그림 11.31에 다목적 유전자알고리즘(MOGA: Multi-Objective Genetic Algorithm)과 CFD해석을 결합하여 비속도 $n_s = 250$ [m, kw, min^{-1}]의 프란시스수차에 최적설계를 적용한 결과를 보이고 있다. 목적함수로는 수차 러너와 흡출관에서의 손실 및 흡출관 높이를 모두 최소로 하는 것이다.

그림 11.27은 최적설계 순서도를 보이고 있으며, 그림 11.28은 최적설계법을 적용하여 러너 손실과 흡출관 손실 사이의 트레이드오프 관계의 제한조건에 따라 러너 형상을 최적화한 결과이다. 최적화된 러너는 넓은 운전범위에서 수차효율이 향상되었다. 또한 그림 11.29는 흡출관 형상에서 상당히 다른 높이 크기와 총 압력 손실 사이의 균형 관계의 제

(a) 종래설계법 러너　　　　(b) 최적설계법 러너

그림 **11.30** 종래설계와 최적설계에 의한 러너 형상 비교

자료: Nakamura, 2009

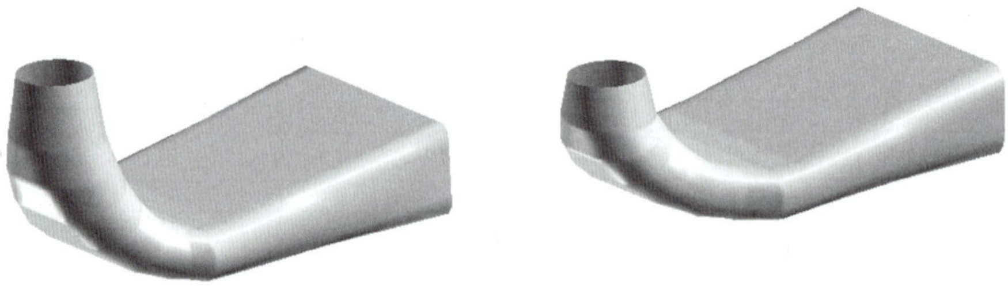

(a) 종래설계법 흡출관　　　　(b) 최적설계법 흡출관

그림 **11.31** 종래설계법과 최적설계법에 의한 흡출관 형상 비교

자료: Nakamura, 2009

한조건에 따라 흡출관 형상을 최적화하였다. 그림 11.30과 그림 11.31은 최적설계에 따른 러너와 흡출관의 형상 변화를 비교하고 있다.

11.2 수치해석과 최적설계의 적용 예

본 절에서는 수치해석과 최적설계를 적용한 수차 및 펌프수차의 성능예측 및 성능개선에 관련된 사례를 중심으로 설명하며, 저자가 참여하였던 연구과제의 연구 결과로부터 작성된 공개 논문 내용에서 수차설계법, CFD해석법 그리고 최적설계법의 적용 사례에 대한 다음의 주제에 대해서 요약하여 설명한다.

- 프란시스수차 수치해석 결과의 검증(Francis-99 실험 및 수치해석 결과 비교)

- 프란시스수차 러너 자오면 설계법(Bovet설계법 적용 사례)
- 프란시스수차 가이드베인 및 러너베인 설계법(손실해석법 적용 사례)
- 프란시스수차 고정유로 최적설계법(CFD해석법 및 최적설계법 적용 사례)
- 프란시스수차 FSI해석에 의한 구조안정성 검토(FSI해석법 적용 사례)
- 프로펠러수차 러너 설계법(양력법 적용 사례)
- 가역식 프란시스형 펌프수차 러너 설계법(유량/양정변화 구배 설계법 적용)

> 본 절의 내용 중 그림 및 표의 번호는 각 참고논문 원문의 번호를 그대로 사용하였으며, 설명하는 내용을 수차설계법, CFD해석법 그리고 최적설계법에 대해서 구분하고 그 적용 방법에 대해서 중점을 두었기 때문에 그림 및 표의 순서가 실제 설명의 순서와 차이가 있을 수 있음을 감안하기 바란다. 또한 효과적인 설명을 위하여 필요 시 그림 및 표를 새롭게 작성하여 추가하였다.

11.2.1 프란시스수차 수치해석 결과의 검증

논문 출처: Le, V., Chen, Z., and Choi, Y.-D. (2016). A Study on CFD Analysis Methods using Francis-99 Workshop Model. *The KSFM Journal of Fluid Machinery*, Vol. 19, No. 5, pp. 20-27.

(1) 수차 제원 및 성능시험장치

Fig. 1, Fig. 6, Fig. 8 그리고 Table 2는 본 연구에서 채용한 프란시스수차 축소모형과 성능시험장치의 제원, 등효율곡선 그리고 실험 영역에 대해서 보이고 있다. 실험은 모형수차의 성능시험, 러너 및 흡출관 압력 계측, 흡출관 속도 계측 등이 실시되었다. 수차의 성능시험에서는 설계점, 부분부하 그리고 과부하 영역으로 나누어 수행되었으며 토크와 효율을 산출하였다.

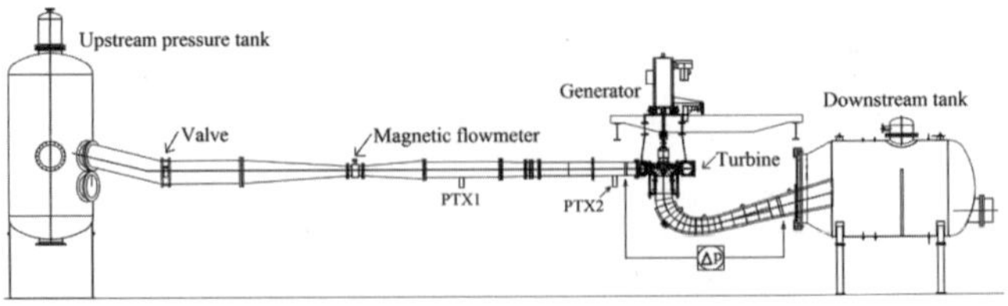

Fig. 1 Francis-99 workshop turbine test rig at the Waterpower laboratory, NTNU[2]

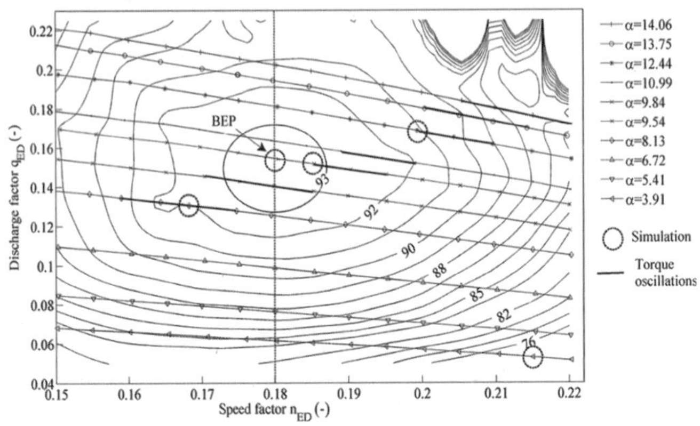

Fig. 6 Hill chart of the experiment

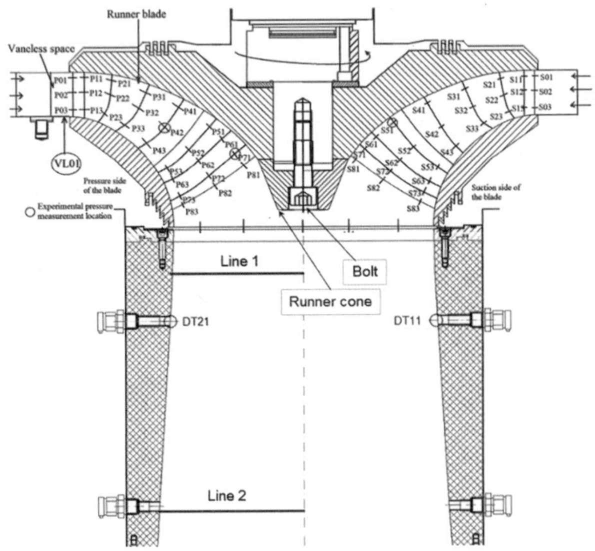

Fig. 8 Sensor locations

Table 2 Operating conditions of the turbine by experiment

Parameter	Part load	BEP	High load
Head [m]	12.29	11.91	11.84
Flow rate [m^3/s]	0.071	0.203	0.221
Runner speed [rec/sec]	6.77	5.59	6.16
Guide vane angle [°]	3.91	9.84	12.44
Torque [N.m]	137.52	619.56	597.99
Efficiency [%]	71.69	92.61	90.66

(2) 3D 모델링 및 CFD해석법

Fig. 2는 실험에 사용된 프란시스수차 축소모형의 전체 유동장(케이싱, 스테이베인, 러너베인, 러너, 흡출관)에 대해서 3차원 모델링한 예이며, CFD해석에서도 전체 유동장에 대한 일괄 해석을 수행하였다. Fig. 3 및 그림 1(추가)은 CFD해석에 적용한 3차원 계산격자를 보이고 있다. 또한 hexa형 격자를 전체 유동장에 대해서 적용하여 계산격자를 구성하였으며, 특히 케이싱과 러너 사이의 누설 흐름이 존재하는 씰 유로의 누설 흐름이 성능에 미치는 영향을 검토하기 위하여 씰의 적용(추가 그림 1)과 미적용 시의 CFD해석을 실시하였다.

또한 계산 결과의 계산격자 의존성을 검토하기 위하여 계산 결과의 수렴성 및 실험 결과와의 일치성 대해서 무차원 벽면거리 y^+값을 이용하여 계산격자의 형상 및 계산격자수의 적합성을 검토하였으며, Table 1은 최종적으로 결정하여 CFD해석에 적용한 수차 각 유로별 계산격자수를 나타내고 있다.

Table 3은 CFD해석에 적용된 경계조건을 나타내고 있으며, 계산 영역 입구 측에는 평균질량(mass flow rate), 출구 측에는 정압(static pressure) 조건을 설정하여 모든 CFD해석에 동일하게 적용하였다. 특히 난류모델에 대해서도 다양한 난류모델에 대한 의존성 검토를 실시하여 계산 결과의 수렴성과 계산기 용량를 고려하여 SST모델을 선정하였다. 특히 복잡한 유로에 대한 계산 결과의 수렴성을 개선하기 위하여 Table 3의 Case 3에서는 곡면보정(CC: Curvature Correction) 기능을 적용하여 실험 결과에 일치하는 계산 결과를 획득할 수 있었다. 전체 계산유동장에 대해서 정상상태(steady state) 해석을 수행하였으며, CFD해석 솔버로는 상용 수치해석 코드인 ANSYS-CFX를 사용하였다.

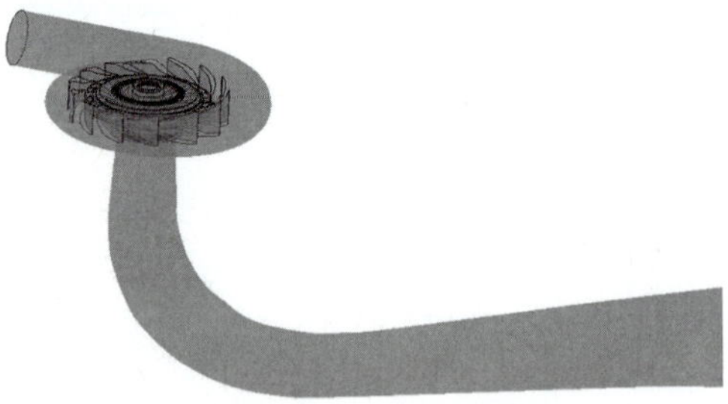

Fig. 2 Francis-99 workshop turbine numerical model

Fig. 3 Computation mesh of runner and labyrinth seals in detail

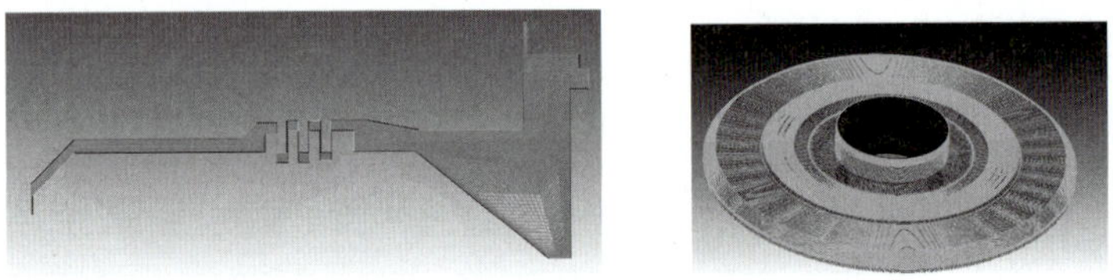

(a) Hexahedral mesh for top labyrinth seal

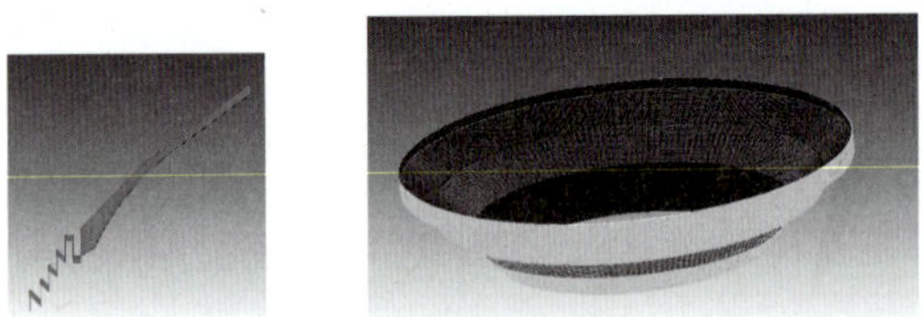

(b) Hexahedral mesh for bottom labyrinth seal

그림 1(추가) Mesh for labyrinth seal gap passages

Table 1 Mesh number of simulation domains

Distributor (Spiral casing, guide vanes, stay vanes)	5,938,473
Runner	4,864,950
Draft tube	1,783,945
Top labyrinth seal	3,233,520
Bottom labyrinth seal	4,553,820
Total	20,374,708

Table 3 List of simulation conditions

Cases	Mesh	Turbulence Model	Labyrinth seal
1	MNU	SST	Without
2	MNU	SST	With
3	MNU	SST+CC	With
4	NTNU	SST	With

(3) 수차성능 및 내부 유동의 검토

Fig. 7은 실험 결과에 대한 CFD해석 결과의 비교를 보이고 있으며, 전체적으로 최고효율점(Q_{BEP}=0.203)에서는 CFD해석 결과가 실험 결과와 잘 일치함을 알 수 있으나, 부부분하 및 과부하 영역에서는 해석조건에 따라서 실험 결과와 차이를 보인다. 특히 라비린스 씰 유로에 대한 격자의 유무에 따라서 계산 결과의 오차가 크게 나타나며, 곡면보정 기능(CC)을 적용할 경우 실험 결과에 거의 일치하는 양호한 CFD해석 결과를 구할 수 있었다.

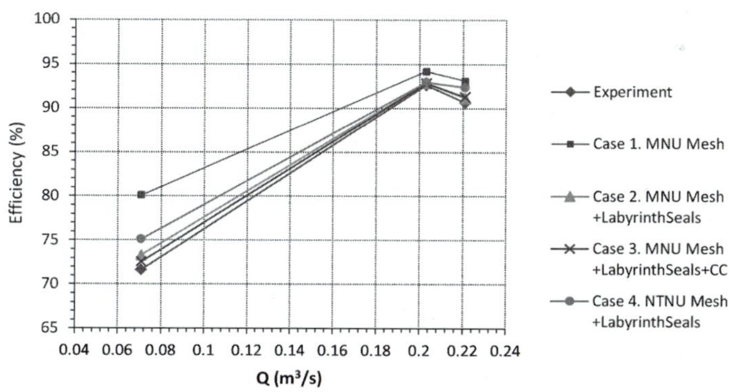

Fig. 7 Comparison of numerical and experimental efficiency

이러한 다양한 계산조건에 따른 CFD해석 결과의 차이에 대해서 라비린스 씰 유로의 영향을 검토한 결과가 Fig. 5와 Table 6이며, 씰을 적용하지 않은 계산격자를 사용할 경우, 축동력에 직접적인 영향을 미치는 토크가 크게 나와서 효율이 더 높게 나타나는 것을 확인할 수 있었다.

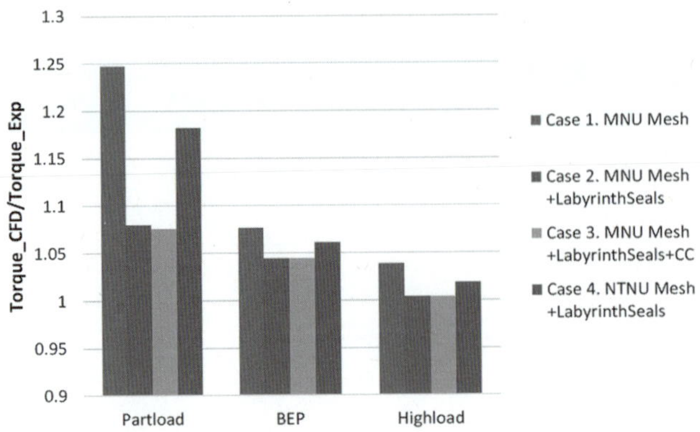

Fig. 5 Comparison of numerical torque to the experimental torque

Table 6 Comparison of torque on the shaft with labyrinth seals

Operating point	Cases	Torque on the Shaft by CFD [N.m]	Torque_CFD/Torque_Exp
Part load	1	171.55	1.25
	2	140.18	1.08
	3	139.60	1.08
	4	162.53	1.18
BEP	1	666.96	1.08
	2	645.58	1.04
	3	645.40	1.04
	4	657.55	1.06
High load	1	621.11	1.04
	2	594.99	1.00
	3	588.69	1.00
	4	609.10	1.02

Fig. 4는 러너 내부 유로 및 라비린스 씰 유로의 유속을 나타내고 있으며, 러너와 케이싱 사이의 틈새 유로를 통하여 상당한 유속의 유량이 흘러가는 것을 확인할 수 있다.

Fig. 11과 12는 최고효율점 유량에서 흡출관의 계측점 Line 1과 2에서 계측한 실험 결과에 대한 CFD해석 결과(Case 2)의 비교를 나타내고 있으며, 축 방향 속도성분은 비교적

잘 일치하지만, 접선 방향 속도성분은 흡출관 유로 중앙에 위치한 강한 선회성분으로 인하여 상대적으로 차이를 나타낸다.

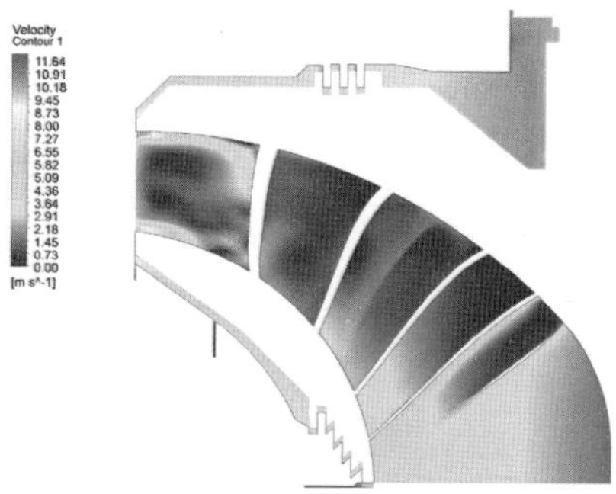

Fig. 4 Velocity distribution in runner and labyrinth seals

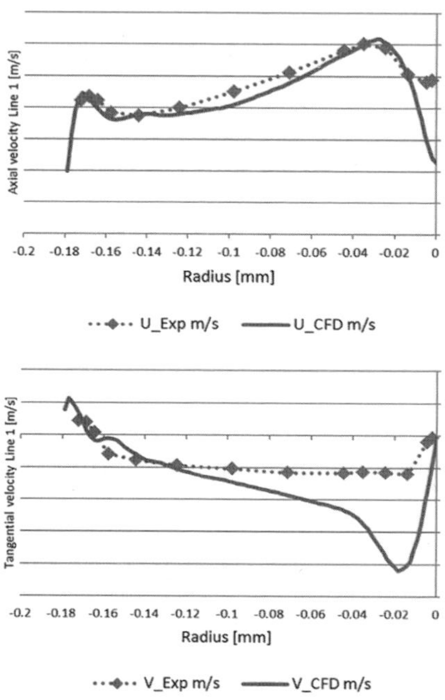

Fig. 11 BEP: Velocity distribution at Line 1

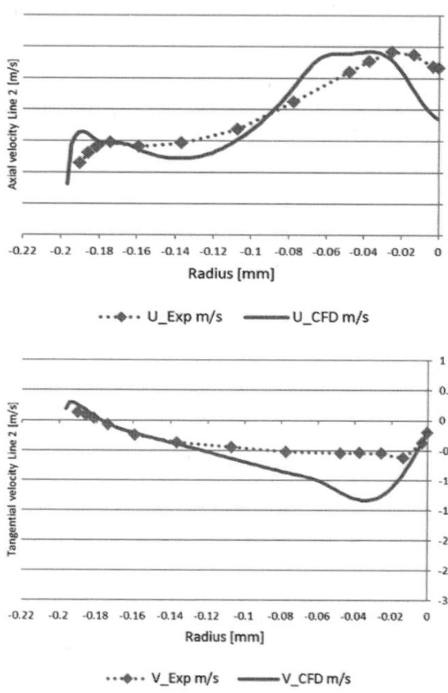

Fig. 12 BEP: Velocity distribution at Line 2

Fig. 15, 16, 17은 러너베인 압력면과 부압면 그리고 흡출관에서 계측한 벽면 정압에 대해서 실험 및 CFD해석(Case 2) 결과를 비교하고 있으며, 상당히 양호하게 일치함을 알 수 있다.

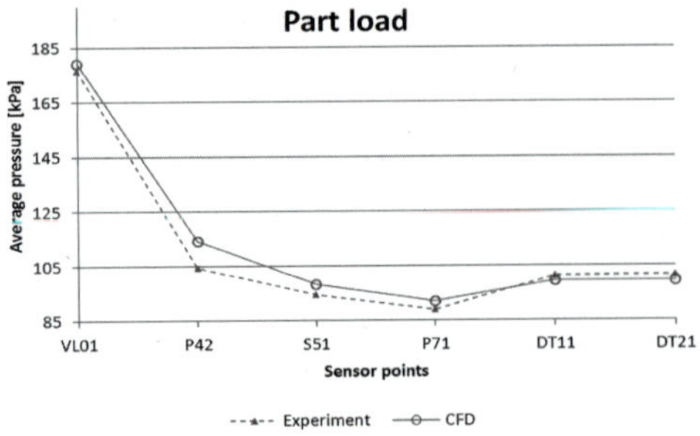

Fig. 15 Pressure distribution at part load

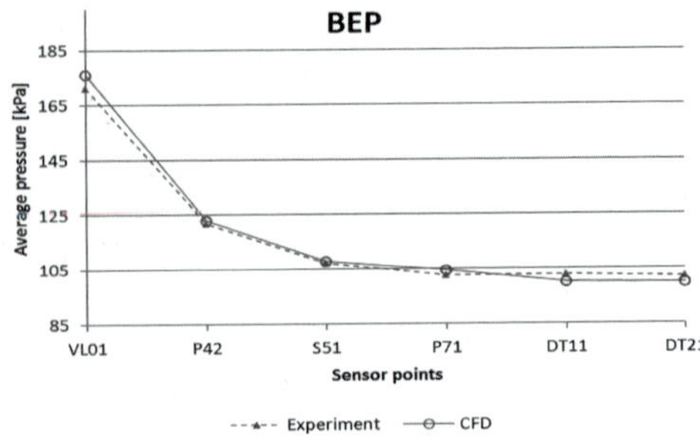

Fig. 16 Pressure distribution at BEP

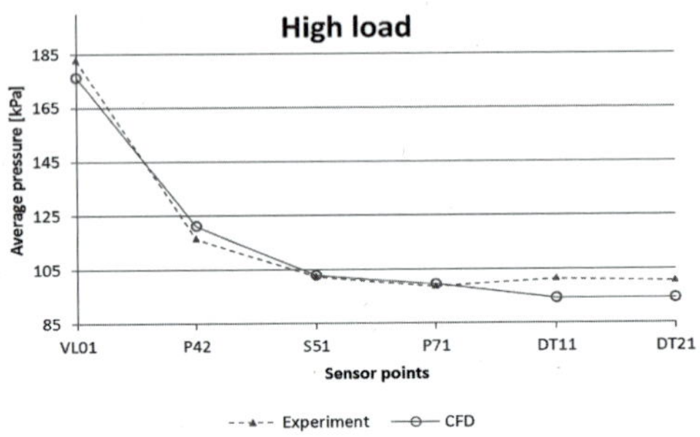

Fig. 17 Pressure distribution at high load

11.2.2 프란시스수차 러너 자오면 설계법

논문 출처: Shrestha, U., Chen, Z., and Choi, Y.-D. (2018). Study on the effect of the runner design parameters on 50 MW Francis hydro turbine model performance. *IOP Cof. Series: Journal of Physics: Conf. Series* 1042, 012006.

(1) 수차 제원 및 설계법

Table 1은 설계 대상인 50 MW급 프란시스수차의 제원을 나타내고 있다. 설계점에서의 낙차 $H=38.7$ m, 유량 $Q=132$ m^3/s, 출력 $P=46.3$ MW, 회전속도 $N=150$ min^{-1}, 비속도 $n=323$ [m, kW, min^{-1}]인 중규모 프란시스수차이며, 프란시스수차의 설계범위에서는 상대적으로 고비속도 영역에 속한다.

Figure 1과 2는 Bovet설계법(10.2.2 항 참조)에 따른 러너 자오면 형상 치수를 나타내며,

Figure 6, 7, 8, 9는 해당 비속도에서의 각 설계 파라미터를 적용한 형상 데이터를 보이고 있다. 특히 러너설계에서 자오면 형상은 Figure 1의 유로 특성곡선을 모두 동일하게 적용하였으나, 러너베인의 베인 각도 및 두께 분포에서 달리하여 설계를 수행하였다.

Table 1 Parameter of 50 MW Francis Turbine.

Parameter	Value
Head	38.7 m
Discharge	132 m^3/s
Power	46.3 MW
Rational Speed	150 rpm
Specific Speed	323 m-kW

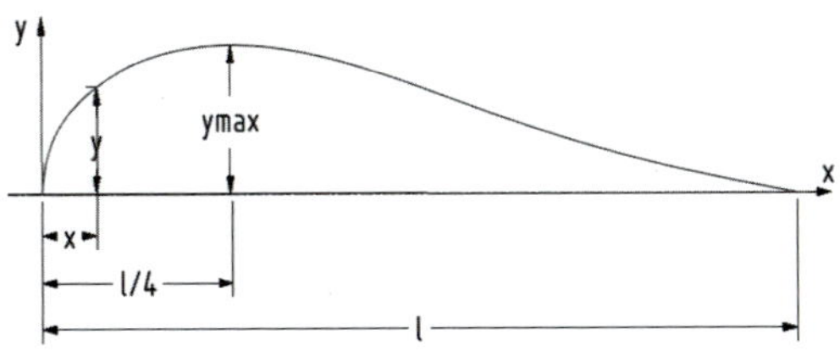

Figure 1: Characteristic curve for Flow Channel

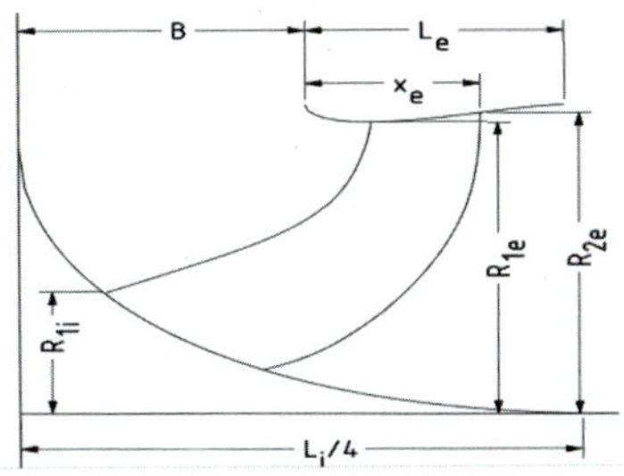

Figure 2: Nomenclature of the Meridional Shape

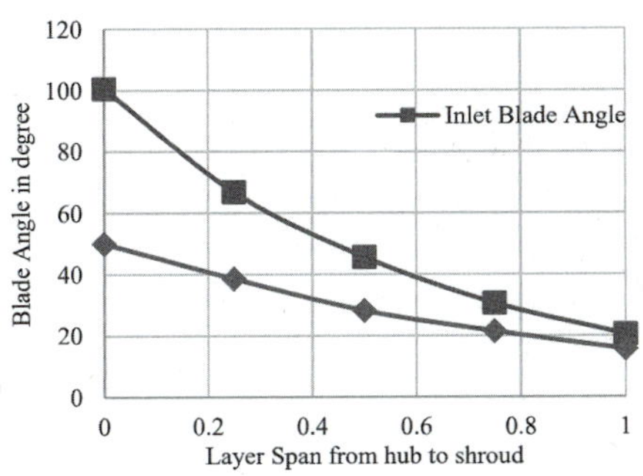

Figure 6: Blade angle variation from shroud to hub

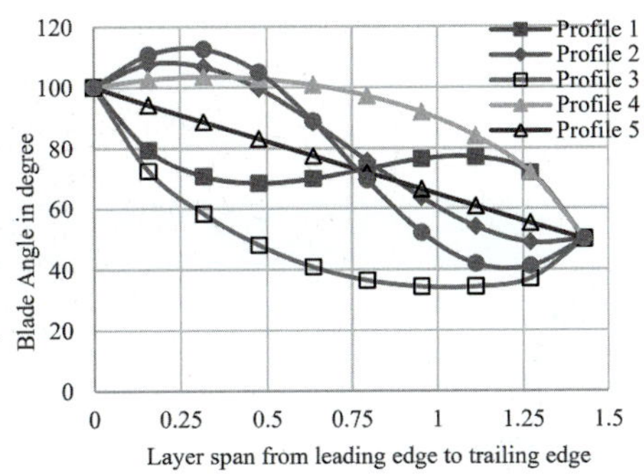

Figure 7: Blade angle distribution from LE to TE

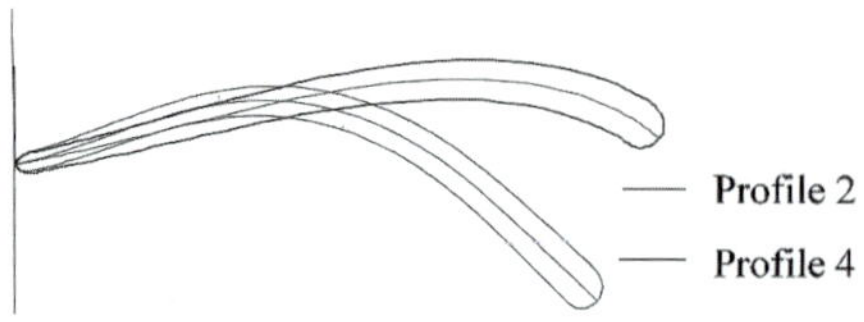

Figure 8: Blade cross section for profile 2 and profile 4 at mid-span

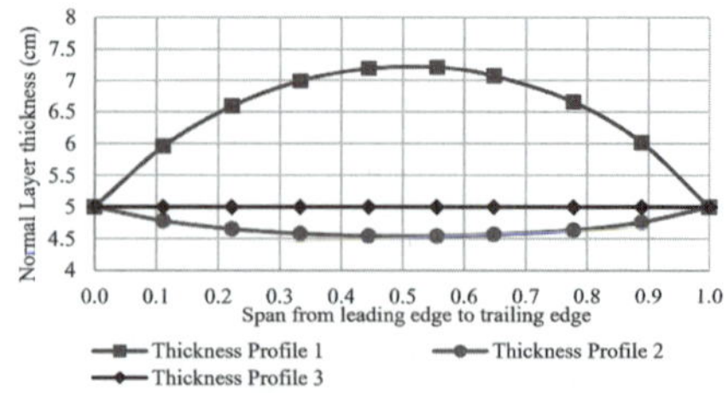

Figure 9: Thickness distribution from leading edge to trailing edge

(2) 3D 모델링 및 수치해석법

Figure 3은 프란시스수차 설계에 적용된 프란시스수차 시작품(proto type)의 전체유동장(케이싱, 스테이베인, 러너베인, 러너, 흡출관)에 대해서 3차원 모델링한 예이며, CFD해석에서도 전체 유동장에 대한 일괄해석을 수행하였다. Figure 4는 계산격자에 대한 격자의존성에 대해서 검토한 결과이며, Table 2와 Figure 5는 각각 계산유동장에 대한 경계조건과 난류모델 의존성에 대한 검토 결과이다.

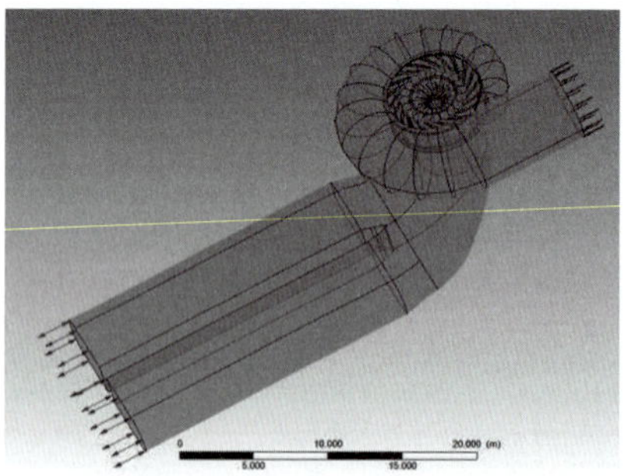

Figure 3: Full Domain Analysis

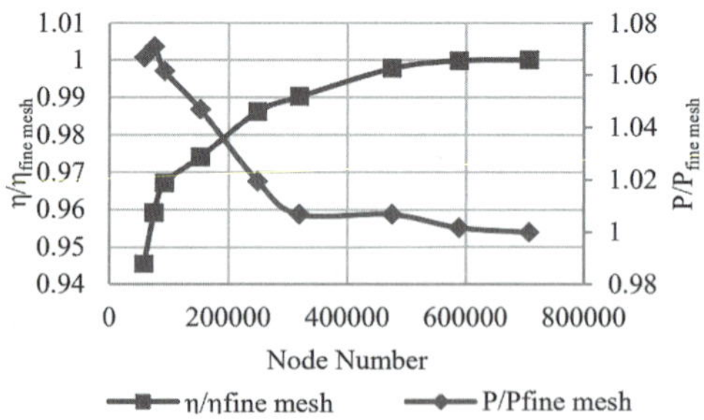

Figure 4: Mesh Independency Test

Table 2 Boundary Conditions for Analysis

Analysis Type	Steady State
Turbulence Model	SST
Inlet	Total Pressure
Outlet	Static Pressure
Walls	No slip
Working Fluid	Water at 25℃

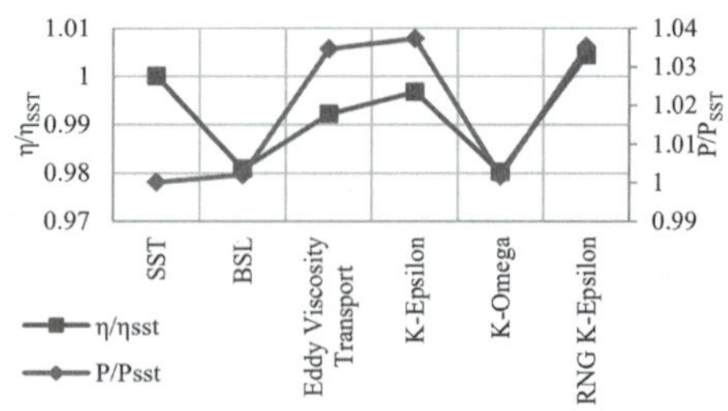

Figure 5: Turbulence Model Test

그림 1(추가)과 그림 2(추가)에서 3차원 모델링 상세 결과를 보인다.

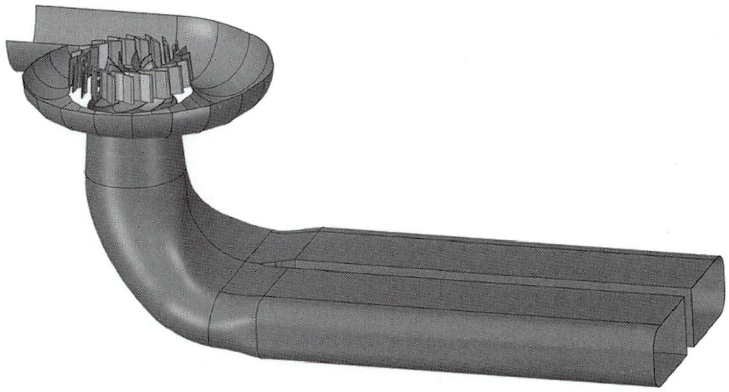

그림 1(추가) 프란시스수차 전체유동장 3D 모델링

(a) 러너모델

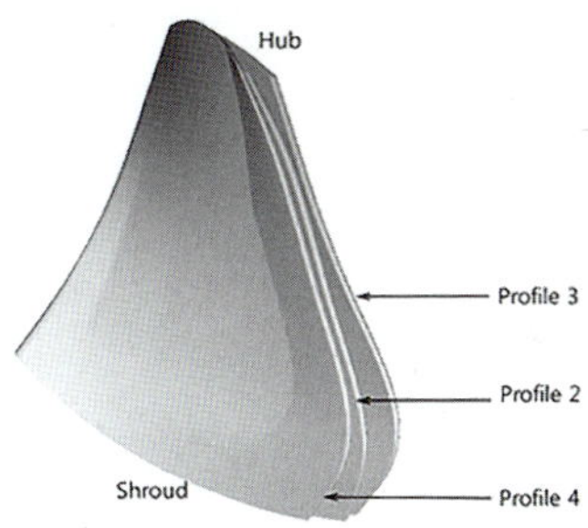

(b) Profile에 따른 러너베인 형상

그림 2(추가) 프란시스수차 러너 3D 모델링

(3) 설계된 러너 형상별 성능 및 내부 유동의 검토

Figure 10과 11은 설계된 수차 형상별 CFD해석 결과에 따른 효율을 보이고 있다. 러너베인 각도 및 두께에 따라서 효율의 차이를 확인할 수 있다. Figure 12와 14는 러너베인 형상에 따른 수차 흡출관에서의 유선, 원주 방향 속도성분을 각각 나타내고 있다. Profile 2의 경우, 흡출관에서 선회류가 상대적으로 낮게 나타나기 때문에 오일러 수차방정식에서 상대적으로 높은 유효낙차와 효율을 얻게 되어 Figure 10의 결과에서도 Profile 2에서 상대적으로 높은 효율이 나타난 것이다.

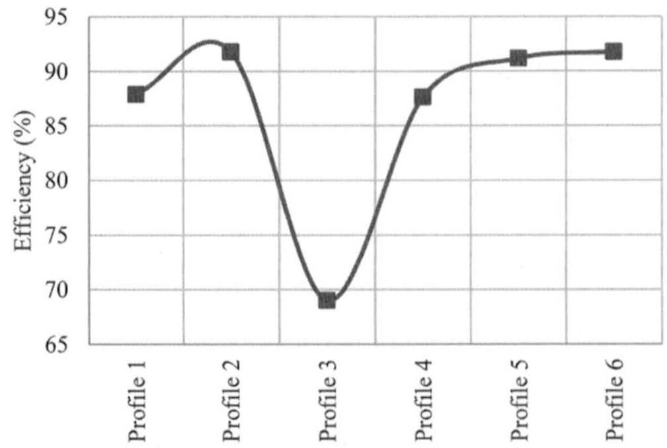

Figure 10: Efficiency versus blade angle distribution profile

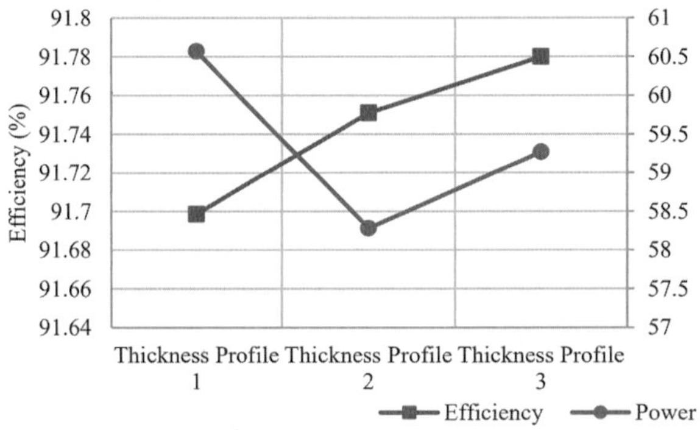

Figure 11: Efficiency and power versus thickness distribution profile

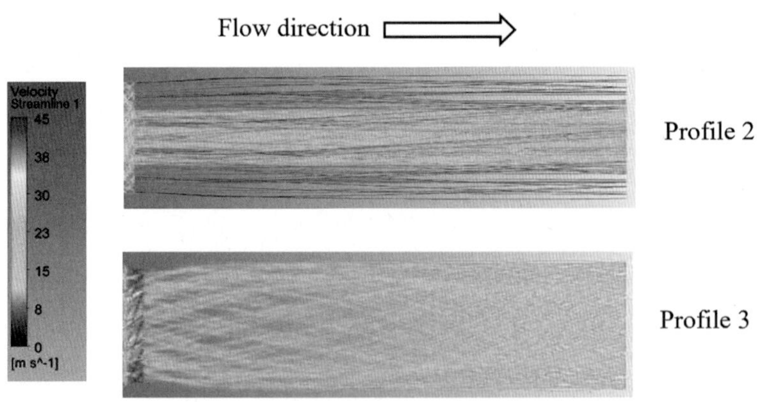

Figure 12: Streamline in the draft tube

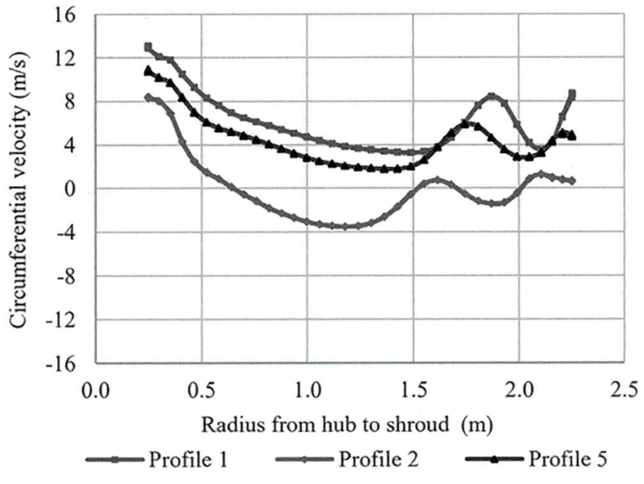

Figure 14: Circumferential velocity versus radius

11.2.3 프란시스수차 가이드베인 및 러너베인 설계법

논문 출처: Chen, Z., Singh, P.M., and Choi, Y.-D. (2016). Francis Turbine Blade Design on the Basis of Port Area and Loss Analysis. *energies*, vol. 9, no. 164, doi:10.3390/en9030164.

(1) 수차 제원 및 설계법

표 1(추가)은 설계 대상인 프란시스수차의 제원을 나타내고 있다. 수차설계 시 수차설계 제원에 따른 설계점에서의 1차원 이론설계를 통하여 러너베인 입구각도를 정하고, 유동 방향과 반대 방향으로 유동 각도를 고려한 가이드베인 출구 및 입구 각도, 그리고 스테이베인 출구 및 입구 각도를 정하게 된다.

Figure 1은 프란시스수차 러너베인 설계를 위한 순서도를 나타내고 있다. 먼저 1차원 수력설계를 통하여 표 1(추가)의 사양에 적합한 러너베인 입구 및 출구 각도를 정한 후, 러너 자오면 형상을 결정해야 한다. 러너 입구 높이는 가이드베인 높이 B_g와 동일하고, 설계 유량에서 가이드베인 유로의 단면적은 가이드베인 개도와 가이드베인 높이 B_g에 의해 정해진다. 그런데 가이드베인 높이와 가이드베인 개도의 조합에 의해 가이드베인 유로에서 발생하는 수력손실에서 차이가 발생하기 때문에 가장 수력효율이 높은 가이드베인 유로 형상을 결정할 필요가 있다. Figure 3, 4, 5는 이러한 가이드베인에서의 수력손실을 검토하는 과정이며, Figure 6은 그 결과로서 정해진 가이드베인 높이와 동일한 러너 입구 높이를 나타낸다.

한편, 러너의 경우 오일러 수차방정식에서도 알 수 있는 바와 같이 러너 출구에서의 선회류가 없는 상태가 가장 효율이 높아지게 된다. 따라서 러너 출구에서 선회류 발생을 억제할 수 있는 러너베인 출구 각도 형상을 설계해야 하며, Figure 7과 8은 러너 출구 유로 단면적의 변화에 따른 러너 형상설계의 예이다.

표 1(추가) 프란시스수차 설계 제원

effective head (유효낙차)	H_e =64.2 m
flow rate (유량)	Q=1.21 m^3/s
rotaional speed (회전속도)	N=914 min^{-1}
specific speed (비속도)	N_s =130 m-kW

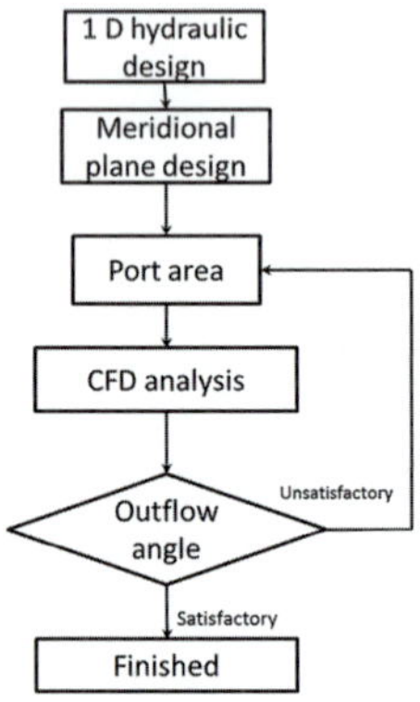

Figure 1. Flow chart of Francis turbine runner blade design.

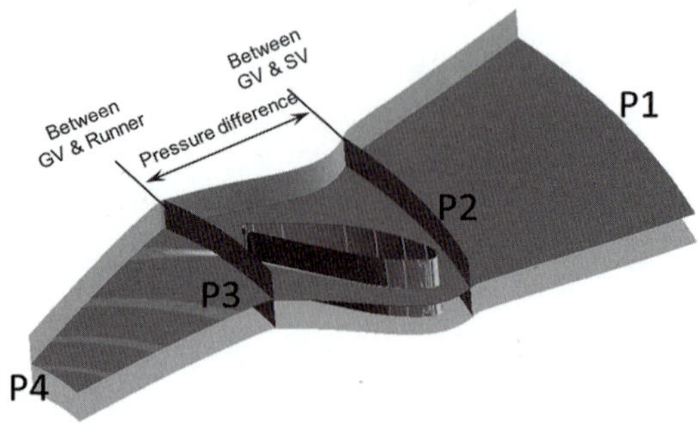

Figure 2. Pressure difference location for guide vane loss analysis.

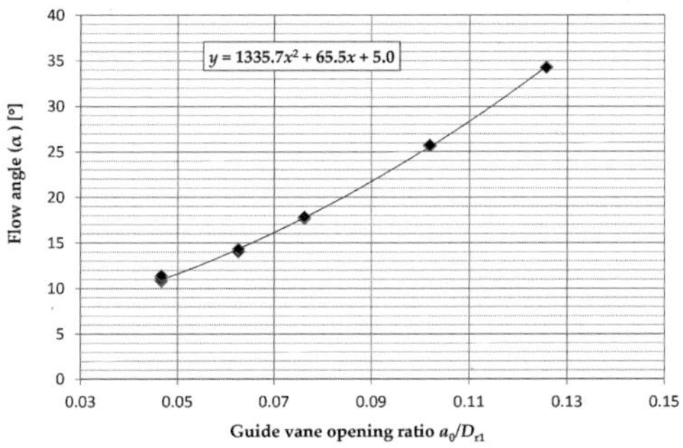

Figure 3. Relation of flow angle and guide vane opening ratio.

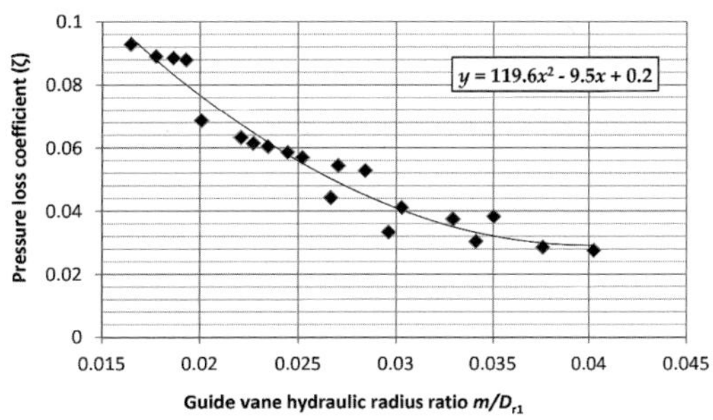

Figure 4. Relation of the pressure loss coefficient and guide vane hydraulic radius ratio.

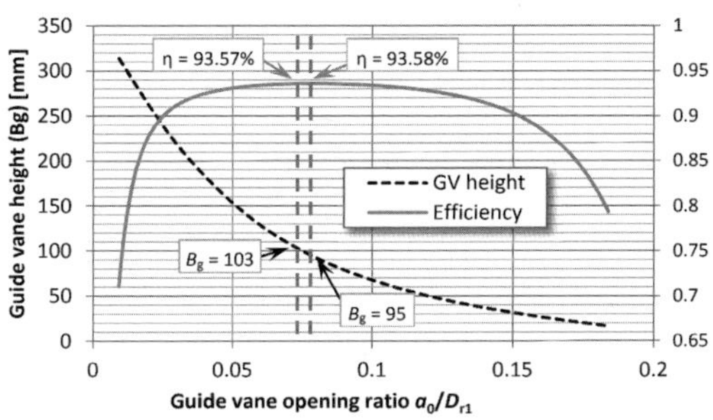

Figure 5. One dimension loss analysis result.

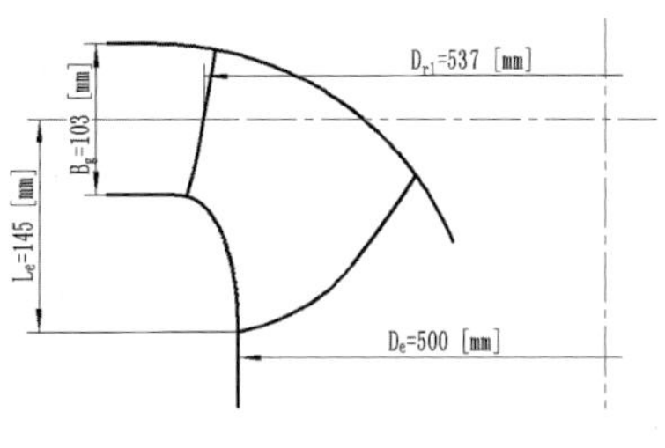

Figure 6. Meridional plane shape and basic dimensions.

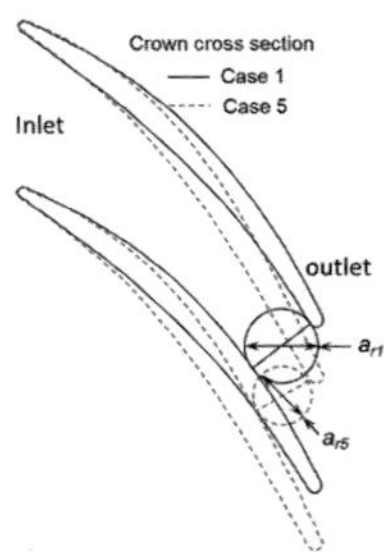

Figure 7. Definition of the runner blade port area.

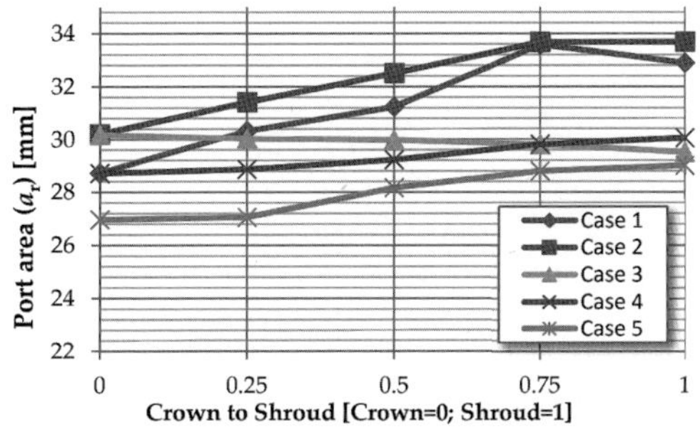

Figure 9. Port area distribution of the five cases.

(2) 수치해석법

Figure 10은 해석대상 전체 유동장에 대한 계산격자수를 나타내며, 계산격자 의존성을 검토하기 위하여 다양한 계산격자수와 계산격자형상으로 구성된 계산격자를 이용하여 수차효율을 검토한 결과이며, 수차효율과 계산기 용량을 고려한 계산격자수의 검토 결과로부터 그림 내의 한 가지 격자수를 이용하여 전체 계산을 수행하였다. 표 2(추가)는 수치해석 경계조건을 나타내며, 정상상태 해석을 수행했다.

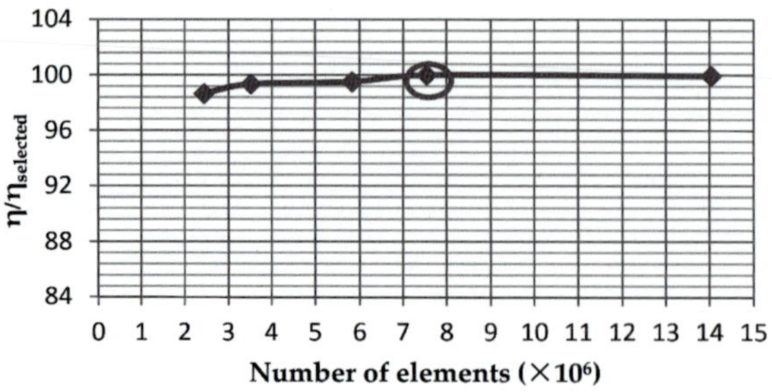

Figure 10. Mesh dependence for the full domain calculation.

표 **2(추가)** 수치해석 경계조건

turbulence model	SST k–ω (5% turbulence intensity)
inlet	mass flow (1 pitch flow passage)
	total pressure (full domain calculation)
outlet	static pressure (1 pitch flow passage)
	static pressure (full domain calculation)
general connection	stage condition
mesh type	hexa–hedral

(3) 설계된 러너 형상별 성능 및 내부 유동의 검토

Figure 11과 12는 러너 출구 형상에 따른 유동 각도와 유선을 각각 나타내며, Case 5의 경우 출구 유동 각도가 가장 90°에 가깝게 나타난다. Figure 13과 14는 수차 전체유동장 각 요소별 손실을 나타내며, Case 5에서 가장 손실이 낮게 나타난다. Figure 15와 16은 전체유동장에 대한 일괄적인 해석을 통해서 구해진 수차 수력효율과 유량 변화에 따른 유로 각부의 손실해석 결과를 나타낸다.

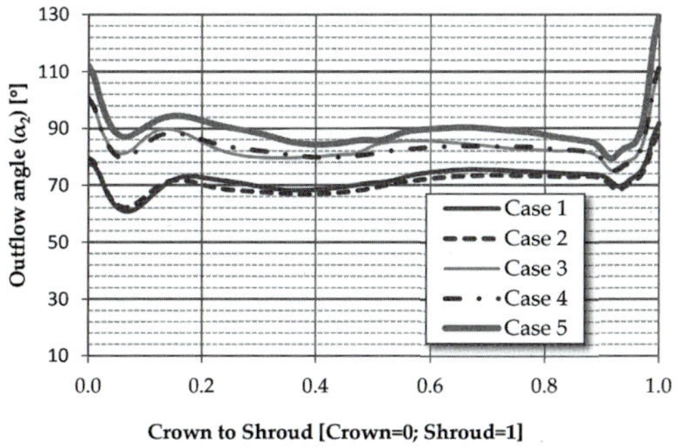

Figure 11. Outflow angle distribution.

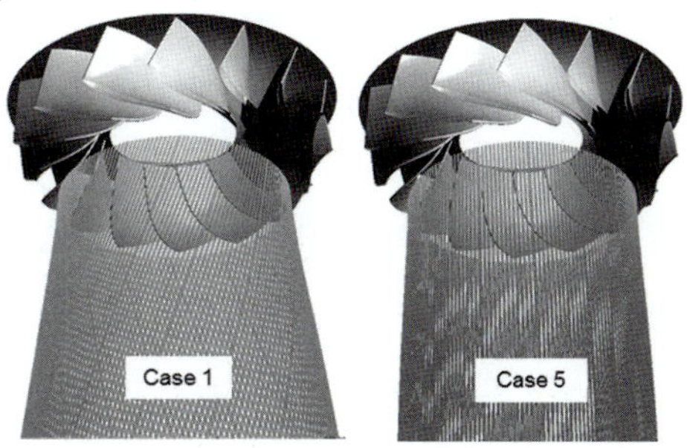

Figure 12. Streamline distribution in draft tube.

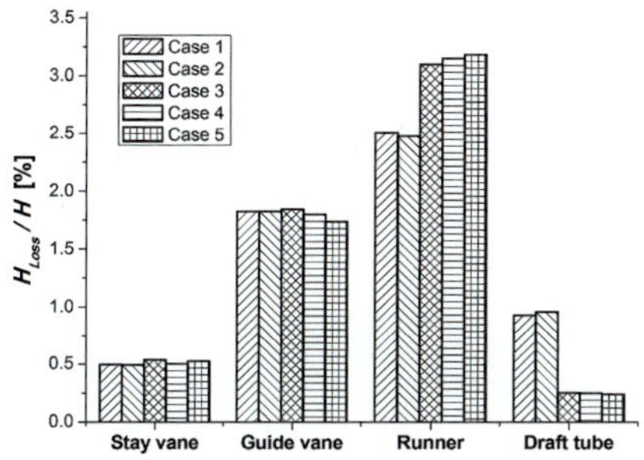

Figure 13. Loss distribution on each component.

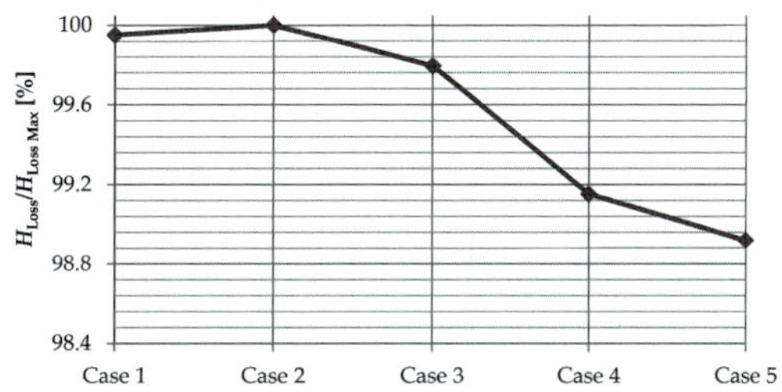

Figure 14. Total loss distribution by each case.

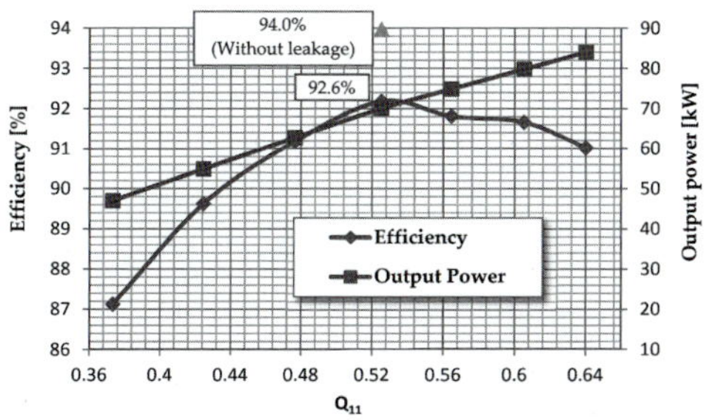

Figure 15. Performance of the Francis turbine by the flow rate.

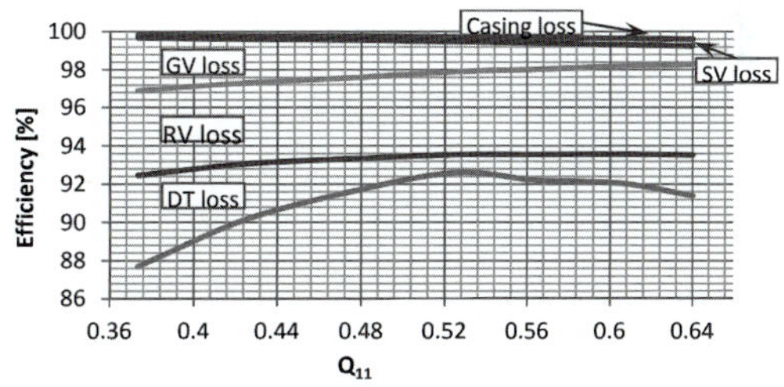

Figure 16. Component loss by the flow rate.

11.2.4 프란시스수차 고정유로 최적설계법

논문 출처: Shrestha, U. and Choi, Y.-D. (2020). A CFD-Based Shape Design Optimization Process of Fixed Flow Passages in a Francis Hydro Turbine. *Processes*, Vol. 8, No. 11, 1392.

(1) 수차 제원 및 기본설계법

프란시스수차의 수력설계는 회전부 유로와 고정부 유로로 나눌 수 있으며, 회전부는 러너 및 가이드베인 설계, 고정부는 케이싱, 스테이베인, 가이드베인, 흡출관 설계로 구성된다. 특히 고정부 유로의 경우 러너에서 최고효율을 달성할 수 있도록 각 정지부 구성요소 유로에서 수력손실을 최소화시킬 수 있는 설계가 필요하다. 본 연구 결과는 고정유로에 대한 최적설계를 적용한 결과이며, Table 1은 100 MW급 프란시스수차의 설계 제원을 나타낸다. Figure 1은 본 연구에서 적용한 고정유로 최적설계를 위한 CFD해석법과 최적설계법의 결합에 의한 전체적인 설계의 흐름도를 나타낸다.

또한 Figure 2는 기본설계를 통한 100 MW급 프란시스수차 단면 형상과 등효율특성곡선을 나타내며, Figure 3∼5는 수차 고정유로 구성요소의 각부 형상 기본설계 결과를 나

Table 1 Design specification of the 100 MW class Francis turbine.

Nomenclature	Unit	Values
Effective head, H	m	90
Flow rate, Q	m^3/s	125.4
Power, P	MW	100
Rational speed, n	min^{-1}	180
Inlet diameter, D_i	mm	4863
Outlet diameter, D_e	mm	3995
Specification speed, N_S	$kW-min^{-1}-m$	205

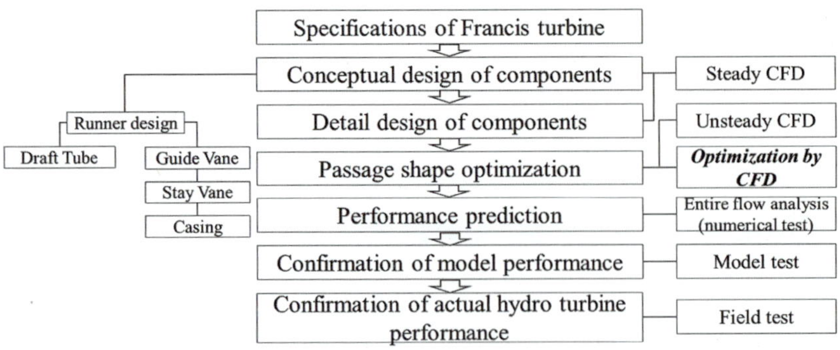

Figure 1. Hydraulic design process of the Francis hydro turbine with computational fluid dynamics (CFD)-based optimization.

타낸다. Figure 6은 Figure 5의 흡출관 입구 부근에서 발생하는 선회류 및 캐비테이션 억제를 위하여 흡출관 내부 벽면에 흐름 방향으로 설치한 매우 얕은 홈(J-Groove)를 나타낸다.

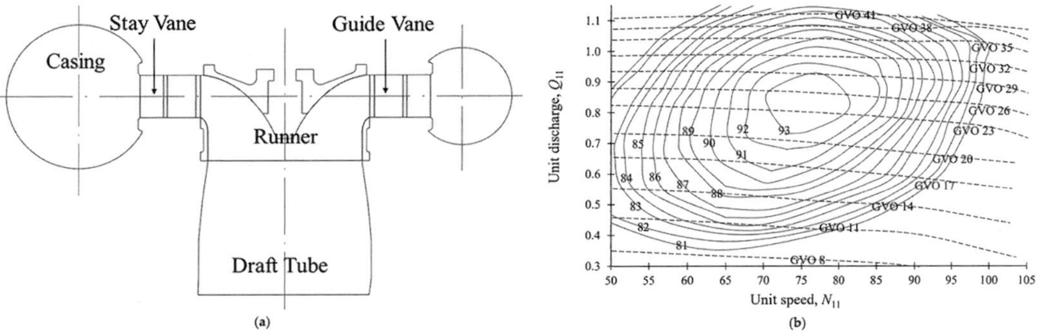

Figure 2. (**a**) Schematic view and (**b**) efficiency hill chart of the 100 MW class Francis hydro turbine by initial design.

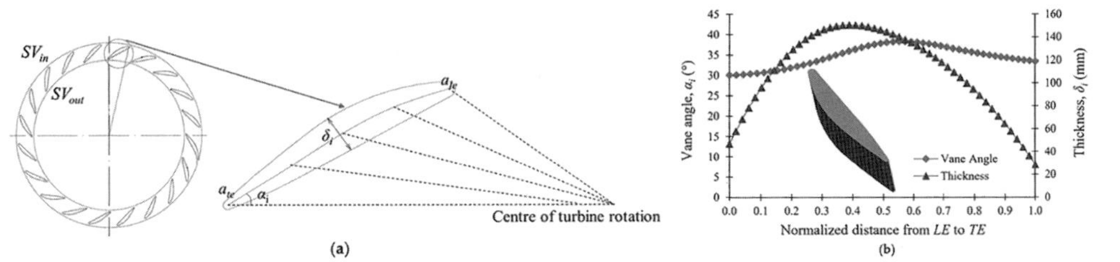

Figure 3. (**a**) Parametric design schematic view and (**b**) initial stay vane shape.

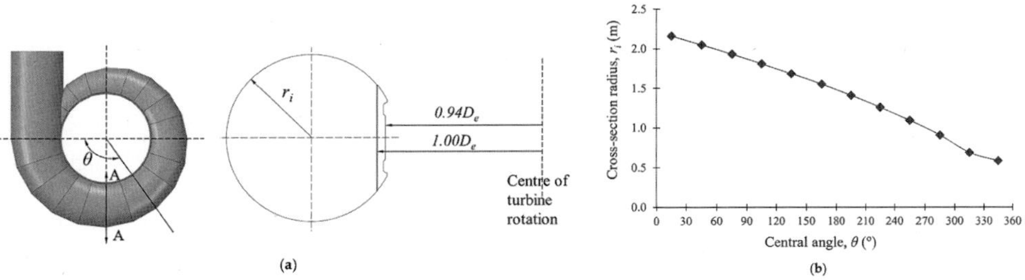

Figure 4. (**a**) Parametric design and (**b**) initial cross-section radius of casing (red line indicates measuring location).

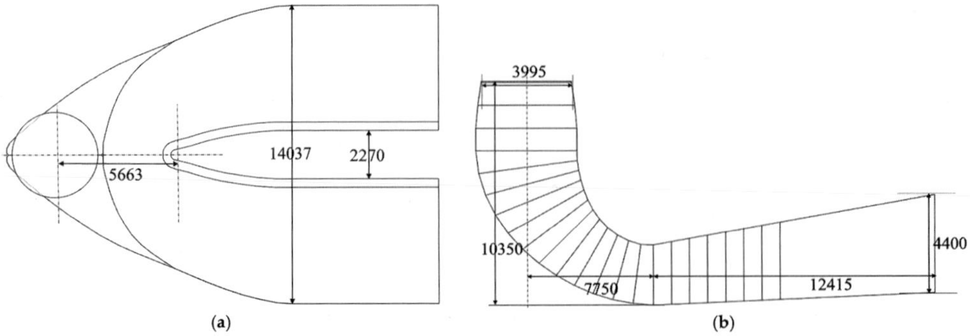

Figure 5. (**a**) Top view and (**b**) side view of draft tube (all dimensions are in mm).

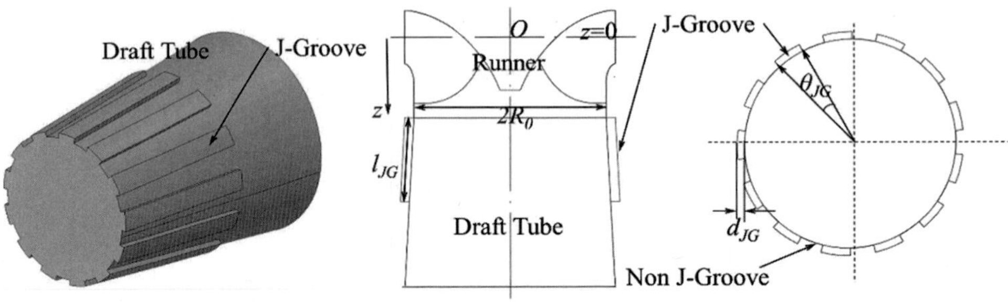

Figure 6. J-Groove shape install on the draft tube inner wall and design parameters.

(2) 최적설계법 및 수치해석법

Figure 7은 수차설계에 적용한 최적설계법의 실행 절차를 나타낸 것이며, Figure 8~10은 최적설계법 적용에 의한 고정유로 각부의 기본(initial) 형상과 최적(optimal) 형상에 의한 목적함수의 해석 결과를 나타낸다. 특히 본 해석에서는 다목적(multi-objective) 최적설계법을 적용하여 효율 향상 및 유동 불안정현상 발생요소를 억제하는 것을 목적함수로 설정하였다. Figure 11은 CFD해석법과 최적설계법을 결합하여 수치해석에 의한 최적설계를 수행하는 과정을 나타낸다.

Figure 12와 13은 전체유동장에 대한 각부 요소 유로의 격자구성과 계산격자수에 따른 계산 결과의 격자의존성에 대한 검토 결과를 각각 나타낸다. Table 8은 CFD해석을 위한 경계조건을 나타내고, Figure 14는 기본설계를 통해 작성된 100 MW급 프란시스수차의 유량에 따른 효율을 나타내고 있으며, 설계점에서 최고효율을 달성하였기 때문에 본 연구의 목적인 고정유로 최적설계를 위한 수차 초기형상으로 기본설계 수차모델을 채용하였다.

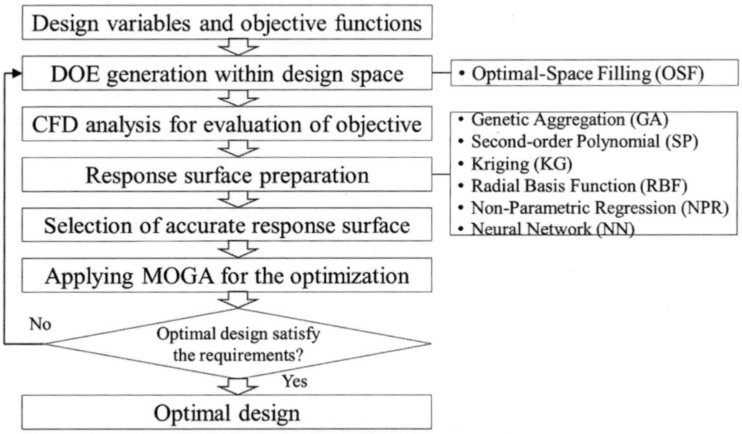

Figure 7. Optimization workflow for the 100 MW class Francis hydro turbine fixed flow passages. (DOE is Design of experiment and MOGA is Multi-Objective Genetic Algorithm).

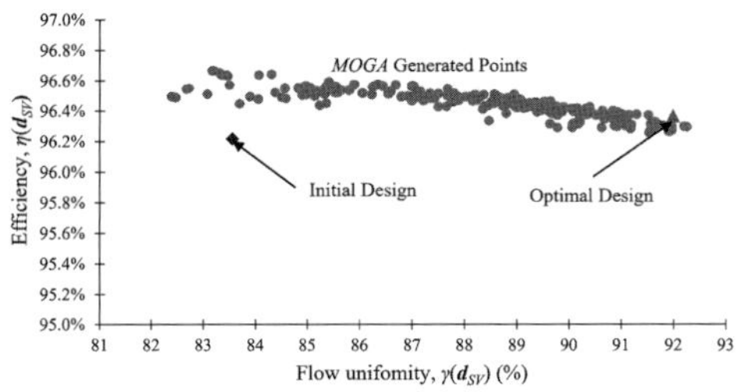

Figure 8. Pareto front for the optimization of stay vane design.

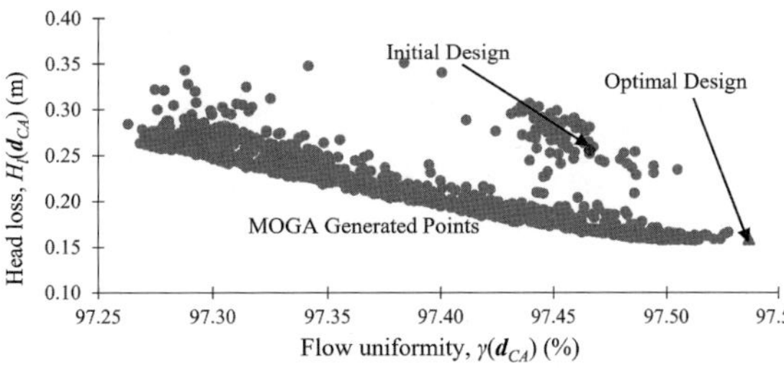

Figure 9. Pareto front for the optimization results of casing design.

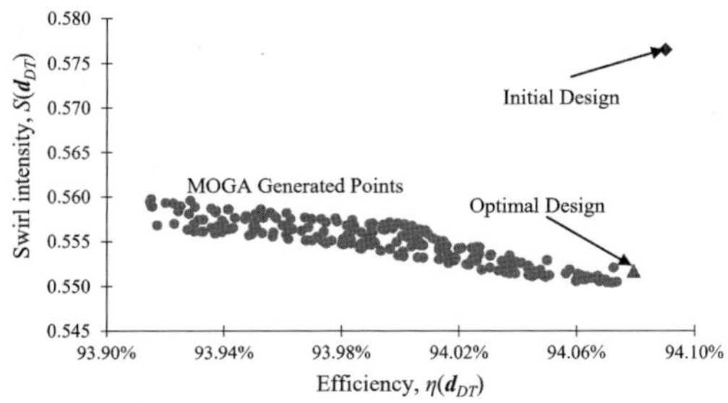

Figure 10. Pareto front for optimization of draft tube design at the design point.

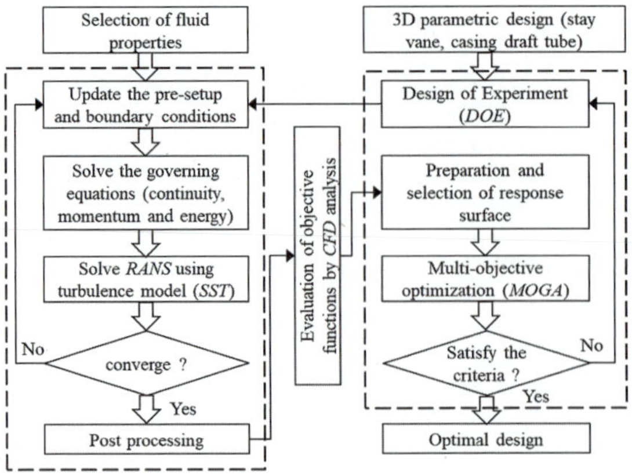

Figure 11. Numerical scheme of CFD analysis in combination with optimal design process (RANS is Reynolds-averaged Navier-Stokes).

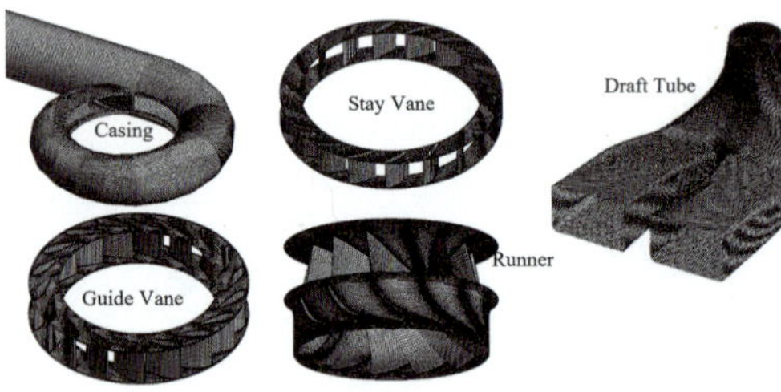

Figure 12. Numerical grids of the 100 MW class Francis turbine.

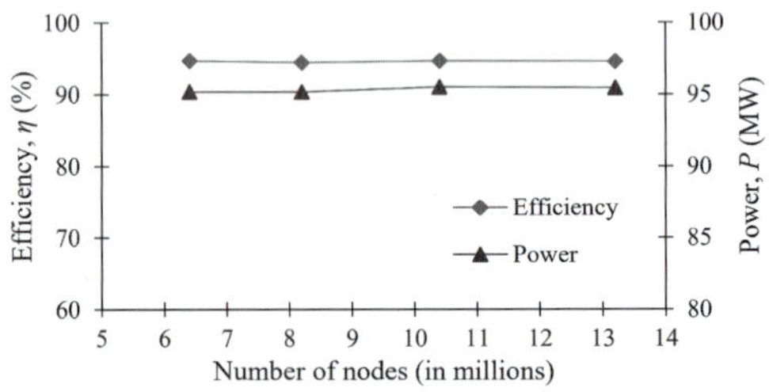

Figure 13. Mesh dependency test results for CFD analysis.

Table 8 Summary of boundary conditions for CDF analysis.

Parameter/Boundary	Condition/Value
Inlet	Total Pressure
Outlet	Static Pressure
Rotational speed	180 min^{-1}
Turbulence model	Shear Stress Transport (SST)
Grid interface connection	General Grid Interface (GGI)
Physical time scale	Steady State/0.0531 s
Time step	Unsteady State/0.00185 s (2° per time step for 1 revolutions)
Interface model	Steady State/Frozen rotor Unsteady State/Transient rotor stator
Walls	No slip wall (roughness: smooth)

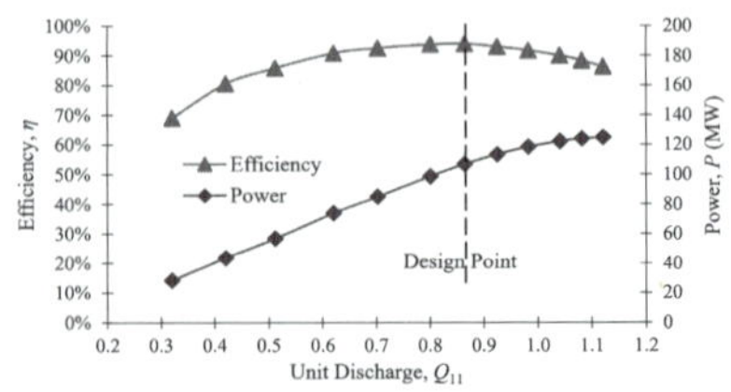

Figure 14. Validation of conceptual design of the 100 MW Francis hydro turbine by CFD analysis.

(3) 최적설계된 고정유로 각부 형상 및 개선사항의 검토

Figure 15와 16은 스테이베인 기본 형상과 최적 형상의 비교, 기본설계와 최적설계에 의한 스테이베인 출구와 가이드베인 입구 유동 각도의 차이 비교를 각각 나타내고 있으며, 최적설계에 의해 유동 각도의 차이가 현저하게 감소하였음을 확인할 수 있다.

Figure 18과 19는 케이싱 기본 형상과 최적 형상의 비교, 기본설계와 최적설계에 의한 2차와 강도 비교를 각각 보이고 있으며, 최적설계에 의한 케이싱 형상의 개선을 통하여 2차와 강도가 나선형 케이싱의 모든 유로 위치에서 거의 절반 수준으로 감소하였음을 알 수 있다.

또한 Figure 20과 21은 흡출관에 J-Groove의 최적 형상 적용을 통하여 설계점 유량에서 흡출관에서의 선회강도가 상당히 감소하였음을 알 수 있다.

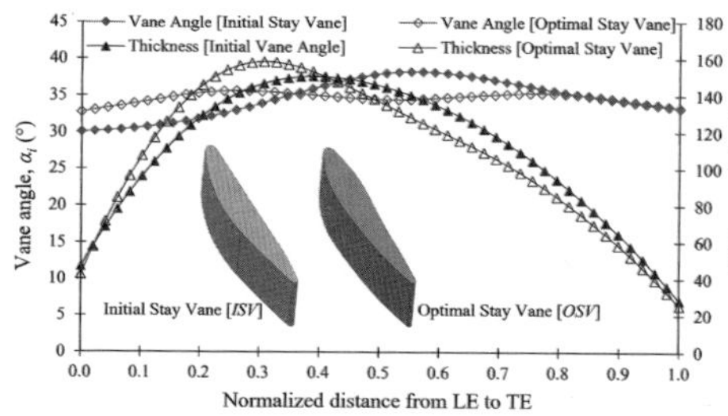

Figure 15. Comparison of initial and optimal stay vane designs for the 100 MW class Francis turbine.

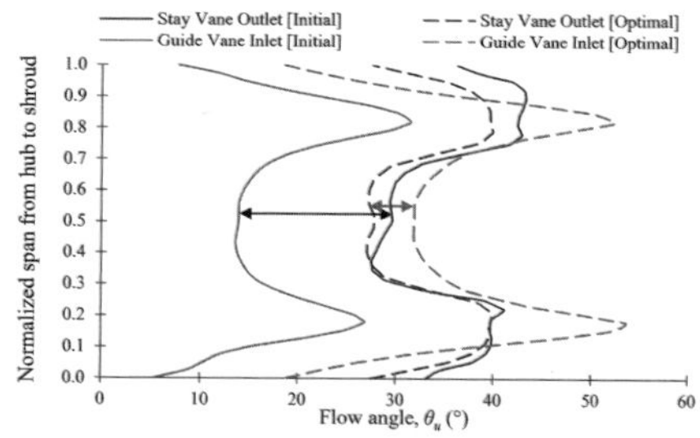

Figure 16. Comparison of flow angle in the ISV and OSV at the design point.

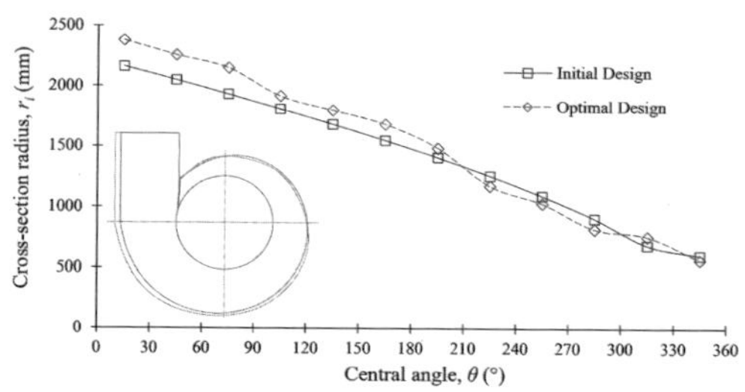

Figure 18. Comparison of initial and optimal casing design for the 100 MW class Francis turbine.

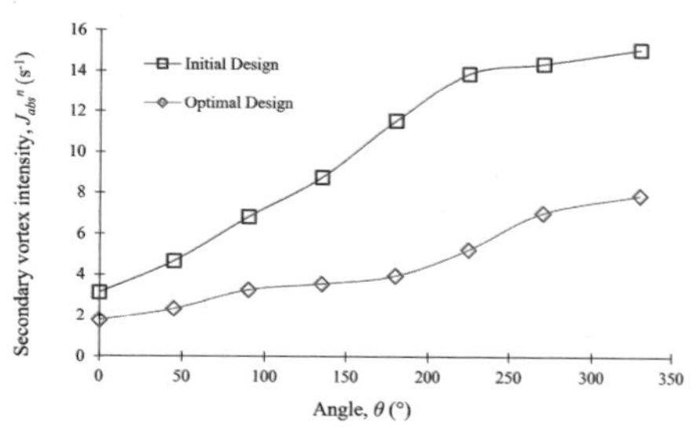

Figure 19. Comparison of secondary vortex intensity between initial and optimal casing designs.

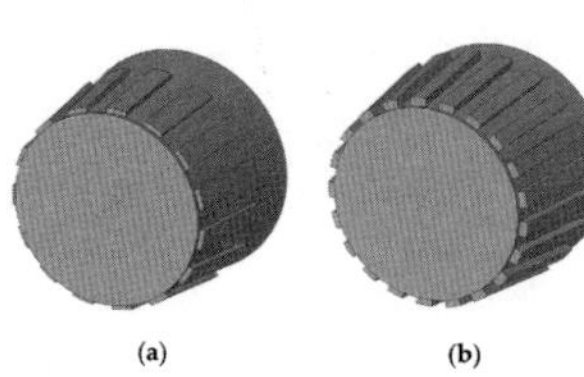

Figure 20. Comparison between **(a)** initial **(b)** optimal J-Groove models installed on the draft tube walls.

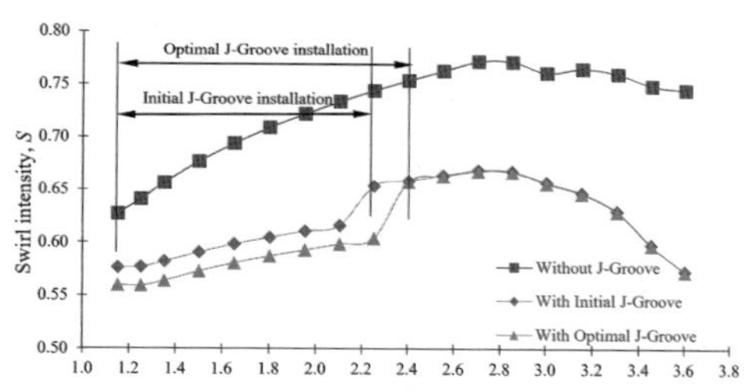

Figure 21. Comparison of swirl intensity in the draft tube by J-Groove shapes at the design point.

11.2.5 프란시스수차 FSI해석에 의한 구조안정성 검토

논문 출처: Chen, Z., Singh, P.M., and Choi, Y.-D. (2017). Structural Safety Evaluation of a Francis Hydro Turbine Model at Normal Operation Condition. *The Journal of Fluid Machinery*, Vol. 20, No. 4, pp.12～18.

(1) 수차 제원 및 3D 모델링

Table 1은 프란시스수차의 설계점 사양을 나타내며, Fig. 1과 2는 수치해석 대상 수차에 대한 3차원 모델링 결과를 보인다.

Table 1 Design specifications of francis turbine model

Parameters	Value
Effective head H	9 m
Flow rate Q	0.34 m^3/s
Rotational speed N	900 min^{-1}
Runner oultet diameter D_e	350 mm
Runner blade number Z_r	12
Guide vane number Z_g	16
Stay vane number Z_s	16

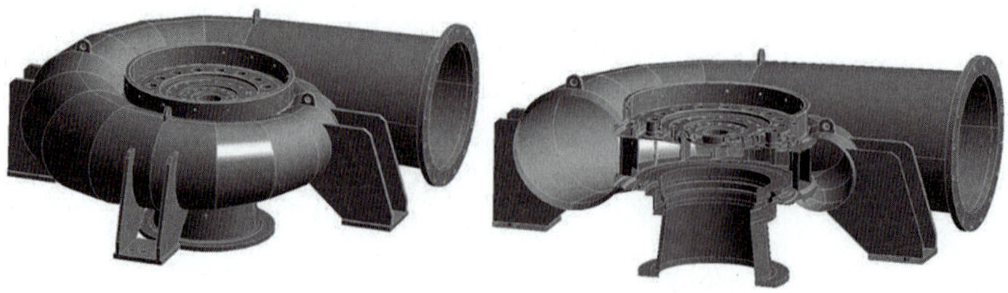

(a) Full view (b) Cross section view

Fig. 1 The 3D modeling of the Francis hydro turbine model solid domain for structural analysis

Fig. 2 The 3D modeling of the Francis hydro turbine model runner for structural analysis

(2) 수치해석법

프란시스수차의 구조적 안정성을 검토하기 위해서 FSI(Fluid-Structure Interaction)해석을 적용하였으며, 해석의 순서는 먼저 해석하려는 수차에 대한 CFD해석을 수행하여 수차 전체 유동장으로부터 얻어진 압력장과 토크를 구조해석을 위해 작성한 계산격자에 관련 정보를 매핑(maping)하여 이 정보를 구조해석의 초기 조건으로 설정한 후 구조해석을 진행하였다. FSI해석은 1-way해석으로 수행하였다.

Fig. 3과 Table 2는 CFD해석을 수행하기 위한 계산격자와 계산조건을 각각 나타낸다. 그리고 Table 3과 4는 구조해석을 수행하기 위한 계산격자의 의존성 검토를 수행한 격자 종류 및 구조해석용으로 선정된 격자에 대한 상세 정보를 각각 보인다. Fig. 4와 5는 구조해석용 계산격자와 구조해석 경계조건을 각각 나타낸다. Fig. 6은 CFD해석 결과로부터 구조해석용 압력장 부하 매핑 결과를 보이며, Table 5는 구조해석을 위한 수차 물성치를 보인다.

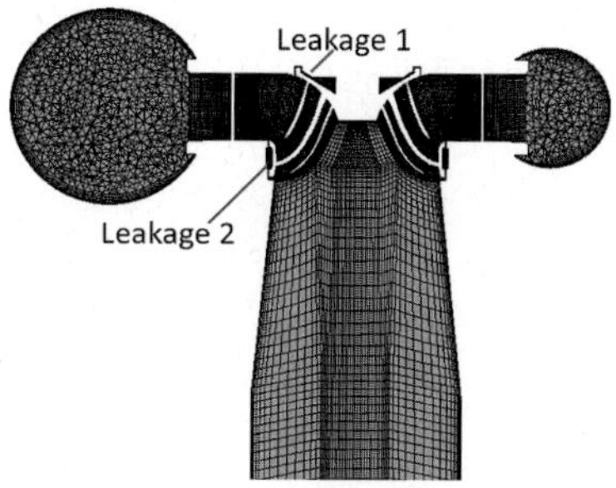

Fig. 3 Numerical Mesh for the CFD analysis at the center cross section plane

Table 2 Numerical methods and boundary conditions

Calculation type	Steady state
Turbulence model	SST model
Mesh type	– Hexahedral – Tetrahedral (Casing)
Total mesh number	Nodes: 6.2×106 Elements: 6.3×106
Wall	No slip
Inlet	Total pressure
Outlet	Static pressure

Table 3 Mesh independence

Total element number	Peak stress (MPa)
1024691	40.1
2010586	44.7
4012092	45.0

Table 4 Mesh and components weight information

Components	Nodes	Elements	Weight [N]
Casing	2106681	1199294	4041.5
Cover	310183	193620	1175.0
Stay Vane	170791	32004	114.6
Runner	588080	370373	376.3
Draft tube	343980	215295	961.3
Total	3519715	2010586	6668.9

Fig. 4 Numerical mesh of the francis hydro turbine model for FSI structural analysis

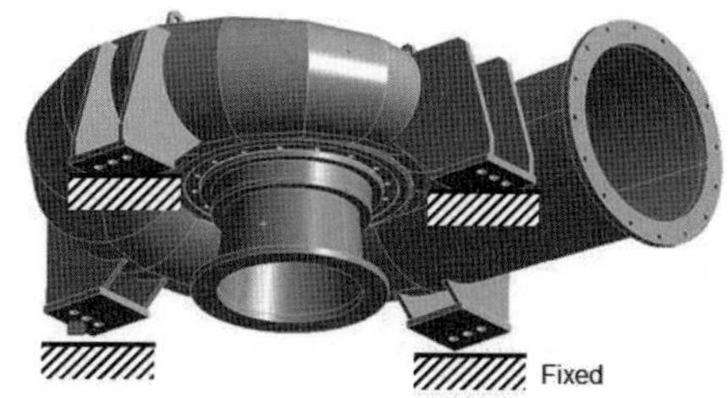

Fig. 5 Boundary condition for the francis hydro turbine model FSI structural analysis

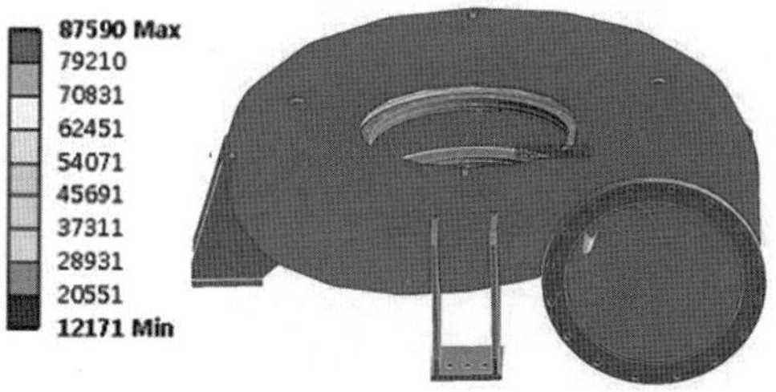

(a) Pressure load on casing surface

(b) Pressure load on cover surface

(c) Pressure load on stay vane surface

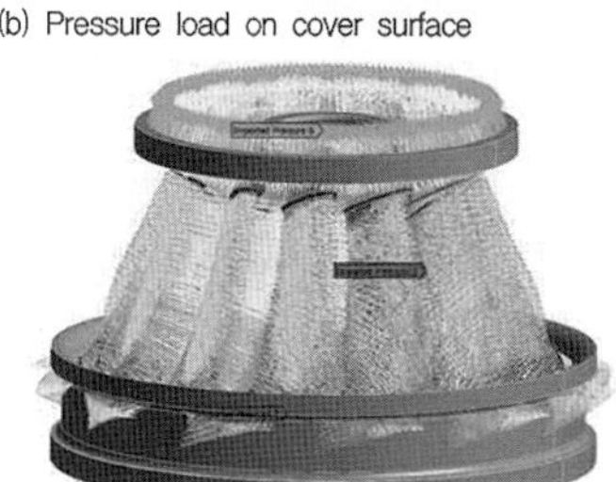

(d) Pressure load on runner blade surface

Fig. 6 Imported each component pressure load from CFD to structure analysis

Table 5 Material properties of steel

Property	Steel
Young's modulus (MPa)	2×10^5
Poisson's ratio	0.3
Tensile yield strength (MPa)	250
Compressive yield strength (MPa)	250

(3) 수차 구조안정성 검토

Fig. 7과 8은 CFD해석을 실시하여 구해진 해석 대상 프란시스수차에 대한 등효율특성곡선과 벽면 압력선도를 각각 보인다. 또한 Fig. 9~12는 FSI해석을 수행하여 구해진 수차 각부 응력분포를 각각 보이고 있다.

Fig. 13은 해석 대상 수차의 재료(steel)에 대한 항복응력에 비하여 FSI해석으로부터 구해진 응력이 상대적으로 매우 작은 값으로 나타났기 때문에 구조안정성에 문제가 없을 것으로 판단된다.

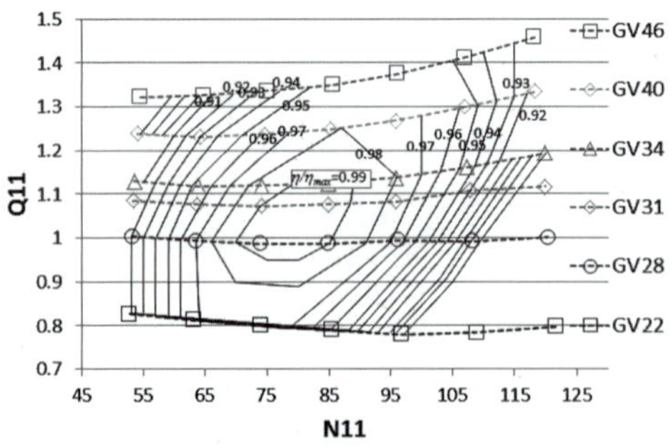

Fig. 7 Hill chart of the Francis hydro turbine model by CFD analysis

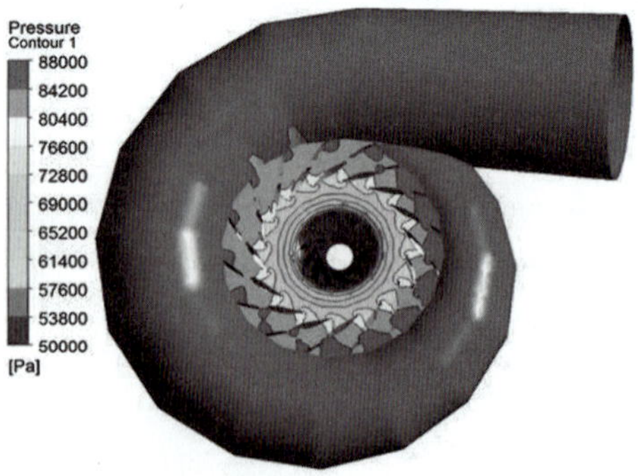

Fig. 8 The pressure contours from CFD analysis

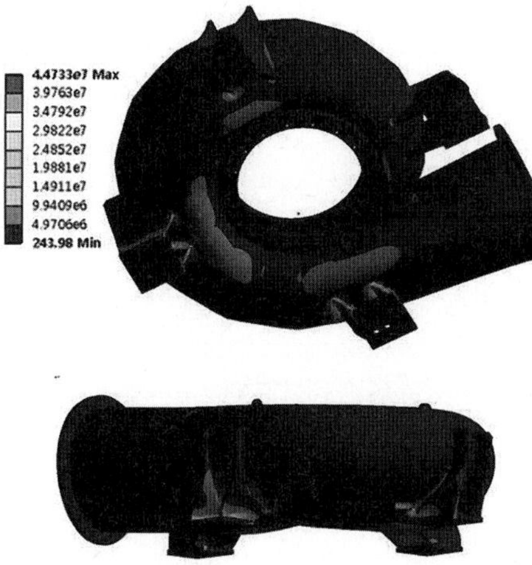

Fig. 9 The stress distribution on the casing

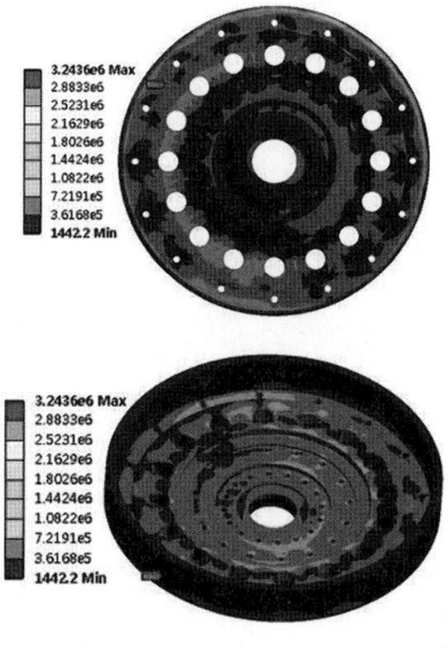

Fig. 10 The stress distribution on the covers

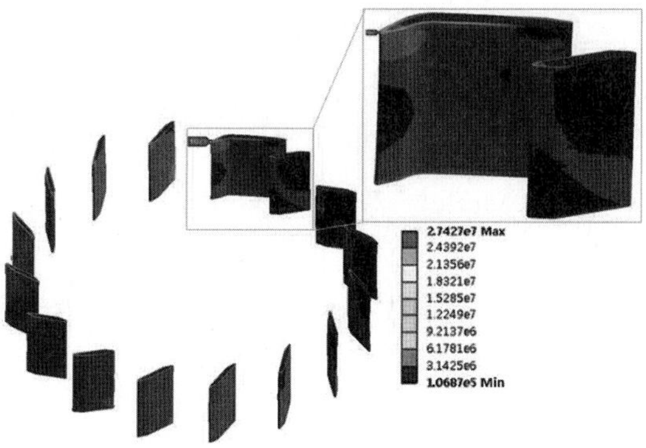

Fig. 11 The stress distribution on the stay vanes

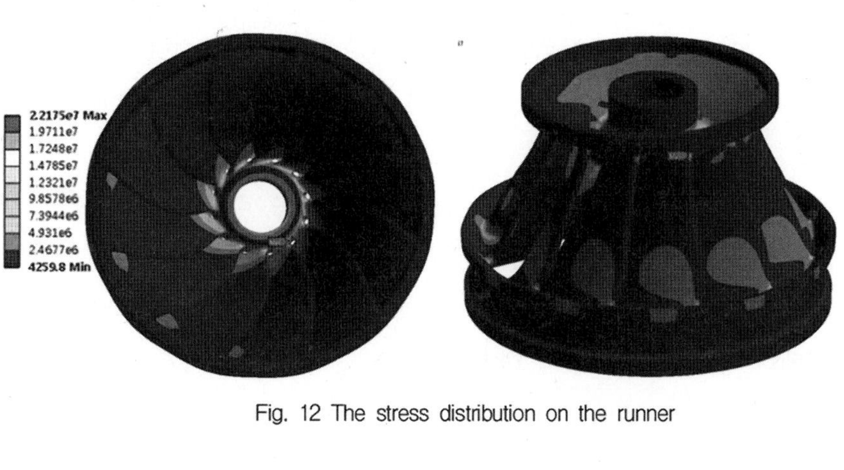

Fig. 12 The stress distribution on the runner

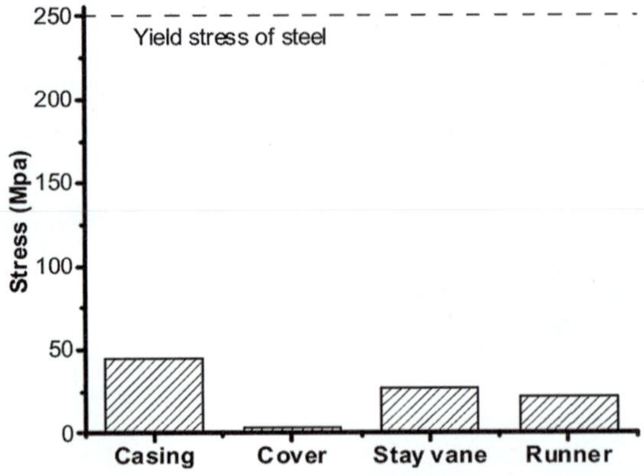

Fig. 13 Comparison of each component stress to the yield stress of steel

11.2.6 프로펠러수차 러너 설계법

논문 출처: Vu, V.L., Chen, Z., and Choi, Y.-D. (2018). Design and Performance of a Pico Propeller Hydro Turbine Model. *The Journal of Fluid Machinery*, Vol. 21, No. 3, pp. 44~51.

(1) 수차 제원 및 설계

Table 1은 출력이 상대적으로 소형인 피코급 프로펠러수차 모델의 설계 제원을 나타내며, Fig. 1과 3은 기존의 수차모델에 대한 성능시험을 위한 실험장비와 기존의 러너를 보이고 있다. 본 연구에서는 수차의 성능을 개선하기 위하여 기존의 러너에 대한 성능시험 및 CFD해석을 수행하여 수차의 성능을 검토하고, 신규 수차 러너에 대한 설계 및 CFD해석을 통하여 성능개선에 대한 검증을 수행하는 과정으로 진행되었다. Fig. 5는 신규 프로펠러수차 러너의 설계 흐름도를 나타내고 있으며, Fig. 7은 러너베인와 가이드베인의 각도 배치에서 두 베인의 사이에서는 자유와(free vortex) 흐름을 가정하여 설계를 수행하였다.

Fig. 8은 양력법(lift method)를 적용하여 설계 및 선정한 러너베인 익형을 보고 있으며, 설계된 러너베인 형상에 대해서 각 레이놀즈수별 양력계수, 항력계수, 양항비를 나타내고 있다. 두 레이놀즈수에서 앙각 10°에서 양항비가 모두 최고를 나타냈기 때문에 러너의 앙

각을 10°로 하여 설치하였다. Fig. 9은 기존 및 신규 익형의 러너 스팬 방향 형상을 중첩하여 비교하고 있다. Fig. 10과 Table 3은 동일한 러너 직경에 대해서 날개매수를 기존 및 신규 러너에서 각각 4매와 5매로 변경한 결과를 보이고 있으며, 두 러너의 hub-tip 직경비를 조정하여 solidity factor는 모두 동일하게 설정하였다.

Table 1 Design parameters of the new propeller turbine model

Head (m)	3
Power (kW)	1
Flow Rate (m^3/s)	0.03
Rational Speed (min^{-1})	1800
Runner Diameter (mm)	150

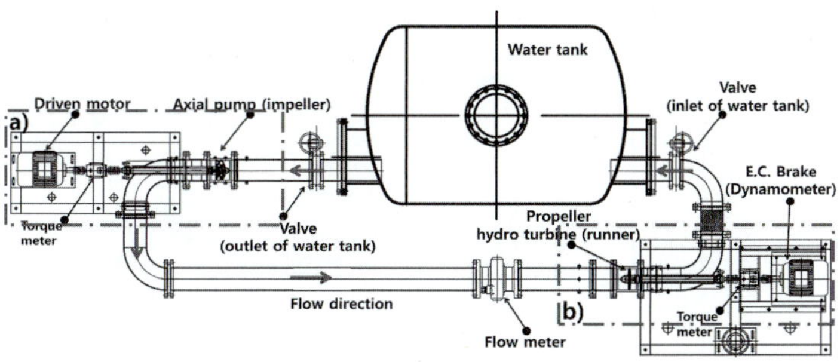

Fig. 1 The schematic of the propeller turbine model test facility with the old runner model

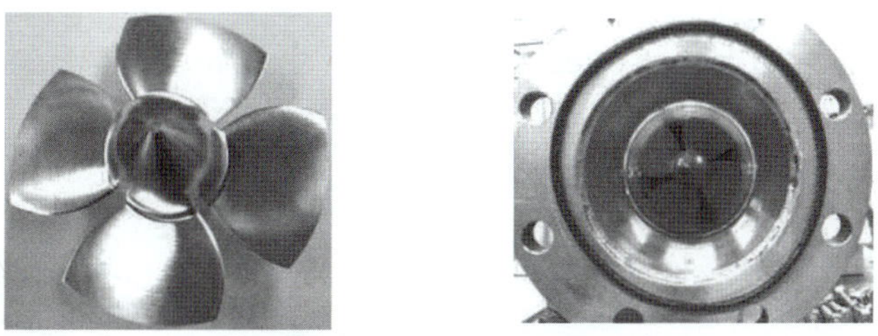

Fig. 3 The existing old runner model (left) of the propeller turbine installed in the inline pipe (right)

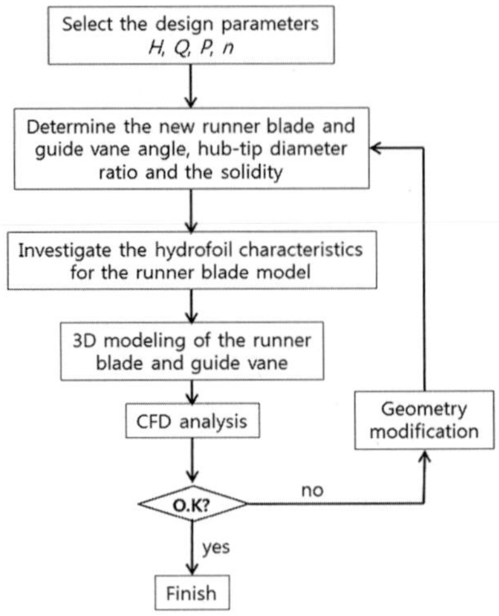

Fig. 5 Flow chart of a design process for the new propeller turbine model

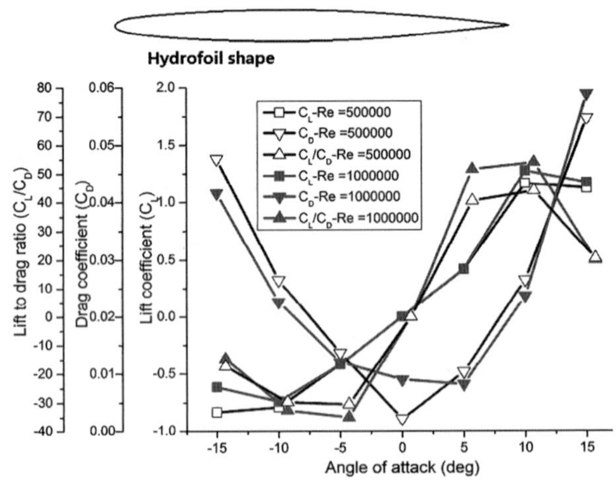

Fig. 8 Dynamic characteristics of hydrofoil used for the new runner model at Reynolds number of 500000 and 1000000

Fig. 9 Comparison of old and new runner blade shapes

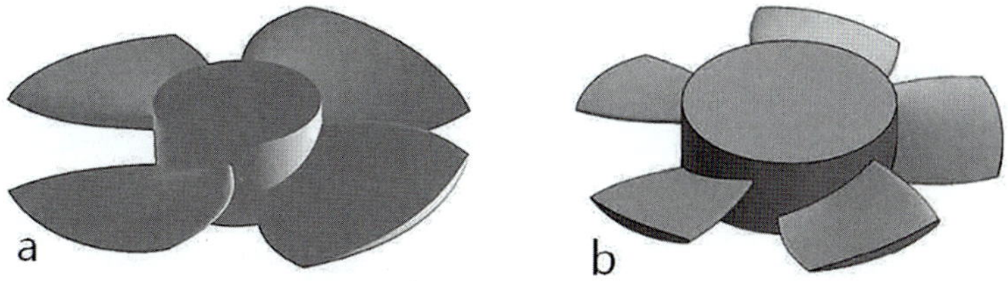

Fig. 10 The 3D modelling of the old (a) and new (b) runner models

Table 3 Comparison of geometrical parameters for 2 runner models

Model	Runner Diameter	No. of Blade	Solidity Factor		
			Hub	Mid.	Tip
The Old	150 mm	4	0.85	0.73	0.58
The New	150 mm	5			

(2) 수치해석법

Fig. 11은 신규로 설계한 가이드베인과 러너베인에 대한 계산격자를 보이고 있으며, 계산의 수렴성을 고려하여 hexahedral 격자를 전체유동자에 적용하였으며, Fig. 12는 CFD해석 결과의 격자의존성을 검토하기 위하여 각 계산격자에 대해서 효율을 검토하여 격자수에 영향의 없는 상대적으로 적은 수의 격자수를 선정하여 계산에 적용하였다. Table 4는 계산 경계조건을 나타낸다.

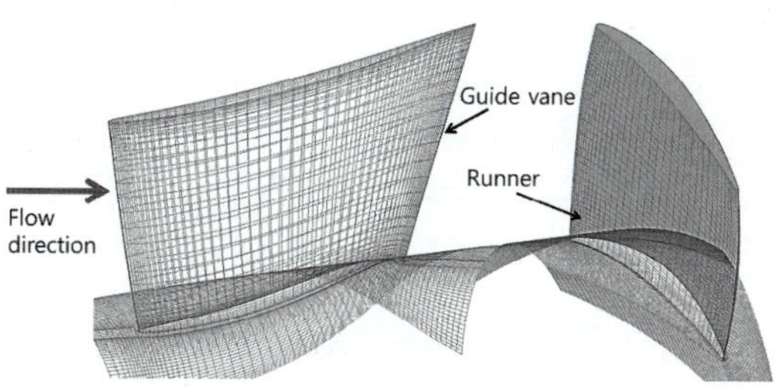

Fig. 11 Mesh of one pitch of new runner blade and guide vane passages

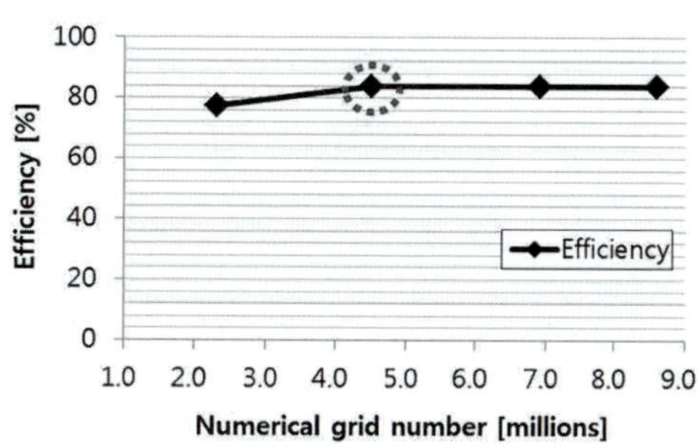

Fig. 12 Mesh independence for all turbine domain

Table 4 Boundary conditions for the flow field

Analysis Type	Steady State
Turbulence Model	Shear Stress Transport
Runner Region	Multiple Reference Frame
Inlet	Total Pressure
Outlet	Static Pressure
Walls	No–slip
Working Fluid	Water at 25℃

(3) 신규로 설계된 러너의 성능 및 내부 유동 검토

Fig. 13은 기존 및 신규 러너에 대한 성능곡선을 보이고 있으며, 신규 설계 러너는 기존 러너에 비하여 넓은 회전속도 범위에 걸쳐서 높은 효율을 유지하는 것을 확인할 수 있으며, Fig. 14의 기존 러너와 신규 러너를 채용한 프로펠러수차 각부 유로에서의 손실을 비교 검토한 결과에서 신규 러너를 채용한 수차에서 손실이 상당히 감소하였음을 알 수 있다.

Fig. 15와 16은 러너베인 표면 압력분포 및 유선분포의 개선사항을 보이고 있으며, Fig. 17에서는 공기체적분율 검토를 통하여 캐비테이션 억제 성능이 양호함을 확인할 수 있다.

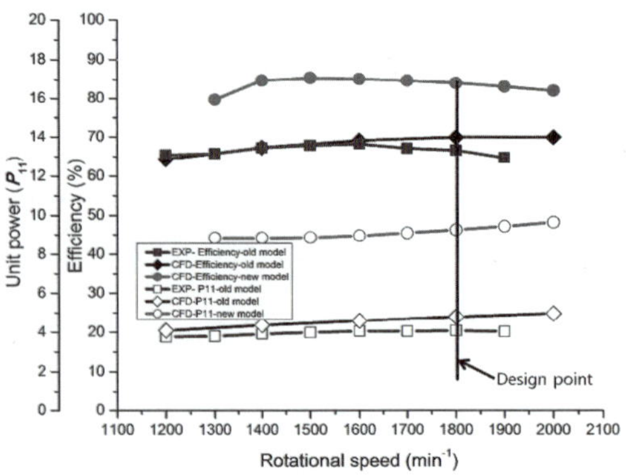

Fig. 13 Comparison of the turbine performance curves by the old and new runner models

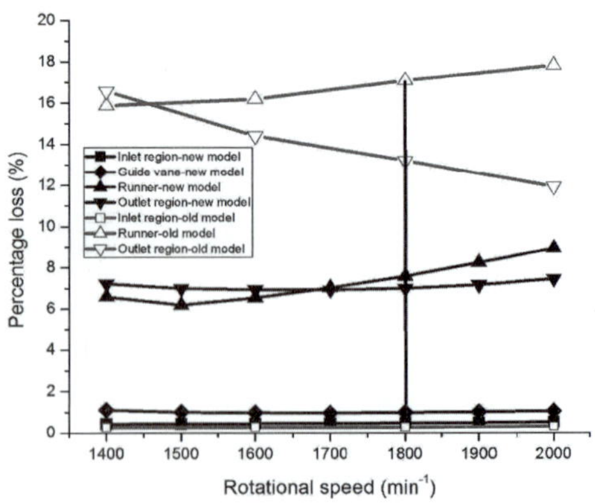

Fig.14 Comparison of component losses by old and new models

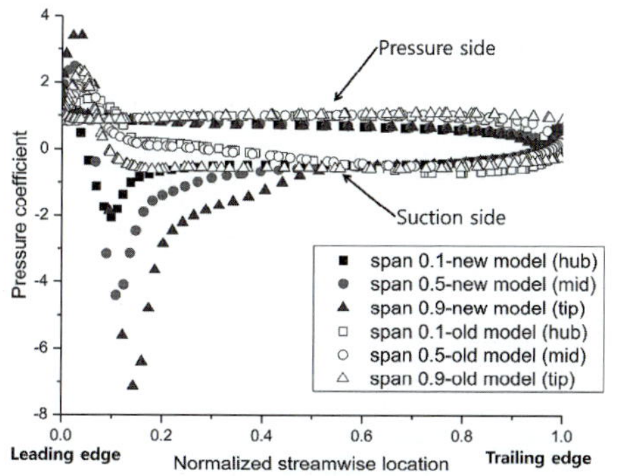

Fig. 15 Comparison of pressure coefficient on the old and new blade model surfaces at the design point (1800 min^{-1})

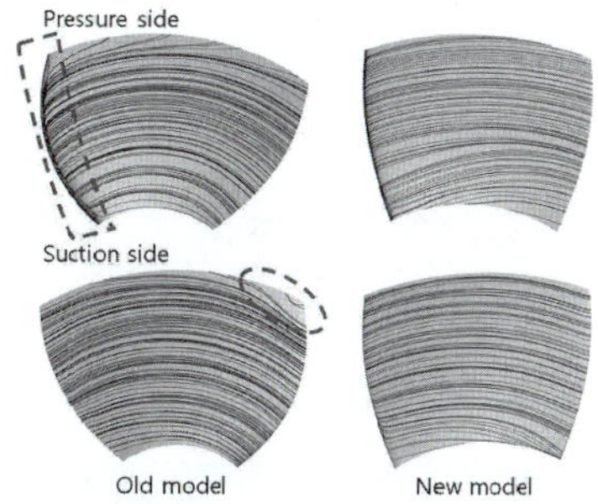

Fig. 16 Comparison of streamline distribution on the old and new runner blade model surfaces at the design point

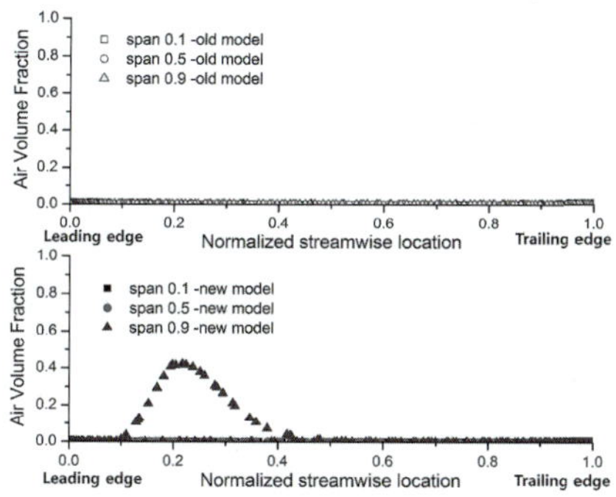

Fig. 17 Air volume fraction distribution on the old and new runner blade surfaces at the design point (1800 min^{-1})

11.2.7 가역식 프란시스형 펌프수차 러너 설계법

논문 출처: Singh, P.M., Chen, Z., and Choi, Y.-D. (2017). Hydraulic design and performance analysis on a small pump-turbine system for ocean renewable energy storage system. *Journal of Mechanical Science and Technology*, Vol. 31, No. 11, pp. 5089～5097.

(1) 펌프수차 제원 및 설계법

본 연구는 섬 또는 해안지역에서 생산된 신재생에너지를 분산형 마이크로그리드 시스템의 전원으로 저장하기 위한 시설로서 소형 해수 양수발전소를 건설하는 것을 목표로 하여 해수 양수발전소의 에너지 저장과 발전을 수행하기 위한 가역식 펌프수차로서 프란시스형 수차를 설계한 것이다.

Table 1과 Fig. 1은 연구개발 목표인 마이크로그리드시스템의 발전원별 용량과 전체 시스템 개념도를 각각 보인다.

Table 1 Proposed micro grid system capacity.

Energy resource	Capacity (kW)
Dissel generator (existing)	100~250
Batteries	10~30
Wind turbines	20
Tidal turbines	20
Wave energy converter	10
Photovoltaic (solar)	10~50
Pump-turbine (proposed)	30
Pump-turbine (potential) for larger islands	100~200

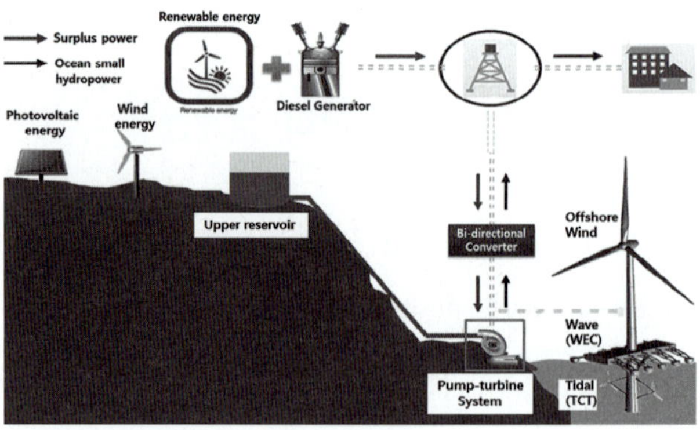

Fig. 1. Proposed pump-turbine hybrid system for ocean renewable energy storage system.

Table 2는 가역식 프란시스형 펌프수차의 설계 제원을 나타내며, 정해진 낙차와 유량으로부터 30 kW급 출력을 달성할 수 있는 수차를 설계하는 것을 목표로 한다. Fig. 2는 펌프수차 설계법의 핵심인 낙차 변동에 대한 유량 변동 구배(10.2.4항 참조)를 나타내며, 해당 비속도에 대해서 적절한 구배값을 선정하여 그 값으로부터 펌프수차의 치수를 결정하게 된다. Fig. 4는 임펠러베인 자오면 허브 및 슈라우드에서의 임펠러베인(블레이드) 각도분포를 나타내고 있다.

Table 2 Design specifications of pump-turbine.

Parameters	Value
Total head H	PM: 34, TM: 30 m
Flow rate Q	PM: 0.11, TM: 0.125 m^3/s
Rational speed n	1800 min^{-1}
Impeller inlet D_1	0.20 m
Impeller exit D_2	0.29 m
Impeller exit width B_g	0.035 m
Impeller blade number Z_1	7
Impeller blade number Z_2	20

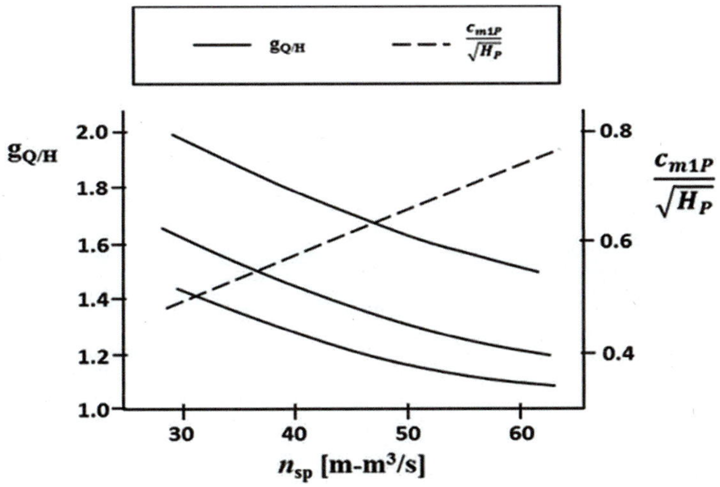

Fig. 2. Gradient of discharge variation to head variation of pumping performance versus specific speed; meridional velocity at the impeller exit of a Francis pump-turbine [16].

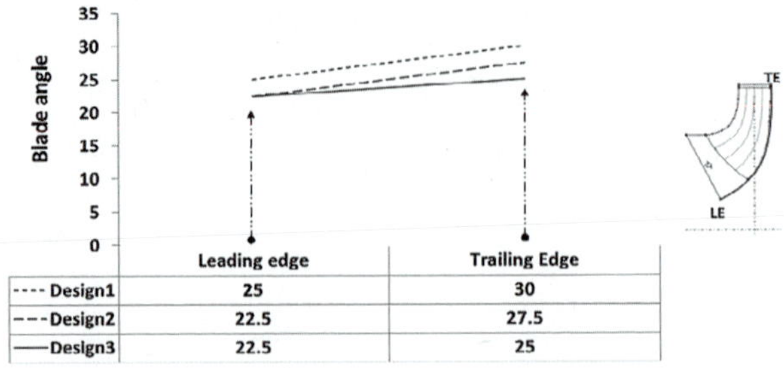

(a) Blade angle distribution at hub

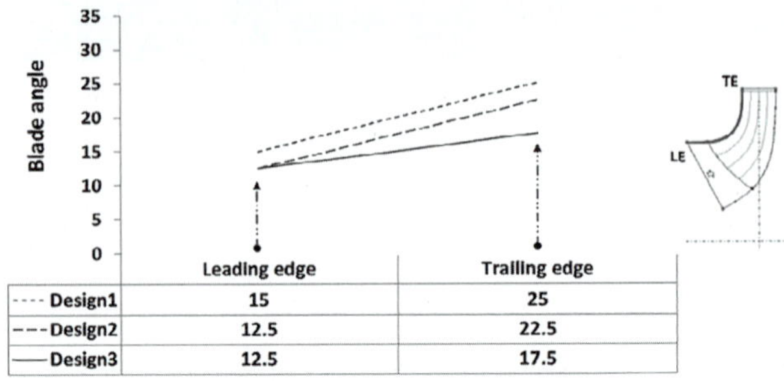

(b) Blade angle distribution at shroud

Fig. 4. Blade angle distribution at hub and shroud.

(2) 수치해석법

Table 3은 CFD해석법을 실시하기 위한 계산조건 및 경계조건을 나타내며, Fig. 3은 전체 계산 영역에 대한 3차원 모델링 및 설계된 3종류의 임펠러베인(블레이드)을 비교하고 있다. Fig. 5는 계산격자를 보이고 있으며, 전체 유동장에 걸쳐서 hexahedral 격자로 구성하였다.

Table 3 Numerical methods and boundary conditions.

Calculation type	Steady state
Turbulence model	SST
Mesh type	Hexahedral
Total element number	5.6×10^{6}
Rotor/stator interface	Frozen rotor/stator
Wall	No slip
Inlet (turbine/pump)	Total pressure/static pressure
Outlet (turbine/pump)	Static pressure/mass flow rate

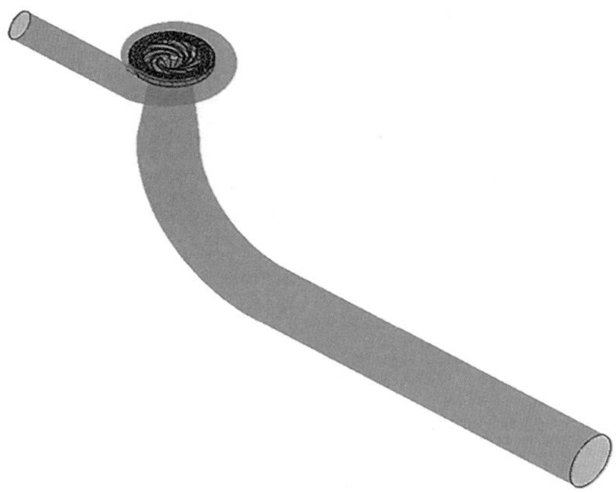

(a) Full fluid domain

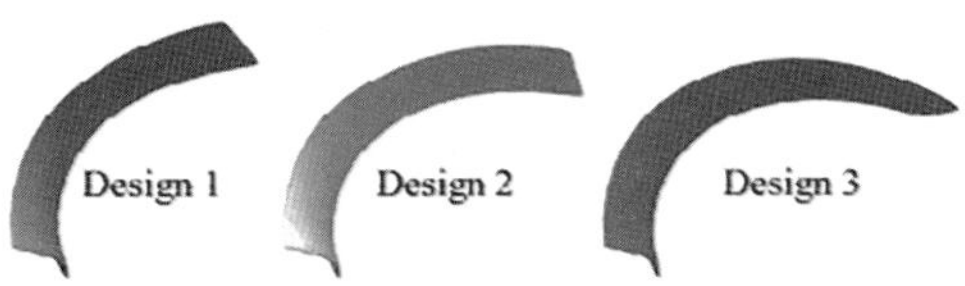

(b) Impeller design 1 to 3

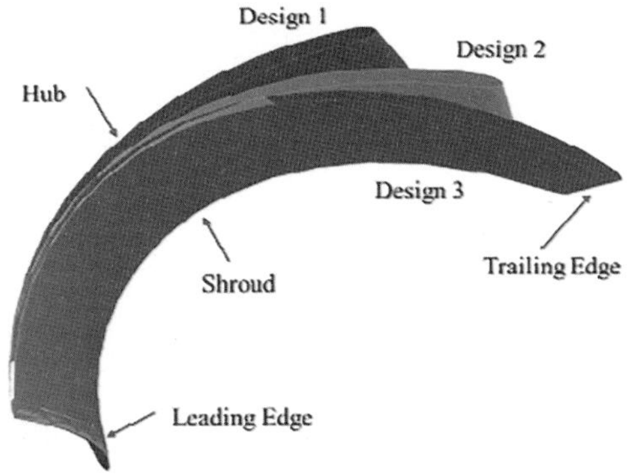

(c) Impeller blade design comparison

Fig. 3. Pump-turbine fluid domain and impeller designs 1 to 3.

(a) Hexahedral full domain mesh

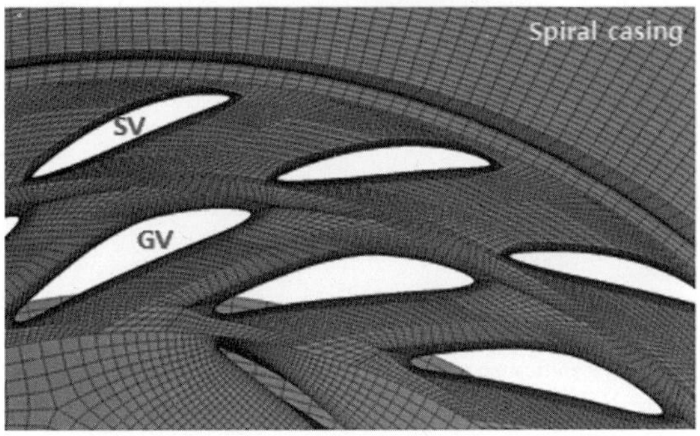

(b) Meshing of vanes with O-grid (Close up view)

Fig. 5. Numerical mesh of fluid domain.

(3) 설계된 펌프수차의 손실분석 및 내부 유동 검토

Fig. 7은 설계된 3종류의 펌프수차 임펠러에 대한 수차 유로 각부에서의 헤드손실을 CFD 해석 결과로부터 정량적으로 분석한 결과이다. 전체적으로 Design 3이 펌프모드 및 수차 모드에서 모두 상대적으로 손실이 가장 작은 값을 나타낸다. 또한 Fig. 8은 펌프수차 흡출관 내부의 유선을 보이고 있으며, Design 3에서 2차 유동이 많이 개선된 상대적으로 매우 균일한 내부 유동을 보이고 있다.

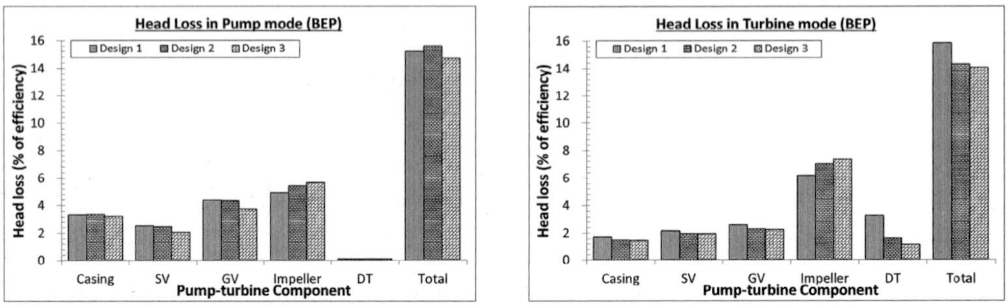

(a) Pump mode (b) Turbine mode

Fig. 7. Pump-turbine head loss as percentage of efficiency at best efficiency point for both modes.

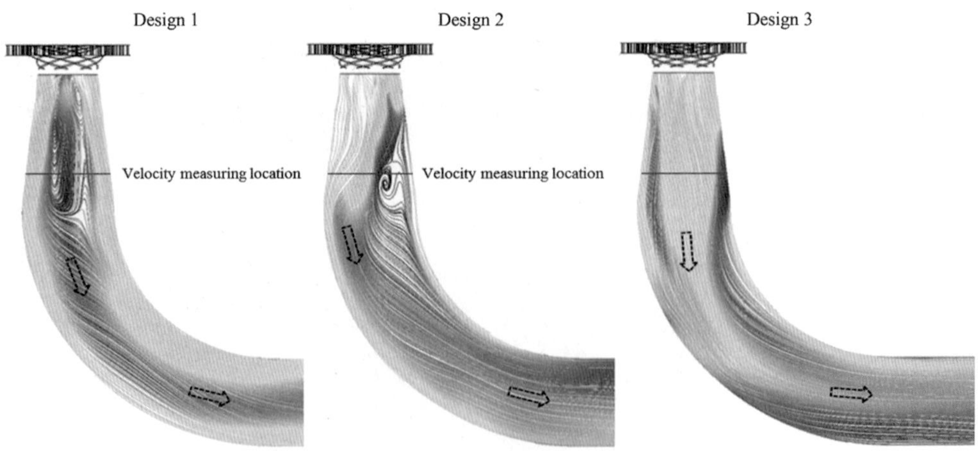

(d) Draft tube in turbine mode

Fig. 8. Streamline distributions that show significant comparisons in each mode for all three designs.

- **국내문헌**

박정선, 류석규. (1999). 유전자 알고리즘을 이용한 최적 설계. *한국항공우주학회지*, 제27권, 제4호, pp. 155-161.

서상호 외 13명. (2014). *수차의 이론과 실제*. 동명사.

시화조력발전소, www.kwater.or.kr/website/tlight.do

유일수, 박무룡, 황순찬, 윤의수. (2012). 원자로 냉각재 펌프의 완전 특성 곡선. *유체기계저널*, 제15권, 제5호, pp. 5-10.

윤석범, 임익태, 서이수. (2016). 유체역학(제2판), 문운당.

이데일리, *건설 예정인 포천양수발전소(750MW) 조감도*; https://www.edaily.co.kr/news/read?newsId=03152086622493840&mediaCodeNo=257.

이영범. (2019). *양수발전소의 수력학적 과도현상에 관한 연구*. 박사학위논문, 한국산업기술대학교 지식기반기술 · 에너지대학원.

주간기쁜소식, www.igoodnews.or.kr

한국표준협회. (2002). *수차 및 펌프 수차의 모형 시험 방법*. 한국산업규격 KS B 6018.

한국수력원자력주식회사, https://www.khnp.co.kr.

한국에너지공단. (2016). *2016 신 · 재생에너지 백서*. 신 · 재생에너지센터.

한국전력공사. (2014). *한국전력통계*, 제83호(2013년); https://www.kepco.co.kr.

- **국외문헌**

A

Aakti, B., Amstutz, O., Casartelli, E., Romanelli, G., and Mangani, L. (2015). On the performance of a high head Francis turbine at design and off-design conditions. *Journal of Physics: Conference Series*, Vol. 579, 012010; doi:10.1088/1742-6596/579/1/012010.

Acosta, M.N., Pettersen, D., Gonzalez-Longatt, F., Argos, J.P., and Andrade, M.A. (2020). Optimal Frequency Support of Variable-Speed Hydropower Plants at Telemark and Vestfold, Norway: Future Scenarios of Nordic Power System. *Energies*, Vol. 13, 3377; doi:10.3390/en13133377.

Adamkowski, A. (2001). Case Study: Lapino Powerplant Penstock Failure. *Journal of Hydraulic Engineering*, Vol. 127, No. 7, pp. 547-555.

Adamkowski, A. and Lewandowski, M. (2015). *Preventing destructive effects of water hammer in hydropower plant penstocks*. Hydropower Development: Europe 2015. Salzbur, Austria.

Aggidis, G.A. and Benzon, D.S. (2013). Operational optimisation of a tidal barrage across the Mersey estuary using 0-D modelling. *Ocean Engineering*, Vol. 66, pp. 69-81; https://doi.org/10.1016/j.oceaneng.2013.03.019.

Aggidis, G.A. and Zidonis, A. (2014). Hydro turbine prototype testing and generation of performance curves: Fully automated approach. *Renewable Energy*, Vol. 71, No. , pp. 433-441; https://doi.org/10.1016/j.renene.2014.05.043.

Amiryar, M.E. and Pullen, K.R. (2017). A Review of Flywheel Energy Storage System Technologies and Their Applications. *Applied Sciences*, 7, 286; doi:10.3390/app7030286.

ANDRITZ Hydro. *Scheme of large hydropower installation (Vianden, Luxembourg)*. Large new installation: Strong growth around the world; https://www.andritz.com/products-en/hydro/markets/large-new-installations.

ANDRITZ Hydro. (2017). *ANDRITZ Hydro Company presentation;* https://www.andritz.com.

ANDRITZ Hydro. (2018). Pumped Storage for the Future. *Hydro News*. No. 32.

ANDRITZ Hydro Ltd. (2014). Compact Blade for Runner of Francis Turbine and Method for Configuring Runner. US Patent 2014/0294590 A1.

Arndt, R.E.A. (1981). Cavitation in Fluid Machinery and Hydraulic Structures. *Annual review of Fluid Mechanics*, Vol. 13, pp. 273–328.

Arndt, R.E., Balas, G.J., and Wosnik, M. (2005). Control of Cavitating Flows: A Perspective. *JSME International Series B*, Vol. 48, No. 2, pp. 334–341.

Arora, J.S. (2012). *Introduction to Optimum Design (Third Edition)*. Academic Press.

ASME. (1981). *Hiwassee Unit 2 Reversible Pump-Turbine (1956)*. A National Historic Mechanical Engineering Landmark.

ASME Hydro Power Technical Comitee (1996). *The Guide to Hydropower Mechanical Design*. HCI Publication.

ASME International. (1999). *The Kinne Collection of Water Turbine*. A Mechanical Engineering Heritage Collection.

Asnaghi, A. (2015). *Developing Computational Methods for Detailed Assessment of Cavitation on Marine Propellers. Thesis for the Degree of Licentiate of Engineering*, Chalmers University of Technology.

Avellan, F. (2000). Flow Investigation in a Francis Draft Tube: The Flindt Project. *Proceedings of the 20th IAHR Symposium on Hydraulic Machinery and Systems*, Paper DY03. Charlotte, NC, USA.

Avellan, F. (2004). Introduction to Cavitation in Hydraulic Machinery. *Scientific Bulletin of the Politehnica University of Timisoara: Transactions on Mechanics*. The 6th International Conference on Hydraulic Machinery and Hydrodynamics, Timisoara, Romania.

Ayli, E. (2019). Cavitation in Hydraulic Turbines. *International Journal of Heat and Technology*, Vol. 37, No. 1, pp. 334–344.

B

Baker, A.C. (2006). *Tidal Power*. The Institution of Engineering and Technology.

Barnes, F.S. and Levine, J.G. (2011). *Large Energy Storage Systems Handbook*. CRC Press.

Barstad, L.F. (2012). *CFD Analysis of a Pelton Turbine*. Master Thesis. NTNU.

Barter, E.F., King, H.W., Lindell, J.E., and Wei, C.Y. (1996). *Handbook of Hydraulics (Seventh Edition)*. McGraw-Hill.

Benzon, D.S., Aggidis, G.A., and Anagnostopoulos, J.S. (2016). Development of the Turgo Impulse turbine: Past and present, Applied Energy, Vol. 166, pp. 1–18; https://doi.org/10.1016/j.apenergy.2015.12.091.

Bergant, A., Mazij1, J., and Karadžić, U. (2018). Design of Water Hammer Control Strategies in Hydropower Plants. *Applied Engineering Letters*, Vol.3, No.1, pp. 27–33.

Blomquist, C.A., Tam, S.W., and Frigo, A.A. (1979). *Turbomachinery Options for an Underground Pumped Hydroelecric Storage plant*. 14th Intersociety Energy Conversion Engineering Conference; https://www.osti.gov/servlets/purl/6080921.

Bonin, C.C. (1960). Water-Hammer Damage to Oigawa Power Plant. *Transactions of the ASME Journal of Engineering for Power*, Vol. 82, Issue 2, pp. 111–116; https://doi.org/10.1115/1.3672721.

Borkowski, D. and Majdak, M. (2020). Small Hydropower Plants with Variable Speed Operation—An Optimal Operation Curve Determination. *Energies*, Vol. 13, 6230; doi:10.3390/en1323623.

BOSTON.COM. *The Sayano-Shushenskaya dam accident*. The Big Picture; http://archive.boston.com/bigpicture/2009/09/the_sayanoshushenskaya_dam_acc.html. Boston Globe Media Partners, LLC.

Botterud, A., Levin, T., and Koritarov, V. (2014). *Pumped Storage Hydropower: Benefits for Grid Reliability and Integration of Variable Renewable Energy*. Argonne National Laboratory. ANL/DIS-14/10.

Bovet, T. (1964). Contribution a l'étude du tracé d'aubage d'une turbine a réaction du type francis. *Informations Techniques Charmilles*, Vol. 9, pp. 47–70.

Breeze, P. (2019). *Power Generation Technologies (Third Edition)*. Newnes.

Breivik, S.R. (2011). *CFD analysis of a runner and draft tube in a Francis turbine*. NTNU Master thesis.

Brekke, H. (2012). *Hydraulic Turbines: Design, Erection and Operation*.

Brennen, C.E. (2011). *Hydrodynamics of Pumps*. Cambridge University Press.

Brennen, C.E. (2014) *Cavitation and Bubble Dynamics*. Cambridge University Press.

Brujan, E.A. (2011). *Cavitation in Non-Newtonian Fluids with Biomedical and Bioengineering Application*. Springer.

Burrows, R., Walkington, I., Yates, N., Hedges, T., Chen, D., Li, M., Zhou, J., Wolf, J., Proctor, R., Holt, J., and Prandle, D. (2009). *Tapping the Tidal Power Potential of the Eastern Irish Sea*, Final Report. Joule Project JIRP106/03. University of Liverpool and Proudman Oceanographic Laboratory.

C

Cabrera, E., Espert, V., and Martinez, F. (1996). *Hydraulic Machinery and Cavitation (Volume I)*. Proceedings of the XVIII IAHR Symposium on Hydraulic Machinery and Cavitation. Kluwer Academic Publishers.

Calamak, M. (2010). Investigation of Waterhammer Problems in the Penstocks of Small hydropower Plants. Master Thesis. Middle East Technical University.

Carravetta, A., Houreh, S.D., and Romos, H. M. (2018). *Pumps as Turbines: Fundamentals and Applications*. Springer.

Cavazzini, G. (2012). *The Particle Image Velocimetry-Characteristics, Limits and Possible Applications*. InTech.

Cavazzini, G. and Perez-Diaz, J.I. (2014). *Technological Developments for Pumped-Hydro Energy Storage*. Joint Programme on Energy Storage, Mechanical Storage Subprogramme, European Energy Research Alliance(EERA).

Çengel, Y.A. and Cimbala, J. M. (2018). *Fluid Mechanics: Fundamentals and Applications (Fourth edition)*. McGraw-Hill Education.

Chacko, B., Balabaskaran, V., Tulapurkara, E.G., and Aswathanarayana, P.A. (1992). Effect of Thickness Distribution on Performance of S-Cambered Profiles. *Journal of Energy Engineering*, Vol. 118, No. 3, pp. 164–179.

Chapallaz, J.-M., Eichenberer, P., and Fischer, G. (1992). *Manual on Pumps Used as Turbines*. Vieweg.

Charlier, R.H. and Finkl, C.W. (2009). *Ocean Energy: Tide and Tidal Power.* Springer.

Chaudhry, M.H. (2014). *Applied Hydraulic Transients (Third edition).* Springer.

Chen H., Zhou, D., Zheng, Y., Jiang, S., Yu, A., and Guo, Y. (2018). Load Rejection Transient Process Simulation of a Kaplan Turbine Model by Co-Adjusting Guide Vanes and Runner Blades. Energies, Vol. 11, No. 12, 3354; https://doi.org/10.3390/en11123354.

Chen, Z., Singh, P.M., and Choi, Y.-D. (2016). Francis Turbine Blade Design on the Basis of Port Area and Loss Analysis. *energies*, vol. 9, no. 164, doi:10.3390/en9030164.

Chen, Z., Singh, P.M., and Choi, Y.-D. (2017). Structural Safety Evaluation of a Francis Hydro Turbine Model at Normal Operation Condition. *The Journal of Fluid Machinery*,Vol. 20, No. 4, pp.12~18.

Chen, Z., Singh, P.M., and Choi, Y.-D. (2016). The effect of runner blade loading on the performance and internal flow of a francis hydro turbine model. *Journal of Mechanical Science and Technology*, Vol. 30, No. 4, pp. 1617-1623; DOI 10.1007/s12206-016-0317-0.

Chitrakar, S., Baidar, B., and Koirala, R. (2014). Spanwise re-stacking techniques in turbo-machinery blades and application in Francis runner. *Rentech Symposium Compendium*, Vol. 4.

Choi, K.-Y., Kim, Y.-S., Yi, S.-J, and Baek, W-P. (2008). Development of a pump performance model for an integral effect test facility. *Nuclear Engineering and Design*, Vol. 238, pp. 2614-2623.

Ciltug A.S. *Resadiye 1-2-3 HEPP Project*, Tokat, Turkey; https://www.ciltug.com/projects/completed-domestic-hepp-projects/resadiye-1-2-3-hepp-project.html.

Ciocan, G.D., Teller, O. and Czerwinski, F. (2012). VARIABLE SPEED PUMP-TURBINES TECHNOLOGY. *UPB Scientific Bulletin, Series D*, Vol. 74, Issue 1, pp. 33-42.

ClipArt ETC. *ClopArt Collections*. Florida Center for Instructional Technology, College of Education, University of South Florida; https://etc.usf.edu/clipart/.

CNC TVAR. *Francis Runners*; https://www.cnctvar.cz.

Cora, E. (2019). *Hydropower Technology: The State of the Art*. Document No. WP4-DIRp-02. Hydropower Europe.

Coulson, S.T. and Do, H. (2006). *Runner for Francis Type Hydraulic Turbine*. US 2006/0115357 A1. United States. Patent.

Cruz, E. and Cesario, R. (2009). *Accident at Russia's Biggest Hydroelectric Power Station*. ppt file.

D

DBNST(Database on Noteworthy Contributions for Science and Technology, Japan). *The Development of Runner with Splitter Blades*; https://dbnst.nii.ac.jp/english/detail/1804.

Deniz, S., Bosshard, M., Speerli, J., and Volkart, P. (1990). Saugrohre bei Flusskraftwerken. Versuchsanstalt für Wasserbau, Hydrologie und Glaziologie der Eidgenössischen, Technischen Hochschule Zürich (하천 수력발전소의 흡출관, 취리히 공과대학).

Deriaz, P. (1926). *Hydraulic Turbine*. US 1611341 A. United States Patent.

Deriaz, P. (1955). La turbine-pompe réversible axio-centrifuge à pas variable: le développement d'une nouvelle machine hydraulique. *Bulletin technique de la Suisse romande*, No. 2, pp. 382–387; https://www.e-periodica.ch/digbib/view?pid=bts-002%3A1955%3A81%3A%3A1170#1232.

Deriaz, P. (1957). *Control of Feathering Runner Vanes of Hydraulic Turbines and Pumps*. US 2801068. United States. Patent.

Deriaz, P. (1960). Etude comparative des turbines Kaplan et Dériaz (A comparative study of the Kaplan and Dériaz turbines). *La Houille Blanche*, 1960, No. 4, pp. 331–343; https://doi.org/10.1051/lhb/1960042l

Deriaz, P. and Warnock, J.G. (1959). Reversible Pump-Turbines for Sir Adam Beck-Niagara Pumping-Generating Station. *Transactions of the ASME Journal of Basic Engineering*, Vol. 81, Issue 4, pp. 521–529; https://doi.org/10.1115/1.4008546

De Siervo, F. and De Leva, F. (1976). Modern trends in selecting and designing Francis turbines. *Water Power and Dam Construction*, Vol. 28, Issue 8, pp. 28–35.

De Siervo, F. and De Leva, F. (1977). Modern trends in selecting and designing Kaplan turbines: Part 1. *Water Power and Dam Construction*, Vol. 29, Issue 12, pp. 51–56.

De Siervo, F. and De Leva, F. (1978). Modern trends in selecting and designing Kaplan turbines: Part 2. *Water Power and Dam Construction*, Vol. 30, Issue 1, pp. 52–58.

De Siervo, F. and De Leva, F. (1980). Modern trends in selecting and designing reversible Francis pump-turbines. *Water Power and Dam Construction*, Vol. 32, Issue 5, pp. 33–42.

Dixon, S.L. and Hall, C.A. (2014). *Fluid Mechanics and Thermodynamics of Turbomachinery (Seventh edition)*. Elsevier Inc.

Donsky, B. (1961). Complete Pump Characteristics and the Effects of Specific Speeds on Hydraulic Transients. *Transactions of the ASME Journal of Basic Engineering*, Vol. 83, No. 4, pp. 685–696.

Dörfler, P., Sick, M., and Coutu, A. (2013). *Flow-Induced Pulsation and Vibration in Hydroelectric machinery*. Springer.

Douglas, T. H. (1990). *Pumped Storage*. Proceedings of the conference organized by the Institution of Civil Engineers at Imperial College of Science, Technology and Medicine, London on 2–4 April 1990. Thomas Telford, London.

Duan, C.G. and Karelin, V.Y. (2002). *Abrasive Erosion & Corrosion of Hydraulic Machinery*. Imperial College Press.

Dular, M., Bacherta, B., Stoffela, B. Sirok, B. (2004). Relationship between cavitation structures and cavitation damage. *Wear*, Vol. 257, pp. 1176-1184; https://doi.org/10.1016/j.wear.2004.08.004.

Dumond, J., Magagnato, F., and Class, A. (2013). Stochastic-field cavitation model. *Physics of Fluids*, Vol. 25, 073302; https://doi.org/10.1063/1.4813813.

E

edf(Électricité de France). (2009). *La Rance tidal Power Plant: 40-year operation feedback-Lessons Learnt*. BHA Annual Conference, Liverpool.

Elliott, T.C. (1989). *Standard Handbook of Power Plant Engineering*. McGraw-Hill, Inc.

Elsenring, M. (1991). *Micro Pelton Turibines*. SKAT, Swiss Center for Appropriate Technology.

Emerson, J.B. (1892). Treatise relative to the testing of water-wheels and machinery: Also of Inventions, Studies, and Experiments, with Suggestions from a Life's Experience. Willimansett, Mass., U.S.

epcg. *Hydro power plant "Perućica"*; https://www.epcg.com/en/about-us/hydro-power-plant-perucica.

EPRI(Electric Power Research Institute) (1988). *Guide for Hydraulic Machinery Model Testing*. Final Report(Project 2602-1). Motor Columbus Consulting Engineers, Ltd.

EPRI(Electric Power Research Institute). (2000). *Hydro Life Extension Modernization Guides Volume 2: Hydromechanical Equipment*. Final Report(TR-112350-V2). BC Hydro International Ltd.

Erdman, M.D. (2016). MOdifications to the Runner Blade to Improve Off-Design Efficiencies of Hydraulic Turbines. Mater Thesis. Pennsylvania State University.

Escaler, X., Egusquiza, E., Farhat, M., Avellan, F., and Coussirat, M. (2006). Detection of cavitation in hydraulic turbines, *Mechanical Systems and Signal Processing*, Vol. 20, pp. 983-1007.

Eternoo machinery Co., Ltd. *Pump turbines*; http://www.eternoohydro.com/turbines/pump-turbines.html.

Evans, O, Jones, T.P. and Evans, C. (1860). *The Young Mill-Wright and Miller's Guide*. Blanchard and Lea, Philadelphia, Fifteenth Edition.

Eyup K., E., Karaaslana, S., Yucela, N., and Arundasa, F. (2017). A numerical case study: Bovet approach to design a Francis turbine runner. *Energy Procedia*, Vol. 111, pp. 885-894.

F

Farell, C., Arroyave, J., Cruz, N., and Gulliver, J. (1983). *Hydrromechanics of Variable Speed Turbines*. University of Minnesota St. Anthony Falls Hydraulic Laboratory. Project Report No. 225 (State of Minnesota).

Franc, J.-P. and Michel, J.-M. (2004). *Fundamentals of Cavitation*. Kluwer Academic Publishers.

Francis-99. NVKS(Norwegian Hydropower Centre). Norwegian University of Science and Technology(NTNU); https://www.ntnu.edu/nvks/francis-99.

Francis, J.B. (1868). *Lowell Hydraulic Experiments*. D. Van Nortrand, New York. Second Edition.

Franke, G.F., Webb, D.R., Mathur, D., Fisher, Jr., R.K., Hopping, P.N., Headrick, M.R., Laczo, I.T., Ventikos, Y., and Sotiropoulos, F. (1997). *Development of Engvironmentally Advanced Hydropower Turbine System Design Concepts*. Idaho Natiional Engineering Laboratory. Technical Report. United States; https://doi.org/10.2172/563213.

Fujihara, T., Imano, H., and Oshima, K. (1998). Development of Pump Turbine for Seawater Pumped-Storage Power Plant. *Hitachi Review*, Vol. 47, No. 5, pp. 199-202.

G

Garg, R.K. and Kumar, A. (2015). *Review of Impact and Mitigation of Hydraulic Transients in Hydro Power Plant*. Conference Proceedings: Hydro-2015, IIT Roorkee, India.(대체 논문 확인 필요함.)

Gentner, C. (2012). *Challenges in the Design of Pump Turbines*. ANDRITZ Hydro.

Gentner, C., Sallaberger, M., Widmer, C., Braun, O., and Staubli, T. (2012). Numerical and experimental analysis of instability phenomena in pump turbines. Proceedings of the 26th IAHR Symposium on Hydraulic Machinery and Systems. *IOP Conf. Series: Earth and Environmental Science*, Vol. 15; 032042, doi:10.1088/1755-1315/15/3/032042.

Ghosh, T.K. and Prelas, M.A. (2011). *Energy Resources and Systems*. Springer.

Gibson, A. H. (1908). Hydraulics and Its Applications. D. Van Nostrand Company.

Giesecke, J. and Mosonyi, E. (2009). *Wasserkraftanlagen: Planung, Bau und Betrieb*. Springer.

Giljen, Z., Nedeljković, M., and Cheng, Y.G. (2016). *Pump-turbine characteristics for analysis of unsteady flows*. 28th IAHR symposium on Hydraulic Machinery and Systems (IAHR2016). IOP Conf. Series: Earth and Environmental Science, Vol. 49, 011001; doi:10.1088/1755-1315/49/1/011001.

GILKES. *The Pelton Impulse Turbine*; https://www.gilkes.com/.

GM Hydro. *Pelton*; https://www.gmhydro.it/en/pelton-2/.

Gorla, R.S.R. and Khan, A.A. (2003). *Turbomachinery Design and Theory*. Marcel Dekker, Inc.

Goto, A. (2016). Historical Perspective on Pump Fluids Engineering Technology -Response to Receiving the "Fluid Machinery Design Award"from the ASME Fluids Engineering Division-. *Ebara Engineering Review*, No. 252.

Groupe NET Tech Plus. *Turbines and Wicket Gates*; http://www.groupenettech.com/en/types-of-operations/.

Gülich, J.F. (2008). *Centrifugal Pumps*. Springer.

Gulliver, J.S. and Arndt, R. E. A. (1991). *Hydropower Engineering Handbook*. McGraw-Hill, Inc.

H

Harano, M., Tani, K., and Nomoto, S. (2006). Practical Application of High-performance Francis-turbine Runner Fitted with Splitter Blades at Ontake and Shinkurobegawa No. 3 Power Stations of the Kansai electric Power Co. Inc., *Hitachi Review*, Vol. 55, No. 3, pp. 109-113.

Hasmatuchi, V. (2012). Hydrodynamics of a Pump-Turbine Operating at Off-Design Conditions in Generating Mode. Doctoral Thesis. EPFL.

Hasmatuchi, V., Bosioc, A. I., Luisier, S., and Münch-Alligné, C. (2018). A Dynamic Approach for Faster Performance Measurements on Hydraulic Turbomachinery Model Testing. *Applied Science*, Vol. 8, No. 9, 1426; https://doi.org/10.3390/app8091426.

Hasmatuchi, V., Farhat, M., Roth, S., Botero, F., and Avellan, F. (2011). Experimental Evidence of Rotating Stall in a Pump-Turbine at Off-Design Conditions in Generating Mode. *Transactions of the ASME Journal of Fluids Engineering*, Vol. 133, No. 5, 051104; https://doi.org/10.1115/1.4004088.

Hidalgo, I.G., Fontane, D.G., Lopes, J.E.G., Andrade, J.G.P., and Angelis, A.F. (2014). Efficiency Curves for Hydroelectric Generating Units. *Jornal of water resources Planning and Management*, Vol. 140, No. 1, pp. 86-91; DOI: 10.1061/(ASCE)WR.1943-5452.0000258.

Horton, R.E. (1906). *Turbine Water-Wheel Tests and Power Tables*. Water-Supply and Irrigation paper No. 180; https://doi.org/10.3133/wsp180.

Howd, S. B. (1838). *Improved Water-Wheel.* U.S. Patent No. 861.

Hsiao, C.-T., Jayaprakash, A., Kapahi, A., Choi, J.-K., and Chahine, G. L. (2014). Modelling of material pitting from cavitation bubble collapse. *Journal of Fluid Mechanics*, Vol. 755, pp. 142-175; https://doi.org/10.1017/jfm.2014.394.

HUAHYDRO. *Francis turbine runner, reaction water turbine*; http://www.huahydro.com/product/francis-turbine-runner/.

Huang, W., Yang, K., Guo, X., Ma, J., Wang, J., and Li, J. (2018). Prediction Method for the Complete Characteristic Curves of a Francis Pump-Turbine. *Water*, Vol. 10, Issue 2, 205; https://doi.org/10.3390/w10020205.

Huynen, J. M. H. (2018). *Underground Pumped Hydro Storage: Platland Large-Scale Electricity Supply.* Doctoral Thesis. Universiteit Utrecht.

HYDROPOWER EUROPE. (2019). *Hydropower technologies: The State-of-the-Art.* Document No.: WP4-DIRp-02.

HYDRO-TINCK. Pelton turbines; http://www.hydro-tinck.com/products/pelton/.

HYPERBOLE. (2017). *HYdropower plants PERformance and FlexiBle Operation towards Lean integration of new renewable Energies. Final Report;* https://hyperbole.epfl.ch/.

I

IAHR. (2020). *Hydraulic Transients.* hydrolink, issue 2.

IEC 60041. (1991). *Field acceptance tests to determine the hydraulic performance of hydraulic turbines, storage pumps and pump-turbines.* International Electrotechnical Commission(IEC).

IEC 60193. (1999). *Hydraulic turbines, storage pumps and pump-turbines - Model acceptance tests.* International Electrotechnical Commission(IEC).

IEC 60995. (1991). *Determination of the prototype performance from model acceptance tests of hydraulic machines with consideration of scale effects.* International Electrotechnical Commission(IEC).

IHA(International Hydropower Association). (2014). *Hydropower generation and potential around the world*; https://www.youtube.com.

Ikeda, K., Inagaki, M., Niikura, K., and Oshima, K. (2000). 700-m 400-MW Class Ultrahigh-head Pump Turbine. *Hitachi Review*, Vol. 49, No. 2, pp. 81-87.

Iliescu, M.S., Ciocan, G.D., and Avellan, F. (2008). Analysis of the Cavitating Draft Tube Vortex in a Francis Turbine Using Particle Image Velocimetry Measurements in Two-Phase Flow. *Transactions of the ASME Journal of Fluids Engineering*, Vol. 130, Issue 2, 021105. doi:10.1115/1.2813052.

Iliev, I., Trivedi, C., and Dahlhaug, O.G. (2019). Variable-speed operation of Francis turbines: A review of the perspectives and challenges. *Renewable and Sustainable Energy Reviews*, Vol. 103, pp. 109-121; https://doi.org/10.1016/j.rser.2018.12.033.

Imanishi, A. and Ueda, T. (1963). Selection of Type of Pump-Turbine. *Fuji Denki Review*, Vol. 9, No. 1, pp. 13-23.

IVT, NTNU. *Gide vanes in Francis turbines;* http://www.ivt.ntnu.no/ept/fag/tep4195/innhold/Forelesninger/forelesninger%202006/8%20-%20Guide%20Vanes%20in%20Francisturbines.pdf.

J

James Leffel & Co. (1902). *Pamphlet K of The Latest and Best Types of Samson Turbines*. Springfield, Ohio, U.S.A.

JICA (独立行政法人 国際協力機構, 電源開発株式会社, 株式会社開発設計コンサルタント. (2011). *水力開発ガイドマニュアル*.

JICA (独立行政法人 国際協力機構), 東京電力株式会社, 東電設計株式会社. (2012). *可変速揚水発電技術適用可能性調査ファイナルレポート*.

Jung, D. (2017). *Another write-off at the Engeweiher pumped storage facility*,https://www.shn.ch/region/stadt/2017-06-28/erneuter-abschreiber-beim-pumpspeicher-engeweiher.

K

Karassik, I.J., Messina, J.P., Cooper, P., and Heald, C.C. (2008). *Pump Handbook (Fourth Edition)*. McGraw-Hill.

Karney, B., Gajic, A., and Pejovic, S. (2003). Case Studies-Our Experience in Hydraulic Transients and Vibrations. *Proceedings of the International Conference on CSHS03 (Belgrade)*, pp. 1-27.

Kaunda, C.S., Kimambo, C.Z., and Nielsen, T.K. (2012). *Hydropower in the Context of Sustainable Energy Supply: A Review of Technologies and Challenges*. ISRN Renewable Energy Volume 2012; https://doi.org/10.5402/2012/730631.

Kim, K.-H., Chahine, G., Franc, J.-P., and Karimi, A. (2014). *Advanced Experimental and Numerical Techniques for Cavitation Erosion Prediction*. Springer.

Kim, K.-Y., Samad, A., and Benini, E. (2019). *Design Optimization of Fluid Machinery*. Wiley.

Kirschner, O., Junginger, J., and Riedelbauch, S. (2021). Test facility for transient operation point changes of hydraulic machinery. Proceedings of the 30th IAHR Symposium on Hydraulic Machinery and Systems. *IOP Conf. Series: Earth and Environmental Science*, Vol. 774, 012117; doi:10.1088/1755-1315/774/1/012117.

Kjeldsen, M. (1996). *Cavitation in Hydraulic Machinery*. NTNU master thesis.

Knapp, R. (1952). Cavitation Mechanics and its Relation to the Design of Hydraulic Equipment. *Proceedings of the Institution of Mechanical Engineers*, Vol. 166, No. 1, pp. 150-163.

Knapp, R.T. and Calif, P. (1937). Complete Characteristics of Centrifugal Pumps and Their Use in the Prediction of Transient Behavior. *Transaction of the ASME*, Vol. 59, pp. 683-689.

Koritarov, V., Veselka, T.D., Gasper, J., Bethke, B.M., Botterud, A., Wang, J., Mahalik, M., Zhou, Z., Milostan, C., Feltes, J., Kazachkov, Y., Guo, T., Liu, G., Trouille, B., Donalek, P., King, K., Ela, E., Kirby, B., Krad, I., and Gevorgian, V. (2014). *Modeling and Analysis of Value of Advanced Pumped Storage Hydropower in the United States*. United States; https://doi.org/10.2172/1165600.

Koutnik, J. (2013). *Voith Hydro Hydro Power Plants*. VOITH. Broshure.

Kovalev, N.N. (1965). *Hydroturbines: Design and Construction*. Israel Program for Scientific Translations Ltd.

Kpordze, C.S.K. and Warnick, C.C. (1982). *Experience Curves for Feasibility Studies and Planning of Modern Low-Head Hydro Turbines*. United States. Research Technical Completion Report: Project A-077-IDA.

Krenn, J., Keck, H., and Sallaberger, M. (2013). Small and Mid-Size Pump-Turbines with Variable Speed. *Energy and Power Engineering*, Vol.5, No. 2A, pp. 48–54; http://dx.doi.org/10.4236/epe.2013.52A007.

Krishna, H.C.R. (1997). *Hydraulic Design of Hydraulic Machinery*. Avebury

KSB, *Water Hammer*, KSB Know–how, Vol. 1.; https://live–resources–e2e–sales.ksb.com/resource/blob/477512/b03ed4dd6aa0139a876090d66fe3b9f2/water–hammer–data.pdf

Kumar, M. (2019). *Fluid Mechanics and Hydraulic Machines*. Pearson India Education Services Pvt. Ltd.

Kumar, P. and Saini, R.P. (2010). Study of cavitation in hydro turbines—A review, *Renewable and Sustainable Energy Reviews*, Vol. 14, pp. 374-383; doi:10.1016/j.rser.2009.07.024.

L

Laughton, M.A. and Warne, D.J. (2003). *Electrical Engineer's Reference Book (Sixteenth edition)*. Newnes.

Le, V., Chen, Z., and Choi, Y.–D. (2016). A Study on CFD Analysis Methods using Francis–99 Workshop Model. *The KSFM Journal of Fluid Machinery*, Vol. 19, No. 5, pp. 20–27.

Lewis, B.J. (2014a). *Improving Unsteady Hydroturbine Performance during Off–Design Operation by Injecting Water from the Trailing Edge of the Wicket Gates*. Doctoral Thesis. The Pennsylvania State University.

Lewis, B.J., Cimbala, J.M., and Wouden, A.M. (2014b). Major historical developments in the design of water wheels and Francis hydroturbines. Proceedings of the 27th IAHR Symposium on Hydraulic Machinery and Systems. IOP Conf. Series: Earth and Environmental Science, Vol. 22, 012020; doi:10.1088/1755–1315/22/1/012020.

Li, S.C. (2000). *Cavitation of Hydraulic Machinery*. Imperial College Press.

Littler, D. J. (1991). *Modern Power Station Practice(Third Edition)*. Volume C: Turbines, Generators and Associated Plant. Pergamon press.

Liu, K., Yang, F., Yang Z., Zhu Y., and Cheng, Y. (2019). Runner Lifting–Up during Load Rejection Transients of a Kaplan Turbine: Flow Mechanism and Solution. *Energies*, Vol. 12, Issue 24, 4781; https://doi.org/10.3390/en12244781.

Liu, L., Zhu, B., Bai, L., Liu, X. and Zhao, Y. (2017). Parametric Design of an Ultrahigh–Head Pump–Turbine Runner Based on Multiobjective Optimization. *Energies*, Vol. 10, Issue 8, 1169; https://doi.org/10.3390/en10081169.

Liu, S., Zhang, L., Nishi, M.; and Wu, Y. (2009). Cavitating Turbulent Flow Simulation in a Francis Turbine Based on Mixture Model. *Transactions of the ASME Journal of Fluids Engineering*, Vol. 131, 051302; DOI: 10.1115/1.3112382.

Luo, X–W., Ji, B., and Tsujimoto, Y. (2016). A review of cavitation in hydraulic machinery. *Journal of Hydrodynamics*, Vol. 28, No. 3, pp. 335–358.

Luo, Y., Liu, X., Wang, Z., Xiao, Y., He, C., and Zhang, Y. (2017). Optimization of the Runner for Extremely Low Head Bidirectional Tidal Bulb Turbine. Energies, Vol. 10, Issue 6, 787; https://doi.org/10.3390/en10060787.

Luo, Y., Wang, Z., Zeng, J., and Lin, J. (2010). Fatigue of piston rod caused by unsteady, unbalanced, unsynchronized blade torques in a Kaplan turbine. *Engineering Failure Analysis*, Vol. 17, Issue 1, pp. 192-199; https://doi.org/10.1016/j.engfailanal.2009.06.003.

M

Manitoba Hydro. *Cross-section view of the Long Spruce generating station intake and powerhouse*. Producing electricity; https://www.hydro.mb.ca/corporate/teachers/producing_electricity/.

March, P. (2011). *Hydraulic and Environmental Performance of Aerating Turbine Technologies*. Proceedings of the EPRI/DOE Conference on Environmentally-enhanced Hydropower Turbines: Technical Papers, EPRI Report No. 1024609.

March, P. and Jacobson, P. (2015). *Industry Experience with Aerating Turbines*. HydroVision International 2015, Portland, Oregon, USA.

Maricic, T., Szczota, M., Paquet, F., Rosentreter, K., and Godec, E. (2015). Rehab at Sir Adam Beck, *Hydro Review*, Vol. 34, Issue 9; https://www.hydroreview.com/world-regions/rehab-at-sir-adam-beck/.

Massa, A. and Lugaresi, A. (1988). Kaplan turbines: design trends in the last decade. Water Power & Dam Construction, Vol. 40, Issue 5, pp. 12–17.

Ma, Z., Zhu, B., Rao, C. and Shangguan, Y. (2019). Comprehensive Hydraulic Improvement and Parametric Analysis of a Francis Turbine Runner. *Energies*, Vol. 12, Issue 2, 307; https://doi.org/10.3390/en12020307.

McCoy, B.O. *Evolution of Hydraulic Prime Mover Reaction Turbines*. Evolution of Hydraulic Prime Movers-Byron McCoy Web Page; http://www.frenchriverland.com/byron_mccoy.htm

Mechanical Booster. *Pelton Turbine Working, main Parts, Application with Diagram*; https://www.mechanicalbooster.com.

Mei, Z.-Y. (1991). *Mechanical Design and Manufacturing of Hydraulic Machinery*. Routledge.

MHI (Mitsubishi Heavy Industries). (2011). Advantages of Variable Speed Pump Turbines for adjusting Power Supply. *Mitsubishi Heavy Industries Technical Review*, Vol. 48, No. 3, pp. 45–47.

Mills, H. F. (1870). Experiments upon a Central Discharge Water-Wheel. *Journal of the Franklin Institute*. Vol. 89, Issue 3, pp. 180–191.

Minakov, A., Platonov, D, Sentyabov, A., and Gavrilov, A. (2017). Francis-99 turbine numerical flow simulation of steady state operation using RANS and RANS/LES turbulence model. *Journal of Physics: Conf. Series*, Vol. 782, 012005; doi:10.1088/1742-6596/782/1/012005.

Miyagawa, K. (2013). *Lecture of Francis Turbine Design*. Miyagawa Laboratory, Waseda University.

Mohanrajan, S.R., Krishna, S.V., Reddy, L.N., Teja, A.S., and Vishal, B. (2014). A Study of Motor – Generator Topologies for Pumped Storage Applications. *Proc. of the Intl. Conf. on Advances In Engineering And Technology - ICAET-2014*.

Mohammadi, M., Mohammadi, M., Mohammadi, A., and Farahat, S. (2016). Analyzing Mathematical and Software Methods for Selecting and Designing Francis Turbine in Hydropower Plants. *Journal of Clean Energy Technologies*, Vol. 4, No. 4, pp. 276–283.

Moody, L.F., (1932). *Hydraulic turbine*. U.S. Patent No. 1848738.

Morabito, A., Silva, G.O., and Hendrick P. (2019). Deriaz pump-turbine for pumped hydro energy storage and micro applications. *Journal of Energy Storage*, Vol. 24, No. 100788; https://doi.org/10.1016/j.est.2019.100788.

N

Nakamura, K. and Kurosawa, S. (2009). Design Optimization of a High Specific Speed Francis Turbine Using Multi–Objective Genetic Algorithm. *International Journal of Fluid Machinery and Systems*, Vol. 2, No. 2, pp. 102–109.

National Register of Historic Places. *Early hydro–power plants*. The Making of the Modern U.S., accessed October 12, 2021, http://projects.leadr.msu.edu/makingmodernus/items/show/267.

Nechleba, M. (1957). *Hydraulic Turbines: Their Design and Equipment*. Artia.

Neopane, H.P. (2010). *Sediment Erosion in Hydro Turbines*. Doctoral Thesis. NTNU.

NHA–Pumped Storage Development Council. *Challenges and Opportunities for New Pumped Storage Development*. National Hydropower Association.

Nicolet, C. (2007). *Hydroacoustic Modelling and Numerical Simulation of Unsteady Operation of Hydroelectric Systems*. Doctoral Thesis. EPFL.

Nicolet, C., Avellan, F., Allenbach, P., Sapin, A., Simond, J.–J., Kvicinsky, S., and Crahan, M. (2003). *Simulation of Transient Phenomena in Francis Turbine Power Plants: Hydroelectric Interaction*. Waterpower XIII.

Ni, F., Hu, P., and Wang, Q. (1996). Numerical Simulation of Hydraulic Transients in Hydropower Plant using Safety Membranes. *Journal of Hydraulic Engineering*, Vol. 122, Issue 6, pp. 298–300; https://doi.org/10.1061/(ASCE) 0733–9429(1996)122:6(298).

Nishi, M., Wang, X. M., Yoshida, K., and Takahashi, T. (1996). An Experimental Study on Fns, Their Role in Control of the Draft Tube Surging. *Hydraulic machinery and Cavitation*. Proceedings of the XVIII IAHR Symposium on Hydraulic Machinery and Cavitation, pp. 905–914, Kluwer Academic Publishers.

NPTEL. *Lecture 28, Francis Turbine, Spiral Casing*; https://nptel.ac.in/content/storage2/courses/112104117/chapter_7/7_7.html.

O

Olabi, A.G., Wilberforce, T., Abdelkareem, M. A., and Ramadan, M. (2021). Critical Review of Flywheel Energy Storage System. *Energies*, Vol. 14, No. 2159; https://doi.org/10.3390/en14082159.

OpenLearn. Can renewable energy sources power the world?; https://www.open.edu/

P

Palikhe, S., Zhou, J., and Bhattarai, K.P. (2019). Hydraulic Oscillation and Instability of A Hydraulic System with Two Different Pump–Turbines in Turbine Operation. *Water*, Vol. 11, Issure 4, 692; https://doi.org/10.3390/w11040692.

Parker, Z. and McKilby, R. (1840). *Improvement in Percussion and Reaction Water–Wheel*. U.S. Patent No. 1658.

Parmakian, J. (1963). *Waterhammer Analysis*. Dover Publications, Inc.

Pejovic, S. and Boldy, A.P. (1992). *Guidelines to Hydraulic Transient Analysis of Pumping System*. P & B Press.

Pejovic, S., Boldy, A.P., and Obradovic, D. (1987). *Guidelines to Hydraulic Transient Analysis*. Technical Press.

Pelton, L. A. (1880). Water–Wheel. U.S. Patent No. 233692.

Petley, S.M. (2018). *Numerical and Experimental Investigation of Flow in Horizontal Axis Pelton Turbines*. Doctoral Thesis. Lancaster University.

Pinterest. *Pump Turbine;* https://www.pinterest.com/pin/367324913338007179/.

POWER. (2020). *Hydraulic Stability of Surge Tanks*. POWER Magazine, Issued on Jan. 2, 2020; https://www.powermag.com/hydraulic-stability-of-surge-tanks/.

Z319_Power technology. *Flatiron Hydroelectric Plant, USA.*; https://www.power-technology.com/projects/flatiron/.

Premkumar, T.M. and Chatterjee D. (2008). Numerical study of turbulent flow over an S-shaped hydrofoil. *Proc. IMechE, Part C: J. Mechanical Engineering Science*, Vol. 222, pp. 1717–1734.

Premkumar, T.M. and Chatterjee D. (2015). Computational analysis of flow over a cascade of S-shaped hydrofoil of fully reversible pump-turbine used in extracting tidal energy. *Renewable Energy*, Vol. 77, pp. 240–249.

Premkumar, T.M., Kumar, P., and Chatterjee, D. (2014). Cavitation Characteristics of S-Blade Used in Fully Reversible Pump-Turbine. *Transactions of the ASME Journal of Fluids Engineering*, Vol. 136, 051101; DOI: 10.1115/1.4026441.

Pretis, G. (2014). *Auslegung, Dimensionierung und Konstruktion einer Pelton-Turbine für ein Kleinwasserkraftwerk*. Diplomarbeit. Technische Universität Graz.

PT Barata Indonesia. *Singkarak Hydro Power Plant*; https://www.barata.id/en/portofolio/spiral-casing-hydro-turbine-2/.

Pullinger, M.G. (2011). *Evaluating Hydraulic Transient Analysis Techniques in Pumped-Storage Hydropower Systems*. Master Thesis. Murdoch University.

Q

Quaranta, E. (2019). Optimal Rotational Speed of Kaplan and Francis Turbines with Focus on Low-Head Hydropower Applications and Dataset Collection. *Journal of Hydraulic Engineering*, Vol. 145, Issue 12, 04019043; https://doi.org/10.1061/(ASCE)HY.1943-7900.0001643.

R

Raabe, J. (1985). *Hydro Power: The Design, Use, and Function of Hydromechanical, Hydraulic, and Electrical Equipment*. VDI-Verlag GmbH.

Rajput, Er.R.K. (2013). *A Textbook of Fluid Mechanics and Hydraulic Machines in SI Units*. S. Chand & Company Ltd.

Ramachandran, R., Krishna, H.C.R., and Narayana, P.A.A. (1986). Cascade Experiments over "S" Blade Profiles. *Journal of Energy Engineering*, Vol. 112, No. 1, pp. 37–50.

RRHP(RED ROCK Hydroelectric Project). *Projct Overview*; https://www.redrockhydroproject.com/project-overview/.

Rezapoor, B. *Large-scale Hydropower Series 2.1*. Lecture Series on Hydropower. Renewable Energy Technology-MJ2411(PPT file).

Rezapoor, B. *Large-scale Hydropower Series 2.2*. Lecture Series on Hydropower. Renewable Energy

Technology-MJ2411(PPT file).

Rezapoor, B. *Large-scale Hydropower Series 2.3*. Lecture Series on Hydropower. Renewable Energy Technology-MJ2411(PPT file).

Rezghi, A. and Riasi, A. (2017). The interaction effect of hydraulic transient conditions of two parallel pump-turbine units in a pumped-storage power plant with considering "S-shaped" instability region: Numerical Simulation. *Renewable Energy*, Vol. 118, pp. 896-908; https://doi.org/10.1016/j.renene.2017.11.067

Riedelbauch, S. and Stens, C. (2019). Pump to turbine transient for a pump-turbine in a model test circuit and a real size power plant. Proceedings of the 29th IAHR Symposium on Hydraulic Machinery and Systems. *IOP Conf. Series: Earth and Environmental Science*, Vol. 240, Issue 7, 072039; doi:10.1088/1755-1315/240/7/072039.

Rouse, H. and Ince, S. (1963). *History of Hydraulics*. Dover Publication, Inc.

Roy, S.C. (2015). *Modeling and Analysis of Material Behavior during Cavitation Erosion*. Doctoral Thesis. University Grenoble Alpes, France.

S

Sano1, T., Maekawa, M., Okamoto, N., Yano, H., and Miyagawa, K. (2012). Investigation of flow pattern downstream of spiral grooved runner cone in pump-turbine. 26th IAHR Symposium on Hydraulic Machinery and Systems. *IOP Conf. Series: Earth and Environmental Science*, Vol. 15, 022019; doi:10.1088/1755-1315/15/2/022019.

Safford, A.T. and Hamilton, E.P. (1922). The American Mixed-Flow Turbine and Its Setting. *Transactions of the American Society of Civil Engineers*, Vol. 85, Paper No. 1503, pp. 1237-1356.

Senoo, Y. and Yamaguchi, M. (1987). A Study on Unstable S-Shape Characteristic Curves of Pump Turbines at No-Flow. *Transactons of the ASME Journal of Turbomachinery*, Vol. 109, pp. 77-82.

Shrestha, U. and Choi, Y-D. (2020). A CFD-Based Shape Design Optimization Process of Fixed Flow Passages in a Francis Hydro Turbine. *Processes*, Vol. 8, No. 11, 1392; https://doi.org/10.3390/pr8111392.

Shrestha, U. and Choi, Y-D. (2020). Improvement of flow behavior in the spiral casing of Francis hydro turbine model by shape optimization, *Journal of Mechanical Science and Technology*, Vol. 34, No. 9, pp. 3647-3656.

Shrestha, U. and Choi, Y.-D. (2021). Suppression of flow instability in the Francis hydro turbine draft tube by J-groove shape optimization at a partial flow rate. *Journal of Mechanical Science and Technology*, Vol. 35, No. 6, pp. 2523-2533.

Shrestha, U. and Choi, Y-D. (2021). Suppression of flow instabilities in the stay vane passage of the Francis hydro turbine model by design optimization, *Journal of Mechanical Science and Technology*, Vol. 35, No. 1, pp. 159-170.

Shrestha, U., Chen, Z., and Choi, Y.-D. (2018). Study on the effect of the runner design parameters on 50 MW Francis hydro turbine model performance. *IOP Cof. Series: Journal of Physics: Conf. Series* 1042, 012006.

SIAPRO. F*rancis turbines designing and production*; http://en.hydro-electricity.eu/francis-turbine/.

Simeons, C. (1980). *Hydro-Power: the Use of Water as an Alternative Source of Energy.* Pergamon Press.

SIMSEN. *Simulation Software for Hydraulic & Electric Systems Adjustable Speed Drives.* Power Visioin Engineering; https://www.powervision-eng.ch.

Singh, P.M., Chen, Z., and Choi, Y.-D. (2017). Hydraulic design and performance analysis on a small pump-turbine system for ocean renewable energy storage system. *Journal of Mechanical Science and Technology,* Vol. 31, No. 11, pp. 5089~5097.

Skotak, A. and Stegner, P. (2014). Choosing Turbines for Low-Head Pumped-Storage Plants. *Hydro Review Worldwide,* Vol. 22, Issue 1; https://www.hydroreview.com/tag/hrw-volume-22-issue-1/.

Sottas, G. and Ryhming, I.L. (1993). *3D-Computation of Incompressible Internal Flow: Proceedings of the GAMM Workshop Held at EPFL, 13-15 September 1989, Lausanne, Switzerland* . Vieweg.

Sreedhar, B.K., Alber, S.K., and Pandit, A.B. (2017). Cavitation damage: Theory and measurements - A review. *Wear,* Vol. 372-373, pp. 177-196.

Stelzer, R.S. and Walters, R.N. (1977). Estimating Reversible Pump-Turbine Characteristics. *Engineering Monograph, No. 39.* United States Department of the Interior Bureau of Reclamation.

Stepanoff, A.J. (1957). *Centrifugal and Axial Flow Pumps: Theory, Design, and Application.* John Wiley & Sons, Inc.

Stoessel, L. and Nilssen, H. (2015). Steady and unsteady numerical simulations of the flow in the Tokke Francis turbine model, at three operating conditions. Proceedings of the Francis-99 Workshop 1: steady operation of Francis turbines. J*ournal of Physics: Conference Series,* Vol. 579, Issue No. 012011; doi:10.1088/1742-6596/579/1/012011.

Subramanya, K. (2011). *Fluid Mechanics and Hydraulic Machines: Problems and Solutions.* Tata McGraw-Hill Education Private Limited.

Subramanya, K. (2013). *Hydraulic Machines.* Tata McGraw Hill Education Private Liminted.

Susan-resiga, R., Vu, T.C., Ciocan, G.D, and Nennemann, B. (2006). Jet Control of the Draft Tube Vortex Rope in Francis Turbines at Partial Discharge. *Proceedings of 23rd IAHR Symposium,* Yokohama, Japan.

Svarstad, M.F. (2019). *Fast Transition between Operational Modes of a Reversible Pump-Turbine.* Doctoral Thesis. NTNU.

SwitchBazaar.com. *Hydro Electric Power Station or Hydro Electric Power Plant*; https://switchbazaar.com/blog/hydro -electric-power-station-or-hydro-electric-power-plant/.

T

Tang, C. and Thiringer, T. (2021). *Converter sizing and main circuit component selection for the application.* Flexibility of generator and converter. HydroFlex. Ref. Ares(2021)803278 - 31/01/2021.

Tao, R., Xiao, R., Wang, F., and Liu, W. (2018). Cavitation behavior study in the pump mode of a reversible pump-turbine, *Renewable Energy,* Vol. 125, pp. 655-667.

Tao, R., Xiao, R., Wang, F., and Liu, W. (2019a). Improving the cavitation inception performance of a reversible pump–turbine in pump mode by blade profile redesign: Design concept, method and applications. *Renewable*

Energy, Vol. 133, pp. 325–342; https://doi.org/10.1016/j.renene.2018.09.108.

Tao, R., Xiao R., Yang, W., Wang, F., and Liu, W. (2014). Optimization for Cavitation Inception Performance of Pump–Turbine in Pump Mode Based on Genetic Algorithm. M*athematical Problems in Engineering*, Vol. 2014, 234615; http://dx.doi.org/10.1155/2014/234615.

Tao, R. Xiao, R., Zhu, D., and Liu, W. (2015). Predicting the Inception Cavitation of a Reversible Pump–Turbine in Pump Mode. Proceedings of the 9th International Symposium on Cavitation (CAV2015). *Journal of Physics: Conference Series*, Vol. 656, 012077; doi:10.1088/1742–6596/656/1/012077.

Tao, R., Zhou, X., Xu, B., and Wang, Z. (2019b). Numerical investigation of the flow regime and cavitation in the vanes of reversible pump–turbine during pump mode's starting up. *Renewable Energy*, Vol. 141. pp. 9–19; https://doi.org/10.1016/j.renene.2019.03.108.

Telleria Machining Project Management. *Wicket Gates*; https://www.tmtelleria.com/en/machining–services–and–projects–for–the–hydroelectric–industry/.

TETHYS. *La Rance Tidal Barrage*; https://tethys.pnnl.gov/project–sites/la–rance–tidal–barrage.

Thapa, B.S., Chaudhary, P., Dahlhaug, O.G., and Upadhyay, P. (2007). Study of Combined Effect of Sand Erosion and Cavitation in Hydraulic Turbines. *Proceedings of International Conference on Small Hydropower – Hydro Sri Lanka*, 22–24 October 2007.

Thapa, B.S., Dahlhaug, O.G., and Thapa, B. (2017), Effects of sediment erosion in guide vanes of Francis turbine. *Wear*, Vol. 390-391, pp. 104-112.

The Electrical Portal. *Difference between Impulse and Reaction Turbine*; http://www.theelectricalportal.com/.

The Institute of Civil Engineers. (1990). *Pumped Storage*. Proceedings of the conference organized by the Intstitue of Civil Engineers at Imperial College of Science, Tchnology and Medicine, London on 2–4 April 1990. Thomas Telford.

Thorley A.R.D. (1991). *Fluid Transients in Pipeline Systems*. D. & L. George Ltd.

Tinguely, M. (2013). *The effect of pressure gradient on the collapse of cavitation bubbles in normal and reduced gravity*. Doctoral Thesis. EPFL.

Tiwari, G., Kumar, J., Prasad, V., and Patel, V.K. (2020). Utility of CFD in the design and performance analysis of hydraulic turbines – A review. *Energy Reports*, Vol. 6, pp. 2410-2429; https://doi.org/10.1016/j.egyr.2020.09.004.

Tong, C. (2019). *Introduction to Materials for Advanced Energy Systems*. Springer.

Toshiba Hydro Power (Hangzhou) Co., Ltd.. *Draft tube for the units of the Guangdong Qingyuan Pumped –Storage Power Station*; http://en.toshiba–thpc.com/news_detail/newsId=23.html.

Toshiba International Corporation. *Hydraulic Turbines*. Brochure.

Trivedi, C., Agnalt, E., and Dahlhaug, O.G. (2017). Investigations of unsteady pressure loading in a Francis turbine during variable–speed operation. Renewable Energy, Vol. 113, pp. 397–410; https://doi.org/10.1016/j.renene.2017.06.005.

Trivedi, C., Cervantes, M.J., and Dahlhaug, O.G. (2016a). Experimental and Numerical Studies of a High–Head

Francis Turbine: A Review of the Francis-99 Test Case. *Energies*, Vol. 9, No. 74; doi:10.3390/en9020074.

Trivedi, C., Cervantes, M.J., and Dahlhaug, O.G. (2016b). Numerical Techniques Applied to Hydraulic Turbines: A Perspective Review. *Transactions of the ASME Applied Mechanics Reviews*, Vol. 68, Issue 1, 010802; https://doi.org/10.1115/1.4032681

Trivedi, C., Cervantes, M.J., Gandhi, B.K., and Dahlhaug, O.G. (2013). Experimental and Numerical Studies for a High Head Francis Turbine at Several Operating Points. *Transactions of the ASME Journal of Fluids Engineering*, Vol. 135, No. 11, 111102; https://doi.org/10.1115/1.4024805.

Turbines Info. *Pelton Turbines*; https://www.turbinesinfo.com/pelton-turbines/.

U

Unbox Faxtory. *Kaplan Turbine – All You Need To Know*; https://theunboxfactory.com/kaplan-turbine/.

USBR, Grnad Coulee Dam. *Nathaniel Washington Power Plant Construction Photographs*; https://www.usbr.gov/pn/grandcoulee/news/gallery/tpp/25.html.

United States Department of the Interior. (1976). *Selecting Hydraulic Reaction Turbines*. Engineering Monograph No. 20.

U.S. Department of Energy. *Open-Loop Versus Closed-Loop Pumped Storage Hydropower*. Water Power Technologies Office; https://www.energy.gov/eere/water/pumped-storage-hydropower.

U.S. Department of Energy. *History of Hydropower*. Water Power Technologies Office; https://www.energy.gov/eere/water/history-hydropower.

V

Vagnoni, E. (2018). *Two-Phase Flow Phenomena in Hydraulic Turbines and Pump-Turbines Operating in Synchronous Condenser Mode*. Doctoral Thesis. EPFL.

Vagnoni, E., Favrel, A., Andolfatto, L., and Avellan, F. (2018). Experimental investigation of the sloshing motion of the water free surface in the draft tube of a Francis turbine operating in synchronous condenser mode. *Experiments in Fluids*, Vol. 59, No. 95; https://doi.org/10.1007/s00348-018-2552-x.

Valavi, M. and Nysveen, A. (2018). Variable-Speed Operation of Hydropower Plants: A Look at the Past, Present, and Future. *IEEE Industry Applications Magazine*, Vol. 24, Issue 5, pp. 18-27; DOI: 10.1109/MIAS.2017.2740467.

Vessaz, C., Jahanbakhsh, E., and Avellan, F. (2015). Flow Simulation of Jet Deviation by Rotating Pelton Buckets Using Finite Volume Particle Method. *Transactions of the ASME Journal of Fluids Engineering*, Vol. 137, No. 7, 074501; https://doi.org/10.1115/1.4029839.

Viollet, P.-L. (2017). From the water wheel to turbines and hydroelectricity. Technological evolution and revolutions. *Comptes Rendus Mecanique*. Vol. 345, No. 8, pp. 570-580; https://doi.org/10.1016/j.crme.2017.05.016.

VOITH. *Bulb/Pit/S-Turbines and Generators*. Broshure. Voith Hydro Holding GmbH & Co. KG; www.voith.com/hydro.

VOITH. *Francis Turbines*. Broshure. Voith Hydro Holding GmbH & Co. KG; www.voith.com/hydro.

VOITH. *Kaplan Turbines*. Broshure. Voith Hydro Holding GmbH & Co. KG; www.voith.com/hydro.

VOITH. *Pelton Turbines*. Broshure. Voith Hydro Holding GmbH & Co. KG; www.voith.com/hydro.

OITH. *Pumped storage machines: Reversible pump turibines, ternary sets and Motor-generators (Brochure)*. Voith Hydro Holding GmbH & Co. KG; www.voith.com/hydro.

VOITH. *Voith: Functioning of Pelton turbines*; https://www.youtube.com/watch?v=7f5yd7g8MWg.

VOITH FUJI. (2014). Adopteing Pumped Storage Technology for the Future: Multi-Talented. HyPower, #25, Autumn 2014.

Vu, V.L., Chen, Z., and Choi, Y.-D. (2018). Design and Performance of a Pico Propeller Hydro Turbine Model. *The Journal of Fluid Machinery*, Vol. 21, No. 3, pp. 44~51.

W

Water Power Laboratory (2009). *High Pressure Hydraulic Machinery*. NTNU.

Watters, G.Z. (1979). *Modern Analysis and Control of Unsteady Flow in Pipelines*. Ann Arbor Science Publishers, Inc.

Whippen, W.G., McCormack, W.J., and Breda, T.K. (1962). *Diagonal Flow Reversible Pump-Turbine*. US 3026085. United States. Patent.

Wikipedia. *Baldeney hydropower plant*; https://de.wikipedia.org/wiki/Wasserkraftwerk_Baldeney.

Wikipedia. *Walchensee Hydroelectric Power Station*; https://en.wikipedia.org/wiki/Walchensee_Hydroelectric_Power_Station.

Wikisource. *Page:EB1911-Volume 14.djvu/115*; https://en.wikisource.org.

Wilson, A. (1995). Water-power in North Africa and the development of the horizontal water-wheel. *Journal of Roman Archaeology*, Vol. 8, pp. 499-510; https://doi.org/10.1017/S1047759400016378.

Witherden, F.D. and Jameson, A. (2017). Future Directions of Computational Fluid Dynamics. 23rd AIAA Computational Fluid Dynamics Conference, Denver, Colorado; *https://doi.org/10.2514/6.2017-3791*.

Wu, J., Shimmei, K., Tani, K, Niikura, K., and Sato, J. (2007). CFD-Based Design Optimization for Hydro Turbines. Transactions of the ASME Journal of Fluids Engineering, Vol. 129, pp. 159-168.

Wu, Y., Li, S., Liu, S., Lou, H.-S., and Qian, Z. (2013). *Vibration of hydraulic Machinery*. Springer.

Wylie E.B. and Streeter V.L. (1978). *Fluid Transients*. McGraw-Hill Inc.

X

Xiao, Y., Zhu, W., Wang, Z., Zhang, J., Ahn, S.-H., Zeng, C., and Luo, Y. (2018). Numerical Analysis of the Effect of Misaligned Guide Vanes on Improving S-Shaped Characteristics for a Pump-Turbine. *Transactions of the ASME Journal of Fluids Engineering*, Vol. 140, No. 3, 031102; https://doi.org/10.1115/1.4038077.

Y

Yang, C., Yang, X. and Chen, Y. (2015). Integration of variable speed hydropower generation and VSC HVDC. 17th European Conference on Power Electronics and Applications (EPE'15 ECCE-Europe); DOI: 10.1109/EPE.2015.7309425.

Yamamoto, K., Müller, A., Favrel, A., and Avellan, F. (2017). Experimental evidence of inter-blade cavitation vortex development in Francis turbines at deep part load condition. *Experiments in Fluids*, Vol. 58, Issue 10; doi:10.1007/s00348-017-2421-z.

Yates, N.C. and Tatlock, B. (2017). Optimising Tidal Lagoons. *Proceedings of the 12th European Wave and Tidal Energy Conference (EWTEC 2017)*. Cork, Ireland.

Z

Zeng, W., Yang, J., Hu, J., and Yang, J. (2016). Guide-Vane Closing Schemes for Pump-Turbines Based on Transient Characteristics in S-shaped Region. *Transactions of the ASME Journal of Fluids Engineering*, Vol. 138, No. 5, 051302; https://doi.org/10.1115/1.4032069.

Zhang, M. (2019). *On the Changes in Dynamic Behavior produced by the Hydraulic Turbine Runner Damage*. Doctoral Thesis. Universitat Politècnica de Catalunya (UPC).

Zhang, X., Cheng, Y., Yang, Z., Chen, Q., and Liu, D. (2021). Water column separation in pump-turbine after load rejection: 1D-3D coupled simulation of a model pumped-storage system. *Renewable Energy*, Vol. 163, pp. 685-697; https://doi.org/10.1016/j.renene.2020.08.163.

Zhang, Y. and Wu, Y. (2016). A review of rotating stall in reversible pump turbine. *Proc IMechE Part C: J Mechanical Engineering Science*, pp. 1-24; DOI: 10.1177/0954406216640579.

Zhang, Z. (2016). *Pelton Turbines*. Springer.

Zhang, Z. (2020). *Hydraulc Transients and Computations*. Springer.

Zhang, Z. and Casey, M. (2007). Experimental studies of the jet of a Pelton turbine. *Proceedings of the Institution of Mechanical Engineers, Part A: Journal of Power and Energy*, Vol. 221, pp. 1181-1192; https://doi.org/10.1243/09576509JPE408.

Zhu, B., Wang, X., Tan, L., Zhou, D, Zhao, Y. and Cao, S. (2015). Optimization design of a reversible pumpeturbine runner with high efficiency and stability. *Renewable Energy*, Vol. 81, pp. 366-376; https://doi.org/10.1016/j.renene.2015.03.050.

Zidonis, A. (2015). *Optimisation and Efficiency Improvement of Pelton Hydro Turbine using Computational Fluid Dynamics and Experimental Testing*. Doctoral Thesis. Lancaster University.

Zipparro, V.J. and Hasen, H. (1993). *Davis' Handbook of Applied Hydraulics (Fourth edition)*. McGraw-Hill, Inc.

ア

石井 安男. (1962). *水車とポンプ水車*, 電気書院.

稲垣 守人, 飯塚 光夫. (2003). 700m級超高落差高速大容量揚水発電システムの開発と省エネルギー効果(東京電力(株)葛野川発電所)(Development of 700m Class Ultra High Head Large Capacity Pumped Storage PowerSystem and Energy Saving Effect(Kazunogawa Power Station). *ターボ機械.* 第31巻, 第5号, pp. 49–52.

榎本 保之. (2015). *フランシス水車およびポンプ水車の性能向上のためのランナ形状に関する研究.* 博士学位論文. 東北大学大学院工学研究科.

大石 朝男, 横山 俊昭. (1977). 水車及びポンプ水車の最近の技術. *ターボ機械.* 第5巻, 第1号, pp. 47–52.

萩原 春樹. (2001). S字特性対応制御 によるポ ンプ水車の過渡現象改善について. *ターボ機械.* 第29巻, 第10号, pp. 577–582.

小倉 弘行, 藤盛 博昭. (2014). 小水力可変速発電システム. *明電時報.* 通巻 345号, No. 4, pp. 36–40.

大橋 秀雄. (1987). *流体機械(改訂・SI版).* 森北出版.

カ

加藤 洋治. (2017). *新版 キャビテーション: 基礎と最近の進歩.* 森北出版.

北 英三, 阪東 明, 桑原 尚夫. (1994). 400MW可変速揚水発電システム: 関西電力株式会社大河内発電所4号機(Completion of a 400MW Adjustable Speed Pumped–Storage Hydraulic PowerPlant). *日立評論.* Vol. 76, No. 10, pp. 61–66.

木村 義昭, 横山 俊昭. (1973). フランシス形ポンプ水車の計画上の間題点(Planning of Reversible Fransis Pump Turbine). *日立評論.* Vol. 55, No. 2, pp. 101–106.

楠 清志, 藤田 崇, 山口 慎司. (2014). 可変速揚水発電・水力発電システムを支えるパワーエレクトロニクス技術. *東芝レビュー.* Vol. 69, No. 4, pp. 12–15.

サ

西都 一浩, 竹重 晋, 高見 健太郎, 岸田 和之, 難波 輝晃. (2013). 可変速揚水発電システムによる電力安定供給と最新海外水力発電プロジェクト. *三菱電機技報.* Vol. 87, No. 11, pp. 640–643.

齊藤 睦仁. (2016). *可変速揚水発電システムの概要と導入効果について.* 電気学会 公開シンポジウム「再生可能エネルギーの活用と系統連系」. PPT file.

杉本 修, 斉藤 啓白, 溝口 強. (1986). 可変速揚水発電システムの開発(Development of Adjustable Speed Units for Pumped Storage Power Plant). *日立評論.* Vol. 68, No. 8, pp. 653–658.

曽野 勝司. (1981). これからの水車およびポンプ水車. *ターボ機械.* 第9巻, 第1号, pp. 30–35.

タ

高梨 智義. (1995). 可変速揚水発電システムの原理と効果. *日本電気学会論文集 B編.* 115巻, 5号, pp. 447–450.

田中 宏. (1976). ポンプ水車の過渡現象における問題点. *ターボ機械.* 第4巻, 第7号, pp. 457–466.

田中 宏. (1982). 高落差ポンプ水車の動向. *ターボ機械.* 第10巻, 第3号, pp. 138–144.

田中 宏. (2007). *発電用水車の技術発展の系統化調査(Historical Development of Hydraulic Turbines and Pump–turbines for Hydropower and Pumped Storage Power Plants).* 国立科学博物館技術の系統化調査報告, Vol. 8, pp. 119–181.

ターボ機械協会編. (1991). *ハイドロタービン.* 日本工業出版.

ターボ機械協会編. (2005). *ターボ機械 入門編.* 日本工業出版.

ターボ機械協会編. (2007). *ハイドロタービン(新改訂版).* 日本工業出版.

玉造 貞一, 高橋 容二. (1994). 高度化する揚水発電技術の動向(Trends in Pump–Turbine and Generator–Motor Technology for High Head, Large Capacity Pumped–Storage Power Plant). *日立評論,* Vol. 76, No. 10, pp. 729–732.

千葉 幸. (2000a). *水車,* 電気書院.

千葉 幸. (2000b). *水力発電所と水力学,* 電気書院.

千葉 幸. (2000c). *水力発電所の水力設備,* 電気書院.

千葉 幸. (2000d). *水力発電所の設計,* 電気書院.

千葉 幸. (2000e). *水力発電所の取水と水路設備,* 電気書院.

千葉 幸. (2000f). *水力発電所の流量と落差,* 電気書院.

千葉 幸. (2000g). *揚水発電所,* 電気書院.

電氣学会電気規格調査会. (1993). 水車およびポンプ水車の効率試験方法, JEC–4002–1992.

富永 博文. (2009). 可動翼水車のオイルレス化に関する研究: 操作力低減に向けたランナ翼形状の自動最適化設計(Study on Adjustable Blade Turbine without Lubricant Oil: Multi–Objective Optimization of Runner Blade to Reduce Operational Force). *技術開発ニュース,* No. 136, pp. 25–26.

ナ

長藤 友建. (1985). 水車設計への数値解析手法の応用. *ターボ機械,* 第13巻, 第11号, pp. 670–677.

名倉 理, 樋口 幹祐, 谷 清人, 小宅 孝. (2010). *地球温暖化防止に貢献する可変速揚水発電システム(Hitachi's Adjustable Speed Pumped Storage System Contributing to Prevention of Global Warming).* 日立評論, Vol. 92 No. 04, pp. 308–312.

新倉 和夫, 桑原 尚夫. (1996). ポンプ水車の過渡現象と運転制御. *ターボ機械,* 第24巻, 第9号, pp. 553–557.

日本機械学会編. (1986). *機械工学便覧,* B5 流体機械.

沼知 福三郎, 横山 達郎, 村井 等. (1951). 翼列に適する翼型のキャビテーション性能: 第2報 理論第2報補遺による翼型の優秀性能. *日本機械学会論文集,* 17巻, 60号, pp. 17–22.

ハ

原口 英二, 斉藤 啓白. (1988). 可変速揚水発電システム実用化技術の開発(Development of an Adjustable Speed Operation System to be Apptied to Pumping and Generating Units). *日立評論,* Vol. 70, No. 8, 793–800.

深栖 俊一. (1961). *水車の理論と構造(再訂板),* 工学図書株式会社版.

深柄 俊一, 井上 久男. (1967). 最近開発された大容量斜流ポンプ水車(Recently Developed Large Capacity Diagonal Flow Pump–turbines). *日立評論,* 第49巻, 第9号, pp. 661–665.

藤田 崇, 東條 裕宇, 小山 創. (2015). 東京電力(株)葛野川発電所4号可変速機の運転開始(Commencement of Commercial Operation of Kazunogawa Hydroelectric Power Station Unit 4 of Tokyo Electric Power Co., Inc. Employing World's Largest Capacity Adjustable–Speed System). *東芝レビュー,* Vol. 70, No. 1, pp. 7–10.

星野 文秀, 本間 啓, 近内 忠. (1989). ポンプ水車の運転・制御. *ターボ機械*, 第17巻, 第5号, pp. 293–301.

マ

宮川 和芳. (1999). 水車の性能予測と模型試験結果. *ターボ機械*, 第27巻, 第9号, pp. 513–522.

ヤ

八重 茂樹. (1980). 可動翼斜流ポンプ. *ターボ機械*, 第8巻, 第6号, pp. 347–351.

山形 一郎, 柴田 千里, 中村 高紀, 加藤 真敏. (1999). 進化する揚水発電. *東芝レビュー*, Vol. 54, No. 12, pp. 34–39.

山口 幸男. (1964). 水車およびポンプの水撃現象の計算法(Calculation of Water Hammering in Water Turbines and Pumps). *日立評論*, 第46巻, 第11号, pp. 1920–1927.

山本 誠, 太田 有, 新関 良樹, 宮川 和芳. (2018). *流体機械—基礎理論から応用まで*, 共立出版.

横井 信安, 井上 久男, 北野 豊. (1961). 東北電力株式会社大倉発電所納5,500kW可動翼斜流水車および6,200kVA交流発電機について(5,500kW Movable Blade Diagonal Flow Turbine and 6,200kVA A.C. Generator Delivered to Tohoku Electric Power Co., Inc.). *日立評論*, 第43巻, 第12号, pp. 2130–2138.

横山 重吉. (1979). *水撃入門*, 日新出版.

吉井 清. (1999). 最近の水力発電用水車技術. 富士時報, Vol. 72, No. 10, pp. 529–533.

ㅅ

ㅇ

ㅈ

저자 소개

최영도 ydchoi@mnu.ac.kr | http://nrelab.mokpo.ac.kr
일본 요코하마국립대학교에서 유체기계의 원심임펠러 성능과 내부 유동에 관한 전공으로 공학박사 학위를 취득 후, 목포대학교 기계공학과에서 유체기계 및 신재생에너지 관련 교과목에 대해서 교육 및 연구 중이다.
주요 연구 분야로는 수력 및 양수발전(수차 및 펌프수차 설계), 유체기계 설계(펌프, 송풍기, 밸브), 유체기계 최적화 설계 및 성능향상, 풍력발전(로터 블레이드 설계), 해양에너지(조류, 파력, 조력, 해양온도차 발전용 터빈 설계)가 있다.

경력사항 과거 대우중공업(주) 항공사업본부 사원, 일본 요코하마국립대학교 공학연구원 조수, 한국수력원자력(주) 연구개발 실무위원회 사외위원, K-water 일반기술심의위원회 위원, 산업통상자원부 산업표준심의회 펌프(ISO/TC115) 전문위원회 위원, University of Maryland, Baltimore County(UMBC, USA) 방문교수로 활동했다.
현재 목포대학교 기계공학과 교수, 목포대학교 신재생에너지기술연구소 소장, 한국유체기계학회 이사, 한국신·재생에너지학회 이사, 한국마린엔지니어링학회 이사, K-water 오픈플랫폼 과제 선정위원, 한국수력원자력(주) 사외공모과제(K-CLOUD) 사업심의위원으로 활동 중이다.